核科学与技术

中子输运理论数值计算方法(第2版)

谢仲生 邓力 著

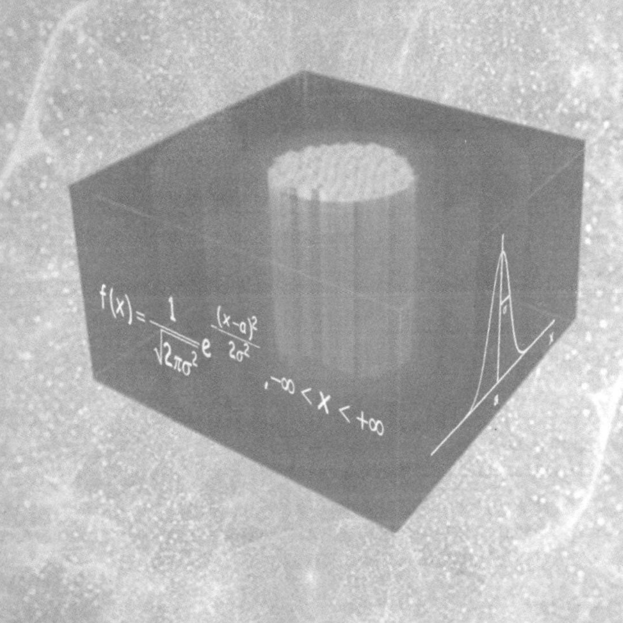

西安交通大学出版社
XI'AN JIAOTONG UNIVERSITY PRESS
国家一级出版社
全国百佳图书出版单位

内容简介

本书系统深入地介绍了中子输运理论及其数值计算方法。全书分上、下两篇。上篇介绍中子输运问题的数值计算方法，共6章。内容包括：中子输运方程、球谐函数方法、离散纵标(S_N)方法、积分输运方法、多群扩散方程的数值解法及中子输运共轭方程和微扰理论。下篇介绍中子输运问题的随机模拟，共7章。内容包括：绪论、蒙特卡罗方法基本原理、随机抽样方法、中子输运方程的MC求解、中子/光子核反应过程、MC多群中子输运计算、降低方差技巧。

本书可供核科学与技术领域中从事中子输运理论基础研究与数值计算研究的工程技术人员参考，也可作为高等院校核科学与工程专业硕士及博士研究生的学位课程或选修课程的教材。

图书在版编目(CIP)数据

中子输运理论数值计算方法 / 谢仲生，邓力著. —2版. —西安：西安交通大学出版社，2022.9
ISBN 978-7-5693-2630-7

Ⅰ. ①中… Ⅱ. ①谢… ②邓… Ⅲ. ①中子输运理论-数值计算-方法 Ⅳ. ①TL323

中国版本图书馆CIP数据核字(2022)第093495号

书　　名 中子输运理论数值计算方法
ZHONGZI SHUYUN LILUN SHUZHI JISUAN FANGFA
著　　者 谢仲生　邓　力
策划编辑 田　华
责任编辑 王　娜
责任校对 邓　瑞

出版发行 西安交通大学出版社
(西安市兴庆南路1号　邮政编码710048)
网　　址 http://www.xjtupress.com
电　　话 (029)82668357　82667874(市场营销中心)
(029)82668315(总编办)
传　　真 (029)82668280
印　　刷 西安明瑞印务有限公司

开　　本 720 mm×1000 mm　1/16　**印张** 30.5　**字数** 598千字
版次印次 2022年9月第1版　2022年9月第1次印刷
书　　号 ISBN 978-7-5693-2630-7
定　　价 98.00元

如发现印装质量问题，请与本社市场营销中心联系。
订购热线：(029)82665248　(029)82667874
投稿热线：(029)82668818　QQ：465094271
读者信箱：465094271@qq.com

前　言

中子输运理论是研究中子在介质内运动的过程和规律的基础理论。随着核能利用的蓬勃发展，它在核科学技术领域中已成为一个独立的基础理论科学，并在核反应堆物理、屏蔽和核技术的工程应用和军事技术等领域中获得广泛的应用。

近年来，随着电子计算机和计算方法的发展，数值方法已逐步成为中子输运理论的主要计算手段。特别是近 30 年来，发展了许多有效的数值计算方法和计算程序，在计算精度和速度上都达到了相当完善的程度，并在工程上获得了广泛的应用。然而这些内容多见于期刊杂志和会议报告，系统和深入地讨论这方面内容的书籍则极少。因而对于从事核科学与技术的专业研究人员和高等院校研究生来说迫切需要一本系统反映中子输运理论及其数值计算和输运问题计算机模拟的参考书籍。

编写本书的目的便在于系统地介绍中子输运理论和近年来发展的一些工程上实用的数值计算方法，包括一些文献上发表的成果和编者多年来实际工作及教学的经验。本书是在编者的原著《核反应堆物理数值计算》(原子能出版社，1997 年，该书曾获国防科学技术三等奖)的基础上增订编写而成的。特别是在蒙特卡罗方法方面的内容作了较大的扩充。在编写中，努力贯彻理论联系实际，内容少而精的原则；对于各种数值方法，着重于阐述它的基本原理、算法思想及其共性的分析方法；尽量避免艰深的数学理论和繁杂的公式推导过程；力求避繁就简，做到概念清晰，结合实际，使读者便于掌握方法的实质和应用。

在内容安排上，本书按照各种数值方法独立成章，便于读者自由选择所需内容。全书分上、下两篇。上篇着重介绍确定论方法，共 6 章，包括中子输运方程、球谐函数方法、离散纵标(S_N)方法、积分输运方法、多群扩散方程的数值解法、中子输运共轭方程和微扰理论。下篇介绍中子输运问题的随机模拟，共 7 章，包括绪论、蒙特卡罗方法基本原理、随机抽样方法、中子输运方程的 MC 求解、中子/光子核反应过程、MC 多群中子输运计算、降低方差技巧。

阅读本书的读者应具有原子核物理、反应堆物理、数学物理方法、概率论和计算方法等方面知识。

西安交通大学谢仲生教授负责本书上篇第 1 至 6 章的撰写，北京应用物理与计算数学研究所邓力研究员负责下篇第 7 至 13 章的撰写。西安交通大学曹良志博士参与了第 2 章 2.9 节的编写。全书由谢仲生教授统稿。

本书由中国核动力研究设计院章宗耀研究员和中国原子能科学研究院罗璋琳研究员审校，他们提出了许多宝贵意见。西安交通大学李佩芝教授对书稿进行了认真的校对和订正。本书的出版还得到西安交通大学出版社的大力支持。作者在此一并表示衷心的感谢。

鉴于本书涉及的内容广泛，且各种计算方法都在不断发展中，同时限于作者的水平及工程经验不足，书中难免会有疏漏和错误之处，恳切希望广大读者批评指正。

编　者

2022 年 5 月

目　录

上篇　中子输运问题的数值计算方法

下篇　中子输运问题的随机模拟

上　篇

中子输运问题的数值计算方法

第 1 章　中子输运方程

1.1 引　言

研究微观粒子在介质内输运过程的数学表述和理论称为输运理论。微观粒子可以是中子、光子、电子、分子等。输运理论的发展已有 100 多年的历史。1872 年玻尔兹曼(Boltzmann)导出了分子分布函数随时间和空间变化的微分-积分方程，奠定了分子运动论的基础。这一方程的实质是微观分子在介质内迁移的守恒关系表达式。事实上，对于中子、光子、电子等一些粒子都可以导出类似的粒子守恒方程，把它们都称为输运方程或玻尔兹曼方程。中子输运方程就是其中的一类，它研究中子在介质内的输运过程。

中子在介质内的迁移是周围原子核散射的结果，它在介质内运动的历史和轨迹是个随机的过程。在讨论中子输运时，为使问题简化，我们作了如下的假设。

(1)中子被看作为一个点粒子，其意思是：中子可以用其位置和速度完全描述。按照德布罗意方程，中子的约化波长 $\lambdabar$ 可由下式给出：

$$\lambdabar=\frac{4.55\times10^{-12}}{\sqrt{E}}\quad \mathrm{m}$$

式中，E 是以 eV 为单位的中子能量。可以看到，即使中子能量低到 0.01 eV，$\lambdabar$ 也只有 4.55×10^{-11} m，仍比固体中原子间距小一个数量级，而比宏观尺寸和平均自由程要小几个数量级。因此根据量子力学的测不准原理把中子的位置看成一个可以精确确定的量是适当的。至于那些能量非常低的中子，波长变得很长，可能引起位置的不确定性，需用量子力学来表述，但这样的中子在中子输运问题或核反应堆内是极少的，其数量可以忽略不计。

(2)中子在介质内的输运过程，实际上主要是中子与介质原子核碰撞的结果。由于在核反应堆及常见的核技术问题中中子的密度(一般小于 $10^{11}\ \mathrm{cm^{-3}}$)比起介质的原子核密度(一般为 $10^{22}\ \mathrm{cm^{-3}}$)要小得多，因而中子-中子之间的碰撞可以略去不计。

(3)中子在所讨论介质内有足够大的中子密度(反应堆在弱源下启动时除外)，因而可以忽略中子密度的涨落对期望值的影响。输运方程是用来描述其“期望”特性的。

(4)由于中子不带电荷，不受电和磁的影响，可以认为它在介质内两次碰撞之间穿行的路程是直线。

(5)中子与核的碰撞和发射可认为是瞬时发生的。(反应堆动力学中缓发中子的考虑是例外,这一点将在反应堆动力学问题中加以考虑)

中子输运理论就是在上述假设下,研究中子群体在介质内的输运过程。它的主要课题就是求得介质内中子密度分布函数,以及研究为此所采用的各种模型和分析方法。其中玻尔兹曼输运方程是它的基础。

和其他物理及工程问题一样,可以把研究中子输运问题的方法分成两类。一类称为**"确定论方法"**,在这类方法中根据问题的物理性质,建立其数学模型,用一个或一组确定的数学物理方程来表示,例如所要建立的是中子输运或玻尔兹曼方程,然后对这些方程采用数学方法求出精确或近似解。另一类称为**"试验统计"**或**"蒙特卡罗方法"**,也称**"非确定论方法"**。它是基于统计(或概率)理论的数值方法,对所要研究的问题构造一个随机概型来加以计算的。在蒙特卡罗方法中,利用一系列的随机数来模拟中子在介质中运动的行径,追踪每个中子的历史,然后对获得的信息加以分析。它具有对任何复杂几何形状域及中子截面随能量变化很复杂的特性进行计算的适应性,并能获得精确的结果。但是,它需要相当长的计算时间,这是限制它被广泛应用的主要障碍。所以,目前在反应堆物理设计中主要还是应用确定论方法。然而,在有些核技术领域中,如屏蔽计算、石油测井等,蒙特卡罗方法是很有用的。

本书上篇(前 6 章)主要讨论确定论方法中中子输运方程的数值解法。下篇(第 7 至 13 章)则简要介绍蒙特卡罗方法及其在中子输运问题中的应用。

1.2 坐标系与基本定义

在输运理论中,中子被看作一个点粒子。这意味着,中子运动状态可以用确定的位置和速度来描述。中子在空间的位置可以通过向径 $\boldsymbol{r}$ 来表示。速度向量通常表示成

$$\boldsymbol{v}=v\boldsymbol{\Omega}$$

式中,$v=|\boldsymbol{v}|$ 是速率,即速度的大小,它与中子动能 E 的关系为 $E=mv^2/2$,其中 m 为中子的质量;$\boldsymbol{\Omega}$ 表示中子运动方向的单位向量,它的模等于 1,它的方向采用极坐标系通过极角 θ 及方位角 φ 来表示(见图 1-1)。其微元 $\mathrm{d}\boldsymbol{\Omega}$ 如式(1-1)所示:

$$\mathrm{d}\boldsymbol{\Omega}=\frac{\mathrm{d}S}{r^2}=\frac{r^2\sin\theta\mathrm{d}\theta\mathrm{d}\varphi}{r^2}=\sin\theta\mathrm{d}\theta\mathrm{d}\varphi \tag{1-1}$$

因此,任一时刻 t,中子运动的状态由其位置向量 $\boldsymbol{r}(x,y,z)$、能量 E 和运动的方向 $\boldsymbol{\Omega}(\theta,\varphi)$ 中的 6 个自变量来描述。对于不同的坐标系,$\boldsymbol{r}$ 和 $\boldsymbol{\Omega}$ 的表示方式是

不同的。

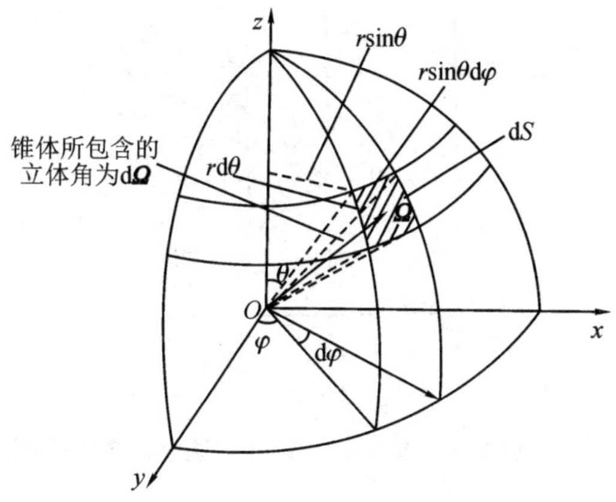

图 1-1　方向 $\boldsymbol{\Omega}$ 的表示

1.2.1　坐标系

(1)直角坐标系(x,y,z)。直角坐标系是最常用的坐标系。图 1-2 表示三维直角坐标系及方向向量 $\boldsymbol{\Omega}$ 在该坐标系中的表示。空间点位置由坐标(x,y,z)确定,体积微元 $\mathrm{d}V=\mathrm{d}x\mathrm{d}y\mathrm{d}z$,而

$$\boldsymbol{\Omega}=\Omega_x\boldsymbol{e}_x+\Omega_y\boldsymbol{e}_y+\Omega_z\boldsymbol{e}_z \tag{1-2}$$

式中,$\boldsymbol{e}_x$、$\boldsymbol{e}_y$ 和 $\boldsymbol{e}_z$ 分别是三个坐标轴方向的单位向量,而

$$\Omega_x=\boldsymbol{\Omega}\cdot\boldsymbol{e}_x=\cos\theta=\mu \tag{1-3a}$$

$$\Omega_y=\boldsymbol{\Omega}\cdot\boldsymbol{e}_y=\sin\theta\cos\varphi=\sqrt{1-\mu^2}\cos\varphi=\eta \tag{1-3b}$$

$$\Omega_z=\boldsymbol{\Omega}\cdot\boldsymbol{e}_z=\sin\theta\sin\varphi=\sqrt{1-\mu^2}\sin\varphi=\xi \tag{1-3c}$$

$$\mathrm{d}\boldsymbol{\Omega}=\sin\theta\mathrm{d}\theta\mathrm{d}\varphi=\mathrm{d}\mu\mathrm{d}\varphi \tag{1-4}$$

注意,这里与图 1-1 不同,极角 θ 选取 $\boldsymbol{\Omega}$ 与 $\boldsymbol{e}_x$ 的夹角(见图 1-2)。

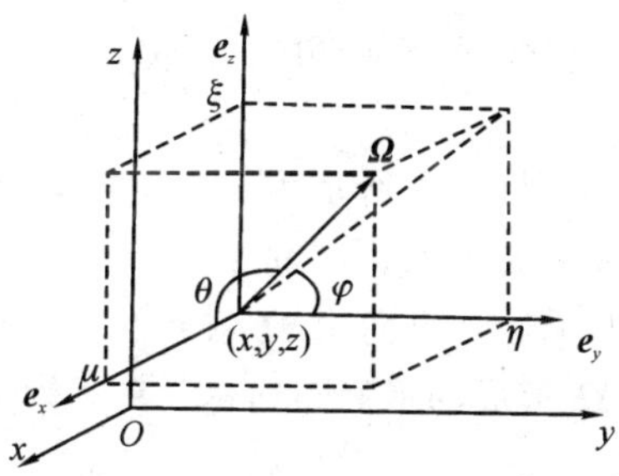

图 1-2　三维直角坐标系及方向向量 $\boldsymbol{\Omega}$ 在该坐标系中的表示

(2)柱坐标系(r,φ,z)。图 1-3 表示柱坐标系以及方向向量 $\boldsymbol{\Omega}$ 在该坐标系中

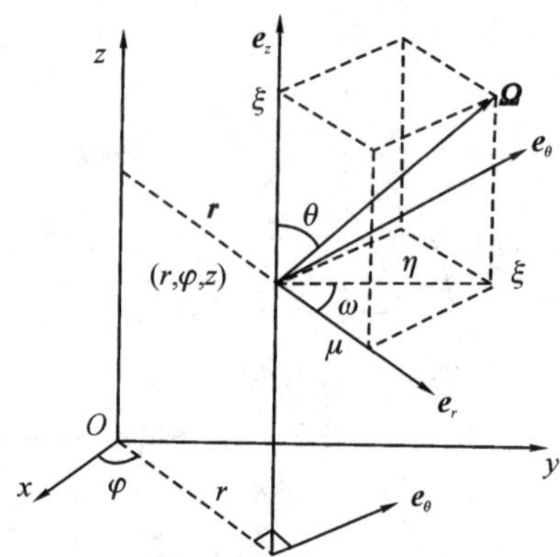

图 1-3　柱坐标系及方向向量 $\boldsymbol{\Omega}$ 在该坐标系中的表示

的表示。空间点的位置坐标由 r、辐射角 φ 和 z 表示,体积微元 $\mathrm{d}V=r\mathrm{d}r\mathrm{d}\varphi\mathrm{d}z$,而

$$\boldsymbol{\Omega}=\Omega_r\boldsymbol{e}_r+\Omega_\theta\boldsymbol{e}_\theta+\Omega_z\boldsymbol{e}_z \tag{1-5}$$

式中,$\boldsymbol{e}_z$ 为 z 方向的单位向量;$\boldsymbol{e}_r$ 为 r 方向的单位向量;而 $\boldsymbol{e}_\theta$ 为垂直于($\boldsymbol{e}_z$,$\boldsymbol{e}_r$)平面的单位向量。而

$$\Omega_r=\boldsymbol{\Omega}\cdot\boldsymbol{e}_r=\sqrt{1-\xi^2}\cos\omega=\mu \tag{1-6a}$$

$$\Omega_\theta=\boldsymbol{\Omega}\cdot\boldsymbol{e}_\theta=\sqrt{1-\xi^2}\sin\omega=\eta \tag{1-6b}$$

$$\Omega_z=\boldsymbol{\Omega}\cdot\boldsymbol{e}_z=\cos\theta=\xi \tag{1-6c}$$

$$\mathrm{d}\boldsymbol{\Omega}=\mathrm{d}\xi\mathrm{d}\omega$$

可以看到,在柱坐标系中,当点的位置及其空间坐标 $\boldsymbol{r}$ 或 φ 改变时,$\boldsymbol{e}_r$ 和 $\boldsymbol{e}_\theta$ 的方向亦随之发生改变。

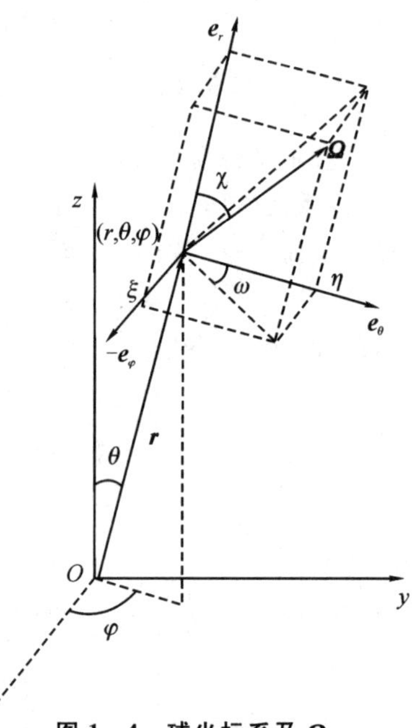

图 1-4　球坐标系及 $\boldsymbol{\Omega}$ 在该坐标系中的表示

(3)球坐标系(r,θ,φ)。图 1-4 所示为球坐标系及 $\boldsymbol{\Omega}$ 在该坐标系中的表示。空间点坐标由(r,θ,φ)表示。中子运动方向由 $\boldsymbol{\Omega}$ 与 $\boldsymbol{r}$ 的夹角χ(或其余弦 $\mu=\cos\chi$)和角 ω 确定。ω 是向量 $\boldsymbol{r}$ 和 $\boldsymbol{\Omega}$ 形成的平面与向量 $\boldsymbol{r}$ 和 z 轴形成的平面间的夹角。$\boldsymbol{\Omega}$ 的表达式为

$$\boldsymbol{\Omega}=\Omega_r\boldsymbol{e}_r+\Omega_\theta\boldsymbol{e}_\theta+\Omega_\varphi\boldsymbol{e}_\varphi \tag{1-7}$$

$$\Omega_r=\boldsymbol{\Omega}\cdot\boldsymbol{e}_r=\cos\chi=\mu \tag{1-8a}$$

$$\Omega_\theta = \boldsymbol{\Omega} \cdot \boldsymbol{e}_\theta = \sqrt{1-\mu^2}\cos\omega = \eta \tag{1-8b}$$

$$\Omega_\varphi = \boldsymbol{\Omega} \cdot \boldsymbol{e}_\varphi = \sqrt{1-\mu^2}\sin\omega = \xi \tag{1-8c}$$

$$\mathrm{d}\boldsymbol{\Omega} = \mathrm{d}\mu\,\mathrm{d}\omega \tag{1-9}$$

注意到，在球坐标系中 $\boldsymbol{\Omega}$ 的坐标随着空间点坐标的变化而发生变化。

1.2.2　中子密度、中子通量密度和中子流密度

(1)中子密度。为完整描述中子群体在介质内的分布情况，必须给出中子群体按空间坐标 $\boldsymbol{r}$(三个坐标参数)、能量 E、运动方向 $\boldsymbol{\Omega}$(两个坐标参数)随时间 t 的分布。为此，引进中子密度分布函数——中子角密度 $n(\boldsymbol{r},E,\boldsymbol{\Omega},t)$。它的定义是：在 t 时刻，在 $\boldsymbol{r}$ 处的单位体积内，在能量等于 E 的单位能量间隔内，在运动方向为 $\boldsymbol{\Omega}$ 的单位立体角元内的自由中子数目。因而，

$n(\boldsymbol{r},E,\boldsymbol{\Omega},t)\mathrm{d}\boldsymbol{r}\mathrm{d}E\mathrm{d}\boldsymbol{\Omega}=$[$t$ 时刻在 $\boldsymbol{r}$ 处 $\mathrm{d}\boldsymbol{r}$ 体积内，能量在 E 与 $E+\mathrm{d}E$ 之间而运动方向在 $\boldsymbol{\Omega}$ 方向上的 $\mathrm{d}\boldsymbol{\Omega}$ 立体角元内的自由中子数目]　(1-10)

将中子角密度在所有立体角方向进行积分，便得到与能量相关的中子角密度 $n(\boldsymbol{r},E,t)$，有时叫作中子总密度，即

$$n(\boldsymbol{r},E,t)=\int_{4\pi} n(\boldsymbol{r},E,\boldsymbol{\Omega},t)\mathrm{d}\boldsymbol{\Omega} \tag{1-11}$$

$n(\boldsymbol{r},E,t)\mathrm{d}\boldsymbol{r}\mathrm{d}E$ 便是 t 时刻在 $\boldsymbol{r}$ 处 $\mathrm{d}\boldsymbol{r}$ 体积内，能量在 E 与 $E+\mathrm{d}E$ 之间的中子总数目(包括所有运动方向在内)。

(2)中子通量密度。尽管中子密度分布函数的概念很简单，并有明确的物理意义，但是在中子输运理论的计算与研究过程中，通常更多地应用与反应率联系更密切的中子通量密度或注量率作为因变量。它定义为中子密度与中子速度的乘积。对应于中子角密度可以定义中子角通量密度 $\phi(\boldsymbol{r},E,\boldsymbol{\Omega},t)$ 为

$$\phi(\boldsymbol{r},E,\boldsymbol{\Omega},t)=vn(\boldsymbol{r},E,\boldsymbol{\Omega},t)\quad 中子/(\mathrm{cm}^2\cdot\mathrm{s})^{①} \tag{1-12}$$

它表示在 t 时刻，空间 $\boldsymbol{r}$ 处单位体积内能量为 E 的单位能量间隔，方向为 $\boldsymbol{\Omega}$ 的单位立体角内的中子在单位时间内所走过的总径迹长度。对于角通量密度也可以解释为 t 时刻在空间 $\boldsymbol{r}$ 处单位时间内能量为 E，沿方向 $\boldsymbol{\Omega}$ 运动的平行中子束，也就是单位时间内平行穿过与 $\boldsymbol{\Omega}$ 方向垂直的单位面积上的中子数(微分中子束)(见图 1-5)。

同样地，对应于式(1-11)，可以定义与能量相关的中子通量密度 $\phi(\boldsymbol{r},E,t)$ 为

① 按国际单位制，中子通量密度或注量率的单位应为($\mathrm{m}^{-2}\cdot\mathrm{s}^{-1}$)，但是迄今为止，国际文献上仍然习惯采用($\mathrm{cm}^{-2}\cdot\mathrm{s}^{-1}$)为单位。因此在本书中仍然按习惯使用该单位。

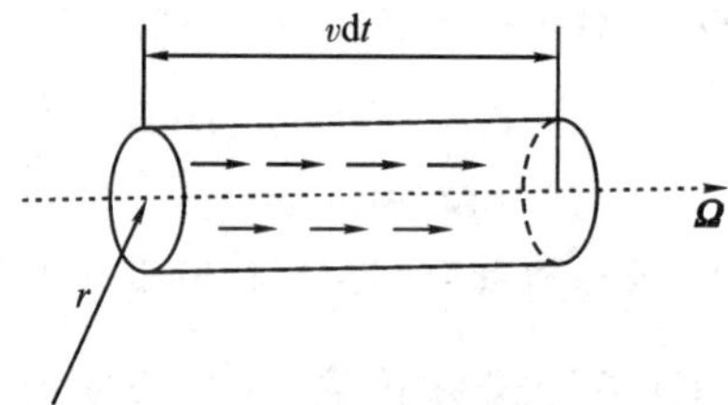

图 1-5　微分中子束

$$\phi(\boldsymbol{r},E,t)=vn(\boldsymbol{r},E,t)=\int_{4\pi}\phi(\boldsymbol{r},E,\boldsymbol{\Omega},t)\mathrm{d}\boldsymbol{\Omega} \tag{1-13}$$

因此，中子通量密度 $\phi(\boldsymbol{r},E,t)$ 可以看作沿各个方向的无限多个微分中子束 $\phi(\boldsymbol{r},E,\boldsymbol{\Omega},t)$ 的强度的总和，有时把这个与 $\boldsymbol{\Omega}$ 无关的 $\phi(\boldsymbol{r},E,t)$ 叫作总通量密度。它的定义为：t 时刻在空间 $\boldsymbol{r}$ 处单位体积内能量为 E 的中子总的径迹长度。根据式(1-13)，设想以空间 $\boldsymbol{r}$ 点为中心作一单位横截面积的小球，$\phi(\boldsymbol{r},E,t)$ 便等于 t 时刻单位时间内，自 $\boldsymbol{r}$ 点沿所有方向穿出球体或从所有方向进入该球体的能量为 E 的中子数。这就是常用的中子通量密度的另一种解释。

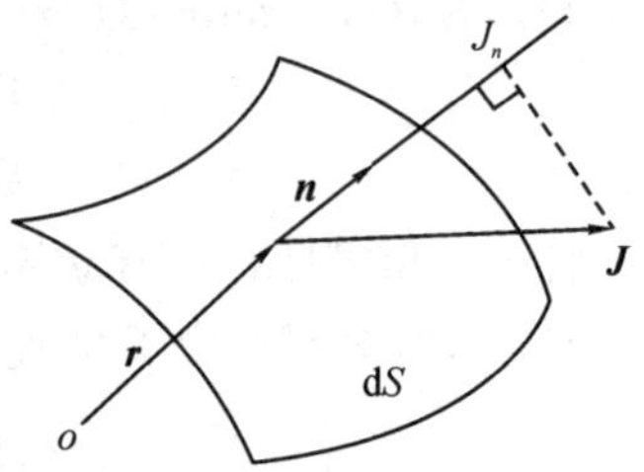

图 1-6　中子流密度 J

(3)中子流密度。设 $\boldsymbol{n}$ 表示垂直于 $\boldsymbol{r}$ 处 dS 表面的单位法线向量(见图 1-6)。因而在稳态时，单位时间内穿过 dS，运动方向为 $\boldsymbol{\Omega}$ 且能量为 E 的中子数目等于 $n(\boldsymbol{r},E,\boldsymbol{\Omega})v|\boldsymbol{\Omega}\cdot\boldsymbol{n}|\mathrm{d}S$。规定 $\boldsymbol{n}$ 的正方向为"+"侧，负方向为"－"侧，同时假定每秒自"－"侧沿各个方向穿过 dS 流向"+"侧的中子总数为 $J_n^+\mathrm{d}S$，反之为 $J_n^-\mathrm{d}S$，那么有

$$\begin{aligned}J_n^+\mathrm{d}S&=\mathrm{d}S\int_{(\boldsymbol{\Omega}\cdot\boldsymbol{n})>0}|\boldsymbol{\Omega}\cdot\boldsymbol{n}|\,n(\boldsymbol{r},E,\boldsymbol{\Omega})v\mathrm{d}\boldsymbol{\Omega}\\&=\mathrm{d}S\int_{(\boldsymbol{\Omega}\cdot\boldsymbol{n})>0}|\boldsymbol{\Omega}\cdot\boldsymbol{n}|\,\phi(\boldsymbol{r},E,\boldsymbol{\Omega})\mathrm{d}\boldsymbol{\Omega}\end{aligned} \tag{1-14}$$

$$J_n^-\mathrm{d}S=\mathrm{d}S\int_{(\boldsymbol{\Omega}\cdot\boldsymbol{n})<0}|\boldsymbol{\Omega}\cdot\boldsymbol{n}|\,\phi(\boldsymbol{r},E,\boldsymbol{\Omega})\mathrm{d}\boldsymbol{\Omega} \tag{1-15}$$

式中，积分域 $(\boldsymbol{\Omega}\cdot\boldsymbol{n})>0$(或 <0)表示只对 $(\boldsymbol{\Omega}\cdot\boldsymbol{n})>0$(或 <0)的那些 $\boldsymbol{\Omega}$(即半个球)进行积分；J_n^+ 和 J_n^- 分别称为 $\boldsymbol{r}$ 处沿 $\boldsymbol{n}$ 的正的和负的方向的**分中子流密度**。如果中子角通量密度是各向同性的，那么 $J_n^+=J_n^-$，也就是说每秒穿过 dS 的净中子数或净中子流等于零。在一般情况下，$J_n^+\neq J_n^-$，则每秒穿过 dS 的净中子数或净中子流 $J_n(\boldsymbol{r},E)\mathrm{d}S$ 便等于

$$J_n(\boldsymbol{r},E)\mathrm{d}S=(J_n^+-J_n^-)\mathrm{d}S=\mathrm{d}S\int_{4\pi}(\boldsymbol{\Omega}\cdot\boldsymbol{n})\phi(\boldsymbol{r},E,\boldsymbol{\Omega})\mathrm{d}\boldsymbol{\Omega}$$

上式可以改写成

$$J_n(\boldsymbol{r},E)\mathrm{d}S=\mathrm{d}S\boldsymbol{n}\cdot\int_{4\pi}\boldsymbol{\Omega}\phi(\boldsymbol{r},E,\boldsymbol{\Omega})\mathrm{d}\boldsymbol{\Omega}=\boldsymbol{n}\cdot\boldsymbol{J}(\boldsymbol{r},E)\mathrm{d}S \tag{1-16}$$

式中，

$$\boldsymbol{J}(\boldsymbol{r},E)=\int_{4\pi}\boldsymbol{\Omega}\phi(\boldsymbol{r},E,\boldsymbol{\Omega})\mathrm{d}\boldsymbol{\Omega} \tag{1-17}$$

$\boldsymbol{J}(\boldsymbol{r},E)$定义为**中子流密度**。它是对所有方向的中子角通量密度的向量$\boldsymbol{\Omega}\phi(\boldsymbol{r},E,\boldsymbol{\Omega})$的向量之和或合成向量，因而它是一个向量。它在$\boldsymbol{n}$方向的投影（或分量）$J_n(\boldsymbol{r},E)$就等于单位时间内穿过垂直于$\boldsymbol{n}$的单位面积的净中子数（净中子流），即

$$J_n(\boldsymbol{r},E)=\boldsymbol{J}(\boldsymbol{r},E)\cdot\boldsymbol{n} \tag{1-18}$$

若$J_n(\boldsymbol{r},E)>0$，则说明$J_n^+>J_n^-$，净中子流的方向与法线$\boldsymbol{n}$的方向一致。反之，若$J_n(\boldsymbol{r},E)<0$，则说明净中子流的方向与$\boldsymbol{n}$的方向相反。

由式(1-16)可以看到，每秒穿过$\mathrm{d}S$的净中子流大小不仅和$\phi(\boldsymbol{r},E,\boldsymbol{\Omega})$的分布有关，而且还和面积元$\mathrm{d}S$的方向$\boldsymbol{n}$有关。显然，若$\boldsymbol{n}$的方向恰巧与$\boldsymbol{J}$的方向一致时净中子流的数值最大。

1.3　中子输运方程

1.3.1　中子输运方程的建立

正如前述，在反应堆内中子密度比介质的原子核密度要小得多。因而，中子在介质内的运动主要是中子和介质原子碰撞的结果，而中子间的相互碰撞可以略去不计①。对单个中子来讲，它是以杂乱无章的折线轨迹在介质内进行随机运动的，直到它被吸收或从反应堆表面逸出为止，这是一个随机的过程。但是实际上，我们感兴趣的并不是个别中子的行径或它所处的地点问题，而是在空间不同点处中子密度的宏观期望分布。因而当中子密度足够大时，可以像气体分子动力学一样，用一种处理大量中子行径的宏观理论来推导出和气体分子输运方程相类似的**中子输运方程**，或称作**玻尔兹曼输运方程**。下面就来推导这个方程。

研究中子输运过程应用的一条基本原则，就是所谓中子数目守恒或中子平衡，即在给定微元内，中子密度随时间的变化率应等于它的产生率减去泄漏率和移出率，亦即

$$\frac{\partial n}{\partial t}=\text{产生率}(Q)-\text{泄漏率}(L)-\text{移出率}(R) \tag{1-19}$$

---

① 这样所得到的中子输运方程是线性的，而在气体分子输运理论中，气体分子之间的碰撞是主要的，因而在气体输运方程中含有非线性的碰撞项。

这里$\partial n/\partial t$是中子密度随时间的变化率。当系统处于平衡状态(稳态)时,它便等于零。

现在讨论在t时刻,相空间$(\boldsymbol{r}\times E\times\boldsymbol{\Omega})$上的中子平衡。设空间某点$M$,它的位置向量为$\boldsymbol{r}_0$,在沿运动方向$\boldsymbol{\Omega}$的方向上距离$M$点为$s$的$\boldsymbol{r}$处,选择一个长度为$\mathrm{d}s$,横断面为$\mathrm{d}A$的体积元$\mathrm{d}V$,它的体积$\mathrm{d}V=\mathrm{d}s\mathrm{d}A$(见图1-7),讨论$\boldsymbol{r}$处体积元$\mathrm{d}V$内,中子能量在$E$和$E+\mathrm{d}E$之间且运动方向为$\boldsymbol{\Omega}$附近的立体角元$\mathrm{d}\boldsymbol{\Omega}$内的中子数目的平衡问题,同时求出式(1-19)中各项的具体表达式。

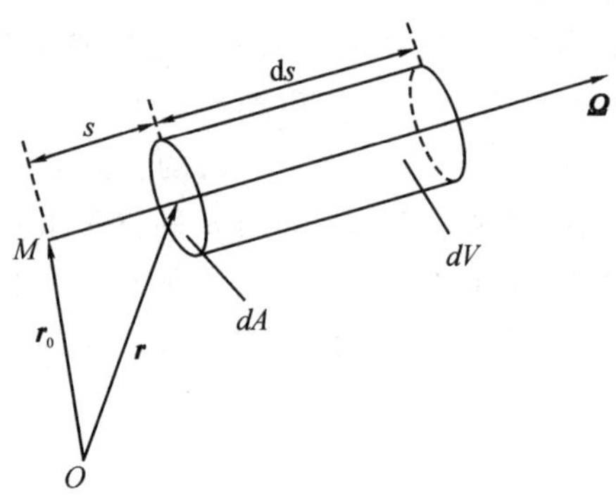

图1-7 中子泄漏的计算示意图

(1)泄漏率。根据角通量密度的定义可知,在t时刻每秒穿过$\mathrm{d}A$进入体积元$\mathrm{d}V$,能量在E到$E+\mathrm{d}E$间隔内而运动方向在$\boldsymbol{\Omega}$附近$\mathrm{d}\boldsymbol{\Omega}$内的中子数等于

$$\phi(\boldsymbol{r}_0+s\boldsymbol{\Omega},E,\boldsymbol{\Omega},t)\mathrm{d}A\mathrm{d}E\mathrm{d}\boldsymbol{\Omega}$$

而每秒由体积元的另外一个端面穿出的中子数等于

$$\phi[\boldsymbol{r}_0+(s+\mathrm{d}s)\boldsymbol{\Omega},E,\boldsymbol{\Omega},t]\mathrm{d}A\mathrm{d}E\mathrm{d}\boldsymbol{\Omega}$$

因而t时刻每秒泄漏出体积元$\mathrm{d}V$的中子数便等于

$$\begin{aligned}L&=[\phi(\boldsymbol{r}_0+(s+\mathrm{d}s)\boldsymbol{\Omega},E,\boldsymbol{\Omega},t)-\phi(\boldsymbol{r}_0+s\boldsymbol{\Omega},E,\boldsymbol{\Omega},t)]\mathrm{d}A\mathrm{d}E\mathrm{d}\boldsymbol{\Omega}\\&=\frac{\mathrm{d}\phi(\boldsymbol{r}_0+s\boldsymbol{\Omega},E,\boldsymbol{\Omega},t)}{\mathrm{d}s}\mathrm{d}V\mathrm{d}E\mathrm{d}\boldsymbol{\Omega}\end{aligned}\tag{1-20}$$

注意到$\boldsymbol{r}=\boldsymbol{r}_0+s\boldsymbol{\Omega}$,并且全导数$\dfrac{\mathrm{d}\phi}{\mathrm{d}s}$在直角坐标系中可以用下面的公式表示:

$$\begin{aligned}\frac{\mathrm{d}\phi}{\mathrm{d}s}&=\frac{\partial\phi}{\partial x}\frac{\mathrm{d}x}{\mathrm{d}s}+\frac{\partial\phi}{\partial y}\frac{\mathrm{d}y}{\mathrm{d}s}+\frac{\partial\phi}{\partial z}\frac{\mathrm{d}z}{\mathrm{d}s}\\&=\Omega_x\frac{\partial\phi}{\partial x}+\Omega_y\frac{\partial\phi}{\partial y}+\Omega_z\frac{\partial\phi}{\partial z}\\&=\boldsymbol{\Omega}\cdot\nabla\phi\end{aligned}\tag{1-21}$$

这里算符∇在形式上可以理解为一个向量,即

$$\nabla = \boldsymbol{i}\frac{\partial}{\partial x} + \boldsymbol{j}\frac{\partial}{\partial y} + \boldsymbol{k}\frac{\partial}{\partial z} \tag{1-22}$$

$$\nabla\phi = \mathbf{grad}\phi = \frac{\partial\phi}{\partial x}\boldsymbol{i} + \frac{\partial\phi}{\partial y}\boldsymbol{j} + \frac{\partial\phi}{\partial z}\boldsymbol{k} \tag{1-23}$$

因而泄漏率

$$L = \boldsymbol{\Omega}\cdot\nabla\phi\,\mathrm{d}V\mathrm{d}E\mathrm{d}\boldsymbol{\Omega} \tag{1-24}$$

(2)移出率。单位时间因移出相空间基元 $\mathrm{d}V\mathrm{d}E\mathrm{d}\boldsymbol{\Omega}$ 而损失掉的中子数目是由两个方面的原因造成的:①中子在 $\mathrm{d}V$ 内被吸收;②中子在 $\mathrm{d}V$ 内与原子核发生散射,因为无论是弹性或非弹性散射都将使中子的能量 E 或运动方向 $\boldsymbol{\Omega}$ 发生变化而从相空间($\boldsymbol{r}\times E\times\boldsymbol{\Omega}$)基元中损失掉。因此单位时间内移出基元 $\mathrm{d}V\mathrm{d}E\mathrm{d}\boldsymbol{\Omega}$ 的中子数为

$$R = (\Sigma_{\mathrm{s}} + \Sigma_{\mathrm{a}})\phi(\boldsymbol{r},E,\boldsymbol{\Omega},t)\mathrm{d}V\mathrm{d}E\mathrm{d}\boldsymbol{\Omega} = \Sigma_{\mathrm{t}}\phi\,\mathrm{d}V\mathrm{d}E\mathrm{d}\boldsymbol{\Omega} \tag{1-25}$$

式中,Σ_{s}、Σ_{a} 和 Σ_{t} 分别为宏观散射截面、吸收截面和总截面。散射包括弹性散射和非弹性散射两种过程,即 $\Sigma_{\mathrm{s}} = \Sigma_{\mathrm{se}} + \Sigma_{\mathrm{in}}$,其中 Σ_{se} 和 Σ_{in} 分别为弹性散射和非弹性散射截面。

(3)产生率。在基元 $\mathrm{d}V\mathrm{d}E\mathrm{d}\boldsymbol{\Omega}$ 内中子的产生有三个来源。第一个来源是,在 $\mathrm{d}V$ 体积元内原来能量为 E',运动方向为 $\boldsymbol{\Omega}'$的中子经过散射而能量变为 E 且运动方向变为 $\boldsymbol{\Omega}$ 的中子。根据散射函数的定义可知,单位时间内在 $\mathrm{d}V$ 体积元内原来能量为 E',运动方向为 $\boldsymbol{\Omega}'$,在 $\mathrm{d}\boldsymbol{\Omega}'$立体角元内的中子经过散射而能量变为 E,运动方向变为 $\boldsymbol{\Omega}$ 的中子数为

$$\Sigma_{\mathrm{s}}(\boldsymbol{r},E')f(\boldsymbol{r};E'\to E,\boldsymbol{\Omega}'\to\boldsymbol{\Omega})\phi(\boldsymbol{r},E',\boldsymbol{\Omega}',t)\mathrm{d}V\mathrm{d}E'\mathrm{d}\boldsymbol{\Omega}' \tag{1-26}$$

这里,f 是散射函数,它的定义是:碰撞前中子的能量为 E',运动方向为 $\boldsymbol{\Omega}'$,碰撞后中子能量变为 E 而运动方向变为 $\boldsymbol{\Omega}$ 的概率[1]。因而有

$$\Sigma_{\mathrm{s}}(\boldsymbol{r},E')f(\boldsymbol{r};E'\to E,\boldsymbol{\Omega}'\to\boldsymbol{\Omega}) = \sum_i N_i\sigma_{\mathrm{se}}^i f_{\mathrm{e}}^i(\boldsymbol{r};E'\to E,\boldsymbol{\Omega}'\to\boldsymbol{\Omega}) + \sum_i N_i\sigma_{\mathrm{in}}^i f_{\mathrm{in}}^i(\boldsymbol{r};E'\to E,\boldsymbol{\Omega}'\to\boldsymbol{\Omega}) \tag{1-27}$$

式中,i 为第 i 种核素的标号;f_{in}^i 为第 i 种核素的非弹性散射函数,根据非弹性散射的过程确定;f_{e}^i 为第 i 种核素的弹性散射函数,有

$$f_{\mathrm{e}}(\boldsymbol{r};E'\to E,\boldsymbol{\Omega}'\to\boldsymbol{\Omega}) = \begin{cases}\dfrac{1}{4\pi(1-\alpha)E'}\delta(\boldsymbol{\Omega}'\cdot\boldsymbol{\Omega}-\mu_0), & \alpha E' < E < E' \\ 0, & \text{其他 } E \text{ 值}\end{cases} \tag{1-28}$$

$$\mu_0 = \frac{1}{2}\left[(A+1)\sqrt{\frac{E}{E'}} - (A-1)\sqrt{\frac{E'}{E}}\right] \tag{1-29}$$

$$\alpha = \frac{A-1}{A+1} \tag{1-30}$$

将式(1-26)对所有 E' 和 $\boldsymbol{\Omega}'$ 积分，便求得在 $\mathrm{d}V$ 体积元内单位时间内各种不同能量和运动方向散射到 $\mathrm{d}E\mathrm{d}\boldsymbol{\Omega}$ 基元内的中子数，通常称为散射源项，为

$$Q_{\mathrm{s}}=\mathrm{d}V\mathrm{d}E\mathrm{d}\boldsymbol{\Omega}\int_0^{\infty}\mathrm{d}E'\int_{\boldsymbol{\Omega}'}\Sigma_{\mathrm{s}}(\boldsymbol{r},E')f(\boldsymbol{r};E'\rightarrow E,\boldsymbol{\Omega}'\rightarrow\boldsymbol{\Omega})\times \phi(\boldsymbol{r},E',\boldsymbol{\Omega}',t)\mathrm{d}\boldsymbol{\Omega}' \tag{1-31}$$

产生率的第二个来源，对反应堆来讲，是由核裂变反应所产生的中子。设 $\nu(E')$ 为能量等于 E' 的中子每次裂变所产生的平均中子数，$\chi(E)$ 为裂变中子谱分布，假定裂变中子均为瞬发中子且各向同性，那么，由于核裂变反应引起的产生率为

$$\begin{aligned}Q_{\mathrm{f}}&=\mathrm{d}V\mathrm{d}E\mathrm{d}\boldsymbol{\Omega}\left(\frac{\chi(E)}{4\pi}\right)\int_0^{\infty}\mathrm{d}E'\int_{\boldsymbol{\Omega}'}\sum_i\nu_i(E')N_i\sigma_{\mathrm{f}}^i(\boldsymbol{r},E')\phi(\boldsymbol{r},E',\boldsymbol{\Omega}',t)\mathrm{d}\boldsymbol{\Omega}'\\&=Q_{\mathrm{f}}(\boldsymbol{r},E,\boldsymbol{\Omega},t)\mathrm{d}V\mathrm{d}E\mathrm{d}\boldsymbol{\Omega}\end{aligned} \tag{1-32}$$

产生率的第三个来源是独立的外中子源，它是指不依赖于系统内中子密度而独立存在且强度也与系统无关的源，例如自发裂变中子源、天然放射性源及其他中子源。设中子源强度为 $S(\boldsymbol{r},E,\boldsymbol{\Omega},t)$，那么，它的贡献为

$$S=S(\boldsymbol{r},E,\boldsymbol{\Omega},t)\mathrm{d}V\mathrm{d}E\mathrm{d}\boldsymbol{\Omega} \tag{1-33}$$

于是总的产生率 Q 便等于

$$Q(\boldsymbol{r},E,\boldsymbol{\Omega},t)=Q_{\mathrm{s}}+Q_{\mathrm{f}}+S \tag{1-34}$$

最后，中子角密度随时间的变化率可以写成

$$\frac{\partial}{\partial t}n(\boldsymbol{r},E,\boldsymbol{\Omega},t)=\frac{1}{v}\frac{\partial}{\partial t}\phi(\boldsymbol{r},E,\boldsymbol{\Omega},t) \tag{1-35}$$

将式(1-20)～式(1-35)的各种结果代入表达式(1-19)并消去 $\mathrm{d}V\mathrm{d}E\mathrm{d}\boldsymbol{\Omega}$ 便得到任一时刻 t 在相空间($\boldsymbol{r}\times E\times\boldsymbol{\Omega}$)上的中子平衡(守恒)方程

$$\begin{aligned}&\frac{1}{v}\frac{\partial\phi}{\partial t}+\boldsymbol{\Omega}\cdot\nabla\phi+\Sigma_{\mathrm{t}}(\boldsymbol{r},E)\phi=\\&\int_0^{\infty}\mathrm{d}E'\int_{\boldsymbol{\Omega}'}\Sigma_{\mathrm{s}}(\boldsymbol{r},E')f(\boldsymbol{r};E'\rightarrow E,\boldsymbol{\Omega}'\rightarrow\boldsymbol{\Omega})\phi(\boldsymbol{r},E',\boldsymbol{\Omega}',t)\mathrm{d}\boldsymbol{\Omega}'+\\&Q_{\mathrm{f}}(\boldsymbol{r},E,\boldsymbol{\Omega},t)+S(\boldsymbol{r},E,\boldsymbol{\Omega},t)\end{aligned} \tag{1-36}$$

式中，$\phi=\phi(\boldsymbol{r},E,\boldsymbol{\Omega},t)$。这便是非稳态情况下的中子输运方程，或称玻尔兹曼方程，它构成了中子输运理论和反应堆物理分析的基础。

稳态时，$\partial n/\partial t=0$，便得到稳态中子输运方程为

$$\begin{aligned}&\boldsymbol{\Omega}\cdot\nabla\phi+\Sigma_{\mathrm{t}}(\boldsymbol{r},E)\phi=\\&\int_0^{\infty}\int_{4\pi}\Sigma_{\mathrm{s}}(\boldsymbol{r},E')f(\boldsymbol{r};E'\rightarrow E,\boldsymbol{\Omega}'\rightarrow\boldsymbol{\Omega})\phi(\boldsymbol{r},E',\boldsymbol{\Omega}')\mathrm{d}E'\mathrm{d}\boldsymbol{\Omega}'+\\&Q_{\mathrm{f}}(\boldsymbol{r},E,\boldsymbol{\Omega})+S(\boldsymbol{r},E,\boldsymbol{\Omega})\end{aligned} \tag{1-37}$$

由此可见,中子输运方程是一个线性的微分-积分方程,在一般情况下,稳态时它包含有 $\boldsymbol{r}(x,y,z)$、E 和 $\boldsymbol{\Omega}(\theta,\varphi)$ 中的 6 个自变量。这种方程的求解在数学上是很困难的,即使应用电子计算机数值求解仍然是非常复杂和困难的事情,并且并不是对所有复杂问题都能求出其解的。因而,中子输运理论的主要任务也就在于建立一些简单的近似模型和分析方法,并把它应用于工程实际的一些具体问题进行求解。

1.3.2　定解条件

中子输运方程式(1-36)是一个微分-积分方程。从方程的导出过程可以看出,它只表示中子守恒规律的数学形式,即中子在介质中运动时,中子密度分布函数应该满足的方程,但它并不给出某一特定物理问题状态的完整的描述。因为对具有相同参数 Σ_t、Σ_a 和散射函数(亦即材料成分相同)的反应堆,不管它们的起始状态如何,不管它们的形状及所处的外界条件如何,它们都应满足一个同样的方程,所以对于特定的物理问题,还必须给出根据问题的性质所规定的边界条件和初始条件的完整的描述。从数学上讲,由输运方程求出的普遍解中包含有任意的积分常数。为了确定这些常数值,还必须给出适当的定解条件(亦即初始条件和边界条件)。这些定解条件的数目要给得恰好能保证得出问题的唯一解。

解中子输运方程时常遇到的定解条件为:

初始条件:对于非稳态问题必须给出问题的初始条件,例如给出 $t=0$ 时刻在相空间($\boldsymbol{r}\times E\times\boldsymbol{\Omega}$)内的中子角通量密度的分布,即

$$\phi(\boldsymbol{r},E,\boldsymbol{\Omega},t)\big|_{t=0}=\phi_0(\boldsymbol{r},E,\boldsymbol{\Omega}),\quad \boldsymbol{r},E\in(\boldsymbol{r},E,\boldsymbol{\Omega}) \tag{1-38}$$

边界条件:它决定于域的几何形状、介质性质及物理问题的要求。

常用到的边界条件有以下几种:

(1)在方程所适用的区域内,中子角通量密度必须为有限非负的实数。

(2)两种不同介质的交界面,假如两介质直接接触,其间没有源和其他介质插入,那么根据连续性条件,在分界面上应该满足:

$$\phi(\boldsymbol{r},E,\boldsymbol{\Omega},t)\ \text{在交界面上沿}\ \boldsymbol{\Omega}\ \text{方向是}\ \boldsymbol{r}\ \text{的连续函数} \tag{1-39}$$

如果交界面间插入第三种介质或源,那么,就必须考虑中子穿过这层介质的效应,这时对上述边界条件就必须加以修正。

(3)外表面。假定中子输运过程所发生的区域是由凸的且分块光滑的曲面 Γ 所围成。凸表面的意思是,从表面上引出的任一条直线都不会再与这一表面相交(见图 1-8),因而中子自表面逸出后就不可能再返回到域内来。

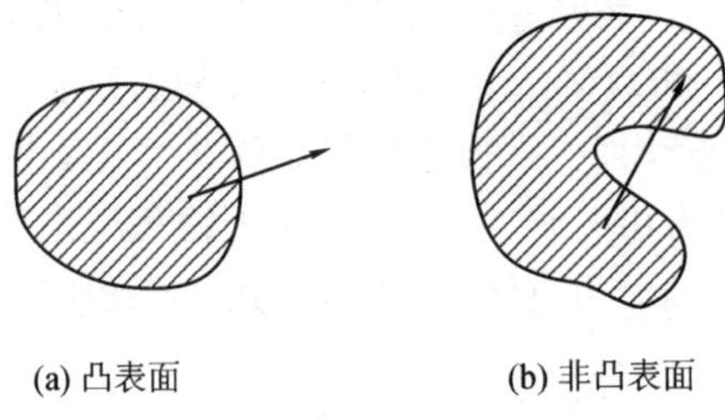

图 1-8　凸表面和非凸表面示成图

外表面有两种情况：

(i)自由表面。自由表面指没有外界中子进入物体内的那种表面或那一部分表面，这样，与真空交界的凸表面便是自由表面，其边界条件可以写成

$$\phi(\boldsymbol{r}_s, E, \boldsymbol{\Omega}, t) = 0, \quad \boldsymbol{r}_s \in \Gamma, (\boldsymbol{n} \cdot \boldsymbol{\Omega}) < 0 \tag{1-40}$$

式中，$\boldsymbol{n}$ 为边界 Γ 上 $\boldsymbol{r}_s$ 点的单位外法线向量。

(ii)源表面。设表面上有一给定的入射中子角通量密度 $\tilde{\phi}(\boldsymbol{r}_s, E, \boldsymbol{\Omega}, t)$，则边界条件可写为

$$\phi(\boldsymbol{r}_s, E, \boldsymbol{\Omega}, t) = \tilde{\phi}(\boldsymbol{r}_s, E, \boldsymbol{\Omega}, t), \quad \boldsymbol{r}_s \in \Gamma, \quad (\boldsymbol{\Omega} \cdot \boldsymbol{n}) < 0 \tag{1-41}$$

通常也可以把入射中子角通量密度视作一假想的表面源，而边界条件变回到式(1-40)的齐次形式来处理。

式(1-40)和式(1-41)表示的边界条件都是显式形式，即入射中子角通量密度是给定的。而在有些问题中，入射和出射中子角通量密度间存在着一定关系，称为隐式边界条件。这些边界包括：

(i)反射边界。反射边界出现在对称系统的对称平面上。在反射边界上，某个方向的入射中子角通量密度应等于与之对应的反射方向(如镜反射方向)的出射中子角通量密度。例如

$$\phi(\boldsymbol{r}_s, E, \boldsymbol{\Omega}_r, t) = \phi(\boldsymbol{r}_s, E, \boldsymbol{\Omega}, t), \quad (\boldsymbol{n} \cdot \boldsymbol{\Omega}) < 0, \quad \boldsymbol{r}_s \in \Gamma \tag{1-42}$$

式中，$\boldsymbol{\Omega}_r$ 是对应于入射方向 $\boldsymbol{\Omega}$ 的反射方向，$(\boldsymbol{n} \cdot \boldsymbol{\Omega}_r) = -\boldsymbol{n} \cdot \boldsymbol{\Omega}$，且 $(\boldsymbol{\Omega} \times \boldsymbol{\Omega}_r) \cdot \boldsymbol{n} = 0$。

(ii)反照边界。反照边界与反射边界条件相类似，但是入射的中子角通量密度或中子流与出射的中子角通量密度或中子流并不相等，两者的比值等于一个常数 α，$\alpha < 1$。通常 α 称为反照因数，有

$$\phi(\boldsymbol{r}_s, E, \boldsymbol{\Omega}_r, t) = \alpha(E)\phi(\boldsymbol{r}_s, E, \boldsymbol{\Omega}, t), \quad (\boldsymbol{n} \cdot \boldsymbol{\Omega}) < 0, \quad \boldsymbol{r}_s \in \Gamma \tag{1-43}$$

式中，$\boldsymbol{\Omega}_r$ 是对应入射方向 $\boldsymbol{\Omega}$ 的反射方向。可以看到，当 $\alpha = 1$ 时式(1-43)便是反射边界条件。

(iii)全反射边界。全反射边界又称“白”边界，它主要用于圆柱栅元计算中栅元的径向最外层表面的计算。在全反射边界上，反射回来的入射中子角通量密度

各向同性分布并等于常数，其值等于出射中子角通量密度的平均值，即

$$\phi(\boldsymbol{r}_s, E, \boldsymbol{\Omega}_r, t) = \frac{1}{2\pi}\int_{(\boldsymbol{\Omega}\cdot\boldsymbol{n})>0} (\boldsymbol{n}\cdot\boldsymbol{\Omega})\phi(\boldsymbol{r}_s, E, \boldsymbol{\Omega}, t)\mathrm{d}\boldsymbol{\Omega},$$
$$\boldsymbol{r}_s \in \Gamma, \quad (\boldsymbol{n}\cdot\boldsymbol{\Omega}) < 0 \tag{1-44}$$

1.3.3　不同坐标系中散度算子 $\boldsymbol{\Omega}\cdot\nabla\phi$ 的表达式

前面求得中子输运方程式(1－36)，式中含有散度算子 $\boldsymbol{\Omega}\cdot\nabla$。在具体计算时，对于不同的问题，为了计算上的方便往往采用不同的坐标系。式(1－36)中的散度算子 $\boldsymbol{\Omega}\cdot\nabla\phi = \boldsymbol{\Omega}\cdot\mathbf{grad}\phi$ 项对不同的坐标系具有不同的形式。根据场论的知识知道，$\boldsymbol{\Omega}\cdot\mathbf{grad}\phi$ 就是函数 ϕ 在 $\boldsymbol{\Omega}$ 方向上的方向导数。因而设射线 s，其方向与 $\boldsymbol{\Omega}$ 重合，$\mathrm{d}s$ 即为 $\boldsymbol{\Omega}$ 方向的增量(见图 1－9)，则

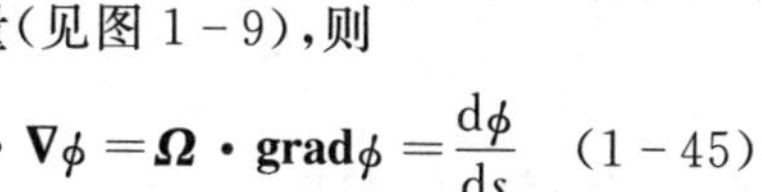

$$\boldsymbol{\Omega}\cdot\nabla\phi = \boldsymbol{\Omega}\cdot\mathbf{grad}\phi = \frac{\mathrm{d}\phi}{\mathrm{d}s} \tag{1-45}$$

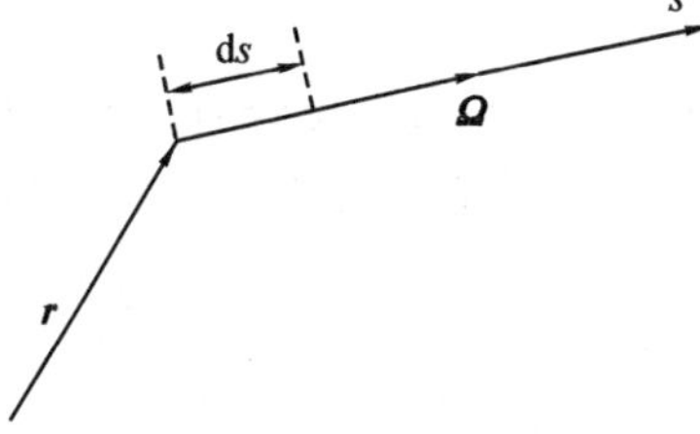

图 1－9　方向导数的计算

下面根据式(1－45)来导出中子输运计算中常用的几种坐标系内 $\boldsymbol{\Omega}\cdot\nabla\phi$ 及中子输运方程的表达式。

1. 直角坐标系

前面在导出中子输运方程的时候，已经写出在三维直角坐标系内 $\boldsymbol{\Omega}\cdot\nabla\phi$ 的表达式(参阅式(1－21))，如果 $\boldsymbol{\Omega}$ 如图 1－2 所示，则有

$$\boldsymbol{\Omega}\cdot\nabla\phi = \frac{\mathrm{d}\phi}{\mathrm{d}s} = \frac{\partial\phi}{\partial x}\frac{\mathrm{d}x}{\mathrm{d}s} + \frac{\partial\phi}{\partial y}\frac{\mathrm{d}y}{\mathrm{d}s} + \frac{\partial\phi}{\partial z}\frac{\mathrm{d}z}{\mathrm{d}s} + \frac{\partial\phi}{\partial\theta}\frac{\mathrm{d}\theta}{\mathrm{d}s} + \frac{\partial\phi}{\partial\varphi}\frac{\mathrm{d}\varphi}{\mathrm{d}s}$$

在直角坐标系中，$\mathrm{d}x/\mathrm{d}s = \mu$，$\mathrm{d}y/\mathrm{d}s = \eta$，$\mathrm{d}z/\mathrm{d}s = \xi$，且 $\mathrm{d}\theta/\mathrm{d}s = \mathrm{d}\varphi/\mathrm{d}s = 0$，因而有

$$\boldsymbol{\Omega}\cdot\nabla\phi = \Omega_x\frac{\partial\phi}{\partial x} + \Omega_y\frac{\partial\phi}{\partial y} + \Omega_z\frac{\partial\phi}{\partial z}$$

或

$$\boldsymbol{\Omega}\cdot\nabla\phi = \mu\frac{\partial\phi}{\partial x} + \eta\frac{\partial\phi}{\partial y} + \xi\frac{\partial\phi}{\partial z} \tag{1-46}$$

式中，μ、η、ξ 由式(1－3)确定。在反应堆设计中经常遇到与 z 轴对称的二维(x，y)情况，这时

$$\boldsymbol{\Omega}\cdot\nabla\phi = \mu\frac{\partial\phi}{\partial x} + \eta\frac{\partial\phi}{\partial y} \tag{1-47}$$

一维平面问题是直角坐标系的最简单情况，这时中子通量密度仅仅是一维坐标 z 及 $\boldsymbol{\Omega}$ 与 z 轴夹角 θ(或 $\mu = \cos\theta$)的函数(见图 1－10)，因而

$$\boldsymbol{\Omega}\cdot\nabla\phi = \mu\frac{\partial\phi}{\partial z} \tag{1-48}$$

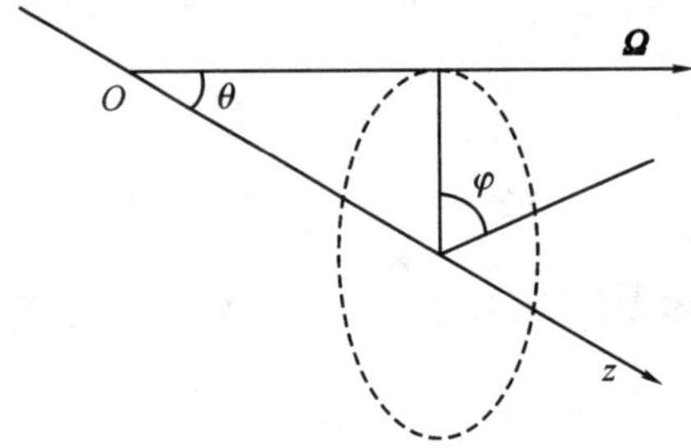

图 1-10 一维平面坐标系

式中，$\phi(z,E,\mu)=\phi(z,E,\boldsymbol{\Omega})$。由于中子通量密度对辐角 φ 的对称性，对一维平面问题通常这样定义 $\phi(z,E,\mu)$，即

$$\phi(z,E,\mu)\mathrm{d}\mu=\mathrm{d}\mu\int_0^{2\pi}\phi(z,E,\boldsymbol{\Omega})\mathrm{d}\varphi \tag{1-49}$$

或

$$\phi(z,E,\mu)=2\pi\phi(z,E,\boldsymbol{\Omega}) \tag{1-50}$$

用同样的方法规定 $S(z,E,\mu)$ 为

$$S(z,E,\mu)=2\pi S(z,E,\boldsymbol{\Omega}) \tag{1-51}$$

如果假定散射函数 $f(\boldsymbol{r};E'\to E,\boldsymbol{\Omega}'\to\boldsymbol{\Omega})$ 仅仅是散射前后运动方向 $\boldsymbol{\Omega}$ 和 $\boldsymbol{\Omega}'$ 间夹角（即散射角 θ_0）的函数，令 $\mu_0=\cos(\boldsymbol{\Omega}',\boldsymbol{\Omega})=\cos\theta_0$，那么同样可以规定：

$$f(\boldsymbol{r};E'\to E,\mu_0)=2\pi f(\boldsymbol{r};E'\to E,\boldsymbol{\Omega}'\to\boldsymbol{\Omega}) \tag{1-52}$$

考虑式(1-48)～式(1-51)，便得到一维稳态中子输运方程为

$$\mu\frac{\partial\phi(z,E,\mu)}{\partial z}+\Sigma_t\phi(z,E,\mu)=$$

$$\frac{1}{2\pi}\int_0^{\infty}\mathrm{d}E'\int_0^{2\pi}\Sigma_s f(\boldsymbol{r};E'\to E,\mu_0)\phi(z,E',\mu')\mathrm{d}\varphi'\mathrm{d}\mu'+S(z,E,\mu) \tag{1-53}$$

2. 柱坐标系

在反应堆计算中经常遇到圆柱状域的情况，例如，反应堆芯部、燃料棒等，这时采用柱坐标是比较方便的。在柱坐标系（见图 1-3）中，有

$$\boldsymbol{\Omega}\cdot\nabla\phi=\frac{\mathrm{d}\phi}{\mathrm{d}s}=\frac{\partial\phi}{\partial r}\frac{\mathrm{d}r}{\mathrm{d}s}+\frac{\partial\phi}{\partial\varphi}\frac{\mathrm{d}\varphi}{\mathrm{d}s}+\frac{\partial\phi}{\partial z}\frac{\mathrm{d}z}{\mathrm{d}s}+\frac{\partial\phi}{\partial\xi}\frac{\mathrm{d}\xi}{\mathrm{d}s}+\frac{\partial\phi}{\partial\omega}\frac{\mathrm{d}\omega}{\mathrm{d}s} \tag{1-54}$$

参阅图 1-3，有 $\mathrm{d}r/\mathrm{d}s=\mu$，$\mathrm{d}\varphi/\mathrm{d}s=\eta/r$，$\mathrm{d}z/\mathrm{d}s=\xi$，$\mathrm{d}\xi/\mathrm{d}s=0$ 和 $\mathrm{d}\omega/\mathrm{d}s=-\eta/r$，经过整理得到

$$\begin{aligned}\boldsymbol{\Omega}\cdot\nabla\phi&=\sqrt{1-\xi^2}\left[\cos\omega\frac{\partial\phi}{\partial r}+\frac{\sin\omega}{r}\left(\frac{\partial\phi}{\partial\varphi}-\frac{\partial\phi}{\partial\omega}\right)\right]+\xi\frac{\partial\phi}{\partial z}\\&=\mu\frac{\partial\phi}{\partial r}+\frac{\eta}{r}\frac{\partial\phi}{\partial\varphi}-\frac{\eta}{r}\frac{\partial\phi}{\partial\omega}+\xi\frac{\partial\phi}{\partial z}\end{aligned} \tag{1-55}$$

对于二维(r,z)情况，则式(1－55)中$\dfrac{\partial \phi}{\partial \varphi}=0$。有

$$\boldsymbol{\Omega}\cdot\nabla\phi=\mu\frac{\partial\phi}{\partial r}-\frac{\eta}{r}\frac{\partial\phi}{\partial\omega}+\xi\frac{\partial\phi}{\partial z}\tag{1-56}$$

同样，对于二维(r,φ)情况，则式(1－55)中的$\dfrac{\partial\phi}{\partial z}=0$。对于最简单的一维情况，则

$$\boldsymbol{\Omega}\cdot\nabla\phi=\mu\frac{\partial\phi}{\partial r}+\frac{\eta}{r}\left(\frac{\partial\phi}{\partial\varphi}-\frac{\partial\phi}{\partial\omega}\right)\tag{1-57}$$

3. 球坐标系

在球坐标系(见图 1－4)中空间坐标 $\boldsymbol{r}$ 用(r,θ,φ)表示，运动方向 $\boldsymbol{\Omega}$ 用χ、ω 角表示。

在实际问题中很少用到三维球坐标系，比较常用的是一维球对称情况，这时中子通量密度仅是位置坐标 $\boldsymbol{r}$(所讨论点 $\boldsymbol{r}$ 到球对称中心的距离)和方向角 χ(中子运动方向 $\boldsymbol{\Omega}$ 和 $\boldsymbol{r}$ 的夹角)的函数(见图 1－11)，令 $\mu=\cos\chi$，有

$$\boldsymbol{\Omega}\cdot\nabla\phi(r,E,\mu)=\frac{\mathrm{d}\phi}{\mathrm{d}s}=\frac{\partial\phi}{\partial r}\frac{\mathrm{d}r}{\mathrm{d}s}+\frac{\partial\mu}{\partial\mu}\frac{\mathrm{d}\mu}{\mathrm{d}s}\tag{1-58}$$

从图 1－11 所示的几何关系中有

$$\frac{\mathrm{d}r}{\mathrm{d}s}=\cos\chi=\mu$$

$$\frac{\mathrm{d}\mu}{\mathrm{d}s}=\frac{\partial\mu}{\partial\chi}\frac{\mathrm{d}\chi}{\mathrm{d}s}=-\sin\chi\left(-\frac{\sin\chi}{r}\right)=\frac{1-\mu^2}{4}$$

因而有

$$\boldsymbol{\Omega}\cdot\nabla\phi=\mu\frac{\partial\phi}{\partial r}+\frac{1-\mu^2}{r}\frac{\partial\phi}{\partial\mu}\tag{1-59}$$

用同样的方法可以求得三维球坐标系的 $\boldsymbol{\Omega}\cdot\nabla\phi$ 的表达式。

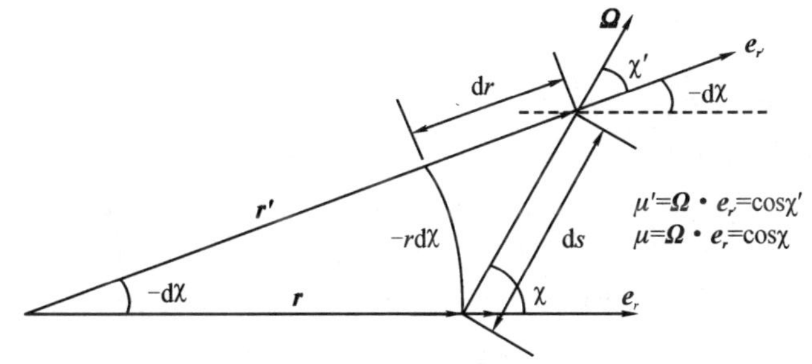

图 1－11　球对称情况中子运动的表示

对于各种坐标系中 $\boldsymbol{\Omega}\cdot\nabla\phi$ 的表达式，根据前面推导列于表 1－1 中。

表 1-1　不同坐标系中 $\boldsymbol{\Omega}\cdot\nabla\phi$ 的表达式

坐标	空间变量	方向变量	$\boldsymbol{\Omega}\cdot\nabla\phi$	$\mathrm{d}V$	$\int \mathrm{d}\boldsymbol{\Omega}$	
直角坐标系	z	θ	$\mu\dfrac{\partial\phi}{\partial x}$	$\mathrm{d}x$	$2\pi\int_{-1}^{+1}\mathrm{d}\mu$	参阅图 1-2 $\mu=\Omega_x=\cos\theta$ $\eta=\Omega_y=\sqrt{1-\mu^2}\cos\varphi$ $\xi=\Omega_z=\sqrt{1-\mu^2}\sin\varphi$
	x,y	θ,φ	$\mu\dfrac{\partial\phi}{\partial x}+\eta\dfrac{\partial\phi}{\partial y}$	$\mathrm{d}x\mathrm{d}y$	$\int_{-1}^{+1}\mathrm{d}\mu\int_0^{2\pi}\mathrm{d}\varphi$	
	x,y,z	θ,φ	$\mu\dfrac{\partial\phi}{\partial x}+\eta\dfrac{\partial\varphi}{\partial y}+\xi\dfrac{\partial\phi}{\partial z}$	$\mathrm{d}x\mathrm{d}y\mathrm{d}z$		
柱坐标系	r	θ,ω	$\mu\dfrac{\partial\phi}{\partial r}-\dfrac{\eta}{r}\dfrac{\partial\phi}{\partial\omega}$	$2\pi r\mathrm{d}r$	$\int_{-1}^{+1}\mathrm{d}\xi\int_0^{2\pi}\mathrm{d}\omega$	参阅图 1-3 $\mu=\Omega_r=\sqrt{1-\xi^2}\cos\omega$ $\eta=\Omega_\theta=\sqrt{1-\xi^2}\sin\omega$ $\xi=\Omega_z=\cos\theta$
	r,z	θ,ω	$\mu\dfrac{\partial\phi}{\partial r}-\dfrac{\eta}{r}\dfrac{\partial\phi}{\partial\omega}+\xi\dfrac{\partial\phi}{\partial z}$	$2\pi r\mathrm{d}r\mathrm{d}z$		
	r,φ	θ,ω	$\mu\dfrac{\partial\phi}{\partial r}+\dfrac{\eta}{r}\left(\dfrac{\partial\phi}{\partial\varphi}-\dfrac{\partial\phi}{\partial\omega}\right)$	$r\mathrm{d}r\mathrm{d}\varphi$		
	r,φ,z	θ,ω	$\mu\dfrac{\partial\phi}{\partial r}+\dfrac{\eta}{r}\dfrac{\partial\phi}{\partial\varphi}-\dfrac{\eta}{r}\dfrac{\partial\phi}{\partial\omega}+\xi\dfrac{\partial\phi}{\partial z}$	$r\mathrm{d}r\mathrm{d}\varphi\mathrm{d}z$		
球坐标系	r	χ	$\mu\dfrac{\partial\phi}{\partial r}+\dfrac{1-\mu^2}{r}\dfrac{\partial\phi}{\partial\mu}$	$4\pi r^2\mathrm{d}r$	$2\pi\int_{-1}^{+1}\mathrm{d}\mu$	参阅图 1-4 $\mu=\Omega_r=\cos\chi$ $\eta=\Omega_\theta=\sqrt{1-\mu^2}\cos\omega$ $\xi=\Omega_\varphi=\sqrt{1-\mu^2}\sin\omega$ ω 是 $\boldsymbol{r}$ 和 $\boldsymbol{\Omega}$ 形成平面与 $\boldsymbol{r}$ 和 z 轴形成平面的夹角
	r,θ,φ	χ,ω	$\mu\dfrac{\partial\phi}{\partial r}+\dfrac{\sqrt{1-\mu^2}}{r}\left(\dfrac{\sin\omega}{\sin\theta}\dfrac{\partial\phi}{\partial\varphi}+\cos\omega\dfrac{\partial\phi}{\partial\theta}-\sin\omega\cot\theta\dfrac{\partial\phi}{\partial\omega}\right)+\dfrac{1-\mu^2}{r}\dfrac{\partial\phi}{\partial\mu}$	$r^2\sin\theta\mathrm{d}r\cdot\mathrm{d}\theta\mathrm{d}\varphi$	$\int_{-1}^{+1}\mathrm{d}\mu\int_0^{2\pi}\mathrm{d}\omega$	

1.4　中子输运方程的守恒形式

1.4.1　在曲线坐标系中中子输运的角度再分布

从前文可知，对于不同的空间坐标系，所采用的用以表示中子运动方向的向量 $\boldsymbol{\Omega}$ 的坐标系也不相同，因而运动方向 $\boldsymbol{\Omega}$ 及 $\boldsymbol{\Omega}\cdot\nabla\phi$ 的表达式在不同空间坐标系中是不一样的(见图 1-2～图 1-4)。在直角坐标系中，$\boldsymbol{\Omega}$ 坐标系的坐标轴的方向($\boldsymbol{e}_x,\boldsymbol{e}_y,\boldsymbol{e}_z$)不随空间点 $\boldsymbol{r}(x,y,z)$ 的位置而改变，因此沿某个方向 $\boldsymbol{\Omega}$ 运动的中子，只要其实际运动的方向没有变化(即不发生散射)，则方向 $\boldsymbol{\Omega}$ 的坐标值在运动过程中的各个位置上也保持不变。但是，在曲线坐标系中，$\boldsymbol{\Omega}$ 坐标系的坐标轴(见图 1-3 中 $\boldsymbol{e}_r,\boldsymbol{e}_\theta$)的方向将随着空间点的位置坐标的改变而改变(见图 1-3、图 1-4)。因此，讨论中子在曲线坐标系中的运动时，即使中子沿着某一直线(其方向为 $\boldsymbol{\Omega}$)运动未发生任何碰撞，其实际的运动方向也并没有改变，然而其 $\boldsymbol{\Omega}$ 的坐标却沿其径迹位置发生不断的变化。如图 1-11 所示，球坐标系中，中子沿 $\boldsymbol{\Omega}$ 方向自 $\boldsymbol{r}$ 点运动到 $\boldsymbol{r}'$ 点时，尽管运动方向并没有发生变化，但 $\boldsymbol{\Omega}$ 的方向角却从 $\chi(\mu=\cos\chi)$ 改变为 $\chi'(\mu'=\cos\chi')$。注意到，建立中子输运方程时是在给定的空间和 $\boldsymbol{\Omega}$ 的坐标系内观察相空间($\boldsymbol{r}\times E\times\boldsymbol{\Omega}$)内基元 $\Delta V\Delta E\Delta\boldsymbol{\Omega}$ 内中子数的守恒关系，因而，当采用曲线坐标系时，在 ΔV 体积元内，即使中子的实际运动方向不变，总有一部分中子由于空间坐标的微小变化，例如图 1-11 中所示从 $\boldsymbol{r}$ 到 $\boldsymbol{r}'$，而引起 $\boldsymbol{\Omega}$ 坐标发生变化，使得这一部分中子移出了基元 $\Delta\boldsymbol{\Omega}$，而相反有另一部分中子则进入基元 $\Delta\boldsymbol{\Omega}$。所以，在曲线坐标系中，式(1-24)中的泄漏中子数应该包括两个部分，一部分是通过体积基元 ΔV 的表面泄漏出 ΔV 的净中子数，另一部分则是在 ΔV 内，由于方向坐标的改变而引起在 $\boldsymbol{\Omega}$ 空间“泄漏”或移出基元 $\Delta\boldsymbol{\Omega}$ 的损失。因此，在相空间($\boldsymbol{r}\times E\times\boldsymbol{\Omega}$)基元 $\Delta V\Delta\boldsymbol{\Omega}\Delta E$ 内中子的守恒关系在曲线坐标中应写成

$$L_{\mathrm{s}}\begin{pmatrix}\text{通过体积元表面}\\\text{泄漏的净中子数}\end{pmatrix}+L_{\mathrm{a}}\begin{pmatrix}\text{由于 }\boldsymbol{\Omega}\text{ 坐标变化}\\\text{“泄漏”出 }\Delta\boldsymbol{\Omega}\text{ 的}\\\text{净中子数}\end{pmatrix}+\text{移出数}=\text{产生数}\tag{1-60}$$

显然，在 $\mathrm{d}V$ 内若对所有方向积分，则由于角度坐标再分布引起的损失 L_{a} 应等于零。对于直角坐标系，由于不存在方向坐标的变化问题，L_{a} 项自然应等于零。另外，还可以发现角度坐标再分布的其他一些性质，例如，对于运动方向与球坐标或柱坐标中 $\boldsymbol{r}$ 径向一致时($\chi=0$ 或 $\omega=0$)的特定方向上不发生角度坐标的再分布。另外，只有 η 和 μ 发生方向坐标的变化而变量 ξ 则保持不变。

1.4.2 输运算符的守恒形式

我们知道，实际问题中的微分方程总是反映物理上的某种守恒定律，如质量守恒、粒子的数目守恒等。稳态中子输运方程(式(1－37))就是反映在相空间($\boldsymbol{r}\times E\times\boldsymbol{\Omega}$)的微元 $\mathrm{d}V\mathrm{d}E\mathrm{d}\boldsymbol{\Omega}$ 内中子数的守恒的，式(1－37)中每一项都清楚地表示中子守恒关系中的一个物理量，例如吸收率、产生率等。其中输运算符 $\boldsymbol{\Omega}\cdot\nabla\phi$ 表示中子的泄漏率，对于曲线坐标系，它包括通过体积元表面泄漏的中子数和由于运动方向角度坐标的改变而"泄漏"或移出 $\Delta\boldsymbol{\Omega}$ 的中子数。将 $\boldsymbol{\Omega}\cdot\nabla\phi\mathrm{d}V\mathrm{d}\boldsymbol{\Omega}$ 对微元体积和所有方向积分，便得到穿过微元表面积的中子数。

从前面的讨论知道，对于不同的坐标系，运动方向 $\boldsymbol{\Omega}$ 及输运算符 $\boldsymbol{\Omega}\cdot\nabla\phi$ 的表达式是不一样的，表 1－1 中列出了不同坐标系中 $\boldsymbol{\Omega}\cdot\nabla\phi$ 的表达式。自然，我们希望表 1－1 中所列的 $\boldsymbol{\Omega}\cdot\nabla\phi$ 的每一项都能对应地反映上述守恒关系(式(1－60))中的某个项(L_{s} 和 L_{a})，这样的关系式我们称之为输运算符的守恒形式。遗憾的是，我们发现对于曲线坐标系，表 1－1 中 $\boldsymbol{\Omega}\cdot\nabla\phi$ 的表达式各项并不能独立地清楚地表示出式(1－60)中泄漏项的物理意义。下面以一维球坐标系为例来加以说明。根据式(1－59)，有

$$\boldsymbol{\Omega}\cdot\nabla\phi(r,\mu)=\mu\frac{\partial\phi(r,\mu)}{\partial r}+\frac{1-\mu^2}{r}\frac{\partial\phi}{\partial\mu}\tag{1-61}$$

式(1－61)乘体积元 $\mathrm{d}V=4\pi r^2\mathrm{d}r$，并从 r_i 到 r_{i+1} 区间积分，对右端第一项积分得到

$$\mu\int_{r_i}^{r_{i+1}}4\pi r^2\frac{\partial\phi}{\partial r}\mathrm{d}r=\mu[S_{i+1}\phi(r_{i+1},\mu)-S_i\phi(r_i,\mu)]-8\pi\mu\int_{r_i}^{r_{i+1}}r\phi(r,\mu)\mathrm{d}r$$

式中，$S_i=4\pi r_i^2$ 为半径 r_i 处的球表面积。可以看到上式右端第一项就是通过体积元表面泄漏出 ΔV 的净中子数(L_{s})，因而 $8\pi\mu\int_{r_i}^{r_{i+1}}r\phi(r,\mu)\mathrm{d}r$ 和式(1－61)中右端第二项合在一起应当等于式(1－60)中由角坐标变化引起的损失项 L_{a}。因此，式(1－61)中每一个单项独立地看都没有明确的物理意义。

然而，除了表 1－1 所示外，我们还可以用另外一种形式来表示 $\boldsymbol{\Omega}\cdot\nabla\phi$，事实上

$$\boldsymbol{\Omega}\cdot\nabla\phi+\phi\nabla\cdot\boldsymbol{\Omega}=\nabla\cdot\boldsymbol{\Omega}\phi\tag{1-62}$$

可以证明，$\nabla\cdot\boldsymbol{\Omega}=0$，因而

$$\boldsymbol{\Omega}\cdot\nabla\phi=\nabla\cdot\boldsymbol{\Omega}\phi\tag{1-63}$$

将式(1－63)对体积和方向积分，有

$$\int_{\boldsymbol{\Omega}}\int_V \boldsymbol{\Omega}\cdot\nabla\phi\,\mathrm{d}V\mathrm{d}\boldsymbol{\Omega}=\int_{\boldsymbol{\Omega}}\int_V \nabla\cdot\boldsymbol{\Omega}\phi\,\mathrm{d}V\mathrm{d}\boldsymbol{\Omega}=\int_V \nabla\cdot\boldsymbol{J}\,\mathrm{d}V=\oiint_S \boldsymbol{J}\cdot\mathrm{d}\boldsymbol{S}$$

便得到表面流。

这里 $\boldsymbol{\Omega}\cdot\nabla\phi$ 是向量 $\boldsymbol{J}=\boldsymbol{\Omega}\phi$ 的散度。$\nabla\cdot\boldsymbol{\Omega}\phi$ 与 $\boldsymbol{\Omega}\cdot\nabla\phi$ 显然等价，但在曲线坐标系下，由于方向坐标与空间变量有关，其形式是不同的。通常把 $\nabla\cdot\boldsymbol{\Omega}\phi$ 的表示式称为输运算符的守恒形式。仍以球坐标系为例来加以说明。对于一维球坐标系，有

$$\boldsymbol{\Omega}\cdot\nabla\phi(r,\mu)=\nabla\cdot\boldsymbol{\Omega}\phi(r,\mu)=\frac{\mu}{r^2}\frac{\partial(r^2\phi)}{\partial r}+\frac{1}{r}\frac{\partial[(1-\mu^2)\phi]}{\partial\mu}\tag{1-64}$$

以体积元 $4\pi r^2\mathrm{d}r$ 乘式(1-64)，并在 $[r_i,r_{i+1}]$ 区间上积分，右端第一项便等于

$$\mu\int_{r_i}^{r_{i+1}}4\pi\frac{\partial(r^2\phi)}{\partial r}\mathrm{d}r=\mu[S_{i+1}\phi(r_{i+1},\mu)-S_i\phi(r_i,\mu)]\tag{1-65}$$

这正是 ΔV 的中子净泄漏数 L_s。因此，式(1-64)右端第二项应是表示角度坐标变化引起的损失 L_a。显然，将它对所有方向积分，必然应该等于零，即

$$\frac{1}{r}\int_{-1}^{+1}\frac{\partial[(1-\mu^2)\phi]}{\partial\mu}\mathrm{d}\mu=0\tag{1-66}$$

因此，式(1-64)中每一项都有明确的泄漏率(L_s 和 L_a)的意义。称式(1-64)为输运算符 $\boldsymbol{\Omega}\cdot\nabla\phi$ 在一维球坐标系中的守恒形式。所谓守恒形式是指表示式中的每一项都表示守恒关系式(1-60)中的某个项，并有明确的物理意义。例如式(1-61)就不是守恒式。表 1-2 中分别列出了直角坐标系、柱坐标系和球坐标系中中子输运方程的守恒形式的表达式。

可以看出，输运算符的守恒形式中带有空间变量偏导数的项乘小体积元和立体角元后积分便可直接得出流出体积元各表面的中子数，即泄漏率(L_s)；将带有方向自变量偏导数的项与立体角元 $\mathrm{d}\boldsymbol{\Omega}$ 相乘后再积分便代表方向角度坐标变化对泄漏的修正项。若将修正项对所有方向积分，则它便应等于零(见式(1-66))。

表 1-2　$\boldsymbol{\Omega}\cdot\nabla\phi$ 的守恒形式

坐标系	空间变量	方向变量	$\boldsymbol{\Omega}\cdot\nabla\phi=\nabla\cdot\boldsymbol{\Omega}$
直*角坐标系	x	μ	$\mu\frac{\partial\phi}{\partial x}$
	x,y	μ,η	$\mu\frac{\partial\phi}{\partial x}+\eta\frac{\partial\phi}{\partial y}$
	x,y,z	μ,η,ξ	$\mu\frac{\partial\phi}{\partial x}+\eta\frac{\partial\phi}{\partial y}+\xi\frac{\partial\phi}{\partial z}$

续表

坐标系	空间变量	方向变量	$\boldsymbol{\Omega}\cdot\nabla\phi=\nabla\cdot\boldsymbol{\Omega}$
柱坐标系	r	θ,ω	$\frac{\mu}{r}\frac{\partial(r\phi)}{\partial r}-\frac{1}{r}\frac{\partial(\eta\phi)}{\partial\omega}$
	r,z	θ,ω	$\frac{\mu}{r}\frac{\partial(r\phi)}{\partial r}+\xi\frac{\partial\phi}{\partial z}-\frac{1}{r}\frac{\partial(\eta\phi)}{\partial\omega}$
	r,φ	θ,ω	$\frac{\mu}{r}\frac{\partial(r\phi)}{\partial r}+\frac{\eta}{r}\frac{\partial\phi}{\partial\varphi}-\frac{1}{r}\frac{\partial(\eta\phi)}{\partial\omega}$
	r,φ,z	θ,ω	$\frac{\mu}{r}\frac{\partial(r\phi)}{\partial r}+\frac{\eta}{r}\frac{\partial\phi}{\partial\varphi}+\xi\frac{\partial\phi}{\partial z}-\frac{1}{r}\frac{\partial(\eta\phi)}{\partial\omega}$
球*坐标系	r	μ	$\frac{\mu}{r^2}\frac{\partial(r^2\phi)}{\partial r}+\frac{1}{r}\frac{\partial[(1-\mu^2)\phi]}{\partial\mu}$
	r,θ	μ,ω	$\frac{\mu}{r^2}\frac{\partial(r^2\phi)}{\partial r}+\frac{\eta}{r\sin\theta}\frac{\partial(\sin\theta\phi)}{\partial\theta}+\frac{1}{r}\frac{\partial[(1-\mu^2)\phi]}{\partial\mu}-\frac{\cot\theta}{r}\frac{\partial(\xi\phi)}{\partial\omega}$
	r,θ,φ	μ,ω	$\frac{\mu}{r^2}\frac{\partial(r^2\phi)}{\partial r}+\frac{\eta}{r\sin\theta}\frac{\partial(\sin\theta\phi)}{\partial\theta}+\frac{\xi}{r\cos\theta}\frac{\partial\phi}{\partial\varphi}+$ $\frac{1}{r}\frac{\partial[(1-\mu^2)\phi]}{\partial\mu}-\frac{\cot\theta}{r}\frac{\partial(\xi\phi)}{\partial\omega}$

注：* 表示 μ,η,ξ 的表示式参阅表 1-1 中相应的公式。

同样可以证明，在柱坐标系中角度再分配项为

$$\frac{1}{r}\frac{\partial(\eta\phi)}{\partial\omega} \tag{1-67}$$

而对于球坐标系，两个方向的角度再分配项分别为

$$\frac{1}{r}\frac{\partial[(1-\mu^2)\phi]}{\partial\mu}\quad 和 \quad \frac{\cot\theta}{r}\frac{\partial(\xi\phi)}{\partial\omega} \tag{1-68}$$

守恒形式的输运方程中每一项都具有明确的物理意义。这一性质使其在推导差分近似方程时有很大的优越性。由它导出的差分方程的相应项也同样具有守恒的性质，这使得差分方程具有更好的收敛性和计算稳定性。因此，在讨论中子输运方程的数值求解时，所有数值过程都是从守恒形式的中子输运方程出发进行离散和数值求解的。

1.5 中子输运方程的积分形式

前面求出的中子输运方程式(1-36)是一个一阶微分-积分方程。根据中子数目守恒原理从另一个角度可以求得输运方程的另一种形式——积分形式。可以证

明，这两种形式的输运方程在数学上是等价的。在一般情况下，积分形式的输运方程用得比较少，这是因为微分方程的近似或数值求解要比积分方程容易得多。然而，对于某些反应堆物理问题，积分方程却更为方便，而且只须作一般的努力就可以得出比较精确的结果。例如，在研究中子在非均匀介质中的吸收、栅元或组件的能谱计算以及反应堆计算中常用的碰撞概率方法（有时称积分输运理论）中，都广泛地应用积分形式的中子输运方程。

1.5.1　中子积分输运方程

首先由中子数目守恒的基本原理推导出中子输运的积分方程，然后再证明它与微分-积分形式的中子输运方程的等价性。如图 1-12 所示，设在 $\boldsymbol{r}$ 处有一垂直于 $\boldsymbol{\Omega}$ 的小面积元 $\mathrm{d}A$，那么，t 时刻单位时间内沿 $\boldsymbol{\Omega}$ 方向穿过 $\mathrm{d}A$ 的能量为 E 的单位能量间隔内的中子数，根据中子角通量密度定义，其为

$$n(\boldsymbol{r},E,\boldsymbol{\Omega},t)v\mathrm{d}A=\phi(\boldsymbol{r},E,\boldsymbol{\Omega},t)\mathrm{d}A \tag{1-69}$$

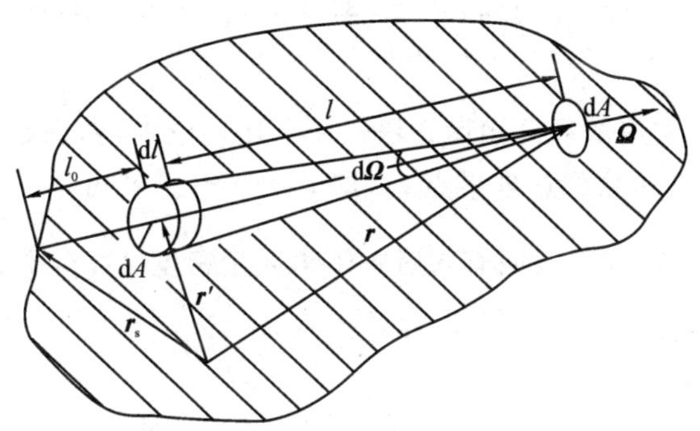

图 1-12　积分输运方程的推导

另一方面，这些中子来自于在 $\boldsymbol{r}'=\boldsymbol{r}-l\boldsymbol{\Omega}$ 处体积元 $\mathrm{d}l\mathrm{d}A$ 内，其在 $t'=t-\dfrac{l}{v}$ 时刻内每秒由于散射、裂变和中子源所产生的能量为 E。运动方向为 $\boldsymbol{\Omega}$ 的单位立体角元内的中子数目，可根据式(1-34)求得，即

$$Q(\boldsymbol{r}',E,\boldsymbol{\Omega},t-\frac{l}{v})=Q_{\mathrm{s}}(\boldsymbol{r}',E,\boldsymbol{\Omega},t-\frac{l}{v})+Q_{\mathrm{f}}(\boldsymbol{r}',E,\boldsymbol{\Omega},t-\frac{l}{v})+S(\boldsymbol{r}',E,\boldsymbol{\Omega},t-\frac{l}{v}) \tag{1-70}$$

式中，

$$Q_{\mathrm{s}}(\boldsymbol{r},E,\boldsymbol{\Omega},t-\frac{t}{v})=\int_0^{\infty}\mathrm{d}E'\int_{\boldsymbol{\Omega}'}\Sigma_{\mathrm{s}}(\boldsymbol{r}-l\boldsymbol{\Omega};E',\boldsymbol{\Omega}'\rightarrow E,\boldsymbol{\Omega})\phi(\boldsymbol{r}-l\boldsymbol{\Omega},E',\boldsymbol{\Omega}',t-\frac{l}{v})\mathrm{d}\boldsymbol{\Omega}' \tag{1-71}$$

式中，把散射函数项式(1-27)简写为

$$\Sigma_s(\boldsymbol{r}-l\boldsymbol{\Omega};E',\boldsymbol{\Omega}'\to E,\boldsymbol{\Omega})=\Sigma_s(\boldsymbol{r}-l\boldsymbol{\Omega};E')f(\boldsymbol{r}-l\boldsymbol{\Omega};E'\to E,\boldsymbol{\Omega}'\to\boldsymbol{\Omega}) \tag{1-72}$$

$$Q_f(\boldsymbol{r}',E,\boldsymbol{\Omega},t')=\frac{\chi(E)}{4\pi}\int_0^{\infty}\mathrm{d}E'\int_{\boldsymbol{\Omega}'}\nu(E')\Sigma_f(\boldsymbol{r}',E')\phi(\boldsymbol{r}',E',\boldsymbol{\Omega}',t')\mathrm{d}\boldsymbol{\Omega}' \tag{1-73}$$

$S(\boldsymbol{r}',E,\boldsymbol{\Omega},t-\frac{l}{v})$为外中子源项。在$\boldsymbol{r}'=\boldsymbol{r}-l\boldsymbol{\Omega}$处一个中子沿$\boldsymbol{\Omega}$方向不受碰撞(一旦碰撞便改变了运动方向或消失)而到达dA的概率为

$$\exp\left[-\int_0^l\Sigma_t(\boldsymbol{r}-l'\boldsymbol{\Omega},E)\mathrm{d}l'\right] \tag{1-74}$$

这样，t时刻单位时间内在$\boldsymbol{r}'=\boldsymbol{r}-l\boldsymbol{\Omega}$处，体积元内所产生的中子数沿$\boldsymbol{\Omega}$方向到达并穿过d$A$的中子数便等于式(1-70)和式(1-74)的乘积。若对此乘积沿整个l积分，自然就应该等于式(1-69)的数值，于是得到

$$\phi(\boldsymbol{r},E,\boldsymbol{\Omega},t)=\int_0^{\infty}\exp\left[-\int_0^l\Sigma_t(\boldsymbol{r}-l'\boldsymbol{\Omega},E)\mathrm{d}l'\right]Q(\boldsymbol{r}-l\boldsymbol{\Omega},E,\boldsymbol{\Omega},t-\frac{l}{v})\mathrm{d}l \tag{1-75}$$

这就是**中子角通量密度的积分输运方程**。在上述讨论中，如果是有界介质，则对l的积分不必到达∞，只须到达外界点$\boldsymbol{r}_s$，即$l=|\boldsymbol{r}-\boldsymbol{r}_s|$就可以了，外表面则由1.3节所述边界条件确定，如果表面有入射中子角通量密度$\phi(\boldsymbol{r}_s,E,\boldsymbol{\Omega},t-\frac{|\boldsymbol{r}-\boldsymbol{r}_s|}{v})$，则式(1-75)便可写成

$$\begin{aligned}&\phi(\boldsymbol{r},E,\boldsymbol{\Omega},t)=\\&\phi\left(\boldsymbol{r}_s,E,\boldsymbol{\Omega},t-\frac{|\boldsymbol{r}-\boldsymbol{r}_s|}{v}\right)\exp\left[-\int_0^{|\boldsymbol{r}-\boldsymbol{r}_s|}\Sigma_t(\boldsymbol{r}-l'\boldsymbol{\Omega},E)\mathrm{d}l'\right]+\\&\int_0^{|\boldsymbol{r}-\boldsymbol{r}_s|}\exp\left[-\int_0^l\Sigma_t(\boldsymbol{r}-l'\boldsymbol{\Omega},E)\mathrm{d}l'\right]Q(\boldsymbol{r}-l\boldsymbol{\Omega},E,\boldsymbol{\Omega},t-\frac{l}{v})\mathrm{d}l\end{aligned} \tag{1-76}$$

这里$\boldsymbol{r}'=\boldsymbol{r}-l\boldsymbol{\Omega}$、$t'=t-\frac{l}{v}$为特征线方程，可以把方程式(1-75)、式(1-76)的积分推广为体积分。根据δ(克罗内克)函数性质有

$$f(\boldsymbol{\Omega})=\int_{4\pi}f(\boldsymbol{\Omega})\delta(\boldsymbol{\Omega}\cdot\boldsymbol{\Omega}'-1)\mathrm{d}\boldsymbol{\Omega}' \tag{1-77}$$

同时注意到

$$\boldsymbol{\Omega}'=\frac{\boldsymbol{r}-\boldsymbol{r}'}{|\boldsymbol{r}-\boldsymbol{r}'|},\quad l=|\boldsymbol{r}-\boldsymbol{r}'|,\quad \mathrm{d}l\mathrm{d}\boldsymbol{\Omega}'=\frac{\mathrm{d}V'}{|\boldsymbol{r}-\boldsymbol{r}'|^2}$$

式(1-75)和式(1-76)便改写成全空间形式的积分输运方程，即

$$\phi(\boldsymbol{r},E,\boldsymbol{\Omega},t)=\phi(\boldsymbol{r}_s,E,\boldsymbol{\Omega},t')\mathrm{e}^{-\tau(E,\boldsymbol{r}'-\boldsymbol{r})}+$$

$$\int_V \int \frac{\exp[-\tau(E,\boldsymbol{r}'\to\boldsymbol{r})]}{|\boldsymbol{r}'-\boldsymbol{r}|^2}\delta\left(\boldsymbol{\Omega}\cdot\frac{\boldsymbol{r}-\boldsymbol{r}'}{|\boldsymbol{r}-\boldsymbol{r}'|}-1\right)\delta\left(t'-\left(t-\frac{|\boldsymbol{r}-\boldsymbol{r}'|}{v}\right)\right)\times$$
$$\left\{\int_0^\infty \mathrm{d}E'\int_{\boldsymbol{\Omega}'}\Sigma_s(\boldsymbol{r}';\boldsymbol{\Omega}',E'\to\boldsymbol{\Omega},E)\phi(\boldsymbol{r}',E',\boldsymbol{\Omega}',t')\mathrm{d}\boldsymbol{\Omega}'+\right.$$
$$\left.Q_f(\boldsymbol{r}',E,\boldsymbol{\Omega},t')+S(\boldsymbol{r}',E,\boldsymbol{\Omega},t')\right\}\mathrm{d}t'\mathrm{d}V' \tag{1-78}$$

式中，

$$\tau(E,\boldsymbol{r}'\to\boldsymbol{r})=\int_0^{|\boldsymbol{r}'-\boldsymbol{r}|}\Sigma_t(l',E)\mathrm{d}l'$$

式中，对 l' 的积分是沿 $\boldsymbol{r}'\to\boldsymbol{r}$ 的路径进行的；$\tau(E,\boldsymbol{r}'\to\boldsymbol{r})$ 称为连接 $\boldsymbol{r}'$ 与 $\boldsymbol{r}$ 点的直线路径的“光学距离”，也就是以平均自由程 $\lambda=1/\Sigma_t$ 作为单位度量的距离。当 Σ_t 等于常数时，τ 便等于 $|\boldsymbol{r}'-\boldsymbol{r}|/\lambda$。方程式(1-78)便是所要求的关于中子角通量密度的全空间形式的积分输运方程。稳态时，对于自由表面，式(1-78)便简化为

$$\phi=(\boldsymbol{r},E,\boldsymbol{\Omega})=\int_V \frac{\exp[-\tau(E,\boldsymbol{r}'\to\boldsymbol{r}]}{|\boldsymbol{r}'-\boldsymbol{r}|^2}\delta(\boldsymbol{\Omega}\cdot\frac{\boldsymbol{r}-\boldsymbol{r}'}{|\boldsymbol{r}-\boldsymbol{r}'|}-1)\left\{\int_0^\infty \mathrm{d}E'\times\right.$$
$$\int_{\boldsymbol{\Omega}'}\Sigma_s(\boldsymbol{r}';E',\boldsymbol{\Omega}'\to E,\boldsymbol{\Omega})\phi(\boldsymbol{r}',E',\boldsymbol{\Omega}')\mathrm{d}\boldsymbol{\Omega}'+Q_f(\boldsymbol{r}',E,\boldsymbol{\Omega})+$$
$$\left.S(\boldsymbol{r}',E,\boldsymbol{\Omega})\right\}\mathrm{d}V' \tag{1-79}$$

从前面的讨论可以看到，积分输运方程和微分-积分输运方程一样具有中子守恒的物理意义。事实上，方程式(1-75)和式(1-78)中源 $Q(\boldsymbol{r}',E,\boldsymbol{\Omega},t')$ 项便是 $\boldsymbol{r}'$ 处单位时间内产生的能量为 E，运动方向为 $\boldsymbol{\Omega}$ 的中子数，$\exp[-\tau(E,\boldsymbol{r}'\to\boldsymbol{r})]$ 则为减弱因子，因而式(1-78)中等号右端的积分项就是 $\boldsymbol{r}'$ 处所产生的中子对 $\boldsymbol{r}$ 处的中子角通量密度的贡献，而式(1-78)则表示 $\boldsymbol{r}$ 处的中子角通量密度应是全部空间所有 $\boldsymbol{r}'$ 点对 $\boldsymbol{r}$ 点所形成的中子角通量密度的贡献的总和。所不同的是，微分-积分输运方程是建立在相空间的微元内中子守恒原理上的，而积分输运方程是建立在整个系统空间内的中子守恒原理上的。

在各向同性散射和各同性源的情况下，式(1-78)和式(1-79)要加以简化，这时有

$$\Sigma_s(\boldsymbol{r};E',\boldsymbol{\Omega}'\to E,\boldsymbol{\Omega})=\frac{1}{4\pi}\Sigma_s(\boldsymbol{r};E'\to E)$$

因而，由式(1-34)有

$$Q(\boldsymbol{r},E,\boldsymbol{\Omega})=\frac{1}{4\pi}Q(\boldsymbol{r},E)=\frac{1}{4\pi}\left[\int_0^\infty\Sigma_s(\boldsymbol{r};E'\to E)\phi(\boldsymbol{r},E')\mathrm{d}E'+\right.$$
$$\left.\chi(E)\int_0^\infty\nu\Sigma_f(\boldsymbol{r},E')\phi(\boldsymbol{r},E')\mathrm{d}E'+S(\boldsymbol{r},E)\right] \tag{1-80}$$

式中，右端积分号内原来的角通量密度已经通过对 $\boldsymbol{\Omega}'$ 的积分用总通量密度 $\phi(\boldsymbol{r},E')$ 替代了。

将式(1-80)代入式(1-79)并将式(1-79)两边对所有 $\boldsymbol{\Omega}$ 积分，这样便得到

$$\phi(\boldsymbol{r},E)=\int_V Q(\boldsymbol{r}',E)[\exp[-\tau(E,\boldsymbol{r}'\rightarrow\boldsymbol{r})]/(4\pi\mid\boldsymbol{r}'-\boldsymbol{r}\mid^2)]\mathrm{d}V' \tag{1-81}$$

对于系统表面具有入射中子角通量密度时，同时注意到 $\boldsymbol{\Omega}=(\boldsymbol{r}-\boldsymbol{r}_s)/|\boldsymbol{r}-\boldsymbol{r}_s|$，$\mathrm{d}\boldsymbol{\Omega}=\mathrm{d}S(\boldsymbol{\Omega}\cdot\boldsymbol{n}^-)/|\boldsymbol{r}-\boldsymbol{r}_s|^2$，则由式(1-81)便得到

$$\begin{aligned}\phi(\boldsymbol{r},E)=&\int_V\frac{\exp[-\tau(E,\boldsymbol{r}'\rightarrow\boldsymbol{r})]}{4\pi\mid\boldsymbol{r}'-\boldsymbol{r}\mid^2}Q(\boldsymbol{r}',E)\mathrm{d}V'+\\&\int_S\left(\frac{\boldsymbol{r}-\boldsymbol{r}_s}{\mid\boldsymbol{r}-\boldsymbol{r}_s\mid}\cdot\boldsymbol{n}^-\right)\phi\left(\boldsymbol{r}_s,E,\frac{\boldsymbol{r}-\boldsymbol{r}_s}{\mid\boldsymbol{r}-\boldsymbol{r}_s\mid}\right)\frac{\exp[-\tau(E,\boldsymbol{r}_s-\boldsymbol{r})]}{\mid\boldsymbol{r}-\boldsymbol{r}_s\mid^2}\mathrm{d}S\end{aligned} \tag{1-82}$$

式中，右端第二项对 S 的积分是对系统的外表面 S 进行的，$\boldsymbol{n}^-$ 表示表面的单位内法线向量。

式(1-81)和式(1-82)便是所要求的关于中子通量密度 $\phi(\boldsymbol{r},E)$ 的积分形式中子输运方程。这个方程具有明显的物理意义。它表达了空间任意点 $\boldsymbol{r}'$ 的中子通量密度 $\phi(\boldsymbol{r},E)$ 应等于单位时间内从系统内所有其他点 $\boldsymbol{r}'$ 产生的源中子未经碰撞穿过 $\boldsymbol{r}$ 的中子数的总和这一守恒原则。

对于单能、均匀介质，各向同性中子源分布，则式(1-81)便进一步简化为

$$\begin{aligned}\phi(\boldsymbol{r})&=\int_{\text{全部空间}}\frac{\mathrm{e}^{-\Sigma_t|\boldsymbol{r}'-\boldsymbol{r}|}}{4\pi\mid\boldsymbol{r}'-\boldsymbol{r}\mid^2}Q(\boldsymbol{r}')\mathrm{d}\boldsymbol{r}'\\&=\int_{\text{全部空间}}K(\mid\boldsymbol{r}'-\boldsymbol{r}\mid)Q(\boldsymbol{r}')\mathrm{d}\boldsymbol{r}'\end{aligned} \tag{1-83}$$

$$K(\mid\boldsymbol{r}'-\boldsymbol{r}\mid)=\exp[-\Sigma_t\mid\boldsymbol{r}'-\boldsymbol{r}\mid]/(4\pi\mid\boldsymbol{r}'-\boldsymbol{r}\mid^2) \tag{1-84}$$

积分方程式(1-83)亦称为派尔斯方程。积分核 $K(|\boldsymbol{r}'-\boldsymbol{r}|)$ 就是均匀介质中的单位各向同性源的格林函数。从物理上说它等于由 $\boldsymbol{r}'$ 处各向同性单位点源 $\delta(\boldsymbol{r}-\boldsymbol{r}')$ 对 $\boldsymbol{r}$ 处的中子通量密度的贡献。其他形式的积分输运方程中类似的积分核也同样都是格林函数。

1.5.2 微分-积分输运方程和积分输运方程的等价性

现在来证明微分-积分输运方程和积分输运方程的等价性。这只须证明从微分-积分方程式(1-36)可以直接导出积分运方程式(1-75)或式(1-76)就可以了。

按照式(1-36)，输运方程可以写成

$$\frac{1}{v}\frac{\partial\phi}{\partial t}+\boldsymbol{\Omega}\cdot\nabla\phi+\Sigma_t\phi=Q(\boldsymbol{r},E,\boldsymbol{\Omega},t) \tag{1-85}$$

其源项 $Q(\boldsymbol{r},E,\boldsymbol{\Omega},t)$ 由式(1-34)(或式(1-31)、式(1-32)、式(1-33))确定。在直角坐标系下式(1-85)左端第一、二(导数)项可以写成

$$\frac{1}{v}\frac{\partial \phi}{\partial t}+\Omega_x\frac{\partial \phi}{\partial x}+\Omega_y\frac{\partial \phi}{\partial y}+\Omega_z\frac{\partial \phi}{\partial z} \tag{1-86}$$

设 l 为沿中子移动方向的距离(见图 1-12),便得到

$$\frac{\mathrm{d}t}{\mathrm{d}l}=\frac{1}{v}\text{,其解是 } t=t'+\frac{l}{v}\text{;}\frac{\mathrm{d}x}{\mathrm{d}s}=\Omega_x\text{,其解为 } x=x'+l\Omega_x$$

$$\frac{\mathrm{d}y}{\mathrm{d}s}=\Omega_y\text{,其解是 } y=y'+l\Omega_y\text{;}\frac{\mathrm{d}z}{\mathrm{d}s}=\Omega_z\text{,其解为 } z=z'+l\Omega_z$$

上面的后三个方程可综合写成

$$\frac{\mathrm{d}l}{\mathrm{d}x}=\boldsymbol{\Omega}\text{,其解为 } \boldsymbol{r}=\boldsymbol{r}'+l\boldsymbol{\Omega}$$

式中,t'、x'、y'、z'和 $\boldsymbol{r}'$为任意常数及向量。$\boldsymbol{r}(l)$称为微分方程的特征曲线,当 $\boldsymbol{\Omega}$ 和 E 固定时,对每一个 $\boldsymbol{r}'$和 t'均有一条曲线通过该点。沿特征曲线相应的全导数为

$$\frac{\mathrm{d}\phi(\boldsymbol{r},E,\boldsymbol{\Omega},t)}{\mathrm{d}l}=\frac{\partial \phi}{\partial t}\frac{\mathrm{d}t}{\mathrm{d}l}+\frac{\partial \phi}{\partial x}\frac{\mathrm{d}x}{\mathrm{d}l}+\frac{\partial \phi}{\partial y}\frac{\mathrm{d}y}{\mathrm{d}l}+\frac{\partial \phi}{\partial z}\frac{\mathrm{d}z}{\mathrm{d}l} \tag{1-87}$$

因而式(1-85)可以写成

$$\frac{\mathrm{d}\phi\left[\boldsymbol{r}'+l\boldsymbol{\Omega},E,\boldsymbol{\Omega},t'+\dfrac{l}{v}\right]}{\mathrm{d}l}+\Sigma_t(\boldsymbol{r}'+l\boldsymbol{\Omega},E)\phi=$$

$$Q(\boldsymbol{r}'-l\boldsymbol{\Omega},E,\boldsymbol{\Omega},t'+\frac{l}{v}) \tag{1-88}$$

它的边界条件为

$$\phi(\boldsymbol{r}',E,\boldsymbol{\Omega},t)\Big|_{\substack{\boldsymbol{r}'-\boldsymbol{r}_s\\ t=t_0}}=\begin{cases}0, & \text{自由边界}\\ \phi(\boldsymbol{r}_s,E,\boldsymbol{\Omega},t_0), & \text{有入射流情况}\end{cases} \tag{1-89}$$

式中,$\boldsymbol{r}_s=\boldsymbol{r}'-l_0\boldsymbol{\Omega}$,$l_0$ 是系统的外表面与方向向量$-\boldsymbol{\Omega}$ 的交点到 $\boldsymbol{r}'$的距离;$t_0=t'-\dfrac{|\boldsymbol{r}-\boldsymbol{r}_s|}{v}$。

式(1-88)是一个关于 $\phi(\boldsymbol{r}'+l\boldsymbol{\Omega},E,\boldsymbol{\Omega},t'+\dfrac{l}{v})$的线性一阶微分方程。由常微分方程理论可知,式(1-88)在 $\boldsymbol{r}_s$、t_0,满足式(1-89)起始(边界)条件下的通解为[①]

$$\phi(\boldsymbol{r},E,\boldsymbol{\Omega},t)=\phi(\boldsymbol{r}_s,E,\boldsymbol{\Omega},t_0)\exp[-\tau(E,\boldsymbol{r}_s\to\boldsymbol{r})]+$$

$$\int_0^{|\boldsymbol{r}-\boldsymbol{r}_s|}\mathrm{e}^{-\tau(E,\boldsymbol{r}'\to\boldsymbol{r})}Q(\boldsymbol{r}-l\boldsymbol{\Omega},E,\boldsymbol{\Omega},t-\frac{l}{v})\mathrm{d}l \tag{1-90}$$

式中,源项 $Q(\boldsymbol{r}-l\boldsymbol{\Omega},E,\boldsymbol{\Omega},t')$由式(1-34)或式(1-70)确定。可以看到,式(1-

① 参看 B. H. 斯米尔诺夫所著《高等数学教程》(高等教育出版社,1960 年)第二卷第一分册,第一章。

90)和式(1-76)一样,它就是所要求的关于中子角通量密度的积分输运方程。这也证明了两种输运方程的等价性。

1.6 稳态输运方程的本征值问题

一般情况的中子输运方程式(1-36)可以写成

$$\frac{1}{v}\frac{\partial \phi}{\partial t}+\boldsymbol{L}\phi=\boldsymbol{F}\phi+\boldsymbol{S} \tag{1-91}$$

式中,$\phi=\phi(\boldsymbol{r},E,\boldsymbol{\Omega},t)$;输运算符 $\boldsymbol{L}$ 和 $\boldsymbol{F}$ 分别为

$$\boldsymbol{L}\phi=\boldsymbol{\Omega}\cdot\nabla\phi+\Sigma_{\mathrm{t}}\phi-\int_0^{\infty}\mathrm{d}E'\int_{\boldsymbol{\Omega}'}\Sigma_{\mathrm{s}}(\boldsymbol{r};E',\boldsymbol{\Omega}'\rightarrow E,\boldsymbol{\Omega})\cdot \phi(\boldsymbol{r},E',\boldsymbol{\Omega}',t)\mathrm{d}\boldsymbol{\Omega}' \tag{1-92}$$

$$\boldsymbol{F}\phi=\frac{\chi(E)}{4\pi}\int_0^{\infty}\mathrm{d}E'\int_{\boldsymbol{\Omega}'}\nu\Sigma_{\mathrm{f}}(E')\phi(\boldsymbol{r},E',\boldsymbol{\Omega}',t)\mathrm{d}\boldsymbol{\Omega}' \tag{1-93}$$

输运方程式(1-91)对于增殖与非增殖介质的行径是不同的。对于非增殖介质,式(1-91)的解总是存在的。当引入的源与时间无关时,其最终将达到一个平衡的解,是满足非齐次稳态方程

$$\boldsymbol{L}\phi=\boldsymbol{S}$$

的解。对于增殖介质,由于裂变中子的存在,其解的情况就复杂得多。在给定系统的成分和几何条件下,根据中子密度分布随时间的变化情况可以把系统分为次临界的、临界的和超临界的三种情况。如果对于非零的初始中子密度分布,在以后的时间里,即当 $t\rightarrow\infty$ 时,除非用一个内部或外部的中子源来维持,否则中子密度将趋于零,则称这样的系统是次临界系统。反之,从任何一个非零通量密度开始或有源时,如果中子密度在以后的时间内发散,则称此系统是超临界系统。最后,临界系统定义为能够在无源的情况下保持一个稳定的,与时间无关的中子密度分布的系统。图1-13定性地表示在临界、次临界和超临界系统内中子通量密度随时间变化的情况。

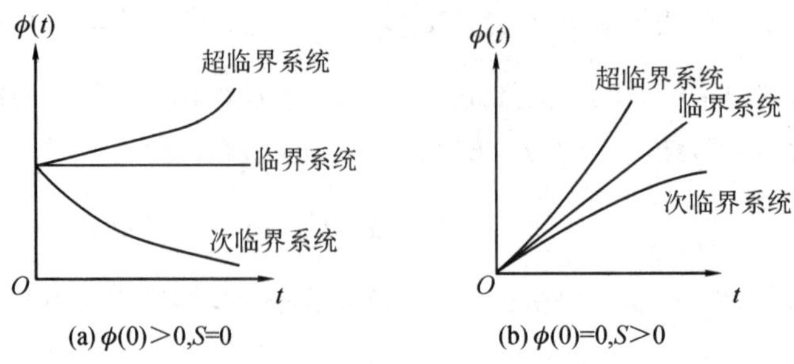

图1-13 增值介质内中子通量密度随时间的变化

1.6.1　k 本征值问题

从前面讨论知道，数学上所谓的系统处于临界状态，也就是对于下面稳态无源的齐次问题存在有非负的非零解：

$$\boldsymbol{L}\phi = \boldsymbol{F}\phi \tag{1-94}$$

式中，$\phi = \phi(\boldsymbol{r}, E, \boldsymbol{\Omega})$，并满足一定的边界条件，例如

$$\phi(\boldsymbol{r}, E, \boldsymbol{\Omega}) = 0, \quad \boldsymbol{r} \in \Gamma, \quad (\boldsymbol{n} \cdot \boldsymbol{\Omega}) < 0$$

式(1-94)是一个关于 ϕ 的线性齐次方程。从数学上知道，对于同时给定参数和几何尺寸的系统，一般情况下只有零解存在，只有在一定的条件下才存在非零解。它的定解问题可以归结为下列本征值问题：

$$\boldsymbol{L}\phi = \lambda \boldsymbol{F}\phi \tag{1-95}$$

式中，λ 称为方程的本征值（或特征值），对应的解 ϕ 称为本征函数（或特征函数）。数学上可以证明这些本征值集合 λ_n 的存在，且 $\lambda_1 < \lambda_2 < \cdots < \lambda_n$。临界或稳态时，只有第一个本征值有意义，系统内中子角通量密度分布由与其对应的本征函数（基波项）所决定。反应堆临界计算的任务就在于求出使式(1-95)具有非零解的第一个本征值和对应的本征函数。

在物理上存在这样的事实：对于给定系统的参数 Σ_s、$\nu\Sigma_f$ 等（也就是给定材料成分和特性），只有在一定的几何尺寸下，系统才能达到临界状态；反之，对于给定的几何条件就要求一定的材料的特性与之配合。因而，对于任意给定系统，一般情况下式(1-94)并不一定都有解。但是，这在物理上可以借助引进一个特征参数值来调节使它达到临界。因为，若原来给定问题是次临界的，则用式(1-94)除以一个小于1的正数 k，亦即人为地提高每次裂变产生的中子数。改变 k 值大小必然可找到在某一个 k 值下系统恰好达到临界。反之，若系统是超临界的，则应除以大于1的 k 值，也可使其达到临界。

因而式(1-94)的定解问题可归结为下列特征值方程的解：

$$\boldsymbol{L}\phi = \frac{1}{k}\boldsymbol{F}\phi \tag{1-96}$$

与式(1-95)比较，显然式(1-96)中 $k = \dfrac{1}{\lambda}$。式(1-96)便是今后反应堆系统临界问题的基本方程。它在一定的边界条件下，正如前所述可以求出一系列的本征值 $\{\lambda_i\}$（对应于 $k_i = 1/\lambda_i$）和本征函数 $\{\phi_i\}$。如果按本征值的实部比较，有

$$k_1 > k_2 > \cdots > k_n$$

显然，k_1 就是通常反应堆物理中所谓的有效增殖因数，因此有

$$k_1 \begin{cases} > 1 & \text{超临界} \\ = 1 & \text{临界} \\ < 1 & \text{次临界} \end{cases} \tag{1-97}$$

要从式(1-96)直接求出特征值 k 是非常困难的。一般情况下比较有效的方法是源迭代法,其特别适用于数值计算。其计算步骤大致如下:

先任意给定一个分布源

$$Q^{(0)}(\boldsymbol{r})=\int_0^{\infty}\mathrm{d}E'\int_{\Omega'}\nu(E')\Sigma_{\mathrm{f}}\phi^{(0)}(\boldsymbol{r},E',\boldsymbol{\Omega}')\mathrm{d}\boldsymbol{\Omega}' \tag{1-98}$$

比如,令 $Q(\boldsymbol{r})=Q^{(0)}(\boldsymbol{r})$,将 $Q^{(0)}(\boldsymbol{r})$ 代入式(1-94)右端便可解出中子通量密度 $\phi^{(1)}(\boldsymbol{r},E,\boldsymbol{\Omega})$,将其代入式(1-98)便求出新的分布源 $Q^{(1)}(\boldsymbol{r})$。然后再利用 $Q^{(1)}(\boldsymbol{r})$ 重新解式(1-94),再求出新的解 $\phi^{(2)}(\boldsymbol{r},E,\boldsymbol{\Omega})$,…,依此类推。

例如,对于第 n 次迭代有

$$\boldsymbol{L}\phi^{(n)}=\boldsymbol{F}\phi^{(n-1)}=\frac{\chi(E)}{4\pi}Q^{(n-1)}(\boldsymbol{r}) \tag{1-99}$$

这个迭代过程一直进行下去,可以预期,对于超临界系统,$Q^{(n)}(\boldsymbol{r})$ 和 $\phi^{(n)}(\boldsymbol{r})$ 在逐次迭代中将增大,对于次临界系统二者将减小,而对于临界系统二者将趋于常数。但无论在哪一种情况下,在足够多的迭代次数以后,相邻两次迭代的 ϕ 或 $Q(\boldsymbol{r})$ 的比值都将趋近于一个与 $\boldsymbol{r}$、E 和 $\boldsymbol{\Omega}$ 无关的常数。从 k 的物理意义知道,它应该就是有效增殖因数,即

$$k=\lim_{n\to\infty}\frac{Q^{(n)}(\boldsymbol{r})}{Q^{(n-1)}(\boldsymbol{r})}=k_{\mathrm{eff}} \tag{1-100}$$

这也正是 k_{eff} 的物理意义。在实际计算中只要当前后两次求得的 k 值之差在允许的误差范围之内时,迭代过程便终止。上面是从物理上推证迭代过程的收敛性。从数学上同样可以证明其收敛性。源迭代法,也称幂迭代法,是反应堆物理数值计算中求解式(1-94)本征值和中子通量密度分布时普遍使用和有效的方法。

1.6.2 α 本征值问题

前面从稳态齐次方程出发讨论临界问题,并导出 k 特征值问题,现在从动态齐次方程出发来讨论反应堆的临界问题。无源齐次中子输运方程,由式(1-91)可以写成

$$\frac{1}{v}\frac{\partial\phi}{\partial t}=\boldsymbol{M}\phi \tag{1-101}$$

$$\boldsymbol{M}=-\boldsymbol{L}+\boldsymbol{F} \tag{1-102}$$

式中,算符 $\boldsymbol{L}$ 和 $\boldsymbol{F}$ 由式(1-92)和式(1-93)确定。式(1-101)是齐次线性的。如截面不随时间变化,就可以用分离变量法求解,假设它的解可以写成

$$\phi(\boldsymbol{r},E,\boldsymbol{\Omega},t)=\phi_{\alpha}(\boldsymbol{r},E,\boldsymbol{\Omega})T(t) \tag{1-103}$$

初始条件为

$$T(t)=T_0(r),\quad t=t_0$$

把式(1-103)代入式(1-101)得到

$$\frac{\partial T}{\partial t}\frac{1}{T(t)}=\frac{v\boldsymbol{M}\phi_{\alpha}}{\phi_{\alpha}(\boldsymbol{r},E,\boldsymbol{\Omega})}$$

等式左端仅与 t 有关，而右端是 $(\boldsymbol{r},E,\boldsymbol{\Omega})$ 的函数。因此上式两端应等于常数，用 α 表示此常数，有

$$\frac{\partial T}{\partial t}=\alpha T \tag{1-104}$$

$$M\phi_{\alpha}=\frac{\alpha}{v}\phi_{\alpha} \tag{1-105}$$

式(1－105)是个本征值问题，在一定的边界条件下，可以得到一系列本征值 $\alpha_i(i=0,1,\cdots,n)$ 和本征函数集合 $\{\phi_i\}$。关于上述本征值问题在数学上曾被很好地研究分析过。假设方程式(1－101)的解可以用这个本征函数集合展开：

$$\phi(\boldsymbol{r},E,\boldsymbol{\Omega},t)\approx\sum_{i}\phi_i(\boldsymbol{r},E,\boldsymbol{\Omega})\mathrm{e}^{\alpha_i t} \tag{1-106}$$

如果 α_0 是具有最大实部的 α_0 值，则当 t 足够大时，可以预期问题的解将是成正比的：

$$\phi(\boldsymbol{r},E,\boldsymbol{\Omega},t)\rightarrow\phi_0(\boldsymbol{r},E,\boldsymbol{\Omega})\mathrm{e}^{\alpha_0 t}$$

这样，可以根据本征值 α_0 及实部的符号来区分次临界系统和超临界系统，即

$$\mathrm{Re}\alpha_0\begin{cases}>0 & \text{超临界}\\ =0 & \text{临界}\\ <0 & \text{次临界}\end{cases} \tag{1-107}$$

因此关于 α 本征值问题可以用下式表示：

$$\left[\boldsymbol{\Omega}\cdot\nabla+\left(\Sigma_{\mathrm{t}}+\frac{\alpha}{v}\right)\right]\phi(\boldsymbol{r},E,\boldsymbol{\Omega})=$$

$$\int_0^{\infty}\mathrm{d}E'\int_{\boldsymbol{\Omega}'}\Sigma_{\mathrm{s}}(\boldsymbol{r};E',\boldsymbol{\Omega}'\rightarrow E,\boldsymbol{\Omega})\phi(\boldsymbol{r},E',\boldsymbol{\Omega}')\mathrm{d}\boldsymbol{\Omega}'+$$

$$\frac{\chi(E)}{4\pi}\int_0^{\infty}\mathrm{d}E'\int_{\boldsymbol{\Omega}'}\nu\Sigma_{\mathrm{f}}\phi(\boldsymbol{r},E',\boldsymbol{\Omega}')\mathrm{d}\boldsymbol{\Omega}' \tag{1-108}$$

从式(1－108)可以看出，$\frac{\alpha}{v}$ 好像一个附加吸收截面。对于给定系统，若恰好处于临界状态，自然应令 $\alpha_0=0$。对于超临界系统，可以通过虚拟地增大系统的吸收，即令 $(\alpha_0/v)>0$ 来使其达到临界。反之，对次临界系统，则可以通过减少吸收截面使其达到临界，自然应使 $(\alpha_0/v)<0$。因此，α 本征值的大小反映了系统偏离临界状态的尺度。k 本征值则是通过改变裂变释放出的裂变中子数 ν 使其达到临界的。

k 本征值与 α 本征值有什么差异呢？对于一个临界系统，即当 $\alpha_0=0$ 及 $k=1$ 时，比较式(1－96)和式(1－108)可以看出，它们各自对应的本征函数满足同一个方程。对任何偏离临界的其他系统，不仅 α 和 k 不同，而且这两个本征函数也是不

同的。

对于一个偏离临界不远的系统，计算该系统的中子能谱时使用 k 本征值对中子能谱影响不大，所得能谱可以用于确定功率分布等。因为计算本征值 k 时，是仅仅改变每次裂变放出的中子数 ν 使系统达到临界的。对于 α 的计算则相当于引入一个 $1/v$ 吸收体使系统达到临界，因此例如对超临界系统，低能部分中子吸收的增大大于高能部分，与 $\alpha=0$ 临界系统相比将使能谱变硬，而对 $\alpha_0<0$ 的次临界系统，将引起低能部分中子吸收的减小大于高能部分，从而使能谱变软。在许多场合，进行临界计算时往往不仅要知道系统偏离临界状态多远，还希望知道系统的中子能谱，而能谱的偏移是不被希望的，因此应用 k 本征值更为妥当。

另一方面，对于次临界系统，$(\alpha_0/v)<0$，因此，$\Sigma_t+\alpha_0/v$ 项可能出现零或负数，这在进行数值计算时，将引起一些难以处理的问题。正由于这些原因，通常处理临界问题的计算时，多数场合均采用 k 本征值及本征函数的计算。同时由上一小节讨论知道，k 的计算可以用非常方便的源迭代法来进行，而且它具有“有效增殖”因数的物理意义。这一切都使 k 本征值在反应堆物理计算中获得了广泛的应用。

1.7 中子输运方程近似解法概述

中子输运方程式(1-36)是一个含有空间坐标 $\boldsymbol{r}(x,y,z)$、能量 E、中子运动方向 $\boldsymbol{\Omega}(\theta,\varphi)$和时间 t 等 7 个自变量的微分-积分方程，即使在稳态情况下，由于实际问题中几何和结构的复杂性与非均匀性，同时考虑到各种材料(裂变和非裂变的)原子核的截面都是随能量做复杂变化等大量细节，要精确地求解这一方程是不可能的，只有在极个别的简单或简化情况下才是可能的。所以，在实际的计算问题中通常采用一些近似的方法求解。在所有近似方法中，除对模型简化外，数值离散方法是最重要和有效的方法，因为它可以利用计算机很快地求得所需精度的数值解。所以，数值方法及其相应程序软件已成为目前中子输运理论研究不可缺少的方法和手段。

下面讨论中子输运方程数值解法中变量的离散和近似方法。

(1)能量变量的离散——分群方法。在中子输运问题中，中子的能量可从几十兆电子伏特到 0 eV 范围内连续变化。对式(1-36)或式(1-37)稍加注意就会发现，能量 E 仅在式的右端源项中作为一个积分变量出现，而在左端，E 是一个简单的参变量。因此，分群方法是最常用和最简单的离散方法。在分群方法中，把中子通量密度的能量分布范围$(E_0,0)$划分成若干间隔，例如，G 个离散的能量间隔 $\Delta E_g:(E_0,E_1),\cdots,(E_{g-1},E_g),\cdots,(E_{G-1},E_G)$，每一个能量间隔称为一个**能群**(见图 1-14)。能群的编号 g 通常自高能往低能依次编号。

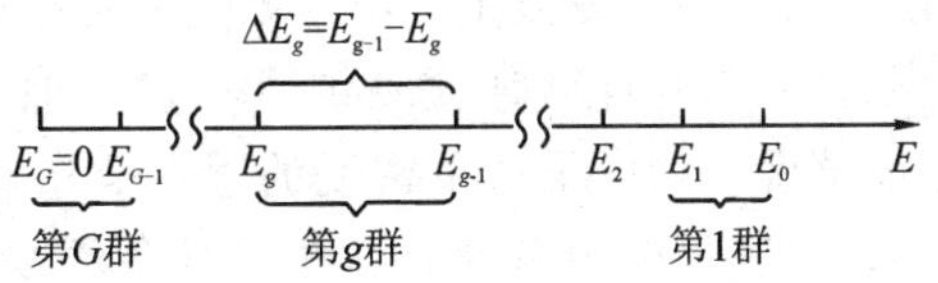

图 1－14　能群示意图

对中子输运方程式(1－36)在每一能量间隔 ΔE_g 上进行积分，便得到下列方程组：

$$\frac{1}{v_g}\frac{\partial \phi_g}{\partial t}+\boldsymbol{\Omega}\cdot\nabla\phi_g(\boldsymbol{r},\boldsymbol{\Omega},t)+\Sigma_{\mathrm{t},g}\phi_g(\boldsymbol{r},\boldsymbol{\Omega},t)$$
$$=\sum_{g'=1}^{G}\int_{\boldsymbol{\Omega}'}\Sigma_{g'-g}(\boldsymbol{r};\boldsymbol{\Omega}'\rightarrow\boldsymbol{\Omega})\phi_{g'}(\boldsymbol{r},\boldsymbol{\Omega}',t)\mathrm{d}\boldsymbol{\Omega}'+Q_g(\boldsymbol{r},\boldsymbol{\Omega}),g=1,\cdots,G \tag{1-109}$$

式中，

$$\phi_g(\boldsymbol{r},\boldsymbol{\Omega},t)=\int_{\Delta E_g}\phi(\boldsymbol{r},E,\boldsymbol{\Omega},t)\mathrm{d}E \tag{1-110}$$

$$\frac{1}{v_g}=\int_{\Delta E_g}\frac{1}{v}\phi(\boldsymbol{r},E,\boldsymbol{\Omega},t)\mathrm{d}E/\phi_g \tag{1-111}$$

$$\Sigma_{\mathrm{t},g}(\boldsymbol{r},\boldsymbol{\Omega})=\frac{\int_{\Delta E_g}\Sigma_{\mathrm{t}}(\boldsymbol{r},E)\phi(\boldsymbol{r},E,\boldsymbol{\Omega},t)\mathrm{d}E}{\phi_g} \tag{1-112}$$

$$\Sigma_{g'-g}(\boldsymbol{r};\boldsymbol{\Omega}'\rightarrow\boldsymbol{\Omega})=\frac{\int_{\Delta E_g}\mathrm{d}E\int_{\Delta E_{g'}}\Sigma_{\mathrm{s}}(\boldsymbol{r};E'\rightarrow E,\boldsymbol{\Omega}'\rightarrow\boldsymbol{\Omega})\phi(\boldsymbol{r},E',\boldsymbol{\Omega}',t)\mathrm{d}E'}{\phi_{g'}} \tag{1-113}$$

$$Q_g(\boldsymbol{r},\boldsymbol{\Omega},t)=\int_{\Delta E_g}Q(\boldsymbol{r},E,\boldsymbol{\Omega},t)\mathrm{d}E \tag{1-114}$$

这里 $\phi_g(\boldsymbol{r},\boldsymbol{\Omega},t)$称为**群通量密度**，它是能量间隔 ΔE_g 内通量密度的总和。这样，通过分群方法便把原来含有连续自变量 E 的方程式(1－37)近似地离散成为含有 $\phi_g(\boldsymbol{r},\boldsymbol{\Omega},t)$的 G 个能群方程组式(1－109)的求解问题。能群的数目则根据所研究问题的性质和精度要求来确定。在计算时采用的能群数目在 $1\sim10^3$ 范围内，多群主要用于高能区域的群常数计算，而少群则用于大型反应堆的近似计算。

$\Sigma_{\mathrm{t},g}(\boldsymbol{r},\boldsymbol{\Omega})$和 $\Sigma_{g'-g}(\boldsymbol{r};\boldsymbol{\Omega}'\rightarrow\boldsymbol{\Omega})$等称为**群常数**。在求解多群方程组式(1－109)之前，必须先确定这些群常数。但是，观察一下群常数的定义式(1－111)～式(1－113)就会发现，要计算群常数首先必须知道中子角通量密度分布 $\phi(\boldsymbol{r},E,\boldsymbol{\Omega},t)$，而它恰恰是所要求解的函数。因此，严格讲这是一个非线性问题。同时可以看到，这里定义的群常数是中子的运动方向的函数，这是一个难题，因为它带来了难以克服的困难，使简化了的问题又复杂了！由于系数的复杂性，式(1-109)的多群方程不能付诸实际应用。在实际计算时，通常应用一种近似方法来求解，即先通过一些近似的方法或假设求得一个中子通量密度的近似分布，然后把它代入群常数表达式计算出群常数来。最后，应用求得的群常数对多群方程组式(1-109)进行求解。因此，分群方法的精度不仅取决于能群数目的多少，而且在相当大的程度上取决于群常数的近似计算精度，尤其是在能群间隔很大的少群计算中更是如此。所以，正确地计算群常数是提高分群方法精度的关键。在下一节中将讨论它的计算方法。

(2)方向角度变量的近似。在求解中子输运方程时，对角度变量 $\boldsymbol{\Omega}$ 所采用的近似方法中，球谐函数近似算法是应用最早、最广泛和最有名的方法。它的实质是把中子输运方程中含有变量 $\boldsymbol{\Omega}$ 的一些函数，例如中子角通量密度 $\phi(\boldsymbol{r},E,\boldsymbol{\Omega},t)$ 和散射函数等，用一组正交完备的球谐函数作为展开函数，把它展成级数为 N 阶(称为 P_N 近似)的函数：

$$\phi(\boldsymbol{r},E,\boldsymbol{\Omega},t)=\sum_{n=0}^{N}\frac{2n+1}{4\pi}\sum_{m=-n}^{n}\phi_{n,m}(\boldsymbol{r},E,t)\mathrm{Y}_{n,m}(\theta,\varphi) \tag{1-115}$$

式中，$\mathrm{Y}_{n,m}(\theta,\varphi)=\mathrm{Y}_{n,m}(\boldsymbol{\Omega})$ 为球谐函数；$\phi_{n,m}(\boldsymbol{r},E,t)$ 为一组待定函数。这样，就把问题转化为求解一组待定函数的问题。它可以这样实现，把上述展开式代入中子输运方程中，利用球谐函数的正交性质并用权重函数方法把原方程化为一组含有系数 $\phi_{n,m}(\boldsymbol{r},E,t)$ 的微分方程组，然后解这个方程组，由它便可以确定级数中的每一个系数来。

在球谐函数近似中，最简单和最常用的是 $N=1$ 的情况，称为 **$\mathbf{P}_1$ 近似或扩散近似**，这是反应堆物理计算，特别是大型反应堆计算的基础。后面将详细地讨论多群扩散近似的方法。

另一种常用的近似方法是把变量 $\boldsymbol{\Omega}$ 直接离散的数值方法，即只在选定的若干个离散方向 $\boldsymbol{\Omega}_m$ 对中子输运方程求解。这时角度变量 $\boldsymbol{\Omega}_m$ 在方程中仅是一个参变量。从中子输运方程求出 $\phi(\boldsymbol{r},E,\boldsymbol{\Omega}_m)$ 后，关于方向 $\boldsymbol{\Omega}$ 的有关积分则用数值积分来近似表示，例如

$$\phi(\boldsymbol{r},E)=\int_{\boldsymbol{\Omega}}\phi(\boldsymbol{r},E,\boldsymbol{\Omega})\mathrm{d}\boldsymbol{\Omega}=\sum_{m=1}^{M}w_m\phi(\boldsymbol{r},E,\boldsymbol{\Omega}_m) \tag{1-116}$$

式中，w_m 为求积系数。离散方向及其数目取决于计算精度的要求。这就是所谓**离散纵标方法**，习惯称为“S_N”方法。这里，下标 N 表示向量 $\boldsymbol{\Omega}$ 在某个纵坐标方向上(例如 y 方向坐标轴上)的离散点数目。当 N 取得比较大时(例如 $N\geqslant 8$ 时)，S_N 方法可以得到较高的精确度。它是目前求解中子输运方程的有效数值方法。在反应堆物理和屏蔽计算中，对中子角通量密度分布各向异性比较严重或非均匀性比较强烈的问题(例如栅元或燃料组件)的计算中都广泛地应用 S_N 方法。本书

第3章将对 S_N 方法进行较详细的讨论。

对于尺寸比较小而非均匀性很强的一些物质的计算问题，例如反应堆核设计中燃料栅元、燃料组件的计算，我们还常用**积分输运理论**方法。它是从积分形式的中子输运方程出发，在源项和中子散射为各向同性的情况下将方程对 $\boldsymbol{\Omega}$ 积分，这样便消去了变量 $\boldsymbol{\Omega}$，得到一个与中子运动方向 $\boldsymbol{\Omega}$ 无关的关于 $\phi(\boldsymbol{r},E)$ 的积分输运方程(式(1-81))，它比 P_1 近似或扩散理论的精确度要高得多，而计算却较 S_N 方法简单许多。在此基础上发展了有名的碰撞概率方法(collision probability method, CPM)和穿透概率(或面流)方法(penetration probalility method, PPM)，二者在反应堆物理计算中有着广泛的应用。

(3)空间变量的离散。对空间变量的近似处理方法中，传统的离散数值方法，特别是有限差分法是最为常用和有效的方法。无论是中子输运方程，还是中子扩散方程的数值求解都广泛地应用有限差分法，它有比较完善的理论基础。目前，在核工程领域已有一系列完善的差分程序在反应堆的物理设计及中子输运和扩散问题中获得广泛的应用。

差分法的主要缺点是，为了保证一定的计算精度，网距必须取得很小。因此，它占用的存储空间和计算时间比较大，特别是对于多维问题。例如，对于压水堆的三维数值分析则需要上百万的网点数与巨大的CPU时间，因而对于需要多次重复求解的工程问题(例如反应堆燃料管理和三维瞬态事故分析等)，三维差分分析方法几乎失去了其实用价值。为了克服这些缺点，从20世纪70年代中期开始发展了许多粗网格或节块方法。在节块内中子通量密度借助高阶的多项式展开使得在较宽的网距(或节块)下获得较高的精度。目前，粗网格或节块方法，例如节点展开法和解析节块法等，在中子扩散问题的计算中已获得完全的成功与广泛应用，近年来开始被用于中子输运方程的数值求解并取得很大的进展。

自20世纪50年代开始，有限元方法在工程问题的数值解中获得了广泛的应用。实质上，它是以变分原理为基础的离散化方法为基础，用分片多项式来近似逼近问题的解。20世纪70年代，有限元方法开始被应用于中子扩散方程及中子输运方程的数值求解并取得了良好的结果。有限元方法的最大优点在于它可以处理复杂几何结构问题。

在空间变量的近似处理中，往往可以根据问题的具体情况进行降维处理。例如，在栅元计算中，通过等效栅元办法把原来二维或三维问题等效成为一维圆柱问题便是我们最熟悉的简单例子。此外，还可以通过数学方法，例如通量综合法，把一个三维问题转化为一个二维和一维问题的解等。

表1-3中列出了求解变量 $\boldsymbol{r}$、$\boldsymbol{\Omega}$ 和 E 常用的一些近似方法。显然，这些方法可以根据问题的具体情况和计算的要求进行合理的选择与匹配。例如，常用的双群扩散近似有限差分法、双群扩散近似有限元方法、多群离散纵标(S_N)方法和多

群扩散有限差分法等。

表 1-3　求解 $\boldsymbol{r}$、$\boldsymbol{\Omega}$ 和 E 常用的一些近似方法

项目	E	$\boldsymbol{r}$	$\boldsymbol{\Omega}$
近似方法	分群近似 单群 双群 多群	有限差分法 粗网格(节块)方法 节点展开法 解析节块法 格林函数节块法 有限元方法 降维方法 综合通量法	球谐近似方法： 扩散近似 P_N 近似 离散纵标(S_N)方法 积分输运方法 碰撞概率方法 面流方法

1.8　分群中子输运方程

分群近似是中子输运方程中能量变量离散化的主要方法，它现在已成为中子输运问题的确定论解法中，特别是反应堆物理计算中，处理能量问题的最主要方法。因此研究分群中子输运方程及其群常数的计算，可以说是中子输运问题数值计算的重要基础之一。

1.8.1　散射源项的球谐函数展开

在讨论分群方法之前，首先对中子输运方程式(1-37)中的散射源项作一些必要的处理。根据式(1-31)，散射源项 Q_{s} 可以写成

$$Q_{\mathrm{s}}(\boldsymbol{r},E,\boldsymbol{\Omega})=\int_0^\infty \mathrm{d}E'\int_{\boldsymbol{\Omega}'}\Sigma_{\mathrm{s}}(\boldsymbol{r};E',\boldsymbol{\Omega}'\rightarrow E,\boldsymbol{\Omega})\phi(\boldsymbol{r},E',\boldsymbol{\Omega}')\mathrm{d}\boldsymbol{\Omega}' \quad (1-117)$$

式中，$\Sigma_{\mathrm{s}}(\boldsymbol{r};E',\boldsymbol{\Omega}'\rightarrow E,\boldsymbol{\Omega})$为散射概率函数，它是散射前后运动方向 $\boldsymbol{\Omega}'$和 $\boldsymbol{\Omega}$ 的夹角余弦 $\mu_0=\boldsymbol{\Omega}'\cdot\boldsymbol{\Omega}$ 的函数，把它用勒让德多项式展开可以写成以下形式：

$$\begin{aligned}&\Sigma_{\mathrm{s}}(\boldsymbol{r};E',\boldsymbol{\Omega}'\rightarrow E,\boldsymbol{\Omega})\\&=\Sigma_{\mathrm{s}}(\boldsymbol{r};E'\rightarrow E,\mu_0)=\sum_{n=0}^{\infty}\frac{2n+1}{2}\Sigma_{\mathrm{s}n}(\boldsymbol{r};E'\rightarrow E)\mathrm{P}_n(\mu_0)\end{aligned} \quad (1-118)$$

式中，$\mathrm{P}_n(\mu_0)$为 n 阶勒让德多项式；系数 $\Sigma_{\mathrm{s}n}(\boldsymbol{r};E'\rightarrow E)$可利用勒让德多项式的正交性来求得。勒让德多项式的正交性可以表述如下：

$$\int_{-1}^{+1}\mathrm{P}_n(\mu)\mathrm{P}_m(\mu)\mathrm{d}\mu=\begin{cases}0, & n\neq m\\ \dfrac{2}{2n+1}, & n=m\end{cases} \quad (1-119)$$

因而

$$\Sigma_{sn}(\boldsymbol{r};E'\rightarrow E)=\int_{-1}^{+1}\Sigma_s(\boldsymbol{r},E'\rightarrow E,\mu_0)\mathrm{P}_n(\mu_0)\mathrm{d}\mu_0 \tag{1-120}$$

中子通量密度 $\phi(\boldsymbol{r},E,\boldsymbol{\Omega})$ 也按一组完备正交的球谐函数①

$$\mathrm{Y}_{n,m}(\boldsymbol{\Omega})=\mathrm{Y}_{n,m}(\theta,\varphi)=\begin{cases}\mathrm{P}_n^{|m|}(\cos\theta)\sin|m|\varphi, & m=-1,\cdots,-n\\ \mathrm{P}_n^m b(\cos\theta)\cos m\varphi, & m=0,1,2,\cdots,n\end{cases}\quad n=0,1,\cdots \tag{1-121}$$

来展成级数，其中向量 $\boldsymbol{\Omega}$ 通过 θ、φ 两个变量表示。因此，有

$$\phi(\boldsymbol{r},E,\boldsymbol{\Omega})=\phi(\boldsymbol{r},E,\theta,\varphi)=\sum_{n=0}^{\infty}\frac{2n+1}{4\pi}\sum_{m=-n}^{\infty}a_{n,m}\phi_{n,m}(\boldsymbol{r},E)\mathrm{Y}_{n,m}(\theta,\varphi) \tag{1-122}$$

式中，$a_{n,m}$ 为已知系数；$\phi_{n,m}(\boldsymbol{r},E)$ 为待定函数。它们由 $\mathrm{Y}_{n,m}(\boldsymbol{\Omega})$ 的正交性质②求得：

$$a_{n,m}=\frac{(n-|m|)!}{(n+|m|)!}\,\frac{2}{1+\delta_{0m}} \tag{1-123}$$

$$\phi_{n,m}(\boldsymbol{r},E)=\int_{\boldsymbol{\Omega}}\phi(\boldsymbol{r},E,\boldsymbol{\Omega})\mathrm{Y}_{n,m}(\boldsymbol{\Omega})\mathrm{d}\boldsymbol{\Omega} \tag{1-124}$$

式中，δ_{0m} 为克罗内克符号，表示当 $m=0$ 时，$\delta_{0m}=1$，当 m 等于其他值时，$\delta_{0m}=0$。将式(1-118)和式(1-122)代入式(1-117)，同时根据勒让德多项式加法公式及正交关系可以求得

$$\begin{aligned}&Q_s(\boldsymbol{r},E,\boldsymbol{\Omega})=\\&\int_{\boldsymbol{\Omega}'}\mathrm{d}\boldsymbol{\Omega}'\int_0^{\infty}\mathrm{d}E'\sum_{n=0}^{\infty}\frac{2n+1}{2}\Sigma_{sn}(E'\rightarrow E)\mathrm{P}_n(\mu_0)\sum_{n=0}^{\infty}\frac{2n+1}{4\pi}\times\\&\sum_{m=-n}^{n}a_{n,m}\phi_{n,m}\mathrm{Y}_{n,m}(\theta,\varphi)=\\&\int_0^{\infty}\mathrm{d}E'\sum_{n=0}^{\infty}\Sigma_{sn}(E'\rightarrow E)\sum_{m=-n}^{\infty}\frac{2n+1}{4\pi}a_{n,m}\phi_{n,m}(\boldsymbol{r},E')\mathrm{Y}_{n,m}(\theta,\varphi)\end{aligned} \tag{1-125}$$

这便是中子输运方程中散射源项的球谐函数展开的表达式，在以后的许多问题的

① 球谐函数的表达式也可以用指数函数代替三角函数，从而得到下列一组 n 阶球谐函数以代替式(1-121)：

$$\mathrm{Y}_{n,m}(\boldsymbol{\Omega})-\mathrm{P}_n^m\cos\theta e^{im\varphi},\quad -n<m<n,\quad n=0,1,\cdots$$

② 球谐函数 $\mathrm{Y}_{n,m}(\boldsymbol{\Omega})$ 的正交性：

$$\int_{\Omega}\mathrm{Y}_{n,m}(\boldsymbol{\Omega})\mathrm{Y}_{n',m'}(\boldsymbol{\Omega})\mathrm{d}\boldsymbol{\Omega}=\begin{cases}0, & n'\neq n\text{ 或 }m'\neq m\\ \dfrac{2\pi}{2\pi+1}\dfrac{(n+|m|)!}{(n-|m|)!}(1+\delta_{0m}), & n=n',\ m=m'\end{cases}$$

数值计算中(如下面的 S_N 方法)都要用到它。

1.8.2 分群中子输运方程及群常数

式(1-109)给出了分群中子输运方程及群常数的定义,由于所定义的群常数是运动方向 $\boldsymbol{\Omega}$ 的函数,计算起来是非常困难的,因而它并不适用于实际的计算。这个问题可以用许多方法加以解决。一种最简单的方法是假定在所讨论的能群内,中子角通量密度对能量的依赖关系是可以分离变量的,即

$$\phi(\boldsymbol{r},E,\boldsymbol{\Omega})=\phi(\boldsymbol{r},\boldsymbol{\Omega})\varphi(E) \tag{1-126}$$

若将式(1-126)代入式(1-112)和式(1-113)等群常数表示式中,便得到

$$\Sigma_g(\boldsymbol{r})=\frac{\int_{\Delta E_g}\Sigma(\boldsymbol{r},E)\varphi(E)\mathrm{d}E}{\int_{\Delta E_g}\varphi(E)\mathrm{d}E} \tag{1-127}$$

和

$$\Sigma_{g'-g}(\boldsymbol{r})=\frac{\int_{\Delta E_g}\mathrm{d}E\int_{\Delta E_{g'}}\Sigma_s(\boldsymbol{r};E',\boldsymbol{\Omega}'\rightarrow E,\boldsymbol{\Omega})\varphi(E')\mathrm{d}E'}{\int_{\Delta E_{g'}}\varphi(E)\mathrm{d}E} \tag{1-128}$$

等与运动方向 $\boldsymbol{\Omega}$ 无关的群常数表示式。虽然这种可分离变量的近似可在一些实际情况中使用,但它并非总是理想的。下面介绍一种简单实用的方法[1-2],它在许多场合都获得了令人满意的结果。

为简单起见,从稳态中子输运方程式(1-37)出发:

$$\begin{aligned}\boldsymbol{\Omega}\cdot\nabla\phi+\Sigma_t\phi=&\int_{\Omega'}\mathrm{d}\boldsymbol{\Omega}'\int_0^{\infty}\Sigma_s(\boldsymbol{r};E',\boldsymbol{\Omega}'\rightarrow E,\boldsymbol{\Omega})\phi(\boldsymbol{r},E',\boldsymbol{\Omega}')\mathrm{d}E'+\\&\frac{\chi(E)}{4\pi}\int_0^{\infty}\nu\Sigma_f(\boldsymbol{r},E')\phi(\boldsymbol{r},E')\mathrm{d}E'\end{aligned} \tag{1-129}$$

式中,$\phi=\phi(\boldsymbol{r},E,\boldsymbol{\Omega})$,将式(1-125)代入上式右端散射源项,同时将左端第二项用球谐函数展开,有

$$\begin{aligned}&\boldsymbol{\Omega}\cdot\nabla\phi+\sum_{n=0}^{\infty}\frac{2n+1}{4\pi}\sum_{m=-n}^{n}a_{n,m}\Sigma_t(\boldsymbol{r},E)\phi_{n,m}(\boldsymbol{r},E)\mathrm{Y}_{n,m}(\theta,\varphi)=\\&\int_0^{\infty}\mathrm{d}E'\sum_{n=0}^{\infty}\frac{2n+1}{4\pi}\Sigma_{sn}(\boldsymbol{r};E'\rightarrow E)\sum_{m=-n}^{n}a_{n,m}\phi_{n,m}(\boldsymbol{r},E')\mathrm{Y}_{n,m}(\theta,\varphi)+\\&\frac{\chi(E)}{4\pi}\int_0^{\infty}\nu\Sigma_f(\boldsymbol{r},E')\phi(\boldsymbol{r},E')\mathrm{d}E'\end{aligned} \tag{1-130}$$

按照1.7节所述多群方法和图1-14所示,对式(1-130)在第 g 群能量间隔 $\Delta E_g=E_{g-1}-E_g$ 内进行积分,并将 $\int_0^{\infty}\mathrm{d}E'$ 表示为

$$\int_0^{\infty} \mathrm{d}E' = \sum_{g'=1}^{G} \int_{\Delta E_{g'}} \mathrm{d}E'$$

同时将式(1-130)左端第二项移到右端,归并整理得

$$\boldsymbol{\Omega} \cdot \nabla \phi_g(\boldsymbol{r},\boldsymbol{\Omega}) = \sum_{n=0}^{\infty} \sum_{m=-n}^{n} \frac{2n+1}{4\pi} a_{n,m} \sum_{g=1}^{G} [\Sigma_{\mathrm{s},n,m}^{g'-g}(\boldsymbol{r}) -$$

$$\Sigma_{\mathrm{t},n,m,g}(\boldsymbol{r}) \delta_{gg'}] \phi_{n,m,g'}(\boldsymbol{r}) \mathrm{Y}_{n,m}(\theta,\varphi) + \frac{\chi_g}{4\pi} \sum_{g'=1}^{G} \nu \Sigma_{\mathrm{f},g'(\boldsymbol{r})} \phi_{g'}(\boldsymbol{r}) \tag{1-131}$$

式中,

$$\phi_g(\boldsymbol{r},\boldsymbol{\Omega}) = \int_{\Delta E_g} \phi(\boldsymbol{r},E,\boldsymbol{\Omega}) \mathrm{d}E \tag{1-132}$$

$$\phi_{n,m,g'}(\boldsymbol{r}) = \int_{\Delta E_g} \phi_{n,m}(\boldsymbol{r},E) \mathrm{d}E \tag{1-133}$$

$$\Sigma_{\mathrm{s},n,m}^{g'-g}(\boldsymbol{r}) = \frac{\int_{\Delta E_g} \mathrm{d}E \int_{\Delta E_{g'}} \Sigma_{\mathrm{sn}}(\boldsymbol{r};E' \to E) \phi_{n,m}(\boldsymbol{r},E') \mathrm{d}E'}{\phi_{n,m,g'}} \tag{1-134}$$

$$\Sigma_{\mathrm{t},n,m,g}(\boldsymbol{r}) = \frac{\int_{\Delta E_g} \Sigma_{\mathrm{t}}(\boldsymbol{r},E) \phi_{n,m}(\boldsymbol{r},E) \mathrm{d}E}{\phi_{n,m,g}} \tag{1-135}$$

$$\chi_g = \int_{\Delta E_g} \chi(E) \mathrm{d}E \tag{1-136}$$

$$\nu \Sigma_{\mathrm{f},g'(\boldsymbol{r})} = \frac{\int_{\Delta E_g} \nu \Sigma_{\mathrm{f}}(\boldsymbol{r},E') \phi(\boldsymbol{r},E') \mathrm{d}E'}{\phi_g(\boldsymbol{r})} \tag{1-137}$$

当 m 变化时,$\phi_{n,m}$ 变化不大,为简便起见,计算中往往用下式近似代替式(1-134)和式(1-135)中的 $\Sigma_{\mathrm{s},n,m}^{g'-g}(\boldsymbol{r})$和 $\Sigma_{\mathrm{t},n,m,g}(\boldsymbol{r})$:

$$\Sigma_{\mathrm{s},n}^{g'-g}(\boldsymbol{r}) \approx \frac{\int_{\Delta E_g} \mathrm{d}E \int_{\Delta E_{g'}} \Sigma_{\mathrm{sn}}(\boldsymbol{r};E' \to E) \phi_{n,0}(\boldsymbol{r},E') \mathrm{d}E'}{\int_{\Delta E_{g'}} \phi_{n,0}(\boldsymbol{r},E) \mathrm{d}E} \tag{1-138}$$

$$\Sigma_{\mathrm{t},n,g}(\boldsymbol{r}) \approx \frac{\int_{\Delta E_{g'}} \Sigma_{\mathrm{t}}(\boldsymbol{r},E) \phi_{n,0}(\boldsymbol{r},E) \mathrm{d}E}{\int_{\Delta E_g} \phi_{n,0}(\boldsymbol{r},E) \mathrm{d}E} \tag{1-139}$$

为了得到与式(1-109)相似的一般多群方程式,在式(1-131)两端各加上 $\Sigma_g(\boldsymbol{r})\phi_g(\boldsymbol{r},\boldsymbol{\Omega})$项,同时将加在右端的群角通量密度 $\phi_g(\boldsymbol{r},\boldsymbol{\Omega})$用球谐函数级数展开,于是式(1-131)经整理后得到

$$\boldsymbol{\Omega}\cdot\nabla\phi_g(\boldsymbol{r},\boldsymbol{\Omega})+\Sigma_g(\boldsymbol{r})\phi_g(\boldsymbol{r},\boldsymbol{\Omega})=\sum_{i=1}^{\infty}\sum_{m=-n}^{n}\frac{2n+1}{4\pi}a_{n,m}\sum_{g'=1}^{G}[\Sigma_{s,n}^{g'-g}(\boldsymbol{r})+(\Sigma_g(\boldsymbol{r})-\Sigma_{t,n,g}(\boldsymbol{r}))\delta_{gg'}]\phi_{n,m,g'}(\boldsymbol{r})Y_{n,m}(\theta,\varphi)+\frac{\chi_g}{4\pi}\sum_{g'=1}^{G}\nu\Sigma_{f,g'(r)}\phi_{g'}(\boldsymbol{r}) \tag{1-140}$$

注意,这里 $\Sigma_g(\boldsymbol{r})$ 还是任意待定的量。选取一般群常数定义的 $\Sigma_g(\boldsymbol{r})$,即

$$\Sigma_g(\boldsymbol{r})=\frac{\int_{\Delta E_g}\Sigma_t(\boldsymbol{r},E)\int_{\boldsymbol{\Omega}}\phi(\boldsymbol{r},E,\boldsymbol{\Omega})\mathrm{d}\boldsymbol{\Omega}\mathrm{d}E}{\int_{\Delta E_g}\int_{\boldsymbol{\Omega}}\phi(\boldsymbol{r},E,\boldsymbol{\Omega})\mathrm{d}\boldsymbol{\Omega}\mathrm{d}E} \tag{1-141}$$

便得到散射源按球谐函数展开的一般多群形式的中子输运方程:

$$\boldsymbol{\Omega}\cdot\nabla\phi_g(\boldsymbol{r},\boldsymbol{\Omega})+\Sigma_g(\boldsymbol{r})\phi_g(\boldsymbol{r},\boldsymbol{\Omega})=\sum_{n=0}^{\infty}\frac{2n+1}{4\pi}\sum_{m=-n}^{n}a_{n,m}Y_{n,m}(\theta,\varphi)\sum_{g'=1}^{G}\Sigma_{n,g'-g}(\boldsymbol{r})\phi_{n,m,g'}(\boldsymbol{r})+\frac{\chi_g}{4\pi}\sum_{g'=1}^{G}\nu\Sigma_{f,g'(r)}\phi_{g'},\qquad g'=1,2,\cdots,G \tag{1-142}$$

$$\Sigma_{n,g'-g}(\boldsymbol{r})=\Sigma_{s,n}^{g'-g}(\boldsymbol{r})+[\Sigma_g(\boldsymbol{r})-\Sigma_{t,n,g}(\boldsymbol{r})]\delta_{gg'},g=1,2,\cdots,G \tag{1-143}$$

其中群常数由式式(1-136)~式(1-139)、式(1-141)、(1-143)确定。这样确定的群常数,文献[2]称之为与 P_N 近似"相容"或与 P_N 近似"一致"。之所以称之为与 P_N 近似"相容",是因为如果这样选取 Σ_g,把式(1-140)对 $\boldsymbol{\Omega}$ 积分,其结果便与第 2 章所介绍的 P_N 近似方程组中的第一个方程一样,即 ϕ_{00} 所满足的方程。所以说这样选择的群常数是与 P_N 近似"相容"或"一致"的。

从上面讨论知道,$\Sigma_g(\boldsymbol{r})$ 是可以任意选择的,文献[2]提出了另一种确定 $\Sigma_g(\boldsymbol{r})$ 的更为精确的方法。通常散射截面或散射源项展开式中在某项(例如 $n=L$ 项)后截断,选择 $\Sigma_g(\boldsymbol{r})$ 使被截去的第一项($n=L+1$)尽量小,例如等于零。所略去的项由式(1-140)可知为

$$\sum_{m=-L-1}^{L+1}a_{n,m}Y_{n,m}(\theta,\varphi)\sum_{g'=1}^{G}\phi_{L+1,m,g'}(\boldsymbol{r})[\Sigma_{s,L+1}^{g'-g}(\boldsymbol{r})+[\Sigma_g(\boldsymbol{r})-\Sigma_{L+1,g}(\boldsymbol{r})]\delta_{gg'}]\approx 0 \tag{1-144}$$

对反应堆问题中的大多数能群来讲,由较高能群经散射进入某个能群的中子数与从此能群散射到其他能群的中子数大约相等,因而作为初步近似,可以认为

$$\sum_{g'=1}^{G}\Sigma_{s,L+1}^{g'-g}(\boldsymbol{r})\phi_{L+1,m,g'}(\boldsymbol{r})\approx\sum_{g'=1}^{G}\Sigma_{s,L+1}^{g'-g}(\boldsymbol{r})\phi_{L+1,m,g}(\boldsymbol{r})$$

将上式代入式(1-144),得到

$$\sum_{m=-L-1}^{L+1} a_{n,m} \mathrm{Y}_{n,m}(\theta,\varphi) \sum_{g'=1}^{G} \phi_{L+1,m,g}(\boldsymbol{r}) [\Sigma_{s,L+1}^{g'-g}(\boldsymbol{r}) + [\Sigma_g(\boldsymbol{r}) - \Sigma_{L+1,g}(\boldsymbol{r})]\delta_{gg'}] \approx 0 \tag{1-145}$$

因此，为使上式等于零，求得

$$\Sigma_g(\boldsymbol{r}) = \Sigma_{L+1,g}(\boldsymbol{r}) - \sum_{g'=1}^{G} \Sigma_{s,L+1}^{g'-g}(\boldsymbol{r}) \tag{1-146}$$

由此选择的 $\Sigma_g(\boldsymbol{r})$ 替代式(1－141)，该多群常数称之为“扩展输运近似”。

如果能够知道精确的各群内中子通量密度和截面的变化，从而精确地确定出这些群常数，则多群方程组式(1－140)是严格的并等价于输运方程。然而，实际上并非如此，因为在群常数的算式内包含了不同能群的中子角通量密度及其展开系数 $\phi_{n,m}(\boldsymbol{r},E)$ 的能量关系的计算，而这些函数是未知的，也就是说，实质上这是一个非线性问题。因此，在应用多群理论求解时，一般是先估算或预测群内中子通量密度 ϕ_n 对能量的变化关系，计算出多群常数，例如

$$\begin{aligned}\Sigma_{x,g}(\boldsymbol{r}) &= \frac{1}{\phi_g}\int_{\Delta E_g} \Sigma(\boldsymbol{r},E)\phi(\boldsymbol{r},E)\mathrm{d}E \\ &\approx \frac{1}{\phi_{g\text{近似}}}\int_{\Delta E_g} \Sigma(\boldsymbol{r},E)\phi_{\text{近似}}(\boldsymbol{r},E)\mathrm{d}E\end{aligned} \tag{1-147}$$

所以分群方法的成功应用，极大程度上取决于群常数的计算精度。从上面讨论可以看出，群常数计算的精度主要取决于：①正确地掌握中子截面随能量变化的细节；②正确地估算一个近似能谱分布 $\phi_{\text{近似}}(\boldsymbol{r},E)$。这些问题将在后面有关章节进一步讨论。

1.9 核数据库和多群常数库

1.9.1 核数据库

在进行中子输运问题和核反应堆的核计算时，首先需要知道具有各种不同能量(10^{-5} eV～几十兆电子伏特)的中子和各种物质(包括燃料、慢化剂、结构材料、可燃毒物和裂变产物等)相互作用的核反应及其相应的微观截面和有关参数，统称为核数据。它是核科学技术研究和核工程设计所必需的基本数据，也是中子输运问题计算的出发点和依据。为了提高核设计的精确度，可从两方面入手：一方面是努力改进核设计的计算模型和计算方法，以提高计算的精确度；另一方面是提高核数据的精确性。对于从事中子输运理论研究和计算的人员来讲，正确地了解和使用这些核数据是非常重要的，因为这是获得正确计算结果的前提和基础。

核数据主要来源于实验测量。然而，对于同一截面数据，不同的实验室和不同

的实验方法可能给出不同的数值。例如,对某些核数据,许多国家和实验室所公布的数据就有差别。这就必须对已有的核数据进行分析、选取和评价。同时,由于中子输运计算要涉及大量的同位素及广阔能域内核反应截面和能量的复杂关系,其所需的核数据量是非常庞大的,现有实验数据不可能完全覆盖,其对于一些能域或元素还存在着的空白,则需要利用理论计算或内插方法求得的结果来填补这些空缺的数据。另外,通过理论方法还可以指导对实验数据的选择与评价。因此,从原始实验数据到可供核工程技术人员使用的数据,需要做大量的编纂(compilation,指收集、整理和储存有关实验数据和材料)和评价(evaluation,指分析、比较、鉴定及理论处理有关实验数据和材料)工作,甚至还需要通过一系列实验与理论计算结果的比较来检验这些数据的可靠性、自洽性与精确性。最后把它们汇编成便于核工程人员使用的形式。

第二次世界大战后,核能利用的研究日益为人们所重视。核反应堆、加速器、核物理实验和测量技术也获得迅速发展。经过各国科学工作者的努力,已逐渐积累了大量的中子截面和其他核数据资料,编纂和评价工作也迅速开展起来了,许多国家都建立了专门的核数据中心来开展这方面的工作。比较著名的有美国的布鲁克海文国家实验室(BNL)的国家核数据中心(NNDC),法国在萨克利(Saclay)的 NEA Data Bank,俄罗斯在奥布灵斯克(Obninsk)的核数据中心(JD)和国际原子能机构(IAEA)的核数据部(NDS)等。实际上,目前核数据的编纂和评价工作活动已超出单个国家范围,广泛地开展了国际性的交流和合作。我国亦于 1975 年在中国原子能科学研究院成立了中国核数据中心(CNDC)并参与国际合作和交流。

近 30 年来,许多国家都在努力建立一套标准的、评价过的核数据库。随着核能的发展,对核反应所需的能量范围与细节要求愈来愈高,核数据的数量也愈来愈多。20 世纪 70 年代后,开始采用计算机作为数据储存、检索和显示工具,同时应用计算机程序进行核数据的评价工作。这使得编评(编纂和评价)工作的速度和质量都大为提高。编评后的核数据按要求格式以二进制记录在磁带或磁盘上,形成核数据库(NDL)。最早应用计算机作为核数据储存、评价和检索工具的核数据库是美国 BNL 的评价核数据库(ENDF)[3]。

ENDF 是以美国 BNL 为主,美国、加拿大的近 20 个实验室合作的产物。其目的是提供适用于各种中子学和光子学计算所需的通用格式的评价系列。它是由中子与光子截面库及一系列程序代码所组成的,是目前公认的比较完整和先进的核数据库。它由 ENDF/A 和 ENDF/B 两个库组成。ENDF/A 主要储存着各种核素的完整的或不完整的原始核数据。某些核数据并没有经过评价和检验,因而 ENDF/A 仅是作为供编纂、评价核数据用的一个库,对于反应堆设计人员来说没有多大意义,因为它不能供工程设计直接使用。而 ENDF/B 则是经过评价过的核数据库,对某一特定核都只包含一组评价过的截面,数据尽可能完整,因而 ENDF/

B被认为是核反应堆设计的标准截面库或核数据来源。它提供反应堆物理和屏蔽设计及燃料管理计算所需要的核数据并满足各项要求。

ENDF/B中包含有中子输运问题和核反应堆核设计所需的各种材料和核素(例如,ENDF/B-Ⅵ含有319种核素),以及能量从10^{-5} eV～20 MeV范围内的所有重要的中子反应的整套核数据。例如,它包括:

(1)0～20 MeV中子对各种核素引起的反应的微观截面,这包括(n,f),(n,γ),(n,n),(n,n′),(n,2n),(n,p),(n,2p),(n,α),(n,t)等;

(2)弹性散射和非弹性散射中子的角分布;

(3)出射中子、γ射线和带电粒子的能谱、角分布及激发函数;

(4)裂变(瞬发和缓发)中子的产额和能谱;

(5)裂变产物的产额、微观截面和衰变常数;

(6)共振参数和统计分布;

(7)慢化材料热中子散射率数据。

ENDF/B中还包含有光子相互作用的截面及其他非中子的核数据,该库这一部分数据与中子截面部分相似。它可满足辐射屏蔽计算、聚变堆研究、加速器研究、活化分析、同位素化学及生命科学等研究领域的需要。

由于核数据的量是非常庞大的,为了减少存储量,在ENDF/B中实际截面数据并不全部以表值形式保存,而是以几种不同方式给出的。例如,对于某些核素的截面以离散表值($\sigma(E_i)$与E_i对应表)给出,同时也给出利用这些表值的内插方法;另一种形式则是采用大量的拟合参数或计算公式的形式。通过处理程序及这些参数可以很容易计算出所需能量点的截面数据。例如在库中对共振能区保存有许多共振参数,像共振能量、能级宽度和共振峰截面等,而随能量变化的共振截面值就用这些参数按布雷特-维格纳公式及相应的计算程序算出。

由于核物理测量技术的进步和理论模型的发展,核数据在不断地更新和补充,ENDF/B库也在不断地重新评价和更新,每隔一段时间,便有新的版本问世。自第一版ENDF/B-Ⅰ于1968年问世以来已更新多次,前一阶段应用最广的ENDF/B-Ⅳ是于1975年发表的。1991年发表了它的第六版ENDF/B-Ⅵ(含有319个核素)。目前,ENDF/B不仅在美国而且在全世界范围内都获得了广泛的应用。

除美国的ENDF/B外,其他一些国家也都在建立通用的评价核数据库,这些库各有其特点。其中,比较著名的有欧洲共同体的NEA Data Bank公布的JEF 2.2库(Joint Evaluated File. Version 2,Mod 2,1996年,含有314个核素)和日本原子能研究所(JAERI)提供的JENDL3.2库[4](Japanese Evaluated Nuclear Data Library,Version 3,Mod 2,1994年,含有340个核素)。此外,俄罗斯也有评价核数据库BROND-2(1993年,含121个核素)。我国核数据中心于1993年亦公布了中国评价核数据库CENDL-2(China Evaluated Nuclear Date Library, Version

2)。目前国际核数据库技术已发展到网上在线检索服务。上述国际上五大评价核数据库及其有关资料均可从网上直接检索或下载，其也可以以光盘形式(CD-ROM)提供数据，并带有相应检索程序，可在微机上方便使用。

1.9.2 多群常数库

虽然从类似于 ENDF/B 的核数据库可以获得反应堆核设计中需要的任何能量点的核截面数据。但是在中子输运理论计算和反应堆物理计算中，我们并不直接使用 ENDF/B 等核数据库，这是因为：一方面，这些核数据库是一个非常庞大的数据库，正如前述，ENDF/B 系统提供的数据必须通过一些处理程序才能得到各种核素的截面，如共振区截面，因而直接从评价核数据库提供核数据进行反应堆物理计算是不现实的；另一方面，中子输运或反应堆物理计算通常采用分群近似，例如在压水堆物理计算中，通常采用多群(25～100 群以上)或少群(2～4 群)计算。设计时需要的是按能群平均的截面值，称为**群截面**，或**群常数**。因此，根据 ENDF/B 通过处理程序产生的“多群常数库”才是核反应堆物理设计或中子输运数值计算直接使用的核数据库。核反应堆物理设计工程师或中子输运理论研究人员直接应用的和需要了解的应该是经过加工的多群常数库，而不是原始的评价核数据库。

在反应堆物理计算时，通常应用“分群近似”。所谓分群近似是把中子能量划分成若干个离散的能量间隔 ΔE_g：$(E_0, E_1), (E_1, E_2), \cdots, (E_{g-1}, E_g), \cdots$，每个能量间隔称为一个能群。同时用适当平均的参数来表示该能群内的一些参数，这些平均参数叫作**群常数**。它们的计算可由式(1－136)～式(1－139)和式(1－141)确定。由这些公式可以看到群常数的确定一方面需要原始的截面随能量变化的核数据，它可以从 ENDF/B 等评价核数据库中获得；另一方面需要知道各能群内中子通量密度能谱的分布或者需要预测估算一个近似能谱 $\phi_{\text{近似}}(E)$。但是中子通量密度的能谱分布与输运过程所在介质的成分和具体结构有关，因而严格地讲，群常数与反应堆堆型、大小及成分有关。但是，为了使多群常数库具有通用性，我们希望所得到的群截面尽量不依赖于中子通量密度能谱分布或反应堆的具体材料构成。这在下列情况下是可以近似满足的。首先，如果能群数量取得足够多，例如数十个乃至数百个能群，能量宽度 ΔE_g 很小时，从这些群常数计算公式可以看到群截面依赖于中子通量密度能谱的近似的程度就较小。其次，当 ΔE_g 很小时，$\sigma_x(E)$在 ΔE_g 内变化较小或近似于常数，这对于大多数核素的散射截面是成立的，因为在很大范围内它是比较平坦的；对于吸收截面，除共振区外，大多数元素均近似服从 $1/v$ 规律变化，其变化是光滑缓慢的。

最后，关于中子能谱，我们幸运地发现，尽管对于各个反应堆是各不相同的，但是对多数的反应堆来说，在高能部分(例如 $E>0.1$ MeV)，其中子能谱基本上与裂变谱 $\chi(E)$接近，对于广阔的中能区域都近似服从 $1/E$ 费米分布；而对于热能区域

($E<1$ eV)则基本是接近于麦克斯韦分布。因此,如果把能群数目分得足够多,应用上述近似能谱制作的多群常数库应该说与系统的具体成分和几何形状及堆型没有密切的关系,具有很好的通用性。

从评价核数据库(例如 ENDF/B 或 JENDL-3.2)中选取核数据制作成供中子输运计算的能点式或能群形式的中子和光子截面,目前通常是采用 NJOY[5] 核数据处理程序来完成的。它由很多模块组成,是一个综合性大型模块式的核数据处理程序。它可以从 ENDF/B 等核数据库产生不同核素的不同能群的截面;产生有关弹性散射和非弹性散射的散射矩阵;产生考虑热化效应的热能区的中子散射截面;从共振参数计算出考虑多谱勒效应的不同温度下的共振积分;等等。它可根据所要求的能群数目与结构及生成中子截面所需要的中子能谱,例如在热能段是麦克斯韦谱,在中能区是 $1/E$ 费米谱,再高是裂变谱,最后是核裂变谱等,由其中模块自动产生出所要求格式的群常数来,也可以根据特定反应堆的能谱(例如快堆谱或轻水堆谱)产生出特定堆型通用的多群常数库。许多国家及研究机构都根据不同的设计要求制作通用的多群常数库,其中比较著名和应用比较多的有供 ANISN 和 DOT 程序使用的 DLC-37(100 群中子和 γ 截面库)等。另外还有英国 WIMS 的 69 群常数库、美国 EPRI 的 69 群常数库、美国 PHOENIX 的 72 群常数库、CASMO-3 的多群常数库及俄罗斯的 26 群常数库等,这些库都在一定范围内有它的通用性。例如,实践证明 WIMS 的 69 群常数库对于广泛类型的栅元,例如重水或轻水堆燃料组件及部分快堆燃料组件的计算,都可适用。

1.9.3　少群常数的计算及能群的归并

多群常数库应用起来虽然方便,但是能群的数量太大,当用数值方法解扩散方程时耗时太长。特别是对于核反应堆燃料管理或瞬态计算,需反复做上百次临界扩散计算,是非常不经济的。因此在实际核设计计算中是应用“少群”(一般指 2～6 群)来做扩散计算,例如,对于压水堆最常用 2 群计算。

对少群常数的计算,在这样宽的能量区间内,用近似能谱分布来做权重时将产生重大误差。为获得少群常数,就需要正确地求得具体反应堆的中子慢化能谱,但麻烦的是它往往是和具体的堆芯燃料及慢化剂成分、栅元及燃料组件的几何结构密切相关的。所以,一般没有通用的少群常数库,设计者必须根据具体反应堆栅元的结构和材料成分进行计算。所求得的少群常数严格说也只适用于该特定反应堆,而且它是反应堆核计算的一个重要组成部分。

于是,反应堆物理设计的少群常数计算是分成两步来完成的。第一步是选择并应用已经建立的多群常数库(例如 WIMS 的 69 群库)计算出所讨论系统的多群常数。第二步是利用已求出的多群常数,对所讨论的系统或堆芯栅元近似求解多群中子输运方程,求出系统或栅元近似的多群能谱 ϕ_n,即

$$\phi_n = \int_{\Delta E_n} \phi(E)\mathrm{d}E, \quad n = 1,2,\cdots$$

然后根据所求出的多群能谱 ϕ_n 和多群截面 σ_{xn}，按照多群与少群能群划分的对应关系，归并出所需要的少群常数，即

$$\sigma_{xg} = \sum_{n\in g}\sigma_{xn}\phi_n / \sum_{n\in g}\phi_n, \quad g = 1,\cdots,G; \quad x = \mathrm{a,f,s},\cdots \tag{1-148}$$

式中，g 是少群的序号；n 为多群的序号；求和符号下面的 $n\in g$ 表示对属于能群 g 内的能群 n 求和；ϕ_n 为计算求得的多群中子通量密度能谱。

关于近似多群能谱 ϕ_n 的计算，一般有两种方法，一种是应用均匀无限介质（有限介质可通过曲率修正方法等效为无限介质）的中子能谱来代替，关于这方面的计算将在第 2 章球谐函数方法中给予讨论；第二种是对于空间非均匀结构比较强烈的系统（如反应堆栅元或燃料组件）必须考虑空间的非均匀效应，则可以应用积分输运理论，直接求出栅元各区的中子通量密度的空间能谱分布 $\phi_n(\boldsymbol{r})$，这将在第 4 章予以讨论。

少群常数的具体计算流程如图 1－15 所示。少群常数的计算是对特定系统进行的，是中子输运数值计算必须完成的计算内容之一。

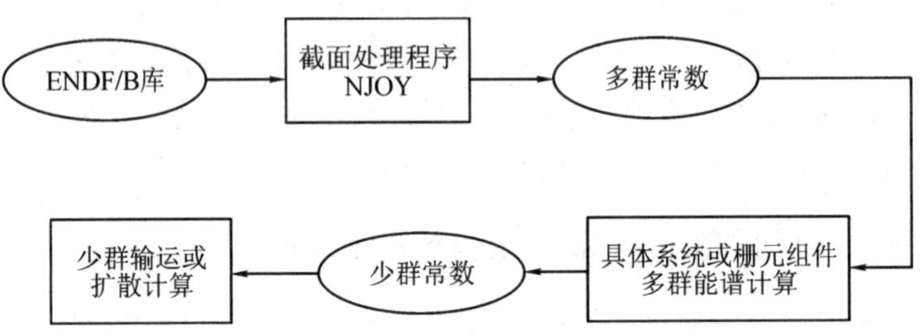

图 1－15　少群常数计算流程示意图

第 2 章 球谐函数方法

中子输运方程是一个含有 $\boldsymbol{r}(x,y,z)$、E 和 $\boldsymbol{\Omega}(\theta,\varphi)$中 6 个自变量的微分-积分方程。因此,要精确地求解这一方程是很困难的,一般只有在极个别的简单情况下才是可能的。所以在实际的问题计算中通常采用一些近似的方法求解。函数展开方法是其中常用的一种近似方法。它是把未知函数 $f(x)$用一组已知的正交函数列 $\mathrm{P}_n(x)$(通常为多项式)展开成级数,而 $\mathrm{P}_n(x)$通常称为展开函数,即

$$f(x) \approx \sum_n f_n \mathrm{P}_n \tag{2-1}$$

式中,f_n 为一组未知的待定系数。这样,就把问题转化为求解一组待定系数的问题。一旦求出系数 f_n,用式(2-1)便可确定 $f(x)$了。

若用一完备正交的球谐函数列(或称球函数)作为展开函数便是所谓的**球谐函数方法**。它在理论物理中是常用的一种方法。

在中子输运理论中,球谐函数方法是针对输运方程中的自变量 $\boldsymbol{\Omega}$ 所作的近似。它的实质是把方程中含有变量 $\boldsymbol{\Omega}$ 的一些函数,例如中子通量密度 $\phi(\boldsymbol{r},E,\boldsymbol{\Omega})$等,用球谐函数作为展开函数,按照式(2-1)展成级数,然后把它代入中子输运方程中,这样就可以把原来的方程化为一个微分方程组,由此便可以确定级数中的每个系数。球谐函数方法在许多情况下是求解输运方程的一种比较有效和常用的方法,特别是由其得到的扩散近似模型在反应堆物理计算中有着非常广泛的应用,是最常用的模型。

2.1 一维情况下的 P_N 近似方程

2.1.1 一维平面几何 P_N 近似方程

为简单起见,我们先从研究单能一维平面问题开始。这样可以减少许多数学上的麻烦,且便于了解球谐函数方法的步骤和实质。

根据式(1-53),稳态单能一维平面问题的中子输运方程为

$$\mu \frac{\partial \phi(z,\mu)}{\partial z} + \Sigma_{\mathrm{t}}\phi(z,\mu) =$$

$$\frac{1}{2\pi}\int_0^{2\pi}\int_{-1}^{+1} \Sigma_{\mathrm{s}}(z,\mu_0)\phi(z,\mu')\mathrm{d}\mu'\mathrm{d}\varphi' + \frac{S(z)}{2} \tag{2-2}$$

式中,$\mu=\cos\theta$(见图 1-10);$\mu_0=\cos(\boldsymbol{\Omega},\boldsymbol{\Omega}')=\cos\theta_0$。这里为简单起见假定中子

源为各向同性。式中的中子通量密度及散射函数和式(1-49)及式(1-52)一样，是已经对方位角积分后的数值，即

$$\phi(z,\mu)=\int_0^{2\pi}\phi(z,\boldsymbol{\Omega})\mathrm{d}\varphi \tag{2-3}$$

$$\Sigma_s(z,\mu_0)=2\pi\int_0^{2\pi}\Sigma_s(z;\boldsymbol{\Omega}'\rightarrow\boldsymbol{\Omega})\mathrm{d}\varphi \tag{2-4}$$

现在用球谐函数方法对式(2-2)近似求解。对于一维问题，把 $\phi(z,\mu)$ 及 $\Sigma_s(z,\mu_0)$ 用勒让德多项式展开成级数，即

$$\phi(z,\mu)=\sum_{n=0}^{\infty}\frac{2n+1}{2}\phi_n(z)\mathrm{P}_n(\mu) \tag{2-5}$$

$$\Sigma_s(z,\mu_0)=\sum_{n=0}^{\infty}\frac{2n+1}{2}\Sigma_{sn}(z)\mathrm{P}_n(\mu_0) \tag{2-6}$$

式中，$\mathrm{P}_n(\mu)$ 为 n 阶勒让德多项式①。系数 $\phi_n(z)$ 可以利用勒让德多项式的正交性来求得。勒让德多项式的正交性可以表述如下：

$$\int_{-1}^{+1}\mathrm{P}_n(\mu)\mathrm{P}_m(\mu)\mathrm{d}\mu=\begin{cases}0, & n\neq m\\ \dfrac{2}{2n+1}, & n=m\end{cases} \tag{2-7}$$

因此，在式(2-5)、式(2-6)两边分别乘 $\mathrm{P}_n(\mu)$ 及 $\mathrm{P}_n(\mu_0)$，利用正交性质便可求得

$$\phi_n(z)=\int_{-1}^{+1}\phi(z,\mu)\mathrm{P}_n(\mu)\mathrm{d}\mu \tag{2-8}$$

$$\Sigma_{sn}(z)=\int_{-1}^{+1}\Sigma_s(z,\mu_0)\mathrm{P}_n(\mu_0)\mathrm{d}\mu_0 \tag{2-9}$$

可以看到，$\phi_0(z)$、$\phi_1(z)$ 及 Σ_{sn} 等项都有明确的物理意义，例如，

$$\phi_0(z)=\int_{-1}^{+1}\phi(z,\mu)\mathrm{d}\mu$$

这也就是前面所讲的中子总通量密度 $\phi(z)$，而

$$\phi_1(z)=\int_{-1}^{+1}\mu\phi(z,\mu)\mathrm{d}\mu$$

就是前面所定义的中子流密度 $J_z(z)$。同样可以知道

$$\Sigma_{s0}=\int_{-1}^{+1}\Sigma_s(z,\mu_0)\mathrm{d}\mu_0=\Sigma_s$$

$$\Sigma_{s1}=\int_{-1}^{+1}\Sigma_s(z,\mu_0)\mu_0\mathrm{d}\mu_0=\bar{\mu}_0\Sigma_s$$

根据定义可以知道，$\bar{\mu}_0$ 就等于平均散射角余弦。

由于散射截面 $\Sigma_s(z,\mu_0)$ 是已知函数，因而 Σ_{sn} 可以由式(2-9)求得。现在的问题就在于求出式(2-5)中的 $\phi_n(z)$ 各项了。为此把式(2-5)及式(2-6)代入输

① $\mathrm{P}_n(\mu)$ 的前面几阶是：$\mathrm{P}_0(\mu)=1$；$\mathrm{P}_1(\mu)=\mu$；$\mathrm{P}_2(\mu)=(3\mu^2-1)/2$；$\mathrm{P}_3(\mu)=(5\mu^2-3\mu)/2$；…。

运方程式(2－2)中，利用勒让德多项式的递推公式

$$\mu \mathrm{P}_n(\mu)=\frac{(n+1)\mathrm{P}_{n+1}(\mu)+n\mathrm{P}_{n-1}(\mu)}{2n+1} \tag{2-10}$$

则得到

$$\begin{aligned}&\sum_{n=0}^{\infty}\frac{\mathrm{d}\phi_n(z)}{\mathrm{d}z}\left[\frac{n+1}{2}\mathrm{P}_{n+1}(\mu)+\frac{n}{2}\mathrm{P}_{n-1}(\mu)\right]+\sum_{n=0}^{\infty}\frac{2n+1}{2}\Sigma_{\mathrm{t}}\phi_n(z)\mathrm{P}_n(\mu)\\&=\frac{1}{2\pi}\int_0^{2\pi}\int_{-1}^{+1}\left[\sum_{n=0}^{\infty}\frac{2n+1}{2}\phi_n(z)\mathrm{P}_n(\mu')\right]\times\\&\quad\sum_{n=0}^{\infty}\frac{2n+1}{2}\Sigma_{\mathrm{s}n}\mathrm{P}_n(\mu_0)\mathrm{d}\mu'\mathrm{d}\varphi'+\frac{S(z)}{2}\end{aligned} \tag{2-11}$$

注意到式(2－11)中 μ_0 是 $\boldsymbol{\Omega}$ 与 $\boldsymbol{\Omega}'$之间的夹角余弦，根据勒让德多项式的加法定理，有

$$\mathrm{P}_n(\mu_0)=\mathrm{P}_n(\mu)\mathrm{P}_n(\mu')+2\sum_{m=1}^{n}\frac{(n-m)!}{(n+m)!}\mathrm{P}_n^m(\mu)\mathrm{P}_n^m(\mu')\cos m(\varphi-\varphi') \tag{2-12}$$

式中，$\mathrm{P}_n^m(\mu)$为伴随勒让德多项式①。

现在来计算式(2－11)右端第一项的积分。把式(2－12)代入积分号内并积分。注意到由于含有 $\cos m(\varphi-\varphi')$的各项在对 φ' 作由 0 到 2π 的积分后都等于零，因而式(2－12)中右端只有第一项仍然保留，并消去了式(2－11)中的$1/2\pi$，这样式(2－11)右端第一项的积分便等于

$$\begin{aligned}I&=\int_{-1}^{+1}\left[\sum_{n=0}^{\infty}\frac{2n+1}{2}\phi_n(z)\mathrm{P}_n(\mu')\right]\left[\sum_{n=0}^{\infty}\frac{2n+1}{2}\Sigma_{\mathrm{s}n}\mathrm{P}_n(\mu)\mathrm{P}_n(\mu')\right]\mathrm{d}\mu'\\&=\sum_{n=0}^{\infty}\frac{2n+1}{2}\Sigma_{\mathrm{s}n}\phi_n(z)\mathrm{P}_n(\mu)\end{aligned} \tag{2-13}$$

这里已经用了勒让德多项式的正交性质式(2－7)。因此式(2－11)便可写成

$$\begin{aligned}&\sum_{n=0}^{\infty}\frac{\mathrm{d}\phi_n(z)}{\mathrm{d}z}[(n+1)\mathrm{P}_{n+1}(\mu)+n\mathrm{P}_{n-1}(\mu)]+\\&\sum_{n=0}^{\infty}(2n+1)\Sigma_{\mathrm{t}}\phi_n(z)\mathrm{P}_n(\mu)=\sum_{n=0}^{\infty}(2n+1)\Sigma_{\mathrm{s}n}\phi_n(z)\mathrm{P}_n(\mu)+S(z)\end{aligned}$$

把上式两边依次乘 $\mathrm{P}_n(\mu)$，$n=0,1,\cdots$，并对$-1\leqslant\mu\leqslant1$ 积分。注意到勒让德多项式的正交性，便得到下面包含 $\phi_n(z)$的一组无限多个微分方程：

$$\frac{n+1}{2n+1}\frac{\mathrm{d}\phi_{n+1}(z)}{\mathrm{d}z}+\frac{n}{2n+1}\frac{\mathrm{d}\phi_{n-1}(z)}{\mathrm{d}z}+\Sigma_n\phi_n(z)=S(z)\delta_{0n},$$

① $\mathrm{P}_n^m(\mu)$的前面几阶是：$\mathrm{P}_0^0(\mu)=1$；$\mathrm{P}_1^0(\mu)=\mathrm{P}_1(\mu)=\mu$；$\mathrm{P}_1^1(\mu)=-2\mathrm{P}_1^{-1}(\mu)=(1-\mu^2)^{1/2}=\sin\theta$；…。

$$n=0,1,\cdots \tag{2-14}$$

式中，

$$\Sigma_n=\Sigma_t-\Sigma_{sn} \tag{2-15}$$

这里 δ_{ik} 为克罗内克符号。

在实际计算中，只取方程组式(2-14)中前 $N+1$ 个方程，即认为 $\mathrm{d}\phi_{N+1}/\mathrm{d}x=0$，由此解出式(2-5)中的前 N 项；$\phi_0,\cdots,\phi_N$。$\phi(z,\mu)$用下列 N 阶多项式来近似地表示为

$$\phi(z,\mu)=\sum_{n=0}^{N}\frac{2n+1}{2}\phi_n(z)\mathrm{P}_n(\mu) \tag{2-16}$$

也就是说，当 $n>N$ 时，有 $\phi_n(z)=0$。这样从式(2-14)便得到 $N+1$ 个微分方程：

$$\left.\begin{aligned}
&\frac{\mathrm{d}\phi_1}{\mathrm{d}z}+(\Sigma_t-\Sigma_s)\phi_0=S\\
&\frac{2}{3}\frac{\mathrm{d}\phi_2}{\mathrm{d}z}+\frac{1}{3}\frac{\mathrm{d}\phi_0}{\mathrm{d}z}+(\Sigma_t-\Sigma_s\bar{\mu}_0)\phi_1=0\\
&\qquad\vdots\\
&\frac{n+1}{2n+1}\frac{\mathrm{d}\phi_{n+1}}{\mathrm{d}z}+\frac{n}{2n+1}\frac{\mathrm{d}\phi_{n-1}}{\mathrm{d}z}+(\Sigma_t-\Sigma_{sn})\phi_n=0\\
&\qquad\vdots\\
&\frac{N}{2N+1}\frac{\mathrm{d}\phi_{N-1}}{\mathrm{d}z}+(\Sigma_t-\Sigma_{sn})\phi_N=0
\end{aligned}\right\} \tag{2-17}$$

这是一个常微分方程组，加上适当的边界条件便可解出 $\phi_0,\phi_1,\cdots,\phi_N$ 来。最后把它们代入式(2-16)即可求得 $\phi(z,\mu)$了。

这样，就把原来的求输运方程式(2-2)化成一个含有 $\phi_n(z)$的微分方程组式(2-10)的求解问题。当 N 不大时，这个方程组是比较容易近似(或数值)求解的。这样的解法，称之为 P_N 近似。式(2-17)便叫作 P_N 近似方程。例如，若取 $N=3$，则称之为 P_3 近似。对于大型反应堆或中子通量角分布接近于各向同性的问题，一般认为采用 P_1 近似就可以了。对于小型反应堆或者吸收性大、中子密度变化剧烈的一些问题，则需用 P_3 或更高阶的近似。这里须指出，P_3 近似的计算已经很繁杂了，往往需要利用计算机来数值求解。因此 $N>3$ 的更高阶近似在实际问题中很少被用到。

2.1.2 边界条件

为了确定在求解微分方程组式(2-17)时所出现的积分常数，还应该给出必需的边界条件。给出的边界条件的数目应恰好等于待定的积分常数的数目以保证解

的唯一性。

边界条件的提法应该根据问题的物理性质来规定。但是应该指出，在 P_N 近似下，由于 $n>N$ 的 $\phi_n(z)$ 各项都被略掉了，所求的是 $\phi(z,\mu)$ 的近似解，因而边界条件式(1-40)、式(1-39)亦不可能按物理上的要求严格地被满足，而相应地须以适当的近似的边界条件来代替。这时，近似边界条件应该这样来选择：它在保证解的唯一性条件下，应使所讨论问题的解具有最高的精确度。因此，P_N 近似方法中应该怎样来选取边界条件是一个需要认真考虑的问题。下面介绍在实际中常用的一些边界条件。

1. 自由表面

在一维情况下，在自由表面 $x=a$ 或 $x=0$ 处的边界条件为

$$\left.\begin{aligned}\phi(0,\mu)=0,\ \mu>0\\ \phi(a,\mu)=0,\ \mu<0\end{aligned}\right\} \tag{2-18}$$

式(2-18)表明在自由表面没有中子自真空返回介质。这里变量 μ 应取上述区间内的一切可能值，这就构成了无限多个条件。在 P_N 近似中这一条件不可能严格地被满足，只能满足 $(N+1)/2$ 个条件。在实际计算中，通常用一组近似的边界条件来代替。一般有以下两种方法。

(1)选择在 $-1\leqslant\mu\leqslant 0$ 内定义的正交函数系中，取 $(N+1)/2$ 个函数。并令 $\phi(a,\mu)$ 在这一区间内与上述每一个函数正交。在 P_N 近似中很自然地从 $P_n(\mu)$ 内选取。在区间 $-1\leqslant\mu\leqslant 0$ 内，奇次的和偶次的勒让德多项式分别都构成一个完备的正交函数集。我们选择奇次项的勒让德多项式作为正交函数集，边界条件写为

$$\int_1^0\phi(0,\mu)P_{2n+1}(\mu)\mathrm{d}\mu=0\ 或\int_{-1}^0\phi(a,\mu)P_{2n+1}(\mu)\mathrm{d}\mu=0$$

$$n=0,1,\cdots,\frac{N-1}{2}，当\ N\ 为奇数时$$

$$n=0,1,\cdots,\frac{N}{2}-1，当\ N\ 为偶数时 \tag{2-19}$$

或等价地写为

$$\int_1^0\phi(0,\mu)\mu^{2n+1}\mathrm{d}\mu=0\ 或\int_{-1}^0\phi(a,\mu)\mu^{2n+1}\mathrm{d}\mu=0$$

$$n=0,1,\cdots,\frac{N-1}{2}，当\ N\ 为奇数时$$

$$n=0,1,\cdots,\frac{N}{2}-1，当\ N\ 为偶数时 \tag{2-20}$$

这两个边界条件最早由马绍克(Marshak)提出，并称之为马绍克边界条件[6]。值得注意的是，对于 $n=0$，由式(2-20)的积分得出下列关系式：

$$\int_{-1}^0\mu\phi(a,\mu)\mathrm{d}\mu=0$$

稍加注意就可以看出，此积分事实上就是负方向的分中子流 $J_z^-=0$，因而表示自真空返回介质的中子总数等于零。由此可见，马绍克边界条件已经将上述这一重要事实包括在内了，因而，在实际中多偏向于应用马绍克边界条件。

(2)选择$(N+1)/2$个μ_n值，并在这些点上使式(2-18)成立，即

$$\phi(0,\mu_n)=\phi(a,-\mu_n)=0,\quad n=1,2,\cdots,(N+1)/2 \tag{2-21}$$

所选的μ_n点是

$$\mathrm{P}_{N+1}(\mu_i)=0 \tag{2-22}$$

的正根。这就得到马克(Mark)真空边界条件。已经证明，马克真空边界条件相当于用纯吸收介质来代替真空[6]。

2. *两种介质间的分界面*

在两种介质的分界面上，严格的边界条件已在1.3.2节中给出，即$\phi(z,\mu)$在分界面上沿任一μ方向都是z的连续函数。在P_N近似下。这个条件用下面一组近似的条件[7-9]

$$\int\mu\phi(z,\mu)\mathrm{P}_n(\mu)\mathrm{d}\mu,\quad n=0,1,\cdots,N \tag{2-23}$$

在分界面上连续来代替。将式(2-16)代入，则由式(2-23)便可推得平面情况下的P_N近似的边界条件为：

在分界面上：

当N为奇数时，$\phi_0,\phi_1,\cdots,\phi_N$连续；

当N为偶数时，$\phi_1,\phi_0+2\phi_2,\phi_3,\cdots,\phi_{N-1},(N-1)\phi_{N-2}+N\phi_N$连续。

(2-24)

上面的边界条件式(2-19)、式(2-24)也可以应用变分原理求得[8-9]。从式(2-23)可以看到，当采用偶次近似时，中子总通量$\phi_0(z)$在分界面上将不连续[10]。因此，再加上其他一些原因，在实际问题中往往采用奇次近似，例如$\mathrm{P}_1,\mathrm{P}_3,\cdots,\mathrm{P}_{2n-1}$近似，而不采用偶次近似。

3. *辐照边界*

在外表面$(x=0)$上，有外辐照源$F(\mu)$入射($F(\mu)$的非奇性)时，则仿照自由表面情况的处理，可以得到下列条件：

$$\int_0^1\phi(0,\mu)\mu^{2n+1}\mathrm{d}\mu=\int_0^1F(\mu)\mu^{2n+1}\mathrm{d}\mu,\quad n=0,1,2,\cdots,(N-1)/2 \tag{2-25}$$

2.1.3 扩散(P_1)近似

在球谐函数方程中，最简单而又得到最广泛应用的是P_1近似。在反应堆物理中应用最广泛的扩散理论就是P_1近似的一种结果。对于单速问题和源是各向同

性的情况，P_1 近似和扩散理论是等价的，因而在许多场合下，习惯上称 P_1 近似为扩散近似。它在反应堆理论的发展中占有重要的地位，它是反应堆物理分析，特别是大型反应堆计算的基础。

在 P_1 近似情况下，中子通量密度的展开式(2-5)中只保留前面两项，同时注意到 $\phi_0(z)$ 就是中子总通量密度 $\phi(z)$，而 $\phi_1(z)$ 就是中子流密度 $J(z)$，因而有

$$\phi(z,\mu)=\frac{1}{2}[\phi(z)+3J(z)\mu] \tag{2-26}$$

而方程组(2-17)则简写成

$$\frac{\mathrm{d}J}{\mathrm{d}z}+\Sigma_{\mathrm{a}}\phi=S \tag{2-27}$$

$$\frac{\mathrm{d}\phi}{\mathrm{d}z}+3\Sigma_{\mathrm{tr}}J=0 \tag{2-28}$$

式中，

$$\Sigma_{\mathrm{tr}}=\Sigma_{\mathrm{t}}-\Sigma_{\mathrm{s}}\bar{\mu}_0=\Sigma_{\mathrm{a}}+\Sigma_{\mathrm{s}}(1-\bar{\mu}_0) \tag{2-29}$$

由式(2-28)可以得到

$$J=-D\frac{\mathrm{d}\phi}{\mathrm{d}z} \tag{2-30}$$

$$D=\frac{1}{3\Sigma_{\mathrm{tr}}}$$

这就是我们以前所熟悉的扩散理论中的菲克定律，D 称为扩散系数。把式(2-30)代入式(2-27)中，便得到我们熟悉的稳态一维情况的中子扩散方程式

$$\frac{\mathrm{d}}{\mathrm{d}x}D\frac{\mathrm{d}\phi}{\mathrm{d}x}+\Sigma_{\mathrm{a}}\phi=S \tag{2-31}$$

2.2　一维平面几何 P_N 近似方程的数值解法

2.2.1　P_N 近似的差分方程

在 2.1.1 节中已经求出一维平面几何 P_N 近似方程式(2-17)，为了便于数值求解，将它改写成更为方便的向量形式。为此定义两个向量，即

$$\left.\begin{aligned}\boldsymbol{\phi}&=\left[\phi_{2n},n=0,1,\cdots,\frac{N-1}{2}\right]^{\mathrm{T}}\\ \boldsymbol{J}&=\left[\phi_{2n+1},n=0,1,\cdots,\frac{N-1}{2}\right]^{\mathrm{T}}\end{aligned}\right\} \tag{3-32}$$

则式(2-17)可以改写成下列矩阵形式：

$$\boldsymbol{\alpha}\frac{\mathrm{d}\boldsymbol{J}}{\mathrm{d}z}+\boldsymbol{a}\boldsymbol{\phi}=\boldsymbol{f} \tag{2-33}$$

$$\boldsymbol{\beta}\frac{\mathrm{d}\boldsymbol{\phi}}{\mathrm{d}z}+\boldsymbol{b}\boldsymbol{J}=\boldsymbol{F} \tag{2-34}$$

式中，$\boldsymbol{\alpha}$、$\boldsymbol{\beta}$ 为双对角矩阵，即

$$\boldsymbol{\alpha}=\begin{bmatrix}1 & 0 & 0 & 0 & \cdots\\ 2/5 & 3/5 & 0 & 0 & \cdots\\ 0 & 4/9 & 5/9 & 0 & \cdots\\ 0 & 0 & 6/13 & 7/13 & \cdots\\ \vdots & \vdots & \vdots & \vdots & \vdots\end{bmatrix} \tag{2-35}$$

$$\boldsymbol{\beta}=\begin{bmatrix}1/3 & 2/3 & 0 & 0 & \cdots\\ 0 & 3/7 & 4/7 & 0 & \cdots\\ 0 & 0 & 5/11 & 6/11 & \cdots\\ \vdots & \vdots & \vdots & \vdots & \vdots\end{bmatrix} \tag{2-36}$$

$\boldsymbol{a}$、$\boldsymbol{b}$ 为对角矩阵，$\boldsymbol{f}$ 及 $\boldsymbol{F}$ 为列向量，即

$$\boldsymbol{a}=\mathrm{diag}[\Sigma_{\mathrm{s},2n}],\qquad \boldsymbol{b}=\mathrm{diag}[\Sigma_{\mathrm{s},2n+1}] \tag{2-37}$$

$$\boldsymbol{f}=[f_{2n}]^{\mathrm{T}}(n=0,1,\cdots)\quad \boldsymbol{F}=[f_{2n+1}]^{\mathrm{T}}(n=0,1,\cdots) \tag{2-38}$$

边界条件：

(1)对外边界，例如在 $z=H$，有

$$\phi(H,\mu)=0,\quad \mu<0 \tag{2-39}$$

根据马绍克边界条件，有

$$\int_{-1}^{0}\phi(H,\mu)\mathrm{P}_{2n+1}(\mu)\mathrm{d}\mu=0,\rightarrow i=0,1,\cdots,n \tag{2-40}$$

将 $\phi(H,\mu)$ 按勒让德多项式(2-5)展开并代入式(2-40)，则得到

$$\sum_{n=0}a_{in}\boldsymbol{\phi}_n=0,\quad i=0,1,2,\cdots,n \tag{2-41}$$

式中，

$$a_{in}=(2n+1)\int_{-1}^{0}\mathrm{P}_{2i+1}(\mu)\mathrm{P}_n(\mu)\mathrm{d}\mu,\quad i=0,1,2,\cdots,n \tag{2-42}$$

齐次方程组式(2-41)可以写成矩阵与向量乘积加和形式，即

$$\boldsymbol{d}\boldsymbol{\phi}+\boldsymbol{c}\boldsymbol{J}=\boldsymbol{0},\quad z=H \tag{2-43}$$

式中，矩阵 $\boldsymbol{d}$、$\boldsymbol{c}$ 分别为

$$\left.\begin{aligned}\boldsymbol{d}&=[a_{in}],i=0,1,2,\cdots;n=0,2,4,\cdots\\ \boldsymbol{c}&=[a_{in}],i=0,1,2,\cdots;n=1,3,5,\cdots\end{aligned}\right\} \tag{2-44}$$

(2)对于中心对称平面则要求 $\mathrm{d}\boldsymbol{\phi}/\mathrm{d}z=\boldsymbol{0}$(当 $z=0$ 时)。

下面来推导 P_N 近似方程式(2-33)和式(2-34)的差分方程。

假设方程中的系数矩阵 $\boldsymbol{\alpha}$、$\boldsymbol{\beta}$、$\boldsymbol{a}$、$\boldsymbol{b}$ 中的元素及向量 $\boldsymbol{f}$、$\boldsymbol{F}$ 都是 z 的分段连续函数。把 z 用节点 $z_k(k=0,1,\cdots,N)$ 分成 N 个区间，$z_0=0$，$z_N=H$，$\Delta z_k=z_k-$

z_{k-1} 为区间宽度，同时使所有系数及 $\boldsymbol{f}$、$\boldsymbol{F}$ 的间断点都落在离散点(z_k)上，因而在每个区间内，矩阵的元素均等于常数。$\Delta \boldsymbol{f}_k=\boldsymbol{f}_k-\boldsymbol{f}_{k-1}$，$\boldsymbol{f}_k$ 和 $\boldsymbol{f}_{k-1}$ 分别为 $\boldsymbol{f}$ 在 $z=z_k$ 点上的左、右极限。Δz_k 区间内分段连续函数的取值用下标 $k-\frac{1}{2}$ 表示。

对式(2－33)和式(2－34)在$[z_{k-1},z_k]$区间内积分，得到

$$\boldsymbol{\alpha}(\boldsymbol{J}-\boldsymbol{J}_{k-1})+\boldsymbol{a}\int_{z_{k-1}}^{z_k}\boldsymbol{\phi}\,\mathrm{d}z=\bar{\boldsymbol{f}} \tag{2-45}$$

$$\boldsymbol{\beta}(\boldsymbol{\phi}_k-\boldsymbol{\phi}_{k-1})+\boldsymbol{b}\int_{z_{k-1}}^{z_k}\boldsymbol{J}\,\mathrm{d}z=\bar{\boldsymbol{F}} \tag{2-46}$$

式中，

$$\bar{\boldsymbol{f}}=\int_{z_{k-1}}^{z_k}\boldsymbol{f}\,\mathrm{d}z,\quad \bar{\boldsymbol{F}}=\int_{z_{k-1}}^{z_k}\boldsymbol{F}\,\mathrm{d}z \tag{2-47}$$

对积分项应用欧拉公式有

$$\int_{z_{k-1}}^{z_k}u\,\mathrm{d}u=\frac{u_{k-1}+u_k}{2}\Delta z_k+\frac{(\Delta z)^2}{12}\left[\left(\frac{\mathrm{d}u}{\mathrm{d}z}\right)_{k-1}-\left(\frac{\mathrm{d}u}{\mathrm{d}z}\right)_k\right]+o((\Delta z)^5) \tag{2-48}$$

假定略去公式中的 $o((\Delta z)^5)$ 项，则得到微分方程(2－33)的差分方程的精度为 $o((\Delta z)^2)$。于是由式(2－45)和式(2－46)有

$$\boldsymbol{\alpha}(\boldsymbol{J}_k-\boldsymbol{J}_{k-1})+\boldsymbol{a}\Delta z_k(\boldsymbol{\phi}_k+\boldsymbol{\phi}_{k+1})/2=\bar{\boldsymbol{f}} \tag{2-49}$$

$$\boldsymbol{\beta}(\boldsymbol{\phi}_k-\boldsymbol{\phi}_{k-1})+\boldsymbol{b}\Delta z_k(\boldsymbol{J}_k+\boldsymbol{J}_{k-1})/2=\bar{\boldsymbol{F}} \tag{2-50}$$

对于边界条件，由式(2－43)可得当 $z=z_0$ 和 $z=z_N$ 时有

$$\boldsymbol{d}\boldsymbol{\phi}_0+\boldsymbol{c}\boldsymbol{J}_0=\boldsymbol{0},\quad \boldsymbol{d}'\boldsymbol{\phi}_N+\boldsymbol{c}'\boldsymbol{J}_N=\boldsymbol{0} \tag{2-51}$$

为了求解方便，可以从式(2－49)和式(2－50)中消去 $\boldsymbol{J}_k$ 或 $\boldsymbol{J}_{k-1}$ 项，由此可将式(2－49)和式(2－50)联立解出

$$\begin{aligned}\boldsymbol{J}_k=&\boldsymbol{\alpha}_{k-\frac{1}{2}}^{-1}[\bar{\boldsymbol{f}}-\Delta z_k\boldsymbol{a}_{k-\frac{1}{2}}(\boldsymbol{\phi}_k+\boldsymbol{\phi}_{k-1})/2]/2+\\&\boldsymbol{b}_{k-\frac{1}{2}}^{-1}[\bar{\boldsymbol{F}}_{k-\frac{1}{2}}-\boldsymbol{\beta}_{k-\frac{1}{2}}(\boldsymbol{\phi}_k-\boldsymbol{\phi}_{k-1})]/\Delta z_k\end{aligned} \tag{2-52}$$

$$\begin{aligned}\boldsymbol{J}_{k-1}=&-\boldsymbol{\alpha}_{k-\frac{1}{2}}^{-1}[\bar{\boldsymbol{f}}_{k-\frac{1}{2}}-\Delta z_k\boldsymbol{a}_{k-\frac{1}{2}}(\boldsymbol{\phi}_k+\boldsymbol{\phi}_{k-1})/2]/2-\\&\boldsymbol{b}_{k-\frac{1}{2}}^{-1}[\bar{\boldsymbol{F}}_{k-\frac{1}{2}}-\boldsymbol{\beta}_{k-\frac{1}{2}}(\boldsymbol{\phi}_k-\boldsymbol{\phi}_{k-1})]/\Delta z_k\end{aligned} \tag{2-53}$$

在式(2－53)中把 k 换成 $k+1$ 得到 $\boldsymbol{J}_k$ 的表达式，并让其与式(2－52)相等便得到 $\boldsymbol{\phi}_k$、$\boldsymbol{\phi}_{k-1}$ 和 $\boldsymbol{\phi}_{k+1}$ 的"三点"相关方程，整理后可以得到下列形式：

$$-\boldsymbol{A}_k\boldsymbol{\phi}_{k+1}+\boldsymbol{B}_k\boldsymbol{\phi}_k-\boldsymbol{C}_k\boldsymbol{\phi}_{k-1}=\boldsymbol{D}_k,\quad k=0,1,\cdots,N \tag{2-54}$$

式中，

$$\left.\begin{aligned}
&\boldsymbol{A}_N=\boldsymbol{C}_0=0\\
&\boldsymbol{A}_k=\boldsymbol{T}_k-\boldsymbol{R}_k;\boldsymbol{T}_k=\boldsymbol{b}_{k+\frac{1}{2}}^{-1}\boldsymbol{\beta}_{k+\frac{1}{2}}/\Delta z_{k+1}\\
&\boldsymbol{R}_k=\Delta z_{k+1}\boldsymbol{\alpha}_{k+\frac{1}{2}}^{-1}\boldsymbol{a}_{k+\frac{1}{2}}/4\\
&\boldsymbol{B}_k=-\boldsymbol{T}_k+\boldsymbol{T}_{k-1}+\boldsymbol{R}_k+\boldsymbol{R}_{k-1}\\
&\boldsymbol{G}_k=\boldsymbol{T}_{k-1}-\boldsymbol{R}_{k-1}\\
&\boldsymbol{D}_k=[(\boldsymbol{\alpha}^{-1}\overline{\boldsymbol{f}})_{k+\frac{1}{2}}+(\boldsymbol{\alpha}^{-1}\overline{\boldsymbol{f}})_{k-\frac{1}{2}}]/2+\\
&\qquad(\boldsymbol{b}^{-1}\overline{\boldsymbol{F}})_{k-\frac{1}{2}}/\Delta z_k-(\boldsymbol{b}^{-1}\overline{\boldsymbol{F}})_{k+\frac{1}{2}}/\Delta z_{k+1}
\end{aligned}\right\}\tag{2-55}$$

如果在 $k=0$ 和 $k=N$ 用的都是式(2-43)所示的边界条件，则可在式(2-52)中令 $k=N$ 和式(2-53)中令 $k=1$ 得到 $\boldsymbol{J}_N$ 和 $\boldsymbol{J}_0$，代入式(2-54)，便得到 $k=0$ 和 $k=N$ 的差分方程：

$$-\boldsymbol{A}_0\boldsymbol{\phi}_1+\boldsymbol{B}_0\boldsymbol{\phi}_0=\boldsymbol{D}_0,\ \boldsymbol{B}_N\boldsymbol{\phi}_N-\boldsymbol{C}_N\boldsymbol{\phi}_N=\boldsymbol{D}_N\tag{2-56}$$

式中，

$$\left.\begin{aligned}
&\boldsymbol{A}_0=-\boldsymbol{c}(\boldsymbol{\alpha}^{-1}\boldsymbol{a})_{1/2}\Delta z_1/4+(\boldsymbol{b}^{-1}\boldsymbol{\beta})_{1/2}/\Delta z_1\\
&\boldsymbol{B}_0=\boldsymbol{d}+(\boldsymbol{\alpha}^{-1}\boldsymbol{a})_{1/2}\Delta z_1/4+(\boldsymbol{b}^{-1}\boldsymbol{\beta})_{1/2}/\Delta z_1\\
&\boldsymbol{D}_0=\boldsymbol{c}[(\boldsymbol{\alpha}^{-1}\overline{\boldsymbol{f}})_{1/2}/2-(\boldsymbol{b}^{-1}\overline{\boldsymbol{F}})_{1/2}/\Delta z_1]\\
&\boldsymbol{B}_N=\boldsymbol{d}-\boldsymbol{c}(\boldsymbol{\alpha}^{-1}\boldsymbol{a})_{N-\frac{1}{2}}\Delta z_N/4+(\boldsymbol{b}^{-1}\boldsymbol{\beta})_{N-\frac{1}{2}}/\Delta z_N\\
&\boldsymbol{C}_N=\boldsymbol{c}[(\boldsymbol{\alpha}^{-1}\boldsymbol{a})_{N-\frac{1}{2}}\Delta z_N/4+(\boldsymbol{b}^{-1}\boldsymbol{\beta})_{N-\frac{1}{2}}/\Delta z_N]\\
&\boldsymbol{D}_N=-\boldsymbol{c}[(\boldsymbol{\alpha}^{-1}\overline{\boldsymbol{f}})_{N-\frac{1}{2}}/2+(\boldsymbol{b}^{-1}\overline{\boldsymbol{F}})_{N-\frac{1}{2}}/\Delta z_N]
\end{aligned}\right\}\tag{2-57}$$

式(2-54)连同边界条件式(2-56)便是矩阵形式 P_N 近似的有限差分方程。它可以用下面介绍的矩阵因式分解法很方便地求解。

2.2.2 P_N 近似有限差分方程的解法

对于前面求得的矩阵形式的有限差分方程式(2-54)，我们可以用因子分解法把它化成追赶法形式从而可很方便地求解。为此，求下列形式的解：

$$\boldsymbol{\phi}_k=\boldsymbol{E}_k\boldsymbol{\phi}_{k+1}+\boldsymbol{F}_k,\quad k=0,1,\cdots,N-1\tag{2-58}$$

由式(2-54)的第一个方程($k=0$)，考虑到边界条件，可以求得

$$\boldsymbol{E}_0=\boldsymbol{B}_0^{-1}\boldsymbol{A}_0,\boldsymbol{F}_0=\boldsymbol{B}_0^{-1}\boldsymbol{D}_0\tag{2-59}$$

把 $\boldsymbol{\phi}_{k-1}=\boldsymbol{E}_{k-1}\boldsymbol{\phi}_k+\boldsymbol{F}_{k-1}$ 代入式(2-54)的第 k 个方程中以取代 $\boldsymbol{\phi}_{k-1}$，则可得到

$$\boldsymbol{\phi}_k=(\boldsymbol{B}_k-\boldsymbol{C}_k\boldsymbol{E}_{k-1})^{-1}\boldsymbol{A}_k\boldsymbol{\phi}_{k+1}+(\boldsymbol{B}_k-\boldsymbol{C}_k\boldsymbol{E}_{k-1})^{-1}(\boldsymbol{D}_k+\boldsymbol{C}_k\boldsymbol{F}_{k-1})\tag{2-60}$$

比较式(2-58)和式(2-60)便可得到下列递推算式：

$$\boldsymbol{E}_k=(\boldsymbol{B}_k-\boldsymbol{C}_k\boldsymbol{E}_{k-1})^{-1}\boldsymbol{A}_k \tag{2-61}$$

$$\boldsymbol{F}_k=(\boldsymbol{B}_k-\boldsymbol{C}_k\boldsymbol{E}_{k-1})^{-1}(\boldsymbol{D}_k+\boldsymbol{C}_k\boldsymbol{F}_{k-1}),\quad k=1,\cdots,N-1 \tag{2-62}$$

由式(2-59)和式(2-61)及式(2-62)可以求出所有的 $\boldsymbol{E}_k$ 和$\boldsymbol{F}_k(1\leqslant k\leqslant N)$来。同时根据边界条件式(2-56)和式(2-58)，可以推得

$$\boldsymbol{\phi}_N=\boldsymbol{F}_N \tag{2-63}$$

注意到在方程组式(2-55)中 $\boldsymbol{A}_k$、$\boldsymbol{B}_k$、$\boldsymbol{C}_k$ 为 n 阶矩阵，而 $\boldsymbol{\phi}_N$、$\boldsymbol{D}_N$ 为 n 维向量，因此该方程组是一个三对角块矩阵形式的方程组。式(2-58)、式(2-59)、式(2-61)、式(2-62)和式(2-63)给出了它的解，这种方法称之为矩阵因式分解法。

2.3　一维曲线坐标系中的 P_N 近似

2.3.1　一维球坐标系

对于点对称系统，中子通量密度只是距对称点的距离 r 和 $\mu=\boldsymbol{\Omega}\cdot\boldsymbol{r}$ 的函数，在球坐标中，单速中子输运方程具有如下形式：

$$\mu\frac{\partial\phi(r,\mu)}{\partial r}+\frac{1-\mu^2}{r}\frac{\partial\phi}{\partial\mu}+\Sigma_t\phi=$$
$$\frac{1}{2\pi}\int_0^{2\pi}\int_{-1}^{1}\Sigma_s(r,\mu_0)\phi(r,\mu')\mathrm{d}\mu'\mathrm{d}\varphi'+Q(r,\mu) \tag{2-64}$$

将 $\phi(r,\mu)$、$\Sigma_s(r,\mu_0)$和 $Q(r,\mu)$用如式(2-5)和式(2-6)一样的形式，用勒让德多项式展开，并按照 2.1.1 节中所述平面几何方法对式(2-64)进行处理。发现在式(2-64)中除$[(1-\mu^2)/r]\partial\phi/\partial\mu$ 项外，所有其他项都可给出相当于式(2-2)和式(2-17)的各项。为了计算这些不同的项，应用下列关系式：

$$(1-\mu^2)\frac{\mathrm{dP}_n(\mu)}{\mathrm{d}\mu}=\frac{n(n+1)}{2n+1}[\mathrm{P}_{n-1}(\mu)-\mathrm{P}_{n+1}(\mu)] \tag{2-65}$$

经过推导，可以求出在球坐标系中，展开系数 $\phi_n(r)$的 P_N 近似方程为

$$\frac{n+1}{2n+1}\left(\frac{\mathrm{d}\phi_{n+1}}{\mathrm{d}r}+\frac{n+2}{r}\phi_{n+1}\right)+\frac{n}{2n+1}\left(\frac{\mathrm{d}\phi_{n+1}}{\mathrm{d}r}-\frac{n-1}{r}\phi_{n-1}\right)+$$
$$\Sigma_n\phi_n=Q_n,\quad n=0,1,\cdots,N \tag{2-66}$$

对于边界条件，像平面几何一样，在 $r=R$ 的自由表面上可以应用式(2-19)给出的$(N+1)/2$ 个条件(P_N 近似)。其余一半条件可以根据原点($r=0$)处的要求给出。例如，要求 ϕ 在原点处各向同性，也就要求它是 μ 的偶函数，即当 n 是奇数时有

$$\phi_n(0)=0,\quad n=1,3,\cdots,\frac{N}{2}-1 \tag{2-67}$$

现在讨论最简单情况，即 P_N 近似。这时 $\phi_0=\phi$、$\phi_1=J$，在球坐标系中，P_N 近似的两个方程是

$$\left(\frac{\mathrm{d}}{\mathrm{d}r}+\frac{2}{r}\right)J(r)+\Sigma_0\phi(r)=Q_0 \tag{2-68}$$

$$\frac{\mathrm{d}\phi(r)}{\mathrm{d}r}+3\Sigma_1(r)J(r)=3Q_1(r) \tag{2-69}$$

如果源是各向同性的，则 $Q_1(r)=0$。用式(2-69)消去式(2-68)中的 $J(r)$，将上面两式归并写成

$$-\frac{1}{r^2}\frac{\mathrm{d}}{\mathrm{d}r}\left(r^2D\frac{\mathrm{d}\phi(r)}{\mathrm{d}r}\right)+\Sigma_0(r)\phi(r)=Q_0(r) \tag{2-70}$$

式中，

$$D=1/(3\Sigma_1)=1/[3(\Sigma_t-\Sigma_s\bar{\mu}_0)] \tag{2-71}$$

式中，D 称为扩散系数。式(2-70)便是我们熟悉的球坐标系中的中子扩散方程。

2.3.2 一维柱坐标系

无限长轴对称柱系统便属于一维柱坐标系的情况。取柱体的对称轴作为 Z 轴，按表 1-1，对于一维柱坐标系有

$$\boldsymbol{\Omega}\cdot\nabla\phi(r,\theta,\varphi)=\mu\frac{\partial\phi}{\partial r}-\frac{\eta}{r}\frac{\partial\phi}{\partial\varphi}=\sin\theta(\cos\varphi\frac{\partial\varphi}{\partial r}-\frac{\sin\varphi}{r}\frac{\partial\varphi}{\partial\varphi})$$

式中，θ 为中子运动方向与 Z 轴的夹角；而 φ 为中子运动方向 $\boldsymbol{\Omega}$ 在 X-X 平面上的投影与 $\boldsymbol{r}$ 的夹角；φ 相当于表 1-1 中的 ω。对于一维对称系统，单群中子输运方程可以写成

$$\sin\theta\left(\cos\varphi\frac{\partial\phi}{\partial r}-\sin\theta\frac{\sin\varphi}{r}\frac{\partial\phi}{\partial\varphi}\right)+\Sigma_t\phi=\frac{1}{4\pi}\int_0^{2\pi}\mathrm{d}\varphi'\int_0^{\pi}\Sigma_s(r,\mu_0)\phi(r,\theta',\varphi')\mathrm{d}\theta'+Q(r,\theta,\varphi) \tag{2-72}$$

把式中的 $\phi(r,\theta,\varphi)$ 及 $Q(r,\theta,\varphi)$ 展开成球谐函数项级数（见式(1-122)），考虑到中子通量密度 $\phi(r,\theta,\varphi)$ 是相对于 φ 的偶函数，于是有

$$\begin{aligned}\phi(r,\theta,\varphi)&=\sum_{n=0}^{\infty}\frac{2n+1}{4\pi}\sum_{m=0}^{n}a_{n,m}\phi_{n,m}\mathrm{Y}_{n,m}(\theta,\varphi)\\&=\sum_{n=0}^{\infty}\frac{2n+1}{4\pi}\sum_{m=0}^{n}a_{n,m}\phi_{n,m}\mathrm{P}_n^m(\mu)\cos\varphi\end{aligned} \tag{2-73}$$

$$Q(r,\theta,\varphi)=\sum_{n=0}^{\infty}\frac{2n+1}{4\pi}\sum_{m=0}^{n}a_{n,m}Q_{n,m}\mathrm{P}_n^m(\mu)\cos\varphi \tag{2-74}$$

把 $\Sigma_s(r,\mu_0)$ 按式(2-6)展开。将式(2-73)、式(2-74)及式(2-6)代入式(2-72)，注意到勒让德多项式的加法定理（式(2-12)）和下列性质：

$$\sin\theta \mathrm{P}_n^m(\cos\theta)=\frac{1}{2n+1}[\mathrm{P}_{m+1}^{m+1}(\cos\theta)-\mathrm{P}_{n-1}^{m+1}(\cos\theta)]$$

$$=\frac{1}{2n+1}[(n+m)(n+m-1])\mathrm{P}_{n-1}^{m-1}(\cos\theta)-$$

$$(n-m+1)(n-n+2)\mathrm{P}_{n+1}^{m-1}(\cos\theta)] \qquad (2-75)$$

$$\int_0^{2\pi}\cos\varphi \mathrm{d}\varphi\int_{-1}^{+1}\mathrm{P}_n^m(\mu)\mathrm{P}_l(\mu_0)\mathrm{d}\mu=\begin{cases}\dfrac{4\pi}{2n+1}\cos\varphi \mathrm{P}_n^m(\mu'), & n=l\\ 0, & n\neq l\end{cases} \qquad (2-76)$$

对式(2-72)两端逐项乘 $\mathrm{P}_n^m(\mu)\cos m\varphi$ 并在所有 $\boldsymbol{\Omega}$ 方向进行积分，经过和前面平面几何及球坐标系类似的推导，便可求得式(2-72)的 P_N 近似方程。例如，对于式(2-72)第一项(Ⅰ)，有

$$(\mathrm{I})=\frac{\partial}{\partial r}\int_0^{2\pi}\cos m\varphi\cos\varphi \mathrm{d}\varphi\int_{-1}^{+1}\sin\theta \mathrm{P}_n^m(\mu)\phi(r,\theta,\varphi)\mathrm{d}\mu$$

$$=\frac{\partial}{\partial r}\int_0^{2\pi}\frac{1}{2}[\cos(m-1)\varphi+\cos(m+1)\varphi]\mathrm{d}\varphi\int_{-1}^{+1}\sqrt{1-\mu^2}\,\mathrm{P}_n^m(\mu)\phi \mathrm{d}\mu$$

将式(2-75)及式(2-73)代入上式，经过演算得到

$$(\mathrm{I})=\frac{1+\delta_{m0}}{2(2n+1)}\Big[(n+m)(n+m-1)\frac{\partial\phi_{n-1,m-1}}{\partial r}-$$

$$(n-m+1)\times(n-m+2)\frac{\partial\phi_{n+1,m-1}}{\partial r}+\frac{\partial_{n+1,m+1}\varphi}{\partial r}-\frac{\partial\phi_{n-1,m+1}}{\partial r}\Big] \qquad (2-77)$$

这里应用了勒让德多项式 $\mathrm{P}_n^{-1}(\mu)=\dfrac{1}{n(n+1)}\mathrm{P}_n^1(\mu)$，而对于式(2-72)第二项(Ⅱ)，有

$$(\mathrm{II})=-\frac{1}{r}\int_{-1}^{1}\sqrt{1-\mu^2}\,\mathrm{P}_n^m(\mu)\mathrm{d}\mu\int_0^{2\pi}\cos m\varphi\sin\varphi\frac{\partial\phi}{\partial\varphi}\mathrm{d}\varphi$$

对第二个积分进行分部积分，得到

$$(\mathrm{II})=\frac{1}{2r}\int_0^{2\pi}[(m+1)\cos(m+1)\varphi-$$

$$(m-1)\cos(m-1)\varphi]\mathrm{d}\varphi\int_{-1}^{1}\sqrt{1-\mu^2}\,\mathrm{P}_n^m(\mu)\mathrm{d}\mu$$

再次利用式(2-75)的两个等式，得到

$$(\mathrm{II})=\frac{1+\delta_{m0}}{2(2n+1)}\Big\{(m+1)[\phi_{n+1,m+1}-\phi_{n-1,m+1}]+$$

$$(m-1)[(n-m+1)(n-m+2)\phi_{n+1,m-1}-$$

$$(n+m)(n+m-1)\phi_{n-1,m-1}]\Big\} \qquad (2-78)$$

方程中第三项(Ⅲ)等于

$$(\text{Ⅲ})=\Sigma_{t}\int_{0}^{2\pi}\mathrm{d}\varphi\int_{-1}^{1}\phi \mathrm{P}_{n}^{m}(\mu)\cos m\varphi \mathrm{d}\mu=\Sigma_{t}\phi_{n,m} \tag{2-79}$$

方程中第四项(Ⅳ)等于

$$(\text{Ⅳ})=\int_{0}^{2\pi}\mathrm{d}\varphi'\int_{-1}^{1}\phi(r,\theta',\varphi')\mathrm{d}\mu'\int_{0}^{2\pi}\cos m\varphi \mathrm{d}\varphi\int_{-1}^{1}\Sigma_{s}(r,\mu_{0})\mathrm{P}_{n}^{m}(\cos\theta)\mathrm{d}\mu \tag{2-80}$$

将 $\Sigma_s(r,\mu_0)$ 的球谐函数展开式代入式(2-80),得到

$$(\text{Ⅳ})=\sum_{l=0}^{\infty}\frac{2l+1}{4\pi}\Sigma_{sl}\int_{0}^{2\pi}\mathrm{d}\varphi'\int_{-1}^{1}\phi(r,\mu',\varphi')\mathrm{d}\mu'\times \int_{0}^{2\pi}\cos m\varphi \mathrm{d}\varphi\int_{-1}^{1}\mathrm{P}_{n}^{m}(\cos\theta)\mathrm{P}_{l}(\mu_{0})\mathrm{d}\mu$$

考虑到式(2-76),便有

$$(\text{Ⅳ})=\frac{1}{2n+1}\sum_{l=0}^{\infty}(2l+1)\Sigma_{sl}\int_{0}^{2\pi}\mathrm{d}\varphi'\int_{-1}^{1}\phi(r,\mu',\varphi')\cos m\varphi'\mathrm{P}_{n}^{m}(\mu')\delta_{ln}\mathrm{d}\mu' =\Sigma_{sn}\phi_{n,m} \tag{2-81}$$

第五项源项与第三项有类似的结果。于是经过整理便求得一维柱坐标系的 P_N 近似方程为

$$\begin{aligned}&(n+m)(n+m-1)\left(\frac{\mathrm{d}}{\mathrm{d}r}-\frac{m-1}{r}\right)\phi_{n-1,m-1}-\\&(n-m+1)(n-m+2)\left(\frac{\mathrm{d}}{\mathrm{d}r}-\frac{m-1}{r}\right)\phi_{n+1,m-1}+\\&\left(\frac{\mathrm{d}}{\mathrm{d}r}+\frac{m+1}{r}\right)(\phi_{n+1,m+1}-\phi_{n-1,m+1})+\\&\frac{2(2n+1)}{1+\delta_{m0}}(\Sigma_{t}-\Sigma_{sn})\phi_{n,m}=\frac{2(2n+1)}{1+\delta_{m0}}Q_{n,m}\\&n=0,1,2,\cdots;\quad m=0,1,2,\cdots,n\end{aligned} \tag{2-82}$$

考虑到选定的坐标系内函数 $\phi(r,\theta,\varphi)$ 对 $\mu=\cos\theta$ 对称,这表明伴随勒让德多项式也应该为偶函数。因此,上、下标号 $n+m$ 必须等于偶数。

至于边界条件,根据变分原理(见 2.8 节),有文献提出在外边界上应满足

$$\int(\boldsymbol{\Omega}\cdot\boldsymbol{n})\phi(r,\boldsymbol{\Omega})\mathrm{Y}_{2k,l}(\boldsymbol{\Omega})\mathrm{d}\boldsymbol{\Omega}=0$$
$$k=0,1,2,\cdots;\quad l=0,\pm1,\pm2,\cdots,\pm2k \tag{2-83}$$

由于 $\mathrm{d}\boldsymbol{\Omega}=\sin\theta\mathrm{d}\theta\mathrm{d}\varphi$;$(\boldsymbol{\Omega}\cdot\boldsymbol{n})=\sin\theta\cos\varphi$,$\mathrm{Y}_{2k,l}(\boldsymbol{\Omega})=\mathrm{P}_{2k}^{l}(\cos\theta)\cos l\varphi$,于是式(2-83)可写成

$$\int_{-\frac{\pi}{2}}^{\frac{\pi}{2}}\mathrm{d}\varphi\int_{0}^{\pi}\phi(r,\theta,\varphi)\mathrm{P}_{2k}^{l}(\cos\theta)\sin^{2}\theta\cos\varphi\cos l\varphi \mathrm{d}\theta=0,$$
$$k=0,1,\cdots;\quad l=0,\pm1,\cdots,\pm2k \tag{2-84}$$

把 ϕ 的展开式(2-73)代入式(2-84),经过计算便可求得如下形式的边界条件:

$$\sum_{n,m} a_{n,m}^{k,l} \phi_{n,m} = 0 \tag{2-85}$$

式中,$a_{n,m}^{k,l}$ 为一些确定的常数。

2.4　双 P_N 近似

在平面几何问题中的两种不同介质的平面交界面上,中子通量密度 $\phi(x,\mu)$ 作为 μ 的函数,在 $\mu=0$ 处一般不连续。这句话可以这样解释:假定在 $x=x_0$ 处存在两种介质的交界面,如图 2-1 所示,在交界面上 $\mu=+\varepsilon$ 的所有中子将来自于交界面左边的介质Ⅱ,而 $\mu=-\varepsilon$ 的所有中子则来自于交界面右边的介质Ⅰ。由于两种介质的不同,对于任何有限的 ε 值,都有 $\phi(x_0,+\varepsilon)\neq\phi(x_0,-\varepsilon)$。因此中子角通量密度 $\phi(x_0,\mu)$在 $\mu=0$ 处必定不连续。其间断值可由积分平面几何的输运方程求出。同样,在外表面(自由表面)上 $\mu_0=0$ 处角通量密度的不连续性也是显而易见的,如果 $x=a$ 处为自由表面,在 $x=a$ 的左面存在介质,中子可以从介质内出射,但没有入射中子,则对于所有 $\mu>0$ 的值,$\phi(a,\mu)$都是有限的;对所有 $\mu<0$ 的值 $\phi(a,\mu)$为零。因此,在自由表面 $x=a$ 上,$\mu=0$ 处的中子角通量密度$\phi(a,0)$在 $\mu=0$ 处必定不连续。

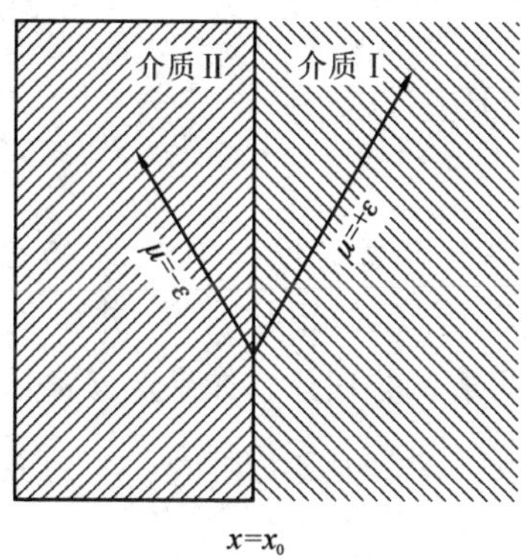

图 2-1　在交界面上的角通量密度

但是,在平面几何中,中子通量密度的任何有限项的勒让德多项式展开式的和在 $\mu=0$ 处是连续的。因而在交界面处将不能很好地表示角通量密度。这一困难也同样造成了自由表面边界条件的不确定性。根据这些考虑,有学者建议在平面交界面处,μ 的两个半区域($\mu\geqslant0$ 和 $\mu<0$)中分别利用下面不同的勒让德多项式展开:

$$\mathrm{P}_n^+(\mu)=\begin{cases}\mathrm{P}_n(2\mu-1), & 0\leqslant\mu\leqslant 1\\ 0, & \mu<0\end{cases} \tag{2-86}$$

$$\mathrm{P}_n^-(\mu)=\begin{cases}0, & \mu\geqslant 0\\ \mathrm{P}_n(2\mu+1), & -1\leqslant\mu<0\end{cases}$$

这种处理通常称为双 P_N 近似。在双 P_N 近似中,中子角通量密度为

$$\phi(x,\mu)=\sum_{n=1}^{N}(2n+1)[\phi_n^+(x)\mathrm{P}_n^+(\mu)+\phi_n^-(x)\mathrm{P}_n^-(\mu)] \tag{2-87}$$

式中,

$$\phi_n^+(x)=\int_0^1\phi(x,\mu)\mathrm{P}_n^+(\mu)\mathrm{d}\mu,\quad \phi_n^-(x)=\int_{-1}^0\phi(x,\mu)\mathrm{P}_n^-(\mu)\mathrm{d}\mu \tag{2-88}$$

一维平面几何条件下中子输运方程可以写为(假设外源 $Q=0$)

$$\mu\frac{\partial\phi(x,\mu)}{\partial x}+\Sigma_t(x)\phi(x,\mu)=$$

$$\sum_{l=1}^{L}\frac{2n+1}{2}\Sigma_{sl}\mathrm{P}_n(\mu)\int_{-1}^{+1}\phi(x,\mu')\mathrm{P}_n(\mu')\mathrm{d}\mu' \tag{2-89}$$

现在把式(2-87)代入式(2-89),并将结果乘 $\mathrm{P}_n^+(2\mu-1)$或者 $\mathrm{P}_n^-(2\mu-1)$,然后对 μ 从-1 到$+1$ 积分,再利用下面正交和递推公式:

$$\mp\int_0^{\mp1}\mathrm{P}_n(2\mu\pm1)\mathrm{P}_{n'}(2\mu\pm1)\mathrm{d}\mu=\frac{\delta_{nn'}}{2n+1} \tag{2-90}$$

$$2\mu\mathrm{P}_n(2\mu\pm1)=\frac{n+1}{2n+1}\mathrm{P}_{n+1}(2\mu\pm1)+\frac{n}{2n+1}\mathrm{P}_{n-1}(2\mu\pm1)\mp\mathrm{P}_n(2\mu\pm1) \tag{2-91}$$

便可得到 $\phi_n^\pm(x)$满足的方程。其推导过程和全 P_N 方程式(2-14)一样,实质上方程式(2-91)的左端与全 P_N 方程的推导一样,并不复杂,然而其右端则包括有 $\mathrm{P}_n(\mu)$和 $\mathrm{P}_n^\pm(2\mu\mp1)$多项式乘积的积分。如果定义常数

$$\mathrm{P}_{nm}^\pm=\int_{-1}^{+1}\mathrm{P}_n(\mu)\mathrm{P}_m^\pm(2\mu\mp1)\mathrm{d}\mu \tag{2-92}$$

则由式(2-89)便得到

$$\frac{n+1}{2n+1}\frac{\mathrm{d}\phi_{n+1}^\pm(x)}{\mathrm{d}x}+\frac{n}{2n+1}\frac{\mathrm{d}\phi_{n-1}^\pm(x)}{\mathrm{d}x}\pm\frac{\mathrm{d}\phi_n^\pm(x)}{\mathrm{d}x}+2\Sigma_t\phi_n^\pm(x)=$$

$$\sum_{l=0}^{L}(2l+1)\mathrm{P}_{in}^\pm\Sigma_{sl}(x)\sum_{m=0}^{N}(2n+1)[\mathrm{P}_{bm}^+\phi_m^+(x)+\mathrm{P}_{bm}^-\phi_m^-(x)] \tag{2-93}$$

在各向同性散射的特定情况下,对 l 的求和只有 $l=0$ 一项,因此,$\mathrm{P}_{0n}^\pm$ 等于 δ_{0n},式(2-93)右端便等于

$$\Sigma_{s0}[\phi_0^+(x)+\phi_0^-(x)]$$

用双 P_N 近似可以严格地满足自由表面条件。如果问题是在 $0\leqslant x\leqslant a$ 的范围

内，则自由表面边界条件就是

$$\phi_0^+(0)=0 \quad 和 \quad \phi_0^-(a)=0 \tag{2-94}$$

根据上面的讨论，可以证明在曲交界面上，角通量密度作为方向 μ 的函数是连续的，不发生间断。因而双 P_N 近似方法对于不同介质的平面几何系统问题改进效果比较显著，而对于曲几何系统，效果不太明显，而且应用双 P_N 近似后，方程的求解增加了许多难度，特别是对于各向异性散射问题的求解，比 P_N 近似更为复杂。因此，双 P_N 近似到目前为止并没有获得广泛的应用，但是它的思想在穿透概率法和 S_N 方法求积组的选取中却得到了应用。

2.5　一般几何坐标系中的球谐函数(P_N)近似方程

2.5.1　三维直角坐标系中的 P_N 近似方程

采用如图 1-2 所示的直角坐标系及方向 $\boldsymbol{\Omega}$ 的表示方法，这时

$$\boldsymbol{\Omega}\cdot\nabla=\mu\frac{\partial}{\partial x}+\eta\frac{\partial}{\partial y}+\xi\frac{\partial}{\partial z} \tag{2-95}$$

$\mu=\cos\theta$，　$\eta=\sin\theta\cos\varphi=\sqrt{1-\mu^2}\cos\varphi$，　$\xi=\sin\theta\cos\varphi=\sqrt{1-\mu^2}\sin\varphi$

这样，根据式(1-142)，散射源按球谐函数展开的多群中子输运方程可以改写成

$$\begin{aligned}&\boldsymbol{\Omega}\cdot\nabla\phi_g(\boldsymbol{r},\boldsymbol{\Omega})+\Sigma_g(\boldsymbol{r})\phi_g(\boldsymbol{r},\boldsymbol{\Omega})=\\&\sum_{n=0}^{\infty}\frac{2n+1}{4\pi}\sum_{g'=1}^{G}\Sigma_{n,g'-g}\Big[\sum_{m=0}^{n}a_{n,m}\psi_{n,m,g'}\mathrm{P}_n^m(\cos\theta)\cos m\varphi+\\&\sum_{m=1}^{n}a_{n,m}r_{n,m,g}\mathrm{P}_n^m(\cos\theta)\sin m\varphi\Big]+Q_g(\boldsymbol{r},\boldsymbol{\Omega})\end{aligned} \tag{2-96}$$

式中，散射源中的中子通量密度已按球谐函数近似展开(式(1-122))。为方便起见中子通量密度也可以展开成下列形式：

$$\begin{aligned}\phi(\boldsymbol{r},\boldsymbol{\Omega})&=\sum_{n=0}^{\infty}\frac{2n+1}{4\pi}\sum_{m=-n}^{n}a_{n,m}\varphi_{n,m}(\boldsymbol{r})\mathrm{Y}_{n,m}(\theta,\varphi)\\&=\sum_{n=0}^{\infty}\frac{2n+1}{4\pi}\Big[\sum_{m=0}^{n}a_{n,m}\psi_{n,m}(\boldsymbol{r})\mathrm{P}_n^m(\cos\theta)\cos m\varphi+\\&\quad\sum_{m=1}^{n}a_{n,m}\gamma_{n,m}(\boldsymbol{r})\mathrm{P}_n^m(\cos\theta)\sin m\varphi\Big]\end{aligned} \tag{2-97}$$

而

$$\begin{aligned}Q(\boldsymbol{r},\boldsymbol{\Omega})=&\sum_{n=0}^{\infty}\frac{2n+1}{4\pi}\Big[\sum_{m=0}^{n}a_{n,m}Q_{n,m}^{c}(\boldsymbol{r})\mathrm{P}_n^m(\cos\theta)\cos m\varphi+\\&\sum_{m=1}^{n}a_{n,m}Q_{n,m}^{s}(\boldsymbol{r})\mathrm{P}_n^m(\cos\theta)\sin m\varphi\Big]\end{aligned} \tag{2-98}$$

这里，球谐函数 $Y_{n,m}(\boldsymbol{\Omega})$ 取前面式(1-121)的定义，为下面叙述方便，将式(1-121)再复述如下：

$$
Y_{n,m}(\boldsymbol{\Omega})=\begin{Bmatrix}Y_{n,m}^{c}(\boldsymbol{\Omega})\\ Y_{n,m}^{s}(\boldsymbol{\Omega})\end{Bmatrix}
=\begin{Bmatrix}P_n^m(\cos\theta)\cos m\varphi, m=0,1,\cdots,n\\ P_n^m(\cos\theta)\sin m\varphi, m=1,\cdots,n\end{Bmatrix}, n=0,1,\cdots \tag{2-99}
$$

而中子通量密度的勒让德函数 $\psi_{n,m}$ 及 $\gamma_{n,m}$ 表示如下：

$$
\begin{aligned}
\psi_{n,m}(\boldsymbol{r})&=\int\phi(\boldsymbol{r},\boldsymbol{\Omega})Y_{n,m}^{c}(\boldsymbol{\Omega})\mathrm{d}\boldsymbol{\Omega}\\
&=\int_0^{2\pi}\mathrm{d}\varphi\int_0^{\pi}\phi(\boldsymbol{r},\boldsymbol{\Omega})P_n^m(\cos\theta)\cos m\varphi\sin\theta\mathrm{d}\theta, n=1,\cdots;m=0,1,\cdots,n
\end{aligned} \tag{2-100}
$$

$$
\begin{aligned}
\gamma_{n,m}(\boldsymbol{r})&=\int\phi(\boldsymbol{r},\boldsymbol{\Omega})Y_{n,m}^{s}(\boldsymbol{\Omega})\mathrm{d}\boldsymbol{\Omega}\\
&=\int_0^{\pi}\mathrm{d}\varphi\int_0^{\pi}\phi(\boldsymbol{r},\boldsymbol{\Omega})P_n^m(\cos\theta)\sin m\varphi\sin\theta\mathrm{d}\theta, n=1,\cdots;m=1,\cdots,n
\end{aligned} \tag{2-101}
$$

注意到，对于球谐函数 $Y_{n,m}(\boldsymbol{\Omega})$，可以求得下列一些递推关系式：

$$
\mu Y_{n,m}(\theta,\varphi)=\frac{1}{2n+1}[(n-m+1)Y_{n+1,m}+(n+m)Y_{n-1,m}] \tag{2-102}
$$

$$
\begin{aligned}
\eta Y_{n,m}(\theta,\varphi)=\frac{1}{2(2n+1)}\{&[Y_{n+1,m+1}-Y_{n-1,m+1}](1+\delta_{m0})+\\
&[-(n-m+2)(n-m+1)Y_{n+1,m-1}+\\
&(n+m)(n+m-1)Y_{n-1,m-1}]\}
\end{aligned} \tag{2-103}
$$

$$
\begin{aligned}
\xi Y_{n,m}^{c,(s)}=\frac{1,(-1)}{2(2n+1)}[&(Y_{n+1,m+1}^{s,(c)}-Y_{n-1,m+1}^{s,(c)})(1+\delta_{m0})+\\
&(n-m+2)(n-m+1)Y_{n+1,m-1}^{s,(c)}-\\
&(n+m)(n+m-1)Y_{n-1,m-1}^{s,(c)}]
\end{aligned} \tag{2-104}
$$

将式(2-97)和式(2-98)代入式(2-96)，并利用式(2-102)～式(2-104)，以及勒让德多项式和球谐函数的正交关系式(1-119)，经过繁琐的推导过程可以得到和前面一维情况下相似的方程组[11]，即

$$
\begin{aligned}
&(n+m)\frac{\partial\psi_{n-1,m,g}}{\partial x}+(n-m+1)\frac{\partial\psi_{n+1,m,g}}{\partial x}+\\
&\frac{1}{2}\Big[(1+\delta_{m0})(n+m)(n+m-1)\left(\frac{\partial\psi_{n-1,m-1,g}}{\partial y}-\frac{\partial\gamma_{n-1,m-1,g}}{\partial z}\right)-\\
&(1+\delta_{m0})(n-m+2)(n-m+1)\left(\frac{\partial\psi_{n+1,m-1,g}}{\partial y}-\frac{\partial\gamma_{n+1,m-1,g}}{\partial z}\right)-
\end{aligned}
$$

$$(1+\delta_{m0})\left(\frac{\partial\psi_{n-1,m+1,g}}{\partial y}+\frac{\partial\gamma_{n-1,m+1,g}}{\partial z}\right)+$$

$$(1+\delta_{m0})\left(\frac{\partial\psi_{n+1,m+1,g}}{\partial y}+\frac{\partial r_{n+1,m+1,g}}{\partial z}\right)+$$

$$(2n+1)\Sigma_{\mathrm{t},g}\psi_{n,m,g}=(2n+1)\sum_{g'=1}^{G}\Sigma_{\mathrm{s},g'-g}\psi_{n,m,g'}+(2n+1)Q^{\mathrm{c}}_{n,m,g},$$

$$n=0,1,\cdots,N;m=0,1,\cdots,n \tag{2-105a}$$

和

$$(n+m)\frac{\partial\gamma_{n-1,m,g}}{\partial x}+(n-m+1)\frac{\partial\gamma_{n+1,m,g}}{\partial x}+$$

$$\frac{1}{2}\Big[(n+m)(n+m-1)\left(\frac{\partial\gamma_{n-1,m-1,g}}{\partial y}+\frac{\partial\psi_{n-1,m-1,g}}{\partial z}\right)-$$

$$(n-m+2)(n-m+1)\left(\frac{\partial\gamma_{n+1,m-1,g}}{\partial y}+\frac{\partial\psi_{n+1,m-1,g}}{\partial z}\right)-$$

$$\left(\frac{\partial\gamma_{n-1,m+1,g}}{\partial y}-\frac{\partial\psi_{n-1,m+1,g}}{\partial z}\right)+\left(\frac{\partial\gamma_{n+1,m+1,g}}{\partial y}-\frac{\partial\psi_{n+1,m+1,g}}{\partial z}\right)\Big]+(2n+1)\Sigma_{\mathrm{t},g}\gamma_{n,m,g}$$

$$=(2n+1)\sum_{g'=1}^{G}\Sigma_{\mathrm{s},g'-g}\gamma_{n,m,g'}+(2n+1)Q^{\mathrm{s}}_{n,m,g}$$

$$n=1,\cdots,N;\quad m=1,\cdots,n \tag{2-105b}$$

式中，

$$Q^{\mathrm{c},(\mathrm{s})}_{n,m,g}=\int Q_g(\boldsymbol{r},\boldsymbol{\Omega})\mathrm{Y}^{\mathrm{c},(\mathrm{s})}_{n,m}(\boldsymbol{\Omega})\mathrm{d}\boldsymbol{\Omega} \tag{2-106}$$

边界条件：如自由表面边界，在外表面 Γ 上，有

$$\phi(\boldsymbol{r},\theta,\varphi)\big|_{r\in\Gamma}=0,\ \boldsymbol{r}\in\Gamma,(\boldsymbol{\Omega}\cdot\boldsymbol{n})<0 \tag{2-107}$$

在 P_N 方程中代替以上条件可以用前面提到过的马绍克边界条件，即在外表面上有

$$\int_{(\boldsymbol{\Omega},\boldsymbol{n})<0}\phi(\boldsymbol{r},\boldsymbol{\Omega})\mathrm{Y}_{n,m}(\boldsymbol{\Omega})\mathrm{d}\boldsymbol{\Omega}=0,$$

$$n=1,3,\cdots,N(\text{奇数});\quad m=-n,\cdots,0,\cdots,n \tag{2-108}$$

或者应用鲁缅采夫(Румянцев)和弗拉基米洛夫(Владимиров)的理论从变分原理求得，即

$$\int_{(\boldsymbol{\Omega},\boldsymbol{n})<0}(\boldsymbol{\Omega}\cdot\boldsymbol{n})\phi(\boldsymbol{r},\boldsymbol{\Omega})\mathrm{Y}_{2n,m}(\boldsymbol{\Omega})\mathrm{d}\boldsymbol{\Omega}=0,$$

$$n=1,\cdots,\left[\frac{N}{2}\right];\quad m=0,\pm1,\cdots,\pm2n \tag{2-109}$$

在不同介质的分界面上，文献[7]、[12]建议用下面的边界条件，即下列积分在分界面上连续：

$$\int_{\boldsymbol{\Omega}}(\boldsymbol{\Omega}\cdot\boldsymbol{n})\phi(\boldsymbol{r},\boldsymbol{\Omega})\mathrm{Y}_{n,m}(\boldsymbol{\Omega})\mathrm{d}\boldsymbol{\Omega}\mid_{\Gamma}$$

$$0\leqslant n\leqslant N;\quad m=0,\pm 1,\cdots,\pm n \tag{2-110}$$

式(2-105a)和式(2-105b)及上述边界条件便是直角坐标系下的 P_N 近似方程。它是在选用图1-2所示的空间坐标系及方向坐标系，$\boldsymbol{\Omega}\cdot\nabla$ 选用式(2-95)表示，并且球谐函数 $\mathrm{Y}_{n,m}(\boldsymbol{\Omega})$ 采用式(1-121)表示下推导而得到的。但坐标系可以有不同的表示，如

$$\boldsymbol{\Omega}\cdot\nabla=\sin\theta\cos\varphi\frac{\partial}{\partial x}+\sin\theta\sin\varphi\frac{\partial}{\partial y}+\cos\theta\frac{\partial}{\partial z}$$

球谐函数 $\mathrm{Y}_{n,m}(\boldsymbol{\Omega})$ 也可采用不同的方法和系数表示，如

$$\mathrm{Y}_{n,m}(\boldsymbol{\Omega})=\left[\frac{2n+1}{4\pi}(2-\delta_{m0})\frac{(n-m)!}{(n+m)!}\right]^{\frac{1}{2}}\begin{cases}\mathrm{P}_l^m(\mu)\cos m\varphi, & m\geqslant 0\\ \mathrm{P}_l^m(\mu)\sin m\varphi, & m<0\end{cases}$$

或采用指数函数形式表示，便得到不同形式带有不同系数的 P_N 近似方程(见文献[13]、[14]、[15])，但是其实质是一样的，是互相等价的。

2.5.2 二维直角坐标系中的 P_N 近似方程

我们仍然选取图1-2所示坐标系，对于二维直角坐标系：

$$\boldsymbol{\Omega}\cdot\nabla=\mu\frac{\partial}{\partial x}+\eta\frac{\partial}{\partial y} \tag{2-111}$$

$$\mu=\cos\theta,\quad \eta=\sqrt{1-\mu^2}\cos\varphi$$

这时由于 $\phi(x,y,\theta,\varphi)$ 及 $Q(x,y,\theta,\varphi)$ 应是辐角 φ 的偶函数，同时 $-\sin(m\varphi)=\sin(-m\varphi)$，因此，式(2-97)中的所有 $\gamma_{n,m}$ 项都等于零。同时由于是二维问题，式中所有关于 z 的导数项也应略去，这样便得到二维直角坐标系内的 P_N 近似方程：

$$\begin{aligned}&(n+m)\frac{\partial\psi_{n-1,m,g}}{\partial x}+(n+1-m)\frac{\partial\psi_{n+1,m,g}}{\partial x}+\\&\frac{1}{2}\Big[(1+\delta_{m0})(n+m)(n+m-1)\frac{\partial\psi_{n-1,m-1,g}}{\partial y}-\\&(1+\delta_{m0})(n-m+1)(n-m+2)\frac{\partial\psi_{n+1,m-1,g}}{\partial y}-\\&(1+\delta_{m0})\Big(\frac{\partial\psi_{n-1,m+1,g}}{\partial y}-\frac{\partial\psi_{n+1,m+1,g}}{\partial y}\Big)\Big]+\\&(2n+1)(\Sigma_{\mathrm{t}g}\psi_{n,m,g}-\sum_{g'=1}^{G}\Sigma_{n,g'-g}\psi_{n,m,g'})=(2n+1)Q_{n,g}^{c}\\&n=0,1,\cdots,N;\ m=0,1,\cdots,n\end{aligned} \tag{2-112}$$

这就是 $X-Y$ 几何二维 P_N 近似方程，当 $n>N$ 时，$\psi_{n,m}=0$。同时注意到，由于中子通量密度应关于 $Z-Y$ 平面对称，因此，$n+m$ 为奇数的那些项将不出现，因为这

些项的球谐函数为奇函数。

2.5.3　二维(*R*－*Z*)柱坐标系中的 P_N 近似方程

对于二维 *R*-*Z* 柱坐标系，由于辐角的对称性，同时 $-\sin\varphi=\sin(-m\varphi)$，因而在 $\phi(r,z,\theta,\varphi)$ 展开式中，所有 γ_{n-1} 项都必须等于零。因此，二维中子输运方程可以写成

$$\sin\theta\left[\cos\varphi\frac{\partial\phi_g}{\partial r}-\frac{\sin\varphi}{r}\frac{\partial\phi_g}{\partial\varphi}\right]+\cos\theta\frac{\partial\phi_g}{\partial z}+\Sigma_t\phi_g=\sum_{n=0}^{\infty}\sum_{m=0}^{n}a_{n,m}\cdot$$
$$\sum_{g'=1}^{G}\Sigma_{n,g'-g}\phi_{n,m,g'}P_n^m(\cos\theta)\cos(m\varphi)+Q_g(r,z,\theta,\varphi)\qquad(2-113)$$

这时中子通量密度及源具有和式(2－73)及式(2－74)相同的等式。为了求得 P_N 近似方程，将 $P_n^m(\cos\theta)\cos m\varphi$ 乘式(2－113)各项，并对所有方向积分。比较一维柱坐标系中式(2－72)和式(2－113)各项，就会发现除了式(2－113)含有 $\frac{\partial}{\partial z}$ 的第三项外，两式其他各项都完全相同。因此，只需对式(2－113)中含有 z 的偏导数项(第四项(Ⅵ))进行处理，即

$$(\text{Ⅵ})=\frac{\partial}{\partial z}\int_0^{2\pi}\cos m\varphi\mathrm{d}\varphi\int_{-1}^{1}\mu P_n^m(\mu)\phi(r,\mu,\varphi)\mathrm{d}\mu\qquad(2-114)$$

将 ϕ 的展开式(2－73)代入式(2－114)中，并利用勒让德多项式的正交性及 $\mu P_n^m(\mu)$ 的递推公式，有

$$\mu P_n^m(\mu)=[(n-m+1)P_{n+1}^m(\mu)+(n+m)P_{n-1}^m(\mu)]/(2n+1)\qquad(2-115)$$

便可求得

$$(\text{Ⅵ})=\frac{1}{2n+1}\frac{\partial}{\partial z}\int_0^{2\pi}\cos m\varphi\mathrm{d}\varphi\int_{-1}^{1}[(n-m+1)P_{n+1}^m(\mu)+$$
$$(n+m)P_{n-1}^m(\mu)]\phi_g\mathrm{d}\mu$$
$$=\frac{1}{2n+1}\left[(n-m+1)\frac{\partial\phi_{n+1,m,g}}{\partial z}+(n+m)\frac{\partial\phi_{n-1,m,g}}{\partial z}\right]\qquad(2-116)$$

将式(2－116)和 2.3 节中的式(2－77)～式(2－79)相加，并根据式(2－113)整理后，便可以得到

$$(n+m)(n+m-1)\left[\frac{\partial}{\partial r}-\frac{m-1}{r}\right]\phi_{n-1,m-1,g}-$$
$$(n-m+1)(n-m+2)\left[\frac{\partial}{\partial r}-\frac{m-1}{r}\right]\phi_{n-1,m-1,g}+$$
$$\left(\frac{\partial}{\partial r}+\frac{m+1}{r}\right)\phi_{n+1,m+1,g}-\left(\frac{\partial}{\partial r}+\frac{m+1}{r}\right)\phi_{n-1,m+1,g}+$$

$$\frac{2}{1+\delta_{m0}}\left[(n-m+1)\frac{\partial\phi_{n+1,m,g}}{\partial z}+(n+m)\frac{\partial\phi_{n-1,m,g}}{\partial z}\right]+$$

$$\frac{2(2n+1)}{1+\delta_{m0}}\Sigma_{\mathrm{t}g}\phi_{n,m,g}=\frac{2(2n+1)}{1+\delta_{m0}}\left[\sum_{g'=1}^{G}\Sigma_{\mathrm{s},g'-g}\phi_{n,m,g'}+Q_{n,m,g}\right]\quad(2-117)$$

这便是二维($R-Z$)柱坐标系中的 P_N 近似方程。

2.5.4　一点注记

球谐函数方法或 P_N 近似方法是中子输运理论计算方法中发展最早的一种方法。它在中子输运理论的发展中起了很大的作用，例如目前在核反应堆物理计算中应用最为广泛的扩散理论就是基于 P_1 近似发展起来的。但是后来在工程实际计算问题中它并没有获得广泛的应用，从前面推导可以看出，其主要原因是它本身太复杂，而且所得到的方程(通量矩($\phi_{n,m}$)方程)都是紧密地互相耦合在一起的，难于解析或数值求解。同时当因需要提高计算精度而提高阶次时，通量矩($\phi_{n,m}$)的变量数急剧增大，尤其是对于多维和曲几何系统。在普遍情况下，在 P_N 近似内包含有$(N+1)^2$ 个通量矩。同时注意到在球谐函数方法中边界条件的处理也具有一定的难度和不确定性。

因此，P_N 近似在一般问题中很少应用高于 P_3 近似的计算。通常只局限于一、二维等低维问题。

在中子输运问题的数值解法中，离散纵标(S_N)方法(第 3 章)发展虽然晚于球谐函数方法，但它却获得了广泛的应用，在 S_N 方法中各个离散方向的方程都是独立的，互相不耦合，而且每个离散方向的方程都是相似的，因而对于数值求解是很方便的，特别是当需要提高精度，增加离散方向时，其数值求解及程序的难度都不会增加，计算时间也较球谐函数方法少得多。因此，它和积分输运理论(第 4 章)在反应堆物理计算中获得了更为广泛的应用，但是离散纵标方法却有一个严重的缺点，即对某些问题，例如惯性约束聚变(inertial confinement fusion，ICF)问题，S_N 方法看来不完全适应，因为它对角度变量缺乏旋转不变性的特点。

球谐函数方法对角度变量的处理是连续的，具有角度的旋转不变性，不存在射线效应问题，同时它适于采用有限元方法，对非规则几何的非结构网格进行计算。因此，近年来一些学者又开始了建立在自共轭输运方程上的球谐函数方法的研究，以解决旋转不变性问题。这方面具有代表性的成果是美国洛斯阿拉莫斯国家实验室研发的三维球谐函数方法并行化程序 DANTE，它具有应用差分和有限元方法对一维至三维复杂几何问题应用任意阶的 P_N 近似和 S_N 方法求解的强大功能[15-16]。

2.6　扩散近似

2.6.1　P_1 近似与扩散近似

在球谐函数近似方法中，最简单且应用最为广泛的是 P_1 近似及由其产生的扩散近似，它在单速问题和源是各向同性的情况下与 P_1 近似是等价的。因而在许多场合下，习惯上常常称 P_1 近似为扩散近似。它在中子输运理论中，特别是在核反应堆物理分析中，占有特别重要的地位，成为反应堆核设计的计算基础。

下面讨论 P_1 近似与扩散理论的关系。在普遍几何情况下，P_1 近似就是把中子通量密度 $\phi(\boldsymbol{r},E,\boldsymbol{\Omega})$ 按球谐函数展开（式(1－122)），取 $n=0,1$ 两项。球谐函数按式(1－121)定义。于是在 P_1 近似中，中子通量密度 $\phi(\boldsymbol{r},E,\boldsymbol{\Omega})$ 按式(1－122)可以写成

$$\phi(\boldsymbol{r},E,\boldsymbol{\Omega})=\frac{1}{4\pi}\{\phi_{0,0}+3[\phi_{1,1}\mathrm{Y}_{1,0}(\boldsymbol{\Omega})+\phi_{1,1}\mathrm{Y}_{1,1}(\boldsymbol{\Omega})+\phi_{1,-1}\mathrm{Y}_{1,-1}(\boldsymbol{\Omega})]\} \tag{2-118}$$

注意到

$$\boldsymbol{\Omega}=\cos\theta\boldsymbol{i}+\sin\theta\cos\varphi\boldsymbol{j}+\sin\theta\sin\varphi\boldsymbol{k} \tag{2-119}$$

$$\mathrm{Y}_{1,0}(\boldsymbol{\Omega})=\cos\theta=\Omega_x,\quad \mathrm{Y}_{1,1}(\boldsymbol{\Omega})=\sin\theta\cos\varphi=\Omega_y$$

$$\mathrm{Y}_{1,-1}(\boldsymbol{\Omega})=\sin\theta\sin\varphi=\Omega_z$$

同时，利用球谐函数的正交性，由式(1－122)可求出式(2－118)的各个系数分别为

$$\phi_{0,0}=\int_{\boldsymbol{\Omega}}\phi(\boldsymbol{r},E,\boldsymbol{\Omega})\mathrm{Y}_{00}(\boldsymbol{\Omega})\mathrm{d}\boldsymbol{\Omega}=\phi(\boldsymbol{r},E) \tag{2-120}$$

$$\phi_{1,0}=\int_{\boldsymbol{\Omega}}\phi(\boldsymbol{r},E,\boldsymbol{\Omega})\mathrm{Y}_{10}(\boldsymbol{\Omega})\mathrm{d}\boldsymbol{\Omega}=\int_{\boldsymbol{\Omega}}\Omega_x\phi(\boldsymbol{r},E,\boldsymbol{\Omega})\mathrm{d}\boldsymbol{\Omega}=J_x(\boldsymbol{r},E) \tag{2-121}$$

$$\phi_{1,1}=\int_{\boldsymbol{\Omega}}\Omega_y\phi(\boldsymbol{r},E,\boldsymbol{\Omega})\mathrm{d}\boldsymbol{\Omega}=J_y(\boldsymbol{r},E) \tag{2-122}$$

$$\phi_{1,-1}=\int_{\boldsymbol{\Omega}}\Omega_z\phi(\boldsymbol{r},E,\boldsymbol{\Omega})\mathrm{d}\boldsymbol{\Omega}=J_z(\boldsymbol{r},E) \tag{2-123}$$

因此，根据式(2－120)～式(2－123)，由式(2－118)得到 P_1 近似中子角通量密度的展开式为

$$\phi(\boldsymbol{r},E,\boldsymbol{\Omega})=\frac{1}{4\pi}[\phi(\boldsymbol{r},E)+3\boldsymbol{\Omega}\cdot\boldsymbol{J}] \tag{2-124}$$

式中，

$$\boldsymbol{J}=J_x\boldsymbol{i}+J_y\boldsymbol{j}+J_z\boldsymbol{k} \tag{2-125}$$

式(2-124)便是反应堆物理中扩散理论所作的一个最基本假设。

下面讨论 P_1 近似方程和扩散近似方程的关系。

对于 P_1 近似，认为在中子角通量密度的球谐函数展开式(1-122)中，$n>1$ 的各项都等于零，根据 P_N 近似方程式(2-105)，按能量变量写出，同时注意到 $\psi_{n,m}=\phi_{n,m}$，$\gamma_{n,m}=\phi_{n,-m}$，于是得到 P_1 近似的下列4个方程($n=0,m=0;n=1,m=0,\pm1$)：

$$\frac{\partial\phi_{1,0}}{\partial x}+\frac{\partial\phi_{1,1}}{\partial y}+\frac{\partial\phi_{1,-1}}{\partial z}+\Sigma_{\mathrm{t}}\phi_{0,0}=\int\Sigma_{\mathrm{s0}}(\boldsymbol{r};E'\to E)\phi_{0,0}(\boldsymbol{r},E')\mathrm{d}E'+Q_{0,0}(\boldsymbol{r},E) \tag{2-126}$$

$$\frac{\partial\phi_{0,0}}{\partial x}+3\Sigma_{\mathrm{t}}(E)\phi_{1,0}(\boldsymbol{r},E)=3\int\Sigma_{\mathrm{s1}}(\boldsymbol{r};E'\to E)\phi_{1,0}(\boldsymbol{r},E')\mathrm{d}E'+Q_{1,0}(\boldsymbol{r},E) \tag{2-127}$$

$$\frac{\partial\phi_{0,0}}{\partial y}+3\Sigma_{\mathrm{t}}(E)\phi_{1,1}(\boldsymbol{r},E)=3\int\Sigma_{\mathrm{s1}}(\boldsymbol{r};E'\to E)\phi_{1,1}(\boldsymbol{r},E')\mathrm{d}E'+Q_{1,1}(\boldsymbol{r},E') \tag{2-128}$$

$$\frac{\partial\phi_{0,0}}{\partial z}+3\Sigma_{\mathrm{t}}(E)\phi_{1,-1}(\boldsymbol{r},E)=3\int\Sigma_{\mathrm{s1}}(\boldsymbol{r};E'\to E)\phi_{1,-1}(\boldsymbol{r},E')\mathrm{d}E'+Q_{1,-1}(\boldsymbol{r},E) \tag{2-129}$$

注意到式(2-120)～式(2-123)，则方程式(2-126)可以写成

$$\nabla\cdot\boldsymbol{J}(\boldsymbol{r},E)+\Sigma_{\mathrm{t}}(E)\phi(\boldsymbol{r},E)=\int\Sigma_{\mathrm{s0}}(\boldsymbol{r};E'\to E)\phi(\boldsymbol{r},E')\mathrm{d}E'+Q(\boldsymbol{r},E) \tag{2-130}$$

式(2-127)～式(2-129)可以联合写成

$$\frac{1}{3}\nabla\phi+\Sigma_{\mathrm{t}}(E)\boldsymbol{J}(\boldsymbol{r},E)=\int\Sigma_{\mathrm{s1}}(\boldsymbol{r};E'\to E)\boldsymbol{J}(\boldsymbol{r},E')\mathrm{d}E'+\boldsymbol{Q}_1(\boldsymbol{r},E) \tag{2-131}$$

式(2-130)和式(2-131)便是反应堆物理分析中习惯所称的 **P_1 近似方程**[18]。

为了得到扩散方程，我们需作两个近似。首先认为源是各向同性的，因而 $\boldsymbol{Q}_1(\boldsymbol{r},E)=0$，这个假设对反应堆物理分析来说并不算苛刻，因为当反应堆工作在临界状态下时，堆内并不存在外源，而由裂变产生的中子，一般可以认为是各向同性的。

第二个近似称为输运近似。在式(2-127)～式(2-130)右端积分号内，$\Sigma_{\mathrm{s1}}(\boldsymbol{r};E'\to E)$ 是微分散射截面勒让德多项式展开式(1-118)中的第二项系数，称为 P_1 散射截面。它表示散射的各向异性分量，在**输运近似**中近似认为

$$\Sigma_{\mathrm{s1}}(\boldsymbol{r};E'\to E)=\Sigma_{\mathrm{s1}}(\boldsymbol{r},E')\delta(E'-E)=\Sigma_{\mathrm{s}}(\boldsymbol{r},E')\bar{\mu}_0\delta(E'-E) \tag{2-132}$$

式(2-132)的物理意义可以这样理解：即散射的主要部分是各向同性的，其各向异

性分量(P_1 分量)主要发生在散射后能量不发生改变的向前掠射($\mu_0=0$)中。这对于质量较大的重元素来说,还是比较合理的(见 4.1.2 节)。式中 $\bar{\mu}_0$ 是平均散射角余弦。这样,

$$\int \Sigma_{s1}(\boldsymbol{r};E'\to E)\boldsymbol{J}(\boldsymbol{r},E)\mathrm{d}E'=\int \Sigma_s(\boldsymbol{r},E')\bar{\mu}_0\boldsymbol{J}(\boldsymbol{r},E')\delta(E'-E)\mathrm{d}E'$$

$$=\Sigma_s(\boldsymbol{r},E)\bar{\mu}_0\boldsymbol{J}(\boldsymbol{r},E) \qquad (2-133)$$

通常称式(2-133)为**输运近似**,把它代入式(2-131),便得到

$$\boldsymbol{J}(\boldsymbol{r},E)=-D(\boldsymbol{r},E)\nabla\phi(\boldsymbol{r},E) \qquad (2-134)$$

$$D(\boldsymbol{r},E)=\frac{1}{3\Sigma_{tr}(\boldsymbol{r},R)},\qquad \Sigma_{tr}(\boldsymbol{r},R)=\Sigma_t(\boldsymbol{r},E)-\bar{\mu}_0\Sigma_s(\boldsymbol{r},E)$$

式中,$D(\boldsymbol{r},E)$称为扩散系数;$\Sigma_{tr}(\boldsymbol{r},E)$称为输运截面,式(2-134)便是熟悉的扩散理论中的菲克定律。把式(2-134)代入式(2-130)便得到普遍几何情况下与能量有关的中子扩散方程:

$$-\nabla\cdot D(\boldsymbol{r},E)\nabla\phi(\boldsymbol{r},E)+\Sigma_t(\boldsymbol{r},E)\phi(\boldsymbol{r},E)=$$

$$\int_0^{\infty}\Sigma_s(\boldsymbol{r};E'\to E)\phi(\boldsymbol{r},E')\mathrm{d}E'+Q(\boldsymbol{r},E) \qquad (2-135)$$

这个方程在反应堆物理分析中有着非常重要的意义。它是推导多群扩散方程的出发点。

2.6.2 扩散近似的边界条件

1. 自由表面

在自由表面 Γ 上边界条件的严格表达式应该是式(1～40)。但是在 P_1 近似中它不可能严格地被满足,所以应用下列近似边界条件来代替[7]:

$$J^-=\int_{(\boldsymbol{\Omega}\cdot\boldsymbol{n})<0}|\boldsymbol{\Omega}\cdot\boldsymbol{n}|\phi(\boldsymbol{r}_s,E,\boldsymbol{\Omega})\mathrm{d}\boldsymbol{\Omega}=0,\boldsymbol{r}_s\in\Gamma \qquad (2-136)$$

式中,积分限$(\boldsymbol{\Omega}\cdot\boldsymbol{n})<0$ 表示只对$(\boldsymbol{\Omega}\cdot\boldsymbol{n})<0$ 的那些 $\boldsymbol{\Omega}$(即半个球)进行积分,因此 $J^-=0$ 表示自真空返回域内的中子流密度等于零,这是符合物理要求的。式(2-136)和一维情况的马绍克边界条件式(2-19)也是一致的。

对于扩散近似,若把中子通量密度的近似表达式式(2-124)代入式(2-136),便得

$$J^-=\frac{-1}{4\pi}\int_{(\boldsymbol{\Omega}\cdot\boldsymbol{n})<0}(\boldsymbol{\Omega}\cdot\boldsymbol{n})\phi(\boldsymbol{r}_s,E)\mathrm{d}\boldsymbol{\Omega}-\frac{3}{4\pi}\int_{(\boldsymbol{\Omega}\cdot\boldsymbol{n})<0}(\boldsymbol{\Omega}\cdot\boldsymbol{n})[\boldsymbol{\Omega}\cdot\boldsymbol{J}(\boldsymbol{r}_s,E)]\mathrm{d}\boldsymbol{\Omega}=0$$

为了便于计算上面的积分,取坐标轴 x 与法线 $\boldsymbol{n}$ 的方向重合,这样 $\boldsymbol{\Omega}\cdot\boldsymbol{n}$ 便等于 $\cos\theta$,同时将 $\boldsymbol{\Omega}$ 的表示式(2-119)代入,可得

$$J^-=\frac{-\phi(\boldsymbol{r}_s,E)}{4\pi}\int_0^{2\pi}\mathrm{d}\varphi\int_{\frac{\pi}{2}}^{\pi}\cos\theta\sin\theta\mathrm{d}\theta-\frac{3}{4\pi}\int_0^{2\pi}\int_{\frac{\pi}{2}}^{\pi}\cos\theta[\cos\theta J_x+$$

$$\sin\theta\cos\varphi J_y + \sin\theta\sin\varphi J_z]\sin\theta \mathrm{d}\theta \mathrm{d}\varphi$$

$$= \frac{\phi(\boldsymbol{r}_s, E)}{4} - \frac{1}{2} J_x(\boldsymbol{r}_s, E)$$

$$= 0$$

注意到上述积分中 x 轴的取向，有 $J_x = \boldsymbol{n} \cdot \boldsymbol{J}(\boldsymbol{r}, E)$；再应用菲克定律便得到扩散近似的边界条件式(2-136)的具体形式为

$$\frac{1}{4}\phi(\boldsymbol{r}_s, E) + \frac{D(\boldsymbol{r}_s, E)}{2}\boldsymbol{n} \cdot \boldsymbol{\nabla}\phi = 0 \tag{2-137}$$

在实际中通常用更为方便的形式来表示：即认为中子通量密度在边界外是按直线变化的(见图 2-2)，沿实际边界法线方向外推一个距离 d 处其值等于零。

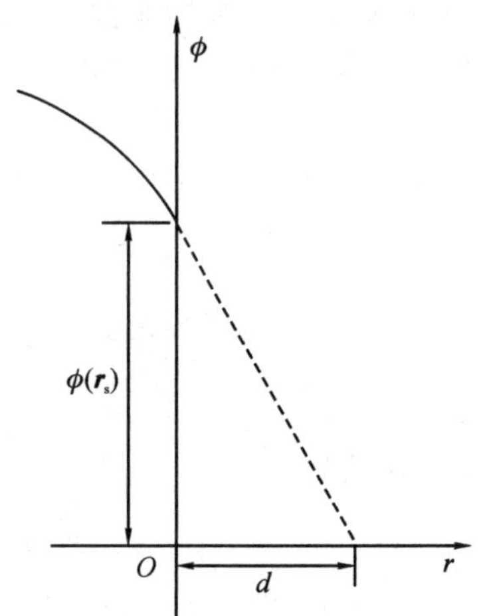

图 2-2 外推距离示意图

根据式(2-137)，外推距离 d 由下式求得：

$$\frac{1}{d} = \left.\frac{\boldsymbol{\nabla}_n \phi}{\phi}\right|_{r_s} = \frac{1}{2D(\boldsymbol{r}_s, E)} \tag{2-138}$$

式中，$\boldsymbol{\nabla}_n \phi = \boldsymbol{n} \cdot \boldsymbol{\nabla}\phi$，因而自由表面的边界条件可以写成：

(1)在外推边界 $\boldsymbol{r}'_s$ 上的

$$\phi(\boldsymbol{r}'_s, E) = 0 \tag{2-139}$$

或：

(2)在边界 $\boldsymbol{r}_s$ 上的入射中子流密度

$$\boldsymbol{J}^- = 0 \tag{2-140}$$

式(2-139)和式(2-140)严格讲并不完全等价，但是实际效果的差异是很小的，因而在实际应用中往往很少加以区别。

由式(2－138)可知,外推距离 $d=2D(\boldsymbol{r}_s,E)=0.67\lambda_{tr}(\boldsymbol{r}_s,E)$。对输运方程更精确的研究表明,对于平面边界 $d\approx0.7104\lambda_{tr}(E)$,因而一般地讲,$d$ 和能量 E 有关,同时还和表面的曲率有关。文献[19]给出了外推距离的一些更精确的计算公式。但是,由于 d 的数值和堆芯的尺寸比较起来一般是很小的,因此,在实际计算时通常可以认为 d 与能量无关并等于常数。

2. 两种不同介质的分界面

根据在分界面上 $\phi(\boldsymbol{r}_s,E,\boldsymbol{\Omega})$对沿所有 $\boldsymbol{\Omega}$ 方向都是 $\boldsymbol{r}$ 的连续函数的要求,其在分界面上应该满足

$$\int\phi^{\mathrm{I}}(\boldsymbol{r}_s,E,\boldsymbol{\Omega})\mathrm{d}\boldsymbol{\Omega}=\int\phi^{\mathrm{II}}(\boldsymbol{r}_s,E,\boldsymbol{\Omega})\mathrm{d}\boldsymbol{\Omega}\Rightarrow$$

$$\phi^{\mathrm{I}}(\boldsymbol{r}_s,E)=\phi^{\mathrm{II}}(\boldsymbol{r}_s,E) \tag{2-141}$$

及

$$\int(\boldsymbol{\Omega}\cdot\boldsymbol{n})\phi^{\mathrm{I}}(\boldsymbol{r}_s,E,\boldsymbol{\Omega})\mathrm{d}\boldsymbol{\Omega}=\int(\boldsymbol{\Omega}\cdot\boldsymbol{n})\phi^{\mathrm{II}}(\boldsymbol{r}_s,E,\boldsymbol{\Omega})\mathrm{d}\boldsymbol{\Omega}\Rightarrow$$

$$\boldsymbol{n}\cdot\boldsymbol{J}^{\mathrm{I}}(\boldsymbol{r}_s,E)=\boldsymbol{n}\cdot\boldsymbol{J}^{\mathrm{II}}(\boldsymbol{r}_s,E) \tag{2-142}$$

亦即要求在分界面上中子总通量密度及中子流密度的法向量必须连续,式中上角标Ⅰ和Ⅱ表示分界面两侧的不同介质。在扩散理论中,中子流密度 $\boldsymbol{J}$ 可用菲克定律来表示,因而便得到在分界面 $\boldsymbol{r}_s$ 上的边界条件为

$$\phi^{\mathrm{I}}(\boldsymbol{r}_s,E)=\phi^{\mathrm{II}}(\boldsymbol{r}_s,E) \tag{2-143}$$

$$D^{\mathrm{I}}\ \nabla\phi^{\mathrm{I}}(\boldsymbol{r}_s,E)=D^{\mathrm{II}}\ \nabla\phi^{\mathrm{II}}(\boldsymbol{r}_s,E) \tag{2-144}$$

应该指出,上述的边界条件和一维情况 P_1 近似时的式(2－24)是完全等价的。

2.6.3　扩散理论的适用条件

前面对中子输运方程应用 P_1 近似导出了菲克定律和扩散方程。由前面讨论可知扩散理论成立必须满足下列一些限制条件:

(1)中子源 $S(\boldsymbol{r})$必须是各向同性的。这个条件是必须的,否则在式(2－131)中将包含源的各向异性分量 $\boldsymbol{Q}_1(\boldsymbol{r},E)$项,而不可能得到斐克定律的简单形式式(2－134)。

(2)中子通量密度的角分布必须接近于各向同性。在 P_1 近似中,中子角通量密度的球谐函数的级数展开式中只保留前两项(见式(1－122)和式(2－26))。这意味着要求中子角通量密度与 $\boldsymbol{\Omega}$ 的依赖关系较弱(或各向异性程度比较小)。

中子通量密度角分布的各向异性程度和中子通量密度的空间变化率或梯度是相互关联的。中子通量密度的空间变化率较缓慢,则中子通量密度的角分布接近于各向同性。中子通量密度变化的梯度比较大时,则中子通量密度的角分布的各向异性程度也就显著增大了,因而 P_1 近似就要求中子通量密度的空间变化率或梯

度(即 $\boldsymbol{J}(\boldsymbol{r})$)相对地不能太大,即

$$|\boldsymbol{J}(\boldsymbol{r})| \ll \phi(\boldsymbol{r}) \tag{2-145}$$

这样,从式(2-124)可以看出,式(2-145)意味着 $\phi(\boldsymbol{r},\boldsymbol{\Omega})$ 将主要由第一项主导,亦即 $\phi(\boldsymbol{r},\boldsymbol{\Omega}) \approx \phi(\boldsymbol{r})/4\pi$,也就是说角通量密度的角分布接近于各向同性。

对输运方程的进一步研究表明,在下面情况下,上述条件会遭到破坏:①靠近真空边界附近,或者在一个自由程的区域内材料性质有急剧的变化;②在中子源的邻近区域;③强吸收介质($\Sigma_a \gg \Sigma_s$),例如在铀棒或控制棒内部等。因而在上述情况下扩散理论的适用性就变得很差或者不能成立,需要借助更高阶的近似或其他更精确的理论,例如第 3 章和第 4 章将要介绍的 S_N 方法和积分输运理论(碰撞概率方法)来解决。

2.6.4 多群扩散方程

前面导出了与能量相关的扩散方程式(2-135),但是要解出中子通量密度对空间与能量的依赖关系是非常困难的。通常,特别是在反应堆物理分析中,应用第 1 章所介绍的分群近似的离散方法来近似求解。这时把中子能量按图 1-14 所示分成若干(G)个能量间隔 ΔE_g,每一个间隔称为一个能群,对每一个 g 能群定义群中子通量密度 $\phi_g(\boldsymbol{r})$ 为

$$\phi_g(\boldsymbol{r}) = \int_{E_g}^{E_{g-1}} \phi(\boldsymbol{r},E)\mathrm{d}E \tag{2-146}$$

容易看出 $\phi_g(\boldsymbol{r})$ 就是空间 $\boldsymbol{r}$ 处第 g 群内各种能量中子的总通量密度,为此在每一个能量区间 $\Delta E_g = E_{g-1} - E_g$ 内将方程式(2-135)对能量进行积分,同时假设源中子主要来自裂变反应,于是有

$$\begin{aligned}
&-\nabla \cdot \int_{\Delta E_g} D(\boldsymbol{r},E)\,\nabla\phi(\boldsymbol{r},E)\mathrm{d}E + \int_{\Delta E_g} \Sigma_t(\boldsymbol{r},E)\phi(\boldsymbol{r},E)\mathrm{d}E = \\
&\int_{\Delta E_g} \mathrm{d}E\int_0^{\infty} \Sigma_s(\boldsymbol{r};E' \to E)\phi(\boldsymbol{r},E')\mathrm{d}E' + \\
&\frac{1}{k_{\mathrm{eff}}}\int_{\Delta E_g} \chi(E)\mathrm{d}E\int_0^{\infty} \nu(E')\Sigma_f(\boldsymbol{r},E')\phi(\boldsymbol{r},E')\mathrm{d}E', \quad g = 1,\cdots,G
\end{aligned} \tag{2-147}$$

通过定义一些群常数(参阅第 1.8 节)可使方程式(2-147)简化。定义第 g 群的总截面和扩散系数如下:

$$\Sigma_{t,g} = \frac{1}{\phi_g}\int_{\Delta E_g} \Sigma_t(E)\phi(\boldsymbol{r},E)\mathrm{d}E \tag{2-148}$$

$$D_g = \frac{\displaystyle\int_{\Delta E_g} D(\boldsymbol{r},E)\,\nabla\phi(\boldsymbol{r},E)\mathrm{d}E}{\displaystyle\int_{\Delta E_g} \nabla\phi(\boldsymbol{r},E)\mathrm{d}E} \tag{2-149}$$

在有的工程程序和文献中为计算方便，将 D_g 定义为

$$D_g = \int_{\Delta E_g} D(\boldsymbol{r}, E)\phi(\boldsymbol{r}, E)\mathrm{d}E / \phi_g \tag{2-150}$$

对于方程式(2－147)右端，将 $\int_0^\infty \mathrm{d}E'$ 表示为

$$\int_0^\infty \mathrm{d}E' = \sum_{g'=1}^{G} \int_{\Delta E_{g'}} \mathrm{d}E'$$

则方程式(2－147)右端散射源项可写为

$$\begin{aligned}
&\int_{\Delta E_g} \mathrm{d}E \int_0^\infty \Sigma_s(\boldsymbol{r}; E' \rightarrow E)\phi(\boldsymbol{r}, E')\mathrm{d}E' \\
&= \sum_{g'=1}^{G} \int_{\Delta E_g} \mathrm{d}E \int_{\Delta E_{g'}} \Sigma_s(\boldsymbol{r}; E' \rightarrow E)\phi(\boldsymbol{r}, E')\mathrm{d}E' \\
&= \sum_{g'=1}^{G} \Sigma_{g'-g}\phi_{g'}(\boldsymbol{r})
\end{aligned} \tag{2-151}$$

这里，定义群转移截面 $\Sigma_{g'-g}$ 为

$$\Sigma_{g'-g} = \frac{1}{\phi_{g'}} \int_{\Delta E_g} \mathrm{d}E \int_{\Delta E_{g'}} \Sigma_s(\boldsymbol{r}; E' \rightarrow E)\phi(\boldsymbol{r}, E')\mathrm{d}E' \tag{2-152}$$

因而，$\Sigma_{g'-g}\phi_{g'}$ 便表示每秒每单位体积内第 g' 群中子经受散射碰撞后，能量落到第 g 群内的中子数。因为散射包括弹性散射和非弹性散射，所以 $\Sigma_{g'-g}$ 也应包括弹性(散射)转移截面和非弹性(散射)转移截面。

同样对裂变反应，分别定义第 g 群的中子产生截面 $(\nu\Sigma_f)_g$ 和中子裂变谱 χ_g 如下：

$$(\nu\Sigma_f)_g = \frac{1}{\phi_g} \int_{\Delta E_g} \nu(E)\Sigma_f(\boldsymbol{r}, E)\phi(\boldsymbol{r}, E)\mathrm{d}E \tag{2-153}$$

$$\chi_g = \int_{\Delta E_g} \chi(E)\mathrm{d}E \tag{2-154}$$

这样，利用这些群常数由式(2－147)可以对每一个能群中子写出它的扩散方程。例如，对于第 g 群，扩散方程如下：

$$-\nabla \cdot D_g \nabla\phi_g(\boldsymbol{r}) + \Sigma_{t,g}\phi_g(\boldsymbol{r}) = \sum_{g'=1}^{G} \Sigma_{g'-g}\phi_{g'}(\boldsymbol{r}) + \frac{\chi_g}{k_{\mathrm{eff}}} \sum_{g'=1}^{G} (\nu\Sigma_f)_{g'}\phi_{g'}(\boldsymbol{r}),$$

$$g = 1, 2, \cdots, G \tag{2-155}$$

这就是反应堆计算中常用的**多群扩散方程**。方程中参数 D_g、$\Sigma_{t,g}$、$\Sigma_{g'-g}$ 等表示该能群的平均参数，称为**群常数**。

可以看到，分群扩散理论的精度在很大程度上依赖于所采用的群常数的精度，所以群常数的计算是反应堆物理分析中一个非常重要的内容。

2.7 中子通量密度球谐矩能谱的近似计算

分群方法是中子输运理论中对能量离散的主要方法。在分群方法中群常数的计算是影响计算精度的关键。但是从1.8.2节的讨论知道为了计算群常数,必须知道中子通量密度的各阶球谐矩 ϕ_n。这是一个非线性问题,因此,在计算群常数之前必须事先求出一个近似球谐矩 ϕ_n 的能谱分布供群常数计算使用。另一方面,在核反应堆设计计算中,进行栅元或组件计算时,都是假设在组件或栅元边界上的净流等于零,所以所求的能谱实质上是无限介质能谱。然而在实际反应堆中存在着中子泄漏,因而须对前面求出的群常数进行修正(也就是基模(泄漏)修正)。这时也需要近似地求得中子能谱分布以供修正之用。

要精确地确定能谱是很困难的。同时经验表明,反应堆的渐近能谱与堆芯的几何形状关系不大,主要是和反应堆的几何曲率大小有关。因此,不妨研究一维平面几何系统的能谱分布来作为堆芯的渐近谱。一维中子输运方程可以写成

$$\begin{aligned}&\mu\frac{\partial}{\partial x}\phi(x,E,\mu)+\Sigma_{t}\phi(x,E,u)\\&=\frac{1}{2\pi}\int_{0}^{E_0}\int_{\Omega'}\Sigma_{s}(E'-E;\mu_0)\phi(x,E',\mu')\mathrm{d}\boldsymbol{\Omega}'\mathrm{d}E'+\frac{S(x,E)}{2}\end{aligned}\tag{2-156}$$

对于堆芯的大部分区域,可以近似地认为,中子通量密度的空间和能量变量是可以分离变量的,即 $\phi(\boldsymbol{r}_s,E,\boldsymbol{\Omega})=\phi(E,\boldsymbol{\Omega})\Psi(\boldsymbol{r})$,这里 $\Psi(\boldsymbol{r})$ 是满足下列波动方程的基波(基模)解:

$$\nabla^2\Psi(\boldsymbol{r})+B^2\Psi(\boldsymbol{r})=0$$

这里 B^2 是方程的特征值,在稳态时它就是反应堆的几何曲率。例如:

$$\left.\begin{aligned}&\text{对厚度为 } a \text{ 的平板}\quad B^2=\left(\frac{\pi}{a}\right)^2\\&\text{对圆柱}(H、R)\text{形裸堆}\quad B^2=\left(\frac{2.405}{R}\right)^2+\left(\frac{\pi}{H}\right)^2\end{aligned}\right\}\tag{2-157}$$

对于一维平板问题稳态中子通量密度 $\Psi(x)$ 的基波解为

$$\Psi(x)=\mathrm{e}^{-\mathrm{i}Bx}$$

因而中子通量密度分布可以写成

$$\phi(x,E,\mu)=\phi(E,\mu)\mathrm{e}^{-\mathrm{i}Bx}\tag{2-158}$$

这实质上相当于中子通量密度的空间分布用单项傅里叶基波来表示。作为初步近似,把它代入一维中子输运方程式(2-156),然后消去 e^{-iBx} 项便得到

$$\begin{aligned}&(1-\mathrm{i}B\mu/\Sigma_t)\Sigma_t\phi(E,\mu)\\&=\frac{1}{2\pi}\int_{0}^{E_0}\int_{\boldsymbol{\Omega}'}\Sigma_{s}(E'\rightarrow E;\mu_0)\phi(E',\mu')\mathrm{d}\boldsymbol{\Omega}'\mathrm{d}E'+\frac{S(E)}{2}\end{aligned}\tag{2-159}$$

这里源项为裂变中子源项，同时认为所产生的中子是各向同性的，即

$$S(E)=\chi(E)\int_0^\infty\int_{-1}^1\nu\Sigma_f(E')\phi(E',\mu')d\mu'dE' \tag{2-160}$$

式(2-159)左端含有曲率 B^2 的项表征了反应堆芯部中子泄漏的影响。对于不同的反应堆，则将与其相应的 B 值(如式(2-157))代入。由于所要求的是总的中子能谱，所以，尽管式(2-159)是从一维情况出发推导出来的，但是由于对于不同形状的反应堆，只要正确地用相应的曲率 B^2 代入，可以期望它也将适用于其他形状反应堆慢化能谱的近似计算。

尽管这种方法在理论上并不十分严谨，但是它已被计算实践证明是成功的，并广泛地应用于轻水堆和其他类型反应堆的能谱计算。下面讨论方程式(2-159)的求解方法。

通常应用中子输运理论中的球谐函数方法来对它求解。把 $\phi(E,\mu)$ 和 $\Sigma_s(E'\rightarrow E;\mu_0)$ 按勒让德多项式展开成下列级数：

$$\phi(E,\mu)=\sum_{n=0}^{\infty}\frac{2n+1}{2}\phi_n(E)P_n(\mu) \tag{2-161}$$

$$\Sigma_s(E'\rightarrow E;\mu_0)=\sum_{n=0}^{\infty}\frac{2n+1}{2}\Sigma_{sn}(E\rightarrow E')P_n(\mu_0) \tag{2-162}$$

将式(2-161)和式(2-162)代入式(2-159)，利用勒让德多项式的加法定理和正交性，便可得到下列方程：

$$\begin{aligned}&(1-iB\mu/\Sigma_t)\Sigma_t\sum_{n=0}^{\infty}\frac{2n+1}{2}\phi_n(E)P_n(\mu)\\&=\sum_{n=0}^{\infty}\frac{2n+1}{2}P_n(\mu)\sum_{n=0}^{\infty}\Sigma_{sn}(E'\rightarrow E)\phi_n(E')dE'+\frac{1}{2}S(E)\end{aligned} \tag{2-163}$$

(1)P_N 近似。如果在式(2-161)中只保留前 $N+1$ 项，即令 $\phi_n(E)=0$。当 $n\geqslant N+1$ 时，将 $P_n(\mu)(n=0,1,\cdots)$依次乘式(2-163)，并对 μ 进行积分，便得到我们所熟悉的 P_N 近似的方程组：

$$\left.\begin{aligned}&-\frac{n+1}{2n+1}iB\phi_{n+1}(E)-\frac{n}{2n+1}iB\phi_{n-1}(E)+\Sigma_t\phi_n(E)\\&=\int_{n=0}^{\infty}\Sigma_{sn}(E'\rightarrow E)\phi_n(E')dE'+S(E)\delta_{0n}\\&\phi_{N+1}(E)=0,\quad n=0,1,\cdots,N\end{aligned}\right\} \tag{2-164}$$

(2)B_N 近似。如果将式(2-163)两端先除$(1-iB\mu/\Sigma_t)$，然后再依次乘 $P_n(\mu)$ 并对 μ 进行积分，便得到关于 $\phi_n(E)(n=0,1,\cdots)$的方程[18]：

$$\Sigma_t(E)\phi_n(E)=\sum_{l=0}^{\infty}(2l+1)A_{l,n}\sum_{n=0}^{\infty}\Sigma_{sl}(E'\to E)\phi_l(E')\mathrm{d}E'+A_{0,n}S(E),\quad n=0,1,\cdots \tag{2-165}$$

式中，系数 $A_{l,n}$ 为

$$A_{l,n}(B,E)=\frac{1}{2}\int_{-1}^{+1}\frac{\mathrm{P}_l(\mu)\mathrm{P}_n(\mu)}{1-\eta\mu}\mathrm{d}\mu \tag{2-166}$$

$$\eta=\mathrm{i}B/\Sigma_t$$

把勒让德多项式的递推关系式乘 $\mathrm{P}_l(\mu)/(1-\eta\mu)$，并对 μ 由 -1 到 $+1$ 积分，便可以求得关于 $A_{l,n}$ 的递推关系为

$$\frac{2n+1}{\eta}A_{l,n}(\eta)-(n+1)A_{l,n+1}(\eta)-nA_{l,n-1)}(\eta)=\frac{\delta_{ln}}{\eta} \tag{2-167}$$

同时可以求得

$$A_{0,0}=\frac{\arctan(B/\Sigma_t)}{B/\Sigma_t};\quad A_{0,1}=\frac{A_{0,0}-1}{\eta}$$

$$A_{1,1}=\frac{A_{0,0}-1}{\eta^2};\quad \cdots\quad ;A_{l,n}=A_{n,l} \tag{2-168}$$

在方程式(2-165)右端的求和项内，令

$$I_l(E)=\int_0^{\infty}\Sigma_{sl}(E'\to E)\phi_l(E')\mathrm{d}E' \tag{2-169}$$

若当 $l>N$ 时，令 $I_l(E)=0$，这样便得到 B_N 近似的方程如下：

$$\Sigma_t(E)\phi_n(E)=\sum_{l=0}^{N}(2l+1)A_{l,n}I_l(E)+A_{0,n}S(E),\quad n=0,1,\cdots \tag{2-170}$$

方程式(2-164)和式(2-170)是一个代数方程组，求解并不困难。这便可求得近似的中子通量密度球谐矩 $\phi_n(E)$ 的能谱分布。

计算经验表明，B_N 近似的精度要高于 P_N 近似。但是，对于大型反应堆，由于泄漏项相对来讲比较小，因而两者的结果则比较接近。

在 N 相等的条件下，B_N 近似比 P_N 近似精确的原因可以这样来分析：从式(2-164)可以看到，P_N 近似略去了中子通量密度中 $n>N$ 的所有分量，即认为当 $n>N$ 时 $\phi_n(E)=0$；而 B_N 近似则只是在式(2-170)右端的级数求和中略去了 $l>N$ 的散射源项 $I_l(E)$。这样，例如对于散射为各向同性的特殊情况（$\Sigma_{sl}(E'\to E)=0$，当 $l>0$），B_N 近似所得到的解就等于精确的解，而 P_N 近似结果却仍然只是近似的结果。可以证明，当 $|\eta|<1$ 时，P_N 近似的收敛速度正比于 $\|\phi_{N+1}\|$，而 B_N 近似的收敛速度则正比于 $\|I_{N+1}\|$，它通常比 $\|\phi_{N+1}\|$ 要小，因而 B_N 近似的收敛速度比 P_N 近似的快。

为了进一步看清问题，把 $A_{l,n}$ 的递推关系式(2-167)代入式(2-170)，经整

理后便可变换成与 P_N 近似相类似的形式：

$$\left.\begin{aligned}&-\frac{n+1}{2n+1}\mathrm{i}B\phi_{n+1}(E)-\frac{n}{2n+1}\mathrm{i}B\phi_{n-1}(E)+\Sigma_{\mathrm{t}}\phi_n(E)=I_n(E)+\delta_{0n}S(E),\\&\qquad\qquad\qquad\qquad\qquad\qquad\qquad\qquad n=0,1,\cdots,N\\&\qquad -\frac{n+1}{2n+1}\mathrm{i}B\phi_{n+1}(E)-\frac{n}{2n+1}\mathrm{i}B\phi_{n-1}(E)+\Sigma_{\mathrm{t}}\phi_n(E)=0,\\&\qquad\qquad\qquad\qquad\qquad\qquad\qquad\qquad n=N+1,\cdots\end{aligned}\right\}\tag{2-171}$$

这样，经过上述变换后，比较方程组(2－164)和(2－171)就可以清楚地看到，对于前 N 个分量，B_N 近似和 P_N 近似的方程形式是完全一样的。所不同之处仅仅在于：P_N 近似在 $n=N$ 的方程中简单地令 $\phi_{N+1}(E)=0$，并截去了 $n>N$ 的所有方程；而在 B_N 近似中，它保留了全部方程，只是在 $n>N$ 的方程右端令 $I_n(E)=0$ 而已，同时在 $n=N$ 的方程中，$\phi_{N+1}(E)$则用第 $N+1$ 个方程式(2－170)的近似解来表示。这样，从数学上看 B_N 近似的处理显然要比 P_N 近似优越，它可以看作是对 P_N 近似的一种改进，在相同的 N 下具有比 P_N 近似更高的精度。

在核反应堆物理的基模修正计算中通常应用 B_1 或 P_1 近似计算，这时方程组便可简化。如果将式(2－168)代入式(2－170)，经过整理，便可以得到和与 P_1 近似式类似的方程组，即

$$\left.\begin{aligned}&-\mathrm{i}B\phi_1(E)+\Sigma_{\mathrm{t}}(E)\phi_0(E)=\sum_{n=0}^{\infty}\Sigma_{\mathrm{s}}(E'\to E)\phi_0(E')\mathrm{d}E'+S(E)\\&-\frac{\mathrm{i}B}{3}\phi_0(E)+\alpha(E)\Sigma_{\mathrm{t}}(E)\phi_1(E)=\int_0^{\infty}\Sigma_{s1}(E'\to E)\phi_1(E')\mathrm{d}E'\end{aligned}\right\}\tag{2-172}$$

式中，

$$\alpha(E)=\frac{(B/\Sigma_{\mathrm{t}})^2\arctan(B/\Sigma_{\mathrm{t}})}{3[(B/\Sigma_{\mathrm{t}})-\arctan(B/\Sigma_{\mathrm{t}})]}\approx 1+\frac{4}{15}\left(\frac{B}{\Sigma_{\mathrm{t}}}\right)^2\tag{2-173}$$

这就是慢化能谱计算中常用的 **B_1 近似方程**。当取 $\alpha(E)=1$ 时，就得到 P_1 近似方程。

2.8　二阶型中子输运方程

2.8.1　二阶偶对称型中子输运方程

在第 1 章中得到的一阶微分-积分方程式(1－37)是中子输运理论的基础，并被广泛地应用于许多问题的研究中，但是它的一个缺点是其算子是非自共轭的。

因此对于有些问题的数值求解，例如应用有限元方法或变分方法求解时，由于算子的非自共轭性，得到的是非对称的矩阵方程，给求解带来许多麻烦。下面介绍一种方法，它把一阶的微分-积分方程变换成为二阶的奇/偶对称型中子输运方程，其算子是自共轭的。因此从它得到的是对称矩阵方程，可以利用一系列标准的数值方法更有效地进行数值求解。

为方便起见，我们讨论单能情况，这时中子输运方程可以写为

$$\begin{aligned}&\boldsymbol{\Omega}\cdot\nabla\phi(\boldsymbol{r},\boldsymbol{\Omega})+\Sigma_{\mathrm{t}}(\boldsymbol{r})\phi(\boldsymbol{r},\boldsymbol{\Omega})=\\&\int_{\boldsymbol{\Omega}'}\Sigma_{\mathrm{s}}(\boldsymbol{r};\boldsymbol{\Omega}'\rightarrow\boldsymbol{\Omega})\phi(\boldsymbol{r},\boldsymbol{\Omega}')\mathrm{d}\boldsymbol{\Omega}'+Q(\boldsymbol{r},\boldsymbol{\Omega})\end{aligned}\tag{2-174}$$

边界条件为在自由边界 Γ 上，有

$$\phi(\boldsymbol{r},\boldsymbol{\Omega})=0,\ \boldsymbol{r}\in\Gamma,(\boldsymbol{\Omega}\cdot\boldsymbol{n})<0\tag{2-175}$$

为推导偶对称型中子输运方程，定义一个算子 $\boldsymbol{U}$，它作用于任意函数 $\phi(\boldsymbol{r},\boldsymbol{\Omega})$，使 $\boldsymbol{U}\phi(\boldsymbol{r},\boldsymbol{\Omega})=\phi(\boldsymbol{r},-\boldsymbol{\Omega})$，同时定义偶和奇两个角通量密度分别为

$$\psi^{+}(\boldsymbol{r},\boldsymbol{\Omega})=\frac{1}{2}[\phi(\boldsymbol{r},\boldsymbol{\Omega})+\boldsymbol{U}\phi(\boldsymbol{r},\boldsymbol{\Omega})]=\frac{1}{2}[\phi(\boldsymbol{r},\boldsymbol{\Omega})+\phi(\boldsymbol{r},-\boldsymbol{\Omega})]\tag{2-176}$$

$$\psi^{-}(\boldsymbol{r},\boldsymbol{\Omega})=\frac{1}{2}[\phi(\boldsymbol{r},\boldsymbol{\Omega})-\boldsymbol{U}\phi(\boldsymbol{r},\boldsymbol{\Omega})]=\frac{1}{2}[\phi(\boldsymbol{r},\boldsymbol{\Omega})-\phi(\boldsymbol{r},-\boldsymbol{\Omega})]\tag{2-177}$$

显然 $\psi^{+}(\boldsymbol{r},\boldsymbol{\Omega})$为 $\boldsymbol{\Omega}$ 的偶函数，$\psi^{+}(\boldsymbol{r},\boldsymbol{\Omega})=\boldsymbol{U}\psi^{+}(\boldsymbol{r},\boldsymbol{\Omega})$；$\psi^{-}(\boldsymbol{r},\boldsymbol{\Omega})$为 $\boldsymbol{\Omega}$ 的奇函数，$\psi^{-}(\boldsymbol{r},\boldsymbol{\Omega})=-\boldsymbol{U}\psi^{-}(\boldsymbol{r},-\boldsymbol{\Omega})$。同时有

$$\phi(\boldsymbol{r},\boldsymbol{\Omega})=\psi^{+}(\boldsymbol{r},\boldsymbol{\Omega})+\psi^{-}(\boldsymbol{r},-\boldsymbol{\Omega})\tag{2-178}$$

$$\phi(\boldsymbol{r})=\int_{\boldsymbol{\Omega}}\psi^{+}(\boldsymbol{r},\boldsymbol{\Omega})\mathrm{d}\boldsymbol{\Omega}\tag{2-179}$$

首先把算子 $\boldsymbol{U}$ 作用于方程式(2-174)，得到

$$\begin{aligned}&-\boldsymbol{\Omega}\cdot\nabla\phi(\boldsymbol{r},-\boldsymbol{\Omega})+\Sigma_{\mathrm{t}}(\boldsymbol{r})\phi(\boldsymbol{r},-\boldsymbol{\Omega})=\\&\int_{\boldsymbol{\Omega}'}\Sigma_{\mathrm{s}}(\boldsymbol{r},\boldsymbol{\Omega}'\rightarrow-\boldsymbol{\Omega})\phi(\boldsymbol{r},\boldsymbol{\Omega}')\mathrm{d}\boldsymbol{\Omega}'+Q(\boldsymbol{r},-\boldsymbol{\Omega})\end{aligned}\tag{2-180}$$

把式(2-180)和式(2-174)分别相加或相减便得到

$$\begin{aligned}&\boldsymbol{\Omega}\cdot\nabla\psi^{-}(\boldsymbol{r},\boldsymbol{\Omega})+\Sigma_{\mathrm{t}}(\boldsymbol{r})\psi^{+}(\boldsymbol{r},\boldsymbol{\Omega})=\\&\int_{\boldsymbol{\Omega}'}\Sigma_{\mathrm{s}}^{+}(\boldsymbol{r};\boldsymbol{\Omega}'\rightarrow\boldsymbol{\Omega})\phi(\boldsymbol{r},\boldsymbol{\Omega}')+Q^{+}(\boldsymbol{r},\boldsymbol{\Omega})\end{aligned}\tag{2-181}$$

$$\begin{aligned}&\boldsymbol{\Omega}\cdot\nabla\psi^{+}(\boldsymbol{r},\boldsymbol{\Omega})+\Sigma_{\mathrm{t}}(\boldsymbol{r})\psi^{-}(\boldsymbol{r},\boldsymbol{\Omega})=\\&\int_{\boldsymbol{\Omega}'}\Sigma_{\mathrm{s}}^{-}(\boldsymbol{r};\boldsymbol{\Omega}'\rightarrow\boldsymbol{\Omega})\phi(\boldsymbol{r},\boldsymbol{\Omega}')+Q^{-}(\boldsymbol{r},\boldsymbol{\Omega})\end{aligned}\tag{2-182}$$

式中，

$$\Sigma_{\mathrm{s}}^{\pm}(\boldsymbol{r};\boldsymbol{\Omega}'\rightarrow\boldsymbol{\Omega})=[\Sigma_{\mathrm{s}}(\boldsymbol{r};\boldsymbol{\Omega}'\rightarrow\boldsymbol{\Omega})\pm\Sigma_{\mathrm{s}}(\boldsymbol{r};\boldsymbol{\Omega}'\rightarrow-\boldsymbol{\Omega}]/2\tag{2-183}$$

$$Q^{\pm}(\boldsymbol{r},\boldsymbol{\Omega})=[Q(\boldsymbol{r},\boldsymbol{\Omega})\pm Q(\boldsymbol{r},-\boldsymbol{\Omega})]/2\tag{2-184}$$

如果假设散射及源项为各向同性并且是 $\boldsymbol{\Omega}$ 的偶函数，即 $\Sigma_s^+(\boldsymbol{r};\boldsymbol{\Omega}'\to\boldsymbol{\Omega})=\Sigma_s(\boldsymbol{r};\boldsymbol{\Omega}'\to-\boldsymbol{\Omega})$，$\Sigma_s^-(\boldsymbol{r};\boldsymbol{\Omega}'\to\boldsymbol{\Omega})=0$，$Q^-(\boldsymbol{r},\boldsymbol{\Omega})=0$，则由式(2-182)有

$$\psi^-(\boldsymbol{r},\boldsymbol{\Omega})=-\Sigma_t^{-1}(\boldsymbol{r})\boldsymbol{\Omega}\cdot\nabla\psi^+(\boldsymbol{r},\boldsymbol{\Omega}) \tag{2-185}$$

将其代入式(2-181)同时注意到 $\psi^-(\boldsymbol{r},\boldsymbol{\Omega})$ 为奇函数，便得到关于 $\psi^+(\boldsymbol{r},\boldsymbol{\Omega})$ 的二阶形式方程，即

$$\begin{aligned}-\boldsymbol{\Omega}\cdot\nabla[\Sigma_t^{-1}\boldsymbol{\Omega}\cdot\nabla\psi^+(\boldsymbol{r},\boldsymbol{\Omega})]+\Sigma_t(\boldsymbol{r})\psi^+(\boldsymbol{r},\boldsymbol{\Omega})=\\ \int_{\boldsymbol{\Omega}'}\Sigma_s^+(\boldsymbol{r};\boldsymbol{\Omega}'\to\boldsymbol{\Omega})\psi^+(\boldsymbol{r},\boldsymbol{\Omega}')\mathrm{d}\boldsymbol{\Omega}'+Q(\boldsymbol{r},\boldsymbol{\Omega})\end{aligned} \tag{2-186}$$

关于 $\psi^+(\boldsymbol{r},\boldsymbol{\Omega})$ 的边界条件，由式(2-175)及式(2-177)，式(2-178)及式(2-185)，则有在真空边界上

$$\left.\begin{aligned}\phi(\boldsymbol{r}_s,\boldsymbol{\Omega})=\psi^+(\boldsymbol{r},\boldsymbol{\Omega})-\Sigma_t^{-1}(\boldsymbol{r})[\boldsymbol{\Omega}\cdot\nabla\psi^+(\boldsymbol{r},\boldsymbol{\Omega})]=0,\\ (\boldsymbol{\Omega}\cdot\boldsymbol{n})<0\\ \phi(\boldsymbol{r}_s,-\boldsymbol{\Omega})=\psi^+(\boldsymbol{r},\boldsymbol{\Omega})+\Sigma_t^{-1}(\boldsymbol{r})[\boldsymbol{\Omega}\cdot\nabla\psi^+(\boldsymbol{r},\boldsymbol{\Omega})]=0,\\ (\boldsymbol{\Omega}\cdot\boldsymbol{n})>0\end{aligned}\right\} \tag{2-187}$$

注意到

$$\boldsymbol{J}(\boldsymbol{r})=\int_{\boldsymbol{\Omega}}\boldsymbol{\Omega}\phi(\boldsymbol{r},\boldsymbol{\Omega})\mathrm{d}\boldsymbol{\Omega}=\int_{\boldsymbol{\Omega}}\boldsymbol{\Omega}\psi^+(\boldsymbol{r},\boldsymbol{\Omega})\mathrm{d}\boldsymbol{\Omega}+\int_{\boldsymbol{\Omega}}\boldsymbol{\Omega}\psi^-(\boldsymbol{r},\boldsymbol{\Omega})\mathrm{d}\boldsymbol{\Omega}$$

由于 $\psi^+(\boldsymbol{r},\boldsymbol{\Omega})$ 为偶函数，因而方程右端第一项积分等于零，注意到式(2-185)，则有

$$\boldsymbol{J}(\boldsymbol{r})=-\int_{\boldsymbol{\Omega}}\boldsymbol{\Omega}[\Sigma_t^{-1}\boldsymbol{\Omega}\cdot\nabla\psi^+(\boldsymbol{r},\boldsymbol{\Omega})]\mathrm{d}\boldsymbol{\Omega} \tag{2-188}$$

方程式(2-186)连同边界条件式(2-187)便是二阶偶对称型中子输运方程，一旦由其解出 ψ^+，则同时便可得到中子通量密度 $\phi(\boldsymbol{r})$ 和中子流密度 $\boldsymbol{J}(\boldsymbol{r})$。可以证明，方程式(2-186)是自共轭的(详见第 6 章)。因此可以应用变分方法，或有限元方法求解，并给出对称的矩阵方程。

另外，说明几点，首先可以看出 ψ^+ 为偶函数，$\psi^+(\boldsymbol{r},\boldsymbol{\Omega})=\psi^+(\boldsymbol{r},-\boldsymbol{\Omega})$，因此它只须对角度空间域的一半求解。而一阶微分-积分形式输运方程则需对全角度空间求解。其次由于在方程(2-186)中 $\Sigma_t(\boldsymbol{r})$ 在分母中，因此，对于真空介质不适用，并且对 $\Sigma_t(\boldsymbol{r})$ 很小的介质(例如气体)，则有可能使计算过程不稳定。最后指出：前面推导是在假定散射及源项为 $\boldsymbol{\Omega}$ 的偶函数情况下得到的结果。对于一般情况，散射是各向异性的，任意散射函数和源项的普遍情况下输运方程的自共扼形式与变分原理可参考相关文献。

2.8.2　中子输运方程的变分原理

二阶型中子输运方程式(2-186)可以写成算子形式：

$$\boldsymbol{L}_0\psi^+=\boldsymbol{S}\psi^++Q \tag{2-189}$$

$$\boldsymbol{L}_0\psi^+=-\boldsymbol{\Omega}\cdot\nabla[\Sigma_t^{-1}(\boldsymbol{r})\boldsymbol{\Omega}\cdot\nabla\psi^+(\boldsymbol{r},\boldsymbol{\Omega})]+\Sigma_t\psi^+ \tag{2-190}$$

式中，$\boldsymbol{S}$ 即为方程式(2-186)右端的积分算子；$\boldsymbol{L}_0$ 为二阶偶对称中子输运算子，已经证明 $\boldsymbol{L}_0$ 为自共轭正定算子。弗拉基米洛夫(Владимиров)指出，在 $\boldsymbol{US}=\boldsymbol{S}$，$\boldsymbol{U}Q=Q$ 的条件下，对方程(2-189)存在下列变分原理：若边值问题式(2-189)的解 $\psi^+(\boldsymbol{r},\boldsymbol{\Omega})$存在，则它必使下列泛函：

$$F(\psi^+)=(\boldsymbol{L}_0\psi^+,\psi^+)+(\psi^+,\boldsymbol{S}\psi^+)-2(\psi^+,Q) \tag{2-191}$$

取最小值；反之若函数 ψ^+ 使泛函 $F(\psi^+)$取最小值，它必是该边值问题式(2-189)(亦即式(2-186))的解。其中(u,v)符号表示内积，定义为

$$(u,v)=\int_{\boldsymbol{\Omega}}\mathrm{d}\boldsymbol{\Omega}\int_V u(\boldsymbol{r},\boldsymbol{\Omega})v(\boldsymbol{r},\boldsymbol{\Omega})\mathrm{d}\boldsymbol{r} \tag{2-192}$$

经过运算，可以求得

$$\begin{aligned}F(\psi^+)=&\int_V\mathrm{d}\boldsymbol{r}\int_{\boldsymbol{\Omega}}\mathrm{d}\boldsymbol{\Omega}\{\Sigma_t^{-1}[\boldsymbol{\Omega}\cdot\nabla\psi^+]^2+\Sigma_t(\psi^+)^2-\\&\psi^+\int_{\boldsymbol{\Omega}'}\Sigma_s(\boldsymbol{r};\boldsymbol{\Omega}'\to\boldsymbol{\Omega})\psi^+(\boldsymbol{r},\boldsymbol{\Omega}')\mathrm{d}\boldsymbol{\Omega}'-2\psi^+Q\}+\\&\int_\Gamma\mathrm{d}\boldsymbol{r}\int_{\boldsymbol{\Omega}}(\boldsymbol{\Omega}\cdot\boldsymbol{n})(\psi^+)^2\mathrm{d}\boldsymbol{\Omega}\end{aligned} \tag{2-193}$$

式中，Γ 为自由边界，这里为了简明，略去了 ψ^+ 及 Q 的自变量 $\boldsymbol{r}$ 和 $\boldsymbol{\Omega}$。自然，为了使上述积分存在，ψ^+ 及$\nabla\psi^+$ 应该是平方可积的，ψ^+ 在域内连续。式(2-193)便是二阶型输运方程的变分原理。对于各向异性散射和源的普遍情况，可以证明，同样可以得到与式(2-193)相似、但形式更为复杂的变分原理。

2.8.3 球谐函数近似方法中的边界条件的变分求法

中子输运方程的边界条件，严格讲，应该根据问题的物理性质及要求来规定。并随着几何形状而具有不同的形式(见第 1 章 1.3.2 节)。在球谐函数近似方法中，中子角通量密度 $\phi(\boldsymbol{r},\boldsymbol{\Omega})$被展开成球谐函数级数，输运方程被转化为一组含有 $\phi_{n,m}(\boldsymbol{r})$的微分方程组的求解问题，这就是所谓的 P_N 近似。为了确定求解时所出现的积分常数，应该对微分方程组给出必需的边界条件。这些边界条件的数目应恰好等于待定的积分常数的数目，以保证解的唯一性。

应该指出，在 P_N 近似条件下，由于 $n>N$ 的 $\phi_{n,m}(\boldsymbol{r})$的各项都被略掉了，因而边界条件亦不可能严格地被满足，而相应地需以适当的近似边界条件来代替，这可以有各种不同的取法。因此边界条件也就具有一定的不确定性。例如，最简单和直观的办法是用每个 $\mathrm{Y}_{n,m}(\boldsymbol{\Omega})$乘式(1-40)并对 $\boldsymbol{\Omega}$ 积分。这样，便可以产生所需数目关于 $\phi_{n,m}$ 的边界条件。但是实践证明它所产生的误差较大。我们希望所选的边界条件在保证解的唯一性条件下，应使所求得的问题的解具有最大的精确性，

因此，在球谐函数近似中，边界条件的选取是一个需要加以研究的有待于解决的问题。下面应用前述变分原理来求出这些边界条件。同时证明在 P_N 近似范围内，从变分意义上看这些边界条件是"最佳"的边界条件。

设有凸多连域如图 2-3 所示，它由分块光滑真空表面 Γ 所围成。域内有介质间断面 Γ_K 把域 G 分割为若干个子域。$\Sigma_t(\boldsymbol{r})$，$\Sigma_s(\boldsymbol{r})$ 为分块连续函数，在 Γ_K 上有间断，同时满足变分原理式(1-191)所要求条件：$\boldsymbol{US}=\boldsymbol{S}$，$\boldsymbol{U}Q=Q$。若函数 ψ^+ 为方程式(2-186)的解，它必使泛函 $F(\psi^+)$（式(2-191)）取极小值，即

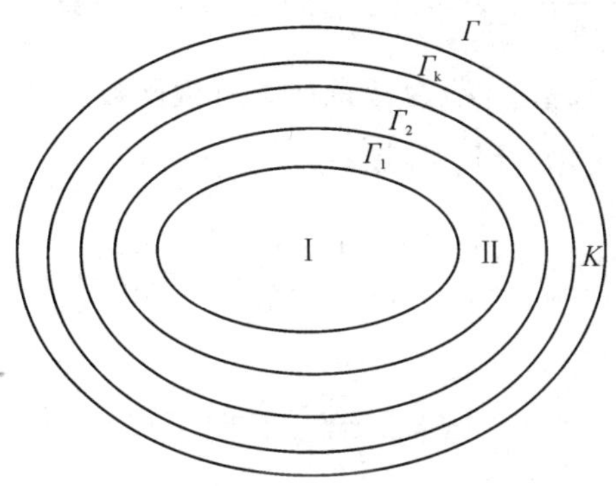

图 2-3　多连域

$$F(\psi^+)=(\Sigma_t^{-1}\boldsymbol{\Omega}\cdot\nabla\psi^+,\boldsymbol{\Omega}\cdot\nabla\psi^+)+(\psi^+,\Sigma_t\psi^+-\int_{\boldsymbol{\Omega}'}\Sigma_s(\boldsymbol{r};\boldsymbol{\Omega}'\to\boldsymbol{\Omega})\psi^+(\boldsymbol{r},\boldsymbol{\Omega}')\mathrm{d}\boldsymbol{\Omega}')-$$
$$2(\psi^+,Q)+\int_{\Gamma\times\boldsymbol{\Omega}}(\boldsymbol{\Omega}\cdot\boldsymbol{n})(\psi^+)^2\mathrm{d}\Gamma\mathrm{d}\boldsymbol{\Omega}+\sum_K\int_{\Gamma\times\boldsymbol{\Omega}}(\boldsymbol{\Omega}\cdot\boldsymbol{n})[\psi^+\psi^-|\Gamma_{K-\varepsilon}-$$
$$\psi^-\psi^+|\Gamma_{K+\varepsilon}]\mathrm{d}\boldsymbol{\Omega}\mathrm{d}\Gamma \tag{2-194}$$

式中，$|\Gamma_{K-\varepsilon}$ 和 $|\Gamma_{K+\varepsilon}$ 表示函数取与分界面 Γ_K 相邻的两种不同介质的数值；$\sum\limits_K$ 是对所有的分界面求和。在球谐函数近似中，$\phi(\boldsymbol{r},\boldsymbol{\Omega})$ 按球谐函数展开成以下级数（见式(2-97))：

$$\phi(\boldsymbol{r},\boldsymbol{\Omega})=\sum_{n=0}^{\infty}\frac{2n+1}{4\pi}\sum_{m=-n}^{n}a_{n,m}\phi_{n,m}(\boldsymbol{r})\mathrm{Y}_{n,m}(\boldsymbol{\Omega}) \tag{2-195}$$

根据式(2-176)和式(2-177)，得

$$\psi^+=\frac{1}{2}(\phi+\boldsymbol{U}\phi)=\frac{1}{4\pi}\sum_{n=0}^{E\left(\frac{N}{2}\right)}(4n+1)\sum_{m=-2n}^{2n}a_{2n,m}\phi_{2n,m}(\boldsymbol{r})\mathrm{Y}_{2n,m}(\boldsymbol{\Omega}) \tag{2-196}$$

$$\psi^-=\frac{1}{2}(\phi-\boldsymbol{U}\phi)=-\Sigma_t^{-1}\boldsymbol{\Omega}\cdot\nabla\psi^+=$$

$$\frac{1}{4\pi}\sum_{n=0}^{E\left(\frac{N-1}{2}\right)}(4n+3)\sum_{m=-(2n+1)}^{2n+1}a_{2n+1,m}\phi_{2n+1,m}(\boldsymbol{r})\mathrm{Y}_{2n+1,m}(\boldsymbol{\Omega}) \tag{2-197}$$

式中，$E\left(\frac{N}{2}\right)$表示数$(N/2)$的整数部分。

设$\phi(\boldsymbol{r},\boldsymbol{\Omega})$从某极值函数过渡到某一允许函数$\tilde{\phi}=\phi+\delta\phi$，即式(2-195)中$\phi_{n,m}(\boldsymbol{r})$有一微小变化$\delta\phi_{n,m}(\boldsymbol{r})$，$\delta\phi(\boldsymbol{r},\boldsymbol{\Omega})$可以表示为

$$\delta\phi(\boldsymbol{r},\boldsymbol{\Omega})=\sum_{n=0}^{N}\frac{2n+1}{4\pi}\sum_{m=-n}^{n}a_{n,m}\varepsilon_{n,m}\delta\phi_{n,m}(\boldsymbol{r})\mathrm{Y}_{n,m}(\boldsymbol{\Omega}) \tag{2-198}$$

式中，$\varepsilon_{n,m}$为任意数值；$\delta\phi_{n,m}(\boldsymbol{r})$为任意连续可微函数。这时$\psi^+$变为$\tilde{\psi}^+=\psi^++\delta\psi^+$，而$\psi^-$过渡为$\tilde{\psi}^-=\psi^-+\delta\psi^-$，显然

$$\delta\psi^+(\boldsymbol{r},\boldsymbol{\Omega})=\sum_{n=0}^{N\left(\frac{N}{2}\right)}\frac{4n+1}{4\pi}\sum_{m=-2n}^{2n}a_{2n,m}\varepsilon_{2n,m}\delta\phi_{2n,m}\mathrm{Y}_{2n,m}(\boldsymbol{\Omega}) \tag{2-199}$$

$$\delta\psi^-(\boldsymbol{r},\boldsymbol{\Omega})=\sum_{n=0}^{N\left(\frac{N-1}{2}\right)}\frac{4n+3}{4\pi}\sum_{m=-(2n+1)}^{2n+1}a_{2n+1,m}\varepsilon_{2n+1,m}\delta\phi_{2n+1,m}(r)\mathrm{Y}_{2n+1,m}(\boldsymbol{\Omega}) \tag{2-200}$$

为了使式(2-194)中的泛函$F(\psi^+)$取极小值，则必须有

$$\left.\frac{\partial F}{\partial\varepsilon_{n,m}}\right|_{\varepsilon_{n,m}=0}=0,\quad n=0,1,\cdots,N;\quad m=0,\pm1,\cdots,\pm n \tag{2-201}$$

由式(1-125)，有

$$\int\Sigma_s(\boldsymbol{r};\boldsymbol{\Omega}'\to\boldsymbol{\Omega})\psi(\boldsymbol{r},\boldsymbol{\Omega}')\mathrm{d}\boldsymbol{\Omega}'=\sum_{n=0}^{\infty}\frac{4n+1}{2}\Sigma_{sn}(\boldsymbol{r})\sum_{m=-2n}^{2n}a_{2n,m}\phi_{2n,m}(\boldsymbol{r})\mathrm{Y}_{2n,m}(\boldsymbol{\Omega}) \tag{2-202}$$

这样，应用式(2-194)和式(2-202)，并利用球谐函数的正交性及分部积分公式，由方程(2-201)经过推导(详见文献[8]、[9])便可得到下列等式：

$$\begin{aligned}&\left(-\boldsymbol{\Omega}\cdot\nabla(\Sigma_t^{-1}(\boldsymbol{r})\boldsymbol{\Omega}\cdot\nabla\psi^+)+\frac{4n+1}{4\pi}(\Sigma_t-\Sigma_{2n})\psi_{2n}^+-Q,\delta\phi_{2n,m}\mathrm{Y}_{2n,m}\right)+\\&\int_{\boldsymbol{\Omega}\times\Gamma}[\,|\boldsymbol{n}\cdot\boldsymbol{\Omega}|\,\psi^++(\boldsymbol{\Omega}\cdot\boldsymbol{n})\Sigma_t^{-1}(\boldsymbol{r})\boldsymbol{\Omega}\cdot\nabla\psi^+]\delta\phi_{2n,m}\mathrm{Y}_{2n,m}\mathrm{d}\boldsymbol{\Omega}\mathrm{d}\Gamma-\\&\sum_K\int_{\boldsymbol{\Omega}\times\Gamma_K}(\boldsymbol{\Omega}\cdot\boldsymbol{n})(\psi^-\delta\phi_{2n,m}|_{\Gamma_{K-\varepsilon}}-\psi^-\delta\phi_{2n,m}|_{\Gamma_{K+\varepsilon}})\mathrm{Y}_{2n,m}(\boldsymbol{\Omega})\mathrm{d}\boldsymbol{\Omega}\mathrm{d}\Gamma_K=0,\\&\qquad n=0,1,\cdots,E\left(\frac{N}{2}\right);\quad m=0,\pm1,\cdots,\pm2n\end{aligned} \tag{2-203}$$

和

$$\sum_K\int_{\boldsymbol{\Omega}\times\Gamma_K}(\boldsymbol{\Omega}\cdot\boldsymbol{n})(\psi^+\delta\phi_{2n+1,m}|_{\Gamma_{K-\varepsilon}}-\psi^+\delta\phi_{2n+1,m}|_{\Gamma_{K+\varepsilon}})\mathrm{Y}_{2n+1,m}(\boldsymbol{\Omega})\mathrm{d}\boldsymbol{\Omega}\mathrm{d}\Gamma_K=0,$$

$$n=0,1,\cdots,E\left(\frac{N-1}{2}\right);\quad m=0,\pm 1,\cdots,\pm(2n+1) \tag{2-204}$$

由于我们感兴趣的是边界条件问题，因此对球谐方程不作进一步的讨论和研究，下面仅分别讨论各种类型的边界条件。

(1)自由表面 Γ。由于 $\delta\phi_{n,m}$ 为任意的连续函数，因此式(2-203)在自由外表面上应满足

$$\int_{\boldsymbol{\Omega}}[|\boldsymbol{\Omega}\cdot\boldsymbol{n}|\psi^{+}-(\boldsymbol{\Omega}\cdot\boldsymbol{n})\psi^{-}]\mathrm{Y}_{2n,m}(\boldsymbol{\Omega})\mathrm{d}\boldsymbol{\Omega}=0,\quad \boldsymbol{r}\in\Gamma \tag{2-205}$$

$$n=0,1,\cdots,E\left(\frac{N}{2}\right);\quad m=0,\pm 1,\cdots,\pm 2n$$

由于 $\mathrm{Y}_{2n,m}(\boldsymbol{\Omega})$ 和 $\psi^{+}(\boldsymbol{r},\boldsymbol{\Omega})$ 为 $\boldsymbol{\Omega}$ 的偶函数，$\psi^{-}(\boldsymbol{r},\boldsymbol{\Omega})$ 为 $\boldsymbol{\Omega}$ 的奇函数，因而积分号内的函数对 $\boldsymbol{\Omega}$ 而言为一偶函数，因此，式(2-205)可以写为

$$\int_{(\boldsymbol{\Omega}\cdot\boldsymbol{n})<0}(\boldsymbol{\Omega}\cdot\boldsymbol{n})[\psi^{+}+\psi^{-}]\mathrm{Y}_{2n,m}(\boldsymbol{\Omega})\mathrm{d}(\boldsymbol{\Omega})=0 \tag{2-206}$$

注意到式(2-178)，便得到自由表面上的边界条件为

$$\int_{(\boldsymbol{\Omega}\cdot\boldsymbol{n})<0}(\boldsymbol{\Omega}\cdot\boldsymbol{n})\phi(\boldsymbol{r},\boldsymbol{\Omega})\mathrm{Y}_{2n,m}(\boldsymbol{\Omega})\mathrm{d}\boldsymbol{\Omega}=0,\quad \boldsymbol{r}\in\Gamma$$

$$n=0,1,\cdots,E\left(\frac{N}{2}\right);\quad m=0,\pm 1,\cdots,\pm 2n \tag{2-207}$$

这便是弗拉基米洛夫和鲁缅采夫所得到的自由表面的边界条件，它和常用的马绍克边界条件稍有差别。在普遍几何下自由表面上的马绍克边界条件为

$$\int_{(\boldsymbol{\Omega}\cdot\boldsymbol{n})<0}\phi(\boldsymbol{r},\boldsymbol{\Omega})\mathrm{Y}_{n,m}(\boldsymbol{\Omega})\mathrm{d}\Omega=0,\boldsymbol{r}\in\Gamma$$

$$n=1,3,\cdots,N(\text{奇数});\quad m=0,\pm 1,\cdots,\pm n \tag{2-208}$$

对于一维情况，二者完全一致(见式(2-19))。

(2)不同介质交界面。同样地，在两种不同介质分界面 Γ_K 上，由式(2-203)和式(2-204)有

$$\int_{\boldsymbol{\Omega}}(\boldsymbol{\Omega}\cdot\boldsymbol{n})(\psi^{-}|_{\Gamma_{K-\varepsilon}}-\psi^{-}|_{\Gamma_{K+\varepsilon}})\mathrm{Y}_{2n,m}(\boldsymbol{\Omega})\mathrm{d}\boldsymbol{\Omega}=0,$$

$$n=0,1,\cdots;\quad m=0,\pm 1,\cdots,\pm 2n \tag{2-209}$$

$$\int_{\boldsymbol{\Omega}}(\boldsymbol{\Omega}\cdot\boldsymbol{n})(\psi^{+}|_{\Gamma_{K+\varepsilon}}-\psi^{+}|_{\Gamma_{K+\varepsilon}})\mathrm{Y}_{2n+1,m}(\boldsymbol{\Omega})\mathrm{d}\boldsymbol{\Omega}=0,$$

$$n=0,1,\cdots;\quad m=0,\pm 1,\cdots,\pm(2n+1) \tag{2-210}$$

注意到式(2-176)和式(2-177)，则由式(2-209)和式(2-210)可知在每一分界面 Γ_K 上均有

$$\int_{\boldsymbol{\Omega}}(\boldsymbol{\Omega}\cdot\boldsymbol{n})(\phi-\boldsymbol{U}\phi)\mathrm{Y}_{2n,m}(\boldsymbol{\Omega})\mathrm{d}\boldsymbol{\Omega}\,|_{K-\varepsilon}=\int_{\boldsymbol{\Omega}}(\boldsymbol{\Omega}\cdot\boldsymbol{n})(\phi-\boldsymbol{U}\phi)\mathrm{Y}_{2n,m}(\boldsymbol{\Omega})\mathrm{d}\boldsymbol{\Omega}\,|_{K+\varepsilon} \tag{2-211}$$

$$\int_{\boldsymbol{\Omega}}(\boldsymbol{\Omega}\cdot\boldsymbol{n})(\phi+\boldsymbol{U}\phi)\mathrm{Y}_{2n+1,m}(\boldsymbol{\Omega})\mathrm{d}\boldsymbol{\Omega}\mid_{K-\varepsilon}=\int_{\boldsymbol{\Omega}}(\boldsymbol{\Omega}\cdot\boldsymbol{n})(\phi+\boldsymbol{U}\phi)\mathrm{Y}_{2n+1,m}(\boldsymbol{\Omega})\mathrm{d}\boldsymbol{\Omega}\mid_{K+\varepsilon} \tag{2-212}$$

球谐函数 $\mathrm{Y}_{2n+1,m}(\boldsymbol{\Omega})$和 $\mathrm{Y}_{2n,m}(\boldsymbol{\Omega})$分别是 $\boldsymbol{\Omega}$ 的奇函数和偶函数，同时积分是对整个 $\boldsymbol{\Omega}$ 空间进行的，因此有下列关系式：

$$\int_{\boldsymbol{\Omega}}(\boldsymbol{\Omega}\cdot\boldsymbol{n})\boldsymbol{U}\phi\mathrm{Y}_{2n,m}(\boldsymbol{\Omega})\mathrm{d}\boldsymbol{\Omega}=-\int_{\boldsymbol{\Omega}}(\boldsymbol{\Omega}\cdot\boldsymbol{n})\phi\mathrm{Y}_{2n,m}(\boldsymbol{\Omega})\mathrm{d}\boldsymbol{\Omega} \tag{2-213}$$

$$\int_{\boldsymbol{\Omega}}(\boldsymbol{\Omega}\cdot\boldsymbol{n})\boldsymbol{U}\phi\mathrm{Y}_{2n+1,m}(\boldsymbol{\Omega})\mathrm{d}\boldsymbol{\Omega}=\int_{\boldsymbol{\Omega}}(\boldsymbol{\Omega}\cdot\boldsymbol{n})\phi\mathrm{Y}_{2n+1,m}(\boldsymbol{\Omega})\mathrm{d}\boldsymbol{\Omega} \tag{2-214}$$

把式(2-213)和式(2-214)分别代入式(2-211)和式(2-212)，便求得在两种不同分界面 Γ_K 上的边界条件为

$$\int_{\boldsymbol{\Omega}}(\boldsymbol{\Omega}\cdot\boldsymbol{n})\phi(\boldsymbol{r},\boldsymbol{\Omega})\mathrm{Y}_{n,m}(\boldsymbol{\Omega})\mathrm{d}\boldsymbol{\Omega}\ \text{在分界面上连续，}$$

$$0\leqslant n\leqslant N;\quad -n\leqslant m\leqslant n \tag{2-215}$$

这就是鲁缅采夫所提出的球谐函数近似方法中在不同介质分界面上的边界条件[7]。对于一维情况，则简化为式(2-24)。

应该指出，在球谐函数近似方法中，边界条件的选择是带有一定的不确定性的，但要保证给出的条件数目应等于应满足的条件总数。它可以有不同的取法，例如，两种不同介质的边界条件为在分界面 Γ_k 上：

$$\phi_{n,m}(\boldsymbol{r})\ \text{对每一个}\ n\leqslant N\ \text{的所有}\ m\ \text{都连续} \tag{2-216}$$

这是最简单的一种取法。

这样，应用变分原理导出了球谐近似中真空边界和不同介质表面上的边界条件式(2-208)和式(2-215)。它使泛函 $F(\psi^{+})$取极小值，从而保证了解的误差最小，因而从变分意义看，它们是“最佳”的近似边界条件。上面是在 $\boldsymbol{S}=\boldsymbol{US}$ 及各向同性源条件下得到的结果。这些结果在任意散射函数下也是成立的，同时还给出具有反射边界及表面源边界在普通情况下的边界条件的确定。

2.9 中子输运方程的球谐函数-有限元方法

有限元方法是一种求解偏微分方程的常用的数值计算方法，自 20 世纪 50 年代起，在工程计算的各个领域中得到了广泛的应用。有限元方法的基本思路是：利用变分原理，寻找与原始微分方程等价的变分方程，并利用分片多项式逼近未知函数，从而建立有限元方程组并求解。有限元方法最突出的优点在于：第一，可以用于任意几何形状的非结构网格区域，因而对问题的形状有很大的适应性；第二，可以编制通用的计算程序。有限元方法于 20 世纪 70 年代以后开始用于求解中子输运方程，由于有限元方法要求所求解的微分方程是自共轭的，因此需要将传统的输

运方程变形为二阶自共轭方程，如 2.8 节提到的二阶偶对称型中子输运方程和二阶自伴角通量(Self-Adjoint Angular Flux，SAAF)方程等。

将有限元方法与球谐函数方法结合起来，利用球谐函数方法对角度进行离散，利用有限元方法对空间进行离散，从而求解中子输运方程，已成为求解中子输运方程的一种有效的数值计算方法。在 2.5.4 节提到的 DANTE 就是基于这种方法的程序。

2.9.1　二阶自共轭形式的 SAAF 中子输运方程

传统的中子输运方程是关于空间的一阶导数形式，是非自共轭的，不能方便地应用有限元方法，需要将其变形为自共轭的关于空间的二阶导数形式，即二阶输运方程有二阶偶对称型的自共轭方程和二阶 SAAF 方程。与二阶偶对称型方程相比，二阶 SAAF 方程具有一些独特的优点：①可以直接求解得到全角度通量密度；②可以精确表达反射边界条件，便于求解；③可以求解内含真空的问题。

下面首先介绍二阶 SAAF 方程的导出过程。为方便起见，先讨论单能情况，稳态单能输运方程可以写成

$$\boldsymbol{\Omega}\cdot\nabla\phi+\Sigma_{\mathrm{t}}\phi=\boldsymbol{S}\phi+q \tag{2-217}$$

式中，$\phi=\phi(\boldsymbol{r},\boldsymbol{\Omega})$；$\boldsymbol{S}$ 为散射算子：

$$\boldsymbol{S}\phi=\int_{4\pi}\Sigma_{\mathrm{s}}(\boldsymbol{r};\boldsymbol{\Omega}'\rightarrow\boldsymbol{\Omega})\phi(\boldsymbol{r},\boldsymbol{\Omega}')\mathrm{d}\boldsymbol{\Omega}' \tag{2-218}$$

由式(2-217)可以得到

$$\phi=-(\Sigma_{\mathrm{t}}-\boldsymbol{S})^{-1}\boldsymbol{\Omega}\cdot\nabla\phi+(\Sigma_{\mathrm{t}}-\boldsymbol{S})^{-1}q \tag{2-219}$$

将式(2-219)代入式(2-217)中的第一项，得到

$$-\boldsymbol{\Omega}\cdot\nabla(\Sigma_{\mathrm{t}}-\boldsymbol{S})^{-1}\boldsymbol{\Omega}\cdot\nabla\phi+(\Sigma_{\mathrm{t}}-\boldsymbol{S})\phi=q-\boldsymbol{\Omega}\cdot\nabla(\Sigma_{\mathrm{t}}-\boldsymbol{S})^{-1}q \tag{2-220}$$

这就是二阶 SAAF 方程。

边界条件：

二阶 SAAF 方程的边界条件类似于一阶输运方程的边界条件，即在边界 Γ 上，入射中子角通量密度满足

$$\phi(\boldsymbol{r}_{\mathrm{b}},\boldsymbol{\Omega})=f(\boldsymbol{\Omega}),\boldsymbol{r}_{\mathrm{b}}\in\Gamma,\boldsymbol{\Omega}\cdot\boldsymbol{n}<0 \tag{2-221}$$

式中，$f(\boldsymbol{\Omega})$为边界上的入射角通量密度，对于真空(自由)边界，有 $f=0$。

但是，由于 SAAF 为二阶方程，所需边界条件的数目为一阶输运方程的两倍，因此，一般还要求在边界上，出射中子角通量密度满足一阶输运方程，即

$$\phi(\boldsymbol{r}_{\mathrm{b}},\boldsymbol{\Omega})+(\Sigma_{\mathrm{t}}-\boldsymbol{S})^{-1}\boldsymbol{\Omega}\cdot\nabla\phi(\boldsymbol{r}_{\mathrm{b}},\boldsymbol{\Omega})=(\Sigma_{\mathrm{t}}-\boldsymbol{S})^{-1}q(\boldsymbol{r}_{\mathrm{b}},\boldsymbol{\Omega}),\quad\boldsymbol{\Omega}\cdot\boldsymbol{n}>0 \tag{2-222}$$

下面证明其自共轭性。令算子 $\boldsymbol{A}$ 为

$$A\phi = -\boldsymbol{\Omega} \cdot \nabla (\Sigma_t - \boldsymbol{S})^{-1} \boldsymbol{\Omega} \cdot \nabla \phi + (\Sigma_t - \boldsymbol{S})\phi \tag{2-223}$$

根据自共轭算子的定义（详见第 6 章），对于连续函数集合$\{\phi^*\}$中的任意函数$\phi^*(\boldsymbol{r},\boldsymbol{\Omega})$，定义内积

$$\begin{aligned}(\phi^*, A\phi) &= \int \mathrm{d}\boldsymbol{\Omega} \int [-\boldsymbol{\Omega} \cdot \nabla (\Sigma_t - \boldsymbol{S})^{-1} \boldsymbol{\Omega} \cdot \nabla \phi + (\Sigma_t - \boldsymbol{S})\phi] \phi^* \mathrm{d}\boldsymbol{r} \\ &= \int \mathrm{d}\boldsymbol{\Omega} \int [-\boldsymbol{\Omega} \cdot \nabla \phi (\Sigma_t - \boldsymbol{S})^{-1} \boldsymbol{\Omega} \cdot \nabla \phi] \phi^* \mathrm{d}\boldsymbol{r} + \int \mathrm{d}\boldsymbol{\Omega} \int (\Sigma_t - \boldsymbol{S}) \phi \phi^* \mathrm{d}\boldsymbol{r}\end{aligned} \tag{2-224}$$

式(2-224)右端第一项可以写成

$$\int \mathrm{d}\boldsymbol{\Omega} \int \{[(\Sigma_t - \boldsymbol{S})^{-1} (\boldsymbol{\Omega} \cdot \nabla \phi)(\boldsymbol{\Omega} \cdot \nabla \phi^*)] - \mathrm{div}[(\Sigma_t - \boldsymbol{S})^{-1} (\boldsymbol{\Omega} \cdot \nabla \phi^*)(\boldsymbol{\Omega} \phi^*)]\} \mathrm{d}\boldsymbol{r} \tag{2-225}$$

根据奥-高公式，有

$$\int \mathrm{div}[(\Sigma_t - \boldsymbol{S})^{-1} (\boldsymbol{\Omega} \cdot \nabla \phi)(\boldsymbol{\Omega} \phi^*)] \mathrm{d}\boldsymbol{r} = \int_S (\Sigma_t - \boldsymbol{S})^{-1} (\boldsymbol{\Omega} \cdot \nabla \phi)(\boldsymbol{\Omega} \cdot \boldsymbol{n}) \phi^* \mathrm{d}\boldsymbol{S} \tag{2-266}$$

因而

$$\begin{aligned}(\phi^*, A\phi) = &\int \mathrm{d}\boldsymbol{\Omega} \int [(\Sigma_t - \boldsymbol{S})^{-1} (\boldsymbol{\Omega} \cdot \nabla \phi)(\boldsymbol{\Omega} \cdot \nabla \phi^*)] \mathrm{d}\boldsymbol{r} - \\ &\int_S (\Sigma_t - \boldsymbol{S})^{-1} (\boldsymbol{\Omega} \cdot \nabla \phi)(\boldsymbol{\Omega} \cdot \boldsymbol{n}) \phi^* \mathrm{d}\boldsymbol{S} + \int \mathrm{d}\boldsymbol{\Omega} \int (\Sigma_t - \boldsymbol{S}) \phi \phi^* \mathrm{d}\boldsymbol{r}\end{aligned} \tag{2-227}$$

同样，可以求得

$$\begin{aligned}(\phi, A\phi^*) &= \int \mathrm{d}\boldsymbol{\Omega} \int [-\boldsymbol{\Omega} \cdot \nabla (\Sigma_t - \boldsymbol{S})^{-1} \boldsymbol{\Omega} \cdot \nabla \phi^* + (\Sigma_t - \boldsymbol{S}) \phi^*] \phi \mathrm{d}\boldsymbol{r} \\ &= \int \mathrm{d}\boldsymbol{\Omega} \int [(\Sigma_t - \boldsymbol{S})^{-1} (\boldsymbol{\Omega} \cdot \nabla \phi^*)(\boldsymbol{\Omega} \cdot \nabla \phi)] \mathrm{d}\boldsymbol{r} - \\ &\quad \int_S (\Sigma_t - \boldsymbol{S})^{-1} (\boldsymbol{\Omega} \cdot \nabla \phi^*)(\boldsymbol{\Omega} \cdot \boldsymbol{n}) \phi \mathrm{d}\boldsymbol{S} + \\ &\quad \int \mathrm{d}\boldsymbol{\Omega} \int (\Sigma_t - \boldsymbol{S}) \phi^* \phi \mathrm{d}\boldsymbol{r}\end{aligned} \tag{2-228}$$

于是有

$$\begin{aligned}\Delta &= (\phi^*, A\phi) - (\phi, A\phi^*) \\ &= \int_S (\Sigma_t - \boldsymbol{S})^{-1} (\boldsymbol{n} \cdot \boldsymbol{n}) [(\boldsymbol{\Omega} \cdot \nabla \phi^*) \phi - (\boldsymbol{\Omega} \cdot \nabla \phi^*) \phi^*] \mathrm{d}\boldsymbol{S}\end{aligned} \tag{2-229}$$

若认为ϕ与ϕ^*同样满足边界条件式(2-221)和式(2-222)，并在边界上具有相同值，则可以证明式(2-229)等于零。于是有

$$(\phi, A\phi^*) = (\phi^*, A\phi) \tag{2-230}$$

因此,算子 $\boldsymbol{A}$ 是自共轭的。

以上证明过程仅考虑单能(单群)情况,对于与能量相关的输运方程,由于算子 $(\Sigma_t - \boldsymbol{S})^{-1}$ 不是自共扼的(见第 6 章),因此算子 $\boldsymbol{A}$ 就不再是自共轭的。但是,如果进行多群能量离散,并应用源迭代方法求解,将群内散射与群间散射分开处理,并将群间散射移到式(2-222)右端作为源项处理,则式(2-222)左端的算子仍然是自共轭正定算子。这时二阶 SAAF 方程可改写成以下形式:

$$
\begin{aligned}
&-\boldsymbol{\Omega}\cdot\nabla(\Sigma_t - \boldsymbol{S}_d^{g-g})^{-1}\boldsymbol{\Omega}\cdot\nabla\phi_g + (\Sigma_t - \boldsymbol{S}_d^{g-g})\phi_g \\
&= \sum_{\substack{g'=1\\ g'\neq g}}^{G}\boldsymbol{S}_o^{g'-g}\phi_{g'} + q_g - \boldsymbol{\Omega}\cdot\nabla(\Sigma_t - \boldsymbol{S}_d^{g-g})^{-1}\Big(\sum_{\substack{g'=1\\ g'\neq g}}^{G}\boldsymbol{S}_o^{g'-g}\phi g' + q_g\Big)
\end{aligned}
\tag{2-231}
$$

式中,$\boldsymbol{S}_d^{g-g}$ 为群内散射;$\boldsymbol{S}_o^{g'-g}$ 为群间散射。

2.9.2　二阶 SAAF 方程的球谐函数展开

以二维直角坐标系为例,类似于第 2.5 节,选择图 1-2 所示的直角坐标系,考虑到对于二维直角坐标系 ϕ_g 和 q_g 是关于辐角 φ 的偶函数,可以分别展开如下:

$$
\phi_g(x,y,\theta,\varphi) = \sum_{n=0}^{\infty}\frac{(2n+1)}{4\pi}\sum_{m=0}^{n}a_{n,m}\psi_{n,m,g}(x,y)\mathrm{Y}_{n,m}(\theta,\varphi) \tag{2-232}
$$

$$
q_g(x,y,\theta,\varphi) = \sum_{n=0}^{\infty}\frac{(2n+1)}{4\pi}\sum_{m=0}^{n}a_{n,m}q_{n,m,g}^{c}(x,y)\mathrm{Y}_{n,m}(\theta,\varphi) \tag{2-233}
$$

式中,$\psi_{n,m,g}(x,y)$ 为式(2-100)所定义;$q_{n,m,g}^{c}(x,y)$ 即为式(2-98)中的 $Q_{n,m,g}^{c}(x,y)$;散射源项按照式(1-122)展开,算子 $\boldsymbol{\Omega}\cdot\nabla$ 写成式(2-111)。将以上各式代入式(2-231),同时利用球谐函数的递推公式(2-102)~(2-104),以及球谐函数的正交性,经过一系列的推导变换可得二维直角坐标系的 P_N 近似方程,即

$$
\begin{aligned}
&-\frac{\omega_{-1}\omega_0}{r_{-3}r_{-1}\Sigma_{n-1,g}}\left(\frac{\partial^2\psi_{n-2,m,g}}{\partial x^2} - \frac{1}{2}\frac{\partial^2\psi_{n-2,m,g}}{\partial y^2}\right) - \\
&\left(\frac{\omega_1\nu_1}{r_3 r_1\Sigma_{n+1,g}} + \frac{\omega_0\nu_0}{r_1 r_{-1}\Sigma_{n-1,g}}\right)\frac{\partial^2\psi_{n,m,g}}{\partial x^2} - \\
&\frac{1}{2}\left(\frac{\nu_1\nu_2}{r_3 r_1\Sigma_{n+1,g}} + \frac{\omega_{-1}\omega_0}{r_1 r_{-1}\Sigma_{n-1,g}}\right)\frac{\partial^2\psi_{n,m,g}}{\partial y^2} - \\
&\frac{\nu_2\nu_1}{r_5 r_3\Sigma_{n+1,g}}\left(\frac{\partial^2\psi_{n+2,m,g}}{\partial x^2} - \frac{1}{2}\frac{\partial^2\psi_{n+2,m,g}}{\partial y^2}\right) - \frac{\omega_0}{r_{-3}r_{-1}\Sigma_{n-1,g}}\frac{\partial^2\psi_{n-2,m-1,g}}{\partial x\partial y} - \\
&\frac{1}{2}\left[\frac{\rho_{-1}}{r_3 r_1\Sigma_{n+1,g}} + \frac{\rho_{-1}}{r_1 r_{-1}\Sigma_{n-1,g}}\right]\frac{\partial^2\psi_{n,m-1,g}}{\partial x\partial y} - \\
&\frac{-\nu_1}{r_5 r_3\Sigma_{n+1,g}}\frac{\partial^2\psi_{n+2,m-1,g}}{\partial x\partial y} - \frac{\nu_1\nu_2\nu_3}{r_5 r_3\Sigma_{n+1,g}}\frac{\partial^2\psi_{n+2,m+1,g}}{\partial x\partial y} -
\end{aligned}
$$

$$\frac{1}{2}\left(\frac{\nu_1\omega_0\rho_1}{r_1r_{-1}\Sigma_{n-1,g}}+\frac{\nu_1\omega_0\rho_1}{r_3r_1\Sigma_{n+1,g}}\right)\frac{\partial^2\psi_{n,m+1,g}}{\partial x\partial y}-$$

$$\frac{-\omega_{-2}\omega_{-1}\omega_0}{r_{-3}r_{-1}\Sigma_{n-1,g}}\frac{\partial^2\psi_{n-2,m+1,g}}{\partial x\partial y}-\frac{1}{4r_{-3}r_{-1}\Sigma_{n-1,g}}\frac{\partial^2\psi_{n-2,m-2,g}}{\partial y^2}-$$

$$\left(\frac{-1}{4r_3r_1\Sigma_{n+1,g}}-\frac{1}{4r_1r_{-1}\Sigma_{n-1,g}}\right)\frac{\partial^2\psi_{n,m-2,g}}{\partial y^2}-$$

$$\frac{1}{4r_5r_3\Sigma_{n+1,g}}\frac{\partial^2\psi_{n+2,m-2,g}}{\partial y^2}-\frac{\nu_1\nu_2\nu_3\nu_4}{4r_5r_3\Sigma_{n+1,g}}\frac{\partial^2\psi_{n+2,m+2,g}}{\partial y^2}-$$

$$\left(\frac{-\nu_1\nu_2\omega_{-1}\omega_0}{4r_1r_{-1}\Sigma_{n-1,g}}-\frac{\nu_1\nu_2\omega_{-1}\omega_0}{4r_3r_1\Sigma_{n+1,g}}\right)\frac{\partial^2\psi_{n,m+2,g}}{\partial y^2}-$$

$$\frac{\omega_{-3}\omega_{-2}\omega_{-1}\omega_0}{4r_{-3}r_{-1}\Sigma_{n-1,g}}\frac{\partial^2\psi_{n-2,m+2,g}}{\partial y^2}+\Sigma_{n,g}\psi_{n,m,g}$$

$$=Q^{\mathrm{c}}_{n,m,g}+\frac{\omega_0}{r_{-1}\Sigma_{n-1,g}}\frac{\partial Q^{\mathrm{c}}_{n-1,m,g}}{\partial x}+\frac{\nu_1}{r_3\Sigma_{n+1,g}}\frac{\partial Q^{\mathrm{c}}_{n+1,m,g}}{\partial x}+$$

$$\frac{1}{2r_{-1}\Sigma_{n-1,g}}\frac{\partial Q^{\mathrm{c}}_{n-1,m-1,g}}{\partial y}-\frac{1}{2r_3\Sigma_{n+1,g}}\frac{\partial Q^{\mathrm{c}}_{n+1,m-1,g}}{\partial y}+$$

$$\frac{\nu_1\nu_2}{2r_3\Sigma_{n+1,g}}\frac{\partial Q^{\mathrm{c}}_{n+1,m+1,g}}{\partial y}-\frac{\omega_{-1}\omega_0}{2r_{-1}\Sigma_{n-1,g}}\frac{\partial Q^{\mathrm{c}}_{n-1,m+1,g}}{\partial y},$$

$$n=0,1,\cdots,N;\quad m=0,1,\cdots,n \tag{2-234}$$

式中，

$$Q^{\mathrm{c}}_{n,m,g}=\sum_{\substack{g'=1\\g'\neq g}}^{G}\Sigma_{\mathrm{s}n,g'-g}\psi_{n,m,g'}+\sum_{g'=1}^{G}q^{\mathrm{c}}_{n,m,g'} \tag{2-235}$$

$$\Sigma_{n,g}=\Sigma_{\mathrm{t},g}-\Sigma_{\mathrm{s}n,g} \tag{2-236}$$

$$\left.\begin{aligned}\nu_{\pm i}&=n+m\pm i\\\omega_{\pm i}&=n-m\pm i\\r_{\pm i}&=2n\pm i\\\rho_{\pm i}&=2m\pm i\end{aligned}\right\} \tag{2-237}$$

式(2-234)为一系列相互耦合的偏微分方程组,若用直接的方法进行求解将非常复杂。为此,需要应用迭代方法进行求解,该方法的基本思想是:在求解某一个分量 $\psi_{n,m,g}$ 时,认为 $\psi_{n,m,g}$ 为未知量,而其他分量均已知,移到方程式右端。在实际迭代求解的过程中,第一次迭代时这些分量的值为初始设定的值,以后迭代时即为上一次迭代计算所得到的结果。为了提高收敛速度,采用了高斯-赛德尔迭代方法,即在迭代过程中,所求解出来的某一个分量的结果随即进行更新,并在其后求解其他分量时应用。

仍以二维直角坐标系为例,将式(2-234)中左端含有下标不是(n,m)的所有

项全部移到方程右端，式(2-234)即可写成

$$-a(n,m)\frac{\partial^2\psi_{n,m,g}}{\partial x^2}-b(n,m)\frac{\partial^2\psi_{n,m,g}}{\partial y^2}+\Sigma_{n,g}\psi_{n,m,g}=F \tag{2-238}$$

式中，a 和 b 分别为式(2-234)中的系数；F 代表所有含有已知量的各项之和。这是一个标准的椭圆方程，可以方便地应用有限元方法进行求解。

2.9.3 P_N 方程的变分形式

常规数值离散方法一般是直接对微分方程进行离散，有限元方法则需要对变分方法导出的与原方程等价的变分方程进行离散。变分方法主要有伽辽金(Galerkin)变分和里茨(Ritz)变分两种[20]，本节将简单介绍伽辽金变分方法。

二阶 SAAF 方程的边界条件由式(2-221)和式(2-222)描述，在球谐函数方法中，可由其导出中子通量密度的各个分量 $\psi_{n,m,g}$ 的具体边界条件。这里为了从原理上叙述有限元变分，一般可以假设边界条件为

$$\alpha\psi_{n,m,g}+\beta\frac{\partial\psi_{n,m,g}}{\partial \boldsymbol{n}}=f,\quad (x,y)\in\Gamma \tag{2-239}$$

式中，$\boldsymbol{n}$ 为边界 Γ 的外法线方向；α 和 β 是由边界条件确定的系数。

应用连续空间内的任意函数 $\psi^0(x,y)$ 乘方程式(2-238)两边，同时对空间进行积分，得

$$-\iint\left(a\frac{\partial^2\psi_{n,m,g}}{\partial x^2}+\frac{\partial^2\psi_{n,m,g}}{\partial y^2}\right)\psi^0\mathrm{d}x\mathrm{d}y+\iint\Sigma_{n,g}\psi_{n,m,g}\psi^0\mathrm{d}x\mathrm{d}y=\iint F\psi^0\mathrm{d}x\mathrm{d}y \tag{2-240}$$

对式(2-240)左端第一项利用奥-高公式变形得

$$\iint\left(a\frac{\partial\psi_{n,m,g}}{\partial x^2}\frac{\partial\psi^0}{\partial x}+b\frac{\partial\psi_{n,m,g}}{\partial y}\frac{\partial\psi^0}{\partial y}\right)\mathrm{d}x\mathrm{d}y-\int_\Gamma\frac{\partial^2\psi_{n,m,g}}{\partial \boldsymbol{n}}\psi^0\mathrm{d}S$$

考虑到边界条件式(2-239)，式(2-238)可以写成算子形式，即

$$B(\psi_{n,m,g},\psi^0)=F(\psi^0) \tag{2-241}$$

式中，

$$B(\psi_{n,m,g},\psi^0)=\iint\left[\left(a\frac{\partial\psi_{n,m,g}}{\partial x}\frac{\partial\psi^0}{\partial x}+b\frac{\partial\psi_{n,m,g}}{\partial y}\frac{\partial\psi^0}{\partial y}\right)+\Sigma_{n,g}\psi_{n,m,g}\psi^0\right]\mathrm{d}x\mathrm{d}y+\frac{\alpha}{\beta}\int_\Gamma\psi_{n,m,g}\psi^0\mathrm{d}S \tag{2-242}$$

$$F(\psi^0)=\iint F\psi^0\mathrm{d}x\mathrm{d}y+\int_\Gamma\frac{f}{\beta}\psi^0\mathrm{d}S \tag{2-243}$$

式(2-241)即为二阶 SAAF P_N 方程的变分形式。

2.9.4 有限元离散

1. 网格剖分

有限元方法最本质的思想就是要构造特殊的有限维子空间——有限元空间，从而将无限维空间中求解的问题转换到有限维子空间中。整个求解区域被适当地剖分成的有限个非重叠子域，称为元素。区域中所有的离散点称为节点。

对于二维情况，元素可以是三角形、四边形等，对于三维情况，元素可以是四面体、六面体或者三棱柱等。下面仅以二维问题为例，选择三角形元素剖分。假设所求解的区域及三角形网格剖分如图 2-4 所示。由于三角形元素可以很好地逼近曲线或者多边形，因此三角形剖分是最常见的剖分。进行三角形元素剖分的时候，要求任意一个三角形的顶点不能位于另一个三角形的边上，且任一三角形不能同时跨越两个或者两个以上不同物性的区域，另外，为了使得离散后的有限元方程组具有良好的性态，三角形单元不能太“瘦”。

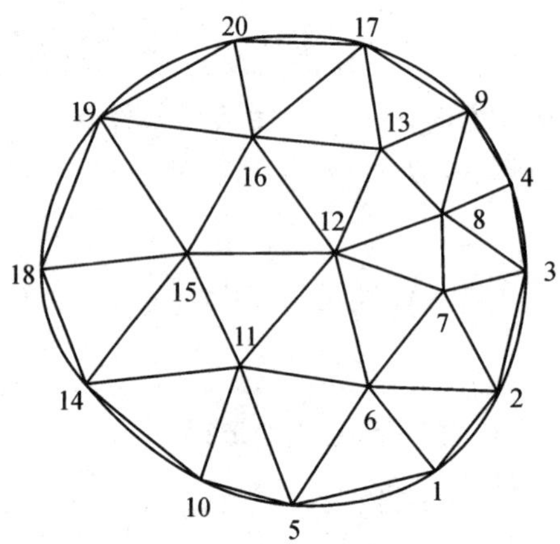

图 2-4 有限元网格剖分

2. 变分方程的离散

将区域中所有的节点按照一定的规律进行编号，其编码称为总体编码。在某一节点处值为 1，而在其他节点处值为 0 的多项式函数称为该节点处的基函数，记为 u_i。可以证明，N 个节点对应的 N 个基函数所构成的基函数系是线性独立的。当剖分单元的尺度充分小时，函数 $\psi_{n,m}$（为方便起见，以下略去表示群的标号 g）和函数 ψ^0 可以由有限元子空间中的基函数来逼近，即

$$\psi_{n,m}(x,y) \approx \sum_{i=1}^{N} c_i u_i(x,y) \tag{2-244}$$

$$\psi^0(x,y) \approx \sum_{j=1}^{N} d_j u_j(x,y) \tag{2-245}$$

将式(2-244)、式(2-245)代入式(2-241)，有

$$B(\sum_i c_i u_i, \sum_j d_j u_j) = F(\sum_j d_j u_j) \tag{2-246}$$

即

$$\sum_j B(\sum_i c_i u_i, u_j) d_j = \sum_j F(u_j) d_j \tag{2-247}$$

由于 ψ^0 的任意性，故 d_j 也是任意的，因此对应于 d_j 的各个系数应该恒等，即

$$\sum_{i=1}^{N} c_i B(u_i, u_j) = F(u_j) \tag{2-248}$$

则式(2-248)可以表示为有限元方程组的形式，即

$$\boldsymbol{K\Phi} = \boldsymbol{F} \tag{2-249}$$

式中，$\boldsymbol{K}$ 为刚度矩阵$(K_{i,j})_{N\times N}$，且有

$$K_{i,j} = B(u_i, u_j) \tag{2-250}$$

$\boldsymbol{\Phi}$ 切为未知向量，即

$$\boldsymbol{\Phi} = [c_1, c_2, \cdots, c_N]^{\mathrm{T}} \tag{2-251}$$

$\boldsymbol{F}$ 为右端项，有

$$\boldsymbol{F} = [F(u_1), F(u_2), \cdots, F(u_N)]^{\mathrm{T}} \tag{2-252}$$

如果 $\boldsymbol{K}$ 和 $\boldsymbol{F}$ 确定，即可通过方程组(2-249)求解出 $\psi_{n,m}$ 的逼近解。

3. 形状函数选取

为了构造各节点上的基函数，首先必须构造各个单元上的形状函数。把在三角形单元局部编码为 k 的节点处值等于 1，在其他各个节点处值等于 0 的多项式称为三角形单元节点 k 处的形状函数，记为 $L_k(x,y)$。下面就某一三角形单元讨论形状函数的确定，为了确定一个一阶线性多项式，必须在三角形单元上指定 3 个节点，选择三角形的三个顶点 A_1、A_2、A_3 为节点，如图 2-5 所示，三角形单元顶点的编号称为局部编码。

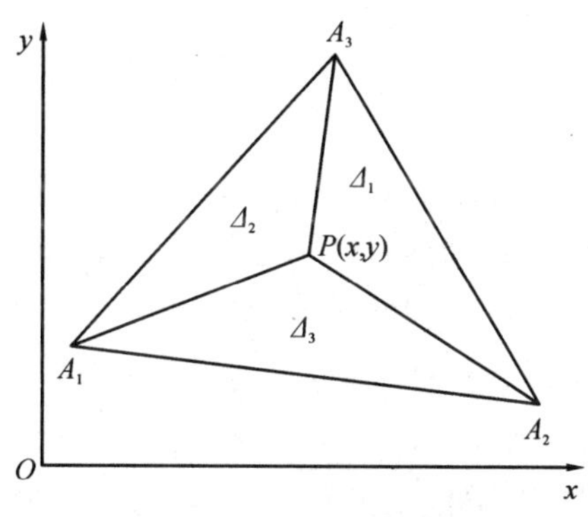

图 2-5　面积坐标示意图

为了使不同位置,各种形状的三角形单元上的形状函数标准化,引进面积坐标。设三角形单元 T_r 上有一任意点 P,P 与三角形的一个顶点构成三个小三角形,面积分别为 Δ_1、Δ_2、Δ_3,如图 2-5 所示。设

$$\lambda_1=\Delta_1/\Delta,\quad \lambda_2=\Delta_2/\Delta,\quad \lambda_3=\Delta_3/\Delta \tag{2-253}$$

式中,Δ 为三角形单元 T_r 的面积。显然

$$\lambda_1+\lambda_2+\lambda_3=1,\quad 0\leqslant\lambda_i\leqslant 1 \tag{2-254}$$

且点 P 的直角坐标(x,y)与$(\lambda_1,\lambda_2,\lambda_3)$一一对应,所以称$(\lambda_1,\lambda_2,\lambda_3)$为点 P 的面积坐标或重心坐标。

不难看出,三角形单元的三个顶点的面积坐标分别为

$$A_1=(1,0,0),\quad A_2=(0,1,0),\quad A_3=(0,0,1) \tag{2-255}$$

设三角形单元 T_r 各顶点 A_1、A_2、A_3 的直角坐标分别为(x_1,y_1)、(x_2,y_2)、(x_3,y_3),则点 P 的坐标(x,y)与面积坐标$(\lambda_1,\lambda_2,\lambda_3)$之间的关系为

$$\begin{bmatrix}1\\x\\y\end{bmatrix}=\begin{bmatrix}1&1&1\\x_1&x_2&x_3\\y_1&y_2&y_3\end{bmatrix}\begin{bmatrix}\lambda_1\\\lambda_2\\\lambda_3\end{bmatrix} \tag{2-256}$$

这里方程式(2-256)右端的系数矩阵称为三角形单元的雅可比转换阵。同样,可以求出$(\lambda_1,\lambda_2,\lambda_3)$与$(x,y)$的关系,即

$$\begin{bmatrix}\lambda_1\\\lambda_2\\\lambda_3\end{bmatrix}=\frac{1}{D}\begin{bmatrix}c_1&a_1&b_1\\c_2&a_2&b_2\\c_3&a_3&b_3\end{bmatrix}\begin{bmatrix}1\\x\\y\end{bmatrix} \tag{2-257}$$

式中,

$$\left.\begin{aligned}&a_i=y_j-y_k,\quad b_i=-(x_j-x_k),\quad c_i=(x_jy_k-x_ky_j)\\&D=c_1+c_2+c_3\end{aligned}\right\} \tag{2-258}$$

式中,i、j、k 以 1、2、3 的顺序轮换代入。

这样,对应于三角形单元 T_r 的三个顶点存在三个相应的形状函数,分别记为 L_1、L_2、L_3,并满足条件:

$$L_k(A_{k'})=\delta_{k,k'},\quad k,k'=1,2,3 \tag{2-259}$$

由于 λ_1、λ_2、λ_3 满足关系式(2-254),所以它们并非线性无关,其中只有任意两个是线性无关的。不妨假设 λ_1、λ_2 线性无关,则可设 k 点上的形状函数为

$$\begin{aligned}L_k(\lambda_1,\lambda_2,\lambda_3)&=\alpha'_k+\beta'_k\lambda_1+\gamma'_k\lambda_2=\\&\alpha'_k(\lambda_1+\lambda_2+\lambda_3)+\beta'_k\lambda_1+\gamma'_k\lambda_2=\\&(\alpha'_k+\beta'_k)\lambda_1+(\alpha'_k+\gamma'_k)\lambda_2+\alpha'_k\lambda_3\end{aligned} \tag{2-260}$$

所以,可以假设

$$L_k(\lambda_1,\lambda_2,\lambda_3)=\alpha_k\lambda_1+\beta_k\lambda_2+\gamma_k\lambda_3 \tag{2-261}$$

根据条件式(2-259),可把三个顶点的面积坐标分别代入式(2-261),利用待定系数方法,得到

$$L_k(\lambda_1,\lambda_2,\lambda_3)=\lambda_k,\quad k=1,2,3 \tag{2-262}$$

由关系式(2-256)可求得三角形单元 T_r 的形状函数 L_k 关于变量(x,y)的表达式为

$$L_k(x,y)=(a_k x+b_k y+c_k)/D,\quad (x,y)\in T_r,\quad k=1,2,3 \tag{2-263}$$

这里 a_k、b_k、c_k 和 D 由式(2-258)确定。

以上采用的是一阶拉格朗日型的形状函数,如果要提高精度,可以采用二阶拉格朗日型的形状函数,这时三角形单元上必须取六个节点作为插值点,如图 2-6 所示,4、5、6 为各边中点。利用同样的方法可以推出在面积坐标下六个节点处的形状函数为

$$\left.\begin{aligned}&L_k(\lambda_1,\lambda_2,\lambda_3)=2\lambda_k^2-\lambda_k,\quad k=1,2,3\\&L_4(\lambda_1,\lambda_2,\lambda_3)=4\lambda_2\lambda_3\\&L_5(\lambda_1,\lambda_2,\lambda_3)=4\lambda_1\lambda_3\\&L_6(\lambda_1,\lambda_2,\lambda_3)=4\lambda_1\lambda_2\end{aligned}\right\} \tag{2-264}$$

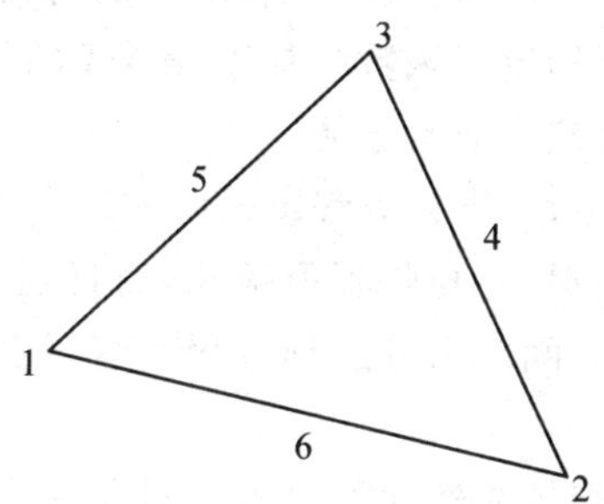

图 2-6　二阶拉格朗日型三角形单元上的节点分布

如果知道六个节点的直角坐标,同理可推出该三角形单元的面积坐标与直角坐标的雅可比转换阵,从而可求得在直角坐标系下的形状函数表达式。

由此可见,形状函数可以用面积坐标表示成为式(2-262)或者式(2-264)那样的简单形式,而且对于所有三角形单元都具有同样的形式,与三角形顶点的位置坐标无关。同时在三角形单元上求积分时,采用面积坐标也更为方便。这都有利于程序编制的标准化。

4. 总刚度矩阵合成

由于基函数系$\{u_i\}$需要满足 u_i 在第 i 节点处为 1,其他所有节点处为 0 的条件,因此,所有第 i 节点的基函数可以由其影响元素集 R_i(以该节点为顶点的元素集合)内所有元素在该点的形状函数叠加而成,即

$$u_i(x,y)=\sum_{r\in R_i}L_k^r(x,y)/M(x,y) \tag{2-265}$$

式中,$M(x,y)$为包含点(x,y)的所有元素的个数。

把基函数的表达式(2-265)代入系数矩阵式(2-250)中,由于$M(x,y)$只在三角形单元的顶点或者边上大于或等于1,其他处为1,故$M(x,y)$对整个积分区域的积分值没有贡献,所以

$$K_{i,j}=\begin{cases}0, & i,j\ \text{节点不属于同一个三角形单元}\\ \sum\limits_{r\in R_{i,j}}B(L_{k(i)}^r,L_{k(j)}^r), & i,j\ \text{节点属于同一个三角形单元}\end{cases} \tag{2-266}$$

式中,$R_{i,j}$表示同时以总体编码为i,j的节点为顶点的三角形单元的集合。

同样,可以给出有限元方程组(2-249)右端项$\boldsymbol{F}$的表达式,由式(2-252)和$M(x,y)$的特性,有

$$\boldsymbol{F}=[F(\sum_{r\in R_1}L_{k(1)}^r),\ F(\sum_{r\in R_2}L_{k(2)}^r),\ \cdots,\ F(\sum_{r\in R_N}L_{k(N)}^r)]^{\mathrm{T}} \tag{2-267}$$

在计算系数矩阵和有限元方程组(2-249)右端项的时候,只需要知道三角形单元的形状函数即可,并不需要知道基函数的具体表达式,而且这些形状函数是以面积坐标表示的标准形式,计算起来非常方便。

从式(2-266)可以看出,有限元方程组式(2-249)中的系数矩阵$\boldsymbol{K}$是稀疏且对称正定的,如果节点编码得当,矩阵不但稀疏,而且还是带状的,所以,在编制程序时可以节省大量的存储空间。求解这种方程组有很多非常成熟的方法,如追赶法等。

式(2-234)可以用常规的源迭代法求解。需要注意的是,在应用式(2-238)求解中子通量密度的各个球谐矩的时候,应用了迭代解法,因此,与传统的源迭代方法相比,这里多了一层关于各个球谐矩的迭代。

第 3 章　离散纵标(S_N)方法

正如第 1 章 1.6 节中所介绍的，中子输运方程是一个含有自变量 $\boldsymbol{r}$、E、$\boldsymbol{\Omega}$ 的微分-积分方程，只有在极简单的情况下才能够得到精确的解析解，对于一般实际问题，必须采用一些近似方法数值求解。在数值求解中，对于能量自变量 E，通常都应用传统的“分群近似”方法进行离散处理。实践证明，这是一种简单而有效的方法。对于空间坐标 $\boldsymbol{r}(x,y,z)$，则可采用传统的有限差分近似或有限元等方法离散。对于方向变量 $\boldsymbol{\Omega}$ 的近似，在反应堆理论中，球谐函数方法是最常用的近似方法之一，其中扩散(P_1)近似便是最简单并且在反应堆物理分析中获得最广泛应用的方法。然而，扩散近似有它的局限性：在真空边界或强吸收体附近，或者在介质非均匀性和中子通量密度各向异性比较严重的系统中，它的误差比较大。在这种情况下，就得应用更高阶($N>1$)的球谐近似。但是，当阶数 N 增大时，尤其是对于多维复杂几何情况，球谐方法将变得非常复杂和困难。以 P_3 近似为例，即使对于最简单的一维情况，也需要联立求解 4 个微分方程，每个方程都含有耦合的 3 个未知函数；而对普遍的几何情况，例如二维、三维圆柱几何系统，中子通量密度须按式(1-115)以球谐函数展开，P_3 近似则须解含有 $\phi_{n,m}(\boldsymbol{r},E)(n=0,1,2,3;m=-n,\cdots,n)$ 的联立的 16 个微分方程，而每个方程中将耦合有 7 个未知函数 $\phi_{n,m}(\boldsymbol{r},E)$。这些方程组的数值求解是非常麻烦的。同时，当阶数不同时，求解的方程组和数值过程都不相同，因此，不可能编制适用于不同阶数 N 的通用程序，当想提高阶次 N 时则必须重新编制新的程序，这给工程应用带来诸多不便。这些缺点严重地阻碍了高阶球谐近似方法的应用。所以，对于实际问题，尤其是多维情况，极少采用高阶($N>1$)的球谐近似，一般对于 P_3 近似在工程中就极少应用了，而往往采用一些更为简单的数值方法，例如本章所要讨论的离散纵标(S_N)方法和第 4 章所要讨论的积分输运(碰撞概率)方法等。

在中子输运方程中，中子通量密度是 $\boldsymbol{r}$、E、$\boldsymbol{\Omega}$ 的函数。离散纵标方法是在相空间($\boldsymbol{r}\times E\times\boldsymbol{\Omega}$)内同对 $\boldsymbol{r}$ 和 E 的离散化处理一样，对方向自变量 $\boldsymbol{\Omega}$ 也采用直接离散方法进行数值求解。它的具体做法是：对于函数 $\varphi(\boldsymbol{r},E,\boldsymbol{\Omega})$，首先把 $\boldsymbol{\Omega}$ 空间离散化，得到离散点列 $\boldsymbol{\Omega}_1,\cdots,\boldsymbol{\Omega}_N$ 或子域 $\Delta\boldsymbol{\Omega}_i,i=1,\cdots,N$，然后设法求出这些离散点或子域上的函数值 $\varphi(\boldsymbol{r},E,\boldsymbol{\Omega})$，并用它们近似表示函数 $\varphi(\boldsymbol{r},E,\boldsymbol{\Omega})$。关于 $\varphi(\boldsymbol{r},E,\boldsymbol{\Omega})$ 的积分则用式(1-116)的数值积分来计算。显然，当离散点取得足够密时，便可得到所需要的精度。

以一维情况为例，图 3-1 表示在方向余弦 $\mu(-1,1)$ 区间上角通量密度的离

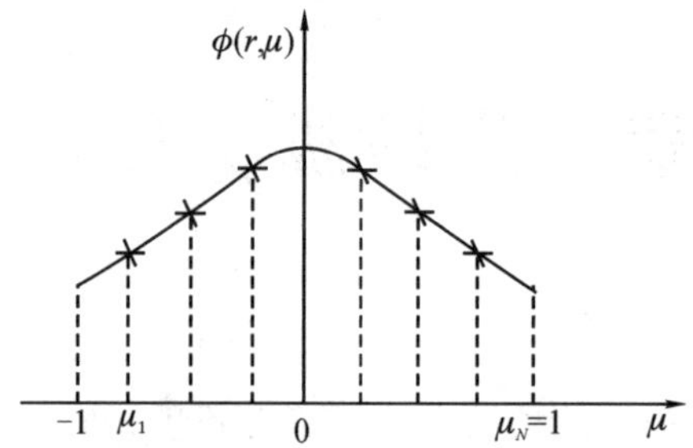

图 3-1　角通量密度的离散化示意图

散化。在早期的离散方法中，区间宽度通常取等距 $\Delta\mu_j=2/N$，同时在每个区间内认为中子通量密度是直线变化的，也就是在$[-1,1]$区间内 $\phi(\boldsymbol{r},\mu)$被近似用 N 个弦段来表示，所以称之为 S_N 方法。这里字母 S 便是线段(segment)的英文首字母大写，下标 N 表示所分弦段的数目。目前虽已不用直线弦近似，而应用一些更精确的求积公式，例如，高斯求积组等来进行计算，但习惯上仍然称离散纵标方法为“S_N 方法”。不过这时 N 并不表示弦段的数目，而仅仅表示在角度方向纵(坐)标上离散方向的数目。

因此，用 S_N 方法数值求解中子输运方程的过程和研究，主要包括下面 3 个方面的问题：

(1)角度方向的离散，数目及求积权重系数(求积组)的选取；

(2)中子输运方程的离散化(空间和方向变量)方法及离散(差分)方程组的获得；

(3)离散方程的求解，包括加速收敛的方法等。

这些问题在本章中将依次予以讨论。离散纵标方法的优点在于它对所有自变量($\boldsymbol{r}$、E、$\boldsymbol{\Omega}$)都采用直接离散，因而数值过程比较简单。这样，当应用迭代法求解时，源项作为已知项，每个离散方向的方程便都是相对独立的，并具有相似的数值过程，因而便于编程。同时更重要的是这时离散方向变量在方程中成为一个参变量，它可以编制适用于不同离散方向数 N(阶)的通用程序，当须提高或改变计算精度时只须改变输入的离散方向数 N 即可，这给工程计算带来极大的方便。它的主要缺点在于它需要比较大的存储空间和计算时间。这是限制离散纵标方法广泛应用及局限于低维(一维、二维)问题计算的主要原因。特别是，当离散方向数目比较大及维数增加时(例如三维问题)，矛盾更为突出。目前工程上广泛应用的还多限于二维问题的计算。

离散纵标方法是用数值方法求解中子输运方程的一种手段。它最早是由卡尔逊(Carlson)应用于输运方程的求解，习惯称为离散 S_N 方法。近年来随着计算机的发展和对 S_N 方法研究的深入，S_N 方法已经成为研究粒子(中子和 γ)输运问题的有效的数值方法之一。在反应堆物理计算中，例如，燃料组件的中子通量密度分布，以及小体积临界装置的计算等，特别是在屏蔽计算中获得了广泛的应用。数值结果表明，S_N 方法可以达到很高的精度。一般讲，S_2 近似已与扩散近似的精度相当。通常，工程计算中应用 S_8（个别 S_{16}）近似已可满足精度要求，更高阶的近似在实际应用中很少采用。

3.1　一维球几何 S_N 方法

为简便起见，讨论球坐标系中一维球对称的具有代表性的情况。它基本上包含了 S_N 方法的主要思想与特点及它的数值过程，只要稍作修改，这些结果也可用于平板状或无限长圆柱几何条件。同时这里讨论的一些基本思想和步骤，加以适当补充便可推广到更普遍的二维或三维情况。下面根据前面提到的 S_N 方法求解输运方程的三大步骤来分别加以讨论。

3.1.1　离散求积组的选取

从上面讨论知道，S_N 方法是用一组离散的方向坐标变量 $\boldsymbol{\Omega}_m$（$m=1,\cdots,M$），来代替连续坐标变量 $\boldsymbol{\Omega}$，并在这些特定的 $\boldsymbol{\Omega}_m$ 方向上对中子输运方程进行数值求解，同时用数值求积公式来近似表示函数对 $\boldsymbol{\Omega}$ 的积分。例如，对于中子角通量密度的积分可表示为

$$\int_{\boldsymbol{\Omega}}\phi(\boldsymbol{r},\boldsymbol{\Omega})\mathrm{d}\boldsymbol{\Omega}=\sum_{m=1}^{M}w_m\phi(\boldsymbol{r},\boldsymbol{\Omega}_m) \tag{3-1}$$

式中，$\phi(\boldsymbol{r},\boldsymbol{\Omega}_m)$ 为运动方向 $\boldsymbol{\Omega}_m$ 的中子角通量密度；w_m 为求积权重系数；M 为离散方向数目；$\{\boldsymbol{\Omega}_m,w_m\}$ 集合称为求积组（集合）。

对于一维问题，由于辐角的对称性，方向向量 $\boldsymbol{\Omega}$ 可以只通过一个变量，即 $\boldsymbol{\Omega}$ 与径向向量 $\boldsymbol{r}$（球几何）或与 x 轴上（一维平面）的方向余弦 μ（$\mu=\boldsymbol{\Omega}\cdot\boldsymbol{e}_r$（见图 1-11，或 $\mu=\boldsymbol{\Omega}\cdot\boldsymbol{e}_x$（见图 1-10））来描述，$-1\leqslant\mu\leqslant1$，因而问题便简化为对求积组 $\{\mu_m,w_m\}$ 的选取，即

$$\int_{-1}^{+1}\phi(x,\mu)\mathrm{d}\mu=\sum_{m=1}^{M}w_m\phi(x,\mu_m) \tag{3-2}$$

显然，求积组的选取对 S_N 方法的计算精度和计算时间有很大的影响，已有不少文献对这方面作了详细的研究分析。其目的在于寻求一种求积组，用它计算的结果误差最小，所需的计算时间最少。实际研究表明不可能找到一种对所有问题都满足上述要求的求积组。某一个求积组是否优越，与具体问题中的几何条件、光学厚度、源的分布和空间网络大小等参数有关，而且由于这些关系很复杂，因此不可能归纳出普遍适用的原则。但是，对于某一类问题或一般情况找出比较理想的

求积组则是可能的。下面讨论求积组$\{\mu_m, w_m\}$的选取问题。

确定求积组的方法可以是多种多样的,如高斯求积组法、全对称求积组法等。但是对于任何一种求积组都应该满足下面一些共同的要求:

(1)由于式(3-1)的积分恒为正(非负),所以,对所有m,要求$w_m>0$,以保证中子通量密度为非负数。

(2)
$$\sum_{m=1}^{M} w_m = 1 \tag{3-3}$$

这里假设空间立体角$\boldsymbol{\Omega}$是按单位立体角归一的。

(3)选择的求积组(包括离散方向μ_m和求积权重w_m)应保证输运方程的解及求积公式具有高的精确度。它应使尽可能多的中子通量密度矩方程成立。

(4)对坐标轴的旋转不变性,即计算结果应与坐标轴$\boldsymbol{e}_x$的取向无关,当坐标轴旋转180°后其计算值应保持不变。关于这点在下面多维问题中将进一步阐述。

前面提到对求积组要求的第(1)(2)点是显然的。现在讨论对坐标轴的旋转不变性问题。为此考虑如图3-2所示含有燃料和减速剂两种非均匀介质的一维平板问题。当用S_N方法求解时,求积离散方向$\{\mu_m\}$的选取应该保证不管x轴的取向如何,即x轴的正方向朝右或者朝左,用同一个求积集合$\{\mu_m\}$计算所得到的结果必须是一样的,它不依赖于x轴的取向,以保证解的唯一性。如果$\{\mu_m\}$的选取如图3-2中所示,对$\mu=0$点非对称,$\mu_1\neq-\mu_2$,那么当x轴的方向旋转180°时,μ_m的取向也旋转180°,由于S_N方法只对有限个离散方向进行计算,因而用同一个$\{\mu_m\}$集合计算,其所得到的解的结果是不相等的。例如,用S_2方法计算图3-2

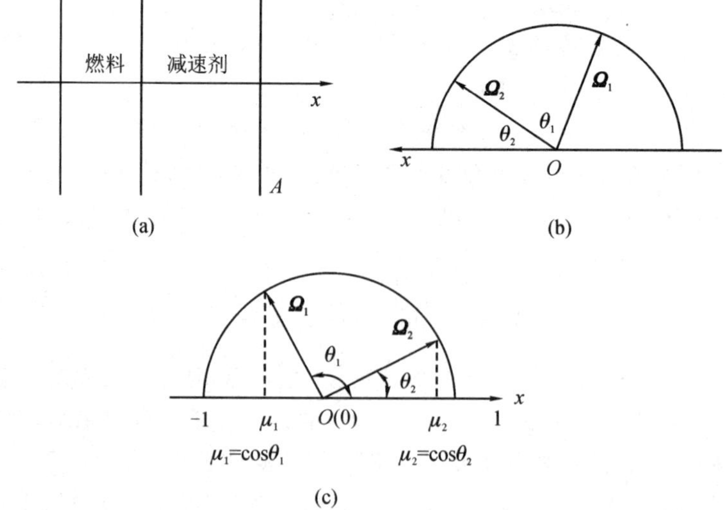

图3-2 一维平面问题与方向的离散

所示表面 A 上的中子通量密度，由于 x 轴取向的不同，得到的结果便不一样。因此，为使解的结果与 x 轴的取向无关，如果考虑了 $\mu_1=\cos\theta_1$ 这个方向，则必须同时选择 $\mu_2=\cos(\pi-\theta_1)=-\mu_1$ 这个离散方向。也就是说，μ_m 应该是关于 $\mu=0$ 对称的。这样，不管 x 轴是取正方向(朝右)或旋转 180°(朝左)，用同一个 $\{\mu_m\}$ 集合的计算结果便是相等的。这就是所谓对坐标轴的旋转不变性。同时，从物理角度对边界上的全反射边界条件也要求求积集 $\{\mu_m\}$ 具有关于 $\mu=0$ 的对称性。

另外，要求所选择的求积组应使求积公式具有最高的精度。从计算方法的数值积分理论中知道，在求积点数目 N 给定的条件下，在各种数值求积公式中高斯型求积公式具有最高的精度。对于 $\mu\in[-1,1]$，勒让德-高斯求积集(高斯点) $\{\mu_m\}$ 是 N 阶勒让德多项式 $P_N(\mu)$ 的零点，即 μ_m 为满足下列方程：

$$P_N(\mu_m)=0,\quad m=1,\cdots,N \tag{3-4}$$

的根。从计算方法知道，对于 N 个求积(离散)点，一般数值求积公式只能达到 $N-1$ 阶代数精度，而勒让德-高斯求积集则具有 $2N-1$ 阶代数精度。

表 3-1 给出了 $N=2$ 到 $N=12$ 的高斯求积组 $\{\mu_m,w_m\}$ 的值。这些数据取自于一般的有关数值积分的文献，但是表中求积系数是按式(3-3)归一等于 1，而不是一般书中那样等于 2。

表 3-1　勒让德-高斯求积组

N	μ_m	w_m
2	$\mu_1=-\mu_2=-0.577\ 350\ 269\ 2$	$w_1=w_2=0.500\ 000\ 000\ 0$
4	$\mu_1=-\mu_2=-0.861\ 136\ 311\ 6$	$w_1=w_4=0.173\ 927\ 422\ 6$
	$\mu_2=-\mu_3=-0.339\ 981\ 043\ 6$	$w_2=w_3=0.326\ 072\ 577\ 4$
6	$\mu_1=-\mu_6=-0.932\ 469\ 514\ 2$	$w_1=w_6=0.085\ 662\ 246\ 7$
	$\mu_2=-\mu_5=-0.661\ 209\ 386\ 5$	$w_2=w_5=0.180\ 380\ 786\ 5$
	$\mu_3=-\mu_4=-0.238\ 619\ 186\ 1$	$w_3=w_4=0.233\ 956\ 967\ 3$
8	$\mu_1=-\mu_8=-0.960\ 289\ 856\ 5$	$w_1=w_8=0.050\ 614\ 268\ 1$
	$\mu_2=-\mu_7=-0.796\ 666\ 477\ 4$	$w_2=w_7=0.111\ 190\ 517\ 2$
	$\mu_3=-\mu_6=-0.525\ 532\ 409\ 9$	$w_3=w_6=0.156\ 853\ 322\ 9$
	$\mu_4=-\mu_5=-0.183\ 434\ 642\ 5$	$w_4=w_5=0.181\ 841\ 891\ 7$
10	$\mu_1=-\mu_{10}=-0.973\ 506\ 528\ 5$	$w_1=w_{10}=0.033\ 335\ 672\ 2$
	$\mu_2=-\mu_9=-0.865\ 063\ 366\ 7$	$w_2=w_9=0.074\ 725\ 674\ 6$
	$\mu_3=-\mu_8=-0.679\ 409\ 568\ 3$	$w_3=w_8=0.109\ 543\ 181\ 3$
	$\mu_4=-\mu_7=-0.433\ 395\ 394\ 1$	$w_4=w_7=0.134\ 633\ 359\ 7$
	$\mu_5=-\mu_6=-0.148\ 874\ 339\ 0$	$w_5=w_6=0.147\ 762\ 112\ 4$

续表

N	μ_m	w_m
12	$\mu_1=-\mu_{12}=-0.9815606342$	$w_1=w_{12}=0.0235876682$
	$\mu_2=-\mu_{11}=-0.9041172564$	$w_2=w_{11}=0.0534696630$
	$\mu_3=-\mu_{10}=-0.7699026742$	$w_3=w_{10}=0.0800391643$
	$\mu_4=-\mu_9=-0.5873179543$	$w_4=w_9=0.1015837134$
	$\mu_5=-\mu_8=-0.3678314990$	$w_5=w_8=0.1167462683$
	$\mu_6=-\mu_7=-0.1252334085$	$w_6=w_7=0.1245735229$

从表 3-1 中可以看到，勒让德-高斯求积组自然满足前面所提到的第(1)、(2)和(4)的要求。同时可以验证表 3-1 中的数值还满足下列矩方程：

$$\sum_{m=1}^{N} w_m\mu_m^n=\frac{1}{2}\int_{-1}^{+1}\mu^n\mathrm{d}\mu=\frac{1-(-1)^{n+1}}{2(n+1)},\quad m<N$$

即

$$\left.\begin{aligned}&\sum_{m=1}^{N} w_m\mu_m^n=0, && n\text{ 为奇数}\\&\sum_{m=1}^{N} w_m\mu_m^n=\frac{1}{n+1}, && n\text{ 为偶数}\end{aligned}\right\},\quad n<N \tag{3-5}$$

式(3-5)中的两个式子分别称为奇阶矩和偶阶矩条件。实际上，当给定离散阶数 N，并由式(3-4)确定出求积点 μ_m 后就可以应用矩条件式(3-5)来确定 w_m 值。例如，对于 $N=2$，由 $\mathrm{P}_2(\mu)=0$ 确定出 $\mu_1=\mu_2=-0.57735$，而由矩条件式(3-5)可得

$$w_1+w_2=1,\quad n=0$$

$$w_1\mu_1+w_2\mu_2=0,\quad n=1$$

解得

$$w_1=w_2=0.5$$

在这些矩条件中，二阶矩($n=2$)具有特殊的意义，因为这是扩散理论成立的条件。在扩散理论中，一维角通量密度可以表示成

$$\phi(x,E,\mu)=\frac{1}{2}[\phi(x,E)+3\mu J(x,E)]$$

用 μ 乘上式各项并在$[-1,1]$区间积分，有

$$J=\int_{-1}^{+1}\mu\phi(x,E,\mu)\mathrm{d}\mu=\left(\frac{3}{2}\int_{-1}^{+1}\mu^2\mathrm{d}\mu\right)J(x,E)$$

因而这就要求下列二阶矩方程成立：

$$\frac{1}{2}\int_{-1}^{+1}\mu^2\mathrm{d}\mu=\sum_{m=1}^{2} w_m\mu_m^2=\frac{1}{3} \tag{3-6}$$

从上面讨论可以看到,对于一维平面和球几何可以采用勒让德-高斯求积组作为 S_N 方法的求积组,它满足前面所提出的四点要求。这时 S_N 中的下标 N 表示高斯离散求积点的数目。表 3-1 中只列出了 N 等于偶数时的求积组。因为若 N 等于奇数时,求积组中将包括 $\mu=0$ 这一求积点,而在平面几何中,在两种介质交界面上,在 $\mu=0$ 时中子角通量密度 $\phi(x,\mu)$有可能不连续。这将可能给高斯求积公式带来显著的误差,因为它要求被积函数在整个积分区间上连续。另一方面,$\mu=0$ 既不表示入射也不表示出射方向的中子角通量密度,因而 $\mu=0$ 求积点将给正确地应用边界条件带来困难。所以一般情况下 S_N 方法中均取 N 为偶数。

为了解决在平面问题中 $\mu=0$ 处被积函数(中子角通量密度)的不连续性可能引起的误差,Yvon[21]提出将 μ 的高斯求积区间[-1,1]分成[-1,0]和[0,1]两个区间,而把勒让德-高斯求积公式分别应用于上述两个区间上。这就是所谓的双球谐(DP_N)求积组,这里 N 表示在[-1,1]区间上的求积点数目①。设在[-1,0]和[0,1]区间内分别应用 $N=2$ 求积组,则在[-1,1]区间内求积点数目等于 4,称之为 DP_4 近似。在 DP_N 求积组中 μ_m 是按从最负到最正的次序排列,建议求积组由下式决定:

$$\mu_m=\frac{1}{2}(\mu'_m-1)=-\mu_{N-m+1} \tag{3-7}$$

$$w_m=w'_m/2=w_{N-m+1},\quad m=1,\cdots,N/2$$

式中,$\{\mu'_m,w'_m\}$是 $S_{N/2}$ 求积组或 $P_{N/2}(\mu')$的零点(见表 3-1),例如,对 S_2 近似由表 3-1 有 $\mu_1=-\mu_2=-0.577\ 35$,$w_1=w_2=0.5$,因而由式(3-7)求得 $\mu_1=-\mu_4=-0.788\ 68$,$\mu_2=-\mu_3=-0.211\ 32$,$w_m=0.25$,$m=1,\cdots,4$。表 3-2 给出了 DP_N 求积组的数值。

表 3-2　DP_N 求积组

N	μ_m	w_m
4	$\mu_1=-\mu_4=-0.788\ 68$	$w_1=w_4=0.25$
	$\mu_2=-\mu_3=-0.211\ 32$	$w_2=w_3=0.25$
6	$\mu_1=-\mu_6=-0.887\ 30$	$w_1=w_6=0.138\ 89$
	$\mu_2=-\mu_5=-0.500\ 00$	$w_2=w_5=0.222\ 22$
	$\mu_3=-\mu_4=-0.112\ 70$	$w_3=w_4=0.138\ 89$

① 在有的文献中 N 表示在[0,1]或[-1,0]区间上的求积点数目。

续表

N	μ_m	w_m
8	$\mu_1=-\mu_8=-0.930\ 57$	$w_1=w_8=0.086\ 96$
	$\mu_2=-\mu_7=-0.669\ 99$	$w_2=w_7=0.163\ 04$
	$\mu_3=-\mu_6=-0.330\ 01$	$w_3=w_6=0.163\ 04$
	$\mu_4=-\mu_5=-0.069\ 43$	$w_4=w_5=0.086\ 96$
12	$\mu_1=-\mu_{12}=-0.966\ 23$	$w_1=w_{12}=0.042\ 83$
	$\mu_2=-\mu_{11}=-0.830\ 60$	$w_2=w_{11}=0.090\ 19$
	$\mu_3=-\mu_{10}=-0.619\ 31$	$w_3=w_{10}=0.116\ 98$
	$\mu_4=-\mu_9=-0.380\ 69$	$w_4=w_9=0.116\ 98$
	$\mu_5=-\mu_8=-0.169\ 40$	$w_5=w_8=0.090\ 19$
	$\mu_6=-\mu_7=-0.033\ 77$	$w_6=w_7=0.042\ 83$

DP_N 求积组一般只是对厚度比较薄的平面几何问题的求解效果比较好，而对于厚的平面几何，特别是讨论泄漏问题时，DP_N 近似并不比 S_N 近似更为精确，因为在平板左、右边界面的泄漏，由 μ 接近 ±1 运动方向的中子起更大的贡献，而比较表 3-1 和表 3-2 中的数据可以看到 S_N 的求积点分布比 DP_N 求积点更密集地靠向 $\mu=\pm1$ 方向附近。对于球几何，在分界面上由于 $\mu=0$ 处并不出现中子角通量密度的不连续性，因而 DP_N 与 S_N 近似对于求解球几何问题并没有多少区别。

由此可以看到：即使对于一维问题，也不存在对所有问题来说是“最优”或“最好”的求积组，只有对不同的具体问题或是感兴趣的解来讨论才是有意义的。

3.1.2 离散有限差分方程的建立

对于一维球坐标情况，描述中子运动方向的自变量 $\boldsymbol{\Omega}$ 仅仅是 $\mu=\boldsymbol{\Omega}\cdot\boldsymbol{e}_r=\cos\theta$ 的函数。因此中子通量密度分布函数可以表示成 $\phi(r,\mu)$，正如第 1 章中讨论所指出的，中子输运方程是表示相空间的微元内中子数目的守恒的。因此，在数值求解时一般希望从第 1.3 节所描述的守恒形式的中子输运方程出发进行离散和数值求解。这样导出的差分方程的每一个相应项都具有明确的物理意义，使差分方程具有更好的收敛性和计算稳定性。一维球坐标中分群中子输运方程的形式为

$$\frac{\mu}{r^2}\frac{\partial[r^2\phi_g(r,\mu)]}{\partial r}+\frac{1}{r}\frac{\partial[(1-\mu^2)\phi_g(r,\mu)]}{\partial\mu}+\Sigma_{t,g}\phi_g(r,\mu)=Q_g(r,\mu),$$

$$g=1,\cdots,G \tag{3-8}$$

式中，右端为源项，可由式(1-142)确定，它由散射源和裂变源组成，在一维情况下可将其简化为

$$\begin{aligned}Q_g(r,\mu) &= Q_{g,s} + Q_{g,f} \\ &= \sum_{n=0}^{L} \frac{2n+1}{2} \sum_{g'=1}^{G} \Sigma_{n,g'-g} \phi_{n,g'}(r) \mathrm{P}_n(\mu) + \frac{\chi_g}{2} \sum_{g'=1}^{G} \nu\Sigma_{f,g'} \phi_{g'}(r)\end{aligned} \tag{3-9}$$

1. 角度的离散

首先在 $\mu\in[-1,1]$区间内按 3.1 节的要求选定一个 S_N 求积组(μ_m, w_m)，$m=1,\cdots,N$，对角度 μ 进行离散，即在$[-1,1]$区间内按求积点 μ_m 将 μ 分成 N 个区间，$\Delta\mu_m=\mu_{m+\frac{1}{2}}-\mu_{m-\frac{1}{2}}$(见图 3－3)，一般 $\Delta\mu$ 区间可以等距或不等距，视求积组的要求而定。这样，根据数值积分公式有(下面为简便起见，均略去群的标号 g)

$$\phi(r) = \int_{-1}^{+1} \phi(r,\mu)\mathrm{d}\mu = \sum_{m=1}^{N} w_m \phi(r,\mu_m) \tag{3-10}$$

式中，w_m 为求积系数；μ_m 为 m 区间的基点，$\mu_{m-\frac{1}{2}} \leqslant \mu_m \leqslant \mu_{m+\frac{1}{2}}$。

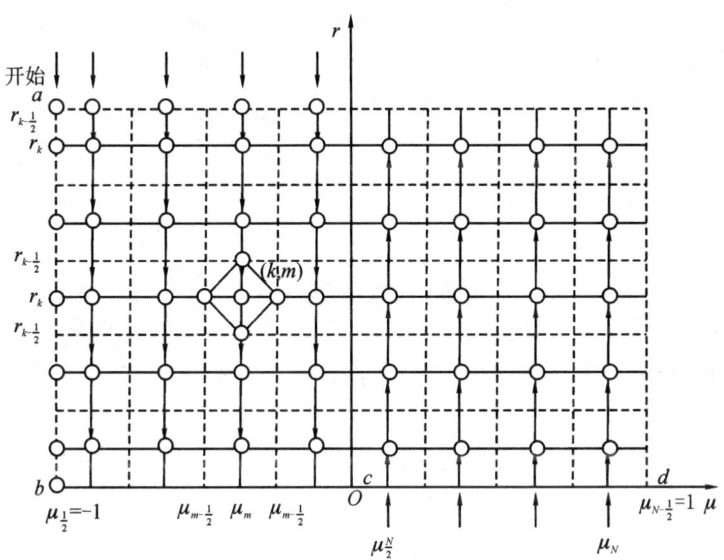

图 3－3　($r\times\mu$)网格离散剖分示意图

在离散基点 μ_m 附近区间 $\Delta\mu_m$ 内对式(3－8)积分，式(3－8)左端前两项有

$$w_m[\boldsymbol{\Omega}\cdot\nabla\phi]_m = \frac{w_m\mu_m}{r^2}\frac{\partial(r^2\phi_m(r))}{\partial r} + \frac{1}{r}\int_{\mu_{m-\frac{1}{2}}}^{\mu_{m+\frac{1}{2}}} \frac{\partial[(1-\mu^2)\phi(r,\mu)]}{\partial\mu}\mathrm{d}\mu \tag{3-11}$$

式(3－11)右端第二项表示角度坐标方向变化引起的泄漏“损失”：

$$\int_{\mu_{m-\frac{1}{2}}}^{\mu_{m+\frac{1}{2}}} \frac{\partial[(1-\mu^2)\phi(r,\mu)]}{\partial\mu}\mathrm{d}\mu = (1-\mu^2_{m+\frac{1}{2}})\phi_{m+\frac{1}{2}}(r) - (1-\mu^2_{m-\frac{1}{2}})\phi_{m-\frac{1}{2}}(r)$$

$$=a_{m+\frac{1}{2}}\phi_{m+\frac{1}{2}}(r)-a_{m-\frac{1}{2}}\phi_{m-\frac{1}{2}}(r) \tag{3-12}$$

式中，$\phi_{m\pm\frac{1}{2}}(r)=\phi(r,\mu_{m\pm\frac{1}{2}})$，把式(3-12)对所有 $\Delta\mu_m$ 区间求和(即对所有方向积分)，其结果应该等于零，即

$$\sum_{m=1}^{M}[a_{m+\frac{1}{2}}\phi_{m+\frac{1}{2}}(r)-a_{m-\frac{1}{2}}\phi_{m-\frac{1}{2}}(r)]=a_{M+\frac{1}{2}}\phi_{M+\frac{1}{2}}(r)-a_{\frac{1}{2}}\phi_{\frac{1}{2}}=0$$

这就要求 $a_{\frac{1}{2}}=a_{M+\frac{1}{2}}=0$，由式(3-12)有

$$a_{m+\frac{1}{2}}-a_{m-\frac{1}{2}}=\mu^2_{m-\frac{1}{2}}-\mu^2_{m+\frac{1}{2}}=-2\mu_m\Delta\mu_m=-2w_m\mu_m \tag{3-13}$$

因为对一维情况 $\Delta\mu_m=w_m$。式(3-13)便是计算系数 $a_{m\pm\frac{1}{2}}$ 的递推公式。

事实上，还可以从物理角度来导出系数 $a_{m\pm\frac{1}{2}}$ 的递推公式。式(3-12)表示由于方向坐标轴 $\boldsymbol{e}_r$ 方向的变化引起的中子泄漏损失，因而它与中子通量密度的空间分布无关。现考虑中子角通量密度等于常数，即 $\phi(r,\boldsymbol{\Omega})=C$ 的无限介质的特例情况。这时 $\boldsymbol{\Omega}\cdot\nabla\phi(r,\boldsymbol{\Omega})=0$，因而由式(3-11)和式(3-12)，有

$$\frac{2\mu_m w_m}{r}C+\frac{(a_{m+\frac{1}{2}}-a_{m-\frac{1}{2}})C}{r}=0$$

于是便得到同样的递推公式，即

$$a_{m+\frac{1}{2}}-a_{m-\frac{1}{2}}=-2\mu_m w_m$$

它和前面的结果完全一样。应该指出，从物理角度推导，其意义更为重要，因为它可以用来推导其他更为复杂的曲几何系统，例如柱坐标系中的系数的递推公式。

这样，角度离散后，一维球坐标系中守恒形式的中子输运方程为

$$\frac{\mu_m}{r^2}\frac{\partial[r^2\phi_m(r)]}{\partial r}+\frac{[a_{m+\frac{1}{2}}\phi_{m+\frac{1}{2}}(r)-a_{m-\frac{1}{2}}\phi_{m-\frac{1}{2}}(r)]}{w_m r}+\Sigma_t\phi_m(r)=Q_m(r) \tag{3-14}$$

从式(3-14)可以看出，角度离散后，角度变量 μ_m 在方程中仅仅是一个参量，因此对于不同离散角度都具有同样形式的方程，这给求解带来了很大的方便。

2. 有限差分方程的推导

为了叙述方便，把方程(3-14)的各项依次编号，即

$$T_1+T_2+T_3=T_4 \tag{3-15}$$

正如图 3-3 所示，以 $r_0=r_1,\cdots,r_k,\cdots,r_K$ 将 r 分成 K 个区间，而在每个区间 $\Delta r_k=r_{k+\frac{1}{2}}-r_{k-\frac{1}{2}}$ 内中子截面均等于常数。现在来推导 $(r_{k-\frac{1}{2}},r_{k+\frac{1}{2}})\times(\mu_{m-\frac{1}{2}},\mu_{m+\frac{1}{2}})$ 相空间单元 (k,m) 上的有限差分方程。为此，把积分算符 $\int_{r_{k-\frac{1}{2}}}^{r_{k+\frac{1}{2}}}(\cdot)4\pi r^2\mathrm{d}r$ 作用于离散输运方程(3-14)，再应用推导差分方程的经典技术便可推得有限差分方程。

把算符作用于式(3-15)左端第一项，即可得到

$$
\begin{aligned}
T_1 &= \mu_m \int_{r_{k-\frac{1}{2}}}^{r_{k+\frac{1}{2}}} \frac{1}{r^2} \frac{\partial (r^2 \phi_m)}{\partial r} 4\pi r^2 \mathrm{d}r \\
&= 4\pi\mu_m [r^2_{k+\frac{1}{2}} \phi(r_{k+\frac{1}{2}}, \mu_m) - r^2_{k-\frac{1}{2}} \phi(r_{k-\frac{1}{2}}, \mu_m)] \\
&= \mu_m [A_{k+\frac{1}{2}} \phi_{k+\frac{1}{2},m} - A_{k-\frac{1}{2}} \phi_{k-\frac{1}{2},m}]
\end{aligned} \tag{3-16}
$$

式中，$A_{k\pm\frac{1}{2}} = 4\pi r^2_{k\pm\frac{1}{2}}$ 为 $r_{k\pm\frac{1}{2}}$ 处的球面积；$\phi_{k\pm\frac{1}{2},m} = \phi(r_{k\pm\frac{1}{2}}, \mu_m)$。显然，$T_1$ 就是 μ_m 方向通过微元表面的中子泄漏率。对式(3-5)左端第二项积分得到

$$
\begin{aligned}
T_2 &= 4\pi \int_{\Delta r_k} [a_{m+\frac{1}{2}} \phi_{m+\frac{1}{2}}(r) - a_{m-\frac{1}{2}} \phi_{m-\frac{1}{2}}(r)] r \mathrm{d}r / w_m \\
&\approx 4\pi r_k \Delta r_k [a_{m+\frac{1}{2}} \phi_{k,m+\frac{1}{2}} - a_{m-\frac{1}{2}} \phi_{k,m-\frac{1}{2}}] / w_m
\end{aligned} \tag{3-17}
$$

式中，$r_k = (r_{k+\frac{1}{2}} + r_{k-\frac{1}{2}})/2$；$\Delta r_k = (r_{k+\frac{1}{2}} - r_{k-\frac{1}{2}})$；$\phi_{k,m\pm\frac{1}{2}} = \phi(r_k, \mu_{m\pm\frac{1}{2}})$。因而有

$$
T_2 = (A_{k+\frac{1}{2}} - A_{k-\frac{1}{2}})(a_{m+\frac{1}{2}} \phi_{k,m+\frac{1}{2}} - a_{m-\frac{1}{2}} \phi_{k,m-\frac{1}{2}}) / 2w_m
$$

同样可以得到

$$
T_3 = \int_{r_{k-\frac{1}{2}}}^{r_{k+\frac{1}{2}}} \Sigma_t \phi_m(r) 4\pi r^2 \mathrm{d}r = \Sigma_{t,k} V_k \phi_{k,m} \tag{3-18}
$$

$$
T_4 = V_k Q_{k,m} \tag{3-19}
$$

式中，$V_k = 4\pi(r^3_{k+\frac{1}{2}} - r^3_{k-\frac{1}{2}})/3$ 为体积元的体积。利用 $T_1 \sim T_4$ 各项结果，由式(3-15)对每一个(k,m)基元可以求得球对称坐标系中中子输运方程的有限差分方程如下：

$$
\begin{aligned}
&\mu_m [A_{k+\frac{1}{2}} \phi_{k+\frac{1}{2},m} - A_{k-\frac{1}{2}} \phi_{k-\frac{1}{2},m}] + (A_{k+\frac{1}{2}} - A_{k-\frac{1}{2}})(a_{m+\frac{1}{2}} \phi_{k,m+\frac{1}{2}} - \\
&\quad a_{m-\frac{1}{2}} \phi_{k,m-\frac{1}{2}}) / 2w_m + \Sigma_{t,k} V_k \phi_{k,m} = V_k Q_{k,m}
\end{aligned} \tag{3-20}
$$

式(3-20)中每一个(k,m)网格差分方程中包含有如 $\phi_{k,m}$、$\phi_{k-\frac{1}{2},m}$、$\phi_{k+\frac{1}{2},m}$、$\phi_{k,m+\frac{1}{2}}$ 和 $\phi_{k,m-\frac{1}{2}}$ 等 5 个未知数，因此还必须建立一些辅助关系式以减少未知数的数量。其中菱形差分公式为最简单和常用的一种，在此差分公式中，中子通量密度在一个网络基元中是线性变化的，即

$$
\phi_{k,m} \approx \frac{1}{2}(\phi_{k+\frac{1}{2},m} + \phi_{k-\frac{1}{2},m}) \tag{3-21}
$$

$$
\phi_{k,m} \approx \frac{1}{2}(\phi_{k,m+\frac{1}{2},m} + \phi_{k,m-\frac{1}{2},m}) \tag{3-22}
$$

对于 $\mu_m < 0$，利用菱形差分公式(3-21)和式(3-22)消去式(3-20)中的 $\phi_{k-\frac{1}{2},m}$ 及 $\phi_{k,m+\frac{1}{2}}$，同时由式(3-13)注意到

$$2a_{m+\frac{1}{2}}/w_m=(a_{m+\frac{1}{2}}+a_{m-\frac{1}{2}})/w_m-2\mu_m \tag{3-23}$$

便可得到递推形式的差分方程为

$$\phi_{k,m}=\frac{E_{k,m}\phi_{k+\frac{1}{2},m}+\beta_{k,m}\phi_{k,m-\frac{1}{2}}+V_kQ_{k,m}}{E_{k,m}+\beta_{k,m}+V_k\Sigma_{t,k}} \tag{3-24}$$

式中，

$$E_{k,m}=|\mu_m|(A_{k+\frac{1}{2}}+A_{k-\frac{1}{2}}) \tag{3-25}$$

$$\beta_{k,m}=(A_{k+\frac{1}{2}}-A_{k-\frac{1}{2}})(a_{m+\frac{1}{2}}+a_{m-\frac{1}{2}})/2w_m \tag{3-26}$$

对于 $\mu_m>0$，则利用菱形差分公式消去 $\phi_{k+\frac{1}{2},m}$ 和 $\phi_{k,m-\frac{1}{2}}$，同样可得到与式(3-24)相似的 $\phi_{k,m}$ 的递推公式，它用于 $\mu_m>0$ 时自内($r=0$)向外的逐点递推计算，即

$$\phi_{k,m}=\frac{E_{k,m}\phi_{k-\frac{1}{2},m}+\beta_{k,m}\phi_{k,m-\frac{1}{2}}+V_kQ_{k,m}}{E_{k,m}+\beta_{k,m}+V_k\Sigma_{t,k}} \tag{3-27}$$

这时外推边界($r=r_{K+\frac{1}{2}}$)处的边界条件可以写成

$$\phi_{K+\frac{1}{2},m}=\phi_{K+\frac{1}{2},m\pm\frac{1}{2}}=0,\quad \mu<0,\quad m=1,2,\cdots,\frac{N}{2}$$

$$\phi_{\frac{1}{2},m}=\phi_{\frac{1}{2},N-m+1},\quad \mu>0,\quad m=1,2,\cdots,\frac{N}{2} \tag{3-28}$$

从上面讨论知道，每个(k,m)网格上有5个未知数，共有 $K\times N$ 个网络，因此总共有 $5KN$ 个需要求解量。式(3-24)(或式(3-27))、式(3-21)、式(3-22)共有 $3KN$ 个方程，但根据两个空间网格的交界面上中子通量密度的连续性条件，即 $\phi_{k+\frac{1}{2},m}=\phi_{(k+1)-\frac{1}{2},m}$，以及在 $\boldsymbol{\Omega}$ 空间相应的连续性条件，即 $\phi_{k,m+\frac{1}{2}}$ 应等于下一网格的 $\phi_{k,(m+1)-\frac{1}{2}}$，这样连同边界条件式(3-28)，共有 $5KN-K$ 个方程，还缺 K 个方程，因而在进行数值过程之前还必须建立一些补充的关系式。为此，考虑某个特定方向上(例如 $\mu=-1$)的各个分点 $\phi_{k,0}$ 的值作为补充条件。当 $\mu=-1$ 时中子输运方程(3-8)便简化为

$$\frac{-\mathrm{d}\phi(r,-1)}{\mathrm{d}r}+\Sigma_t\phi(r,-1)=Q(r,-1) \tag{3-29}$$

于是类似于式(3-24)，可以求得

$$\phi_{k,\frac{1}{2}}=\frac{(A_{k+\frac{1}{2}}+A_{k-\frac{1}{2}})\phi_{k+\frac{1}{2},\frac{1}{2}}+V_{k,\frac{1}{2}}Q_{k,\frac{1}{2}}}{(A_{k+\frac{1}{2}}+A_{k-\frac{1}{2}})+\Sigma_{t,k}V_k} \tag{3-30}$$

及菱形差分公式

$$\phi_{k,\frac{1}{2}}=\frac{1}{2}(\phi_{k+\frac{1}{2},\frac{1}{2}}+\phi_{k-\frac{1}{2},\frac{1}{2}}) \tag{3-31}$$

综上，根据 $\phi_{K+\frac{1}{2},\frac{1}{2}}=0$ 的边界条件，利用式(3-30)和式(3-31)便可以很方便

地求出 $\phi_{k,\frac{1}{2}}(k=K,K-1,\cdots,1)$ 等 K 个在特定方向 $\mu=-1$ 的点值来。这样,式(3-24)、式(3-21)、式(3-22)、式(3-28)和式(3-30)连同网格面上的连续性条件,都是自洽的了。

3.1.3　差分方程的求解

离散方程式(3-8)或其差分方程式(3-24)的右端都含有源项 Q,它由裂变源 Q_f 和散射源 Q_s 两部分组成。在源项中都含有求解函数 ϕ,因此式(3-8)是一个关于中子通量密度 ϕ 的齐次方程,它的求解可归结为一个特征值问题,正如第 1 章中所述,可用迭代法求解。在求解过程中,通常分为内、外迭代两个层次来求解。在每次外迭代中,裂变源项是已知的,它由初始时任意假设或由上一次迭代结果算出,随着迭代过程不断更新而趋于精确值。

在给定裂变源的每次外迭代求解过程都是从第一个能群开始依序往下解,假设没有向上散射,则 Q_s 中除群内($g\rightarrow g$)散射源外其他群的散射源是已知的。因此在解每个群(例如第 g 群)的离散方程时都必须先假设该群(第 g 群)的中子通量密度分布,计算出群内散射源 Q_s 再进行迭代求解,这一过程便是内迭代过程(注意:它与临界扩散计算中的内迭代含义是不同的)。图 3-4 表示 S_N 差分方程迭代求解的示意图。

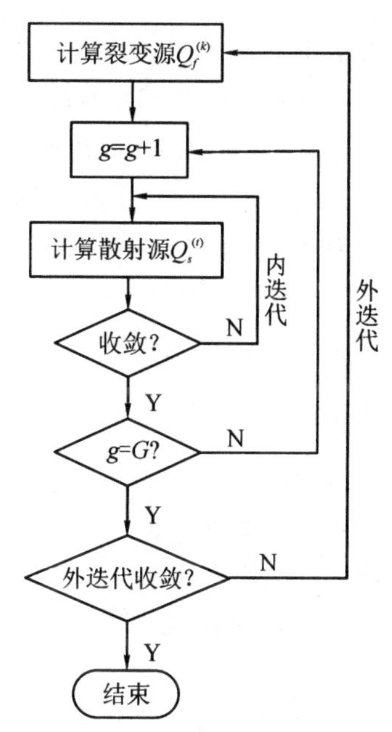

图 3-4　S_N 差分方程迭代求解示意图

下面讨论每次内迭代的求解过程。

(1)选定求积组(w_m,μ_m),如图 3-3 所示划分网络。计算出 $A_{k+\frac{1}{2}}$、$A_{k-\frac{1}{2}}$、$E_{k,m}$、$\beta_{k,m}$ 及 V_k 等参数。

(2)按照式(3-31)和式(3-30)计算出图3-3 中 ab 线上边界点的初值 $\phi_{k,\frac{1}{2}}$,$k=1,\cdots,K$。

(3)计算第 i 次迭代的源项 $Q_{k,m}^{(i)}$(式(3-9))。

(4)逐点求解 $\phi_{k,m}$。

①对 $\mu<0$ 区域。自 $m=1,k=K$ 点由外向里应用式(3-24)逐点求解。先根据 $\phi_{K+\frac{1}{2},1}=0$ 及已求得的 $\phi_{K,\frac{1}{2}}$ 值由式(3-24)求得 $\phi_{K,1}$ 值,然后再利用菱形差分公式(3-21)和式(3-22)求出 $\phi_{K-\frac{1}{2},1}$ 及 $\phi_{K,\frac{3}{2}}$。重复利用上述公式便可自外向里

逐点求出 $m=1$ 线上各点 ϕ 的数值来。然后再对 $m=1,2,\cdots,\frac{N}{2}$ 重复上述步骤便可得到 $\mu<0$ 区域的所有 $\phi_{k,m}$。

②对 $\mu>0$ 区域。利用在 $r=0$ 处的对称条件

$$\phi(0,\mu_m)=\phi(0,-\mu_m)$$

或

$$\phi_{\frac{1}{2},m}=\phi_{\frac{1}{2},N-m+1},\quad m=1,2,\cdots,\frac{1}{N} \tag{3-32}$$

便可求得图 3-3 中 cd 线上各节点的中子通量密度值，然后仿照 $\mu<0$ 区域步骤用式(3-27)自里($r=0$)向外解得右半面所有点的 ϕ 值。

图 3-3 中的箭头表示求解的数值过程的次序。在求出所有的队 $\phi_{k,m}=\phi_g(r_k,\mu_m)$ 值后便可算出新的源项 $Q_{k,m}^{i+1}$ 用于下一次迭代。当收敛后便完成了该群的内迭代过程。

当完成 $g=1$ 到 $g=G$ 群的内迭代，求出了各群的 $\phi_g(r_k,\mu_m)$ 值后便完成了一次外迭代过程。这时可以根据内迭代结果求出新的群中子通量密度 $\phi_g(r)=\sum\limits_m w_\mu\phi(r,\mu_m)$ 用于计算下一次外迭代的裂变源项。

从上面讨论可以看到，S_N 方法的数值运算是很方便的，在求解过程中每个离散方向上中子通量密度的求解步骤和公式是相同的。而且彼此是不互相耦合的，因而当提高阶次 N 时，其程序基本上是一样的，并不像球谐近似方法那样会增加很大的困难，同时它对各向异性的散射考虑也是比较方便的。最后从前面各个离散方向计算的独立性及互不依赖耦合，说明了 S_N 方法具有非常好的并行计算特性。对于计算机技术迅速发展的今天，S_N 方法更有其独特优点。

3.2 二维及三维离散纵标(S_N)方法

3.2.1 离散求积组的选取

从前面讨论知道，应用离散纵标方法求解输运方程的第一步就是要选择合理的精确的求积集$\{w_m,\boldsymbol{\Omega}_m\}$，在上一节讨论了一维球坐标系和平板情况的求积组的选取。这时运动方向 $\boldsymbol{\Omega}$ 只需用一个变量 μ 来表示。在二维或三维情况下，$\boldsymbol{\Omega}$ 需用两个变量来表示。单位向量 $\boldsymbol{\Omega}$ 的端点是在一个单位球面上变化的，如图 3-5 所示，将 $\boldsymbol{\Omega}$ 离散，就是在单位球面上选定一组离散方向 $\boldsymbol{\Omega}_m$，它的分量为 μ_m、η_m 和 ξ_m。每个方向的 $\boldsymbol{\Omega}_m$ 可以看成是单位球面上的一个点，其邻域面积为 w_m(见图 3-5)，w_m 又称为求积权重系数。$\{\boldsymbol{\Omega}_m,w_m,m=1,\cdots,M\}$便称为求积组(集)，即

$$\phi(\boldsymbol{r},E)=\int_{1\pi}\phi(\boldsymbol{r},E,\boldsymbol{\Omega})\mathrm{d}\boldsymbol{\Omega}=\sum_{m=1}^{M}w_m\phi(\boldsymbol{r},E,\boldsymbol{\Omega}_m) \tag{3-33}$$

关于求积组的选择和确定,可以根据问题的性质、计算精度的要求等来加以考虑。在前一节对一维问题求积组选择的五点要求和考虑,对二维情况仍然适用。一些通用的原则和要求在二维和三维情况中仍然希望能够成立。例如,对所有 m,要求的 $w_m>0$,以保证中子通量密度为非负值。同时要求归一化条件成立,即

$$\sum_{m=1}^{M}w_m=\int_{1\pi}\mathrm{d}\boldsymbol{\Omega}=1$$

另一方面,对于各向同性的中子通量密度分布,其净中子流必须等于 0,即 $J=\sum_m w_m\boldsymbol{\Omega}_m\phi_m=0$,因而要求

$$\sum_m w_m\boldsymbol{\Omega}_m=0 \tag{3-34}$$

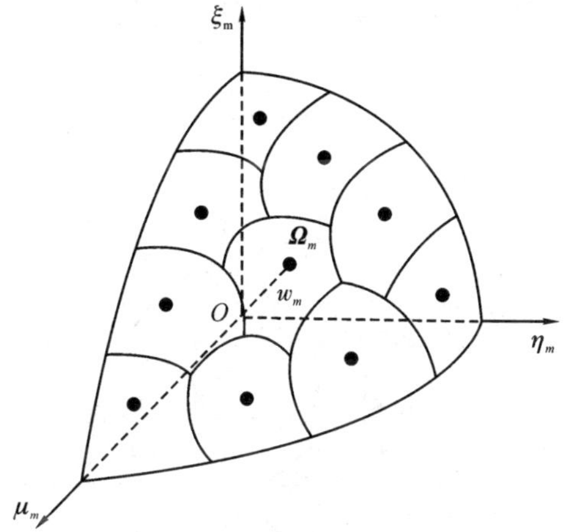

图 3-5　方向变量 Ω 的离散

用分坐标 μ_m、η_m、ξ_m 表示 $\boldsymbol{\Omega}_m$,则有

$$\sum_m w_m\mu_m=0,\quad \sum_m w_m\eta_m=0,\quad \sum_m w_m\xi_m=0 \tag{3-35}$$

另外希望至少 P_1 近似关系式(通常称为二阶矩或扩散近似条件)能够成立,由 3.1 节有

$$\sum_m w_m\mu_m^2=\frac{1}{3},\quad \sum_m w_m\eta_m^2=\frac{1}{3},\quad \sum_m w_m\xi_m^2=\frac{1}{3} \tag{3-36}$$

下面就直角坐标系中一些典型问题讨论其二维及三维情况的求积组的选取。

由于所有的离散方向 $\boldsymbol{\Omega}_m(\mu_m,\eta_m,\xi_m)$的端点均在单位球面上,因而要求:

$$\mu_m^2+\eta_m^2+\xi_m^2=1 \tag{3-37}$$

这样，对于每个离散方向实际上只有两个变量是独立的。

对于多维问题，目前已经发表的求积组大致可以分成两大类：一类是全对称求积组，即离散方向点的位置及其对应的求积权重系数在方向坐标轴绕任一轴旋转$\frac{k\pi}{2}$时保持不变；另一类是不全对称的，称为半对称或偏向求积组，即方向点的位置和求积权重系数在某一个方向上可以放宽要求，不要求对称。现分别介绍如下。

1. 全对称求积组

这是最常用的求积组，特别是对于直角坐标系。从物理上说，全对称性的目的在于保证任意点上中子通量密度的计算结果应该与 $\boldsymbol{\Omega}$ 的坐标轴 $\boldsymbol{e}_x$、$\boldsymbol{e}_y$ 和 $\boldsymbol{e}_z$ 的取向无关。如图 3-6 所示，当 $\boldsymbol{e}_x$ 轴绕 $\boldsymbol{e}_y$ 和 $\boldsymbol{e}_z$ 轴任意旋转$\frac{k\pi}{2}$时，若采取相同的求积组和空间步长时，计算所得的中子角通量密度的结果应该相等，以保证解的唯一性，也就是前边所述的对坐标系的旋转不变性。这就要求 3 个方向余弦的集合应该相等，即

$$\{\mu_m\}=\{\eta_m\}=\{\xi_m\} \tag{3-38}$$

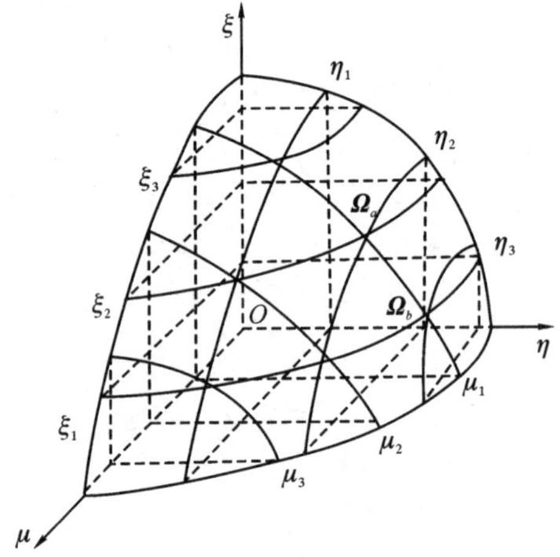

图 3-6　全对称求积点的分布

这里$\{\mu_m\}$是 $\boldsymbol{\Omega}_m$ 在 $\boldsymbol{e}_x$ 方向的方向余弦按$-1<\mu_1<\cdots<\mu_N<1$ 的次序排列的集合。因此，对全对称求积组，实际上只有一个方向上的方向余弦值是自由地可供选择的，用$\{\mu_m\}$来表示，其他两个方向余弦的取值必须和该方向一致。另一方面，根据一维情况所讨论的关于坐标系的旋转不变性的性质，要求 μ_m 必须是关于 $\mu=0$ 对称分布的。因此只需选取 $\mu_1,\mu_2,\cdots,\mu_{N/2}$ 等 $\mu>0$ 的 $N/2$ 个离散方向的方向余弦就能确定出所有离散方向，这里 N 是在一个坐标轴上的离散点(方向余弦)数

目，也就是“S_N 方法”最初的下标 N 所表示的意思。

这样确定的离散点是全对称地分布在球面上，每个离散点都如图 3 - 6 所示分布在各个纬度层的交点上，否则全对称条件式(3 - 38)是无法满足的。下面进一步证明在全对称分布条件下，$\{\mu_m\}$集合中实际上只有一个方向余弦(例如 μ_1)是自由的，选定了 μ_1 后，不管 N 多大，其他的 $\mu_2,\cdots,\mu_{N/2}$ 都将被确定。

假定某个离散方向 $\boldsymbol{\Omega}=\{\mu_i,\eta_j,\xi_k\}$，由图 3 - 6 知道其下标 i、j、k 为满足 $i+j+k=\dfrac{N}{2}+2$。设 $\boldsymbol{\Omega}_a$ 顺着 μ_i 纬度层朝 η 纬度增加的方向到达 $\boldsymbol{\Omega}_b$ 点，由于当一个纬度层固定不变时，另外两个层的纬度不可能同时增加或减少，因而 $\boldsymbol{\Omega}_b$ 的坐标应为$\{\mu,\eta_{j+1},\xi_{k-1}\}$，注意到$\{\mu_m\}=\{\eta_m\}=\{\xi_m\}$。因此根据式(3 - 37)对 $\boldsymbol{\Omega}_a$ 点和 $\boldsymbol{\Omega}_b$ 点分别有

$$\mu_i^2+\mu_j^2+\mu_k^2=1$$
$$\mu_i^2+\mu_{j+1}^2+\mu_{k-1}^2=1$$
$$i=1,\cdots,N/2;\quad j=1,\cdots,N/2-i+1$$

把上面两式相减，同时注意到下标 i、j、k 是任意的，因而有

$$\mu_{j+1}^2-\mu_j^2=\mu_k^2-\mu_{k-1}^2=\Delta \tag{3-39}$$

这里 Δ 为一常数。由式(3 - 39)有

$$\mu_i^2=\mu_{i-1}^2+\Delta$$
$$\mu_{i-1}^2=\mu_{i-2}^2+\Delta$$
$$\vdots$$
$$\mu_2^2=\mu_1^2+\Delta$$

把上面各式相加，得到

$$\mu_i^2=\mu_1^2+(i-1)\Delta \tag{3-40}$$

但对于图 3 - 6 中所示任一个顶点，有

$$\mu_1^2+\mu_1^2+\mu_{N/2}^2=1 \tag{3-41}$$

将式(3 - 40)代入式(3 - 41)，得到

$$\Delta=\frac{2(1-3\mu_1^2)}{N-2} \tag{3-42}$$

因而得到确定 μ_i^2 的关系式为

$$\mu_i^2=\mu_1^2+(i-1)\frac{2(1-3\mu_1^2)}{N-2} \tag{3-43}$$

由于 $\mu_1<\mu_2<\cdots<\mu_{\frac{N}{2}}$，所以由 $\Delta>0$，根据式(3 - 42)便得到 μ_1 的分布范围为

$$0<\mu_1^2\leqslant\frac{1}{3}$$

因此，对全对称求积组，离散方向中只有一个自由度(μ_1)可以选择，且分布在上式的范围内。

同样地，对于求积权重系数 w_m，为了保证坐标系的旋转不变性，它也必须是全对称分布的。所以，只要考虑在一个卦限 1/8 球面上 $\boldsymbol{\Omega}_m$ 和 w_m 的分布就可以了。参阅图 3-7 可知，即使在 1/8 球面上，由于全对称缘故，有一些 w_m 必须是相等的。例如，对于 S_2，只有一个 w_m 值；对于 S_2，也只有 1 个 w_m 值；对于 S_6，有 2 个 w_m 值；对于 S_8，可以有 3 个 w_m 值待定。可以发现每增加一层，w_m 将增加一个自由度，因而对于 S_N 近似($N<12$)，w_m 将有($N/2$)－1 个自由度。这样，连同 μ_1，ω_m 一共将有($N/2$)个自由度可供选择。

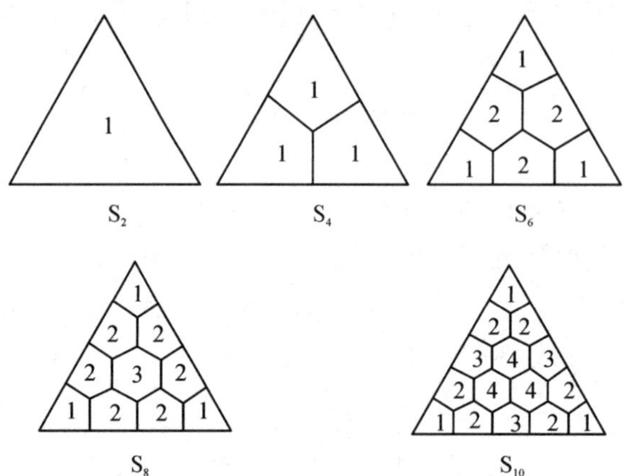

图 3-7　S_N 近似中求积点的分布

确定这些自由参数的办法可以是多种多样的，例如可取相等的 w_m，从而导出各种不同的全对称求积组。通常为保证高的精度，用满足尽可能多的矩方程作为确定这些自由度的条件，例如要求下列偶阶矩方程成立：

$$\sum_{m=1}^{M} w_m \mu_m^{2n} = \frac{1}{2}\int_{-1}^{+1} \mu^{2n} \mathrm{d}\mu = \frac{1}{2n+1} \tag{3-44}$$

$$n=0,1,2,\cdots,N/2$$

式中，M 为离散方向总数。由于全对称性，奇阶矩将自动满足且均等于零，同时可以证明根据式(3-43)确定的全对称求积组自动满足二阶矩方程，因而二阶矩方程不能用来作为确定 w_m 的条件。这样，对于 S_N 近似，式(3-44)正好提供了 $N/2$ 个条件来确定分 μ_1 和所有的 w_m 值。表 3-3 给出了满足偶阶矩方程(3-44)的全对称求积组($N=2,4,6,8$)。

可以用许多方法来确定全对称求积组。例如，美国橡树岭国家实验室提出了确定 μ_1^2 和 w_m 的另一组方程，它采用满足 $\mu^k\eta^l$ 的偶阶矩方程来确定 μ_1 和 w_m，即

$$\sum_{n=1}^{M} w_m \mu_m^k \eta_m^l = \frac{2}{\pi}\int_0^1 \mathrm{d}\mu \int_0^{\pi/2} \mu^k \eta^l \mathrm{d}\varphi \tag{3-45}$$

式中，$\eta=\sqrt{1-\mu^2}\cos\varphi$；$k$、$l$ 均为偶数，且 $k>l$，$k+l<N$。当 $l=0$ 时式(3-45)就等同于偶阶矩方程(3-44)。此外，还存在着其他一些确定 μ_1 和 w_m 全对称求积组的方法。然而，实践表明，在相同的阶次 N 下，应用不同求积组所得的计算结果的差别是很小的(见表 3-3)。

表 3-3　满足偶阶矩方程(3-44)的全对称求积组

N	离散方向 m	纬度层 i	$\lvert\mu_m\rvert$	w_m①
2	1	1	0.577 350	1.0
4	1	1	0.350 021	0.333 333
	2	1	μ_1	w_1
	3	2	0.868 890	w_1
6	1	1	0.266 636	0.176 126
	2	1	μ_1	0.157 207
	3	1	μ_1	w_1
	4	2	0.681 508	w_2
	5	2	μ_2	w_2
	6	3	0.926 181	w_1
8	1	1	0.218 218	0.120 987 7
	2	1	μ_1	0.090 740 7
	3	1	μ_1	w_2
	4	1	μ_1	w_1
	5	2	0.577 350	w_2
	6	2	μ_5	0.092 592 7
	7	2	μ_5	w_2
	8	3	0.789 796	w_2
	9	3	μ_8	w_2
	10	4	0.951 190	w_1

注：①表示在一个卦限内归一。

2. 半对称或偏向求积组

除三维直角坐标外，对于其他坐标系往往可以不必要求完全对称的求积组，因而可以放宽某个方向对称性的要求，允许有额外的自由度。例如，有些问题对某一个方向比其他方向更为重要或令人感兴趣，或中子通量密度变化更为迅速，这时在这个方向上余弦的离散值可以取和其他方向不同的值。求积组不一定要求完全旋转对称，可以仅相对于某个方向或平面对称。

例如，对于一维圆柱几何，可以选用如下方法确定的求积组。由于中子角通量密度对 ξ 和 η 对称，因此只需考虑($\mu>0,\eta>0,\xi>0$)和($\mu<0,\eta>0,\xi>0$)两个卦限，求积点按 ξ 纬度层分布，而不按 μ 和 η 纯度层分布(见图 3-8)。在 1/8 球面上有 $N/2$ 个 ξ 层。在每个 ξ 层上求积点数目可以相同，也可以不同(见图 3-8)。怎样确定求积点集合$\{\mu_m\}$和$\{\xi_m\}$呢？首先考察在 1/4 球面对自变量 $\boldsymbol{\Omega}$ 的积分：

$$A=\frac{1}{\pi}\int_{\boldsymbol{\Omega}}\mathrm{d}\boldsymbol{\Omega}=\frac{1}{\pi}\int_0^1\mathrm{d}\xi\int_0^{\pi}\mathrm{d}\omega \tag{3-46}$$

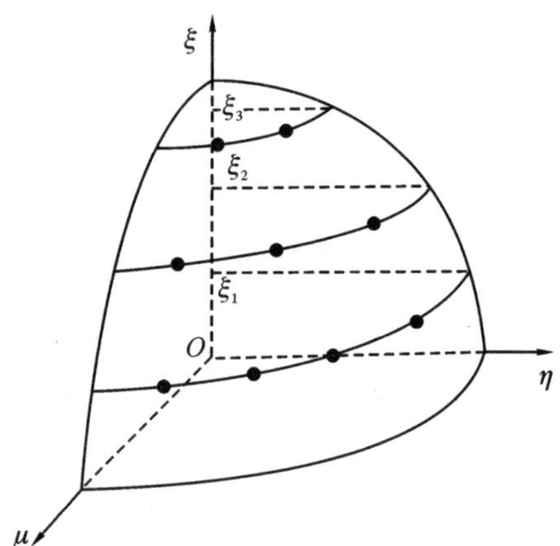

图 3-8　求积点的非对称分布

式中，ω 为辐角；而

$$\mu=\sqrt{1-\xi^2}\cos\omega$$

$$\eta=\sqrt{1-\xi^2}\sin w=\sqrt{1-\mu^2-\xi^2}$$

对式(3-46)作自变量置换可以得到

$$A=\frac{1}{\pi}\int_0^1\mathrm{d}\xi\int_{-\sqrt{1-\xi^2}}^{\sqrt{1-\xi^2}}\frac{\mathrm{d}\mu}{\sqrt{1-\mu^2-\xi^2}}$$

令 $y=\mu/\sqrt{1-\xi^2}$，则上式变为

$$A=\frac{1}{\pi}\int_0^1\mathrm{d}\xi\int_{-1}^1\frac{\mathrm{d}y}{\sqrt{1-y^2}}$$

为对其进行数值积分，关于 ξ 的积分可用勒让德-高斯求积组来完成，而上式关于 y 的积分是在[−1,1]区间上带有权函数 $1/\sqrt{1-y^2}$ 的积分，从数值积分理论知可采用切比雪夫-高斯求积公式来完成。

首先由勒让德多项式 $P_{N/2-1}(\xi)=0$ 确定出一组勒让德-高斯求积组$\{\xi_1,\xi_2,\cdots,\xi_{N/2}\}$，如图 3-8 所示，有 $N/2$ 个 ξ_i 纬度层，每层对应的求积权重系数为$(w_1,\cdots,w_{N/2})$。在给定第 i 个纬度层上对 y 积分时由切比雪夫多项式 $T_n(y)=0(y=\cos\omega)$确定 n 个求积点(n 阶切比雪夫多项式的零点)$\{\mu_{i1},\mu_{i2},\cdots,\mu_{in}\}$，称之为切比雪夫-高斯求积组。$n$ 为第 i 纬度层上的求积点数目，可以任意选择，例如可对各纬度层均取相同的数目 $n=N$，也可以设第一层求积点为 $N/2$ 个，每向上一层减少一个，第 $N/2$ 层上只有一个求积点(见图 3-7)。每个纬度层上，每个切比雪夫求积点的权重系数认为是相等的，即 $w_m=w_i/n$。

由于 $T_n(y)$的零点为

$$y_j=\cos\left(\frac{2n-2j+1}{2n}\pi\right),\quad j=0,1,\cdots,n$$

对每一 ξ 纬度层 $\xi=\xi_i$，根据 $\mu=\sqrt{1-\xi^2}\,y$，有

$$\mu_{ij}=\sqrt{1-\xi_i^2}\cos\left(\frac{2n-2j+1}{2n}\pi\right);w_{ij}=w_i/n$$

$$i=1,\cdots,N/2;\quad j=1,\cdots,n \tag{3-47}$$

这里 n 为第 i 层上求积点的数目。用这种方法求得的求积组称为勒让德-切比雪夫求积组。表 3-4 列出了不同纬度层(ξ)上采用不同求积点的勒让德-切比雪夫求积组。

表 3-4　不同纬度层上采用不同求积点的勒让德-切比雪夫($P_N(\xi)$，$T_N(\mu)$)求积组

N	j	i	$\mu_{i,j}$	$w_{i,j}^*$	ξ_t
4	1	2	±0.359 474 8	0.173 927 4	0.861 136 3
	1	1	±0.359 887 9	0.163 036 3	0.339 981 0
	2	1	±0.868 846 1	0.163 036 3	0.339 981 0
6	1	3	±0.255 441 4	0.085 662 25	0.932 469 5
	1	2	±0.287 089 6	0.090 190 39	0.661 209 4
	2	2	±0.693 095 7	0.090 190 39	0.661 209 4
	1	1	±0.251 342 6	0.077 985 66	0.238 619 2
	2	1	±0.686 680 7	0.077 985 66	0.238 619 2
	3	1	±0.938 023 3	0.077 985 66	0.238 619 2

续表

N	j	i	$\mu_{i,j}$	$w_{i,j}^*$	ξ_t
8	1	4	±0.197 285 8	0.050 614 27	0.960 289 9
	1	3	±0.231 301 2	0.055 595 26	0.796 666 5
	2	3	±0.558 410 3	0.055 595 26	0.796 666 5
	1	2	± 0.220 196 4	0.052 284 44	0.525 532 4
	2	2	±0.601 587 8	0.052 284 44	0.525 532 4
	3	2	± 0.821 784 2	0.052 284 44	0.525 532 4
	1	1	±0.191 780 0	0.045 335 47	0.183 434 6
	2	1	±0.546 143 2	0.045 335 47	0.183 434 6
	3	1	±0.817 361 2	0.045 335 47	0.183 434 6
	4	1	± 0.964 143 2	0.045 335 47	0.183 434 6

注：* 表示在一个卦限内权重和归一。

综合前面介绍看到，在 S_N 方法中可以用许多方法来确定求积组。没有一种对于所有问题都是“最佳”的求积组，对于不同类型的问题，可以利用不同的求积组求解，而且其效果也是不同的。然而一般地讲，完全对称的由偶阶矩方程所确定的求积组具有最好的通用性。它是目前最常用的求积组。不过好在 S_N 方法计算的精确度主要对求积阶次 N 非常敏感，而大多数问题对所采用求积组的类型都不太敏感。表 3－5 列出 k_{eff} 与求积集合阶次的关系，它的计算对象是一个半径仅 8.75 cm、富集度为 93.71％的均匀球状实验装置，应该说这是一个非常极端的情况了。由表中数据可以看出，在 $N>16$ 后，计算结果对阶次的增加已不太敏感了。

表 3－5　k_{eff} 与求积集合阶次的关系(均匀富集球状实验装置)

求积集合	阶次 N				
	4	8	16	32	48
P_N	1.006 50	0.999 93	0.998 06	0.997 55	0.997 45
DP_N	1.006 37	0.999 22	0.997 80	0.997 50	0.997 42

另外，对于特定问题还可以选用特殊的求积组，例如可以采用与能群有关的求积组，与空间位置有关的求积组和与方向有关的求积组。不过这些特殊的求积组在理论上尚缺乏研究，同时还有赖于对特定问题的计算经验，因此在实际问题中很少使用。

3. 需要计算的离散方向数目

现在讨论求积组 $\{\boldsymbol{\Omega}_m, w_m\}$ 中必须计算的离散方向数目 M，这在进行具体数值计算时是非常重要的。

对于一维平面和球几何，$\boldsymbol{\Omega}_m$ 只与方向余弦 μ_m 有关。这时由于辐角的对称性，所需计算的离散方向数目恰好等于 S_N 近似中的下标 N。

对于一维圆柱，中子角通量密度关于 ξ 轴和 η 轴对称，因而只须考虑 $\eta>0$ 和 $\xi>0$ 的两个卦限。如果采用完全对称求积组，根据图 3-6 及图 3-5 可以看到，单位球面上求积点的总数为 $N(N+2)$。因而上述两个卦限内球面所需计算的离散方向数目 $M=N(N+2)/4$。这里 N 仅仅是在一个方向上方向余弦的离散方向数目。

对于二维(x,y)几何，由于 ξ 的对称性，只需计算 $\xi>0$ 的半个球面，因而所需计算离散方向数目 $M=N(N+2)/2$；在二维(r,z)圆柱几何中，中子角通量密度关于 η 轴对称，所以只需计算 $\eta>0$ 的半个球面上的求积点。这样，对于二、三维问题，当求积点采用完全对称分布时，所需计算的离散方向数目等于

$$M=2^d N(N+2)/8 \tag{3-48}$$

这里，d 等于维数。

3.2.2 角度变量的离散

下面直接从多群中子输运方程(1-142)出发，讨论对角度变量 $\boldsymbol{\Omega}$ 的离散化问题，根据式(1-142)，多群近似中子输运方程具有下列形式：

$$\boldsymbol{\Omega}\cdot\nabla\phi_g(\boldsymbol{r},\boldsymbol{\Omega})+\Sigma_{t,g}\phi_g(\boldsymbol{r},\boldsymbol{\Omega})=Q_g(\boldsymbol{r},\boldsymbol{\Omega}) \tag{3-49}$$

$$Q_g(\boldsymbol{r},\boldsymbol{\Omega})=Q_s(\boldsymbol{r},\boldsymbol{\Omega})+Q_f(\boldsymbol{r},\boldsymbol{\Omega}) \tag{3-50}$$

在选定求积集合后，在每一个选定的离散方向 $\boldsymbol{\Omega}_m(\mu_m,\eta_m,\xi_m)$(见图 3-5)的附近区域 $\Delta\boldsymbol{\Omega}_m$ 上对式(3-49)积分，便得到离散中子输运方程

$$[\boldsymbol{\Omega}\cdot\nabla\phi(\boldsymbol{r},\boldsymbol{\Omega})]_m+\Sigma_t\phi_m(\boldsymbol{r})=Q_m(\boldsymbol{r}) \tag{3-51}$$

这里定义

$$\int_{\Delta\boldsymbol{\Omega}_m}\phi(\boldsymbol{r},\boldsymbol{\Omega})\mathrm{d}\boldsymbol{\Omega}=w_m\phi_m(\boldsymbol{r}) \tag{3-52}$$

$$\int_{\Delta\boldsymbol{\Omega}_m}\boldsymbol{\Omega}\cdot\nabla\phi(\boldsymbol{r},\boldsymbol{\Omega})\mathrm{d}\boldsymbol{\Omega}=w_m[\boldsymbol{\Omega}\cdot\nabla\phi(\boldsymbol{r},\boldsymbol{\Omega})]_m \tag{3-53}$$

$$\int_{\Delta\boldsymbol{\Omega}_m}Q(\boldsymbol{r},\boldsymbol{\Omega})\mathrm{d}\boldsymbol{\Omega}=w_mQ_m(\boldsymbol{r}) \tag{3-54}$$

通常应用源内-外迭代法对式(3-57)进行求解，因而 $Q_m(\boldsymbol{r})$项认为是已知的，且 $\phi_m(\boldsymbol{r})\equiv\phi(\boldsymbol{r},\boldsymbol{\Omega}_m)$。同时注意，从这以后为了简便起见，均略去了能群的标号 g。

对于不同的坐标系，式(3-51)具有不同的表达式。下面讨论几种常用的坐标系中$[\boldsymbol{\Omega}\cdot\nabla\phi]_m$ 的表达式。

(1)直角坐标系。在直角坐标系中不存在由于方向坐标变化而引起的“泄漏”损失。根据式(1-46)有

$$[\boldsymbol{\Omega}\cdot\nabla\phi]_m=\mu_m\frac{\partial\phi_m}{\partial x}+\eta_m\frac{\partial\phi_m}{\partial y}+\xi_m\frac{\partial\phi_m}{z\partial}$$

式中，$\phi_m = \phi_m(x,y,z) = \phi(x,y,z,\mu_m,\eta_m,\xi_m)$。因此离散中子输运式(3－51)为

$$\mu_m \frac{\partial \phi_m}{\partial x} + \eta_m \frac{\partial \phi_m}{\partial y} + \xi_m \frac{\partial \phi_m}{\partial z} + \Sigma_t \phi_m(x,y,z) = Q_m(x,y,z) \quad (3-55)$$

对于直角坐标系中的二维(x,y)情况，这时离散中子输运方程为

$$\mu_m \frac{\partial \phi_m}{\partial x} + \eta_m \frac{\partial \phi_m}{\partial y} + \Sigma_t \phi_m(x,y) = Q_m(x,y) \quad (3-56)$$

(2)(r,z)柱坐标系。对于二维(r,z)柱坐标系，$\boldsymbol{\Omega} \cdot \nabla \phi$ 的守恒形式为(见表1－2)

$$\boldsymbol{\Omega} \cdot \nabla \phi = \frac{\mu}{r} \frac{\partial (r\phi)}{\partial r} + \xi \frac{\partial \phi}{\partial z} - \frac{1}{r} \frac{\partial (\eta \phi)}{\partial \omega}$$

式中，μ、η 和 ξ 由式(1－4)定义。将上式在 $\boldsymbol{\Omega}_m$ 附近区域 $\Delta\boldsymbol{\Omega}_m$ 内积分得

$$w_m [\boldsymbol{\Omega} \cdot \nabla \phi]_m = w_m \left[\frac{\mu_m}{r} \frac{\partial (r\phi_m)}{\partial r} + \xi_m \frac{\partial \phi_m}{\partial z} \right] - \frac{1}{r} \int_{\Delta\boldsymbol{\Omega}_m} \frac{\partial (\eta \phi_m)}{\partial \omega} \mathrm{d}\boldsymbol{\Omega} \quad (3-57)$$

式中，$\phi_m = \phi_m(r,z) = \phi(r,z,\boldsymbol{\Omega}_m m)$。对于柱坐标系，离散方向 $\boldsymbol{\Omega}_m$ 的选取通常是按纬度层分布的，在每一个纬度层上 ξ 值相等(见图3－9)。从图1－3可以清楚看到，中子沿某个方向运动时，$\boldsymbol{\Omega}$ 坐标轴 $\boldsymbol{e}_z$ 的方向并不随空间点的位置而变化，因而 $\boldsymbol{\Omega}$ 与 z 轴的夹角 θ 并不改变，随空间点位置发生变化的仅仅是幅角 ω $(0<\omega<2\pi)$。同时，可以证明式(3－57)中右端前两项是表示通过体积元表面的泄漏，因而由于方向坐标变化引起的丧失项可以写成

$$\int_{\Delta\boldsymbol{\Omega}_m} \frac{\partial (\eta \phi)}{\partial \omega} \mathrm{d}\boldsymbol{\Omega} = a_{m+\frac{1}{2}} \phi_{m+\frac{1}{2}} - a_{m-\frac{1}{2}} \phi_{1-\frac{1}{2}}, \quad m = 1,\cdots,M_n \quad (3-58)$$

式中，M_n 是给定 ξ 值(即 θ)的一个纬度层(n)上(见图3－9)幅角 ω 在$[0,2\pi]$区间内的离散方向数目；$a_{m\pm\frac{1}{2}}$ 为待定系数。由于当 $\omega=0$ 或 2π 时，$\eta=0$、$\mathrm{d}\boldsymbol{\Omega}=\mathrm{d}\omega\mathrm{d}\xi$，因此有

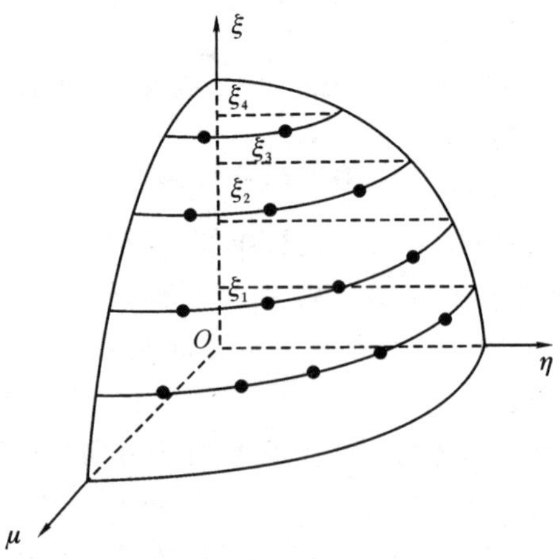

图3－9　柱坐标系中 $\boldsymbol{\Omega}_m$ 按 ξ 层的分布示意图

$$\int_0^{2\pi}\frac{\partial(\eta\phi)}{\partial\omega}\mathrm{d}\omega=0$$

因此，对给定 ξ 值的纬度层上的所有离散方向求积，得到

$$\sum_{m=1}^{M_n}(a_{m+\frac{1}{2}}\phi_{m+\frac{1}{2}}-a_{m-\frac{1}{2}}\phi_{m-\frac{1}{2}})=a_{M_n+\frac{1}{2}}\phi_{M_n+\frac{1}{2}}-a_{\frac{1}{2}}\phi_{\frac{1}{2}}=0$$

这就要求

$$a_{\frac{1}{2}}=a_{M_n+\frac{1}{2}}=0 \tag{3-59}$$

为了确定其余的系数，类似于一维球坐标系情况(考虑中子角通量密度 ϕ 等于常数，即 $\phi(r,\boldsymbol{\Omega})=C$ 的无限介质情况)，这时 $\boldsymbol{\Omega}\cdot\nabla\phi=0$，因而由式(3-57)和式(3-58)得到

$$w_m\mu_mC-a_{m+\frac{1}{2}}C+a_{m-\frac{1}{2}}C=0$$

或

$$a_{m+\frac{1}{2}}-a_{m-\frac{1}{2}}=w_m\mu_m \tag{3-60}$$

利用上述递推公式和初始值式(3-59)便可求出每一个 ξ 值纬度层上的系数 $a_{m\pm\frac{1}{2}}$。把式(3-58)代入式(3-57)，便可求出离散后(r,z)柱坐标系中守恒形式的中子输运方程为

$$w_m\frac{\mu_m}{r}\frac{\partial(r\phi_m)}{\partial r}+w_m\xi_m\frac{\partial\phi_m}{\partial z}-\frac{1}{r}(a_{m+\frac{1}{2}}\phi_{m+\frac{1}{2}}-a_{m-\frac{1}{2}}\phi_{m-\frac{1}{2}})+$$
$$w_m\Sigma_t\phi_m(r,z)=w_mQ_m \tag{3-61}$$

正如前面介绍的，一般情况下是应用源的内-处迭代方法对上述离散方程组进行求解的。这时式(3-56)或式(3-61)右端的源项是已知的或由上一次迭代结果给出。它由式(1-142)确定为

$$Q_m(\boldsymbol{r})=\sum_{n=0}^{\infty}\frac{2n+1}{4\pi}\sum_{m=-n}^{n}a_{n,m}\mathrm{Y}_{n,m}(\boldsymbol{\Omega}_m)\sum_{g'=1}^{G}\Sigma_{n,g'-g}(\boldsymbol{r})\phi_{n,m,g'}(\boldsymbol{r})+\frac{\chi_g}{4\pi}\sum_{g'=1}^{G}\nu\Sigma_{\mathrm{f},g'}\phi_{g'} \tag{3-62}$$

$$\phi_g(\boldsymbol{r})=\sum_{m=1}^{M}w_m\phi_g(\boldsymbol{r},\boldsymbol{\Omega}_m) \tag{3-63}$$

$$\phi_{n,m,g'}=\sum_{m=1}^{M}w_m\phi_{g'}(\boldsymbol{r},\boldsymbol{\Omega}_m)\mathrm{Y}_{n,m}(\boldsymbol{\Omega}_m) \tag{3-64}$$

式中，M 为总的离散方向数目。在式(3-62)～式(3-64)中应该注意区别球谐函数 $\mathrm{Y}_{n,m}$ 与离散方向 $\boldsymbol{\Omega}_m$ 中下标 m 的不同。

3.2.3　空间变量的离散

1. 空间变量的离散

前面介绍了对中子输运方程中自变量 E 和 $\boldsymbol{\Omega}$ 的离散化问题，现对最后一个变

量——空间变量 $\boldsymbol{r}$ 的离散化进行讨论并求出离散的差分方程组。为了方便，选择二维(r,z)问题作为示例讨论，因为它既含有空间变量的导数又含有方向变量的导数(方向坐标的改变项)，所以它兼具有曲几何和直角坐标系的特点。同时，它对(r,z)平面的剖分及处理和直角坐标系(x,y)基本上相同。

采用有限差分近似方法，首先对所取(r,z)平面用

$$r=r_{\frac{1}{2}},r_{1+\frac{1}{2}},\cdots,r_{i+\frac{1}{2}},\cdots,r_{I+\frac{1}{2}}$$

$$z=z_{\frac{1}{2}},z_{1+\frac{1}{2}},\cdots,z_{j+\frac{1}{2}},\cdots,z_{J+\frac{1}{2}}$$

直线族把平面分成矩形网格(见图 3-10)。网格中心点(i,j)称为网点或节点，共有 $I\times J$ 个节点。$\Delta r_i=r_{i+\frac{1}{2}}-r_{i-\frac{1}{2}}$、$\Delta z_j=z_{j+\frac{1}{2}}-z_{j-\frac{1}{2}}$。为了建立方程，首先对角度方向进行离散，然后从离散的守恒形式的中子输运方程式(3-61)出发，即

$$\frac{w_m\mu_m}{r}\frac{\partial[r\phi_m(r,z)]}{\partial r}+w_m\xi_m\frac{\partial[\phi_m(r,z)]}{\partial z}-$$

$$\frac{1}{r}[a_{m+\frac{1}{2}}\phi_{m+\frac{1}{2}}(r,z)-a_{m-\frac{1}{2}}\phi_{m-\frac{1}{2}}(r,z)]+w_m\Sigma_t\phi_m=w_mQ_m,$$

$$m=1,\cdots,M \tag{3-65}$$

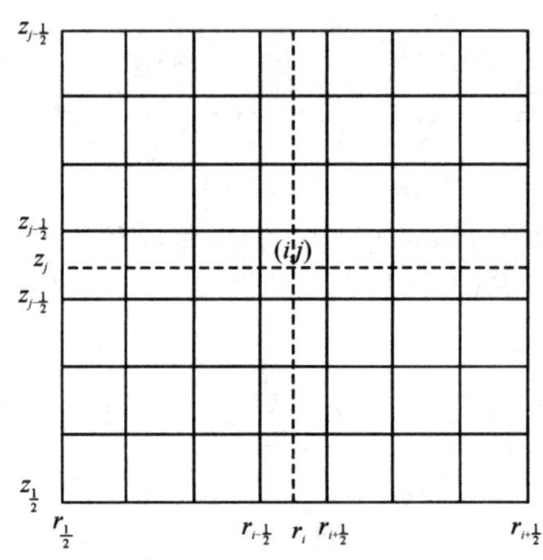

图 3-10　二维(r,z)网格的剖分

式中，下标 m 表示离散方向 $\boldsymbol{\Omega}_m$，用 $\mathrm{d}V=2\pi r\mathrm{d}r\mathrm{d}z$ 乘式(3-65)各项，并在(i,j)网格区域内积分。对于式(3-65)左端第一项有

$$\int_{\Delta z_j}\int_{\Delta r_i}2\pi w_m\mu_m\frac{\partial[r\phi_m(r,z)]}{\partial r}\mathrm{d}r\mathrm{d}z=w_m\mu_m[A_{i+\frac{1}{2},j}\phi_{i+\frac{1}{2},j,m}-A_{i-\frac{1}{2},j}\phi_{i-\frac{1}{2},j,m}] \tag{3-66}$$

式中，$A_{i\pm\frac{1}{2},j}=2\pi r_{i\pm\frac{1}{2}}\Delta z_j$ 为 r 方向网格的表面积；$\phi_{i\pm\frac{1}{2},j,m}$ 为 $r=r_{i\pm\frac{1}{2}}$ 的网格表面

平均中子通量密度：

$$\phi_{i\pm\frac{1}{2},j,m}=\frac{1}{\Delta z_j}\int_{\Delta z_j}\phi_m(r_{i\pm\frac{1}{2}},z)\mathrm{d}z \tag{3-67}$$

第二项的积分结果为

$$w_m\xi_m\int_{\Delta r_i}2\pi r\mathrm{d}r\int_{\Delta r_j}\frac{\partial\phi_m}{\partial z}\mathrm{d}z=w_m\xi_m\pi(r^2_{i+\frac{1}{2}}-r^2_{i-\frac{1}{2}})(\phi_{i,j+\frac{1}{2},m}-\phi_{i,j-\frac{1}{2},m}) \tag{3-68}$$

这里定义 z 方向网格表面平均中子通量密度为

$$\phi_{i,j\pm\frac{1}{2},m}=\frac{1}{C_i}\int_{\Delta r_i}\phi_m(r,z_{j\pm\frac{1}{2}})2\pi r\mathrm{d}r \tag{3-69}$$

式中，C_i 为 z 方向网格上、下表面积，$C_i=\pi(r^2_{i+\frac{1}{2}}-r^2_{i-\frac{1}{2}})$。

第三项为方向坐标变化引起的泄漏项，积分结果为

$$\int_{\Delta z_j}\int_{\Delta r_i}\frac{1}{r}[a_{m+\frac{1}{2}}\phi_{m+\frac{1}{2}}(r,z)-a_{m-\frac{1}{2}}\phi_{m-\frac{1}{2}}(r,z)]2\pi r\mathrm{d}r\mathrm{d}z\approx$$

$$V_{i,j}\left(\frac{1}{r_i}\right)(a_{m+\frac{1}{2}}\phi_{i,j,m+\frac{1}{2}}-a_{m-\frac{1}{2}}\phi_{i,j,m-\frac{1}{2}}) \tag{3-70}$$

式中，$\phi_{i,j,\pm\frac{1}{2}}$ 为网格平均中子通量密度：

$$\phi_{i,j,m\pm\frac{1}{2}}=\frac{1}{V_{ij}}\int_{\Delta z_j}\int_{\Delta r_i}\phi_{m\pm\frac{1}{2}}(r,z)2\pi r\mathrm{d}r\mathrm{d}z \tag{3-71}$$

这里作了如下近似：

$$\int_{\Delta z_j}\int_{\Delta r_i}\frac{1}{r}\phi_{m\pm\frac{1}{2}}(r,z)2\pi r\mathrm{d}r\mathrm{d}z\approx\frac{1}{r_i}\phi_{i,j,m\pm\frac{1}{2}}V_{i,j} \tag{3-72}$$

式中，

$$V_{i,j}=\pi(r^2_{i+\frac{1}{2}}-r^2_{i-\frac{1}{2}})\Delta z_j,\quad r_i=(r_{i+\frac{1}{2}}+r_{i-\frac{1}{2}})/2$$

因而有

$$\frac{V_{i,j}}{r_i}=A_{i+\frac{1}{2},j}-A_{i-\frac{1}{2},j} \tag{3-73}$$

第四和第五项积分结果分别等于(假设宏观截面在网格内等于常数)

$$\int_{\Delta z_j}\mathrm{d}z\int_{\Delta r_i}w_m\Sigma_\mathrm{t}\phi_m(r,z)2\pi r\mathrm{d}r=w_m\Sigma_{\mathrm{t},i,j}\phi_{i,j,m}V_{i,j} \tag{3-74}$$

和

$$\int_{\Delta z_j}\mathrm{d}z\int_{\Delta r_i}w_mQ_m(r,z)2\pi r\mathrm{d}r=w_mQ_{i,j,m}V_{i,j} \tag{3-75}$$

综合上述各项便得到(i,j)基元的差分方程为

$$w_m\mu_m(A_{i+\frac{1}{2},j}\phi_{i+\frac{1}{2},j,m}-A_{i-\frac{1}{2},j}\phi_{i-\frac{1}{2},j,m})+w_m\xi_mC_i(\phi_{i,j+\frac{1}{2},m}-$$

$$\phi_{i,j-\frac{1}{2},m})+(A_{i+\frac{1}{2},j}-A_{i-\frac{1}{2},j})(a_{m+\frac{1}{2}}\phi_{i,j,m+\frac{1}{2}}-a_{m-\frac{1}{2}}\phi_{i,j,m-\frac{1}{2}})+$$

$$w_m \Sigma_{t,i,j} \phi_{i,j,m} V_{i,j} = w_m Q_{i,j,m} V_{i,j} \tag{3-76}$$

$$i=1,\cdots,I;\quad j=1,\cdots,J;\quad m=1,\cdots,M$$

差分方程式(3－76)是在 V_{ij} 体积元和 $\Delta\boldsymbol{\Omega}_m$ 方向微元内中子守恒的差分形式。系数 A、C 列于表 3－6 中，其中方程(3－76)左端第一项表示通过 r 方向的两个圆柱段表面泄漏出体积元的中子数；第二项表示通过体积元上、下两个端面的泄漏中子数；第三项则表示由于 $\boldsymbol{\Omega}$ 坐标的变化而泄漏出 $\Delta\boldsymbol{\Omega}_m$ 的中子数；第四项和方程的左端则分别表示碰撞引起的丧失和中子源项。

表 3－6　不同坐标系中的面积元和体积元

坐标系	坐标	$A_{i\pm1/2}$	B_{ik}	C_{ij}	$V_{i,j,k}$
直角坐标系	x	1	0	0	Δr_i
	x,y	Δy_j	Δx_i	0	$\Delta x_i \Delta y_j$
	x,y,z	$\Delta y_j \Delta z_k$	$\Delta x_i \Delta z_k$	$\Delta x_i \Delta y_j$	$\Delta x_i \Delta y_j \Delta z_k$
柱坐标系	r	$2\pi r_{i\pm1/2}$	0	0	R_i
	r,φ	$2\pi r_{i\pm1/2}\Delta\varphi_j$	Δr_i	0	$R_i \Delta\varphi_j$
	r,z	$2\pi r_{i\pm1/2}\Delta z_k$	0	R_i	$R_i \Delta z_k$
	r,φ,z	$2\pi r_{i\pm1/2}\Delta\varphi_j \Delta z_k$	$\Delta r_i \Delta z_k$	$R_i \Delta\varphi_j$	$R_i \Delta\varphi_j \Delta z_k$
球坐标系	r	$4\pi r_{i+1/2}^2$	0	0	$4R_i/3$

注：$R_i=\pi(r_{1+1/2}^2-r_{i-1/2}^2)$；$\Delta\varphi$ 以 2π 归一。

空间边界条件，例如，对于所讨论的(r,z)几何可写成

$$\left.\begin{aligned} &\phi_{I+\frac{1}{2},j,m}=0,\ \mu_m<0,\frac{\pi}{2}<\omega_m<\frac{3\pi}{2} \\ &\phi_{i,J+\frac{1}{2},m}=0,\ \mu_m<0 \end{aligned}\right\} \tag{3-77}$$

2. 菱形差分近似

前面得到的离散方程式(3－76)中，对每一个(i,j)网格，方程中含有 $\phi_{i,j,m}$、$\phi_{i\pm1/2,j,m}$、$\phi_{i,j\pm1/2,m}$ 等 5 个未知函数，对于曲几何还要加上 $\phi_{i,j,m\pm\frac{1}{2}}$ 2 个未知函数，共 7 个未知函数。因此为了确定这些未知函数还必须给出一些补充关系式。通常采用下列菱形差分近似：

$$\phi_{i,j,m}=(\phi_{i+\frac{1}{2},j,m}+\phi_{i-\frac{1}{2},j,m})/2 \tag{3-78a}$$

$$\phi_{i,j,m}=(\phi_{i,j+\frac{1}{2},m}+\phi_{i,j-\frac{1}{2},m})/2 \tag{3-78b}$$

$$\phi_{i,j,m}=\phi_{,j,m+\frac{1}{2}}+\phi_{i,j,m-\frac{1}{2}})/2 \tag{3-78c}$$

通常沿中子运动方向对网格(i,j)进行求解。因而在上述未知函数 $\phi_{i\pm\frac{1}{2},j,m}$

和 $\phi_{i,j\pm\frac{1}{2},m}$ 中有两个是网格的入射中子角通量密度，另两个是网格的出射中子角通量密度，并由中子的运动方向 $\boldsymbol{\Omega}_m$ 确定。例如，设 $\boldsymbol{\Omega}_m$ 在第一象限($\mu_m>0$，$\xi_m>0$)，则 $\phi_{i-\frac{1}{2},j,m}$ 和 $\phi_{i,j-\frac{1}{2},m}$ 为入射中子角通量密度，$\phi_{i+\frac{1}{2},j,m}$ 和 $\phi_{i,j+\frac{1}{2},m}$ 为出射中子角通量密度，若 $\boldsymbol{\Omega}_m$ 在第三象限($\mu_m<0$，$\xi_m<0$)则相反(见图 3-11)。入射角通量密度由给定边界条件给出，或根据连续条件等于与其相邻的网格的出射中子角通量密度，因而每个网格有两个连续条件。同样地对于曲几何坐标系统对 $\boldsymbol{\Omega}$ 相空间也应用连续性条件，即前一方向的 $\phi_{i,j,m\frac{1}{2}}$ 应等于下一个方向的 $\phi_{i,j,(m+1)-\frac{1}{2}}$，这样，差分方程(3-76)连同式(3-78)的 3 个方程，加上 3 个相空间基元的连续性条件，正好可以确定网格上的 7 个未知数，因此方程是自洽的。

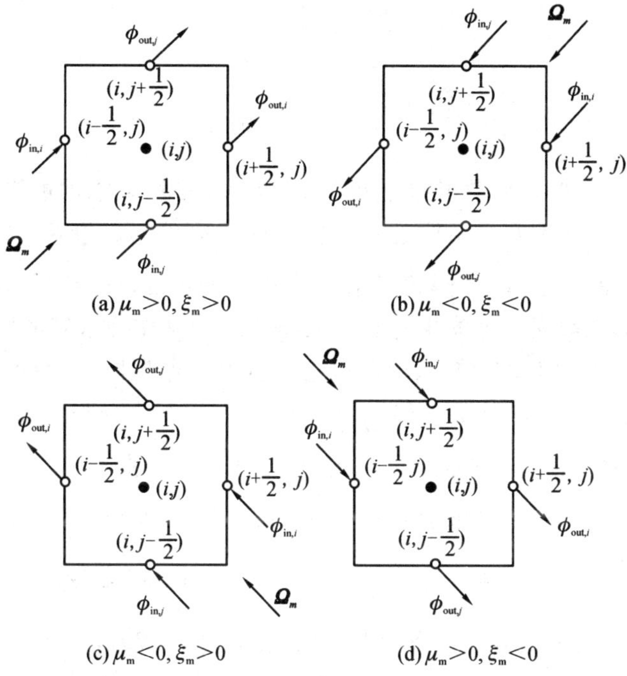

图 3-11　(i,j)网格上入射和出射中子角通量密度示意图

由于沿 $\boldsymbol{\Omega}_m$ 求解时，入射中子角通量密度是已知的，因而应用式(3-78)，从式(3-76)中消去出射中子角通量密度，同时利用递推公式(3-60)，经过整理便可求出 $\phi_{i,j,m}$ 的计算公式，即

$$\phi_{i,j,m}=\frac{1}{D}\{E_{i,j}\phi_{\text{in},i}^{I}+F_{i,j}\phi_{\text{in},j}^{J}+\beta_m\phi_{i,j,m-\frac{1}{2}}+Q_{i,j,m}V_{i,j}\} \tag{3-79}$$

式中，

$$\left.\begin{aligned}
&E_{i,j}=|\mu_m|(A_{i+\frac{1}{2},j}+A_{i-\frac{1}{2},j})\\
&F_{i,j}=|\xi_m|2C_i\\
&\beta_m=(A_{i+\frac{1}{2},j}+A_{i-\frac{1}{2},j})(a_{m+\frac{1}{2}}+a_{m-\frac{1}{2}})/w_m\\
&D\equiv E_{i,j}+F_{i,j}+\beta_m+(\Sigma_t V)_{i,j}
\end{aligned}\right\}\tag{3-80}$$

上面结果虽然是对(r,z)几何推导而得的，但是对于其他二维情况也是适用的，式中的系数A、C等列于表3-6中。

这里应用$\phi^I_{\text{in},i}$、$\phi^J_{\text{in},k}$分别表示i和j方向网格表面的入射中子角通量密度，即

$$\left.\begin{aligned}
&\phi^I_{\text{in},i}=\begin{cases}\phi_{i+\frac{1}{2},j,m}, & \mu_m<0\\ \phi_{i-\frac{1}{2},j,m}, & \mu_m>0\end{cases}\\
&\phi^J_{\text{in},k}=\begin{cases}\phi_{i,j+\frac{1}{2},m}, & \xi_m<0\\ \phi_{i,j-\frac{1}{2},m}, & \xi_m>0\end{cases}
\end{aligned}\right\}\tag{3-81}$$

这样，式(3-79)连同菱形差分公式(3-78)便是所要求的最终差分方程。但是为了利用它，对于曲几何系统还需要知道$\boldsymbol{\Omega}$空间的起始边界条件$\phi_{i,j,\frac{1}{2}}$。通常把一些特殊方向(在这些方向上没有输运方程中的角度再分布项)，作为求解的起始方向。例如，在前面一维球几何系统中，取$\mu=-1$作为求解的“起始”方向(见3.1.2小节)。对于圆柱几何，从前面讨论知道求积点是按ξ_m纬度层排列的。取每一纬度层上$\omega=180°$，即$\mu=-1$，$\eta=0$(见图1-3)的方向作为“起始”方向，列出补充方程来计算$\phi_{i,j,\frac{1}{2}}$。在这个方向上，由于$\eta=0$，因此有在($\mu_m=-\sqrt{1-\xi_m^2}$，$\eta=0$，$\xi=\xi_m$)方向上的离散输运方程。根据式(1-56)得到

$$\mu_m\frac{\partial\phi_m}{\partial r}+\xi_m\frac{\partial\phi_m}{\partial z}+\Sigma_t\phi_m(r,z)=Q_m(r,z)\tag{3-82}$$

它和二维直角坐标系的输运方程相似，因而根据式(3-79)，有

$$\phi_{i,j,\frac{1}{2}}=\frac{1}{D}\{2|\mu_m|\Delta z_j\phi^I_{\text{in},\frac{1}{2}}+2|\xi_m|\Delta r_i\phi^J_{\text{in},\frac{1}{2}}+Q_{i,j,\frac{1}{2}}\Delta r_i\Delta z_j\}\tag{3-83}$$

$$i=1,\cdots,I;\quad j=1,\cdots,J$$

根据边界条件式(3-77)，由式(3-83)及菱形差分公式便可自外边界由外向内，由上向下计算出$\phi_{i,j,\frac{1}{2}}$总的各点数值来。

(1)带权菱形差分近似。最后指出，上面推导过程中应用了菱形差分公式式(3-78)把中心结点中子通量密度和网格表面中子通量密度联系起来。这是最简单的关系，即认为在网矩内ϕ按直线变化。当然可以用更为一般的线性关系来表示它们之间的关系(带权菱形差分近似)，即

$$\left.\begin{aligned}\phi_{i,j,m}&=0.5(1+a)\phi_{1+\frac{1}{2},j,m}+0.5(1-a)\phi_{i-\frac{1}{2},j,m}\\\phi_{i,j,m}&=0.5(1+b)\phi_{i,j+\frac{1}{2},m}+0.5(1-b)\phi_{i,j-\frac{1}{2},m}\end{aligned}\right\}\tag{3-84}$$

式中，$-1\leqslant a\leqslant 1$，$-1\leqslant b\leqslant 1$。对菱形差分近似，有 $a=b=0$；若 $a=\mu_m/|\mu_m|$、$b=\xi_m/|\xi_m|$，则称为阶跃近似。应用式(3-84)同样可以从式(3-76)中推出类似于式(3-79)的 $\phi_{i,j,m}$ 的计算公式，只不过其中的系数 $F_{i,j}$ 与 $E_{i,j}$ 不同而已。

$$\phi_{i,j,m}=\frac{1}{D}\{E_{i,j}\phi_{\text{in},i}^{I}+F_{i,j}\phi_{\text{in},j}^{J}+\beta_m\phi_{i,j,m-\frac{1}{2}}+Q_{i,j,m}V_{i,j}\}\tag{3-85}$$

式中，

$$\left.\begin{aligned}E_{i,j}&=|\mu_m|\ \frac{(1-a)A_{i+\frac{1}{2},j}+(1+a)A_{i-\frac{1}{2},j}}{1\pm a}\\F_{i,j}&=|\xi_m|\ \frac{2C_i}{1\pm b}\\\beta_m&=(A_{i+\frac{1}{2},j}-A_{i-\frac{1}{2},j})(a_{m+\frac{1}{2}}+a_{m-\frac{1}{2}})/w_m\\D&=E_{i,j}+F_{i,j}+\beta_m+(\Sigma_t V)_{i,j}\end{aligned}\right\}\tag{3-86}$$

在式(3-86)中对 $1\pm a$ 项，当 $\mu_m>0$ 时取 $1+a$；当 $\mu_m<0$ 时取 $1-a$；对 $1\pm b$ 项，当 $\xi_m>0$ 时取 $1+b$；当 $\xi_m<0$ 时取 $1-b$。

(2)普遍情况下的差分方程。上面推导了(r,z)柱坐标系内的差分方程。用类似方法可以很容易地把式(3-76)进行推广，求得普遍三维情况下表征中子守恒的差分方程为

$$\begin{aligned}&w_m\mu_m(A_{i+\frac{1}{2}}\phi_{i+\frac{1}{2},j,k,m}-A_{i-\frac{1}{2}}\phi_{i-\frac{1}{2},j,k,m})+w_m\eta_m B_{ik}(\phi_{i,j+\frac{1}{2},k,m}-\\&\quad\phi_{i,j-\frac{1}{2},k,m})+w_m\xi_m C_{i,j}(\phi_{i,j,k+\frac{1}{2},m}-\phi_{i,j,k-\frac{1}{2},m})+\\&\quad(A_{i+\frac{1}{2}}-A_{i-\frac{1}{2}})(a_{m+\frac{1}{2}}\phi_{i,j,k,m+\frac{1}{2}}-a_{m-\frac{1}{2}}\phi_{i,j,k,m-\frac{1}{2}})+\\&\quad w_m\Sigma_{t,i,j,k}\phi_{i,j,k,m}V_{i,j,k}\\&=w_m Q_{i,j,k,m}V_{i,j,k}\end{aligned}\tag{3-87}$$

式中，系数 A、B、C 等列于表 3-6 中。

应用菱形差分公式(3-88)

$$\left.\begin{aligned}\phi_{i,j,k,m}&=\frac{1}{2}(\phi_{i+\frac{1}{2},j,k,m}+\phi_{i-\frac{1}{2},j,k,m})\\\phi_{i,j,k,m}&=\frac{1}{2}(\phi_{i,j+\frac{1}{2},k,m}+\phi_{i,j-\frac{1}{2},k,m})\\\phi_{i,j,k,m}&=\frac{1}{2}(\phi_{i,j,k+\frac{1}{2},m}+\phi_{i,j,k-\frac{1}{2},m})\\\phi_{i,j,k,m}&=\frac{1}{2}(\phi_{i,j,k,m+\frac{1}{2}}+\phi_{i,j,k,m-\frac{1}{2}})\end{aligned}\right\}\tag{3-88}$$

从式(3－87)中消去出射中子角通量密度，则可得到类似于式(3－79)的差分方程，即

$$\phi_{i,j,k,m}=\frac{1}{D}(E\phi^{I}_{\text{in},j,k,m}+H\phi^{J}_{\text{in},i,k,m}+F\phi^{K}_{\text{in},i,j,m}+\beta_m\phi_{i,j,k,m-\frac{1}{2}}+Q_{i,j,k,m}V_{i,j,k}) \tag{3-89}$$

式中，

$$\left.\begin{aligned}
&E=|\mu_m|(A_{i+\frac{1}{2},j,k}+A_{i-\frac{1}{2},j,k})\\
&H=|\eta_m|2B_{i,k}\\
&F=|\xi_m|2C_{ij}\\
&\beta_m=(A_{i+\frac{1}{2},j,k}+A_{i-\frac{1}{2},j,k})(a_{m+\frac{1}{2}}+a_{m-\frac{1}{2}})/w_m\\
&D=E+H+F+\beta_m+\Sigma_{\text{t}}V_{i,j,k}
\end{aligned}\right\} \tag{3-90}$$

3.2.4 差分方程的解

差分方程式(3－79)右端含有源项 Q，它由裂变源和散射源两个部分组成。因此它的求解的总过程和前面介绍过的一维球坐标系的情形一样，由外迭代和内迭代两个过程完成(见图 3－4)。下面讨论每次内迭代过程中，各(i,j)网点中子角通量密度的求解过程。求解过程应用的是式(3－78)、式(3－79)和式(3－83)。

为简明起见，以 S_2 近似，(x,y)二维几何为例来加以说明。对于 S_N 方法，每次求解过程都可分解为“离散方向”扫描和“空间”扫描两种过程。求解时，首先按离散方向 $m=1,\cdots,M$ 依序求解。在给定某个离散方向 $\boldsymbol{\Omega}_m(\mu_m,\eta_m)$下，从某个顶端边界网格开始按一定次序逐个地对所有空间网格求解，这样一个过程称为一次“方向-空间扫描”，一次扫描结束后，计算另一新的离散方向的扫描。以(x,y)二维 S_2 计算为例，共有 4 个离散方向(见图 3－12)，具体过程如下(见图 3－13)。

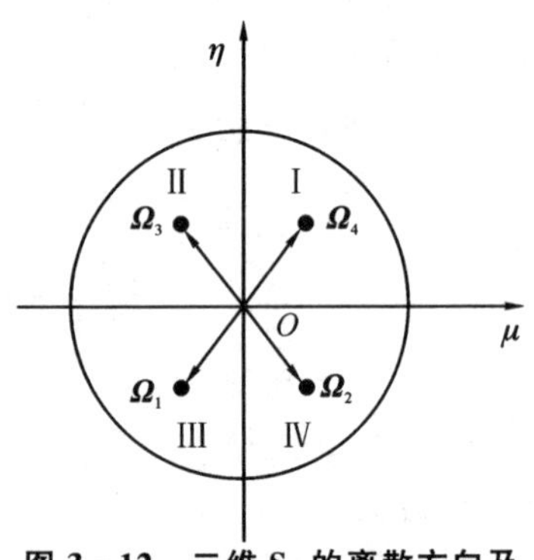

图 3－12　二维 S_2 的离散方向及计算次序

(1)给定离散方向 $\boldsymbol{\Omega}_1$，一般选 $\boldsymbol{\Omega}_1$ 在方向坐标系的第Ⅲ象限，即 $\mu_1<0$、$\eta_1<0$，然后从最右上端边界网格(I,J)开始，利用右侧和上端已知入射角通量密度(边界条件)应用式(3－79)求出网格平均中子通量密度 $\phi_{I,J,1}$。

(2)利用菱形差分公式(3－78)求出该网格左面和下端面的表面平均中子通量密度 $\phi_{I-\frac{1}{2},J,1}$ 及 $\phi_{I,J-\frac{1}{2},1}$。

(3)计算左面下一个网格，这时根据连续性边界条件把前面求得的出射中子角通量密度作为下一网格的入射中子角通量密度。重复步骤(2)和(3)，这个过程一直进行到左面边界为止。

(4)从第二行开始重复(1)，(2)和(3)步骤，直到依次解出全部网格为止(见图3－13(a))，这样就完成了一个离散方向的扫描。

(5)选定 $\boldsymbol{\Omega}_2$：(第Ⅳ象限，$\mu_2>0$，$\eta_2<0$)，从左上端边界开始重复第(1)～(4)步骤，依次从左向右扫描，一直到所有网格解出为止，这就完成了第2个方向的扫描。

(6)选定 $\boldsymbol{\Omega}_3$：(第Ⅱ象限，$\mu_3<0$，$\eta_3>0$)，自最右下端边界网格开始，类似地重复步骤(1)～(4)。

这个过程一直重复到把所有 $\boldsymbol{\Omega}_m$ 方向都扫描完为止。

对于曲几何问题，在进行正式扫描之前先要作“起始方向”的扫描，求出所有点的 $\phi_{i,j,\frac{1}{2}}$。

图3－13表示二维 S_2 的典型求解过程。圆圈中的数字表示求解的顺序。

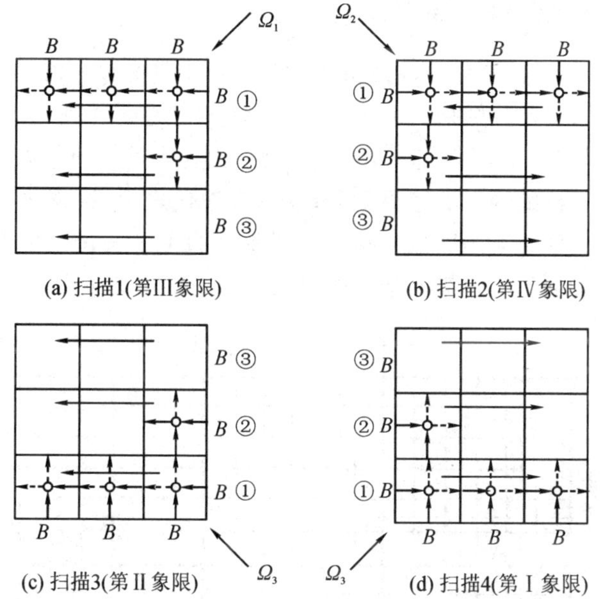

图3－13　二维方向-空间扫描过程(二维 S_2 的典型求解过程)

(→表示用式(3－79)计算；-－→表示用菱形差分公式(3－78)计算；圆圈中的数字表示扫描次序；B 表示边界点)

3.3 加速收敛方法

中子输运方程内、外迭代过程的收敛速度是较慢的，因而采用加速收敛来加快迭代过程满足收敛判据是数值求解输运方程中的重要方法之一。目前最广泛采用的加速收敛方法为粗网格再平衡方法，切比雪夫源外推方法和近年来发展的扩散综合加速(Diffusion Synthetic Acceleration，DSA)收敛方法[22]。粗网格再平衡方法应用广泛而且非常有效，许多著名的 S_N 程序中，如 TWOTRAN[23]、DOT[24] 等，都采用这一方法。当然，当散射比(σ_s/σ_t)接近 1 时应用粗网格再平衡方法可能出现不稳定情况。切比雪夫源外推方法在扩散问题中已被证明是非常有效的，但还需要进一步探讨。DSA 收敛方法出现得比前两者晚，但是实践和理论上已经证明，它是非常有效的，其加速收敛效果显著，比前两种方法更好。下面简要地从理论上介绍这些加速收敛方法的主要原理。

3.3.1 粗网格再平衡方法

粗网格再平衡方法在中子输运方程的数值解中具有很好的加速收敛效果。其基本思想是：在原有差分网格的剖分(细网)基础上，再剖分成一组规则的、非重叠的矩形粗网格(I，J)(见图 3-14)，每个粗网格内含有若干个例如 2×2、2×3 等细网格，并使其边界与细网格的边界重合；在每次迭代之后，根据中子平衡原则计算出一个"粗网格再平衡因子"，把它乘迭代所得到的中子通量密度作为该次迭代的最后解，以迫使所求的解在粗网格范围内满足中子平衡关系。

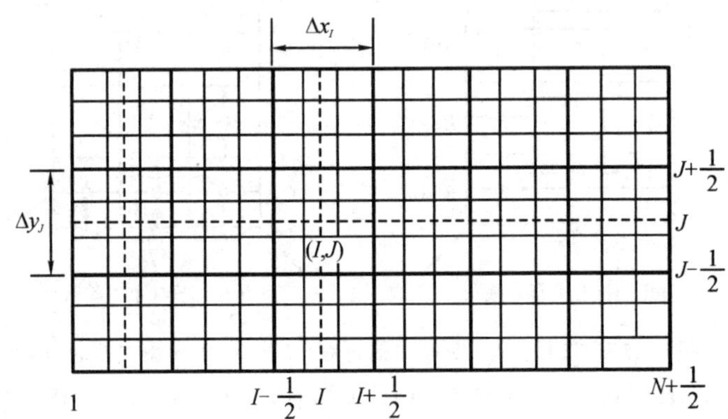

图 3-14 粗网格的剖分

下面先简要介绍内迭代过程中粗网格再平衡的原理。以(x，y)二维问题为例，第 g 群中子输运方程可以写成

$$\mu \frac{\partial \phi_g}{\partial x} + \eta \frac{\partial \phi_g}{\partial y} + \Sigma_{t,g}\phi_g(x,y,\mu,\eta) = Q_g(x,y,\mu,\phi) \tag{3-91}$$

这里 Q_g 源项中包括散射、裂变和外源的贡献。将式(3-91)乘 $\mathrm{d}V\mathrm{d}\boldsymbol{\Omega} = \mathrm{d}x\mathrm{d}y\mathrm{d}\boldsymbol{\Omega}$ 并对粗网格(I,J)区域及整个立体角积分,经过整理得到下列平衡方程:

$$(J^{\text{out}}_{I+\frac{1}{2},J} - J^{\text{in}}_{I+\frac{1}{2},J}) + (J^{\text{out}}_{I-\frac{1}{2},J} - J^{\text{in}}_{I-\frac{1}{2},J}) + (J^{\text{out}}_{I,J+\frac{1}{2}} - J^{\text{in}}_{I,J+\frac{1}{2}}) + (J^{\text{out}}_{I,J-\frac{1}{2}} - J^{\text{in}}_{I,J-\frac{1}{2}} + A_{I,J} = S_{I,J},$$
$$I = 1,\cdots,N;\quad J = 1,\cdots,M \tag{3-92}$$

式中,$J^{\text{out}}_{I\pm\frac{1}{2},J}$ 和 $J^{\text{in}}_{I\pm\frac{1}{2},J}$ 分别为 $x = x_{I\pm\frac{1}{2}}$ 表面的出射和入射中子流;$J^{\text{out}}_{I,J\pm\frac{1}{2}}$ 和 $J^{\text{in}}_{I,J\pm\frac{1}{2}}$ 分别为 $y = y_{J\pm\frac{1}{2}}$ 表面的出射和入射中子流。设以 $\phi^{(t)}_{g,i,j,m}$ 表示第 t 次内迭代的结果,因而有

$$\begin{aligned} J^{\text{out}}_{I+\frac{1}{2},J} &= \int_{(\boldsymbol{\Omega}\cdot\boldsymbol{n})>0} \mathrm{d}\boldsymbol{\Omega} \int_{\Delta y_J} |\mu| \phi_g(x_{I+\frac{1}{2}},y,\mu,\eta)\mathrm{d}y \\ &= \sum_{j\in J}\sum_{\mu_m>0} w_m |\mu_m| \phi^{(t)}_{g,I+\frac{1}{2},j,m}\Delta y_j \end{aligned} \tag{3-93}$$

$$\begin{aligned} J^{\text{in}}_{I+\frac{1}{2},J} &= \int_{(\boldsymbol{\Omega}\cdot\boldsymbol{n})<0} \mathrm{d}\boldsymbol{\Omega} \int_{\Delta y_J} |\mu| \phi_g(x_{I+\frac{1}{2}},y,\mu,\eta)\mathrm{d}y \\ &= \sum_{j\in J}\sum_{\mu_m<0} w_m |\mu_m| \phi^{(t)}_{g,I+\frac{1}{2},j,m}\Delta y_j \end{aligned} \tag{3-94}$$

式中,$j\in J$ 表示对属于(I,J)网格的所有 $x = x_{I+\frac{1}{2}}$ 处的细网格$(j\in J)$的表面求和;$\boldsymbol{n}$ 为粗网格表面的单位外法线向量。计算 $J^{\text{out}}_{I+\frac{1}{2},J}$ 时对 $I+\frac{1}{2}$表面取 $\mu_m>0$;计算 $J^{\text{out}}_{I-\frac{1}{2},J}$ 时对 $I-\frac{1}{2}$表面取 $\mu_m<0$。对于 $J^{\text{in}}_{I\pm\frac{1}{2},J}$ 则相反。同理可以写出 $y = y_{J+\frac{1}{2}}$表面出射和入射中子流分别为

$$\begin{aligned} J^{\text{out}}_{I,J+\frac{1}{2}} &= \int_{(\boldsymbol{\Omega}\cdot\boldsymbol{n})>0} \mathrm{d}\boldsymbol{\Omega} \int_{\Delta x_I} |\eta| \phi_g(x,y_{J+\frac{1}{2}},\mu,\eta)\mathrm{d}x \\ &= \sum_{i\in I}\sum_{\eta_m>0} w_m |\eta_m| \phi^{(t)}_{g,i,J+\frac{1}{2},m}\Delta x_i \end{aligned} \tag{3-95}$$

$$\begin{aligned} J^{\text{in}}_{I,J+\frac{1}{2}} &= \int_{(\boldsymbol{\Omega}\cdot\boldsymbol{n})<0} \mathrm{d}\boldsymbol{\Omega} \int_{\Delta x_I} |\eta| \phi_g(x,y_{J+\frac{1}{2}},\mu,\eta)\mathrm{d}x \\ &= \sum_{i\in I}\sum_{\eta_m<0} w_m |\eta_m| \phi^{(t)}_{g,i,J+\frac{1}{2},m}\Delta x_i \end{aligned} \tag{3-96}$$

同样地可以写出 $y = y_{J-\frac{1}{2}}$表面的出、入射中子流。而

$$A_{I,J} = \sum_{(i,j)\in(I,J)} (\Sigma_{t,g} - \Sigma_{g\to g}) \sum_m w_m \phi^{(t)}_{g,i,j,m} V_{i,j} \tag{3-97}$$

式中,$(i,j)\in(I,J)$表示对所有属于粗网格(I,J)的细网格求和。在内迭代过程中,源项 $S_{I,J}$ 是已知的,由当前外迭代(例如第 k 次)结果决定,即

$$S_{I,J}=\sum_{(i,j)\in(I,J)}\left[\left(\sum_{g'=1}^{g-1}\Sigma_{g'\to g}+\frac{\chi_g}{k_{\text{eff}}^{(k-1)}}\sum_{g'=1}^{G}\nu\Sigma_{\text{f},g'}\right)\sum_m w_m\phi_{g',i,j,m}^{(k)}\right]V_{i,j}\quad(3-98)$$

在迭代过程收敛之前，中子平衡关系式(3-92)是不会被满足的。为强制使其满足，给每一个粗网格内的中子通量密度 $\phi_{g,i,j,m}^{(t)}$ 乘一个待定的再平衡因子 $f_{I,J}$ 即令

$$\tilde{\phi}_{g,i,j,m}^{(t)}=f_{I,J}\phi_{g,i,j,m}^{(t)},\quad(i,j)\in(I,J)\quad(3-99)$$

式中，t 表示迭代次数。对于 J^{out} 也同样乘 $f_{I,J}$，而 J^{in} 则乘相邻粗网格的再平衡因子，例如 $J_{I-\frac{1}{2},J}^{\text{in}}$ 乘 $f_{I-1,J}$；$J_{I,J-\frac{1}{2}}^{\text{in}}$ 乘 $f_{I,J-1}$。将这些量代入式(3-92)，得到关于介 $f_{I,J}$ 的方程为

$$\begin{aligned}&-J_{I-\frac{1}{2},J}^{\text{in}}f_{I-1,J}-J_{I+\frac{1}{2},J}^{\text{in}}f_{I+1,J}-J_{I,J-\frac{1}{2}}^{\text{in}}f_{I,J-1}-J_{I,J+\frac{1}{2}}^{\text{in}}f_{I,J+1}+\\&(J_{I-\frac{1}{2},J}^{\text{out}}+J_{I+\frac{1}{2},J}^{\text{out}}+J_{I,J-\frac{1}{2}}^{\text{out}}+J_{I,J+\frac{1}{2}}^{\text{out}}+A_{I,J})f_{I,J}=S_{I,J}\end{aligned}\quad(3-100)$$

对于真空边界，则入射流等于零。在内迭代过程中源项是给定的。在每次迭代后，J^{in}、J^{out}、$A_{I,J}$、$S_{I,J}$ 都是可以计算出的已知量，因而这是一个关于 $f_{I,J}$ 的 $M\times N$ 阶线性方程组，很容易用直接法或迭代法求出它的解 $f_{I,J}$。然后，根据式(3-99)求出 $\tilde{\phi}_{g,i,j,m}^{(t)}$ 作为 t 次迭代的结果。

粗网格再平衡方法同样可用于加速外迭代过程的收敛，其原理是一样的。为得到平衡关系式(3-92)，用式(3-91)不仅对网格(I,J)区域和整个立体角相空间积分，而且对所有能群求和，因而式(3-92)的各项变为

$$A_{I,J}=\sum_{(i,j)\in(I,J)}\sum_{g=1}^{G}\Sigma_{\text{a},g}\left(\sum_m w_m\phi_{g,i,j,m}^{(k)}\right)V_{i,j}\quad(3-101)$$

$$S_{I,J}=\sum_{(i,j)\in(I,J)}\sum_{g=1}^{G}\frac{\chi_g}{k_{\text{eff}}}\sum_{g'=1}^{G}\nu\Sigma_{\text{f},g'}\left(\sum_m w_m\phi_{g,i,j,m}^{(k)}\right)V_{i,j}\quad(3-102)$$

$$J_{I+\frac{1}{2}}^{\text{out}}=\sum_{j\in J}\sum_{g=1}^{G}\left(\sum_{\mu_m>0}w_m\mid\mu_m\mid\phi_{g,I+\frac{1}{2},j,m}^{(k)}\right)\Delta y_j\quad(3-103)$$

$$J_{I+\frac{1}{2}}^{\text{in}}=\sum_{j\in J}\sum_{g=1}^{G}\left(\sum_{\mu_m<0}w_m\mid\mu_m\mid\phi_{g,I+\frac{1}{2},j,m}^{(k)}\right)\Delta y_j\quad(3-104)$$

用同样方法可以写出关于其他表面的出、入射中子流的表达式。在迭代收敛前，为了使平衡关系式(3-92)成立，同样引入再平衡因子 $f_{I,J}$，令

$$\left.\begin{aligned}&\tilde{\phi}_{g,i,j,m}^{(k)}=f_{I,J}\phi_{g,i,j,m}^{(k)},\quad(i,j)\in(I,J)\\&\tilde{k}_{\text{eff}}=\rho k_{\text{eff}}\end{aligned}\right\}\quad(3-105)$$

于是得到关于 $f_{I,J}$ 的方程，即

$$-J_{I-\frac{1}{2},J}^{\text{in}}f_{I-1,J}-J_{I+\frac{1}{2},J}^{\text{in}}f_{I+1,J}-J_{I,J-\frac{1}{2}}^{\text{in}}f_{I,J-1}-J_{I,J+\frac{1}{2}}^{\text{in}}f_{I,J+1}+$$

$$(J^{\text{out}}_{I-\frac{1}{2},J} + J^{\text{out}}_{I+\frac{1}{2},J} + J^{\text{out}}_{I,J-\frac{1}{2}} + J^{\text{out}}_{I,J+\frac{1}{2}} + A_{I,J}) f_{I,J} = \frac{1}{\rho} S_{I,J} f_{I,J} \tag{3-106}$$

式(3-106)可以写成矩阵形式：

$$\boldsymbol{M f} = \frac{1}{\rho} \boldsymbol{S f} \tag{3-107}$$

式(3-106)或式(3-107)可以应用我们熟悉的幂迭代法求解。求出的 $\tilde{\phi}^{(k)}_{g,i,j,m}$ 和 $\tilde{k}_{\text{eff}}$ 即作为 k 次外迭代结果。

现在还遗留一些问题，即应该怎样选取粗网格？取多大粗网格较为合适？粗网格的大小与加速收敛效率及计算的稳定性有何关系？数值计算经验表明：粗网格取得愈小，其加速收敛效率愈高。但是，当粗网格取得很小时，由于再平衡因子本身计算的时间增大而使效果变差，同时计算经验表明，当粗网格取得很小，接近细网格时，可能出现计算的不稳定，特别是对于高散射比($\Sigma_s/\Sigma_t \approx 1$)的问题。因此，为避免计算出现不稳定，粗网格不宜取得太小。怎样正确选择一个比较小的粗网格尺寸使其既保证稳定性又具有好的计算效率，主要依靠计算的经验来判断。这也正是粗网格再平衡方法的一个主要缺点。

3.3.2　扩散综合加速(DSA)收敛方法

扩散综合加速(DSA)收敛方法是近年提出的一种用于 S_N 方法中的加速收敛的极为有效的方法。由输运理论可以证明，扩散方程是输运方程的一种很好的近似，特别是对于比较大的均匀系统(离边界 2～3 个平均自由程区域)。DSA 收敛方法的基本思想是在用对每次迭代求得的总中子通量密度 $\phi^{(l)}_g(\boldsymbol{r})$ 求出下一次迭代源之前，先利用一种“修正扩散方程”进行修正，这种修正扩散方程是由输运方程计算得出的泄漏项代替扩散的泄漏项而得到的使其具有输运方程的精度的“扩散方程”。

为了说明 DSA 收敛方法及其迭代过程，首先考虑第 g 群，第 l 次内迭代方程。为了简单起见，考虑各向同性散射，但其结果是很容易推广到各向异性的一般情况。第 l 次的内迭代的中子输运方程可以写成

$$\boldsymbol{\Omega} \cdot \nabla \tilde{\phi}^l_g(\boldsymbol{r},\boldsymbol{\Omega}) + \Sigma_{t,g} \tilde{\phi}^l_g(\boldsymbol{r},\boldsymbol{\Omega}) = \Sigma_{g\to g} \phi_{l-1\,g}(\boldsymbol{r}) + Q_g(\boldsymbol{r}) \tag{3-108}$$

式中，$\tilde{\phi}^l_g(\boldsymbol{r},\boldsymbol{\Omega})$ 为第 l 次内迭代所要求出的第 g 群中子角通量密度；$\phi^{l-1}_g(\boldsymbol{r})$ 是上一次内迭代求得的总通量密度；Q_g 源项包括散射源、裂变源和外中子源等的贡献，是由前次外迭代计算得到的。在求出 $\tilde{\phi}^l_g(\boldsymbol{r},\boldsymbol{\Omega})$ 后便可求出总通量密度 $\tilde{\phi}^l_g(\boldsymbol{r})$ 和中子流 $\tilde{\boldsymbol{J}}^l(\boldsymbol{r})$，即

$$\tilde{\phi}^l_g(\boldsymbol{r}) = \int_{4\pi} \tilde{\phi}^l_g(\boldsymbol{r},\boldsymbol{\Omega}) \mathrm{d}\boldsymbol{\Omega} \tag{3-109}$$

$$\tilde{\boldsymbol{J}}^{l}(\boldsymbol{r})=\int_{4\pi}\tilde{\boldsymbol{\Omega}}_{g}^{l}(\boldsymbol{r},\boldsymbol{\Omega})\mathrm{d}\boldsymbol{\Omega} \tag{3-110}$$

DSA 收敛方法的思想是在利用 $\tilde{\phi}_g^l(\boldsymbol{r})$求源项并将其代入式(3-108)进行下一次迭代之前,利用修正的扩散方程对其进行修正,求出解 $\phi_g^l(\boldsymbol{r})$,然后用 $\phi_g^l(\boldsymbol{r})$替代 $\tilde{\phi}_g^l(\boldsymbol{r})$作为式(3-108)下一次(第($l+1$)次)内迭代(或外迭代)的源项。有 3 种不同形式的修正扩散方程,即源修正、扩散系数修正和移出截面修正的扩散方程。

(1)源修正扩散方程。由扩散理论(菲克定律)所求得的泄漏项$-\boldsymbol{\nabla}\cdot D_g\boldsymbol{\nabla}\tilde{\phi}_g$与严格的(输运理论)泄漏项$\boldsymbol{\nabla}\cdot\tilde{\boldsymbol{J}}^l$ 是有差别的,设其误差为 $R_g^l(\boldsymbol{r})=\boldsymbol{\nabla}\cdot\tilde{\boldsymbol{J}}^l-(-\boldsymbol{\nabla}\cdot D_g\boldsymbol{\nabla}\tilde{\phi}_g^l)$,则源修正的扩散方程可写为

$$-\boldsymbol{\nabla}\cdot D_g(\boldsymbol{r})\boldsymbol{\nabla}\tilde{\phi}_g^l(\boldsymbol{r})+\Sigma_{\mathrm{R},g}(\boldsymbol{r})\phi_g^l(\boldsymbol{r})=Q_g(\boldsymbol{r})-R_g^l(\boldsymbol{r}) \tag{3-111}$$

式中,

$$D_g(\boldsymbol{r})=1/3\Sigma_{\mathrm{tr}}(\boldsymbol{r})$$

$$\Sigma_{\mathrm{R},g}(\boldsymbol{r})=\Sigma_{\mathrm{t},g}(\boldsymbol{r})-\Sigma_{g\to g}(\boldsymbol{r})$$

$$R_g^l(\boldsymbol{r})=\boldsymbol{\nabla}\cdot\tilde{\boldsymbol{J}}^l(\boldsymbol{r})+\boldsymbol{\nabla}\cdot D_g(\boldsymbol{r})\boldsymbol{\nabla}\tilde{\phi}_g^l(\boldsymbol{r}) \tag{3-112}$$

式中,符号"～"表示用输运方程式(3-108)解出的量。这样,内迭代具体计算过程如下:在上一次迭代中,利用式(3-108)求出 $\tilde{\phi}_g^l(\boldsymbol{r})$,根据式(3-109)、式(3-112)计算出 $R_g^l(\boldsymbol{r})$;再由式(3-111)即源修正扩散方程求出新的 $\phi_g^l(\boldsymbol{r})$,把新的 $\phi_g^l(\boldsymbol{r})$代入式(3-108)右端进行第 $l+1$ 次迭代,计算出 $\tilde{\phi}_g^{l+1}(\boldsymbol{r},\boldsymbol{\Omega})$;……这样不断进行下去直到收敛为止。开始($l=0$)时自然可以假设 $R_g^l(\boldsymbol{r})=0$。然后由式(3-111)求出 $\phi_g^{(0)}(\boldsymbol{r})$。

容易证明,如果迭代收敛,则它必将收敛于输运方程的解。因为当迭代收敛时,则 $\tilde{\phi}_g=\phi_g$,把式(3-112)代入式(3-111),则有

$$\boldsymbol{\nabla}\cdot\tilde{\boldsymbol{J}}^l(\boldsymbol{r})+\Sigma_{\mathrm{R},g}\tilde{\phi}_g(\boldsymbol{r})=Q_g(\boldsymbol{r})$$

这就是式(3-108)中输运方程对 $\boldsymbol{\Omega}$ 积分后所得到的平衡方程。

现在讨论 DSA 源修正方法在外迭代中的应用,其主要思想和步骤与内迭代的类似。设完成第 k 次外迭代后,对每群按式(3-108)、式(3-112)求出了 R_g^k,那么第 $k+1$ 次外迭代源修正的多群外迭代扩散方程为

$$-\boldsymbol{\nabla}\cdot D_g(\boldsymbol{r})\boldsymbol{\nabla}\phi_g^{k+1}(\boldsymbol{r})+\Sigma_{\mathrm{R},g}(\boldsymbol{r})\phi_g^{k+1}(\boldsymbol{r})=$$

$$Q_g(\boldsymbol{r})-R_g^k(\boldsymbol{r})+\chi_g\sum_{g'=1}^{G}\nu\Sigma_{\mathrm{f},g'}\phi_{g'}^{k+1}(\boldsymbol{r})+\sum_{g'\neq g}\Sigma_{g'\to g}\phi_{g'}^{k+1}(\boldsymbol{r}) \tag{3-113}$$

这是一个非齐次多群扩散方程,从它容易解出群通量密度 ϕ_g^{k+1},再由它计算出新的供下一次迭代用的源。

(2)扩散系数修正扩散方程。重新定义扩散系数，即用下列张量的对角元素：

$$[D_g(\boldsymbol{r})]_{ii}=-[\tilde{\boldsymbol{J}}_{gi}(\boldsymbol{r})/\boldsymbol{\nabla}_i\tilde{\phi}_g(\boldsymbol{r})],\quad i=1,2,3 \tag{3-114}$$

来代替原来的式(3-111)和式(3-113)中的$D_g(\boldsymbol{r})$。这里，$i=1,2,3$表示正交坐标的方向。$[D_g]_{ii}$表示二阶对角张量，因而对所有$\boldsymbol{r}$和g，$R_g^l(\boldsymbol{r})=0$。内迭代扩散方程式(3-111)变为

$$\boldsymbol{\nabla}\cdot D_g^l(\boldsymbol{r})\boldsymbol{\nabla}\phi_g^{l+1}(\boldsymbol{r})+\Sigma_{\mathrm{R},g}\phi_g^{l+1}(\boldsymbol{r})=Q_g(\boldsymbol{r}) \tag{3-115}$$

式中，$D_g^l(\boldsymbol{r})$由式(3-114)确定。多群扩散方程(3-113)则变为下列齐次形式：

$$-\boldsymbol{\nabla}\cdot D_g^k(\boldsymbol{r})\boldsymbol{\nabla}\phi_g^{k+1}(\boldsymbol{r})+\Sigma_{\mathrm{R},g}\phi_g^{k+1}(\boldsymbol{r})=\frac{\chi_g}{k_{\mathrm{eff}}}\sum_{g'=1}^{G}\nu\Sigma_{\mathrm{f},g'}\phi_{g'}^{k+1}+\sum_{g'\neq g}\Sigma_{g'\to g}\phi_{g'}^{k+1} \tag{3-116}$$

式中，k_{eff}为系统的有效增殖因数，迭代过程和前面源修正方法完全一样，用式(3-108)、式(3-114)、式(3-115)和式(3-116)进行计算。在初始迭代时可以取$[D_g]_{ii}=D_g(\boldsymbol{r}),i=1,2,3$。式(3-108)、式(3-114)和式(3-115)规定了内迭代过程，并将最终求得的扩散系数D_g^k用于式(3-116)。

扩散系数修正方法是一个非线性迭代过程，但是它对特征值问题是非常有效的。它的缺点是有时可能出现扩散系数(式(3-114))为负的或无限大的情况，使式(3-115)的求解遇到困难。这时则可改用下面介绍的移出截面修正方法来计算。

(3)移出截面修正扩散方程。为了使方程(3-113)成为齐次方程，也可通过把引进的修正源$R_g^l(\boldsymbol{r})$(式(3-112))移到移出截面一侧来达到。为此，定义一个修正的移出截面$\tilde{\Sigma}_{\mathrm{R},g}$：

$$\tilde{\Sigma}_{\mathrm{R},g}^k(\boldsymbol{r})=\Sigma_{\mathrm{R},g}+R_g^k(\boldsymbol{r})/\tilde{\phi}_g^k(\boldsymbol{r}) \tag{3-117}$$

那么扩散综合加速方程(3-111)则变为

$$-\boldsymbol{\nabla}\cdot D_g(\boldsymbol{r})\boldsymbol{\nabla}\phi_g^l(\boldsymbol{r})+\tilde{\Sigma}_{\mathrm{R},g}^{l-1}(\boldsymbol{r})\phi_g^l(\boldsymbol{r})=Q_g(\boldsymbol{r}) \tag{3-118}$$

而式(3-113)变为

$$-\boldsymbol{\nabla}\cdot D_g(\boldsymbol{r})\boldsymbol{\nabla}\phi_g^{k+1}(\boldsymbol{r})+\tilde{\Sigma}_{\mathrm{R},g}^k(\boldsymbol{r})\phi_g^{k+1}(\boldsymbol{r})=\frac{\chi_g}{k_{\mathrm{eff}}}\sum_{g'=1}^{G}\nu\Sigma_{\mathrm{f},g'}\phi_{g'}^{k+1}+\sum_{\substack{g'=1\\g'\neq g}}^{G}\Sigma_{g'\to g}\phi_{g'}^{k+1} \tag{3-119}$$

式中，k_{eff}为特征值。

移出截面修正的迭代求解过程和前面扩散系数修正方法完全一样，即利用式(3-108)、式(3-117)、式(3-118)和式(3-119)进行求解。尽管过程是非线性的，但实践证明它对加速收敛是有效的。

在实际中，对本征值问题，应用扩散系数修正，当扩散系数出现负值时则应用

移出截面修正，DSA 收敛方法已被许多实践证明是非常有效的。表 3－7 给出了对于一维问题各种加速收敛方法的比较。DSA 收敛方法的另一个优点是：它所使用的扩散方程求解方法是反应堆工作者所熟悉的并对其具有丰富的计算经验。目前在一些实用的 S_N 程序中，例如 ONEDANT 和 TWODANT 等，都采用了 DSA 收敛方法而显著地提高了计算效率，它们可以看作是对 ANISN 和 DOT 程序改进的一个方面。

表 3－7　一维问题各种加速收敛方法的比较(迭代次数)

问题	CY	CMR	DSA
LMFBR	2 382	3 133	154
HTGR	12 000	64 000	124
TREATL1	5 047	a	188
CTR	1 204		329

注：CY—切比雪夫源外推；CMR—粗网格再平衡；a—不收敛。

3.3.3　切比雪夫源外推方法

切比雪夫源外推方法在中子扩散方程的数值迭代求解过程中已被证明是一种非常有效的加速收敛方法并被广泛应用(参阅第 5 章)。它对中子输运方程的数值求解的内外迭代过程同样地具有很好的加速收敛效果。它的原理实质上是一种所谓的“源外推”的方法。例如，当第 k 次迭代得到的中子通量密度或源项为 $\phi^{k+\frac{1}{2}}$ 或 $Q^{k+\frac{1}{2}}$，那么对第 $k+1$ 次迭代所用的源项 Q^{k+1} 可以用当前求得的通量密度或源项 $Q^{k+\frac{1}{2}}$ 和前两次迭代求得的源项 Q^k 和 Q^{k-1} 的线性组合来求得，即

$$\begin{aligned}Q^{k+1}(\boldsymbol{r})&=Q^k(\boldsymbol{r})+\alpha_k[Q^{k+\frac{1}{2}}(\boldsymbol{r})-Q^k(\boldsymbol{r})]+\beta_k[Q^k(\boldsymbol{r})-Q^{k-1}(\boldsymbol{r})]\\&=\alpha_kQ^{k+\frac{1}{2}}+(1-\alpha_k)Q^k(\boldsymbol{r})+\beta_k[Q^k(\boldsymbol{r})-Q^{k-1}(\boldsymbol{r})]\end{aligned}\tag{3-120}$$

式中，α_k 和 β_k 是待选取的系数。切比雪夫多项式外推法从理论上给出最优的系数 α_k 和 β_k 的选取，关于二者的选取及理论基础将在第 5 章中讨论。下面仅就二者在 S_N 方法中内迭代及外迭代过程的应用给予简单介绍。

(1)外迭代收敛的加速。外迭代过程的收敛速度主要受源项的影响，源有裂变中子源和向上散射源两部分。其中主要是裂变中子源的影响。离散纵标 S_N 方法求解中子输运方程时外迭代方程可以写为

$$\boldsymbol{\Omega}\cdot\nabla\phi_g^{k+\frac{1}{2}}(\boldsymbol{r},\boldsymbol{\Omega}_m)+\Sigma_{t,g}(\boldsymbol{r})\phi_g^{k+\frac{1}{2}}(\boldsymbol{r},\boldsymbol{\Omega}_m)=Q_s^{k+\frac{1}{2}}(\boldsymbol{r},\boldsymbol{\Omega}_m)+\frac{\chi_g}{4\pi}\sum_{g'=1}^{G}(\nu\Sigma_f)_{g'}\phi_{g'}^k(\boldsymbol{r})\tag{3-121}$$

式中,$Q_s^{k+\frac{1}{2}}(\boldsymbol{r},\boldsymbol{\Omega}_m)$为散射源项;$k$ 为外迭代次数。对式(3-121),认为内迭代对裂变中子源已经收敛。裂变中子源 $Q^k(\boldsymbol{r})$可以写成

$$Q^k(\boldsymbol{r})=\sum_{g'=1}^{G}(\nu\Sigma_f)_{g'}\phi_{g'}^k(\boldsymbol{r}) \tag{3-122}$$

由式(3-121)求得 $\phi_g^{k+\frac{1}{2}}(\boldsymbol{r},\boldsymbol{\Omega}_m)$,构成新的裂变源项为

$$Q^{k+\frac{1}{2}}(\boldsymbol{r})=\sum_{g'=1}^{G}(\nu\Sigma_f)_{g'}\phi_{g'}^{k+\frac{1}{2}}(\boldsymbol{r})=\sum_{g'=1}^{G}(\nu\Sigma_f)_{g'}\sum_{m=1}^{M}w_m\phi_{g'}^{k+\frac{1}{2}}(\boldsymbol{r},\boldsymbol{\Omega}_m) \tag{3-123}$$

在用切比雪夫多项式加速收敛外迭代过程时,并不用 $Q^{k+\frac{1}{2}}(\boldsymbol{r})$作为下一次外迭代的源项,而用式(3-120)求得的外推源项 $Q^{k+1}(\boldsymbol{r})$,即

$$Q^{k+1}(\boldsymbol{r})=Q^k(\boldsymbol{r})+\alpha_k[Q^{k+\frac{1}{2}}(\boldsymbol{r})-Q^k(\boldsymbol{r})]+\beta_k[Q^k(\boldsymbol{r})-Q^{k-1}(\boldsymbol{r})] \tag{3-124}$$

式中,α_k、β_k 由下面递推公式确定:

$$\alpha_1=\frac{2}{2-\sigma},\quad \beta_1=0$$

$$\alpha_k=\frac{16}{16-8\sigma-\sigma^2\alpha_{k-1}}\quad 或\quad \alpha_k=\frac{4}{\sigma}\frac{\cosh\left[(k-1)\operatorname{arcosh}\left(\frac{2}{\sigma}-1\right)\right]}{\cosh k\operatorname{arcosh}\left(\frac{2}{\sigma}-1\right)}$$

$$\beta_k=(1-\frac{\sigma}{2})\alpha_{k-1} \tag{3-125}$$

式中,σ 为特征值的占优比,它在迭代过程中可以用下式估算:

$$\sigma=\lim_{k\to\infty}\frac{\|Q^k-Q^{k-1}\|}{\|Q^{k-1}-Q^{k-2}\|} \tag{3-126}$$

式中,$\|\cdot\|$表示 L_2 范数。关于 α_k、β_k 公式的推论及详细数值应用过程可以参阅第 5 章和文献[25]。

(2)内迭代收敛的加速。在每次外迭代中对每一能群求解时,源项(包括裂变中子源项和从其他能群到第 g 群的散射源项)被认为是已知的。但由于 $g'\to g$ 的群内散射的存在,因此必须进行迭代求解。

内迭代中求解的输运方程可以写成

$$\begin{aligned}&\boldsymbol{\Omega}\cdot\nabla\phi_g^{k+\frac{1}{2}}(\boldsymbol{r},\boldsymbol{\Omega}_m)+\Sigma_{t,g}(\boldsymbol{r})\phi_g^{k+\frac{1}{2}}(\boldsymbol{r},\boldsymbol{\Omega}_m)=\frac{\Sigma_{g-g}}{4\pi}\phi_{0,g}^k(\boldsymbol{r})+\\&\sum_{n=1}^{L}\frac{2n+1}{4\pi}\sum_{m'=-n}^{n}a_{m,m'}Y_{n,m'}(\boldsymbol{\Omega}_m)\Sigma_{g-g}\phi_{n,m',g}^k(\boldsymbol{r})+S_{m,g}\end{aligned} \tag{3-127}$$

$$S_{m,g}=S_g^{(t)}(\boldsymbol{r},\boldsymbol{\Omega}_m)$$

$$= \sum_{\substack{g'=1 \\ g'\neq g}}^{G} \Sigma_{g'-g} \sum_{n=0}^{L} \frac{2n+1}{4\pi} \sum_{m'=-n}^{n} a_{n,m'} \mathrm{Y}_{n,m'}(\boldsymbol{\Omega}_m) \phi_{n,m',g}^{(t)}(\boldsymbol{r}) +$$

$$\frac{\chi_g}{4\pi k_{\mathrm{eff}}} \sum_{g'=1}^{G} (\nu\Sigma_{\mathrm{f}})_{g'} \phi_{g'}^{(t)}(\boldsymbol{r}) \tag{3-128}$$

$$\phi_{0,g}^{k}(\boldsymbol{r}) = \sum_{m=1}^{M} w_m \phi_g^k(\boldsymbol{r}, \boldsymbol{\Omega}_m) \tag{3-129}$$

$$\phi_{n,m',g}^{k}(\boldsymbol{r}) = \sum_{m=1}^{M} w_m \mathrm{Y}_{n,m'}(\boldsymbol{\Omega}_m) \phi_g^k(\boldsymbol{r}, \boldsymbol{\Omega}_m) \tag{3-130}$$

式中，k 为内迭代的次数；t 为外迭代的次数。在内迭代时认为源 $S^{(t)}(\boldsymbol{r}, \boldsymbol{\Omega}_m)$项是已知的，因为内迭代是由 $g \to g$ 群的群内散射引起的。在用切比雪夫方法加速收敛时，通常认为中子通量密度的高次球谐矩项 $\phi_{n,m,g}(\boldsymbol{r})(n>1)$与零次矩项$\phi_{0,g}(\boldsymbol{r})$相比，对收敛影响较小，因此可以不必外推。外推只对 $\phi_{0,g}(\boldsymbol{r})$（参见式(3－129)）进行。根据式(3－120)，对于 $k+1$ 次迭代的群内散射源有

$$\phi_{0,g}^{k+1}(\boldsymbol{r}) = \alpha_k \sum_{m=1}^{M} w_m \phi_g^{k+\frac{1}{2}}(\boldsymbol{r}, \boldsymbol{\Omega}_m) + (1-\alpha_k)\phi_{0,g}^{k}(\boldsymbol{r}) + \beta_k[\phi_{0,g}^{k}(\boldsymbol{r}) - \phi_{0,g}^{k-1}(\boldsymbol{r})] \tag{3-131}$$

式中，α_k 和 β_k 是外推系数，它和外迭代过程中的外推系数具有同样的形式（参见式(3－125)）。

3.4 数值计算中的一些问题

3.4.1 扫描方向与计算过程的稳定性

在实际数值计算过程中，一方面初始值不一定完全精确，它带有一定的误差；另一方面在数值计算过程中总会产生舍入误差。如果某步计算产生的误差在以后各步的计算中不能逐步削弱，同时每步又会产生新的计算误差，这样误差积累起来，势必增大其影响。这种计算方法称为不稳定的，一般不宜采用。现在采用的方法，应当是对计算中任何一步产生的误差都能在以后各步计算中逐步减弱，以至可以忽略。这种方法被称为绝对稳定的。在 S_N 方法中发现当计算的扫描过程是沿着中子运动方向($\boldsymbol{\Omega}_m$)一步一步往前进行时，计算过程是稳定的。为了说明这一点，现考察一维均匀介质的简单情况，并设步长 Δx 相等，由式(3－76)和式(3－78)及表 3－7，对于一维情况，有

$$\phi_{i,m}^{\mathrm{out}} = \left(\frac{1-\Sigma_{\mathrm{t}}\Delta x/(2\mid\mu_m\mid)}{1+\Sigma_{\mathrm{t}}\Delta x/(2\mid\mu_m\mid)}\right)\phi_{i,m}^{\mathrm{in}} + \frac{Q_{i,m}}{\mid\mu_m\mid/\Delta x + \Sigma_{\mathrm{t}}/2} \tag{3-132}$$

假设初始入射流 $\phi_{i,m}^{\mathrm{in}}$ 有误差ε，即 $\tilde{\phi}_{1,m}^{\mathrm{in}} = \phi_{1,m}^{\mathrm{in}} + \varepsilon$，那么出射中子通量密度 $\phi_{1,m}^{\mathrm{out}}$ 产

生的误差 ε_1 为

$$\varepsilon_1=\left(\frac{1-\Sigma_t\Delta x/(2\mid\mu_m\mid)}{1+\Sigma_t\Delta x/(2\mid\mu_m\mid)}\right)\varepsilon \tag{3-133}$$

$i=1$ 网格的出射中子通量密度即为 $i=2$ 网格的入射中子通量密度。这样，由于初始入射中子通量密度误差 ε 引起第 i 网格出射中子通量密度的误差 ε_i 为

$$\varepsilon_i=\left(\frac{1-\Sigma_t\Delta x/(2\mid\mu_m\mid)}{1+\Sigma_t\Delta x/(2\mid\mu_m\mid)}\right)^i\varepsilon \tag{3-134}$$

显然，误差 ε_i 随着扫描的进程而不断地衰减，也就是说计算过程是稳定的。在 S_N 的计算过程中，一般边界条件 $\phi_{i,n}^{\text{in}}$ 是已知的，因而扫描过程总是沿着中子的运动方向进行(见图 3-11)，这也就自然地保证了 S_N 数值过程的稳定性。

3.4.2　差分格式的截断误差

现在定性地讨论 S_N 方法在空间变量离散中所采用的差分格式(见式(3-78)和式(3-84))的精度。不失一般性，为简便起见，考察一维平板无源情况，这时角度离散方向 m 的输运方程可以写为

$$\mu_m\frac{\mathrm{d}}{\mathrm{d}x}\phi_m(x)+\Sigma_t\phi_m(x)=0 \tag{3-135}$$

这里假设截面等于常数，对于向右输运($\mu_m>0$)情况，方程(3-135)的解为

$$\phi_m(x')=\phi_m(x)\exp[-\Sigma_t(x'-x)/\mu_m],\quad x'>x \tag{3-136}$$

设网距为 Δx，而 $\phi_{i-\frac{1}{2},m}$、$\phi_{i+\frac{1}{2},m}$ 分别为网格的入射和出射中子通量密度，则有

$$\phi_{i+\frac{1}{2},m}=\mathrm{e}^{-h}\phi_{i-\frac{1}{2},m} \tag{3-137}$$

$$h=\Sigma_t\Delta x/\mid\mu_m\mid \tag{3-138}$$

现在讨论带权菱形差分近似(式(3-84))情况。对于一维 $\mu_m>0$ 情况，从式(3-85)中参照表 3-7 用式(3-84)消去 $\phi_{i,m}$，容易求得

$$\phi_{i+\frac{1}{2},m}=\frac{1-(1-a)\Sigma_{t,i}\Delta x/(2\mid\mu_m\mid)}{1+(1+a)\Sigma_{t,i}\Delta x/(2\mid\mu_m\mid)}\phi_{i-\frac{1}{2},m} \tag{3-139}$$

对菱形差分近似，$a=0$，有

$$\phi_{i+\frac{1}{2},m}=\frac{1-h/2}{1+h/2}\phi_{i-\frac{1}{2},m} \tag{3-140}$$

而对于阶跃近似，$a=\mu_m/|\mu_m|=1$，有

$$\phi_{i+\frac{1}{2},m}=\left(\frac{1}{1+h}\right)\phi_{i-\frac{1}{2},m} \tag{3-141}$$

注意到，当 h 甚小时，有

$$\mathrm{e}^{-h}=1-h+\frac{h^2}{2}+\cdots+o(\Delta x^3) \tag{3-142}$$

$$e^{-h}=1-h+o(\Delta x^2) \tag{3-143}$$

$$\frac{1-h/2}{1+h/2}=\left(1-\frac{h}{2}\right)\left[1-\frac{h}{2}+\left(\frac{h}{2}\right)^2+\cdots\right]=1-h+\frac{h^2}{2}+o(\Delta x^3) \tag{3-144}$$

$$\frac{1}{1+h}=1-h+h^2+\cdots=1-h+o(\Delta x^2) \tag{3-145}$$

将式(3-142)代入式(3-137)，并注意到式(3-144)和式(3-140)，得到

$$\phi_{i+\frac{1}{2},m}=\frac{1-h/2}{1+h/2}\phi_{i-\frac{1}{2},m}+o(\Delta x^3) \tag{3-146}$$

同理可得到

$$\phi_{i+\frac{1}{2},m}=\left(\frac{1}{1+h}\right)\phi_{i-\frac{1}{2},m}+o(\Delta x^2) \tag{3-147}$$

这样，由式(3-140)和式(3-141)便得到对于菱形差分格式的截断误差为$o(\Delta x^3)$，而对阶跃近似差分格式(简称“阶跃格式”)的截断误差则为$o(\Delta A x^2)$。

但是S_N方法的求解过程是一个递推过程，由于误差的传递，其最终总体计算误差要大于每步的截断误差。设第一个网格边界中子通量密度的误差是$n+1$阶时，对于给定差分格式，ϕ_1的近似解为

$$\phi_1=A\phi_0+o(\Delta x^{n+1}) \tag{3-148}$$

式中，A为某递推算子(如式(3-140)或式(3-141))。前面已经证明，S_N方法当沿中子运动方向扫描递推计算时，其计算是稳定的，即$|A|<1$，从而有

$$\phi_2=A[A\phi_0+o(\Delta x^{n+1})]+o(\Delta x^{n+1})=A^2\phi_0+o(2\Delta x^{n+1})$$

经过k次外推，则有

$$\phi_k=A^k\phi_0+o(k\Delta x^{n+1}) \tag{3-149}$$

设总步长数为K，$K\Delta x=Z$，所以当k充分大时以$k\approx K=o(\Delta x^{-1})$，式(3-149)便成为

$$\phi_k=A^k\phi_0+o(\Delta x^n) \tag{3-150}$$

上面分析说明，局部网格的中子通量密度的截断误差为$n+1$阶时，对整体来说，精度要降低一阶。这样，菱形差分格式的计算误差为$o(\Delta x^2)$，而阶跃格式的计算精度为$o(\Delta x)$。

3.4.3 负中子通量密度及其修正

应用S_N方法计算时，当区域比较大时，由于受到网点数目的限制，网距就必须取得比较大，这时往往出现负中子通量密度值，这在物理上是不允许出现的，同时由于负中子通量密度的出现在很大程度上将影响计算的精确性，因此这是应该设法避免的。

从式(3-79)或式(3-85)可以看到，只要入射中子通量密度是正值(一般由边

界条件决定,不可能为负值),网格中心平均中子通量密度 $\phi_{i,j,m}$ 就不会出现负值。但是当应用菱形差分公式或带权菱形差分公式(式(3-78)或式(3-84))外推计算出射表面中子通量密度 $\phi_{i\pm\frac{1}{2},j,m}$ 时,就不能保证不出现负中子通量密度。为了分析出现负中子通量密度的条件,为简单起见考虑一维平面问题,这时网格中心平均中子通量密度的算式为式(3-85),同时参照表3-7,利用式(3-84)的菱形差分格式消去 $\phi_{i,m}$,容易求得

$$\phi_{i+\frac{1}{2},m}=\phi_m^{\text{out}}=\frac{[1-(1-a)\Sigma_{t,i}\Delta x_i/(2\mid\mu_m\mid)]\phi_m^{\text{in}}+Q_i\Delta x_i/\mid\mu_m\mid}{1+(1+a)\Sigma_{t,i}\Delta x_i/(2\mid\mu_m\mid)},\quad \mu_m>0 \tag{3-151}$$

$$\phi_{i-\frac{1}{2},m}=\phi_m^{\text{out}}=\frac{[1-(1+a)\Sigma_{t,i}\Delta x_i/(2\mid\mu_m\mid)]\phi_m^{\text{in}}+Q_i\Delta x_i/\mid\mu_m\mid}{1+(1-a)\Sigma_{t,i}\Delta x_i/(2\mid\mu_m\mid)},\quad \mu_m<0 \tag{3-152}$$

由上面公式可以看到,当式(3-152)中分子等于负数时,则表面出射中子角通量密度将出现负值,由此得到中子角通量密度为正值的条件为

$$[1-(1\mp a)\Sigma_{t,i}\Delta x_i/(2\mid\mu_m\mid)]\phi_m^{\text{in}}+Q_i\Delta x_i/\mid\mu_m\mid>0$$

假设对于无源介质,$Q_i=0$,则有

$$\Delta x_i<\frac{\lambda_{t,i}2\mid\mu_m\mid}{1\mp a}\quad 或 \quad \frac{\Delta x}{\lambda_t}<\frac{2\mid\mu_m\mid}{1\mp a} \tag{3-153}$$

式中,$\lambda_{t,i}$ 为平均自由程。由此可以看到,对菱形差分近似($a=0$),当网距大于 $2|\mu_m|\lambda_t$ 时将出现负中子通量密度,同时它的出现还与离散方向 μ_m 的值有关。例如,对于 $N=4(S_4)$,以高斯求积组为例,$2|\mu_m|$ 的最小值为 0.679 96,对于 $N=12$,$2|\mu_m|$ 的最小值为 0.250。因此,为了避免负中子通量密度,对于 $N=4$,每个空间网格的光学厚度不能大于 0.68 自由程,而对于 $N=12$,则不能大于 0.25 自由程。这说明,当离散方向愈多(N 愈大),即 $|\mu_m|$ 的最小值越小时,空间网格数应随之增多。因此,在实际计算中,当采用高阶 S_N 计算时容易出现负中子通量密度,网距不能取得太大,就是由于这个原因。对于某些介质,某些能群来说,宏观截面可能比较大,若要求网格厚度不超过 0.25 自由程,则网格宽度 Δx 将要很小,势必大大增大计算量和计算时间。因此,单靠缩小网格的大小来避免负中子通量密度,在有些情况下不是完全可行的。

从式(3-85)还可以看出出现负中子通量密度的危险性还与选择的差分格式或所选择的权系数 a 有关,菱形差分近似($a=0$)出现负中子通量密度的风险性最大(当 $\Delta x>2|\mu_m|$时)。而阶跃差分($a=\frac{\mu_m}{|\mu_m|}$)最为可靠,不可能出现负中子通量密度。

一个网格的出射中子通量密度等于下一个网格的入射中子通量密度,因此,当一个网格出现负中子通量密度时,势必可能传递下去,出现负中子通量密度的网点

增多,甚至某些点的积分通量也是负的。这样,负中子通量密度的出现可能造成解的振荡,乃至迭代发散。因此,必须采取措施予以修正。具体的修正办法可有两个途径:最简单的是“置零修正”方法,即当表面中子通量密度出现负值时则令该点表面中子通量密度等于零。但这时要注意保持中子的守恒,对已算出的中心点的中子通量密度(例如 $\phi_{i,j,m}$)应根据中子守恒关系(3-76)予以修正,重算。

现以 $\mu_m>0$ 的情况为例,对给定的网格,当用外推公式(3-78)(或式(3-84))计算出外推值 $\phi_{i+\frac{1}{2},j,m}<0$ 时,则令

$$\phi_{i+\frac{1}{2},j,m}=0 \tag{3-154}$$

把式(3-154)代入式(3-76)便可求出修正后的 $\phi_{i,j,m}$。若用外推公式(3-78)计算出外推值 $\phi_{i,j+\frac{1}{2},m}<0$ 或 $\phi_{i,j,m+\frac{1}{2}}<0$,则令

$$\phi_{i,j+\frac{1}{2},m}=0 \tag{3-155}$$

或

$$\phi_{i,j,m+\frac{1}{2}}=0 \tag{3-156}$$

把式(3-155)或式(3-156)代入式(3-76)可求得 $\phi_{i,j,m}$ 的新修正值,可以看出对于这样的置零修正值,中子守恒关系是成立的。

第二种办法是调整带权菱形差分格式中的参数 $a(i,j,m)$ 和 $b(i,j,m)$。当出现负中子通量密度时,根据式(3-86)调整或改变参数 a、b 的大小,以获得正的出射中子通量密度。但是此法降低了一定的精度要求。因为从前面讨论知道,菱形差分格式的计算误差是 $o(\Delta x^2,\Delta y^2)$,而阶跃格式的精度为 $o(\Delta x,\Delta y)$。但是,负中子通量密度问题并不是离散 S_N 方法所固有的缺陷,主要是采用相应的菱形差分格式所致。因此,可引入一些更高精度的格式,例如线性特征线格式等非负格式。但是,随之带来了更复杂的计算。因此,目前的菱形差分格式配合适当的“置零修正”的负中子通量密度处理方法,是在工程程序中应用最为广泛的一种格式,这主要是考虑到它的简单性、较高的精度和易于实现等因素。

3.5 射线效应

3.5.1 射线效应产生的原因

离散纵标方法中最令人感到烦恼的问题是“射线效应”现象。这个现象的产生并不是由数值过程的误差所致,而是由求解输运方程时只沿少数几个特定方向(特征线)进行所引起的,也就是说,把原来连续的方向变量转换成为求有限个离散方向的解所引起的。为简便起见,现来观察一种极端的情况,即在纯吸收介质中有一各向同性孤立线源。考察远离孤立线源处中子通量密度的分布情况,在二维情况

下输运方程为

$$\mu\frac{\partial\phi}{\partial x}+\eta\frac{\partial\phi}{\partial y}+\Sigma_t\phi=S(x,y) \tag{3-157}$$

式中，$S(x,y)$为一孤立线源，$S=\delta(x)\delta(y)$。这时离散纵标方程为

$$\mu_m\frac{\partial\phi_m}{\partial x}+\eta_m\frac{\partial\phi_m}{\partial y}+\Sigma_t\phi_m=S_m \tag{3-158}$$

式中，$\phi_m=\phi(x,y,\mu_m,\eta_m)$，而

$$\phi(x,y)=\sum_{m=1}^{M}w_m\phi_m \tag{3-159}$$

式(3－157)和式(3－158)两个方程都可以解析求解，并且在所有离散方向($\boldsymbol{\Omega}_m$)上两个方程的解是一样的，且是严格的。设某空间点(x,y)远离中子源，且通过该点的所有离散方向中没有一个方向是通过中子源的。这时根据式(3－159)可知，式(3－158)在该点之解为零。但是对式(3－157)来说，从物理上就容易看出，它在全空间都有解，其解沿 $\boldsymbol{r}$ 指数衰减且沿辐角是对称的，因为对每一点总是以一确定的立体角对着中子源。所以式(3－158)的解显然是对式(3－157)解的歪曲。同时可以看到，这种歪曲和偏离并不是由于离散方向($\boldsymbol{\Omega}_m$)上对中子通量密度 ϕ_m 计算得不准确所引起的，而是离散纵标方法把原来在辐角上连续的中子通量密度用一组在离散方向($\boldsymbol{\Omega}_m$)上的 $\delta(\boldsymbol{\Omega}-\boldsymbol{\Omega}_m)$函数系列代替所致。这样便歪曲了原来的解，这就是所谓的“射线效应”。当然，前面所讨论的是一种极端的情况。当介质中存在散射时，射线效应将减弱，因为散射源中子分布存在于广大的区域内，且各向同性，因而使各离散方向之间区域的中子通量密度分布趋于平滑，介质的散射比(Σ_s/Σ_t)愈大，则射线效应愈弱。同时，当 S_N 方法中采用的离散方向数目增大(即 N 的阶次增加)时，射线效应也减弱。

图 3－15 表示了 S_N 方法中离散方向射线效应的一个典型问题。其几何、材料特性及边界条件均示于图中。图中列出 S_N 方法程序 TWOTRAN 用 3 个不同 S_N 近似进行计算的结果。从物理上判断，可以预见，中子通量密度在 $y=0$ 处有最大值，并且沿着 y 方向逐渐光滑地减小到$y=2$ 处的最小值。但是图 3－15 所示用不同阶次 S_N 方法计算得到的边缘($x=1.967$)的中子通量密度分布，与物理上的判断不相符合，特别是 S_2 的解，从定性上看都是不正确的。因为在 S_2 计算时，只有与 x、y 轴成 45°的一个离散方向，因而在边界中点($y=0$)处的离散方向就不通过源区域，从源发出的未经碰撞的中子在该点趋于零。这样，在中点附近便形成如图所示的中子通量密度的下降。对 S_4 或更高阶近似的计算结果虽与物理期望的基本一致，但却出现中子通量密度分布的振荡，这些都是射线效应所引起的。

从上面讨论可以看到，消除射线效应最直接的办法是增加离散方向数目，但是离散方向数目的增加将加大计算的工作量，而且对于某些问题并不一定能奏效，例

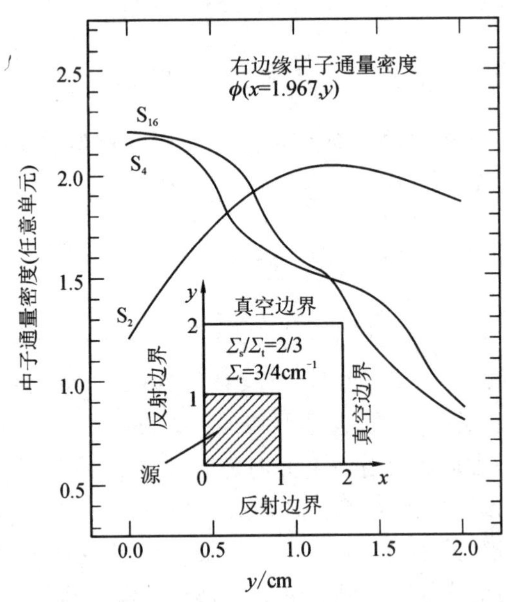

图 3-15 不同阶次 S_N 方法求得的沿问题边缘($x=1.967,y$)的中子通量密度分布

如图 3-15 所示问题，即使应用 S_{16} 近似(144 个离散方向)计算，仍然可以看到中子通量密度的起伏。因此单纯依靠增加离散方向数目来克服射线效应并不是最有效的办法。

另一种比较有效和成功的办法是把离散纵标方程转换成与球谐函数(P_N)近似方程等价的形式。因为在球谐函数方法中，角度变量是连续的，而且具有任意旋转的不变性，所以球谐函数近似方程在任何情况下都不存在射线效应。目前已经提出许多种方法，如通过在离散纵标方程中加上虚源的方法把离散纵标方程转换成与球谐函数方法等价的方程，以消除射线效应的影响，这将在下面两节中予以讨论。

3.5.2 一维情况下离散纵标方程和球谐函数方程的等价性

在球谐函数方法(P_N 近似)中

$$\phi(x,\mu)=\sum_{n=0}^{N}\frac{2n+1}{2}\phi_n(x)P_n(\mu) \tag{3-160}$$

式中，$\phi_n(x)$为中子角通量密度的 n 阶矩：

$$\phi_n(x)=\int_{-1}^{+1}\phi(x,\mu)P_n(\mu)\mathrm{d}\mu \tag{3-161}$$

$\phi_n(x)$满足方程(2-17)。

在离散纵标(S_N)方法中，中子角通量密度的 n 阶矩可表示为

$$\tilde{\phi}_n(x)=\sum_{m=1}^{M}w_m\phi(x,\mu_m)\mathrm{P}_n(\mu_m) \tag{3-162}$$

式中，M 为离散方向的总数目；$\tilde{\phi}_n(x)$是由求积公式得到的 $\phi_n(x)$的近似值。

为了求得 $\tilde{\phi}_n(x)$所满足的方程，首先写出离散纵标(S_N)方程如下，为方便起见首先考虑各向同性散射情况：

$$\mu_m\frac{\partial\phi(x,\mu_m)}{\partial x}+\Sigma_t\phi(x,\mu_m)=\frac{\Sigma_s}{2}\sum_{m=1}w_m\phi(x,\mu_m)+Q(x,\mu_m) \tag{3-163}$$

依次用 $w_m\mathrm{P}_n(\mu_m)(n=0,\cdots,N-1;m=1,\cdots,M)$乘式(3-163)的各项，并对所有 m 求和，应用勒让德多项式的递推公式

$$(2n+1)\mu\mathrm{P}_n(\mu)=(n+1)\mathrm{P}_{n+1}(\mu)+n\mathrm{P}_{n-1}(\mu)$$

便得到下列方程组：

$$\begin{aligned}&\frac{n+1}{2n+1}\frac{\mathrm{d}\tilde{\phi}_{n+1}(x)}{\mathrm{d}x}+\frac{n}{2n+1}\frac{\mathrm{d}\tilde{\phi}_{n+1}(x)}{\mathrm{d}x}+\Sigma_t\tilde{\phi}_n(x)=\\&\Sigma_s\tilde{\phi}_0(x)\delta_{0,n}+\tilde{Q}_n(x),\quad n=0,1,\cdots,N-1\end{aligned} \tag{3-164}$$

式中，

$$\tilde{Q}_n(x)=\sum_{m=1}^{M}w_mQ(x,\mu_m)\mathrm{P}_n(\mu_m)$$

将式(3-164)与球谐函数方法中的方程(式(2-16))进行比较，不难发现，$\tilde{\phi}_n(x)$所满足的方程组与球谐函数方法中 P_{N-1} 近似中 $\phi_n(x)$所满足的方程相同。在球谐函数展开法中，对 P_{N-1} 近似，直接假设 $\phi_N(x)=0$ 和$\frac{\mathrm{d}\phi_N}{\mathrm{d}x}=0$ 从而进行截断，使得未知函数 ϕ_n 的数目与方程组(如式(2-16))的数目相同，这种截断做法是合理的，但是对于式(3-164)，式中的 $\tilde{\phi}_n(x)$由式(3-162)确定，是一个确定的量。不过，如果对求积点 μ_m 采用一种特殊的选择，例如采用 3.1 节中介绍的勒让德-高斯求积组，也就是 μ_m 取 $\mathrm{P}_n(\mu)$多项式的 N 个零点，即

$$\mathrm{P}_n(\mu_m)=0$$

的根，则 $\tilde{\phi}_N$ 和 $\mathrm{d}\tilde{\phi}_N(x)/\mathrm{d}x$ 便自动为零。于是式(3-164)和截断了的 P_{N-1} 球谐函数方程组便相同了。

现在讨论边界条件。对于 $0\leqslant x\leqslant a$ 的平面几何，在真空边界，离散纵标方法的边界条件可以写成

$$\phi(0,\mu_m)=0,\text{对于 }\mu_m>0;\quad \mu(a,\mu_0)=0,\text{对于 }\mu_m<0$$

这些边界条件与球谐函数方法中的马克真空边界条件相同。

因此，可以看出，应用勒让德-高斯求积组的离散纵标(S_N)方法相当于具有马

克真空边界条件的球谐函数方法的 P_{N-1} 近似。用式(3-162)求出的 $\tilde{\phi}_n$，满足 P_{N-1} 近似法中 ϕ_n 所满足的同样的方程和边界条件。用两种方法得到同样的中子通量密度和同样的本征值，并且中子角通量密度的分布可用下式表示：

$$\phi(x,\mu)=\sum_{n=0}^{N-1}\frac{2n+1}{2}\tilde{\phi}_n(x)P_n(\mu) \tag{3-165}$$

前面说过，由于球谐函数方法不发生射线效应问题，因此一维问题中采用勒让德-高斯求积组的离散纵标 S_N 方法也就不存在射线效应问题。但是对于二维以上问题则得不到上面的结论，不可能依靠特定求积组的选择来消除射线效应。

从前面讨论可以看出，若在离散纵标方法中采用其他不同的求积组，则 S_N 方程并不等价于 P_{N-1} 近似的方程。主要原因是这时式(3-164)中，第 $n=N-1$ 个方程的 $\mathrm{d}\phi_N(x)/\mathrm{d}x$ 不等于零。

但是观察一下 $n=N-1$ 的方程就会发现，若在离散纵标式(3-163)的右端源项中引入一项虚源，它是一个$(N-1)$阶球谐分量，其值为

$$S_{\text{fic}}(x,\mu_m)=\frac{N}{2}\frac{\mathrm{d}\tilde{\phi}_N(x)}{\mathrm{d}x}P_{N-1}(\mu_m) \tag{3-166}$$

则式(3-163)中的 S_N 方程则化为

$$\mu_m\frac{\partial\phi(x,\mu_m)}{\partial x}+\Sigma_t\phi(x,\mu_m)=\frac{\Sigma_s}{2}\phi_0(x)+Q(x,\mu_m)+S_{\text{fic}}(x,\mu_m) \tag{3-167}$$

对式(3-167)用同样方法可以求得和式(3-164)相似的方程组。显然，由于勒让德多项式的正交性，虚源的勒让德矩 $\bar{S}_n(x)$除 $n=N-1$ 外均等于零，而

$$\begin{aligned}\bar{S}_{N-1}(x)&=\sum_m w_m\frac{N}{2}\frac{\mathrm{d}\tilde{\phi}_N}{\mathrm{d}x}(x)P_{N-1}(\mu_m)P_{N-1}(\mu_m)\\&=\frac{N}{2N-1}\frac{\mathrm{d}\tilde{\phi}_N(x)}{\mathrm{d}x}\end{aligned} \tag{3-168}$$

正好和式(3-164)左端的第一项 $\mathrm{d}\tilde{\phi}_N(x)/\mathrm{d}x$ 项自动抵消。这样，由离散纵标方程(3-167)便求得和 P_{N-1} 近似方程等价的方程组。

3.5.3 二维 *X-Y* 几何中虚源的构造

上节证明了对于一维平面几何情况下，若选取勒让德-高斯求积组，则离散纵标 S_N 方程等价于 P_{N-1} 近似方程。对于一维球几何，也可得到同样的结果。这证明一维情况下可以消除射线效应。对于二维及以上情况，问题比较复杂，一般不存在这样通过特殊求积点集而求得的直接等价性。但是同样希望可以采用虚源办法来达到消除射线效应的目的，即在离散纵标方程右端加一虚源项 S_{fic}，使方程等价于相应的球谐近似方程。以二维 *X-Y* 几何为例，设源项为各向同性，则中子输运

方程为(下面请注意区别球谐函数 $Y_{n,m}$ 的阶次 m 和离散方向标号 m 的不同)

$$\mu\frac{\partial\phi_g}{\partial x}+\eta\frac{\partial\phi_g}{\partial y}+\Sigma_g\phi_g(x,y,\mu,\eta)=\sum_{g'=1}^{G}\sum_{n=0}^{\infty}\frac{2n+1}{4\pi}\sum_{m=0}^{n}\frac{2(n-m)!}{(n+m)!\ (1+\delta_{0m})}\cdot \Sigma_{n,g'-g}\phi_{n,m,g'}(x,y)Y_{n,m}(\theta,\varphi)+\frac{Q_{0,g}(x,y)}{4\pi} \tag{3-169}$$

按式(1-122)(或式(2-97))将中子通量密度 $\phi_g(x,y,\theta,\varphi)$ 按球谐函数展开,即

$$\phi_g(x,y,\theta,\varphi)=\sum_{n=0}^{\infty}\frac{2n+1}{2\pi}\sum_{m=0}^{n}\frac{2(n-m)!}{(1+\delta_{0m})(n+m)!}\phi_{n,m,g}(x,y)Y_{n,m}(\theta,\varphi) \tag{3-170}$$

注意,在式(3-169)和式(3-170)中,对 m 的求和只保留了 $m\geqslant0$ 的项,这是由于对于(x,y)二维问题,中子通量密度对 X-Y 平面的对称性即 $\phi(x,y,\mu,\varphi)=\varphi(x,y,\mu,-\varphi)$,同时 $\sin\varphi$ 为奇函数,这样 $\phi_{n,-m}$ 便均等于零。将式(3-170)代入式(3-169)并利用球谐函数的递推公式在第 2 章第 2.5 节已经求得了二维 X-Y 几何中的球谐近似或 P_L 近似的多群方程(2-112),其中第 L 阶($n=L$)球谐近似方程(这里为讨论方便,避免与 S_N 中的 N 混淆,暂时把 P_N 近似称为 P_L 近似)为(以下为方便起见,部分下标略去了能群标号 g)

$$\begin{aligned}&(L+m)\frac{\partial\phi_{L-1,m}}{\partial x}+(L+1-m)\frac{\partial\phi_{L+1,m}}{\partial x}+\\&\quad\left[\frac{1}{2}(1+\delta_{m0})(L+m)(L+m-1)\frac{\partial\phi_{L-1,m-1}}{\partial y}-\right.\\&\quad\frac{1}{2}(1+\delta_{m0})(L-m+1)(L-m+2)\frac{\partial\phi_{L+1,m-1}}{\partial y}-\\&\quad\left.\frac{1+\delta_{m0}}{2}\left(\frac{\partial\phi_{L-1,m+1}}{\partial y}+\frac{\partial\phi_{L+1,m+1}}{\partial y}\right)\right]+\\&\quad(2L+1)\Sigma_g\phi_{L,m}-(2L+1)\sum_{g'}\Sigma_{n,g'-g}\phi_{L,m,g'}\\&=0\end{aligned} \tag{3-171}$$

式中,$L+1$ 阶的共有三项,应从第 L 阶方程中消去,这三项的和为

$$\begin{aligned}F(\phi_{L+1,m,g})=&\frac{L+1-m}{2L+1}\frac{\partial\phi_{L+1,m,g}}{\partial x}-\\&\frac{(1+\delta_{m0})(L+1-m)(L+2-m)}{2(2L+1)}\frac{\partial\phi_{L+1,m-1,g}}{\partial y}+\\&\frac{1+\delta_{m0}}{2(2L+1)}\frac{\partial\phi_{L+1,m+1,g}}{\partial y}\end{aligned} \tag{3-172}$$

为了从 L 阶方程中消去 $F(\phi_{L+1,m})$,使所得方程与 P_L 阶近似的方程一样,相应地需要在离散纵标方程中引入一个虚源。虚源是一个 L 阶的球谐分量,其值为

$$S_{m,g}(x,y)=\sum_{m=0}^{L}\frac{2L+1}{4\pi}\frac{2(L-m)!}{(1+\delta_{m0})(L+m)!}F(\phi_{L+1,m,g})Y_{L,m}(\mu_m,\varphi_m)$$

$$m=1,2,\cdots,M \tag{3-173}$$

离散 S_N 方程化为

$$\mu_m\frac{\partial\phi_{m,g}}{\partial x}+\eta_m\frac{\partial\phi_{m,g}}{\partial y}+\Sigma_g\phi_{m,g}=\sum_{g'=1}^{G}\sum_{n=0}^{L}\Sigma_{n,g'-g}\frac{2n+1}{4\pi}\cdot$$
$$\left\{\sum_{m=0}^{n}\frac{2(n-m)!}{(1+\delta_{m0})(n+m)!}\phi_{n,m,g}(x,y)Y_{n,m}(\mu_m,\varphi_m)\right\}+$$
$$\frac{1}{4\pi}Q_{0,g}(x,y)+\frac{2L+1}{4\pi}\sum_{m=0}^{L}\frac{2(L-m)!}{(1+\delta_{m0})(L+m)!}\cdot$$
$$F(\phi_{L+1,m,g})Y_{L,m}(\mu_m,\varphi_m) \tag{3-174}$$

采用虚源法消除射线效应，需要进行 $L+1$ 阶各球谐矩的计算，进而计算虚源，因此将增加计算量和计算时间。这些工作量是显著的。例如，在二维 S_N 程序 TWOTRAN 中应用由 $S_N\to P_{N-1}$ 转换的虚源法消除射线效应，其计算时间至少增加两倍以上。其原因一方面是计算虚源的球谐矩需要时间，另一方面更重要的则是引进虚源后将使迭代的收敛速度显著下降，特别是维数增加，计算时间将更长，例如对有的三维问题其运算时间将可能增大 5～6 倍，尽管这样，到目前为止，仍然认为引进虚源是消除射线效应较成功和有效的方法，而被许多程序都加以采用。

图 3-16 表示的是用 S_N 及 $S_N\to P_{N-1}$ 方法对一纯吸收介质（$\Sigma_a=1\ \text{cm}^{-1}$）和

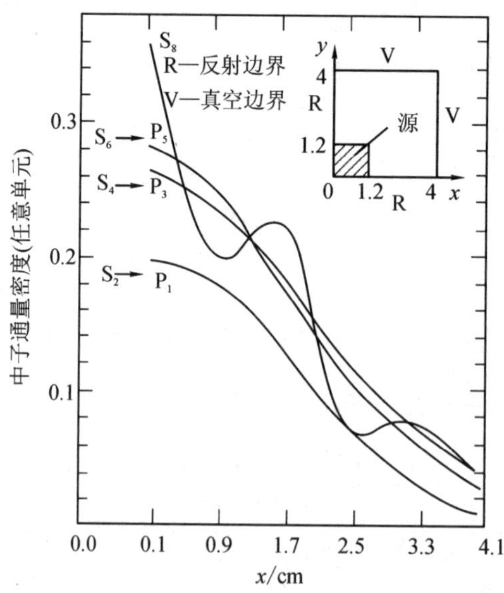

图 3-16　中子通量密度在 $y=3.9$ cm 处沿 x 方向的分布 $\phi(x,3.9\ \text{cm})$

左下端有局部源问题的计算结果。图中示出了靠近边界 $y=3.9$ cm 处的中子通量密度分布沿 x 方向的分布,这里的射线效应是最为显著的。由图中可以看到,S_8 结果仍有显著的射线效应的影响,而 $S_4\to P_3$ 或 $S_6\to P_5$ 却给出了良好的结果,已看不到射线效应的痕迹。

为了消除(减弱)射线效应所引进的虚源,式(3-174)并不是唯一的,可有多种方法引进虚源,把 S_N 方程转换成 P_L 近似。对二维 X-Y 问题,其 P_L 近似方程组有$(L+1)(L+3)/2$ 个多项式,类似地对离散 S_N 近似有 $N(N+2)/2$ 个求积点。按 S_N 的求积点数目应不少于多项式数目的要求,因而知道 S_N 方程只能和 P_{N-1} 近似或更低阶的球谐函数近似等价,即 $N\geqslant L+1$。许多经验证明经过适当选择可使 S_N 与 P_{N-1} 近似等价。关于其他形式的虚源,读者可参阅文献。

庆幸的是,在核反应堆芯部的物理计算(主要是栅元和组件计算)中,射线效应是很少发生的,其主要原因是这时的介质多数是散射性介质,其散射截面不等于零,且也很少存在孤立的线源情况,多数情况是介质内存在分布的散射源或源项,因此大大地减弱了射线效应。除个别情况外,射线效应可以不加以考虑。一般讲 S_N 方法对于一些积分量,例如栅元或组件中的反应率,堆芯的表面泄漏等的计算是精确的。

3.6　离散纵标方法应用程序

离散纵标(S_N)方法是中子输运方程数值求解的重要方法之一。数十年来各国研究设计单位已先后研究编制出许多适用于各种问题和用途的计算程序,其中一些由于其优越的计算功能已在实际计算中广泛应用,并发展成为国际通用程序。同时,这些程序发布以来,不断获得改进,并时有新版本出现。下面列举其中一些主要的程序,并概括介绍这些程序的一般功能。

(1)ANISN。这是国际上通用的一维,多群,带有一般各向异性散射的离散纵标 S_N 输运程序,可用于一维平板、球和圆柱几何的中子、γ 及中子-γ 的输运计算,主要用于反应堆物理(包括临界搜索、源问题和栅元均匀化等)和反应堆屏蔽计算。同时其可根据要求产生并输出少群(宽群)的群常数,把多群(精细群)的计算结果进行并群。这些群常数可直接提供给二维 S_N 程序 DOT 输入使用。ANISN 对边界条件、源项等可提供多种选择,截面参数输入可由配套的截面程序(TAPE-MAKER)产生,也可以宏观参数形式直接输入。它不仅能进行输运问题的直接计算,也能进行共轭问题的计算。改进版本 ONEDANT 由于改进了加速收敛方法,计算速度有很大提高。

(2)DIF-IV。这是一个多群一维(平板、圆柱、球)离散纵标 S_N 程序,其功能和 ANISN 类似。

(3)DOT。这是一个多群，二维(直角坐标和圆柱几何)的离散纵标 S_N 输运程序，主要用于中子和 γ 的输运问题，也适用于不受外部力场作用的任何粒子的输运问题。它可以考虑一般高阶的各向异性散射，用于反应堆物理和屏蔽计算。且可对边界条件、源项和临界搜索等进行多种选择，并可进行共轭问题的计算。DOT4.2 目前广泛用于屏蔽计算的中子及 γ 的深穿透问题、反应堆压力壳辐照损伤的安全分析及反应堆的屏蔽设计中。它的截面输入可应用宏观截面直接输入或利用 ANISN 的输出结果。其改进版本 TWODANT 由于采用了 DSA 加速收敛方法，计算速度有极大地提高。

(4)TWOTRAN。这是一个二维，多群离散纵标 S_N 输运程序，其功能和 DOT 系列程序相似。

离散纵标方法的主要缺点在于它需要比较大的存储单元和计算时间，这大大限制了它的应用范围，因而目前还局限在二维问题的应用中。关于三维问题及粗网格离散纵标 S_N 方法，近年来各国已陆续研制并发布了一些程序，但是都还没有像前述程序那样，达到生产性应用水平和国际通用程度。

第4章 积分输运方法

从第1章知道，中子在介质内的运动是由中子输运方程来描述的，它是一个一阶偏微分-积分方程(式(1-37))。但是，若对它沿其特征线积分便得到积分形式的输运方程(式(1-82))。这两种形式的输运方程是完全等价的。因而，从理论上讲，在反应堆物理计算中，可对上述任何一种形式的输运方程求解，其结果是等价的。但是，在多数情况下，例如前两章中所讨论的情况，都是对微分-积分方程形式的输运方程进行求解。这是因为对微分方程的近似或数值求解通常要比积分方程容易和简单得多。然而，对于某些物理问题，从积分形式输运方程求解却更为方便。例如，在研究反应堆栅元或燃料组件等复杂几何形状的非均匀系统内的中子通量密度分布等许多问题中，都广泛地采用积分形式的中子输运方程，并对它进行离散或近似求解。

通常，把以积分输运方程为依据的求解方法称为积分输运方法。其最早是由阿姆伊尔(Amouyal)、彼罗埃斯特(Benoist)和荷罗维茨(Horowitz)利用扩散理论与碰撞概率相结合的方法计算了栅元的热中子利用系数，得到了很高的精度[26]。所以，习惯上称其为碰撞概率方法。后来，积分输运方法得到了不断的改进与发展。目前，积分输运方法已成为反应堆物理计算中一种重要的方法，特别是在栅元热中子通量密度能谱分布及轻水堆燃料组件的中子通量密度分布和组件参数均匀化的计算中已被广泛地应用[27]。其优点是计算简单并能得到相对来讲比较高的精度。因为对于燃料或控制栅元，或者燃料组件这样非均匀性比较强、结构比较复杂的计算问题，应用扩散理论(P_1近似)将带来较大的误差，如果应用更高阶的球谐近似(例如P_3近似)或者其他的精确的输运方法(例如，S_N方法或蒙特卡罗方法)，计算将非常复杂并需冗长的计算时间。积分输运方法的计算时间虽较扩散理论略为长一点，但却可得到比扩散理论高得多并接近于其他精确输运理论的精度。

4.1 积分输运方法的基本原理

4.1.1 基本方程

首先，写出积分形式的中子输运方程。假设中子与原子核的散射及源中子是各向同性的，可将第1章式(1-82)改写成下列形式(见图4-1)：

$$\Sigma_t(\boldsymbol{r},E)\phi(\boldsymbol{r},E)=\int_V[q(\boldsymbol{r}',E)+S(\boldsymbol{r}',E)]P(E;\boldsymbol{r}'\to\boldsymbol{r})\mathrm{d}\boldsymbol{r}'+$$

$$\int_S\left(\frac{\boldsymbol{r}-\boldsymbol{r}_S}{|\boldsymbol{r}-\boldsymbol{r}_S|}\cdot\boldsymbol{n}^-\right)\phi^-\left(\boldsymbol{r}_S,E,\frac{\boldsymbol{r}-\boldsymbol{r}_S}{|\boldsymbol{r}-\boldsymbol{r}_S|}\right)P_S(E;\boldsymbol{r}_S\to\boldsymbol{r})\mathrm{d}S \quad (4-1)$$

式中，$q(\boldsymbol{r}',E)$为散射源项：

$$q(\boldsymbol{r}',E)=L\phi(\boldsymbol{r},E)=\int_0^\infty\Sigma_s(\boldsymbol{r};E'\to E)\phi(\boldsymbol{r},E')\mathrm{d}E' \quad (4-2)$$

$S(\boldsymbol{r},E)$项包含裂变中子源和外中子源两部分；而

$$P(E;\boldsymbol{r}'\to\boldsymbol{r})=\frac{\Sigma_t(\boldsymbol{r},E)}{4\pi|\boldsymbol{r}'-\boldsymbol{r}|^2}\times\exp[-\tau(E,\boldsymbol{r}'\to\boldsymbol{r})] \quad (4-3)$$

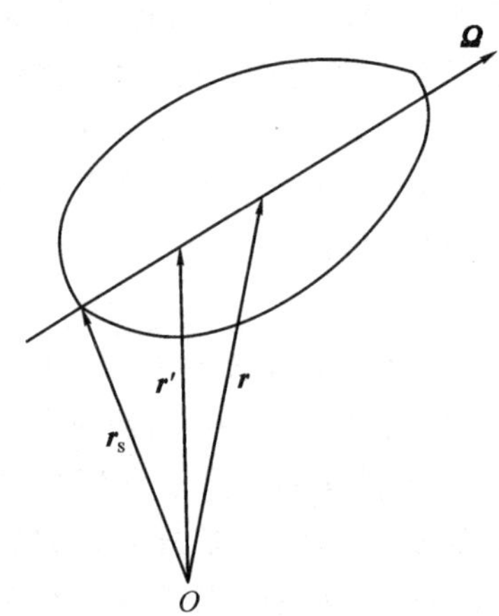

图 4-1　推导积分输运方程的径向表示

它的物理意义是在$\boldsymbol{r}'$处单位体积内产生的中子能量为E的各向同性中子在$\boldsymbol{r}$处发生首次碰撞的概率；而

$$P_S(E;\boldsymbol{r}_S\to\boldsymbol{r})=\frac{\Sigma_t(\boldsymbol{r},E)}{|\boldsymbol{r}_S-\boldsymbol{r}|^2}\exp[-\tau(E,\boldsymbol{r}_S\to\boldsymbol{r})] \quad (4-4)$$

它的物理意义是在外表面$\boldsymbol{r}_S$处入射方向为$\boldsymbol{\Omega}=\dfrac{\boldsymbol{r}-\boldsymbol{r}_S}{|\boldsymbol{r}_S-\boldsymbol{r}|}$的中子将在$\boldsymbol{r}$处发生碰撞的概率，$\tau$是以自由程为单位的距离，即

$$\tau(E,\boldsymbol{r}'\to\boldsymbol{r})=\int_0^{|\boldsymbol{r}'-\boldsymbol{r}|}\Sigma_t(l,E)\mathrm{d}l \quad (4-5)$$

其他符号都是前面出现过的习惯上使用的符号。

式(4-1)便是积分输运(碰撞概率)方法的基本方程。其如扩散近似中的扩散方程一样可用来求解介质内中子通量密度的分布$\phi(\boldsymbol{r},E)$，积分输运方法就是以其为基础来进行讨论的。从其推导过程可以看到，其仅仅对中子与原子核的散射

及源项作了各向同性的假设，对中子通量密度的角分布并没有作近似的假设，而在扩散近似中除了前面的假设外，还要求中子通量密度的角分布必须接近于各向同性分布，也就是 $\phi(\boldsymbol{r},E,\boldsymbol{\Omega})$ 按角度 $\boldsymbol{\Omega}$ 展开，可只取前两项表示（P_1 近似）即可满足要求。因此，对于强吸收性的非均匀介质，例如栅元或燃料组件等非均匀结构系统，中子通量密度的角分布的各向异性比较严重，扩散近似不适用，而从积分形式式(4-1)出发的积分输运方程，显然能比扩散近似给出更高的精度，因为其对中子通量密度角分布并没作近似假设，并不要求接近于各向同性。至于所作各向同性散射的假设，可以通过下面讨论的输运近似来加以修正。

在用积分输运方法数值求解式(4-1)时，首先把系统划分成 I 个互不相交的均匀子区 V_i，$i=1,2,\cdots,I$。$V_i=V$，$V_i\cap V_j=0$，当 $i\neq j$ 时。而外表面 S 也被分割成 M 个子表面 $S_m=1,2,\cdots,M$，$\bigcup S_m=S$。例如对于一维圆柱栅元，将其沿半径划分成 I 个同心圆环。一般在子区内介质是均匀的，或当 V_i 分得足够小时，可以认为在每一子区内截面参数等于常数或可用该区内平均数值表示。这样，将式(4-1)对子区 i 的体积积分，便得到

$$\Sigma_{t,i}\phi_i(E)V_i=\sum_{j=1}^{I}[q_j(E)P_{ij}(q_j,E)+$$
$$S_j(E)P_{ij}(S_j,E)]V_j+\sum_{m=1}^{M}J_{S_m}^{-}P_{iS_m}(\phi_S,E)\tag{4-6}$$

式中，$\phi_i(E)$ 为第 i 区的平均中子通量密度；$q_j(E)$ 和 $S_j(E)$ 分别为第 j 区的平均源项，例如

$$\phi_i(E)=\frac{1}{V_i}\int_{V_i}\phi(\boldsymbol{r},E)\mathrm{d}V\tag{4-7}$$

P_{ij} 为第 j 区内产生的一个各向同性中子不经任何碰撞到达 i 区并发生首次碰撞的概率，即

$$P_{ij}(q_j,E)=\frac{\int_{V_i}\int_{V_j}q(\boldsymbol{r}',E)P(E;\boldsymbol{r}'\to\boldsymbol{r})\mathrm{d}V'\mathrm{d}V}{\int_{V_j}q(\boldsymbol{r},E)\mathrm{d}V}\tag{4-8}$$

对 $P_{ij}(S_j,E)$ 也可以写出类似的表达式。P_{iS_m} 是以某一角分布入射到子表面 S_m 上的中子在第 i 区发生首次碰撞的概率，即

$$P_{iS_m}(\phi_S,E)=\Sigma_{t,i}(E)\int_{V_i}\mathrm{d}V\int_{S_m}\left(\frac{\boldsymbol{r}-\boldsymbol{r}_S}{|\boldsymbol{r}-\boldsymbol{r}_S|}\cdot\boldsymbol{n}^-\right)\times$$
$$\phi^-\left(\boldsymbol{r}_S,E,\frac{\boldsymbol{r}-\boldsymbol{r}_S}{|\boldsymbol{r}-\boldsymbol{r}_S|}\right)\frac{\exp[-\tau(E,\boldsymbol{r}\to\boldsymbol{r}_S)]}{|\boldsymbol{r}-\boldsymbol{r}_S|^2}\mathrm{d}S/J_{S_m}^-\tag{4-9}$$

而 $J_{S_m}^-$ 是子表面 S_m 上能量为 E 的入射中子流，即

$$J_{S_m}^-(E)=\int_{S_m}\mathrm{d}S\int_{(\boldsymbol{\Omega}\cdot\boldsymbol{n}^-)>0}(\boldsymbol{\Omega}\cdot\boldsymbol{n}^-)\phi^-(\boldsymbol{r}_S,E,\boldsymbol{\Omega})\mathrm{d}\boldsymbol{\Omega}\tag{4-10}$$

式中，n^- 为表面的单位内法线向量；积分号下$(\boldsymbol{\Omega}\cdot\boldsymbol{n}^-)>0$ 表示只对$(\boldsymbol{\Omega}\cdot\boldsymbol{n}^-)>0$ 的半球积分；$\phi^-(\boldsymbol{r}_S,E,\boldsymbol{\Omega})$表示入射中子角通量密度。

下面对方程式(4-6)作进一步的近似和简化。

(1)平源近似。P_{ij} 为积分输运方法中一个非常重要的量。从式(4-8)可以看出，首次碰撞概率 R_{ij} 与第 j 区的源中子或中子通量密度的分布有关，而它正是所要求的结果，这使问题成为一个非线性问题。为此，引进一个所谓"**平源通量密度**"的假设，即当子区划分得比较小时，可以认为在每一个子区内源中子或中子通量密度的分布等于常数。这样，首次碰撞概率的计算将大大地简化，即式(4-8)中 $P_{ij}(q_j,E)$和 $P_{ij}(S_j,E)$可以统一写为

$$P_{ij}(E)=\frac{\Sigma_{t,i}(E)}{V_j}\int_{V_i}\mathrm{d}\boldsymbol{r}\int_{V_j}\frac{\exp[-\tau(E,\boldsymbol{r}'\rightarrow\boldsymbol{r})]}{4\pi\mid\boldsymbol{r}'-\boldsymbol{r}\mid^2}\mathrm{d}\boldsymbol{r}' \tag{4-11}$$

它和子区内的中子通量密度或源的空间分布无关，仅是子区的几何和核截面的函数。因而它可以在求解方程之前独立地先行计算出来。这就给积分输运方法带来了极大的方便。同样为了简化计算，通常假设入射中子在子区表面上的空间分布是均匀的，并且它们的角分布是各向同性的，于是，P_{iS_m} 便简化为

$$P_{iS_m}(E)=\frac{\Sigma_{t,i}(E)}{\pi S_m}\int_{V_i}\mathrm{d}V\int_{S_m}\frac{(\boldsymbol{r}-\boldsymbol{r}_S)\cdot\boldsymbol{n}^-}{\mid\boldsymbol{r}-\boldsymbol{r}_S\mid^3}\exp[-\tau(E,\boldsymbol{r}\rightarrow\boldsymbol{r}_S]\mathrm{d}S \tag{4-12}$$

这样，在平源近似下，式(4-6)便得到了进一步简化。它可以写为

$$\Sigma_{t,i}(E)\phi_i(E)V_i=\sum_{j=1}^{I}[q_j(E)+S_j(E)]P_{ij}(E)V_j+\sum_{m=1}^{M}J^-_{S_m}(E)P_{iS_m}(E) \tag{4-13}$$

假设在外表面不存在入射中子流，则它便写为

$$\Sigma_{t,i}(E)\phi_i(E)V_i=\sum_{j=1}^{I}[q_j(E)+S_j(E)]P_{ij}(E)V_j \tag{4-14}$$

把式(4-14)两端各除以 $\Sigma_{t,i}V_i$，便得到有些文献中常用的表达式，即

$$\phi_i(E)=\sum_{j=1}^{I}T_{ij}(E)[q_j(E)+S_j(E)] \tag{4-15}$$

式中，

$$T_{ij}(E)=\frac{P_{ij}(E)V_j}{\Sigma_{t,i}(E)V_i}$$

通常称为迁移核。它的物理意义是，第 j 区一个各向同性源中子对第 i 区中子通量密度的贡献。

(2)多群近似。对于式(4-14)或式(4-15)的自变量 E，通常是先将其转换成离散形式，然后再对其求解。多群近似是反应堆物理计算中进行中子能量离散化

的最常用的方法。把能量区间按 $E_{max}=E_0>E_1>\cdots>E_{g-1}>E_g>\cdots>E_G=0$ 分割成 G 个“能群”区间，称之为 G 群近似。第 g 群能群宽度 $\Delta E_g=E_{g-1}-E_g$。根据通常的多群近似处理方法，将式(4-14)在每一个能群区间对 E 积分，考虑式(4-2)便得到下列多群方程：

$$\Sigma_{t,i,g}\phi_{i,g}V_i=\sum_{j=1}^{I}\left[\sum_{g'=1}^{G}\Sigma_{j,g'-g}\phi_{j,g'}+S_{j,g}\right]V_jP_{ij,g}{}^{①}$$

$$g=1,\ 2,\ \cdots,\ G \tag{4-16}$$

或

$$\phi_{i,g}=\sum_{j=1}^{I}\left[\sum_{g'=1}^{G}\Sigma_{j,g'-g}\phi_{j,g'}+S_{j,g}\right]T_{ij,g},\quad g=1,2,\cdots,G \tag{4-17}$$

式中，

$$\phi_{i,g}=\int_{\Delta E_g}\phi_i(E)\mathrm{d}E \tag{4-18}$$

$$S_{j,g}=\frac{\chi_g}{k}\sum_{g'=1}^{G}(\nu\Sigma_f)_{g',j}\phi_{j,g'}+\int_{\Delta E_g}S_i(E)\mathrm{d}E \tag{4-19}$$

$$P_{ij,g}=\frac{\Sigma_{t,i,g}}{V_j}\int_{V_i}\mathrm{d}\boldsymbol{r}\int_{V_j}\frac{\exp[-\tau_g(\boldsymbol{r}'\to\boldsymbol{r})]}{4\pi|\boldsymbol{r}'-\boldsymbol{r}|^2}\mathrm{d}\boldsymbol{r}' \tag{4-20}$$

$$T_{ij,g}=\frac{P_{ij,g}V_j}{\Sigma_{t,i,g}V_i} \tag{4-21}$$

这里所有群常数的定义都和通常分群理论中的定义一样。上述方程的物理意义是非常清楚的。式(4-16)右端方括号项表示 V_j 内单位体积内第 g 群的源中子数，因而，该式右端便表示 $j=1,\cdots,I$ 所有区间的第 g 群中子在 V_i 子区内发生首次碰撞的概率，它自然应等于 V_i 内的碰撞数 $\Sigma_{t,i,g}\phi_{i,g}$(左端)。因而，式(4-16)和式(4-17)有时称为碰撞概率形式的中子积分输运方程，它们是积分输运方法中的基本方程。所以习惯上也就常常把积分输运方法叫作碰撞概率方法。

多群常数和多区首次碰撞的概率事先可以独立求出，因而式(4-16)或式(4-17)是一个含有 $\phi_{i,g}$ 的普通线性方程组，是容易求解的。所以积分输运方法的关键问题在于多区首次碰撞概率矩阵 $(P_{ij})_g$ 的计算。这是比较复杂和耗时的事，在下面一节中将给予较详细的讨论。

4.1.2　输运近似

从前面讨论可以看出，在推导积分输运理论的基本方程式(4-13)或式(4-

① 严格地说，此处作了 $\int_{\Delta E_g}[q_j(E)+S_j(E)]\Sigma_{t,i}(E)\exp[-\tau(E,\boldsymbol{r}'-\boldsymbol{r})]\mathrm{d}E\approx\Sigma_{t,i,g}\exp[-\tau_g(\boldsymbol{r}'-\boldsymbol{r})]\int_{\Delta E_g}q_j(E)+S_j(E)]\mathrm{d}E$ 的近似。

14)的过程中，所作的最重要近似假设有两个：第一个为假定在每一区内源中子通量密度等于常数，即所谓“平源近似”；第二个假设是认为源中子及中子与原子核的散射为各向同性的。在反应堆中，源中子主要来自于裂变过程，对于裂变中子，其角分布很好地服从各向同性的假设，对于非弹性散射，基本上也与各向同性假设相差不远。但是，对于弹性散射，在实验室系统中散射角分布的各向异性就比较显著。特别是对于中子能量比较高的区域及一些轻的元素核，散射的各向异性是不容忽视而必须加以修正的。

弹性散射的微分截面(散射核)可由下式表示：

$$\begin{aligned}\Sigma_s(E' \to E;\boldsymbol{\Omega}' \cdot \boldsymbol{\Omega}) &= \Sigma_s(E')f(E' \to E;\boldsymbol{\Omega}' \cdot \boldsymbol{\Omega}) \\ &= \frac{\Sigma_s(E')}{4\pi}\sum_{l=0}^{\infty}(2l+1)f_l(E' \to E)P_l(\mu_0)\end{aligned} \tag{4-22}$$

式中，右端第一项是各向同性分量，其余 $l \geqslant 1$ 各项为各向异性散射的分量。严格地应用式(4-22)考虑散射的各向异性问题，将使计算很复杂。通常除一些屏蔽计算需要取比较多的项外，对于多数反应堆物理计算，在式(4-22)中近似取 $l=1$ (P_1 近似散射)或 $l=3$(P_3 近似散射)就足够了。但是，即使是 P_1 近似散射(线性各向异性散射)也将给计算增添相当的复杂性，尤其是对于积分输运或碰撞概率方法更是如此。散射截面中角度变量 μ_0 的出现，将使碰撞概率及其他量的计算产生许多困难。所以，通常采用比较简单的“**输运修正**”近似来代替式(4-22)。所谓输运修正，其实质是应用下列近似散射核来代替式(4-22)[28]：

$$\begin{aligned}\Sigma_s(E' \to E;\boldsymbol{\Omega}' \cdot \boldsymbol{\Omega}) = \frac{1}{4\pi}[\Sigma_s^{(0)}(E' \to E) - \\ \Sigma_s^{(1)}(E')\delta(E'-E) + \Sigma_s^{(1)}(E')\delta(E'-E)\delta(1-\boldsymbol{\Omega}' \cdot \boldsymbol{\Omega})\end{aligned} \tag{4-23}$$

式中，

$$\begin{aligned}\Sigma_s^{(0)}(E' \to E) &= \Sigma_s(E')f_0(E' \to E) \\ \Sigma_s^{(1)}(E') &= \int \Sigma_s(E')f_1(E' \to E)\mathrm{d}E = \Sigma_s(E')\bar{\mu}_0\end{aligned} \tag{4-24}$$

$\delta(1-\boldsymbol{\Omega}' \cdot \boldsymbol{\Omega})$为二维狄拉克函数，它有如下性质：

$$\int \delta(1-\boldsymbol{\Omega}' \cdot \boldsymbol{\Omega})\mathrm{d}\boldsymbol{\Omega} = 1 \tag{4-25}$$

$$\int \delta(1-\boldsymbol{\Omega}' \cdot \boldsymbol{\Omega})f(\boldsymbol{\Omega})\mathrm{d}\boldsymbol{\Omega} = f(\boldsymbol{\Omega}') \tag{4-26}$$

对于单能情况，式(4-23)简化为

$$\Sigma_s(\mu_0) \approx \frac{\Sigma_s}{4\pi}(1-\bar{\mu}_0) + \Sigma_s\bar{\mu}_0\delta(1-\bar{\mu}_0) \tag{4-27}$$

式(4-23)或式(4-27)的物理意义可以理解为把散射过程分为两个部分：第一部分是各向同性散射部分，不过其截面比原来的 $\Sigma_s^{(0)}(E' \to E)$减少了 $\Sigma_s^{(1)}(E')\delta(E'$

$-E$);第二部分为向前散射部分,其截面为 $\Sigma_s^{(1)}(E')\delta(E'-E)$。换句话说,相当于认为散射是各向同性的,各向异性散射是集中发生在向前散射($\mu_0=\boldsymbol{\Omega}\cdot\boldsymbol{\Omega}'=1$)的方向上,而且不引起能量的变化。应该指出这种假设与许多核的高能区域的弹性散射的实际角分布是符合的。图 4-2 所示为 ^{238}U 在 2.3 MeV 下弹性散射的角分布。可以看到,在所有的方向上几乎具有相等的微分截面(散射概率),各向异性散射主要集中表现在 μ_0 内接近 0.9～1.0 的小角度的向前散射的区域,这时微分截面(散射概率)有突然的增大。

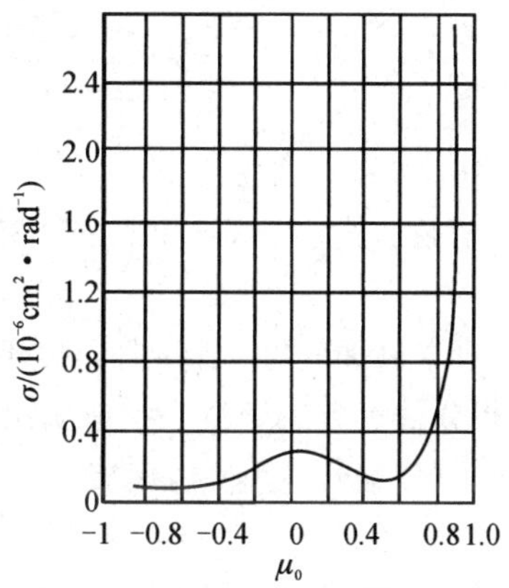

图 4-2　^{238}U 在 2.3MeV 下弹性散射的角分布

将式(4-23)代入中子输运方程(1-37)中,并利用式(4-26)的性质,便得到

$$\boldsymbol{\Omega}\cdot\nabla\phi(\boldsymbol{r},E,\boldsymbol{\Omega})+\Sigma_t\phi(\boldsymbol{r},E,\boldsymbol{\Omega})=\frac{1}{4\pi}\iint[\Sigma_s^{(0)}(\boldsymbol{r},E'\to E)-\Sigma_s^{(1)}(\boldsymbol{r},E'\to E)\delta(E'-E)]\phi(\boldsymbol{r},E',\boldsymbol{\Omega}')\mathrm{d}E'\mathrm{d}\boldsymbol{\Omega}'+\Sigma_s^{(1)}(\boldsymbol{r},E')\phi(\boldsymbol{r},E,\boldsymbol{\Omega})+S(\boldsymbol{r},E,\boldsymbol{\Omega}) \tag{4-28}$$

定义"输运截面"$\Sigma_{tr}(E)$和 Σ_{tro} 如下:

$$\Sigma_{tr}(E)=\Sigma_a(E)+\Sigma_{tro}(E)=\Sigma_a(E)+\Sigma_s(E)(1-\bar{\mu}_0) \tag{4-29}$$

$$\Sigma_{tro}(E'\to E)=\Sigma_s^{(0)}(E'\to E)-\Sigma_s^{(1)}(E')\delta(E'-E) \tag{4-30}$$

$$\Sigma_{tro}(E)=\Sigma_s(E)-\Sigma_s^{(1)}(E)=\Sigma_s(E)(1-\bar{\mu}_0) \tag{4-31}$$

则式(4-28)便可以写为

$$\boldsymbol{\Omega}\cdot\nabla\phi(\boldsymbol{r},E,\boldsymbol{\Omega})+\Sigma_{tr}\phi(\boldsymbol{r},E,\boldsymbol{\Omega})=\frac{1}{4\pi}\iint\Sigma_{tro}(E'\to E)\phi(\boldsymbol{r},E',\boldsymbol{\Omega}')\mathrm{d}E'\mathrm{d}\boldsymbol{\Omega}'+S(\boldsymbol{r},E,\boldsymbol{\Omega}) \tag{4-32}$$

如果详细地观察一下式(4-32),便会发现,它和在实验室坐标内散射为各向同性时的中子输运方程的形式一样,差别只是散射截面 $\Sigma_s(E)$用 $\Sigma_{tro}(E)$替换而已,其散射核为

$$\Sigma_s(E' \to E, \mu_0) = \frac{1}{4\pi}\Sigma_{tro}(E' \to E) \tag{4-33}$$

因而应用“输运近似”，以式(4-30)和式(4-31)分别替换中子输运方程中的散射截面 $\Sigma_s(E' \to E)$ 和 $\Sigma_s(E)$，就相当于把中子输运方程转换成散射为各向同性的情况来处理。

应用多群近似处理时，式(4-30)和式(4-31)具有下列形式：

$$\Sigma_{tro,g} = \Sigma_{s,g}(1 - \bar{\mu}_{0,g}) = \Sigma_{s,g} - \Sigma_{s1,g}$$

$$\Sigma_{g-g'} = \begin{cases} \Sigma_{s,g-g} - \Sigma_{s,g}\bar{\mu}_{0,g} = \Sigma_{s,g-g} - \Sigma_{a1,g}, & g' = g \\ \Sigma_{s,g-g'}, & g \neq g' \end{cases} \tag{4-34}$$

$$\Sigma_{tr,g} = \Sigma_{a,g} + \Sigma_{tro,g} = \Sigma_{a,g} + \Sigma_{s,g}(1 - \bar{\mu}_{0,g}) \tag{4-35}$$

式中，$\bar{\mu}_{0,g}$ 为散射角的平均余弦。式(4-34)和式(4-35)通常称为输运多群近似的输运截面。

计算的实际经验表明，对于许多问题，当各向异性不太强烈时，输运近似能给出满意的结果。目前它在积分输运方法中被广泛地应用，也就是说，为了对散射各向同性假设近似地修正，在积分输运理论中，用式(4-30)和式(4-31)来代替 $\Sigma_s(E' \to E)$ 和 $\Sigma_s(E)$。

4.2 中子飞行首次碰撞概率的计算

从方程式组(4-16)可以看到，在应用积分输运方法时，其计算工作量主要是下面两部分：

(1)计算中子飞行首次碰撞概率矩阵 $\boldsymbol{P}(P_{i,j}, i=1,2,\cdots,I, j=1,\cdots,J)$。

(2)线性方程组(4-16)的迭代求解。其中尤以首次碰撞概率矩阵 $\boldsymbol{P}(P_{i,j})$ 的计算最为复杂和耗时，几乎要占问题计算时间的绝大部分，因而可以说，首次碰撞概率的计算是积分输运方法的核心与关键。它的解决将为积分输运方法的应用提供先决条件。本节将讨论首次碰撞概率的计算。

在普遍情况下，首次碰撞概率的计算公式如式(4-20)所示。它和第 i,j 两区的几何图形、相对位置和材料特性等密切相关。对于复杂形状的任意情况，不可能求出其具体的通用表达式。下面讨论在反应堆物理计算中经常遇到的二维柱状系统中首次碰撞概率 P_{ij} 和 P_{is} 等概率的计算。由此不难推广到其他形状的任意系统中去。

4.2.1 二维多柱系统间的中子首次碰撞概率

考虑图 4-3 所示横截面为任意凸形的无限长的二维多柱系统，用普遍的方法计算从柱体 j 内产生的一个各向同性中子到达柱体 i 内发生首次碰撞的概率 P_{ij}[29]。

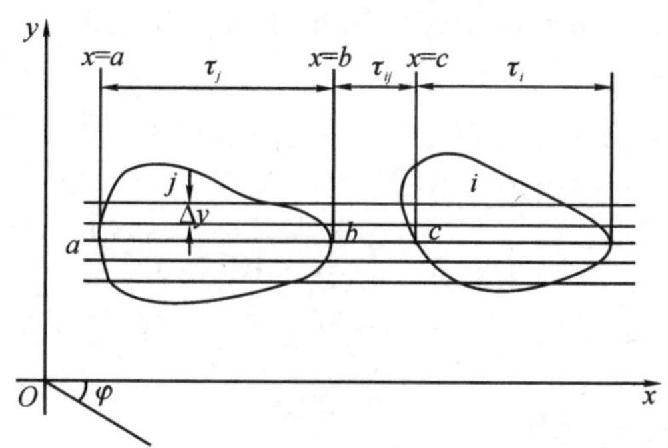

图 4-3　二维多柱系统的 P_{ij} 计算

在讨论之前，首先考虑从一个无限长线源 l_j 上(见图 4-4)，在辐角为 φ，极角 θ 从 O 到 π 方向上各向同性发出的一个中子，穿过垂直距离 τ(以平均自由程为单位的光学距离)未经碰撞到达 l_i 上的概率 $P(\tau)$。从图 4-4 可知，在辐角 φ 的 $\mathrm{d}\varphi$ 和 $\mathrm{d}\theta$ 角度内发射的中子数正比于立体角 $\sin\theta\mathrm{d}\theta\varphi$，从 j 点发出的中子未经碰撞到达 i 点的概率为 $\exp(-\tau/\sin\theta)$。因此平均概率 $P(\tau)$ 为

$$P(\tau)=\int_0^{\pi}\exp(-\tau/\sin\theta)\sin\theta\mathrm{d}\theta\Big/\int_0^{\pi}\sin\theta\mathrm{d}\theta$$
$$=\frac{1}{2}\int_0^{\pi}\exp(-\tau/\sin\theta)\sin\theta\mathrm{d}\theta \tag{4-36}$$

令 $\cosh u=(\sin\theta)^{-1}$，式(4-36)便可化成更为常用的形式，即

$$P(\tau)=\int_0^{\infty}\exp(-\tau\cosh u)\times\cosh^{-2}u\mathrm{d}u=\mathrm{Ki}_2(\tau) \tag{4-37}$$

式中，$\mathrm{Ki}_2(\tau)$为二阶比克利-内勒(Bickley-Nayler)函数[30]。

$$\mathrm{Ki}_n(x)=\int_0^{\infty}\exp(-x\cosh u)\cosh^{-n}u\mathrm{d}u \tag{4-38}$$

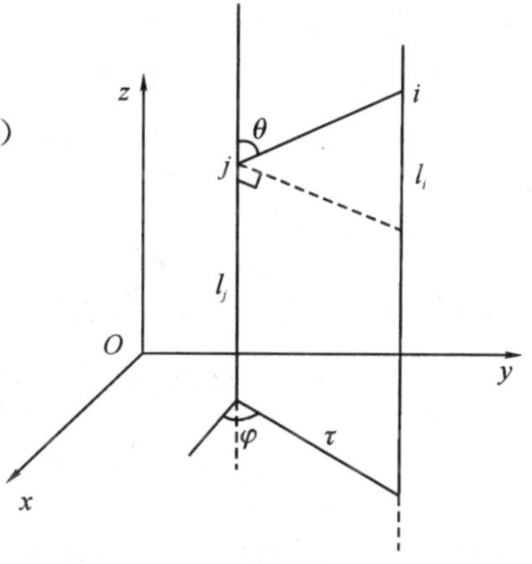

图 4-4　$P(\tau)$的计算

下面回到讨论 P_{ij} 的计算。这样选取 xOy 直角坐标系，使 x 轴与中子飞行方向 $\boldsymbol{\Omega}$ 在 xOy 平面上的投影 $\boldsymbol{\Omega}_{xy}$ 平行(见图 4-3)，并假设 x 轴和某一固定参考方向轴的夹角为 φ。作一组与 x 轴平行的平行线与柱体 j、i 相交。因此，在 V_j 内沿线 ab 上某 x 点发射的一个各向同性中子不经任何碰撞到达 V_i 边界 $x=c$ 处的概率，根

据式(4-37)为 $\mathrm{Ki}_2(\Sigma_{t,j}(b-x)+\tau_{ij})$，因此，该中子穿出 V_i 之前在 V_i 体内发生首次碰撞的概率便等于

$$P_{ij}(x,y,\varphi)=\mathrm{Ki}_2[\Sigma_{t,j}(b-x)+\tau_{ij}]-\mathrm{Ki}_2[\Sigma_{t,j}(b-x)+\tau_{ij}+\tau_i]$$

对 ab 上所有 x 平均，并利用积分公式

$$\int \mathrm{Ki}_2(x)\mathrm{d}x=-\mathrm{Ki}_3(x)$$

便得到

$$\begin{aligned}P_{ij}(y,\varphi)&=\frac{1}{h(y)}\int_a^b P(x,y,\varphi)\mathrm{d}x\\&=(\Sigma_{t,j}h(y))^{-1}[\mathrm{Ki}_3(\tau_{ij})-\mathrm{Ki}_3(\tau_{ij}+\tau_j)-\mathrm{Ki}_3(\tau_{ij}+\tau_i)+\\&\quad\mathrm{Ki}_3(\tau_{ij}+\tau_i+\tau_j)]\end{aligned}\tag{4-39}$$

式中，$h(y)$为 ab 的弦长。最后，对所有与柱体 j 相交的 y 值和 φ 平均之后得到 j 柱体内均匀各向同性产生的一个中子在 i 区内发生首次碰撞的概率 P_{ij} 为

$$\begin{aligned}P_{ij}&=\int_0^{2\pi}\mathrm{d}\varphi\int h(y)P_{ij}(y,\varphi)\mathrm{d}y\Big/\int_0^{2\pi}\mathrm{d}\varphi\int h(y)\mathrm{d}y\\&=\frac{1}{2\pi\Sigma_{t,j}V_j}\int_0^{2\pi}\mathrm{d}\varphi\int[\mathrm{Ki}_3(\tau_{ij})-\mathrm{Ki}_3(\tau_{ij}+\tau_j)-\mathrm{Ki}_3(\tau_{ij}+\tau_i)+\\&\quad\mathrm{Ki}_3(\tau_{ij}+\tau_i+\tau_j)]\mathrm{d}y\end{aligned}\tag{4-40}$$

式中，$V_j=\int h(y)\mathrm{d}y$ 是柱体 j 的横截面积；同时注意所有路径长度 τ_{ij}、τ_i 和 τ_j 都是 y 和 φ 的函数。

根据定义知，当 $i=j$ 时有

$$P_{jj}(x,y,\varphi)=1-\mathrm{Ki}_2[\Sigma_{t,j}(h-x)]$$

因而

$$P_{jj}(y,\varphi)=1-(\Sigma_{t,j}h)^{-1}[\mathrm{Ki}_3(0)-\mathrm{Ki}_3(\tau_j)]$$

同样对所有 y 值和 φ 平均，便得到

$$\begin{aligned}P_{jj}&=(2\pi V_j)^{-1}\int_0^{2\pi}\mathrm{d}\varphi\int h(y)P_{jj}(y,\varphi)\mathrm{d}y\\&=1-(2\pi V_j\Sigma_{t,j})^{-1}\int_0^{2\pi}\mathrm{d}\varphi\int[\mathrm{Ki}_3(0)-\mathrm{Ki}_3(\tau_j)]\mathrm{d}y\end{aligned}\tag{4-41}$$

上面计算首次碰撞概率 P_{ij} 的方法通常称为平行线切割方法。

平行线切割方法是计算碰撞概率常用的数值方法。除可计算 P_{ij} 外，其也可用于计算其他概率，如体-面穿透概率 P_{Si} 和面-面穿透概率 $P_{S_nS_m}$ 等。P_{Si} 的定义是在体内第 i 区均匀产生的各向同性中子，未经碰撞从表面 S 逸出体外的概率。从图 4-5 可知，在给定辐角 φ 下，从某点(x,y)上，中子未经碰撞逸出 S 的概率 $P_{Si}(x,y,\varphi)=\mathrm{Ki}_2[\Sigma_{ti}(a-x)+\tau_{is}]$，因而求得

$$P_{Si}=\frac{1}{2\pi}\int_{0}^{2\pi}\mathrm{d}\varphi\int\mathrm{d}y\int P_{Si}(x,y,\varphi)\mathrm{d}x$$
$$=\frac{1}{2\pi\Sigma_{\mathrm{t},i}V_i}\int_{0}^{2\pi}\mathrm{d}\varphi\int[\mathrm{Ki}_3(\tau_{iS})-\mathrm{Ki}_3(\tau_{iS}+\tau_i)]\mathrm{d}y \tag{4-42}$$

式中，τ_{iS} 为自区域 i 到某表面 S 间的光学距离。

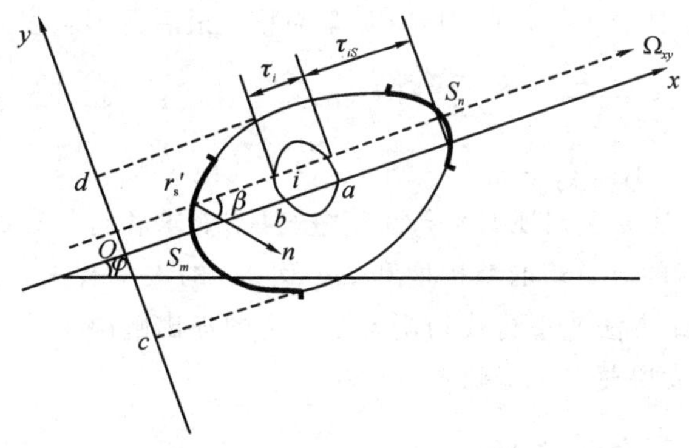

图 4-5　P_{Si} 位及 $P_{S_nS_m}$ 的计算

另外，$P_{S_nS_m}$ 的定义为一个各向同性入射到系统子表面 S_m 上的中子未经碰撞到达 S_n 的穿透概率。根据定义，它的一般表达式为

$$P_{S_nS_m}=\frac{1}{\pi S_m}\int_{S_m}\mathrm{d}S\int_{(\boldsymbol{\Omega}\cdot\boldsymbol{n}^-)>0}(\boldsymbol{\Omega}\cdot\boldsymbol{n}^-)\exp[-\tau(\boldsymbol{r}'_S\to\boldsymbol{r}_S)]\mathrm{d}\boldsymbol{\Omega} \tag{4-43}$$

式中，$\tau(\boldsymbol{r}'_S\to\boldsymbol{r}_S)$是从子表面 S_m 上，$\boldsymbol{r}'_S$ 点到 S_n 子表面 $\boldsymbol{r}_S$ 点的中子光学距离。从图 4-5 可知

$$\mathrm{d}\boldsymbol{\Omega}=\sin\theta\mathrm{d}\theta\mathrm{d}\varphi$$
$$(\boldsymbol{\Omega}\cdot\boldsymbol{n}^-)=\sin\theta\cos\beta$$
$$\mathrm{d}S=\mathrm{d}y/\cos\beta$$

式中，θ 是 $\boldsymbol{\Omega}$ 与 z 轴的夹角；β 是 $\boldsymbol{\Omega}_{xy}$ 与表面 S_m 内法线 $\boldsymbol{n}$ 的夹角。将上面关系式代入式(4-43)，得到

$$P_{S_nS_m}=\frac{1}{\pi S_m}\int_{0}^{2\pi}\mathrm{d}\varphi\int\mathrm{d}y\int_{0}^{\pi}\sin^2\theta\exp[-\tau(r'_S\to r_S)/\sin\theta]\mathrm{d}\theta$$
$$=\frac{2}{\pi S_m}\int_{0}^{2\pi}\mathrm{d}\varphi\int\mathrm{Ki}_3[\tau(r'_S\to r_S)]\mathrm{d}y \tag{4-44}$$

式中，r'_S 和 r_S 分别为 $\boldsymbol{r}'_S$ 和 $\boldsymbol{r}_S$ 的端点在 xOy 平面上的投影，$\tau(r'_S\to r_S)$是光学距离 $\tau(\boldsymbol{r}_S\to\boldsymbol{r}_S)$在 xOy 平面上的投影。

按照式(4-40)～式(4-44)计算 P_{ij} 等概率的过程大致如下：在 xOy 平面上作一组与某固定参考方向夹角等于 φ 的平行线，平行线间隔为 Δy。当然，Δy 是允许根据需要改变的。对于第 i 区和第 j 区都相交的每一根平行线(相当于中子飞行路程投影)分别求出其中子光学距离 τ_i、τ_{ij} 和 τ_j 等。这样,一组平行线所表示的中子飞行路程对 P_{ij} 概率的贡献便等于(参见式(4-40))

$$\frac{\Delta\varphi\Delta y}{2\pi\Sigma_{t,j}V_j}[\mathrm{Ki}_3(\tau_{ij})+\mathrm{Ki}_3(\tau_{ij}+\tau_i+\tau_j)-\mathrm{Ki}_3(\tau_{ij}+\tau_j)-\mathrm{Ki}_3(\tau_{ij}+\tau_i)]$$

对所有平行线求和,然后再将这组平行线绕 O 点旋转一个角度增量 $\Delta\varphi$,重复上述过程,直到包括了对 P_{ij} 有贡献的所有 φ 角为止。最后得到求积公式

$$P_{ij}=\frac{1}{2\pi\Sigma_{t,j}V_i}\sum_m\sum_n[\mathrm{Ki}_3(\tau_{ij})+\mathrm{Ki}_3(\tau_i+\tau_{ij}+\tau_j)-\mathrm{Ki}_3(\tau_i+\tau_{ij})-\mathrm{Ki}_3(\tau_{ij}+\tau_j)]\Delta y_n\Delta\varphi_m \tag{4-45}$$

式中,求和符号处的 n 是对所有平行线组进行的,而求和符号处的 m 则表示是对所有转角 φ_m 进行的。计算的精确度和 Δy 及 $\Delta\varphi$ 的大小有关。上面的计算方法通常称为平行线组方法或平行线切割方法。它的提出解决了 P_{ij} 计算的难题,为积分输运方法的发展奠定了基础。

4.2.2 互易关系式

在中子输运理论和扩散理论中都存在着"互易关系"(或互易定理)。其可以把 $\boldsymbol{r}_1$ 处的源在 $\boldsymbol{r}_2$ 处产生的中子通量密度与 $\boldsymbol{r}_2$ 处的源在 $\boldsymbol{r}_1$ 处产生的中子通量密度联系起来。与互易关系相对应的便是反应互易关系的互易关系式,同样可以证明,在中子飞行首次碰撞概率 P_{ij}、P_{iS} 和首次穿透概率 P_{Si} 以及 P_{S_n,S_m} 中也存在着互易关系式。利用互易关系式,不仅可以减少计算这些概率的工作量,而且可用于校验这些概率计算的正确性和准确性。因此,它是碰撞概率方法中经常使用的重要关系。

(1)P_{ij} 与 P_{ji} 之间的互易关系。中子首次碰撞概率 P_{ij} 由式(4-11)和式(4-20)确定。由于中子路程的光学长度 $\tau(\boldsymbol{r}'\to\boldsymbol{r})=\tau(\boldsymbol{r}-\boldsymbol{r}')$,因而在上述两个公式中交换积分次序后其积分值不变。这样,自然便得到互易关系式(4-46):

$$V_j\Sigma_{t,j}P_{ij}=V_i\Sigma_{t,i}P_{ji} \tag{4-46}$$

事实上,由式(4-40)也可以很容易地直接推出互易关系式(4-46)。这里,为简便起见,已把能量 E 或能群 g 的标号略去。

最后,应该指出,尽管式(4-11)是在平源近似和各向同性源中子的假设条件下得到的,但是可以证明,对于一般情况下,互易关系式(4-46)仍然成立[31]。

这样,在计算概率 P_{ij} 时,只需要计算 $i\geqslant j$ 的 P_{ij} 数值就可以了。而 $i<j$ 的 P_{ij} 值可以由式(4-46)求得,这样可以省去一半工作量。

(2)R_{iS} 与 P_{Si} 之间的互易关系。均匀和各向同性入射到系统子表面 S_m 上的中子,在第 i 子区内发生首次碰撞的概率 P_{iS_m} 由式(4-12)确定。另一方面,系统第 i 子区内均匀和各向同性产生的一个中子,未经碰撞到达或穿过子表面 S_m 的

穿透概率 $P_{S_m i}$ 可定义为

$$P_{S_m i}=\frac{1}{V_i}\int_{V_i}\mathrm{d}V\int_{S_m}\frac{(\boldsymbol{r}_S-\boldsymbol{r})\cdot\boldsymbol{n}^+}{4\pi\,|\,\boldsymbol{r}_S-\boldsymbol{r}\,|^3}\exp[-\tau(\boldsymbol{r}_S\rightarrow\boldsymbol{r})]\mathrm{d}S \qquad (4-47)$$

式中，$\boldsymbol{n}^+$ 为 S_m 的外法线单位向量。由于

$$(\boldsymbol{r}-\boldsymbol{r}_S)\cdot\boldsymbol{n}^-=(\boldsymbol{r}_S-\boldsymbol{r})\cdot\boldsymbol{n}^+$$

$$\tau(\boldsymbol{r}\rightarrow\boldsymbol{r}_S)=\tau(\boldsymbol{r}_S\rightarrow\boldsymbol{r})$$

因此，由式(4-12)和式(4-47)便得到

$$\Sigma_{\mathrm{t},i}V_iP_{S_m i}=\frac{S_m}{4}P_{iS_m} \qquad (4-48)$$

由此可以导出，对于整个系统表面有

$$\Sigma_{\mathrm{t},i}V_iP_{Si}=\frac{S}{4}P_{iS} \qquad (4-49)$$

式中，

$$S=\sum_{m=1}^{M}S_m$$

(3)$P_{S_nS_m}$ 与 $P_{S_mS_n}$ 之间的互易关系。均匀各向同性入射到系统子表面 S_m 上的中子未经碰撞到达(或穿过)子表面 S_n 的概率 $P_{S_nS_m}$ 由式(4-42)确定，由于 $\mathrm{d}\boldsymbol{\Omega}=\boldsymbol{\Omega}\mathrm{d}S/|\boldsymbol{r}_{S_n}-\boldsymbol{r}_{S_m}|^2$，因而

$$P_{S_nS_m}=\frac{1}{\pi S_m}\int_{S_m}\mathrm{d}S_m\int_{S_n}\frac{[(\boldsymbol{r}_{S_n}-\boldsymbol{r}_{S_m})\cdot\boldsymbol{n}_m^-][(\boldsymbol{r}_{S_n}-\boldsymbol{r}_{S_m})\cdot\boldsymbol{n}_n^+]}{|\,\boldsymbol{r}_{S_m}-\boldsymbol{r}_{S_n}\,|^4}\times$$
$$\exp[-\tau(\boldsymbol{r}_{S_m}\rightarrow\boldsymbol{r}_{S_n})]\mathrm{d}S_n \qquad (4-50)$$

另一方面

$$P_{S_mS_n}=\frac{1}{\pi S_n}\int_{S_n}\mathrm{d}S_n\int_{S_m}\frac{[(\boldsymbol{r}_{S_m}-\boldsymbol{r}_{S_n})\cdot\boldsymbol{n}_n^-][(\boldsymbol{r}_{S_m}-\boldsymbol{r}_{S_n})\cdot\boldsymbol{n}_m^+]}{|\,\boldsymbol{r}_{S_n}-\boldsymbol{r}_{S_m}\,|^4}\times$$
$$\exp[-\tau(\boldsymbol{r}_{S_n}\rightarrow\boldsymbol{r}_{S_m})]\mathrm{d}S_m \qquad (4-51)$$

交换积分次序并比较各积分项，发现式(4-50)和式(4-51)的积分式是相同的，因此得到

$$S_mP_{S_nS_m}=S_nP_{S_mS_n} \qquad (4-52)$$

这是面-面中子首次飞行穿透概率的互易关系式。

(4)守恒关系。对于在第 i 区内均匀和各向同性产生的一个中子，其首次碰撞概率有下列守恒关系式：

$$\sum_{j=1}^{I}P_{ji}+\sum_{m=1}^{M}P_{S_m i}=1 \qquad (4-53)$$

对于均匀各向同性入射到系统某一子表面 S_m 上的一个中子，其首次碰撞概率满足

$$\sum_{i=1}^{I} P_{iS_m} + \sum_{n=1}^{M} P_{S_n S_m} = 1 \tag{4-54}$$

上述两个守恒关系式在计算中常用以校验概率计算的正确性和对所求得的首次碰撞概率进行归一。

4.3 一维圆柱栅元内中子空间能量分布的计算

积分输运(碰撞概率)方法应用得最早和最广泛的要算核反应堆物理设计中的栅元计算。

对反应堆栅元内中子空间-能量分布的正确了解,对于热中子反应堆物理计算来说具有非常重要的意义。因为计算中的许多参量,例如群常数及自屏因子等都和栅元中的中子空间-能量分布密切地联系着,所以,栅元内中子空间-能量分布的计算目前几乎已成为反应堆物理设计程序包中参数均匀化的一个不可缺少的重要程序之一。

由于栅元结构强烈的非均匀性,给中子扩散理论带来较大的误差,而往往必须借助一些更精确的求解中子输运方程的方法求解。在这些方法中,积分输运方法在实际中获得了最广泛的应用。它的主要优点是既具有高的精确度而计算又较同精度的其他方法(例如 S_N 方法)简单,因而目前许多国家都应用这一方法来计算栅元中的热中子谱。

4.3.1 基本方程

1. 等效栅元及边界条件

反应堆栅格通常是由正方形或正六角形栅元组成的无限栅格,因而这是一个二维问题,计算繁琐而且耗时,尤其是作多群计算时这个缺点更为突出。为了简化计算,通常把实际边距为 a 的正方形或正六角形栅元等效成一个栅元面积相等的圆柱栅元(见图 4-6),等效栅元的半径 R 为

$$R = a/\sqrt{\pi} = 0.564\ 91a \quad \text{正方形栅元} \tag{4-55}$$

$$R = a/\sqrt{\sqrt{3}/2\pi} = 0.525\ 04a \quad \text{正六角形栅元} \tag{4-56}$$

这种近似称为维格纳-赛茨(Wigner-Seitz)近似或等效圆柱栅元近似。这样,便把问题简化为一维问题。实践表明,只要合理地选择边界条件,这种近似的计算结果是令人满意的。

在维格纳-赛茨近似中,应用一等效圆柱边界来代替原来的正方形或六角形边界,因而必须在圆柱栅元边界上规定适当的边界条件,尽量正确地反映中子在栅格内的运动情况。对于一般无限栅格情况,最基本的要求自然是在栅元边界上净中

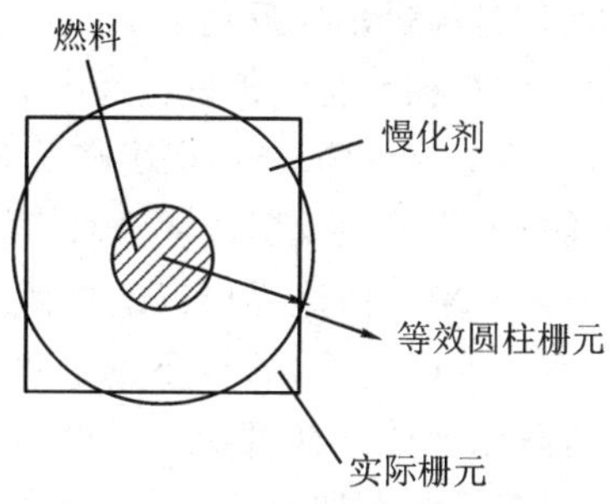

图 4-6　栅元组成和等效圆柱栅元

子流应等于零，即穿出栅元边界的中子数应等于进入栅元的中子数。同时希望所规定的边界条件能够近似地反映中子在无限栅格内穿过各栅元的飞行径迹。首先自然想到应用“镜反射”边界条件，这是指以 α 角入射到栅元边界上的中子，如与光线在镜面上反射一样，以相等的出射角 α 反射回来(见图 4-7)，用数学公式表示可写为

$$\phi(\boldsymbol{r},\mu,\psi)=\phi(\boldsymbol{r}-\mu,\pi-\psi)$$

式中，μ 为 $\boldsymbol{\Omega}$ 与 z 轴的夹角余弦。在一个正方形栅元(实际栅元)内，镜反射边界条件下中子的飞行路径 $ABCD$(见图 4-7(b))与中子在无限栅格内的飞行路径是完全等价的。初看起来，把实际栅元的镜反射边界条件应用于等效圆柱栅元的圆柱边界上似乎应是合理的。但遗憾的是，计算结果与实验数据的比较表明，采用镜反射边界条件时，栅元圆柱化所形成的误差是显著的，而且不可忽视。它使计算所得到的慢化剂内的中子通量密度值偏高，即过高地估计了慢化剂的不利因子，通常误差可以达到 2%以上。尤其是对于像铀-水栅这样的稠密栅格，其误差更为显著。这个现象的可能原因之一可以从图 4-7 中看出，在镜反射边界条件下，中子在等效圆柱栅元内在 B 点入射到边界，如果在运动路程中它不与燃料棒相遇，则它将沿边界连续反射而没有可能和燃料发生碰撞；反之，在正方形栅元内中子经边

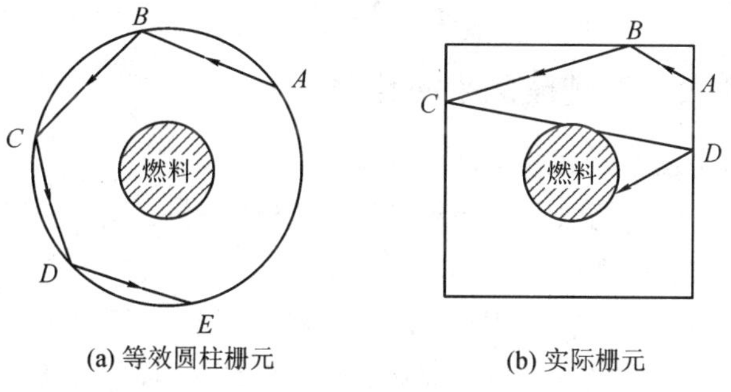

(a) 等效圆柱栅元　　(b) 实际栅元

图 4-7　镜反射边界条件下的中子路径

界反射后即使不与燃料相遇，但是经过多次反射后总有一定概率与燃料棒相遇。因此，在镜反射边界条件下，等效圆柱栅元将使得慢化剂内的中子通量密度偏高[32]。

为了避免圆柱化的误差，荷尼克(Honeck)提出在等效圆柱栅元边界上应采用白边界条件(或各向同性反射)来代替镜反射边界条件[32]，即认为中子到达边界后是接近各向同性地返回到栅元中来。白边界可以这样得到：首先计算黑边界(真空边界，即到达边界处的中子不再返回栅元)条件下的结果，然后认为逸出栅元的中子将全数各向同性地返回到栅元来计算其贡献。白边界条件也可以通过下面简易而直观的方法来达到：在等效栅元外面加上一层适当厚(约3个中子平均自由程以上)的质量为无限大的纯散射($\Sigma_a=0$)介质层，而在附加层外边界则仍用镜反射边界条件，这时由栅元进入附加层的中子在附加层内经过若干次碰撞以后返回栅元时便近乎各向同性了。

实际表明，白边界条件下的等效圆柱栅元的计算结果是令人满意的，它与实验及精确的蒙特卡罗法的计算结果符合得很好。因此它已成为反应堆栅元计算的常用边界条件。

2. 等效栅元基本方程

为了数值求解，将等效栅元沿半径按 $0<r_1<\cdots<r_i<\cdots<r_I=R$ 分成 I 个同心环区，在每个区内，宏观截面等于常数。这样，对于栅元边界净流等于零的等效圆柱栅元，第 i 区碰撞概率形式的中子输运方程根据式(4-17)为

$$\phi_{i,g}=\sum_{j=1}^{I}T_{ij,g}\left[\sum_{g'=1}^{G}\Sigma_{j,g'\to g}\phi_{j,g'}+S_{j,g}\right],\quad i=1,\cdots,I;\quad g=1,\cdots,G \tag{4-57}$$

式中，

$$S_{j,g}=\frac{\chi_g}{k_\infty}\sum_{g'=1}^{G}(\nu\Sigma_f)_{j,g'}\phi_{j,g'} \tag{4-58}$$

这是一个 $I\times G$ 阶的线性方程组，可用矩阵形式表示为

$$\boldsymbol{\phi}=\boldsymbol{A\phi}+\boldsymbol{S} \tag{4-59}$$

4.3.2 栅元首次碰撞概率的计算

1. 黑色边界圆柱系统的首次碰撞概率

在这一节中，将利用式(4-40)和平行线切割思想来计算等效圆柱栅元中各向同性圆柱壳区的首次碰撞概率 P_{ij}。

设一维孤立等效圆柱栅元由 I 层同心圆柱层组成，如图4-8所示。为了方便，不妨先讨论栅元外边界($r=r_I$)为真空边界的情况，即认为中子穿过 r_I 边界后不再返回栅元内。第 i 层圆柱壳区的内、外半径分别为 r_{i-1} 和 r_i，总截面为 $\Sigma_{t,i}$，取 xOy 坐标系如图4-8所示，并沿 x 轴方向作一组平行线，讨论从第 j 区各向同

性产生的中子在第 i 区发生首次碰撞的概率 P_{ij}。下面先讨论 $i \geqslant j$ 情况下的 P_{ij} 的计算。对于 $i<j$ 情况下的 P_{ij} 可以应用前面介绍的互易关系求得。

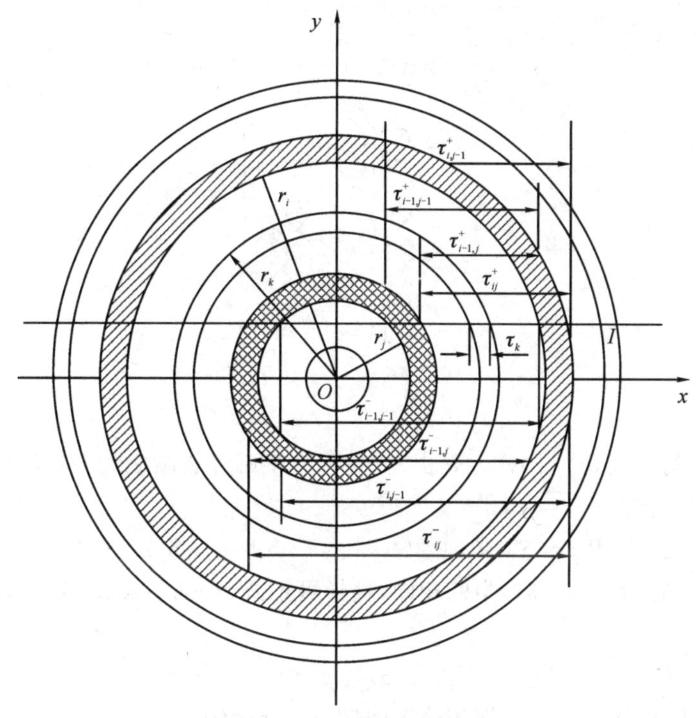

图 4-8　同心圆柱层 P_{ij} 的计算

由于同心圆柱对参考方向 φ 角的对称性，因此式(4-40)中对角度 φ 的积分平均便不需要，同时积分号前的因子$\dfrac{1}{2\pi}$也就不出现了。考虑到图形的对称性，对 y 的积分也只需对 $y>0$ 的上半平面进行，然后把所得的结果乘 2 就可以了。

由图 4-8 可以看出，从第 j 区到第 i 区的首次碰撞概率可由两个部分组成：一部分是 $x>0$ 的右半圆环的贡献，另一部分是 $x<0$ 的左半圆环的贡献。这样，根据式(4-40)，采用图 4-8 中的符号表示，有

右半部概率：

$$\frac{2}{\Sigma_{\mathrm{t},j} V_j}\int_0^{r_i}\left[\mathrm{Ki}_3(\tau^{+}_{i-1,j})-\mathrm{Ki}_3(\tau^{+}_{i-1,j-1})-\mathrm{Ki}_3(\tau^{+}_{ij})+\mathrm{Ki}_3(\tau^{+}_{i,j-1})\right]\mathrm{d}y$$

左半部概率：

$$\frac{2}{\Sigma_{\mathrm{t},j} V_j}\int_0^{r_i}\left[\mathrm{Ki}_3(\tau^{-}_{i-1,j-1})-\mathrm{Ki}_3(\tau^{-}_{i-1,j})-\mathrm{Ki}_3(\tau^{-}_{i,j-1})+\mathrm{Ki}_3(\tau^{-}_{ij})\right]\mathrm{d}y$$

以上两式中，上标“－”“＋”分别表示左、右两半部的中子路程的区分，把左、右两半

部相加，便得到

$$V_{tj}V_jP_{ij}=2(S_{i-1,j-1}-S_{i,j-1}-S_{i-1,j}+S_{ij}) \tag{4-60}$$

式中，

$$S_{ij}=\int_0^{r_i}[\mathrm{Ki}_3(\tau_{ij}^-)-\mathrm{Ki}_3(\tau_{ij}^+)]\mathrm{d}y \tag{4-61}$$

$$\left.\begin{aligned}\tau_{ij}^+&=\sum_{k=j+1}^{i}\tau_k\\ \tau_{ij}^-&=\sum_{k=1}^{i}\tau_k+\sum_{k=1}^{j}\tau_k\end{aligned}\right\} \tag{4-62}$$

而

$$\tau_k=\Sigma_{t,k}(x_k-x_{k-1}) \tag{4-63}$$

$$x_k=\begin{cases}(r_k^2-y^2)^{1/2}, & r_k\geqslant y\\ 0, & r_k<y\end{cases} \tag{4-64}$$

对 $i=j$ 的情况，P_{ij} 同样也是由左、右两个半圆环贡献之和，将式(4-41)整理便可得到

$$\Sigma_{t,j}V_jP_{jj}=\Sigma_{t,j}V_j+2(S_{j-1,j-1}-S_{j,j-1}-S_{j-1,j}+S_{jj}) \tag{4-65}$$

式中的 S_{jj} 定义和式(4-61)中的相同，这样可把式(4-60)和式(4-65)用下面通式表示：

$$P_{ij}=\delta_{ij}+2(\Sigma_{t,j}V_j)^{-1}(S_{i-1,j-1}-S_{i,j-1}-S_{i-1,j}+S_{ij}) \tag{4-66}$$

通常在求 S_{ij} 的积分时，把积分区间$(0,r_i)$分成$(0,r_1)$，(r_1,r_2)，…，(r_{i-1},r_i)等若干个子区间的积分之和，即

$$\int_0^{r_i}[\;]\mathrm{d}y=\sum_{k=1}^{n}\int_{r_{k-1}}^{r_k}[\;]\mathrm{d}y \tag{4-67}$$

而对每个子区间(r_{i-1},r_i)内的积分可以采用高斯求积公式计算。通常作栅元计算时，采用两点高斯求积公式其精度就可满足要求，中子通量密度的最大误差不超过 1%。为提高精度，也可采用 5 点高斯求积公式。

这样，便求出了 $i\geqslant j$ 时各区的首次碰撞概率 P_{ij}。而对于 $i<j$ 的 P_{ij} 值则可以由 P_{ij} 与 P_{ji} 之间的互易关系式求出。

计算 P_{ij} 时最耗时的便是 $\mathrm{Ki}_3(x)$函数的计算。从式(4-60)和式(4-61)中可以看到，在一个 P_{ij} 计算中就需要作近百次的 $\mathrm{Ki}_3(x)$函数的计算。假设栅元分成 10 个子区，应用 30 个能群，则约需作 $10^4\sim10^6$ 次 $\mathrm{Ki}_3(x)$函数的计算。因而寻找一个简捷而精确的计算 $\mathrm{Ki}_3(x)$函数的方法对积分输运方法的使用具有重要的意义。

2. 白边界条件下中子首次碰撞概率的计算

现在来讨论白边界条件(各向同性反射)下等效圆柱栅元的中子首次碰撞概率

P_{ij} 的计算。在 4.3.2 节中讨论了黑边界（或真空边界）条件下同心圆柱系统的 P_{ij} 的计算，它并不考虑中子离开栅元边界返回栅元的问题，为了区别，用 P_{ij}^* 表示它。因而在第 j 环形区内均匀和各向同性产生的一个中子未经碰撞到达栅元边界的概率为

$$Q_j = 1 - \sum_{i=1}^{I} P_{ij}^* \tag{4-68}$$

这一部分中子经栅元边界首次各向同性反射后，在第 i 区内发生首次碰撞的概率为

$$Q_j P_{iS}$$

式中，P_{iS} 为各向同性入射到等效圆柱栅元边界后的一个中子重新到达栅元边界之前在第 i 区发生首次碰撞的概率，它自然也是在黑边界条件下求得的。这样 Q_j 个中子经栅元二次各向同性反射后，在第 i 区发生首次碰撞的概率为

$$Q_j \left(1 - \sum_{i=1}^{I} P_{iS}\right) P_{iS} \tag{4-69}$$

依此类推，经栅元边界多次各向同性反射，在第 i 区发生碰撞的概率为

$$Q_j P_{iS}\left[1 + \left(1 - \sum_{i=1}^{I} P_{iS}\right) + \left(1 - \sum_{i=1}^{I} P_{iS}\right)^2 + \cdots\right] = \frac{Q_j P_{iS}}{\sum_{i=1}^{I} P_{iS}} \tag{4-70}$$

因而白边界条件下等效圆柱栅元的中子从第 j 区到第 i 区的首次碰撞概率为

$$P_{ij} = P_{ij}^* + \frac{Q_j P_{iS}}{\sum_{i=1}^{I} P_{iS}} \tag{4-71}$$

对于 P_{iS}，利用互易关系式(4-49)，同时注意到

$$P_{Si} = 1 - \sum_{j=1}^{I} P_{ji}^* \tag{4-72}$$

因而

$$P_{ij} = P_{ij}^* + \frac{Q_j \Sigma_{t,i} V_i P_{Si}}{\sum_{i=1}^{I} \Sigma_{t,i} V_i P_{Si}} = P_{ij}^* + \frac{Q_j \Sigma_{t,i} V_i \left(1 - \sum_{j=1}^{I} P_{ji}^*\right)}{\sum_{i=1}^{I} \Sigma_{t,i} V_i \left(1 - \sum_{j=1}^{I} P_{ji}^*\right)} \tag{4-73}$$

令

$$R_j = \Sigma_{t,j} V_j \left(1 - \sum_{i=1}^{I} P_{ji}^*\right) \tag{4-74}$$

则可求得

$$P_{ij} = P_{ij}^* + \frac{R_i R_j}{\Sigma_{t,j} V_j \sum_{i=1}^{I} R_i} \tag{4-75}$$

这便是白边界条件下等效圆柱栅元的 P_{ij} 计算公式，其中 P_{ij}^* 则是 4.3.2 节给出的真空边界条件下的中子首次碰撞概率。

4.3.3 碰撞概率方程的求解

碰撞概率形式的积分输运方程式(4－57)常用源迭代法来求解。例如，对于第 n 次迭代计算有

$$\phi_{g,i}^{(n)} = \sum_{j=1}^{I}\sum_{g'=1}^{G}\Sigma_{g'-g,j}\phi_{g',j}T_{ij,g} + \frac{\chi_g}{k_\infty^{(n-1)}}\sum_{j=1}^{I}Q_{f,j}^{(n-1)}T_{ij,g}$$
$$i=1,\cdots,I;\ g=1,\cdots,G \tag{4-76}$$

式中，

$$Q_{f,j}^{(n-1)} = \sum_{g'=1}^{G}\nu\Sigma_{f,g',j}\phi_{g,j}^{(n-1)} \tag{4-77}$$

根据 k_∞ 的物理意义，有

$$k_\infty^{(n-1)} = \frac{\sum_{j=1}^{I}Q_{f,j}^{(n-1)}V_j}{\frac{1}{k_\infty^{(n-2)}}\sum_{j=1}^{I}Q_{f,j}^{(n-2)}V_j} \tag{4-78}$$

式(4－76)、式(4－77)和式(4－78)便是源迭代法的算式，具体计算过程是从第一群开始逐群往下解，空间点则自 $i=1,\cdots,I$ 依次自内向外进行求解。迭代时所用的收敛判据准则为

$$\left|\frac{k_\infty^{(n)}-k_\infty^{(n-1)}}{k_\infty^{(n)}}\right| < \varepsilon_1 \tag{4-79}$$

$$\max_{(i,g)}\left|\frac{k_{g,i}^{(n)}-k_{g,i}^{(n-1)}}{k_{g,i}^{(n)}}\right| < \varepsilon_2 \tag{4-80}$$

ε_1 与 ε_2 为事先给定的数值。

对方程求解时，多群常数可取自已有的“多群截面库”。在求得栅元的多群中子慢化能谱之后，便可求得栅元的均匀化截面，即

$$\Sigma_{x,g} = \frac{\sum_{i}^{I}\Sigma_{x,g,i}\phi_{g,i}V_i}{\sum_{i}^{I}\phi_{g,i}V_i},\ x=\mathrm{a},\mathrm{f},\cdots;\ g=1,2,\cdots,G \tag{4-81}$$

本节介绍了应用积分输运方法求解栅元内中子通量密度的空间-能量分布的过程。在反应堆物理设计中许多著名的栅元计算程序(如 WIMS 和 CASMO 等)都是按照上述物理和数学模型进行计算的。

4.4　面流法——燃料组件内中子通量密度分布的计算

本章前面几节讨论了积分输运理论中的一个重要方法——积分输运方法及其在栅元计算中的应用。它具有很好的精确度，可以达到与高阶 S_N（例如 S_8）方法相当的计算精度，更重要的是它对于像栅元这样小的系统来讲，计算简单而且经济，为达到同样精度所需的计算时间仅为 S_N 方法的$\frac{1}{5}\sim\frac{1}{8}$。因此，它已成为栅元计算的一个重要方法。

从式(4-16)可以看到，积分输运方法是从积分输运方程出发且基于整个系统的中子守恒原理。每个区的中子通量密度彼此是互相耦合的，任何一个区的中子通量密度是由系统内其他所有各子区的中子到达该区发生首次碰撞的贡献的总和。各区之间是通过首次碰撞概率 $P_{ij,g}$ 耦合联系的，因而矩阵(P_{ij}^{g})是满（稠密）的。一方面，假设系统分为 I 个小区，中子能群数为 G，那么碰撞概率矩阵共有 GI^2 个元素，即使利用互易性质也还需计算$\frac{1}{2}GI^2$ 个 P_{ij}，其计算量仍然相当大；另一方面，由于在碰撞概率的计算中采用了平源近似的假设，为了保证计算的精度，区域必须分得很小。因而，对于大的系统，例如由许多非均匀栅元组成的轻水堆燃料组件，其计算量非常大且不经济。所以，积分输运方法多数是用于单棒栅元的计算。

近年来，由于燃料组件计算的需要，在积分输运方法的基础上发展了另一种计算方法——面流法，又称为穿透概率法。它的基本思想是将系统分为若干子区，通常取一个栅元作为一个子区，对每个栅元先按 4.3 节介绍的方法作均匀化计算，因而可以认为每个子区内材料的性质是均匀的，并就每个子区建立中子输运方程。各子区之间通过界面上中子流必须连续的条件来耦合。这样，每个子区都只与其相邻的子区耦合。对每个子区只需计算首次穿透和泄漏两个概率，而且只需对系统内所包含的不同类型（几何形状或材料不同）的子区进行计算就可以了，不必对所有子区进行计算。而积分输运方法中首次碰撞概率的计算量却是与系统内子区的总数目的平方成正比的。因此在面流法中，方程的系数矩阵是稀疏的，计算大为简化，只需较小的计算存储空间和时间。它是目前组件均匀化计算（亦可用于其他问题或全堆芯问题的计算）中经济而又精确的方法。许多组件计算程序都是建立在面流法基础上的，例如 CASMO。

4.4.1　穿透概率法

1. 基本方程

将所研究的系统划分成 $I\times J$ 个子区。子区的大小和形状是按系统的结构和所要求的计算精度来选取的。在子区内材料的性质是均匀的，例如，对于燃料组件通常可取一个栅元作为一个子区。设子区的体积为 V_{ij}，子区的任一表面的面积为 S_n（见图 4－9）。对某一子区(i,j)，根据第 1 章式(1－76)，稳态多群积分输运方程可以写为

$$\phi_g(\boldsymbol{r},\boldsymbol{\Omega})=\int_0^{l_0}Q_g(\boldsymbol{r}-l\boldsymbol{\Omega},\boldsymbol{\Omega})\times\exp[-\tau_g(\boldsymbol{r}'\rightarrow\boldsymbol{r})]\mathrm{d}l+\phi_g(\boldsymbol{r}_S,\boldsymbol{\Omega})\times\exp[-\tau_g(\boldsymbol{r}'_S\rightarrow\boldsymbol{r})] \tag{4-82}$$

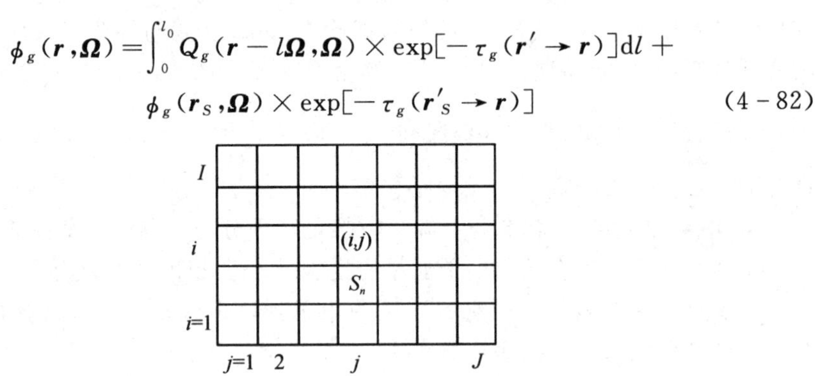

图 4－9 网格的划分图

式中，τ_g 为中子光学长度。式(4－82)各量示意见图 4－10。中子源项 $Q_g(\boldsymbol{r},\boldsymbol{\Omega})$ 可以写为

$$Q_g(\boldsymbol{r},\boldsymbol{\Omega})=\frac{1}{4\pi}\sum_{g'=1}^{G}[\Sigma_{g'-g}+\chi_g\frac{\nu\Sigma_{\mathrm{f},g'}}{k}]\phi_{g'}(\boldsymbol{r})+\frac{1}{4\pi}S_g(\boldsymbol{r}) \tag{4-83}$$

式中，$S_g(\boldsymbol{r})$为外中子源密度。为考虑中子的各向异性散射，对截面 $\Sigma_{g'-g}$ 可作输运修正。

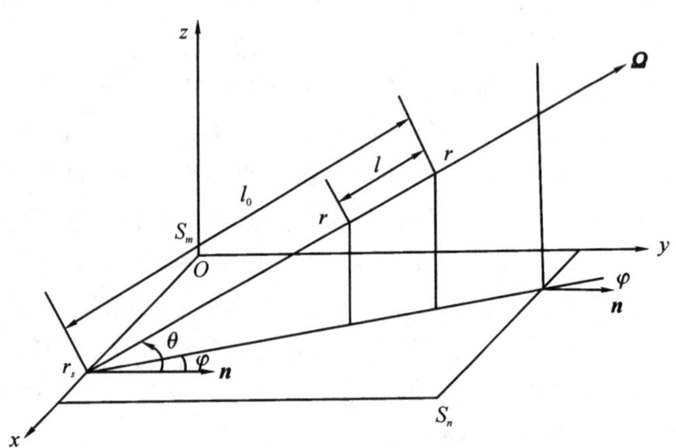

图 4－10 坐标系及式(4－82)中各量示意图

设 $\boldsymbol{n}^+$ 为子区表面的外法线单位向量。用$(\boldsymbol{\Omega}\cdot\boldsymbol{n}^+)\mathrm{d}\boldsymbol{\Omega}\mathrm{d}S_n$ 乘式(4－82)并对(i,j)子区的表面 S_n 和$(\boldsymbol{\Omega}\cdot\boldsymbol{n}^+)>0$ 的半空间积分，同时注意到关系式 $\mathrm{d}\boldsymbol{\Omega}\mathrm{d}l=$

$\mathrm{d}V'/|\boldsymbol{r}-\boldsymbol{r}'|^2$ 和 $\mathrm{d}\boldsymbol{\Omega}=\boldsymbol{\Omega}\cdot\mathrm{d}S/|\boldsymbol{r}-\boldsymbol{r}'_S|^2$，对$(i,j)$子区得到

$$J^+_{S_n,g}(i,j)=V_{i,j}Q_g(i,j)P_{S_n i,g}(i,j)+\sum_m J^-_{S_m,g}(i,j)P_{S_n,S_m,g}(i,j)$$

$$i=1,\cdots,I;\quad j=1,\cdots,J;\quad g=1,\cdots,G;\quad n,m=1,\cdots,4 \tag{4-84}$$

式中，$J^{\pm}_{S_n,g}(i,j)$分别为(i,j)子区 S_n 表面上的出射/入射总中子流，即

$$J^{\pm}_{S_n,g}(i,j)=\int_{S_n}\mathrm{d}S\int_{(\boldsymbol{\Omega}\cdot\boldsymbol{n}^+)\gtrless 0}\phi(\boldsymbol{r}_S,\boldsymbol{\Omega})(\boldsymbol{\Omega}\cdot\boldsymbol{n}^{\pm})\mathrm{d}\boldsymbol{\Omega} \tag{4-85}$$

而

$$Q_g(i,j)=\sum_{g'=1}^{G}\left[\Sigma_{g'\to g}(i,j)+\chi_g\frac{(\nu\Sigma_f)^{g'}_{i,j}}{k}\right]\phi_{g'}(i,j)+S_g(i,j) \tag{4-86}$$

式中，$\phi_{g'}(i,j)$为(i,j)子区内的平均中子通量密度；$P_{S_n i,g}$ 为(i,j)子区内第 g 群各向同性源中子未经碰撞从表面 S_n 泄漏出去的概率，即

$$P_{S_n i,g}(i,j)=\frac{\displaystyle\int_{S_n}\int_{V_{ij}}Q_g(\boldsymbol{r}',\boldsymbol{\Omega})\frac{\exp[-\tau_g(\boldsymbol{r}'\to\boldsymbol{r}_S)]}{|\boldsymbol{r}_S-\boldsymbol{r}'|^2}(\boldsymbol{\Omega}\cdot\boldsymbol{n}^+)_n\mathrm{d}V'\mathrm{d}S}{\displaystyle\int_{V_{ij}}\int_{\boldsymbol{\Omega}}Q_g(\boldsymbol{r},\boldsymbol{\Omega})\mathrm{d}\boldsymbol{\Omega}\mathrm{d}V'} \tag{4-87}$$

可以看到，当(i,j)区内源分布等于常数(平源近似)时，式(4-87)便和式(4-47)完全相同，$P_{S_nS_m,g}(i,j)$为按已知的角分布和空间分布 $\phi_g(\boldsymbol{r}_S,\boldsymbol{\Omega})$入射到子区$(i,j)$的表面 S_m 上的一个第 g 群的中子未经碰撞从子区表面 S_n 逸出的首次穿透概率，即

$$P_{S_nS_m,g}(i,j)=\frac{\displaystyle\int_{S_n}\int_{S_m}\frac{\exp[-\tau_g(\boldsymbol{r}'_S\to\boldsymbol{r}_S)]}{|\boldsymbol{r}'_S-\boldsymbol{r}_S|^2}(\boldsymbol{\Omega}\cdot\boldsymbol{n}^-)_m(\boldsymbol{\Omega}\cdot\boldsymbol{n}^+)_n(\boldsymbol{r}'_S,\boldsymbol{\Omega})\mathrm{d}S'\mathrm{d}S}{\displaystyle\int_{S_m}\int_{(\boldsymbol{\Omega}\cdot\boldsymbol{n}^-)_m>0}\phi_g(\boldsymbol{r}_S,\boldsymbol{\Omega})(\boldsymbol{\Omega}\cdot\boldsymbol{n})_m\mathrm{d}\boldsymbol{\Omega}\mathrm{d}S'} \tag{4-88}$$

式中，$\boldsymbol{n}^-$ 为 S_m 表面的内法线单位向量。同样可以证明当 $\phi(\boldsymbol{r}_S,\boldsymbol{\Omega})$为各向同性且沿 $\boldsymbol{S}_m$ 表面等于常数分布时，式(4-88)便和式(4-43)相等。

为了从式(4-84)得到唯一解，还必须补充关于 $\phi_n(i,j)$的方程。这可从式(4-17)求得，即

$$\Sigma_{t,g}\phi_g(i,j)=\left\{\sum_{g'=1}^{G}\left[\Sigma_{g'\to g}+\frac{\chi_g}{k}(\nu\Sigma_f)_{g'}\right]\phi_{g'}(i,j)\right\}P_{ii,g}(i,j)V_{i,j}+\sum_{m=1}^{4}J^-_{S_m,g}P_{iS_m,g}(i,j) \tag{4-89}$$

但也可以从输运方程对于中子的守恒关系求得，即

$$\sum_{u=x,y}\frac{1}{V_{ij}}\left[J^+_{lu,g}(i,j)+J^+_{ru,g}(i,j)-J^-_{lu,g}(i,j)-J^-_{ru,g}(i,j)\right]+\Sigma_{t,g}\phi_g(i,j)=Q_g(i,j) \tag{4-90}$$

式中，下标 u 表示某一坐标轴方向，这里可为 x 方向或 y 方向，下标 l 与 r 分别表示左表面和右表面(当 $u=x$ 时)或上表面与下表面(当 $u=y$ 时)。

这样，式(4-24)、式(4-89)或式(4-90)就构成了面流法的基本方程。再利用系统的四周边界条件及各子区(栅元)交界面上中子流连续的边界条件，便可求出它们的唯一解。式(4-84)、式(4-86)、式(4-89)或式(4-90)很容易应用内、外迭代方法求解。

2. 首次泄漏概率和穿透概率的计算

从基本方程式(4-84)和式(4-90)可以看到，要求中子通量密度和中子流的解，必须先求得各子区的穿透概率 $P_{S_nS_m}(i,j)$ 和泄漏概率 $P_{S_ni}(i,j)$(这里为方便起见略去能群的标号 g)，而它们又是子区中子通量密度和表面上角通量密度的函数(见式(4-87)和式(4-88))，因此这是一个非线性问题，精确求解是不可能实现的。因而，前面定义的中子泄漏概率和穿透概率，本身就不能靠界面流法的基本方程来求得，只能用近似的方法来求出其近似解。这也正是面流法的主要缺陷。

最简单的近似方法是假设子区内中子通量密度的空间分布是均匀的，即平源近似，而且子区表面入射中子角分布是各向同性的。那么，中子泄漏概率和穿透概率将由式(4-43)和式(4-47)确定，而与中子通量密度的分布无关。这样，可以用前面介绍的方法先求出 P_{S_ni} 和 $P^g_{S_nS_m}$，然后用迭代法解式(4-84)、式(4-86)和式(4-90)。但是当子区尺寸较大时采用平源近似将带来比较大的误差。为了提高精度，从理论上讲可采用以下两种办法：

(1)采用精细网格(即把子区分得很小)；

(2)在子区内采用线性分布源近似或二次分布源近似。

采用第一种办法时，如把子区分得过小，一方面会使计算量增大，另一方面，在入射和出射中子的角分布为各向同性的假设下，采用过于精细网格反而将带来较大的误差。为了说明这一点，观察如图 4-11 所示的二维系统反射效应。假设网格分得比较精细，使得子区的线性尺寸 a 远小于中子的自由程 λ_t，即 $\Sigma_t a \ll 1$。在表面 A 处有一束任意角分布的中子入射。由于 $\Sigma_t a \ll 1$，入射中子必定会穿过许多子区，到达系统内部，其实际轨迹如图中虚线所示。但在入射表面的入射中子为各向同性的假设下，中子只要进入子区的交界面，它的角分布就立即变成各向同性的。这样，当中子从一子区进入另一相邻的子区时，相当于中子发生了折射。在

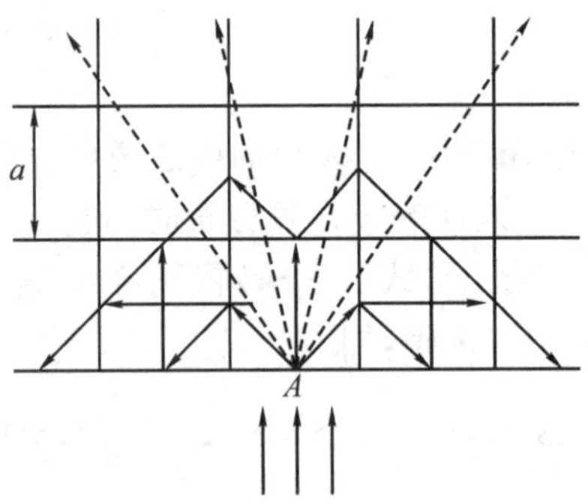

图 4-11 二维系统反射效应示意图

这种假设下，初始入射中子在系统内的径迹如图中的实线所示。大部分入射中子将返回到入射表面上来，深穿透的中子很少，这显然与实际情况不符。因此，在入射中子的各向同性角分布近似情况下，采用过于精细的网格，非但不能提高精度，反而会增大误差。这也许是当网格细化时采用积分输运穿透概率方法，不收敛于精确解的一个原因。因此，最常用和有效的办法为后一种方案，即采用线性分布源近似或二次分布源近似[33]。

(1)线性分布源近似及首次泄漏概率的计算。假定在子区内中子通量密度具有线性的空间分布，即

$$\phi_g(x,y)=C_0^g+C_{1x}^g\frac{x}{a_x/2}+C_{1y}^g\frac{y}{a_y/2}$$

$$-a_x/2\leqslant x\leqslant a_x/2,\ -a_y/2\leqslant y\leqslant a_y/2 \tag{4-91}$$

对式(4-91)积分，得 C_0^g 等于子区(i,j)内的平均中子通量密度 $\bar{\phi}_g$，另一方面，基于式(4-91)利用子区表面的平均通量密度值可以求得

$$C_{1x}^g=\frac{1}{2}(\bar{\phi}_{\mathrm{r}x,g}-\bar{\phi}_{\mathrm{l}x,g}) \tag{4-92}$$

$$C_{1y}^g=\frac{1}{2}(\bar{\phi}_{\mathrm{r}y,g}-\bar{\phi}_{\mathrm{t}y,g}) \tag{4-93}$$

式中，下标 x、y 表示坐标方向；r、l 分别表示右、左(x 方向)或上、下两侧(y 方向)。再根据菲克定律有

$$j_{mu,g}^{+}=\frac{1}{4}\bar{\phi}_{mu,g}-\frac{1}{2}j_{mu,g} \tag{4-94}$$

$$j_{mu,g}^{-}=\frac{1}{4}\bar{\phi}_{mu,g}+\frac{1}{2}j_{mu,g} \tag{4-95}$$

式中，j_{mu} 和 $j_{mu}^{\pm}$ 分别为子区表面 mu 处的净中子流密度和入射/出射分中子流密度；$\bar{\phi}_{mu}$ 表示 u 方向 m 侧子区表面的平均中子通量密度，$u=x,y$ 和 $m=\mathrm{r,l}$。由式(4-94)和式(4-95)可以求得

$$\bar{\phi}_{mu,g}=2(j_{mu,g}^{+}+j_{mu,g}^{-}) \tag{4-96}$$

将式(4-96)代入式(4-92)和式(4-93)得到 C_{1x}^g 和 C_{1y}^g 的表达式，即

$$C_{1x}^g=(j_{\mathrm{r}x,g}^{+}+j_{\mathrm{r}x,g}^{-})-(j_{\mathrm{l}r,g}^{+}+j_{\mathrm{l}x,g}^{g}) \tag{4-97}$$

$$C_{1y}^g=(j_{\mathrm{r}y,g}^{+}+j_{\mathrm{r}y,g}^{-})-(j_{\mathrm{l}y,g}^{+}+j_{\mathrm{l}y,g}^{g}) \tag{4-98}$$

这样，在线性分布近似下子区内各向同性发射源分布式(4-86)为

$$Q_g(x,y)=q_0^g+q_{1x}^g\frac{x}{a_x/2}+q_{1y}^g\frac{y}{a_y/2} \tag{4-99}$$

式中，

$$\left.\begin{aligned}
q_0^g &= \sum_{g'=1}^{G}\left[\Sigma_{g'\to g} + \frac{\chi_g}{k}(\nu\Sigma_{\mathrm{f}})_{g'}\right]\phi_{g'} \\
q_{1x}^g &= \sum_{g'=1}^{G}\left[\Sigma_{g'\to g} + \frac{\chi_g}{k}(\nu\Sigma_{\mathrm{f}})_{g'}\right]C_{1x}^{g'} \\
q_{1y}^g &= \sum_{g'=1}^{G}\left[\Sigma_{g'\to g} + \frac{\chi_g}{k}(\nu\Sigma_{\mathrm{f}})_{g'}\right]C_{1y}^{g'}
\end{aligned}\right\} \tag{4-100}$$

式中，C_{1x}^g 和 C_{1y}^g 由式(4-97)和式(4-98)确定。

将式(4-99)代入泄漏概率表达式(4-87)，便得到(i,j)子区内首次泄漏概率的表达式。例如，对于 x 方向的右侧面的首次泄漏概率为

$$P_{S_{rx}i}^g(i,j) = P_{S_{rx}i,0}^g(i,j) + \frac{q_{1x}^g}{q_0^g}P_{S_{rx}i,1}^g(i,j) \tag{4-101}$$

由式(4-87)及式(4-90)很容易看出

$$P_{S_{rx}i,0}^g(i,j) = \frac{1}{4\pi V_{ij}}\int_{S_{rx}}\int_{V_{ij}} \frac{\exp[-\tau_g(\boldsymbol{r}'\to\boldsymbol{r}_S)]}{|\boldsymbol{r}_S-\boldsymbol{r}'|^2}(\boldsymbol{\Omega}\cdot\boldsymbol{n}^+)_{rx}\mathrm{d}V'\mathrm{d}S \tag{4-102}$$

$$P_{S_{rx}i,1}^g(i,j) = \frac{1}{4\pi V_{ij}}\int_{S_{ij}}\int_{V_{ij}} \frac{\exp[-\tau_g(\boldsymbol{r}'\to\boldsymbol{r}_S)]}{|\boldsymbol{r}_S-\boldsymbol{r}'|^2}(\boldsymbol{\Omega}\cdot\boldsymbol{n}^+)_{rx}\frac{x}{a_x/2}\mathrm{d}V'\mathrm{d}S \tag{4-103}$$

以上两式中，$P_{S_{rx}i,0}^g$ 实际上相当于平源近似的中子泄漏概率；$P_{S_{rx}i,1}^g$ 则是线性分布源中与 S_{rx} 表面垂直的那个方向上的线性变化部分所引起的贡献。

由于系数 q_{1x}^g/q_0^g 和 q_{1y}^g/q_0^g 与子区表面的出射/入射中子流有关，因而必须应用迭代法求解。在迭代过程中不断更新这些系数，概率 P_{Si} 将随着迭代过程的收敛而收敛于精确的结果。

(2)子区表面角通量密度各向异性的近似考虑与 $P_{S_nS_m}$ 概率的计算[33]。为了提高计算精确度并消除前面所提出的入射中子各向同性假设所产生的弊病，除了在子区表面可采用线性或二次空间分布源近似外，对子区表面入射和出射中子的角分布作更精确的近似，也是提高界面流法精确性的有效途径之一。通常可以假定出、入射中子角通量密度可以分离变量，写成

$$\phi(\boldsymbol{r}_S,\boldsymbol{\Omega}) = \phi(\boldsymbol{r}_S)\psi_{\pm}(\boldsymbol{\Omega}) \tag{4-104}$$

式中，$\psi_{\pm}(\boldsymbol{\Omega})$为子区表面中子通量密度的角分布，角标±分别表示出射和入射中子；$\phi(\boldsymbol{r}_S)$表示子区表面中子通量密度的空间分布，可由式(4-91)确定，例如，对于左、右两侧表面有

$$\phi_{mu}(\boldsymbol{r}_S) = \bar{\phi}_{mu} + C_{1u}\frac{u'}{a_m/2} \tag{4-105}$$

对于 $\psi_{\pm}(\boldsymbol{\Omega})$，用球谐函数展开成级数，这是处理中子角分布各向异性的一种

经典方法。一般 $\psi_{\pm}(\boldsymbol{\Omega})$ 可以表示为

$$\psi_{\pm}(\boldsymbol{\Omega})=\sum_{n=0}^{N}\varphi_{n}^{\pm}\psi_{n}(\boldsymbol{\Omega}) \tag{4-106}$$

式中，$\varphi_n^{\pm}$ 为展开系数；$\psi_n(\boldsymbol{\Omega})$ 为展开函数。例如可取

$$\left.\begin{aligned}\psi_0(\boldsymbol{\Omega})&=\psi_0(\theta,\varphi)=\frac{1}{4\pi}\\\psi_1(\theta,\varphi)&=\frac{3}{4\pi}\cos\theta\cos\varphi\\\psi_2(\theta,\varphi)&=\frac{3}{4\pi}\cos\theta\sin\varphi\\&\vdots\end{aligned}\right\} \tag{4-107}$$

这里取 z 轴与栅元的轴心线相一致，x 轴与表面外法线方向相一致；中子运动方向 $\boldsymbol{\Omega}$ 与 z 轴夹角的余角为 θ，相对 x 轴的辐角为 φ（见图 4-12）。

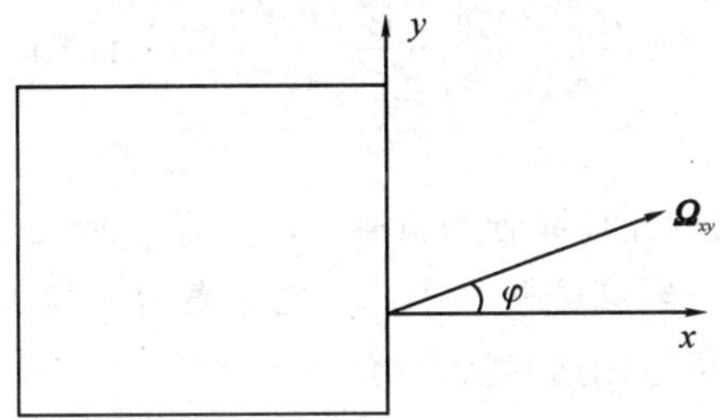

图 4-12　子区表面 $\boldsymbol{\Omega}$ 的表示

最简单的情况是假设出射侧（+）和入射侧（−）的展开系数相等，这也就是通常的 P_N 球谐近似。若取 $N=0$ 即为 P_0 近似，这相当于各向同性角分布。取 $N=1$，称为简易 P_1 近似。对于简易 P_1 近似，展开系数 φ_0 和 φ_1 可以简单地表示为表面平均中子通量密度和净中子流的函数，这给求解带来很大的方便。取 $N=2$，这就是通常的 P_1 近似。对于 P_1 近似或更高阶近似，其展开系数不可能表示成表面中子通量密度或净中子流的简单函数，而必须采用权重剩余法或泛函求极值法求解。这就增加了求解过程的复杂性与计算量。

下面讨论表面空间均匀分布和简易 P_1 近似（$N=1$）下角分布的最简单情况。这时表面角通量密度

$$\phi(\boldsymbol{r}_S,\boldsymbol{\Omega})=\bar{\phi}_S\frac{1}{4\pi}[\varphi_0+3\varphi_1\cos\theta\cos\varphi] \tag{4-108}$$

式中，$\bar{\phi}_S$ 为表面的平均中子通量密度。根据下列公式：

$$\int_{S_m}\int_{\boldsymbol{\Omega}}\phi(\boldsymbol{r}_S,\boldsymbol{\Omega})\mathrm{d}\boldsymbol{\Omega}\mathrm{d}S=S_m\bar{\phi}_S \tag{4-109}$$

$$\int_{S_m}\int_{\boldsymbol{\Omega}}\phi(\boldsymbol{r}_S,\boldsymbol{\Omega})(\boldsymbol{\Omega}\cdot\boldsymbol{n})\mathrm{d}\boldsymbol{\Omega}\mathrm{d}S=S_m j_m=J_m \tag{4-110}$$

将式(4-108)代入,便可求得 $\varphi_0=1$、$\varphi_1=j/\bar{\phi}_S$,因而

$$\phi(\boldsymbol{r}_S,\boldsymbol{\Omega})=\frac{1}{4\pi}(\bar{\phi}_S+3J\cos\theta\cos\varphi) \tag{4-111}$$

将上式代入穿透概率式(4-88),同时注意到式(4-96)和 $j=j^- - j^+$,便得到均匀分布简易 P_1 近似下穿透概率的表达式:

$$P_{S_nS_m}(i,j)=\frac{J_m^+ + J_m^-}{2J_m^-}P_{S_nS_m,0}+\frac{J_m^- - J_m^+}{2J_m^-}P_{S_nS_m,1} \tag{4-112}$$

式中,

$$P_{S_nS_m,0}=\frac{1}{\pi S_m}\int_{S_n}\mathrm{d}S'\int_{S_m}\frac{\exp[-\tau(\boldsymbol{r}_S\to\boldsymbol{r}'_S)]}{|\boldsymbol{r}_S-\boldsymbol{r}'_S|^2}(\boldsymbol{\Omega}\cdot\boldsymbol{n}^-)_m(\boldsymbol{\Omega}\cdot\boldsymbol{n}^+)_n\mathrm{d}S \tag{4-113}$$

$$P_{S_nS_m,1}=\frac{3}{2\pi S_m}\int_{S_n}\mathrm{d}S'\int_{S_m}\frac{\exp[-\tau(\boldsymbol{r}_S\to\boldsymbol{r}'_S)]}{|\boldsymbol{r}_S-\boldsymbol{r}'_S|^2}(\boldsymbol{\Omega}\cdot\boldsymbol{n}^-)_m^2(\boldsymbol{\Omega}\cdot\boldsymbol{n}^+)_n\mathrm{d}S \tag{4-114}$$

显然,$P_{S_nS_m,0}$ 是各向同性分布部分的贡献,而 $P_{S_nS_m,1}$ 则是余弦分布部分的贡献。可以看到和泄漏概率一样,穿透概率 $P_{S_nS_m}$ 也是表示成与子区表面的出射和入射流有关的表达式,同样可应用迭代法求解。

4.4.2 QP$_1$ 近似穿透概率法

当组件内的非均匀性比较强时,表面中子通量密度分布的各向异性比较严重,简易 P_1 近似的精确性显得不够。鉴于在子区表面 k 的两侧,角通量密度分布差异较大,许多文献中建议在表面两侧采用不同的球谐函数的级数展开,亦即在式(4-106)中,正侧和负侧分别采用不同的展开系数 φ_n^+ 和 φ_n^-,通常称为双球谐(DP_N)近似。在 CASMO 的组件计算程序中,对角度空间采用更细的划分。如图 4-13 所示,把子区表面的角度空间分为 4 个象限,象限的标号用 q 表示,$q=1,2,3,4$,然后在每个象限 q 内(例如 $q=1,0\leqslant\varphi\leqslant\frac{\pi}{2}$),将 $\psi(\boldsymbol{\Omega})$ 按式(4-106)展开并取前两项(简化 P_1 近似),即

$$\psi_{k,q}(\boldsymbol{\Omega})=\sum_{n=0}^{1}\varphi_{k,q}^{(n)}\psi_n(\boldsymbol{\Omega})=\frac{1}{4\pi}(f_{k,q}^{(0)}+3f_{k,q}^{(1)}\cos\theta\cos\varphi) \tag{4-115}$$

这里待定的展开系数 $\varphi_{k,q}^{(n)}$ 或 $f_{k,q}^{(n)}$ 对每个象限取不同的数值。这样,虽然仍保持简易 P_1 近似的简单形式,但由于展开区间的细分,显著地提高了精度。也就是说,在不提高阶次的情况下,通过细分或增加展开区间来达到提高表达各向异性分布的

精度（像式(4－115)那样），并把角度空间等分成 4 个象限的做法称为 QP_1 近似。

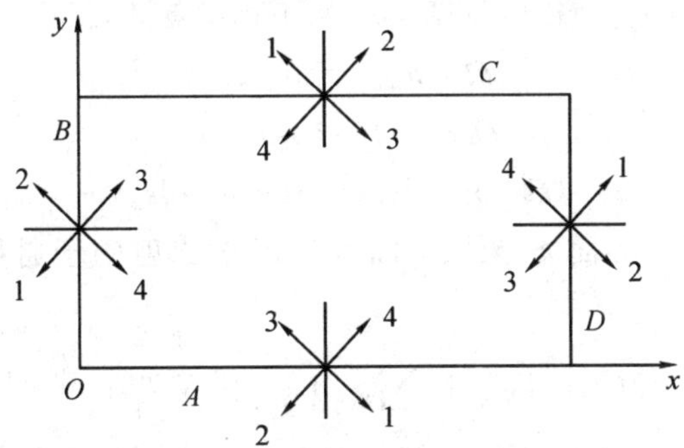

图 4－13　象限的划分与界面标号

至于子区表面中子通量密度的空间分布，可以认为是常数分布。或为提高精度也可以采用线性近似分布，例如，对于子区的界面 k 有

$$\phi_k(\boldsymbol{r}_S)=\bar{\phi}_k\left[1+\beta_k\left(\frac{s}{s_k}-\frac{1}{2}\right)\right] \tag{4-116}$$

式中，$\bar{\phi}_k$ 为子区界面 k 的平均中子通量密度；s_k 为子区界面 k 的边长；β_k 为线性系数，其表达式为

$$\beta_k=(\bar{\phi}_{kr}-\bar{\phi}_{kl})/\bar{\phi}_k \tag{4-117}$$

式中，$\bar{\phi}_{kl}$、$\bar{\phi}_{kr}$ 分别为界面 k 的左、右(或上、下)界面上的平均中子通量密度。结合式(4－115)和式(4－116)，表达表面中子通量密度角分布的近似表示式可以写成

$$\phi_{k,q}(\boldsymbol{r}_S,\boldsymbol{\Omega})=\bar{\phi}_k\left[1+\beta_k\left(\frac{s}{s_k}-\frac{1}{2}\right)\right]\frac{1}{4\pi}(f_{k,q}^{(0)}+3f_{k,q}^{(1)}\cos\theta\cos\varphi$$

$$k=A,B,C,D;\quad q=1,2,3,4 \tag{4-118}$$

对于子区内部中子源项，假定其为各向同性分布，空间分布采用线性近似，且坐标原点取在如图 4－13 所示的栅元边界上，这样，中子源项可以表示为

$$Q(\boldsymbol{r},\boldsymbol{\Omega})=Q(x,y,\boldsymbol{\Omega})=\frac{1}{4\pi}\bar{Q}\left[1+\alpha_x\left(\frac{x}{a}-\frac{1}{2}\right)+a_y\left(\frac{y}{b}-\frac{1}{2}\right)\right]$$

$$0\leqslant x\leqslant a,\ 0\leqslant y\leqslant b \tag{4-119}$$

式中，

$$\alpha_x=(\bar{Q}_D-\bar{Q}_B)/\bar{Q}$$

$$\alpha_y=(\bar{Q}_C-\bar{Q}_A)/\bar{Q}$$

式中，$\bar{Q}$、$\bar{Q}_k(k=A,B,C,D)$分别为子区和子区界面 k 上的平均源强。

1. 基本方程组

将式(4－118)和式(4－119)代入式(4－82)，再在式(4－82)两边同乘 $\mathrm{d}\boldsymbol{\Omega}\mathrm{d}s_k$

并分别对子区界面 $k(k=A,B,C,D)$ 及象限 $q(q=1,2)$ 作积分(为简明起见,以下略去能群下标 g),同时注意到(见图 4-14)下面关系式:

$$(\boldsymbol{\Omega}\cdot\boldsymbol{n}_k^+)=\cos\theta\cos\varphi \tag{4-120}$$

$$(\boldsymbol{\Omega}\cdot\boldsymbol{n}_k^-)=\cos\theta\cos\varphi' \tag{4-121}$$

$$(\boldsymbol{\Omega}\cdot\boldsymbol{n}_k^+)\mathrm{d}s_k=(\boldsymbol{\Omega}\cdot\boldsymbol{n}_k^-)\mathrm{d}s_{k'} \tag{4-122}$$

经过整理,便得到关于界面 k、象限 $q(q=1,2)$ 的出射中子通量密度 $\phi_{k,q}^+$ 的表达式,即

$$\phi_{k,q}^+=V_{ij}\bar{Q}(i,j)E_{k,q}^{(0)}+\sum_{\substack{k'\\k'\neq k}}S_{k'}\left(\frac{1}{4}f_{k,q'}^{(0)}T_{k'k}^{(0)}+\frac{3}{4}f_{k',q'}^{(1)}T_{k'k}^{(1)}\right)$$

$$k,k'=A,B,C,D;\quad q=1,2;\quad q'=3,4 \tag{4-123}$$

式中,$\phi_{k,q}^+$ 为表面 k 上、q 象限内的出射中子角通量密度,且有

$$\phi_{k,q}^+=\int_{S_k}\mathrm{d}S\int_q\phi(\boldsymbol{r}_S,\boldsymbol{\Omega})\mathrm{d}\boldsymbol{\Omega} \tag{4-124}$$

$$E_{k,q}^{(l)}=\left[1-\frac{1}{2}(\alpha_x+\alpha_y)\right]E_{k,q}^{(l)}(1)+\alpha_x E_{k,q}^{(l)}\left(\frac{x}{a}\right)+\alpha_y E_{k,q}^{(l)}\left(\frac{y}{b}\right) \tag{4-125}$$

$$T_{k'k}^{(l)}=\left(1-\frac{\beta_{k'}}{2}\right)T_{k'k}^{(l)}(1)+\beta_{k'}T_{k'k}^{(l)}\left(\frac{s}{S_{k'}}\right) \tag{4-126}$$

式中,

$$E_{k,q}^{(l)}(\cdot)=\frac{1}{4\pi V_{ij}}\int_{S_k}\mathrm{d}S\int_q(\boldsymbol{\Omega}\cdot\boldsymbol{n}_k^+)^l\mathrm{d}\boldsymbol{\Omega}\int_0^{l_0}(\cdot)\exp[-\Sigma_t l]\mathrm{d}l \tag{4-127}$$

$$T_{k'k}^{(l)}(\cdot)=\frac{1}{\pi S_k}\int_{S_{k'}}\mathrm{d}S'\int_q(\cdot)\exp[-\Sigma_t l_0]\frac{(\boldsymbol{\Omega}\cdot\boldsymbol{n}_{k'}^-)}{(\boldsymbol{\Omega}\cdot\boldsymbol{n}_k^+)}\mathrm{d}\boldsymbol{\Omega} \tag{4-128}$$

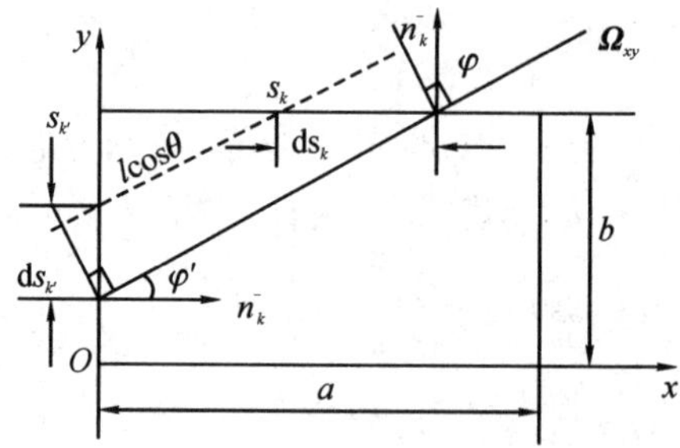

图 4-14　$\mathrm{d}s_k$ 和 $\mathrm{d}s_{k'}$ 关系示意图

同样地,用 $(\boldsymbol{\Omega}\cdot\boldsymbol{n}_k^+)\mathrm{d}\boldsymbol{\Omega}\mathrm{d}s_k$ 乘式(4-82)两边并积分之,同时作与式(4-128)同样的处理,得到

$$J_{k,q}^+=V_{ij}\bar{Q}(i,j)E_{k,q}^{(1)}+\sum_{\substack{k'\\k'\neq k}}\left(\frac{1}{4}f_{k',q'}^{(0)}T_{k'k,j}^{(0)}+\frac{3}{4}f_{k',q'}^{(1)}T_{k'k,j}^{(1)}\right)$$

$$k,k'=A,B,C,D;\quad q=1,2;\quad q'=3,4 \tag{4-129}$$

式中，

$$J_{k,q}^{+}=\int_{s_k}\mathrm{d}S\int_q(\boldsymbol{\Omega}\cdot\boldsymbol{n}_k^{+})\phi(\boldsymbol{r}_S,\boldsymbol{\Omega})\mathrm{d}\boldsymbol{\Omega} \tag{4-130}$$

$$T_{k'k,j}^{(l)}=(1-\beta_{k'}/2)T_{k'k,j}^{(l)}(1)+\beta_{k'}T_{k,k,j}^{(l)}\left(\frac{s}{s_k}\right) \tag{4-131}$$

$$T_{k'k,j}^{(l)}(\cdot)=\frac{1}{\pi s_{k'}}\int_{s_{k'}}\mathrm{d}S\int_q(\cdot)\exp[-\Sigma_t l_0](\boldsymbol{\Omega}\cdot\boldsymbol{n}_k^{-})^{1+l}\mathrm{d}\boldsymbol{\Omega} \tag{4-132}$$

可以看到，前面式中$E_{k,q}^{(l)}$、$T_{k'k}^{(l)}$、$T_{k'k,j}^{(l)}$分别具有泄漏概率和穿透概率的意义，它们只与子区的几何形状和材料性质有关，可以事先分别算出。到此为止，式(4-123)和式(4-129)中尚包含有待定的展开系数$f_{k,q}^{(l)}$，它可以设法表示成$\phi_{k,q}^{+}$和$J_{k,q}^{+}$的函数。为此，分别对式(4-118)两边同乘$\mathrm{d}\boldsymbol{\Omega}\mathrm{d}s_k$和$(\boldsymbol{\Omega}\cdot\boldsymbol{n}_k^{+})\mathrm{d}\boldsymbol{\Omega}\mathrm{d}S$并对子区界面$k$及象限$q$积分之，得到

$$\phi_{k,q}^{+}=s_k\left(\frac{1}{4}f_{k,q}^{(0)}+\frac{3}{8}f_{k,q}^{(1)}\right) \tag{4-133}$$

和

$$J_{k,q}^{+}=s_k\left(\frac{1}{8}f_{k,q}^{(0)}+\frac{1}{4}f_{k,q}^{(1)}\right) \tag{4-134}$$

由式(4-133)和式(4-134)可以解出$f_{k,q}^{(0)}$和$f_{k,q}^{(1)}$的表达式分别为

$$f_{k,q}^{(0)}=8(2\phi_{k,q}^{+}-3J_{k,q}^{+})/s_k \tag{4-135}$$

$$f_{k,q}^{(1)}=8(2J_{k,q}^{+}-\phi_{k,q}^{+})/s_k \tag{4-136}$$

将式(4-135)和式(4-136)代入式(4-123)和式(4-129)，消去$f_{k,q}^{(0)}$和$f_{k,q}^{(1)}$，经整理最后得到所需要的$\phi_{k,q}^{+}$和$J_{k,q}^{+}$的最后表达式分别为

$$\phi_{k,q}^{+}=V_{ij}\bar{Q}(i,j)E_{k,q}^{(0)}+\sum_{\substack{k'\\k'\neq k}}(4T_{k'k}^{(0)}-6T_{k'k}^{(1)})\phi_{k',q'}^{+}+(12T_{k'k}^{(1)}-6T_{k'k}^{(0)})J_{k',q'}^{+}$$

$$k,k'=A,B,C,D;\ q=1,2;\ q'=3,4 \tag{4-137}$$

$$J_{k,q}^{+}=V_{ij}\bar{Q}(i,j)E_{k,q}^{(1)}+\sum_{\substack{k'\\k'\neq k}}(4T_{k'k,j}^{(0)}-6T_{k'k,j}^{(1)})\phi_{k',q'}^{+}+(12T_{k'k}^{(1)}-6T_{k'k,j}^{(0)})J_{k,q}^{+}$$

$$k,k'=A,B,C,D;\ q=1,2;\ q'=3,4 \tag{4-138}$$

另一方面，从式(4-83)，可以求得

$$\bar{Q}(i,j)=\sum_{g'=1}^{G}(\Sigma_{g'\to g}+\frac{\chi_g}{k}(\nu\Sigma_f)_{g'})\phi_{g'}(i,j) \tag{4-139}$$

而根据中子平衡原理，从中子输运方程可得到

$$\sum_k(\sum_{q=1}^{2}J_{k,q}^{+}-\sum_{q=3}^{4}J_{k,q}^{-})+\Sigma_{t,ij}V_{ij}\phi(i,j)=\bar{Q}(i,j)V_{ij} \tag{4-140}$$

式(4-137)～式(4-140)便是最后用以求解燃料组件内中子通量密度分布的穿透

概率的基本方程。

边界条件：在每个子区的内边界上，出射中子通量密度($q=1,2$)和出射中子流应等于相邻子区界面的入射中子通量密度($q=3,4$)和入射中子流，即

$$\phi_{k,1}^{+}\big|_{i}=\phi_{k,3}^{-}\big|_{i+1},\quad \phi_{k,2}^{+}\big|_{i}=\phi_{k,4}^{-}\big|_{i+1} \tag{4-141}$$

$$J_{k,1}^{+}\big|_{i}=J_{k,3}^{-}\big|_{i+1},\quad J_{k,2}^{+}\big|_{i}=J_{k,4}^{-}\big|_{i+1} \tag{4-142}$$

式中，下标 i 与 $i+1$ 分别表示界面 k 上的相邻两个节块。

在燃料组件的外边界上，则有

$$J_{k,q'}^{-}=\beta J_{k,q}^{+};\quad q'=3,4;\quad q=1,2 \tag{4-143}$$

式中，β 称为反照系数，$0<\beta<1$。当 $\beta(s_k)=0$ 时，为真空边界；当 $\beta(s_k)=1$ 时，为反射边界。

2. 方程组的求解

基本方程组式(4-137)～式(4-140)和给定的边界条件式(4-141)～式(4-143)构成一封闭方程组，对它求解可以求出各子区中子通量密度 $\phi_g(i,j)$。求解采用常规的内、外迭代法进行。其步骤大致如下：

(1)首先假设一个任意的裂变源分布 $Q_{ij}^{(0)}$ 和初始的 $k^{(0)}$ 值，或由上一次外迭代得到的 $Q_{i,j}^{(m-1)}$ 和 k^{m-1}。

(2)根据已知源分布进行内迭代求解，其扫描迭代步骤如下(见图 4-15 和图 4-13)：

第一步：从左下角(1,1)网格起，利用给定的初始值，从左至右，然后从下至上进行扫描，可顺序求出各栅元子区 C 面象限Ⅱ(2)和 D 面象限Ⅰ(1)的出射中子流和中子通量密度；

第二步：从右下角(1,I)网格起，从右至左从下至上扫描，可顺序求得各子区 B 面象限Ⅱ(2)和 C 面象限Ⅰ(1)的出射中子流和中子通量密度；

第三步：从右上角(I,J)网格起，按图 4-15 所示顺序进行扫描，可求得各子区 A 面象限Ⅱ(2)和 B 面象限Ⅰ(1)的出射中子流和中子通量密度；

第四步：从左上角(1,J)网格起，顺序扫描，可求得各子区 A 面象限Ⅰ(1)和 B 面象限Ⅱ(2)的出射中子流和中子通量密度。

4	→	
1 (1,1)	2	3

	←	4
3	2	1 (1,I)

3	2	1 (I,J)
	←	4

1 (1,J)	2	3
4	→	

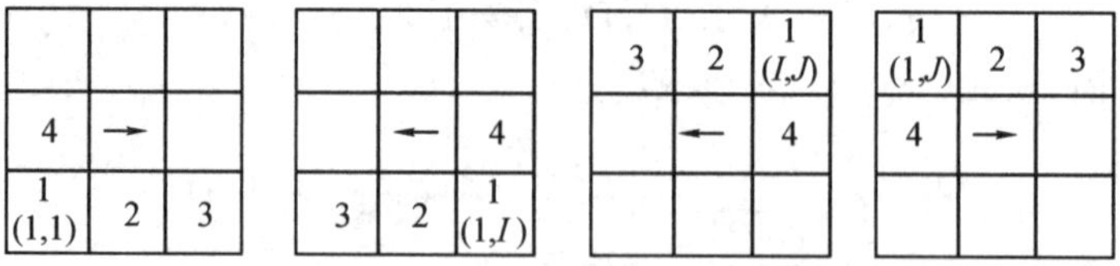

图 4-15 内迭代扫描过程示意图

(3)依次扫描完成后，根据求出的 $J_{k,q}^{\pm(n)}$，由式(4-140)便可求出新的 $\phi^{(n)}(i,j)$解，n

为内迭代次数。当内迭代收敛时，利用新求出的 $\phi^{(n)}(i,j)$ 由式(4－139)求出新的裂变源：

$$\overline{Q}_{\mathrm{f}}^{(n+1)}(i,j)=\sum_{g'=1}^{G}(\nu\Sigma_{\mathrm{f}})_{g'}\phi_{g'}^{(n)}(i,j) \tag{4-144}$$

供新一次外迭代使用。

4.5　组合法

从上面讨论可以看到面流法或穿透概率法(through probability method, TPM)中每个子区界面流只与相邻子区互相耦合，避免了碰撞概率方法(collision probability method, CPM)的所有子区都互相耦合在一起的缺陷，大大地减少了计算时间与存储空间。但是，在 TPM 中，当子区分得过大时，则必须对子区内的中子通量密度分布采用高阶及精细的考虑，这也增加了计算的复杂性。下面介绍一种 CPM 和 TPM 相结合的方法——组合法或块方法。

设把系统分割成若干个块(见图 4－9)，每个块有 M 个外表面。然后每个块再细分为 N 个子区。在每一块内应用 CPM 求出每个子区(i)的中子通量密度，即

$$\phi_{i,g}=\sum_{j=1}^{N}Q_{j,g}T_{ij,g}+\sum_{m=1}^{M}J_{S_m,g}^{-}\frac{P_{iS_m,g}}{\Sigma_{\mathrm{t},i,g}V_i} \tag{4-145}$$

式中，

$$Q_{j,g}=\sum_{g'=1}^{G}\left(\Sigma_{g'\to g,j}\phi_{j,g'}+\frac{\chi_g}{k}(\nu\Sigma_{\mathrm{f}})_{j,g'}\phi_{j,g'}\right)+S_{j,g} \tag{4-146}$$

另一方面，在块与块之间用 TPM 耦合，对某块的外表面 S_n 有

$$J_{S_n,g}^{+}=\sum_{j=1}^{N}P_{S_n,j,g}Q_{j,g}+\sum_{m=1}^{M}P_{S_nS_m,g}J_{S_m,g}^{-} \tag{4-147}$$

由式(4－147)求出的块表面的出射流便等于其相邻块表面的入射流。这样，式(4－145)～式(4－147)便形成一个封闭方程组。

组合法既具有面流法的优点，即通过中子流的连续性只与相邻的节块耦合，同时又保持了 CPM 的优点，在块内可以求出各子区的精细通量密度。应当指出，当把整个系统只分割成一个块时，组合法也就成了普通的 CPM；另一方面，如果块分得较细，且每一块内只分成一个子区，则组合法便和面流法相等了。

第 5 章　多群扩散方程的数值解法

随着核能的发展,多群扩散近似已成为中子输运理论中应用最为广泛的重要方法。例如,在反应堆的物理设计或临界计算中,需要对多群中子扩散方程进行求解。一般情况下,当能群和芯部分区的数目增加时,多群扩散方程的求解是一个相当复杂和困难的问题。解析方法是无法解决的,而必须借助数值方法来求解。随着电子计算机和计算技术的发展,目前,数值方法几乎已成为反应堆物理设计和临界问题中采用的最主要方法。

本章主要讨论多群扩散方程的源迭代法、数值解法、差分方法、节块方法及其加速收敛技术。应该指出,这里仅仅是从反应堆物理设计的需要角度出发介绍方法的主要思想与步骤,至于更详细的内容和数学上进一步的研究则超出了本书的介绍范围,读者可以参考数值分析相关文献[1,34-36]进行学习。

5.1　源迭代法

反应堆多群扩散方程可写为

$$-\nabla\cdot D_g\nabla\phi_g(\boldsymbol{r})+\Sigma_{\mathrm{t},g}\phi_g(\boldsymbol{r})-\sum_{g'=1}^{G}\Sigma_{g'\to g}\phi_{g'}(\boldsymbol{r})=\frac{\chi_g}{k_{\mathrm{eff}}}Q(\boldsymbol{r}),\quad g=1,2,\cdots,G \tag{5-1}$$

$$Q(\boldsymbol{r})=\sum_{g'=1}^{G}(\nu\Sigma_{\mathrm{f}})_{g'}\phi_{g'}(\boldsymbol{r}) \tag{5-2}$$

或写成矩阵形式

$$\boldsymbol{M}\phi=\frac{1}{k_{\mathrm{eff}}}\boldsymbol{F}\phi \tag{5-3}$$

式(5-1)是关于 $\phi_g(\boldsymbol{r})$ 的齐次方程组,在稳态情况下,对于给定系统只有当特征值 λ(或 $1/k_{\mathrm{eff}}$)等于确定数值时方程才有解。但是要精确地求出 k_{eff} 的数值及对应的特征函数 $\phi_g(\boldsymbol{r})$ 是一件非常困难的事情。在反应堆计算中,广泛地应用源迭代法来近似求解。

开始任意假定一个初始裂变源分布 $Q^{(0)}(\boldsymbol{r})$,例如可以认为其在整个芯部都等于 1 或某给定常数,并猜测一个初始的 $k_{\mathrm{eff}}^{(0)}$ 数值,同时把 $Q^{(0)}(\boldsymbol{r})/k_{\mathrm{eff}}^{(0)}$ 作为初始迭代源项并把它们代入方程(5-1)的右端,这样,便可以求出中子通量密度分布 $\phi_{g'}^{(1)}(\boldsymbol{r})$;将求得的 $\phi_{g'}^{(1)}(\boldsymbol{r})$ 代入式(5-2)便求得第二次迭代裂变中子源 $Q^{(1)}(\boldsymbol{r})$,并

由此可以求得有效增殖因数的新的估计值 $k_{\text{eff}}^{(1)}$ 和第二代迭代源项 $Q^{(1)}/k_{\text{eff}}^{(1)}$；……依此类推，逐次迭代下去。例如，对于第 n 次迭代计算有

$$-D_g\nabla^2\phi_g^{(n)}(\boldsymbol{r})+\Sigma_{\text{t},g}\phi_g^{(n)}(\boldsymbol{r})-\sum_{g'=1}^{G}\Sigma_{g'\to g}\phi_g^{(n)}(\boldsymbol{r})=\frac{\chi_g}{k_{\text{eff}}^{(n-1)}}Q^{(n-1)}(\boldsymbol{r}),$$
$$g=1,2,\cdots,G \tag{5-4}$$

式中，

$$Q^{(n-1)}(\boldsymbol{r})=\sum_{g'=1}^{G}(\nu\Sigma_{\text{f}})_{g'}\phi_{g'}^{(n-1)}(\boldsymbol{r}) \tag{5-5}$$

根据 k_{eff} 的物理意义可以估得 $k_{\text{eff}}^{(n)}$ 的值为

$$k_{\text{eff}}^{(n)}=\frac{\int_V Q^{(n)}(\boldsymbol{r})\text{d}V}{\frac{1}{k_{\text{eff}}^{(n-1)}}\int_V Q^{(n-1)}(\boldsymbol{r})\text{d}V} \tag{5-6}$$

式(5－4)～式(5－6)便是源迭代法的计算公式。

收敛性的证明：

下面定性地给出源迭代收敛性的证明。首先假设式(5－3)中的算子 $\boldsymbol{M}$ 可逆，这个假设在实际中子扩散方程的临界计算中是很容易满足的。

对式(5－3)作变换 $\boldsymbol{y}=\boldsymbol{F}\boldsymbol{\phi}$、$k_{\text{eff}}=\frac{1}{\lambda}$，得到

$$\boldsymbol{y}=\lambda\boldsymbol{R}\boldsymbol{y} \tag{5-7}$$

式中，$\boldsymbol{R}=\boldsymbol{F}\boldsymbol{M}^{-1}$。

故式(5－4)和式(5－6)相应变为

$$\boldsymbol{y}^{(0)}=\lambda^{(n-1)}\boldsymbol{R}\boldsymbol{y}^{(n-1)} \tag{5-8}$$

$$\lambda^{(n)}=\lambda^{(n-1)}\frac{(\boldsymbol{W},\boldsymbol{y}^{(n-1)})}{(\boldsymbol{W},y^{(n)})} \tag{5-9}$$

这里 $\boldsymbol{W}$ 为任意的权算子，不妨取 $\boldsymbol{W}=\boldsymbol{I}$（恒等算子）。

设与 $\boldsymbol{R}$ 对应的特征值为 λ_n，特征向量为 $\boldsymbol{u}_n$，并由 $\boldsymbol{u}_n=\lambda_n\boldsymbol{R}\boldsymbol{u}_n$ 的定义，可知初始向量 $\boldsymbol{y}^{(0)}$ 可按特征函数展开，即

$$\boldsymbol{y}^{(0)}=\sum_{n=0}^{\infty}c_n^{(0)}\boldsymbol{u}_n \tag{5-10}$$

式中，$c_n^{(0)}$ 为展开系数。对于给定的 $\boldsymbol{y}^{(0)}$，可用$\{\boldsymbol{n}_n\}$的正交性求得系数，即

$$c_n^{(0)}=(\boldsymbol{u}_n,\boldsymbol{y}^{(0)}) \tag{5-11}$$

设特征值$\{\lambda_n\}$的排列次序为 $\lambda_0<\lambda_1<\cdots<\lambda_n<\cdots$，式(5－8)可写成

$$\boldsymbol{y}^{(n)}=\lambda^{(n-1)}\lambda^{(n-2)}\cdots\lambda^0\boldsymbol{R}^n\boldsymbol{y}^{(0)} \tag{5-12}$$

把 $\boldsymbol{y}^{(0)}$ 的展开式代入式(5－12)得

$$
\begin{aligned}
\boldsymbol{y}^{(n)} &= \lambda^{(n-1)}\cdots\lambda^{(0)}\sum_i c_i^{(0)}\boldsymbol{R}^n\boldsymbol{u}_i \\
&= \left[\prod_{p=0}^{n-1}\lambda^{(p)}\right]\sum_i c_i^{(0)}\frac{1}{\lambda_i^n}\boldsymbol{u}_i \\
&= \left[\prod_{p=0}^{n-1}\frac{\lambda^{(p)}}{\lambda_0}\right]c_0^{(0)}\left[\boldsymbol{u}_0+\sum_{i=1}^{\infty}\frac{c_i^{(0)}}{c_0^{(0)}}\left(\frac{\lambda_0}{\lambda_i}\right)^n\boldsymbol{u}_i\right] \\
&= 常数\left[\boldsymbol{u}_0+\sum_{i=1}^{\infty}\frac{c_i^{(0)}}{c_0^{(0)}}\left(\frac{\lambda_0}{\lambda_i}\right)^n\boldsymbol{u}_i\right]
\end{aligned}
\tag{5-13}
$$

考虑到对于 $i=1,2,\cdots,\lambda_0/\lambda_i<1$，易于看出，当 n 增大时，$\boldsymbol{y}^{(n)}$ 收敛于常数乘 $\boldsymbol{u}_0$，$\boldsymbol{u}_0$ 是与最小特征值 λ_0 所对应的特征函数，也就是基波函数。

把式(5-13)代入式(5-9)，得到

$$
\lambda^{(n)}=\lambda_0\frac{1+\sum\limits_{i=1}\frac{c_i^{(0)}}{c_0^{(0)}}\left(\frac{\lambda_0}{\lambda_i}\right)^{n-1}G_i}{1+\sum\limits_{i=1}\frac{c_i^{(0)}}{c_0^{(0)}}\left(\frac{\lambda_0}{\lambda_i}\right)^{n}G_i}\xrightarrow{n\to\infty}\lambda_0 \tag{5-14}
$$

式中，$G_i=(\boldsymbol{W},\boldsymbol{u}_i)/(\boldsymbol{W},\boldsymbol{u}_0)$。可以看出，$\lambda^{(n)}$ 的收敛速度主要取决于占优比 σ，即

$$
\sigma=\max_{i>0}\left(\frac{\lambda_0}{\lambda_i}\right)=\frac{\lambda_0}{\lambda_1} \tag{5-15}
$$

到此就证明了迭代过程的收敛性，即

$$
\lim_{n\to\infty}k_{\text{eff}}^{(n)}=k_{\text{eff}},\quad \lim_{n\to\infty}\phi_g^{(n)}(\boldsymbol{r})=\phi_g(\boldsymbol{r}) \tag{5-16}
$$

但在实际计算中，当满足下列收敛准则或其中之一时，便认为迭代过程收敛。

(1)特征值收敛准则：

$$
\left|\frac{k_{\text{eff}}^{(n)}-k_{\text{eff}}^{(n-1)}}{k_{\text{eff}}^{(n)}}\right|<\varepsilon_1 \tag{5-17}
$$

(2)中子通量密度分布收敛准则：

$$
\max_{r\in V}\left|\frac{Q^{(n)}(\boldsymbol{r})-Q^{(n-1)})(\boldsymbol{r})}{Q^{(n)}(\boldsymbol{r})}\right|<\varepsilon_2 \tag{5-18}
$$

ε_1 和 ε_2 为预先给定的参数，可以看到式(5-17)具有平均收敛的意义，而式(5-18)则具有逐点收敛的意义。实践表明，特征值收敛要比中子通量密度分布收敛快得多。一般在程序中可取 $\varepsilon_1\approx10^{-5}$、$\varepsilon_2=10^{-4}$。

上述的迭代过程称为源迭代或外迭代过程，这里对方程(5-1)右端的源项在逐次迭代中均除以 $k_{\text{eff}}^{(n-1)}$，这样处理有很大方便，由式(5-6)可以看到，处理后每次迭代中源强将保持相等；同时，可以避免当 k_{eff} 值与 1 偏离比较大时，中子通量密度随着迭代次数 n 的增加变得过大或衰减得过小的麻烦。

5.2　一维扩散方程的数值解法

从前面讨论知道，应用源迭代法的一个很大优点和方便之处在于，由于在迭代过程中，源项事先给定，它把原来 G 个联立的多群扩散方程式(5-1)的求解问题在每次源迭代中，变换为按顺序解如下 G 个单群扩散方程问题：

$$-\nabla \cdot D_g \nabla \phi_g^{(n)}(\boldsymbol{r}) + \Sigma_{R,g}\phi_g^{(n)}(\boldsymbol{r}) = S_g^{(n)}(\boldsymbol{r}),\ g = 1,\cdots,G \tag{5-19}$$

式中，$\Sigma_{R,g}$ 为第 g 群移出截面。若不考虑中子自低能能群的向上散射，则方程右端的源项便等于

$$S_g^{(n)}(\boldsymbol{r}) = \sum_{g'=1}^{g-1}\Sigma_{g'\to g}\phi_g^{(n)}(\boldsymbol{r}) + \frac{\chi_g}{k_{\text{eff}}^{(n-1)}}Q^{(n-1)} \tag{5-20}$$

当按 $g=1,\cdots,G$ 的次序对式(5-19)求解时，方程右端源项 $S_g^{(n)}(\boldsymbol{r})$ 便是已知的。式(5-19)便是一个含有已知源项的单群扩散方程。略去上、下脚标，它可以写成如下标准形式：

$$-\nabla \cdot D\nabla\phi(\boldsymbol{r}) + \Sigma_R\phi(\boldsymbol{r}) = S(\boldsymbol{r}) \tag{5-21}$$

式中，$S(\boldsymbol{r})$为已知源项。

现在讨论它的数值解法。这主要包括两个方面问题，首先是设法把式(5-21)的微分方程化为便于在计算机上求解的差分方程(代数方程组)，其次便是寻找求解差分方程组的简捷的计算方法。本节先讨论最简单的一维情形。

5.2.1　差分方程组的推导

一维扩散方程(5-21)对于各种坐标系可以写成如下普遍的形式：

$$-\frac{1}{r^a}\frac{\mathrm{d}}{\mathrm{d}r}r^a\frac{\mathrm{d}\phi}{\mathrm{d}r} + \Sigma_R\phi(\boldsymbol{r}) = S(r) \tag{5-22}$$

式中，

$$a = \begin{cases} 0, & \text{平面情况} \\ 1, & \text{圆柱情况} \\ 2, & \text{球对称情况} \end{cases}$$

D、Σ_R 和 $S(r)$为分段连续函数，并且 D、Σ_R 在每一区内均等于常数。

首先，把坐标 r 分割成许多离散网点，球形堆自然被分成许多同心球壳层，圆柱形堆则被分成许多圆环壳层，而平板堆则被分成若干平板层。假定在反应堆体积(包括反射层)内，$0\leqslant r\leqslant R$(R 为外推边界半径)的区域被分割成宽度为 $\Delta_i = r_i - r_{i-1}$ 的 N 个区间。其中 $r_0, r_1, \cdots, r_i, \cdots, r_N$ 称为节点(或网点)(见图 5-1)。节点 r_i 位置的选择自然应该考虑问题的实际情况。例如，可以使所有分界面和边界均与节点重合。Δ_i 在各部分可以是等距或不等距的。但是 Δ_i 应充分小，使得

在区间内中子通量密度的变化很小。因而在中子通量密度变化比较剧烈的地方节点应密一点。一般网距应小于中子的平均自由程或扩散长度。

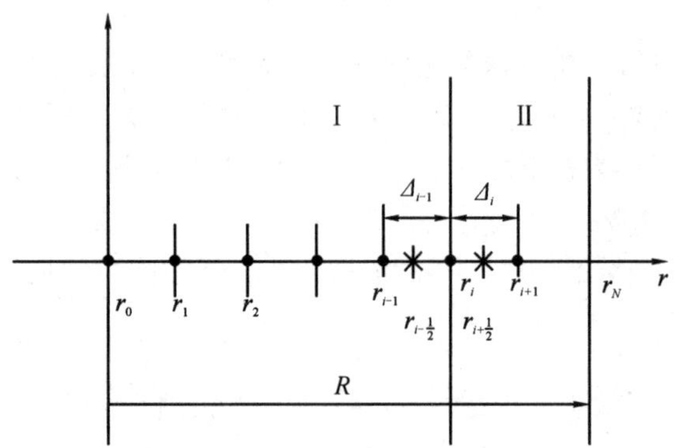

图 5－1　一维差分方程网格

对式(5－22)可以用许多方法来求得其差分方程,这里介绍比较简单、常用的一种。为了不失普遍性,不妨讨论节点 r_i 与分界面重合的情况。将式(5－22)乘 $r^a\mathrm{d}r$(体积元),并自 $r_{i-\frac{1}{2}}=r_{i-1}+\Delta_{i-1}/2$ 到 $r_{i+\frac{1}{2}}=r_i+\Delta_i/2$ 积分。对于左端第一项有

$$\int_{r_{i-\frac{1}{2}}}^{r_{i+\frac{1}{2}}}\frac{\mathrm{d}}{\mathrm{d}r}r^aD\frac{\mathrm{d}\phi}{\mathrm{d}r}\mathrm{d}r=r^aD\frac{\mathrm{d}\phi}{\mathrm{d}r}\bigg|_{r_{i+\frac{1}{2}}}-r^aD\frac{\mathrm{d}\phi}{\mathrm{d}r}\bigg|_{r_{i-\frac{1}{2}}}$$

$$=r^a_{i+\frac{1}{2}}D_{i+\frac{1}{2}}\frac{\phi_{i+1}-\phi_i}{\Delta_i}-r^a_{i-\frac{1}{2}}D_{i-\frac{1}{2}}\frac{\phi_i-\phi_{i-1}}{\Delta_{i-1}}\tag{5－23}$$

式(5－23)应用了导数的两点差分公式。

对于左端第二、右端第一项考虑到 Σ_R、S 在 r_i 处可能不连续,因而有

$$\int_{r_{i-\frac{1}{2}}}^{r_{i+\frac{1}{2}}}\Sigma_R(r)\phi(r)r^a\mathrm{d}r=\int_{r_{i-\frac{1}{2}}}^{r_i}+\int_{r_i}^{r_{i+\frac{1}{2}}}\approx\frac{1}{2}(\Sigma_{R,i-\frac{1}{2}}\Delta_{i-1}+\Sigma_{R,i+\frac{1}{2}}\Delta_i)\phi_ir_i^a\tag{5－24}$$

$$\int_{r_{i-\frac{1}{2}}}^{r_{i+\frac{1}{2}}}S(r)r^a\mathrm{d}r\approx\frac{r_i^a}{2}(\Delta_{i-1}S_{i-\frac{1}{2}}+\Delta_iS_{i+\frac{1}{2}})\tag{5－25}$$

式中,$S_{i-\frac{1}{2}}$ 和 $S_{i+\frac{1}{2}}$ 是 $r=r_i$ 两侧的数值。

综合上述结果,根据式(5－22)便求得第 i 节点的差分方程为

$$a_i\phi_{i-1}+b_i\phi_i+c_i\phi_{i+1}=d_i\tag{5－26}$$

式中,

$$\left.\begin{aligned}&c_i=-r^a_{i+\frac{1}{2}}D_{i+\frac{1}{2}}/\Delta_i,a_i=c_{i-1}\\&b_i=\frac{r^a_i}{2}(\Sigma_{R,i-\frac{1}{2}}\Delta_{i-1}+\Sigma_{R,i+\frac{1}{2}}\Delta_i)-a_i-c_i\\&d_i=\frac{1}{2}r^a_i(\Delta_{i-1}S_{i-\frac{1}{2}}+\Delta_iS_{i+\frac{1}{2}})\end{aligned}\right\}\tag{5-27}$$

边界点处理：在 $i=0$ 和 $i=N$ 的边界点上，考虑到边界条件，差分方程将具有不同的形式，例如，对于 $i=N(r_N=R)$ 的外推边界上有 $\phi_N=0$，因而 $i=N$ 点的差分方程可以消去。而对于 $N-1$ 点的差分方程将只有两项形式：

$$a_{N-1}\phi_{N-2}+b_{N-1}\phi_{N-1}=d_{N-1}\tag{5-28}$$

对于原点，即 $i=0$ 点，应用中子通量密度对称的条件

$$\left.\frac{\mathrm{d}\phi}{\mathrm{d}r}\right|_{r=0}=0\rightarrow\phi_0=\phi_1\tag{5-29}$$

同样可以略去 $i=0$ 点的差分方程，而对于 $i=1$ 点可以把 ϕ_0 项和 ϕ_1 项合并，差分方程可重新改写成两点形式，即

$$b_1\phi_1+c_1\phi_2=d_1\tag{5-30}$$

应该注意，式中的 b_1 已不是原来的数值而是合并后新的数值了。当然为了更精确地考虑原点处中子通量密度的对称性条件，可以采取一些改进方式。例如，也可以这样选择节点，使原点正好是第一个区间 Δ_1 的中心(见图 5-2)，这样仍然有 $\phi_0=\phi_1$，同时 $i=1$ 点的差分方程仍具有式(5-30)的两点形式。

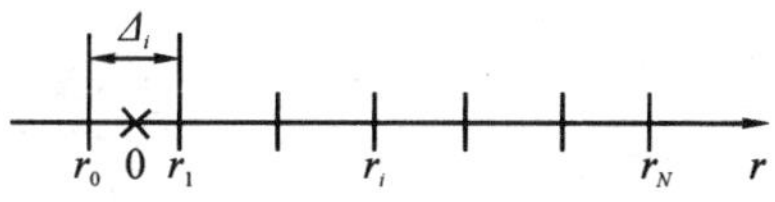

图 5-2　边界点 0 示意图

综合上面结果，按照式(5-26)考虑到边界点情况，便得到关于 $i=1,\cdots,N-1$ 点的三对角的差分方程组。若用矩阵符号表示，可写成更紧凑形式，即

$$\boldsymbol{A\phi}=\boldsymbol{d}\tag{5-31}$$

式中，$\boldsymbol{A}$ 即为式(5-26)系数的三对角矩阵。

5.2.2　差分方程组的解法

差分方程组(5-31)的系数矩阵 $\boldsymbol{A}$ 是一个三对角阵(或三带型稀疏矩阵)。同时由式(5-27)知道，矩阵 $\boldsymbol{A}$ 满足 $b_i\geqslant|a_i|+|c_i|$，因而 $\boldsymbol{A}$ 为正定矩阵，具有这类系数的方程经常出现在解微分方程的边值问题中并可成功地应用高斯消元法、追赶法来求解，这在一般数值分析书中都有详细的介绍，这里就不再赘述。

追赶法的主要思想和步骤大致如下：首先，设法依次消去式(5-31)系数矩阵 $\boldsymbol{A}$ 中主对角线下面的一条对角线上的元素($a_2,\cdots,a_{N-1}$)。这时对角线上的元素变成为 $\beta_1,\beta_2,\cdots,\beta_{N-1}$。这相当于从 $i=1,\cdots,N-1$ 依次进行如下递推计算：

$$\left.\begin{aligned}\beta_1&=b_1,\delta_1=d_1\\\beta_{i+1}&=b_{i+1}-m_ic_i\\m_i&=a_{i+1}/\beta_i\\\delta_{i+1}&=d_{i+1}-m_i\delta_i\end{aligned}\right\}\tag{5-32}$$

此方程很容易应用回代法求解。为此，首先计算出

$$\phi_{N-1}=\delta_{N-1}/\beta_{N-1}\tag{5-33}$$

然后对其按下标从大到小，即按 $i=N-2,N-3,\cdots$ 依次解出

$$\phi_i=(\delta_i-c_i\phi_{n+})/\beta_i\tag{5-34}$$

这样，用追赶法解差分方程组(5-31)的步骤是，首先利用式(5-32)自 $i=1,\cdots,N-1$ 计算 β_i 和 δ_i，这相当于消元过程（“追”的过程）。然后利用式(5-33)和式(5-34)自 $i=N-l,\cdots,1$ 便可逐步计算出 ϕ_i 的解来，这个过程相当于回代过程（“赶”的过程）。可以看到，追赶法的递推公式的计算程序非常简单，特别适用于在电子计算机上进行计算，而且可以证明它的计算过程是稳定的。这就是说，任何一点所产生的计算误差在随后各点的计算中不会继续扩大、积累和超出允许的范围。由于这些优点，它已成为解一维扩散方程组广泛采用和最有效的方法。

5.3 多维扩散方程的差分方法

在反应堆的实际计算中，考虑到控制棒的布置、燃料的非均匀装载及燃耗等问题，对于大型反应堆往往需要计算二维或三维的中子通量密度或功率的分布。多维多群扩散方程数值解法在总的步骤上和一维情况是相似的。所不同之处在于下面两个方面。首先，它的扩散差分方程组不再是三对角形的简单形式，不能用追赶方法来求解而必须应用迭代方法，因此多了一个迭代层次——内迭代。其次，网点的数目比一维要大得多，因而多维扩散方程的数值解法将比一维情况要复杂、困难得多，它需要更大的计算机容量，更长的计算时间和更复杂的计算技巧。

5.3.1 二维差分方程组

1. 二维差分方程组

根据反应堆的几何形状，可以有 (x,y)、(r,z) 和 (r,θ) 3 种二维图形。下面讨论比较简单的 (x,y) 二维差分方程。为了减少网点的数目，根据对称性条件，计算时往往可以只取 1/2 或 1/4 对称平面，对所取计算平面首先用

$$x=x_0,x_1,\cdots,x_i,\cdots,x_N$$
$$y=y_0,y_1,\cdots,y_i,\cdots,y_M$$

直线族把平面分成许多矩形网格（见图 5-3）。习惯上，把网格分界线与不同介质分界面重合，称要求的未知函数的离散点为节点（网点）。通常取网格的交点为节

点(见图 5-4),此类差分称为节点差分;如图 5-4 所示,共有$(N+1)(M+1)$个节点,$\Delta x_i = x_{i+1} - x_i$、$\Delta y_j = y_{j+1} - y_j$ 称为网距。

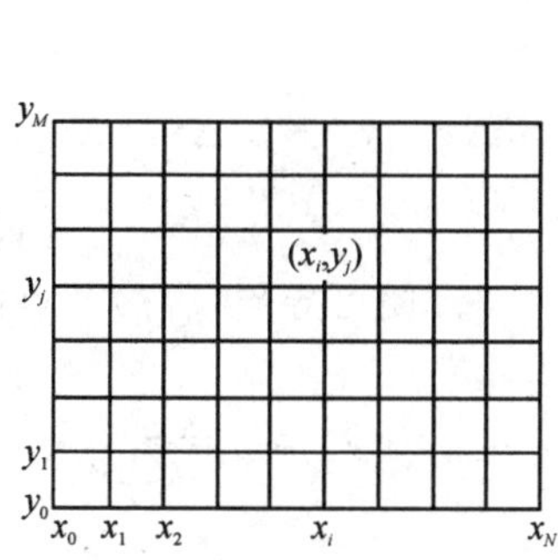

图 5-3　二维矩形网格

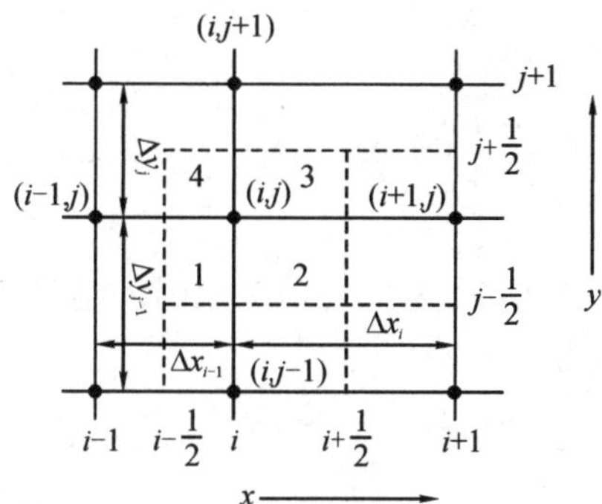

图 5-4　(i,j)网格节点差分示意图

二维(X-Y)几何情况下扩散方程可写为

$$-\frac{\partial}{\partial x}D\frac{\partial \phi}{\partial x} - \frac{\partial}{\partial y}D\frac{\partial \phi}{\partial y} + \Sigma_R(x,y)\phi(x,y) = S(x,y) \tag{5-35}$$

将式(5-35)在(i,j)节点附近虚线所围的矩形区域上积分,这样,式中左端第一项

$$\begin{aligned} T_1 &= -\int_{y_{j-\frac{1}{2}}}^{y_{j+\frac{1}{2}}} \mathrm{d}y \int_{x_{i-\frac{1}{2}}}^{x_{i+\frac{1}{2}}} \frac{\partial}{\partial x}D(x,y)\frac{\partial \phi(x,y)}{\partial x}\mathrm{d}x \\ &= -\int_{y_{j-\frac{1}{2}}}^{y_{j+\frac{1}{2}}} \left[D(x_{i+\frac{1}{2}},y)\frac{\partial \phi}{\partial x}\bigg|_{x_{i+\frac{1}{2}}} - D(x_{i-\frac{1}{2}},y)\frac{\partial \phi}{\partial x}\bigg|_{x_{i-\frac{1}{2}}} \right]\mathrm{d}y \end{aligned} \tag{5-36}$$

若式(5-36)中导数用下面近似公式代替:

$$\frac{\partial \phi}{\partial x}\bigg|_{x_{i+\frac{1}{2}}} \approx \frac{\phi_{i+1,j} - \phi_{i,j}}{\Delta x_i}, \quad \frac{\partial \phi}{\partial x}\bigg|_{x_{i-\frac{1}{2}}} \approx \frac{\phi_{i,j} - \phi_{i-1,j}}{\Delta x_{i-1}}$$

式中,$\phi_{i,j} = \phi(x_i, y_i)$。考虑到 D 可能不连续,便得到

$$\begin{aligned} T_1 = &-\frac{1}{2}(D_2\Delta y_{j-1} + D_3\Delta y_j)\frac{\phi_{i+1,j} - \phi_{i,j}}{\Delta x_i} + \\ &\frac{1}{2}(D_1\Delta y_{j-1} + D_4\Delta y_j)\frac{\phi_{i,j} - \phi_{i-1,j}}{\Delta x_{i-1}} \end{aligned} \tag{5-37}$$

式中,D_k 表示图 5-4 中第 k 个小矩形上的 D 值。同理可求得式(5-35)左端第二项积分

$$\begin{aligned} T_2 = &-\frac{1}{2}(D_4\Delta x_{i-1} + D_3\Delta x_i)\frac{\phi_{i,j+1} - \phi_{i,j}}{\Delta y_j} + \\ &\frac{1}{2}(D_1\Delta x_{i-1} + D_2\Delta x_i)\frac{\phi_{i,j} - \phi_{i,j-1}}{\Delta Y_{J-1}} \end{aligned} \tag{5-38}$$

式(5－35)左端第三项、右端第一项的积分分别为

$$T_3=\frac{1}{4}(\Sigma_{R,1}\Delta x_{i-1}\Delta y_{j-1}+\Sigma_{R,2}\Delta x_i\Delta y_{j-1}+\Sigma_{R,3}\Delta x_i\Delta y_j+\Sigma_{R,4}\Delta x_{i-1}\Delta y_j)\phi_{i,j} \tag{5-39}$$

$$T_4=\frac{1}{4}(S_1\Delta x_{i-1}\Delta y_{j-1}+S_2\Delta x_i\Delta y_{j-1}+S_3\Delta x_i\Delta y_j+S_4\Delta x_{i-1}\Delta y_j) \tag{5-40}$$

综合式(5－37)～式(5－40)的结果，由式(5－35)便可导出(i,j)节点的差分方程组为

$$a_{i,j}\phi_{i,j-1}+b_{i,j}\phi_{i-1,j}+c_{i,j}\phi_{i+1,j}+d_{i,j}\phi_{i,j+1}+e_{i,j}\phi_{i,j}=S_{i,j} \tag{5-41}$$

式中，

$$\left.\begin{aligned}
&a_{i,j}=d_{i,j-1}=-\frac{1}{2}[D_1\Delta x_{i-1}+D_2\Delta x_i]/\Delta y_{j-1}\\
&b_{i,j}=c_{i-1,j}=-\frac{1}{2}[D_1\Delta y_{j-1}+D_4\Delta y_i]/\Delta x_{i-1}\\
&e_{i,j}=\frac{1}{4}[\Sigma_{R,1}\Delta x_{i-1}\Delta y_{j-1}+\Sigma_{R,2}\Delta x_i\Delta y_{j-1}+\Sigma_{R,3}\Delta x_i\Delta y_j+\\
&\qquad\Sigma_{R,4}\Delta x_{i-1}\Delta y_j]-a_{i,j}-b_{i,j}-c_{i,j}-d_{i,j}\\
&S_{i,j}=T_4
\end{aligned}\right\} \tag{5-42}$$

对于边界上的点则和前面一样，需根据边界条件来确定。例如对于四周的外推边界上的所有网点有

$$\phi_{i,j}=0,\quad i=0,N\text{ 或 }j=0,M$$

式(5－41)便是我们所需求的差分方程组。可以证明，上述差分逼近的总体误差为$o(h^2)$阶，这里h为网距。当Σ、D和S都是分段连续函数时在角点差分情况下，在间断点上的局部误差为$o(h)$阶。

对于给定问题，其系数$a_{i,j},b_{i,j},\cdots,e_{i,j}$等均可以事先计算求得，对每次外迭代，其右端源项$S_{i,j}$也是已知的。因此，式(5－41)是一个含有$\phi_{i,j}$的代数方程组，对于二维问题，其系数矩阵是一个五对角的矩阵，可以很方便地应用通常的线性方程组的求解方法进行求解。

2. 差分方程组的矩阵形式

差分方程组(5－41)也可以写成以矩阵符号表示的形式，有时这样表示是很方便的。为此，对所有节点$\{\phi_{i,j}\}$规定一个排列次序。通常规定自域的左下角开始由左向右排列，第一行结束后便自动从第二行开始，即

$$\{\phi_k,k=1,\cdots,(N-1)(M-1)\}=\{\phi_{1,1},\phi_{2,1},\cdots,\phi_{N-1,1},\phi_{1,2},\phi_{2,2},\cdots,\phi_{N-1,M-1}\} \tag{5-43}$$

式中，标号$k(i,j)=i+(j-1)(N-1)$。这样，差分方程组(5－41)便可写成矩阵

形式，即

$$
\begin{bmatrix}
e_1 & c_1 & d_1 & & & & \\
b_2 & e_2 & c_2 & & & & \\
 & & \ddots & & & & \\
 & a_k & b_k & e_k & c_k & d_k & \\
 & & & & \ddots & & \\
 & & & & a_w & b_w & e_w
\end{bmatrix}
\begin{bmatrix}
\phi_1 \\ \phi_2 \\ \vdots \\ \phi_k \\ \vdots \\ \phi_w
\end{bmatrix}
=
\begin{bmatrix}
S_1 \\ S_2 \\ \vdots \\ S_k \\ \vdots \\ S_w
\end{bmatrix}
$$

式中，元素 $x_k = x_{i,j}$、$w = (N-1)(M-1)$。差分方程组可简记为

$$\boldsymbol{A\phi} = \boldsymbol{S} \tag{5-44}$$

从式(5-42)可以看到矩阵 $\boldsymbol{A}$ 是非奇异的，它具有如下性质：

(1)对称；

(2)主对角元为正，非主对角元小于等于 0；

(3)主对角元占优 $e_k \geqslant |a_k + b_k + c_k + d_k|$。

5.3.2　三维问题的差分方程组

随着大型核电站的迅速发展，燃料循环等的经济性成为反应堆物理设计中一个很重要的指标，这就要求精确地确定全堆的中子通量密度或功率的分布，因而需要作三维问题的计算。三维问题的差分解法和二维情况没有很大的差别。这时芯部自然被分割成许多空间的网点。例如，对于三维 X-Y-Z 几何形状情况，则用 $x_i = x_{i-1} + h_i$、$y_j = y_{j-1} + l_j$、$z_k = z_{k-1} + r_k$ 三族直线把芯部分成空间网格(见图 5-5(a))，可以用和二维类似方法来建立节点(i, j, k)上的差分方程。不过这时中子通量密度 $\phi_{i,j,k}$ 将与周围 6 个节点产生关系，即三维差分方程可写成下列形式：

$$
\begin{aligned}
& a_{i,j,k}\phi_{i-1,j,k} + b_{i,j,k}\phi_{i,j-1,k} + c_{i,j,k}\phi_{i,j,k-1} + d_{i,j,k}\phi_{i,j,k} + e_{i,j,k}\phi_{i+1,j,k} + \\
& \quad f_{i,j,k}\phi_{i,j+1,k} + h_{i,j,k}\phi_{i,j,k+1} = S_{i,j,k}
\end{aligned} \tag{5-45}
$$

它的系数矩阵是 7 条对角线型的(见图 5-5(c))。式(5-45)同样可以用迭代法求解。

当应用中心网点差分时，式(5-45)的系数容易推得为

$$
\left.
\begin{aligned}
a_{i,j,k} &= e_{i-1,j,k} = -\frac{2D_{i,j,k}D_{i-1,j,k}\Delta y_j \Delta z_k}{D_{i,j,k}\Delta x_{i-1} + D_{i-1,j,k}\Delta x_i} \\
b_{i,j,k} &= f_{i,j-1,k} = -\frac{D_{i,j,k}D_{i,j-1,k}\Delta x_i \Delta z_k}{D_{i,j,k}\Delta y_{j-1} + D_{i,j-1,k}\Delta y_j} \\
c_{i,j,k} &= h_{i,j,k-1} = -\frac{2D_{i,j,k}D_{i,j,k-1}\Delta x_i \Delta y_j}{D_{i,j,k}\Delta z_{k-1} + D_{i,j,k-1}\Delta z_k} \\
d_{i,j,k} &= \Sigma_{R,i,j,k}\Delta x_i \Delta y_j \Delta z_k - (a_{i,j,k} + b_{i,j,k} + c_{i,j,k} + d_{i,j,k}) \\
s_{i,j,k} &= S_{i,j,k}\Delta x_i \Delta y_j \Delta z_k
\end{aligned}
\right\} \tag{5-46}
$$

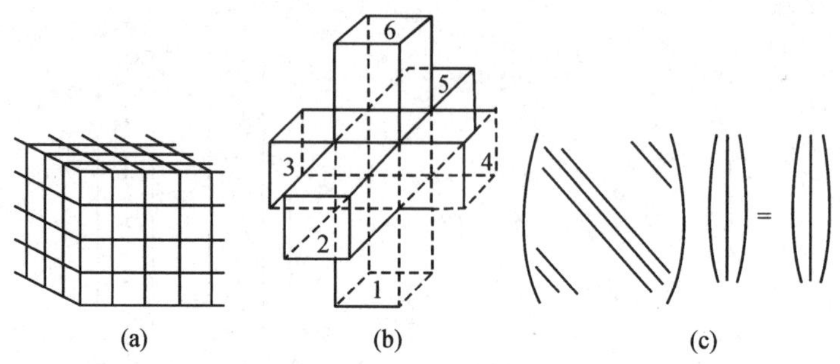

图 5-5　三维空间网格

三维问题差分解法的主要矛盾是所需要的差分方程(节点)的数目太大,比一维问题约高 2 个数量级。为了保证计算结果的精确性,空间网距又不能太大,经验表明网距应等于 0.5～1 个中子的散射自由程或扩散长度。若用传统的有限差分法求解三维问题,所需计算机存储容量之大,计算时间之长都是惊人的,是很不经济的,而且一般的计算机是难以胜任的。尤其是当考虑到燃耗和温度的反馈(燃料寿期计算往往需作上百次的静态计算)时,矛盾将更加尖锐。

5.4　差分方程的迭代解法

从前面讨论可以看到应用差分方法数值求解多群扩散方程时,最终问题便归结为求解如式(5-44)那样的差分方程组,即

$$\boldsymbol{A}\boldsymbol{\phi}=\boldsymbol{S} \tag{5-47}$$

式中,$\boldsymbol{A}$ 为 n 阶非奇异矩阵。对于二维问题 $\boldsymbol{A}$ 为五对角矩阵,对于三维问题则是七对角矩阵。对于大型的反应堆芯部,n 是相当大的,因而直接求解显然是比较困难的,通常是通过迭代方法来求其近似解。这种利用迭代方法求解差分方程组的过程通常称为内迭代或中子通量密度迭代。

设式(5-47)中,矩阵 $\boldsymbol{A}$ 所有的对角元 $a_{ii}\neq 0$,那么便可将其改写成便于迭代的形式:

$$\boldsymbol{\phi}=\boldsymbol{B}\boldsymbol{\phi}+\boldsymbol{f} \tag{5-48}$$

各种迭代法都有其限定的应用范围,对于一给定的方程组,某些迭代法收敛得很快,而有些迭代法收敛得很慢,或可能不收敛。本节只着重介绍几种常用的解中子扩散差分方程组的有效的迭代方法。为简便起见,以二维差分方程为例进行讨论。

(1)赛德尔迭代法。赛德尔迭代格式为

$$\phi_i^{(m)}=\sum_{j=1}^{i-1}b_{i,j}\phi_j^{(m)}+\sum_{j=i+1}^{n}b_{i,j}\phi_j^{(m-1)}+f_i,\ \ i=1,\cdots,n \tag{5-49}$$

式中，m 指迭代次数。实际上，在计算 $\phi_i^{(m)}$ 之前 $\phi_1^{(m)},\phi_2^{(m)},\cdots,\phi_{i-1}^{(m)}$ 已经计算出新值来了。显然，这种格式要比简单迭代格式的收敛速度快。用矩阵表示，这实质上相当于把式(5-48)中的 $\boldsymbol{B}$ 写成

$$\boldsymbol{B}=\boldsymbol{L}+\boldsymbol{U} \tag{5-50}$$

式中，$\boldsymbol{L}$ 为严格下三角阵；$\boldsymbol{U}$ 为严格上三角阵。因而式(5-49)可写成矩阵形式：

$$\boldsymbol{\phi}^{(m)}=\boldsymbol{L}\boldsymbol{\phi}^{(m)}+\boldsymbol{U}\boldsymbol{\phi}^{(m-1)}+\boldsymbol{f} \tag{5-51}$$

从而得到二维扩散方程的赛德尔迭代格式为

$$\phi_{i,j}^{(m)}=-(a_{i,j}\phi_{i,j-1}^{(m)}+b_{i,j}\phi_{i-1,j}^{(m)}+c_{i,j}\phi_{i+1,j}^{(m-1)}+d_{i,j}\phi_{i,j+1}^{(m-1)}-s_{i,j})/e_{i,j} \tag{5-52}$$

(2)逐次超松驰(successive over relaxation，SOR)迭代法。当差分方程组的阶数比较高时，赛德尔迭代法收敛速度仍然比较慢，但对它可以通过引进参数 ω，用外推法来加速收敛，这就是所谓的逐次超松驰迭代法。如果 ω 选取得当，它的收敛速度要比赛德尔迭代法快得多。

SOR 迭代格式为

$$\begin{aligned}\widetilde{\phi}_i^{(m)}&=\sum_{j=1}^{i-1}b_{i,j}\phi_j^{(m)}+\sum_{j=i+1}^{n}b_{i,j}\phi_j^{(m-1)}+f_i\\ \phi_i^{(m)}&=\phi_i^{(m-1)}+\omega(\widetilde{\phi}_i^{(m)}-\phi_i^{(m-1)}),\ i=1,2,\cdots,n\end{aligned} \tag{5-53}$$

对于二维差分方程，SOR 迭代格式为

$$\widetilde{\phi}_{i,j}^{(m)}=-(a_{i,j}\phi_{i,j-1}^{(m)}+b_{i,j}\phi_{i-1,j}^{(m)}+c_{i,j}\phi_{i+1,j}^{(m-1)}+d_{i,j}\phi_{i,j+1}^{(m-1)}-s_{i,j})/e_{i,j} \tag{5-54}$$

最后用 $\phi_{i,j}^{(m-1)}$ 和 $\widetilde{\phi}_{i,j}^{(m)}$ 的线性组合来外推得到第 m 次的迭代结果 $\phi_{i,j}^{(m)}$，即

$$\phi_{i,j}^{(m)}=\phi_{i,j}^{(m-1)}+\omega(\widetilde{\phi}_{i,j}^{(m)}-\phi_{i,j}^{(m-1)}) \tag{5-55}$$

式中，ω 称为超松驰因子，若 $\omega=1$，便是赛德尔迭代法。将式(5-54)代入式(5-55)，便得到

$$\begin{aligned}\phi_{i,j}^{(m)}=&-\omega_j(a_{i,j}\phi_{i,j-1}^{(m)}+b_{i,j}\phi_{i-1,j}^{(m)}+c_{i,j}\phi_{i+1,j}^{(m-1)}+\\ &d_{i,j}\phi_{i,j+1}^{(m-1)}-s_{i,j})/e_{i,j}\cdot(1-\omega)\phi_{i,j}^{(m-1)}\end{aligned} \tag{5-56}$$

这便是点逐次超松驰迭代计算格式。一般 $1<\omega<2$，合理选取 ω 值可以大大加快收敛速度。ω 值与矩阵 $\boldsymbol{B}$ 的特征值问题有关。可根据经验选取或在程序中计算[36-37]。当 $\omega=2/(1+\sqrt{1+\lambda_0^2})$ 时，可得到最佳的收敛率，其中 λ_0 为矩阵 $\boldsymbol{B}$ 的最大特征值。SOR 迭代法是计算中比较常用的方法之一。

(3)线逐次超松驰迭代法。在求解式(5-41)时，可以像前文那样逐点地求解。也可以把整个网格(见图 5-3)分成 $x_i=x_1,x_2,\cdots,x_{N-1}$ 等 $N-1$ 条直线，在每一条直线上(下标 i 相同)的 $M-1$ 个点则用联立求解办法一次同时解出。这样，按

逐条线、逐条线的顺序往下解，最后解得所有的 $\phi_{i,j}$。这就是所谓的线逐次超松驰迭代。为此，对第 i 条直线上的点（固定的 i）可将式(5-41)改写为

$$a_{i,j}\phi_{i,j-1}+e_{i,j}\phi_{i,j}+d_{i,j}\phi_{i,j+1}=s_{i,j}-b_{i,j}\phi_{i-1,j}-c_{i,j}\phi_{i+1,j}$$
$$j=1,2,\cdots,M-1\text{（对固定的 }i\text{）}\tag{5-57}$$

如果认为第 $i+1$ 条和第 $i-1$ 条直线上的点是已知的（用已求得的 $\phi_{i-1,j}^{(m)}$，以及前次迭代求得的 $\phi_{i+1,j}^{(m-1)}$ 值代入），则方程式(5-57)右端便是已知的，需要解的第 i 条直线上点的联立方程便写为

$$a_{i,j}\phi_{i,j-1}^{(m)}+e_{i,j}\phi_{i,j}^{(m)}+d_{i,j}\phi_{i,j+1}^{(m)}=s_{i,j}-b_{i,j}\phi_{i-1,j}^{(m)}-c_{i,j}\phi_{i+1,j}^{(m-1)}$$
$$j=1,2,\cdots,M-1\text{（对固定的 }i\text{）}\tag{5-58}$$

将右端已知项记为 $f_{i,j}$，式(5-58)可写成矩阵形式，即

$$\begin{bmatrix} e_{i,1} & d_{i,1} & & & \\ a_{i,2} & e_{i,2} & d_{i,2} & & \\ & \ddots & \ddots & \ddots & \\ & & & a_{i,M+1} & e_{i,M-1} \end{bmatrix}\begin{pmatrix}\phi_{i,1}^{(m)}\\ \vdots \\ \phi_{i,M-1}^{(m)}\end{pmatrix}=\begin{pmatrix}f_{i,1}\\ \vdots \\ f_{i,M-1}\end{pmatrix}$$

这种三对角线型矩阵可以用前面 5.2 节所介绍的追赶法很方便地直接求解。这样追赶得到的 $\phi_{i,j}$ 称为线性迭代结果，并记为 $\hat{\phi}_{i,j}^{(m)}$，而 SOR 迭代法就是利用 $\hat{\phi}_{i,j}^{(m)}$ 与 $\phi_{i,j}^{(m-1)}$ 和超松驰因子 ω 加以外推而得到 $\phi_{i,j}^{(m)}$，即

$$\phi_{i,j}^{(m)}=\phi_{i,j}^{(m-1)}+\omega(\hat{\phi}_{i,j}^{(m)}-\phi_{i,j}^{(m-1)})\tag{5-59}$$

这里 ω 的选择同 SOR 迭代法的情形，以上过程要对 $i=1,\cdots,N-1$ 依序进行，这样便完成了一次迭代。

应该指出，一种迭代法的好坏，既要注意到收敛精度还要考虑其收敛速度（即迭代所需的时间）。因而具体方法的选择是要根据问题的性质、大小和使用的计算机加以考虑的。

内迭代过程的收敛通常是用下面收敛准则来判定的：

(1) $$\frac{\sum_{i,j}\left|\phi_{i,j}^{(m)}-\phi_{i,j}^{(m-1)}\right|}{\sum_{i,j}\left|\phi_{i,j}^{(m)}\right|}<\varepsilon_3$$

或

(2) $$\sum_{i,j}\left|\phi_{i,j}^{(m)}-\phi_{i,j}^{(m-1)}\right|<\varepsilon_4\sum_{i,j}\left|\phi_{i,j}^{(1)}-\phi_{i,j}^{(0)}\right|$$

式中，ε_3、ε_4 为给定参数。一般讲，当外（源）迭代远未收敛时，可不必使内迭代有太高的精度，内迭代的要求精度可随外迭代的收敛精度的提高而相应地提高。

5.5　中子扩散方程数值解法

从前面讨论知道，多群扩散方程(5-1)的数值求解的步骤可以总结为两大步：

(1)源迭代或外迭代。这是用迭代法解方程(5-1)的特征值与特征函数问题。它是通过源迭代法(每次迭代时方程右端源项 $Q(\boldsymbol{r})$为已知)把原来的多群联立方程组的求解问题变换成解 G 个(如式(5-19)所示)单群扩散方程，而对此单群扩散方程则可应用差分方法化成差分方程组(如式(5-41)所示)，再通过下述的内迭代过程来求解。

(2)中子通量密度迭代或内迭代。这是用迭代法解单群扩散方程的差分代数方程组问题。由于总群数为 G，因而每一次外迭代中需对 G 个方程作内迭代运算。

当没有向上散射时，求解的次序可以从高能群顺序往下向低能群进行，即

$$-\nabla\cdot D_1\nabla\phi_1(\boldsymbol{r})+\Sigma_{\mathrm{r},1}\phi_1(\boldsymbol{r})=\frac{\chi_1}{k_{\mathrm{eff}}}Q(\boldsymbol{r})$$

$$\downarrow$$

$$-\nabla\cdot D_2\nabla\phi_2(\boldsymbol{r})+\Sigma_{\mathrm{r},2}\phi_2(\boldsymbol{r})=\Sigma_{1\to2}\phi_1(\boldsymbol{r})+\frac{\chi_2}{k_{\mathrm{eff}}}Q(\boldsymbol{r}) \tag{5-60}$$

$$\vdots$$

$$\downarrow$$

$$-\nabla\cdot D_G\nabla\phi_G(\boldsymbol{r})+\Sigma_{\mathrm{r},G}\phi_G(\boldsymbol{r})=\sum_{g'=1}^{G}\Sigma_{g'\to G}\phi_{g'}+\frac{\chi_G}{k_{\mathrm{eff}}}Q(\boldsymbol{r}) \tag{5-61}$$

这样，在解任一群方程时，右端都是已知函数，可记作 $S(\boldsymbol{r})$(参阅式(5-19))。于是便可根据上述两大步骤很容易地求解多群扩散方程。

在扩散方程的求解计算中，最简单的问题是给定了反应堆的材料成分及几何形状和大小而要求芯部的有效增殖因数 k_{eff} 及通量分布 $\phi_g(\boldsymbol{r})$。具体计算和流如图 5-6 所示。

随着核能的发展，目前许多国家都开发了一些通用的扩散临界计算程序。在有限差分法程序中，美国的 PDQ[38]程序系列和 CITATION 程序便是这类程序中比较有代表性和获得广泛应用的程序。应该指出的是，有限差分法虽然简便并有着良好的数学基础，是最经典的数值计算方法，但它也存在着一个重要的缺陷，那就是为了保证一定的计算精度，差分网格必须取得足够小。因而对于多群三维问题，就需要巨大的存储单元和计算时间，从计算效率的角度讲是很不经济的。20 世纪 70 年代以后，发展了一种所谓粗网格或节块方法，其能在很粗的网格(或节块)下获得很高的精度，通常是以一个组件作为一个计算网点，因而大大提高了计

算效率,节约了计算时间。目前,节块法已成为工程中数值求解多群扩散问题的重要方法[35,39]。

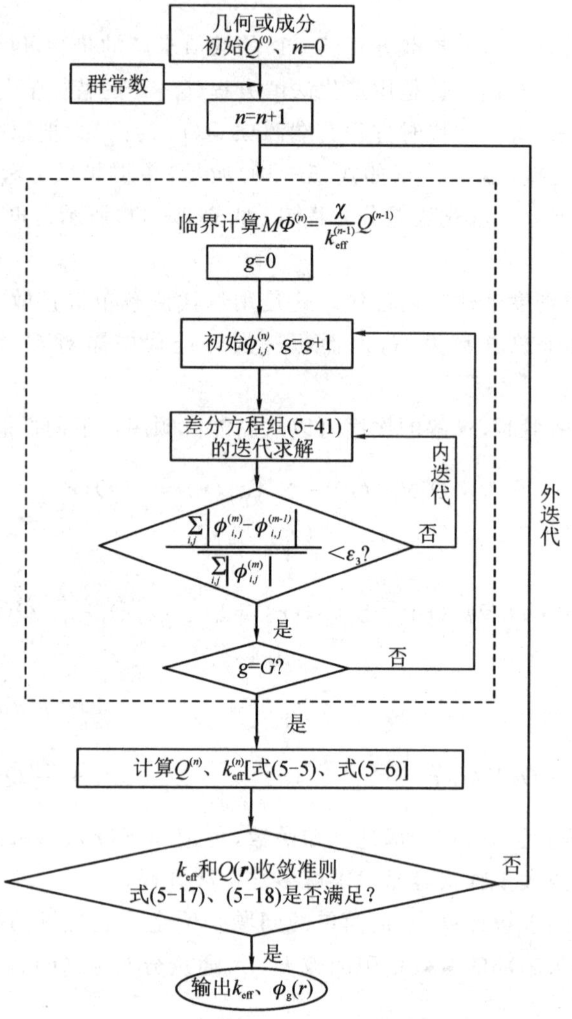

图 5-6　扩散方程数值计算流程示意图

5.6　幂迭代的加速收敛方法

多群中子扩散方程特征值问题通常应用迭代法或幂迭代法数值求解。对于大型动力反应堆,其收敛速度是很慢的,因而必须采取一些有效的加速收敛方法。对于采用细网格有限差分格式的数值方法,已经发展了许多有效的加速收敛技术,其中粗网格再平衡(coarse mesh rebalancing,CMR)技术和切比雪夫多项式(cheby-shev polynomial, CP)的外推加速技术被认为是最广泛采用的两种方法。这些加速收敛方法已在一系列有限差分程序,例如 PDQ 系列[34-35]和 ARC 系列[36-38]中广泛应用,其数值结果已证明这些加速收敛方法是非常有效的。同时数值实践表明,把切比雪夫多项式外推法和粗网格再平衡方法联合使用将得到更好的效果,可以大大加快收敛速度。

本节将介绍这两种方法的理论研究与公式计算,并讨论它们的迭代策略和一些参数的选择。

5.6.1　粗网格再平衡方法

采用有限差分法解中子扩散方程时,为保证一定精度,网点的剖分必须很细,在采用迭代法求解时收敛速度很慢,内、外迭代所花费的计算时间很大。在实际计算中都采用加速收敛的一些办法。其中,粗网格再平衡方法已被实践证明是一种有效的方法。它不仅在求解中子扩散方程中被采用,而且在中子输运和流体力学等计算领域中都获得了广泛的应用。

少群中子扩散方程为

$$-D_g\nabla^2\phi_g+\Sigma_{R,g}\phi_g=\sum_{g'=1}^{g-1}\Sigma_{g'\to g}\phi_{g'}+\frac{\chi_g}{k_{\text{eff}}}\sum_{g'}(\nu\Sigma_{\text{f}})_{g'}\phi_{g'}\tag{5-62}$$

粗网格再平衡方法的基本思想是在迭代之后,根据中子平衡原则,计算出一个“再平衡因子”,并将其乘迭代所求出的中子通量密度所得结果作为该次迭代的最后解,以强迫使所求得的解满足中子平衡关系。

为讨论方便,以二维情况为例,把所考虑的系统在原有差分(细网)的基础上,再剖分成一组规则的非重叠的矩形粗网格 V_m, $m=1,\cdots,M$(见图 5-7)。每个粗网格内含有若干个细网格,例如可以是 2×3、3×3 或 4×4 等,并使每个粗网格的边界与细网格的边界重合。

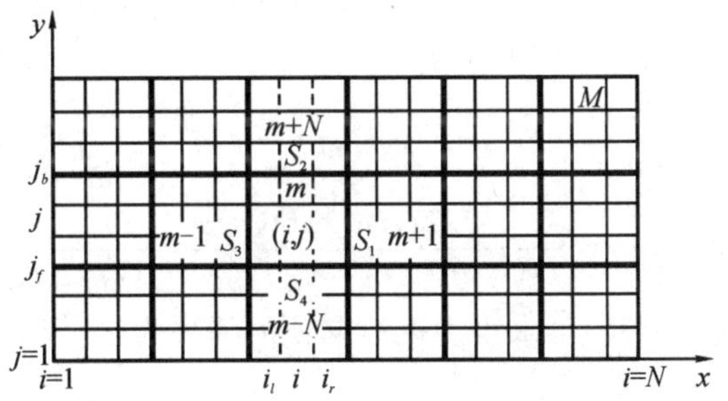

图 5-7　粗网格的划分

1. 外迭代粗网格再平衡方程

设在第 t 次外迭代后，求出了各个差分（细）网点上的中子通量密度值 $\phi_g(i,j), g=1,\cdots,G$。在粗网格区域 m 内，将方程(5-62)在 m 区域上积分，并对所有能群求和，则可得到下列平衡方程

$$-\int_{V_m}\sum_{g=1}^{G}D_g\nabla^2\phi_g\mathrm{d}V+A_m=P_m,\quad m=1,\cdots,M \tag{5-63}$$

式中，A_m 为粗网 m 内的总吸收率，其表达式为

$$A_m=\sum_{(i,j)\in V_m}\sum_{g=1}^{G}\Sigma_{a,g}\phi_g(i,j)V_{i,j} \tag{5-64}$$

式中，$(i,j)\in V_m$ 表示对粗网 m 内所有的细网 (i,j) 求和；$V_{i,j}$ 为细网的体积；P_m 为总产生率，其表达式为

$$P_m=\sum_{(i,j)\in V_m}\sum_{g'=1}^{G}\frac{1}{k_{\text{eff}}}(\nu\Sigma_f)_{g'}\phi_{g'}(i,j)V_{i,j} \tag{5-65}$$

对式(5-63)左端第一项泄漏项，用奥-高公式将体积分变换成网格的 4 个边界的积分，即

$$-\int_{V_m}D_g\nabla^2\phi_g\mathrm{d}V=\sum_k\int_{S_k}\left(D\frac{\partial\phi}{\partial n}\right)\mathrm{d}S \tag{5-66}$$

式中，k 表示 $S_{左}$、$S_{右}$、$S_{上}$ 和 $S_{下}$ 4 个表面。以 $S_{左}$ 边界为例，有

$$D\frac{\partial\phi}{\partial n}=D(i_l,j)\frac{\phi(i_l,j)-\bar{\phi}}{\Delta x_{i_l}/2} \tag{5-67}$$

式中，$\bar{\phi}$ 为 $S_{左}$ 交界面上的中子通量密度，利用交界面上的中子流连续条件，有

$$D(i_l,j)\frac{\phi(i_l,j)-\bar{\phi}}{\Delta x_{i_l}/2}=D(i_l-1,j)\frac{\bar{\phi}-\phi(i_l-1,j)}{\Delta x_{i_l-1}/2}$$

因而得到

$$\bar{\phi}=\frac{D(i_l,j)\Delta x_{i_l-1}\phi(i_l,j)+D(i_l-1,j)\phi(i_l-1,1)\Delta x_{i_l}}{D(i_l,j)\Delta x_{x_l-1,j}+D(i_l-1,j)\Delta x_{i_l}} \tag{5-68}$$

将式(5-68)代入式(5-67)式，有

$$D\frac{\mathrm{d}\phi}{\mathrm{d}n}=\overline{D}(i_l,j)[\phi(i_l,j)-\phi(i_l-1,j)] \tag{5-69}$$

$$\overline{D}(i_l,j)=\frac{2D(i_l,j)D(i_l-1,j)}{D(i_l,j)\Delta x_{i_l-1}+D(i_l-1,j)\Delta x_{i_l}} \tag{5-70}$$

将式(5-70)代入式(5-66)可求得上述泄漏项的损失为

$$L^m=\sum_{g=1}^{G}\{\sum_{j=j_f}^{j_h}[\overline{D}_g(i_l,j)(\phi_g(i_l,j)-\phi_g(i_l-1,j))-$$

$$\overline{D}_g(i_r,j)(\phi_g(i_r+1,j)-\phi_g(i_r,j))]\Delta y_j+$$

$$\sum_{i=i_l}^{i_r}[\overline{D}_g(i,j_f)(\phi_g(i,j_f)-\phi_g(i,j_f-1))-$$
$$\overline{D}_g(i,j_h)(\phi_g(i,j_k+1)-\phi_g(i,j_h))]\Delta x_i\}\tag{5-71}$$

外迭代过程中，在收敛之前，中子平衡方程式(5-63)将不会被满足。为强制使其满足，用粗网格 V_m 内的中子通量密度 $\phi_g^{(t)}(i,j)$乘一个再平衡因子 f_m，这里 t 表示外迭代次数，即令

$$\hat{\phi}_g^{(t)}(i,j)=f_m\phi_g^{(t)}(i,j),\ (i,j)\in V_m,$$
$$g=1,\cdots,G;\quad m=1,\cdots,M\tag{5-72}$$

而

$$\hat{k}_{\text{eff}}^{(t)}=\rho k_{\text{eff}}^{(t)}\tag{5-73}$$

$\hat{\phi}_g^{(t)}(i,j)$将使式(5-63)得到满足，关键在于求出再平衡因子 f_m 和 ρ。因此，将式(5-72)和式(5-73)代入式(5-63)便得到关于粗网格再平衡因子的方程为

$$-\sum_l B^{l\to m}f_l+(\sum_l B^{m\to l}+A_m)f_m=\frac{1}{\rho}P_mf_m\tag{5-74}$$

式中，l 表示与粗网格 m 相邻的粗网标号；系数 $B^{l\to m}$ 和 $B^{m\to l}$ 可根据表达式(5-71)求出，例如对 $l=m-1$，有

$$B^{(m-1)\to m}=\sum_{g=1}^{G}\sum_{j=j_l}^{j_h}\overline{D}_g(i_l,j)\phi_g(i_l-1,j)\Delta y_j\tag{5-75}$$

$$B^{m\to(m-1)}=\sum_{g=1}^{G}\sum_{j=j_l}^{j_h}\overline{D}_g(i_l,j)\phi_g(i_l,j)\Delta y_j\tag{5-76}$$

同样可以写出其他的 $B^{l\to m}$ 和 $B^{m\to l}$ 各项的表达式。方程(5-74)是一个 M 阶齐次线性方程组，其形式与细网格差分方程相似。边界条件为

$f_l=0$，　真空边界

$f_l=f_m$，　全反射或对称边界

式(5-74)同样用源迭代法求解，求出其特征值 ρ 和特征向量 $\boldsymbol{f}$。一般讲，粗网格的网格数目不大，式(5-74)是一个低阶的线性方程组，可采用高斯主元素消去法求出 f_m 和 ρ。将求得的 f_m 代入式(5-72)便得到细网格差分方程的解 $\hat{\phi}_g(i,j)$，并将其作为最终解。计算实践证明，在一次粗网格再平衡以后，可做几次细网格外迭代，然后再做一个粗网格平衡。这样可以得到更好的加速收敛效果。相邻两次粗网格再平衡之间的外迭代次数称为粗网格再平衡周期。许多情况下再平衡周期不宜太小。

在幂迭代求解式(5-74)时，为了加速迭代的收敛，可以应用维兰特(Wielandt)方法进行加速[40]。其原理如下，把式(5-74)写成矩阵形式：

$$\boldsymbol{M}\boldsymbol{f} = \frac{1}{\rho}\boldsymbol{P}\boldsymbol{f} \tag{5-77}$$

式中，$\boldsymbol{f}=[f_1,\cdots,f_K]^{\mathrm{T}}$；$\boldsymbol{P}=\mathrm{diag}[P_1,\cdots,P_K]$；$\boldsymbol{M}$ 为五对角（二维）或七对角（三维）矩阵。

式(5-77)可以改写成下列形式：

$$\left[\boldsymbol{M}-\frac{1}{\rho_0}\boldsymbol{P}\right]\boldsymbol{f} = \left[\frac{1}{\rho}-\frac{1}{\rho_0}\right]\boldsymbol{P}\boldsymbol{f} \tag{5-78}$$

式中，ρ_0 为特征值 ρ 的初步估算值，一般取 ρ_0 略大于 ρ。开始时若无适当估计值，可令 $1/\rho_0=0$，迭代开始以后就可以作出正确的估计了。于是式(5-78)可以重写为

$$\boldsymbol{M}'\boldsymbol{f} = \frac{1}{\rho'}\boldsymbol{P}\boldsymbol{f} \tag{5-79}$$

式中，

$$\boldsymbol{M}' = \boldsymbol{M} - \frac{1}{\rho_0}\boldsymbol{P} \tag{5-80}$$

$$\rho' = \frac{\rho\rho_0}{\rho_0 - \rho} \tag{5-81}$$

数值计算证明式(5-79)的收敛速度比式(5-74)要快得多。

2. 内迭代粗网格再平衡方程

上面讨论虽然是对源(外)迭代过程收敛的加速，但是粗网格再平衡过程同样也适用于内迭代过程。不过这时源项是已知的(由上一次外迭代给定)，因而可证明对每一能群 g 式(5-74)便成为

$$-\sum_{L} B^{l\to m} f_l + (\sum_{l} B^{m\to l} + A_m) f_m = P_m \tag{5-82}$$

此时

$$A_m = \sum_{i,j\in V_m} [\Sigma_{\mathrm{t},g} - \Sigma_{g'\to g}]\phi_g^{(t)}(i,j)V_{ij} \tag{5-83}$$

$$P_m = \sum_{i,j\in V_m}\left[\sum_{g'=1}^{g-1}\Sigma_{g'\to g}\phi_g^{(t)}(i,j)V_{ij} + \frac{\chi_g}{k_{\mathrm{eff}}^{(k)}}\sum_{g'=1}^{G}(\nu\Sigma_{\mathrm{f}})_{g'}\phi_{g'}^{(k)}(i,j)V_{ij}\right] \tag{5-84}$$

式中，t 为内迭代次数；k 为外迭代次数。这时再平衡方程式(5-82)是一个齐次线性方程组。因此它可以很方便地求解。

正如在 3.3 节所述，正确选择粗网格的大小是应用粗网格再平衡的关键所在。加速收敛效率及计算稳定性与粗网格的大小有关。正确选择粗网格的大小主要依靠计算的经验来判断(例如一般常取 3×3、4×4 节块作为一个粗网格)。这是粗网格再平衡方法的一个缺点。其次，粗网格再平衡方法还缺乏严格的理论基础，因而使用这种方法的效果有赖于对计算和迭代过程的了解和经验。

5.6.2　切比雪夫多项式外推法

为了加速源迭代或幂迭代过程的收敛速度，除了可应用粗网格再平衡方法外，通常还采用所谓源外推法。例如，在源迭代过程中，第 t 次迭代后求得源项为 $\hat{\boldsymbol{S}}^{(t)}(\boldsymbol{r})=Q^{(t)}(\boldsymbol{r})/k^{(t)}$。但是并不把它作为第 $t+1$ 次迭代的源，而是用它和前一次迭代的源项 $\boldsymbol{S}^{(t-1)}(\boldsymbol{r})$ 的线性组合来代替，即

$$\boldsymbol{S}^{(t)}(\boldsymbol{r})=\hat{\boldsymbol{S}}^{(t)}(\boldsymbol{r})+\alpha(t)[\hat{\boldsymbol{S}}^{(t)}(\boldsymbol{r})-\boldsymbol{S}^{(t-1)}(\boldsymbol{r})] \tag{5-85}$$

式中，$\alpha(t)$ 为一待选取的系数。这就是所谓的单参数源外推法，它是比较简单和常用的一种方法。然而 $\alpha(t)$ 的最佳数值的选择是一件复杂的事情。式(5-85)的源外推方法可以推广到 $\boldsymbol{S}^{(t)}(\boldsymbol{r})$ 的前面任意项源的线性组合，例如，$\boldsymbol{S}^{(t)}(\boldsymbol{r})$ 可以写为

$$\boldsymbol{S}^{(t)}(\boldsymbol{r})=a_{n,n}\hat{\boldsymbol{S}}^{(t)}(\boldsymbol{r})+\sum_{m=1}^{n-1}a_{m,n}\boldsymbol{S}^{(m)}(\boldsymbol{r}) \tag{5-86}$$

式中，系数 $a_{m,n}$ 为待选取的系数。式(5-86)称为多参数源外推法。

切比雪夫多项式外推法[41]实质上就是一种源外推方法，它从理论上给出最优的系数 $a_{m,n}$ 值的选取。

1. 切比雪夫多项式外推法加速收敛过程

现考虑多群中子扩散方程差分数值解中的双参数切比雪夫多项式外推加速收敛方法。假设一个非负的源 $\boldsymbol{S}^{(0)}$，切比雪夫多项式外推法的迭代格式可以写成如下形式：

$$\hat{\boldsymbol{S}}^{(t)}=\frac{1}{\lambda^{(t-1)}}\boldsymbol{R}\boldsymbol{S}^{(t-1)} \tag{5-87}$$

$$\boldsymbol{S}^{(t)}=\boldsymbol{S}^{(t-1)}+\alpha(t)[\hat{\boldsymbol{S}}^{(t)}-\boldsymbol{S}^{(t-1)}]+\beta(t)[\boldsymbol{S}^{(t-1)}-\boldsymbol{S}^{(t-2)}] \tag{5-88}$$

$$\lambda^{(t)}=\lambda^{(t-1)}\frac{\|\boldsymbol{S}^{(t)}\|_1}{\|\boldsymbol{S}^{(t-1)}\|_1} \tag{5-89}$$

式中，t 为外迭代次数；$\|\cdot\|_1$ 表示 $\boldsymbol{L}_1$ 的范数，并假定算子 $\boldsymbol{R}$ 具有实非负特征值 $\mu=\mu_0>\mu_1>\cdots>\mu_N=a>0$；系数 $\alpha(t)$、$\beta(t)$ 为切比雪夫外推参数，它们应按如下方式选择，以使上述迭代过程具有最小误差。

为讨论方便起见，把式(5-88)和式(5-89)改写成如下形式：

$$\boldsymbol{S}^{(t)}=\frac{\alpha(t)}{\lambda^{(t-1)}}\boldsymbol{R}\boldsymbol{S}^{(t-1)}+[1-\alpha(t)+\beta(t)]\boldsymbol{S}^{(t-1)}-\beta(t)\boldsymbol{S}^{(t-2)} \tag{5-90}$$

将 $\boldsymbol{S}^{(0)}$ 用 $\boldsymbol{R}$ 的特征向量 $\boldsymbol{u}_n$ 展成级数，即

$$\boldsymbol{S}^{(0)}=\sum_{n=0}a_n^{(0)}\boldsymbol{u}_n \tag{5-91}$$

将式(5-91)代入式(5-90)，便得到

$$\boldsymbol{S}^{(1)}=\sum_{n=0}\left[\frac{\alpha(1)}{\lambda^{(0)}}\mu_n+1-\alpha(1)+\beta(1)\right]a_n^{(0)}\boldsymbol{u}_n=\sum_{n=0}\mathrm{P}_1(\mu_n)a_n^{(0)}\boldsymbol{u}_n$$

$$\boldsymbol{S}^{(2)}=\sum_{n=0}\left\{\left[\frac{\alpha(2)}{\lambda^{(1)}}\mu_n+1-\alpha(2)+\beta(2)\right]\mathrm{P}_1(\mu_n)-\beta(2)\mathrm{P}_0(\mu_n)\right\}\times a_n^{(0)}\boldsymbol{u}_n$$
$$=\sum_{n=0}\mathrm{P}_2(\mu_n)a_n^{(0)}\boldsymbol{u}_n$$
$$\vdots$$
$$\boldsymbol{S}^{(t)}=\sum_{n=0}\left\{\left[\frac{\alpha(t)}{\lambda^{(t-1)}}\mu_n+1-\alpha(t)+\beta(t)\right]\mathrm{P}_{t-1}(\mu_n)-\beta(t)\mathrm{P}_{t-2}(\mu_n)\right\}a_n^{(0)}\boldsymbol{u}_n$$
$$=\sum_{n=0}\mathrm{P}_t(\mu_n)a_n^{(0)}\boldsymbol{u}_n \tag{5-92}$$

为方便起见，作变量变换，用 γ_n 代换 μ_n，即

$$\gamma_n=2\frac{\mu_n}{\mu_1}-1=2\frac{\mu_n}{\mu_0}\frac{1}{\sigma}-1 \tag{5-93}$$

式中，μ_n 为 $\boldsymbol{R}$ 的特征值；$\sigma=\mu_1/\mu_0<1$ 称为特征值的占优比。显然，$\gamma_n\in[-1,1]$ 且有

$$\mu_n=\frac{1}{2}(\gamma_n+1)\sigma\mu_0 \tag{5-94}$$

这样，以 γ_n 为自变量的方程(5-92)便为

$$\boldsymbol{S}^{(t)}=\sum_{m=0}\mathrm{P}_t(\gamma_n)a_n^{(0)}\boldsymbol{u}_n=\mathrm{P}_t(\gamma_0)a_0^{(0)}\boldsymbol{u}_0+\sum_{n=1}\mathrm{P}_t(\gamma_n)a_n^{(0)}\boldsymbol{u}_n \tag{5-95}$$

这里 $\mathrm{P}_t(\gamma_n)$ 是一个关于 γ_n 或 μ_n 的 t 阶多项式，且 $\mathrm{P}_0(\gamma_n)=1$，由式(5-92)知

$$\mathrm{P}_t(\gamma_n)=\left[\alpha(t)\frac{1+\gamma_n}{2}\sigma+1-\alpha(t)+\beta(t)\right]\mathrm{P}_{t-1}(\gamma_n)-\beta(t)\mathrm{P}_{t-2}(\gamma_n) \tag{5-96}$$

式中，假定特征值的逼近值 $\lambda^{(t-1)}$ 接近于特征值 μ_0。式(5-95)中右端第一项就是所要求解的基本特征向量，而右端第二项为 t 次迭代后的余项或误差，因此，希望这样选择多项式 $\mathrm{P}_t(\gamma_n)$，以使得 $\sum\limits_{n=1}\mathrm{P}_t(\gamma_n)a_n^{(0)}\boldsymbol{u}_n$ 等于极小值(按范数意义)。由于 $a_n^{(0)}$ 是任意的，γ_n 一般是未知量，由此可以把 γ_n 看成是在$[-1,1]$内连续分布的变量。这样选取最好的一组 $\alpha(t)$、$\beta(t)$，使得 $\mathrm{P}_t(\gamma_0)=1$，且在 $-1\leqslant\gamma\leqslant1$ 范围内有 $\max\limits_{-1\leqslant\gamma\leqslant1}\|\mathrm{P}_t(\gamma)\|$ 为最小。可以发现，如果取$\mathrm{P}_t(\gamma)$为在 $\gamma=\gamma_0$ 处归一化的 t 阶切比雪夫多项式①，就能够满足上述要求，即

---

① t 阶切比雪夫多项式为

$$\mathrm{T}_t(x)=\begin{cases}\cos(t\arccos x), & -1\leqslant x\leqslant1,t\geqslant0\\ \cosh(t\operatorname{arcosh}^{-1}x), & |x|>1,t\geqslant0\end{cases}$$

它满足递推公式

$$\mathrm{T}_0(x)=l,\mathrm{T}_1(x)=x$$
$$\mathrm{T}_t(x)=2x\mathrm{T}_{t-1}(x)-\mathrm{T}_{t-2}(x),t\geqslant2$$

$$P_t(\gamma)=\widetilde{T}_t(\gamma)\equiv\frac{T_t(\gamma)}{T_t(\gamma_0)} \tag{5-97}$$

式中，$T_t(\gamma)$为 t 阶切比雪夫多项式；$\widetilde{T}_t(\gamma)$为归一化的 t 阶切比雪夫多项式。根据递推关系式有

$$\widetilde{T}_t(\gamma)=2\gamma\frac{T_{t-1}(\gamma_0)}{T_t(\gamma_0)}\widetilde{T}_{t-1}(\gamma)-\frac{T_{t-2}(\gamma_0)}{T_t(\gamma_0)}\widetilde{T}_{t-2}(\gamma),\ t\geqslant 2 \tag{5-98}$$

为了满足 $P_t(\gamma)=\widetilde{T}_t(\gamma)$，使式(5－98)和式(5－96)中阶次相同的系数相等，便得到

$$\alpha(t)=\frac{4T_{t-1}(\gamma_0)}{\sigma T_t(\gamma_0)},\ t\geqslant 2 \tag{5-99}$$

$$\beta(t)=\frac{T_{t-2}(\gamma_0)}{T_t(\gamma_0)} \tag{5-100}$$

$$1-\left(1-\frac{\sigma}{2}\right)\alpha(t)+\beta(t)=0 \tag{5-101}$$

对于 $t=1$，从式(5－96)和式(5－97)有

$$\begin{aligned}P_1(\gamma)&=\frac{T_1(\gamma)}{T_1(\gamma_0)}=\frac{\gamma}{\gamma_0}\\&=\left[\alpha(1)\frac{1+\gamma}{2}\sigma+1-\alpha(1)+\beta(1)\right]P_0(\gamma)-\beta(1)P_{-1}(\gamma)\end{aligned} \tag{5-102}$$

由 $P_0(\gamma)=1$ 及式(5－102)，得到

$$\alpha(1)=\frac{2}{2-\sigma},\ \beta(1)=0 \tag{5-103}$$

同时从切比雪夫多项式递推公式有

$$1=2\gamma_0=\frac{T_{t-1}(\gamma_0)}{T_t(\gamma_0)}-\frac{T_{t-2}(\gamma_0)}{T_t(\gamma_0)},\ t\geqslant 2$$

将式(5－99)代入上式便得到 $\alpha(t)$的递推公式为

$$\alpha(t)=\frac{16}{8(2-\sigma)-\sigma^2\alpha(t-1)}$$

因而，$\alpha(t)$、$\beta(t)$由下式决定：

$$\left.\begin{aligned}&\alpha(1)=\frac{2}{2-\sigma},\ \beta(1)=0\\&\alpha(t)=\frac{16}{8(2-\sigma)-\sigma^2\alpha(t-1)}\\&\text{或 }\alpha(t)=\text{式}(5-99)\\&\beta(t)=\left(1-\frac{\sigma}{2}\right)\alpha(t)-1\end{aligned}\right\} \tag{5-104}$$

式(5-88)、式(5-89)和式(5-104)便是切比雪夫多项式(CP)外推法的基本公式。

必须指出，上述结果是在占优比 σ 是已知的条件下得到的，在实际计算过程中，它的准确数值是不知道的。因此，在使用 CP 外推法加速迭代的过程中，正确估计 σ 值对于 CP 外推法的有效应用是非常重要的。

2. 迭代过程中占优比 σ 的估计

迭代过程中“误差向量”(或余项向量)$\boldsymbol{R}^{(t)}$ 可以用下式来表示：

$$\boldsymbol{R}^{(t)}=\hat{\boldsymbol{S}}^{(t)}-\boldsymbol{S}^{(t-1)} \tag{5-105}$$

定义误差向量的缩减率为

$$Q^{(t)}=\frac{\|\boldsymbol{R}^{(t)}\|}{\|\boldsymbol{R}^{(t-1)}\|}=\frac{\|\hat{\boldsymbol{S}}^{(t)}-\boldsymbol{S}^{(t-1)}\|}{\|\hat{\boldsymbol{S}}^{(t-1)}-\boldsymbol{S}^{(t-2)}\|} \tag{5-106}$$

$Q^{(t)}$ 可以看成是迭代过程的收敛率或效率，对于幂迭代有

$$\sigma=\lim_{t\to\infty}Q^{(t)}=\lim_{t\to\infty}\frac{\|\hat{\boldsymbol{S}}^{(t)}-\boldsymbol{S}^{(t-1)}\|}{\|\hat{\boldsymbol{S}}^{(t-1)}-\boldsymbol{S}^{(t-2)}\|} \tag{5-107}$$

因此，在开始采用 CP 外推迭代之前，先做少量几次幂迭代，根据式(5-107)可以求出占优比 σ 的初始估计值，记作 σ_0。根据 σ_0 由式(5-104)可以求出系数 $\alpha(t)$ 和 $\beta(t)$，并开始进行 CP 外推迭代。

但是，在迭代过程中 σ 值不断改变，下面讨论 CP 外推迭代过程中 σ 值的估计。这时 σ 值的估算要复杂多了，假定从第 k 次迭代后开始作 CP 外推迭代，并作 p 次 CP 外推迭代。这时经过 p 次外推后新的 σ 估计值为

$$\sigma=\frac{\sigma_0}{2}\left\{\cosh\left[\frac{\operatorname{arcosh}\left(E_{k,p+1}T_p\left(\frac{2}{\sigma_0}-1\right)\right)}{p}\right]+1\right\} \tag{5-108}$$

如果 $E_{k,p+1}T_p\left(\frac{2}{\sigma_0}-1\right)\leqslant 1$，则式(5-108)中 cosh 和 arcosh 应分别用 cos 和 arccos 来代替。式中，

$$E_{k,p+1}=\frac{\|\hat{\boldsymbol{S}}^{(k+p+1)}-\boldsymbol{S}^{(k+p)}\|}{\|\hat{\boldsymbol{S}}^{(k+1)}-\boldsymbol{S}^{(k)}\|} \tag{5-109}$$

5.7 粗网节块法

5.7.1 引言

在反应堆芯部的核设计及在堆芯燃料管理中换料方案的选择都需要大量地(以工程精度要求)求解多维中子扩散方程，以确定在不同燃耗时刻反应堆的反应性和中子通量密度(或功率)的空间分布。在早期反应堆设计中普遍应用前面介绍

的有限差分法的程序，如 PDQ、CITATION 等。为了保证计算结果的精度，在有限差分法中网距不能太大，经验表明，应小于 0.5～1 个中子扩散长度。对于压水堆通常以一个栅元作为一个网格(所谓 Pin by Pin)。这样，对于一个压水堆堆芯，当用二维或三维计算时，网点数目将达到 10^5～10^6 以上，所需计算时间与机器内存是巨大的。而在工程计算中往往需要大量反复地求解扩散方程，因而它是不经济的。20 世纪 80 年代以来，迅速发展了各种有效的快速计算方法以解决上述矛盾，其中粗网节块法是在目前压水堆设计中最为常用的方法。

在有限差分法中，在一个空间网距内实际上是假设中子通量密度是按线性变化的，即用差分来替代导数。粗网节块法的思想则是取比较宽的网距，例如，对压水堆甚至可取一个组件(～20 cm×20 cm)作为一个节块，但在节块内用一个高阶多项式级数展开，或者用一组解析特征函数展开。这样，就可以在较宽的网距下获得与有限差分法相当的精度，计算效率提高了 1～2 个数量级。20 世纪 80 年代初以来，已先后发展了许多种节块方法。综合起来可以分为两类。一类是解析方法，它是以扩散方程的解析解或特征函数为基础，解析节块法(AM)[42]便属于这一类；另一类是把中子通量密度在节块内展成多项式级数形式近似求解，属于这一类的有节块展开法(NEM)[43]和格林函数节块法(NGFM)[44]等。数值实践表明，这些方法计算结果的精确度虽有差异，但基本相近。其中 NEM 由于简单及计算效率较高，获得了比较广泛的应用，例如，西屋公司的 ANC 程序[45]，美国目前广泛应用的 SIMULATE-3[46]程序及法国压水堆燃料管理软件 Science 中的 Smart 程序[47]等都是以它为基础的。本节亦重点介绍节块展开法的基本原理与算法。

节块法的缺点是，它只能提供节块的平均中子通量密度(功率)，而不能给出节块内的更精细的中子通量密度分布。但这种精细分布往往是核反应堆安全分析所需要的。为了获得组件内通量密度的精细分布，必须进行节块内精细中子通量密度分布的重构计算。几乎在发展节块法的同时就提出了一些中子通量密度重构的方法[48]。目前，经过节块功率分布重构之后，节块法所求出的功率分布与有限差分法求得的功率分布吻合得非常良好。节块方法经过近多年的研究和不断地改进，已发展成为核设计中中子扩散计算的成熟的计算方法，并在工程设计中获得广泛的应用，其计算精度已完全可以满足工程设计的要求。例如对于 PWR 程序，目前先进的节块法对有效增殖系数 k_{eff} 的计算误差一般可以小于 0.5%，整个寿期临界硼浓度与测量值的偏差最小可以达到 20 μg/g，一般情况下小于 50 μg/g 是能够达到的；精细功率重构的功率分布均方根误差可做到与测量值偏差小于 1.0%～1.5%；在正确的栅格物理参数条件下，单组控制棒价值的偏差小于 2.0%～4.0%；堆芯等温度系数与测量值比较可以精确到 1.0～2.0 pcm/℉[49]。

5.7.2 节块展开法

1. 中子平衡方程

现以节块展开法(NEM)为例，讨论三维分群中子扩散方程的数值求解，为此先将反应堆分成若干个长方体均匀区域或节块 $V_m, m=1,\cdots,M, \bigcup V_m=V$。通常把一个燃料组件(或1/4组件)取作为一个节块，轴向高度一般取15～30 cm。在节块内认为群常数等于常数。某节块内的分群中子扩散方程可以写为

$$-\nabla \cdot D_g \nabla \phi_g(\boldsymbol{r}) + \Sigma_{\mathrm{tg}}\phi_g(\boldsymbol{r}) = \sum_{g'=1}^{G}\left(\Sigma_{g'\to g} + \frac{\chi_g}{k_{\mathrm{eff}}}(\nu\Sigma_{\mathrm{f}})_{g'}\right)\phi'_g(\boldsymbol{r}),\quad g=1,\cdots,G \tag{5-110}$$

式中，$\phi_g(\boldsymbol{r})$为 g 群中子通量密度；k_{eff} 为特征值或有效增殖因数；其他符号都是习惯上使用的符号。

首先对方程(5-110)在节块 m 上进行体积分，便可得到节块 m 的中子平衡方程为

$$\sum_{u=x,y,z}\frac{1}{a_n^m}\left[J_{gu}^m\left(\frac{a_u^m}{2}\right) - J_{gu}^m\left(-\frac{a_u^m}{2}\right)\right] + \Sigma_{\mathrm{Rg}}^m\bar{\phi}_g^m = \sum_{\substack{g'=1\\ g'\neq g}}^{G}\Sigma_{g'\to g}^m\bar{\phi}_{g'}^m + \bar{Q}_{\mathrm{fg}}^m \tag{5-111}$$

$$\bar{Q}_{\mathrm{fg}}^m = \frac{\chi_g}{k_{\mathrm{eff}}}\sum_{g'=1}^{G}(\nu\Sigma_{\mathrm{f}})_{g'}^m\bar{\phi}_{g'}^m,\quad g=1,\cdots,G \tag{5-112}$$

$$\Sigma_{\mathrm{Rg}}^m = \Sigma_{\mathrm{tg}}^m - \Sigma_{g-g}^m \tag{5-113}$$

式中，a_u^m 为 u 方向上的节块宽度。节块的平均通量密度 $\bar{\phi}_g^m$ 及表面平均净中子流密度 J_{gu}^m 定义为

$$\bar{\phi}_g^m = \frac{1}{V_m}\int_{V_m}\phi_g(\boldsymbol{r})\mathrm{d}V \tag{5-114}$$

$$\begin{aligned} J_{gu}^m\left(\pm\frac{a_n^m}{2}\right) &= -\frac{1}{a_v^m a_w^m}\int_{-\frac{a_v^m}{2}}^{\frac{a_v^m}{2}}\mathrm{d}v\int_{-\frac{a_w^m}{2}}^{\frac{a_w^m}{2}}D_g^m\frac{\partial}{\partial u}\phi_g^m(\boldsymbol{r})\Big|_{u=\pm\frac{a_n^m}{2}}\mathrm{d}w \\ &= -D_g^m\frac{\partial}{\partial u}\phi_{gu}(u)\Big|_{u=\pm\frac{a_n^m}{2}} \end{aligned} \tag{5-115}$$

式中，$\phi_{gu}(u)$称为横向积分的偏中子通量密度：

$$\phi_{gu}(u) = \frac{1}{a_v^m a_w^m}\int_{-\frac{a_v^m}{2}}^{\frac{a_v^m}{2}}\mathrm{d}v\int_{-\frac{a_w^m}{2}}^{\frac{a_w^m}{2}}\phi_g(u,v,w)\mathrm{d}w \tag{5-116}$$

由式(5-111)可以看出，为了求出 $\bar{\phi}_g^m$，必须知道 J_{gu}^m，它由式(5-115)确定，因此下面必须设法求出 $\phi_{gu}(u)(u=x,y,z)$。

2. 横向积分方程

为了求出横向积分的偏中子通量密度 $\phi_{gu}(u)$(式(5-116))所满足的方程，在

节块 m 内，对给定的坐标方向 u 交替取 x,y,z，将式(5-110)沿与 u 垂直的另两个坐标方向 v 和 w 进行积分，便得到 3 个一维“横向积分”方程(为方便起见，略去节块的标号 m)为

$$-D_g\frac{\partial^2}{\partial u^2}\phi_{gu}(u)+\Sigma_{Rg}\phi_{gu}(u)=Q_{gu}(u)-L_{gu}(u)$$

$$g=1,\cdots,G,\quad u=x,y,z,\ u\neq v\neq w \tag{5-117}$$

式中，$\phi_{gu}(u)$为节块的横向积分后的偏中子通量密度(式(5-116))；而

$$Q_{gu}(u)=\sum_{\substack{g'=1\\g'\neq g}}^{G}\Sigma_{g'\to g}\phi_{g'u}(u)+\frac{\chi_g}{k_{\text{eff}}}\sum_{g'=1}^{G}(\nu\Sigma_{\text{f}})_{g'}\phi_{g'u}(u) \tag{5-118}$$

$L_{gu}(u)$称为横向泄漏项，它表示节块在与方向 u 垂直的另外两个方向(v、w 方向)上的中子泄漏，即

$$\begin{aligned}L_{gu}(u)&=\frac{-1}{a_v a_w}\left[\int_{-a_w/2}^{a_w/2}D_g\frac{\partial}{\partial v}\phi_g(u,v,w)\Big|_{v=-a_v/2}^{v=a_v/2}\mathrm{d}w+\right.\\&\left.\int_{-a_v/2}^{a_v/2}D_g\frac{\partial}{\partial w}\phi_g(u,v,w)\Big|_{w=-a_w/2}^{w=a_w/2}\mathrm{d}v\right]\\&=\frac{1}{a_v}\left[J_{gv}\left(\frac{a_v}{2}\right)-J_{gv}\left(-\frac{a_v}{2}\right)\right]+\frac{1}{a_w}\left[J_{gw}\left(\frac{a_w}{2}\right)-J_{gw}\left(-\frac{a_w}{2}\right)\right]\end{aligned} \tag{5-119}$$

通过上述“横向积分”处理，便将求解三维中子扩散方程的问题式(5-110)转换为联立求解 3 个一维中子扩散方程(5-117)，其未知量为 $\phi_{gu}(u)(u=x,y,z)$。3 个方程是通过横向泄漏项 $L_{gu}(u)$而互相耦合的。横向泄漏项 $L_{gu}(u)$在式(5-117)中是作为源项处理的。

中子通量密度和横向泄漏项的空间近似。横向积分方程(5-117)的解析求解是非常困难的，必须应用一些近似方法求解。可以有许多种不同的方法来对它求解。所使用的方法不同，便形成不同的节块方法。最常用的方法就是把一维偏中子通量密度 $\phi_{gu}(u)$、源项 $Q_{gu}(u)$和横向泄漏项 $L_{gu}(u)$在节块内用多项式展开近似求解。可以采用各种不同多项式或级数进行展开，一般可以分为两类：①以扩散方程的特征函数或解析解为基础进行展开；②用正交多项式，如勒让德多项式、正交幂级数，或自行构造的正交多项式等进行展开。因而有

$$\phi_{gu}(u)=\sum_{n=0}^{N}a_{gun}\mathrm{P}_n(u) \tag{5-120}$$

$$Q_{gu}(u)=\sum_{n=0}^{N}q_{gum}\mathrm{P}_n(u) \tag{5-121}$$

$$L_{gu}(u)=\sum_{n=0}^{N}l_{gun}\mathrm{P}_n(u) \tag{5-122}$$

式中，a_{gun}、q_{gun} 和 l_{gun} 为展开系数；$\mathrm{P}_n(u)$为展开多项式函数；N 为展开阶数。由式

(5-118)可以求出源项展开系数 q_{gun} 和偏中子通量密度展开系数 a_{gun} 的关系式为

$$q_{gun}=\sum_{\substack{g'=1\\g'\neq g}}^{G}\Sigma_{g'\to g}a_{g'un}+\frac{\chi_g}{k_{\text{eff}}}\sum_{g'=1}^{G}(\nu\Sigma_{\text{f}})_{g'}a_{g'un} \tag{5-123}$$

节块法的精度很大程度上与阶数 N 有关。为了简便,这里参照文献[43]、[49]采用 NEM 方法早期建议的四阶多项式,尽管它并不是最佳的,即

$$\left.\begin{aligned}
&\mathrm{P}_0(u)=1\\
&\mathrm{P}_1(u)=\xi\\
&\mathrm{P}_2(u)=3\xi^2-\frac{1}{4}\\
&\mathrm{P}_3(u)=\xi^3-\frac{\xi}{4}\\
&\mathrm{P}_4(u)=\xi^4-\frac{3\xi^2}{10}+\frac{1}{80}
\end{aligned}\right\} \tag{5-124}$$

式中,
$$\xi=\frac{u}{a_u},\ u\in\left[-\frac{a_u}{2},\frac{a_u}{2}\right]$$

该多项式满足如下关系式:

$$\frac{1}{a_u}\int_{-a_u/2}^{a_u/2}\mathrm{P}_n(u)\mathrm{d}u=\begin{cases}1, & n=0\\0, & n=1,\cdots,N\end{cases} \tag{5-125}$$

下面讨论展开系数的确定。同时为简化起见暂时略去能群的标号 g。展开式中前 3 个系数通过如下简单关系式:

$$\int_{-a_u/2}^{a_u/2}\phi_u(u)\mathrm{d}u=\bar{\phi} \tag{5-126}$$

$$\phi_u\left(u=\pm\frac{a_u}{2}\right)=\phi_{u\pm} \tag{5-127}$$

可以很方便地确定出来,即

$$a_{u0}=\bar{\phi} \tag{5-128}$$

$$a_{u1}=\phi_{u+}-\phi_{u-} \tag{5-129}$$

$$a_{u2}=\phi_{u+}+\phi_{u-}-2\bar{\phi} \tag{5-130}$$

式中,$\bar{\phi}$ 为节块的平均中子通量密度;$\phi_{u\pm}$ 为 u 方向上节块左、右两侧界面上的偏中子通量密度。

剩下的两个高阶系数 $a_{un}(n=3,4)$ 可以通过剩余权重法确定。其过程是将权函数 $w_n(u)(n=1,2)$ 乘横向积分方程式(5-117)各项,然后在$[-a_u/2,a_u/2]$上积分,得到如下矩方程:

$$\int_{-a_u/2}^{a_u/2}w_n(u)\left[-D\frac{\mathrm{d}^2}{\mathrm{d}u^2}\phi_u(u)+\Sigma_R\phi_u(u)\right]\mathrm{d}u$$

$$=\int_{-a_u/2}^{a_u/2} w_n(u)[Q_u(u)-L_u(u)]\mathrm{d}u,\ n=1,2 \tag{5-131}$$

式中,$w_n(u)$是权函数。常用的权函数有两种:

(1)矩权重:$w_1(u)=\mathrm{P}_1(u)$, $w_2(u)=\mathrm{P}_2(u)$。

(2)伽辽金(Galerkin)权重:$w_1(u)=\mathrm{P}_3(u)$, $w_2(u)=\mathrm{P}_4(u)$。

有学者指出用矩权重方法得到的计算结果精度优于伽辽金权重方法。下面采用矩权重方法进行计算。

取 $w_1(u)=u$,并把式(5-120)～式(5-122)代入式(5-131)得

$$a_{u3}=\frac{\Sigma_R a_{u1}+\dfrac{\tilde{q}_{u3}}{10}-\tilde{q}_{u2}}{\dfrac{6D}{a_u^2}+\dfrac{\Sigma_R}{10}} \tag{5-132}$$

同理,将 $w_2(u)=(3u^2-1/4)$代入方程式(5-131),可求得

$$a_{u4}=\frac{\Sigma_R a_{u2}+\dfrac{\tilde{q}_{u4}}{35}-\tilde{q}_{u2}}{\dfrac{4D}{a_u^2}+\dfrac{\Sigma_R}{35}} \tag{3-134}$$

$$\tilde{q}_{un}=q_{un}-l_{un} \tag{5-134}$$

3. 横向泄漏项的处理

式(5-119)定义的横向泄漏项表示节块 m 在垂直于 u 的另外两个方向(v,w)上的中子泄漏,在 NEM 方法中采用把 $L_n(u)$展开成多项式(5-122)来近似处理。展开式的阶数自然对计算结果的精度有影响。但阶数的提高将大大增加计算的复杂性。在节块法的发展过程中,有学者曾经从数值上研究过“横向泄漏项”的近似阶次对计算结果误差的影响,表 5-1 所示为横向泄漏近似阶次对计算结果误差的影响。

表 5-1　横向泄漏近似阶次对计算结果误差的影响

阶次	k_{eff} 误差/10^{-4}			节块功率最大误差/10^{-2}		
	情况 1	情况 2	情况 3	情况 1	情况 2	情况 3
平坦近似	3.52	4.44	6.2	2.3	2.8	8.1
线性近似	0.02	0.72	1.7	2.4	1.8	1.4
二阶近似	0.55	1.31	0.6	1.5	1.8	1.6

注:情况 1—二维压水堆 IAEA 基准问题;情况 2—二维压水堆 LRA 基准问题;情况 3—不可分离性强的压水堆问题。

由表 5-1 中结果可知,平坦近似的误差比较大,而线性近似和二阶近似对提

高计算精度有显著作用，并且二阶近似的精度已能满足工程计算的要求。目前在各种节块方法中都普遍采用二阶近似，即

$$L_u(u)=\sum_{n=0}^{2} l_{un} \mathrm{P}_n(u) \tag{5-135}$$

为了确定展开系数 l_{un}，考虑 m、$m-1$ 和 $m+1$ 3 个相邻的节块(见图 5-8)，假设展开式(5-135)可以延伸适用于 $m-1$ 和 $m+1$ 节块，即假定 $L_u^m(u)$ 在节块 m、$m-1$ 和 $m+1$ 内的积分平均值分别等于这 3 个节块内的平均"横向泄漏"，即

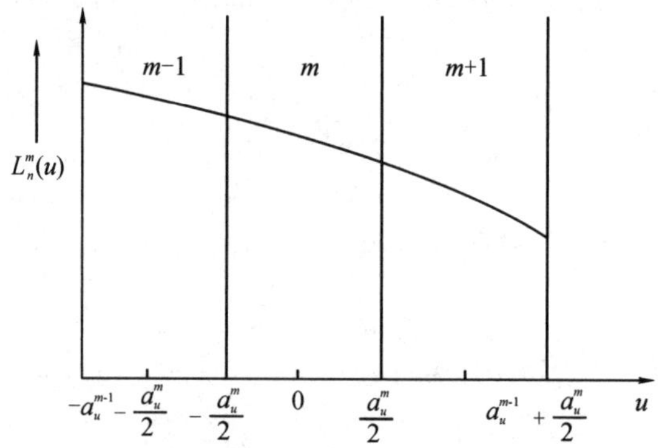

图 5-8 横向泄漏的计算中的 3 个相邻节块

$$\frac{1}{a_u^m}\int_{-a_u^m/2}^{a_u^m/2} L_u^m(u)\mathrm{d}u=\overline{L}_u^m \tag{5-136}$$

$$\frac{1}{a_u^{m-1}}\int_{-a_u^{m-1}-\frac{a_u^m}{2}}^{-a_u^m/2} L_u^m(u)\mathrm{d}u=\overline{L}_u^{m-1} \tag{5-137}$$

$$\frac{1}{a_u^{m+1}}\int_{a_u^m/2}^{\frac{a_u^m}{2}+a_n^{m+1}} L_u^m(u)\mathrm{d}u=\overline{L}_u^{m+1} \tag{5-138}$$

上面式中 $\overline{L}_u^m$、$\overline{L}_u^{m-1}$ 和 $\overline{L}_u^{m+1}$ 分别为节块 m、$m-1$ 和 $m+1$ 的平均泄漏。例如，由式(5-119)可得

$$\overline{L}_u^m=\frac{1}{a_v}\left[J_v\left(\frac{a_v^m}{2}\right)-J_v\left(-\frac{a_v^m}{2}\right)\right]+\frac{1}{a_w}\left[J_w\left(\frac{a_w^m}{2}\right)-J_w\left(-\frac{a_w^m}{2}\right)\right] \tag{5-139}$$

对 $\overline{L}_u^{m-1}$ 和 $\overline{L}_u^{m+1}$ 可以得到类似的公式。式(5-136)～式(5-138)可以唯一地确定出 3 个展开系数 l_{un}^m：

$$l_{u0}^m=\overline{L}_u^m \tag{5-140}$$

$$l_{u1}^m=\frac{a_u^m}{d}[(2a_u^{m-1}+a_u^m)(a_u^m+a_u^{m-1})(\overline{L}_u^{m+1}-\overline{L}_u^m)+$$
$$(a_u^m+a_u^{m+1})(a_u^m+2a_u^{m+1})(\overline{L}_u^m-\overline{L}_u^{m-1})] \tag{5-141}$$

$$l_{u2}^{m}=\frac{(a_{u}^{m})^{2}}{d}[(a_{u}^{m}+a_{u}^{m-1})(\bar{L}_{u}^{m+1}-\bar{L}_{u}^{m})-(a_{u}^{m}+a_{u}^{m+1})(\bar{L}_{u}^{m}-\bar{L}_{u}^{m-1})] \tag{5-142}$$

式中，

$$d=(a_{u}^{m}+a_{u}^{m-1})(a_{u}^{m}+a_{u}^{m+1})(a_{u}^{m}+a_{u}^{m+1}+a_{u}^{m-1}) \tag{5-143}$$

若各个节块的宽度相等并均等于 a，则式(5 - 140)～式(5 - 142)便简化为

$$l_{u0}^{m}=\bar{L}_{u}^{m} \tag{5-144}$$

$$l_{u1}^{m}=\frac{1}{2}(\bar{L}_{u}^{m+1}-\bar{L}_{u}^{m-1}) \tag{5-145}$$

$$l_{u2}^{m}=\frac{1}{6}(\bar{L}_{u}^{m+1}+\bar{L}_{u}^{m-1}-2\bar{L}_{u}^{m}) \tag{5-146}$$

4.净中子流密度耦合方程

从式(5 - 111)可以看到，为了求出节块平均通量密度 $\bar{\phi}^{m}$，必须先求出各节块表面的中子流密度 $J_{u\pm}^{m}=J_{u}^{m}\left(\pm\frac{a_{u}^{m}}{2}\right)$，$u=x,y,z$。为此先建立净中子流密度与表面偏中子通量密度之间的关系式。根据菲克定律有

$$J_{u+}^{m}=-D^{m}\frac{\mathrm{d}}{\mathrm{d}u}\phi^{m}(u)\bigg|_{u=\frac{a_{u}^{m}}{2}}=-\frac{D}{a_{u}^{m}}\left(a_{u1}^{m}+3a_{u2}^{m}+\frac{1}{2}a_{u3}^{m}+\frac{1}{5}a_{u4}^{m}\right) \tag{5-147}$$

$$J_{u-}^{m}=-D^{m}\frac{\mathrm{d}}{\mathrm{d}u}\phi^{m}(u)\bigg|_{u=-\frac{a_{u}^{m}}{2}}=-\frac{D}{a_{u}^{m}}\left(a_{u1}^{m}-3a_{u2}^{m}+\frac{1}{2}a_{u3}^{m}-\frac{1}{5}a_{u4}^{m}\right) \tag{5-148}$$

将式(5 - 129)、式(5 - 130)、式(5 - 132)、式(5 - 133)代入式(5 - 147)和式(5 - 148)，联立求解，整理后便可得到节块表面偏中子通量密度和净中子流密度之间的关系式为

$$\phi_{u+}^{m}=A_{1}^{m}J_{u+}^{m}-A_{2}^{m}J_{u-}^{m}+A_{0}^{m} \tag{5-149}$$

$$\phi_{u-}^{m}=A_{2}^{m}J_{u+}^{m}-A_{1}^{m}J_{u-}^{m}+A_{3}^{m} \tag{5-150}$$

式中，

$$\left.\begin{aligned}
A_{1}^{m}&=\frac{a_{u}^{m}}{D^{m}}a_{1}^{m}/[(a_{2}^{m})^{2}-(a_{1}^{m})^{2}]\\
A_{2}^{m}&=\frac{a_{u}^{m}}{D^{m}}(a_{2}^{m})^{2}/[(a_{2}^{m})^{2}-(a_{1}^{m})^{2}]\\
A_{0}^{m}&=(a_{2}^{m}r_{2}^{m}-a_{1}^{m}r_{1}^{m})/[(a_{2}^{m})^{2}-(a_{1}^{m})^{2}]\\
A_{3}^{m}&=(-a_{2}^{m}r_{1}^{m}+a_{1}^{m}r_{2}^{m})/[(a_{2}^{m})^{2}-(a_{1}^{m})^{2}]
\end{aligned}\right\} \tag{5-151}$$

$$
\left.\begin{aligned}
a_1^m &= 4+\frac{1}{2}b_{u3}^m+\frac{1}{5}b_{u4}^m \\
a_2^m &= -2+\frac{1}{2}b_{u3}^m-\frac{1}{5}b_{u4}^m \\
b_{u3}^m &= \Sigma_R/\left(\frac{6D}{a_u^2}+\frac{\Sigma_R}{10}\right) \\
b_{u4}^m &= \Sigma_R/\left(\frac{4D}{a_u^2}+\frac{\Sigma_R}{35}\right) \\
r_1^m &= \left(6+\frac{2}{5}b_{u4}^m\right)\bar{\phi}^m-\frac{1}{2}c_{u3}^m-\frac{1}{5}c_{u4}^m \\
r_2^m &= -r_1^m-c_{u3}^m \\
c_{u3}^m &= a_{u3}^m-b_{u3}^m a_{u1}^m \\
c_{u4}^m &= a_{u4}^m-b_{u1}^m a_{u2}^m
\end{aligned}\right\} \tag{5-152}
$$

下面推导净中子流密度耦合方程。为此利用 m 和 $m+1$ 节块交界面上净中子流连续和偏中子通量密度连续的边界条件，即

$$J_{u+}^m = J_{u-}^{m+1} \tag{5-153}$$

$$\phi_{u+}^m = \phi_{u-}^{m+1} \tag{5-154}$$

再由式(5-149)和式(5-150)，可以得到净中子流密度耦合方程如下：

$$A_2^m J_{u-}^m-(A_1^m+A_1^{m+1})J_{u+}^m+A_2^{m+1}J_{u+}^{m+1}=A_0^m-A_3^{m+1} \tag{5-155}$$

可以看到，式(5-155)以净中子流 $J_{u\pm}^m$ 为耦合变量，所耦合未知量为 $M+1$ 个，M 为 u 方向节块的总数。该方程组的系数矩阵为三对角阵。一旦给定边界条件，直接应用追赶法很容易求解。这比 NEM 方法的以出射流 J_{u+}^{out} 和入射流 J_{u+}^{in} 为耦合变量的五对角矩阵的求解要简单得多。

边界条件：

(1)右(外边界)边界。

(Ⅰ)反照边界：

$$j_{u+}^{\text{in},M} = \beta J_{u-}^{\text{out},M} \tag{5-156}$$

式中，β 为反照率。将下列关系式：

$$J_{u+}^M = J_{u+}^{\text{out},M}-J_{u+}^{\text{in},M}=\frac{1-\beta}{\beta}J_{u+}^{\text{in},M} \tag{5-157}$$

$$\phi_{u+}^M = 4J_{u+}^{\text{in},M}+2J_{u+}^M \tag{5-158}$$

代入式(5-149)，得到 M 节块的耦合方程，即

$$A_2^M J_{u-}^M+\left[4\left(\frac{\beta}{1-\beta}+\frac{1}{2}\right)-A_1^m\right]J_{u+}^M=A_0^M \tag{5-159}$$

(Ⅱ)入射中子流为零：入射中子流 $J_{u+}^{\text{in},M}=0$ 可以看成 $\beta=0$ 的特例，因而耦合

方程为

$$A_2^M J_{u-}^M + (2 - A_1^M) J_{u+}^M = A_0^M \tag{5-160}$$

(Ⅲ)边界中子通量密度为零:这相当于 $\beta=-1$ 的特例,因而有

$$A_2^M J_{u-}^M - \left(A_1^M + \frac{3}{2}\right) J_{u+}^M = A_0^M \tag{5-161}$$

(2)左(中心)边界。

(Ⅰ)节块左边界对称:此时有

$$J_{u-}^1 = 0 \tag{5-162}$$

(Ⅱ)节块中心对称:此时有

$$J_{u-}^1 - J_{u+}^1 = 0 \tag{5-163}$$

5. 数值求解过程

前面推出的中子平衡方程式(5-111)、式(5-112),净中子流密度耦合方程式(5-155),偏中子通量密度空间近似方程式(5-120)、式(5-128)~式(5-130)、式(5-132)、式(5-133)和节块表面偏中子通量密度方程式(5-149)、式(5-150)构成了一组完备的迭代求解公式。该公式组可以用标准的裂变源迭代法求解,以求出芯部有效增殖因数和节块的平均中子通量密度分布。具体步骤如下:

假设 n 表示裂变源迭代(外迭代)次数标号,$(u,v,w)=(x,y,z)$表示方向。

(1)先假设下列变量的初始分布:$k_{\text{eff}}^{(0)}$、$J_{gu\pm}^{m,(0)}$ 和 $\phi_{gu}^m(u)$的 5 个展开系数 $a_{gun}^{m,(0)}$ $(g=1,\cdots,G;\ u=x,y,z;\ m=1,2,\cdots,M)$,其中 $a_{gu0}^{m,(0)}$ 为节块的平均通量密度 $\bar{\phi}^{m,(0)}$。

(2)构造源项 $\bar{Q}_{gu}^{m,(n)}(u)$的展开系数 $q_{gun}^{m,(n)}$,其中上标(n)表示外迭代次数,即

$$q_{gun}^{m,(n)} = \frac{\chi_g}{k_{\text{eff}}^{(n-1)}} \sum_{g'=1}^{G} (\nu\Sigma_{\text{f}})_{g'}^m a_{g'un}^{m,(n-1)} + \sum_{\substack{g'=1\\ g'\neq g}}^{G} \Sigma_{g'-g}^m a_{g'un}^{m,(n-1)}$$

(3)利用前一次迭代 v、w 方向上的界面净中子流 $J_{gv\pm}^{m,(n-1)}$、$J_{gw\pm}^{m,(n-1)}$ 计算 u 方向上横向泄漏项 $L_{gu}^{m,(m)}(u)$的展开系数 $l_{gun}^{m,(n)}$,$n=1,2,3$。从而计算出 $\tilde{q}_{gun}^{m,(n-1)}$。利用边界条件求解 u 方向上的节块界面净中子流耦合方程式(5-155),求出 $J_{gu\pm}^{m,(n)}$,同时产生节块界面偏中子通量密度 $\phi_{u\pm}^m$(式(5-149)和式(5-150))。

(4)利用刚求得的 $J_{gu\pm}^{m,(n)}$ 和前一次迭代 w 方向上的界面净中子流 $J_{gw\pm}^{m,(n-1)}$,计算 v 方向上横向泄漏项的展开系数 $l_{gun}^{m,(n)}$ $(n=1,2,3)$,同时求解 v 方向上的耦合方程式(5-155),得到 $J_{gv\pm}^{m,(n)}$ 和节块表面偏中子通量密度 $\phi_{v\pm}^{m,(n)}$。

应用已求出的 $J_{gu\pm}^{m,(n)}$ 和 $J_{gv\pm}^{m,(n)}$,用同样步骤对 w 方向进行计算,求出 $J_{gw\pm}^{m,(n)}$ 和 $\phi_{w\pm}^{m,(n)}$。

当然也可以考虑在(3)和(4)两步之间进行迭代求解。

(5)求解中子平衡方程式(5-111),求出节块平均通量密度 $\bar{\phi}_g^{m,(n)}$,同时利用式

(5-129)、式(5-130)、式(5-132)、式(5-133)更新偏中子通量密度 $\phi_{gu}^{m,(n)}(u)$ 的展开系数 $a_{gun}^{m,(n)}$，$n=1,2,3,4$；$u=x,y,z$。

(6)对所有能群 $g(g=1,2,\cdots,G)$ 重覆步骤(2)至(5)。

(7)计算特征值

$$k_{\text{eff}}^{(n)}=\frac{\sum_{m=1}^{M}\sum_{g'=1}^{G}(\nu\Sigma_{\text{f}})_{g'}^{m}\bar{\phi}_{g'}^{m,(n)}}{\frac{1}{k_{\text{eff}}^{(n-1)}}\sum_{m=1}^{M}\sum_{g'=1}^{G}(\nu\Sigma_{\text{f}})_{g'}^{m}\bar{\phi}_{g'}^{m,(n-1)}} \tag{5-164}$$

步骤(2)至(7)构成一个裂变源迭代(外迭代)。当第 5.1 节中提出的收敛准则式(5-17)和式(5-18)满足时,便认为该迭代过程收敛。

5.7.3 幂迭代的加速收敛技术

1. 渐近源外推加速收敛技术

渐近源外推加速收敛技术是外迭代过程中最简单和常用的加速收敛方法。它和细网格差分方法中常用的切比雪夫多项式外推加速收敛方法的原理相类似,但是要简单得多。它的思想是在迭代过程中源项通过下式进行外推:

$$\hat{Q}_{\text{f}u}^{(n)}(u)=Q_{\text{f}u}^{(n)}(u)+w^{(n)}\left[Q_{\text{f}u}^{(n)}(u)-Q_{\text{f}u}^{(n-1)}(u)\right] \tag{5-165}$$

式中,裂变源项 $Q_{\text{f}u}^{(n)}(u)$ 为

$$Q_{\text{f}u}^{(n)}(u)=\sum_{g'=1}^{G}(\nu\Sigma_{\text{f}})_{g'}\phi_{g'u}^{(n)}(u) \tag{5-166}$$

$w^{(n)}$ 为外推因子,它定义为

$$w^{(n)}=\frac{\sigma_1}{1-\sigma_1} \tag{5-167}$$

式中,σ_1 为第 n 次迭代的占优比,它可以用下式估计:

$$\sigma_1\approx\frac{\|\phi^{(n)}-\phi^{(n-1)}\|_2}{\|\phi^{(n-1)}-\phi^{(n-2)}\|_2} \tag{5-168}$$

实践证明,渐近源外推是一种非常简单而有效的外迭代加速收敛方法,在许多节块程序中都可应用。

2. 粗网格再平衡加速收敛技术

粗网格再平衡加速收敛技术和本章 5.6.1 小节所介绍的用差分方法求解中子扩散方程时用以加速迭代过程收敛的粗网格再平衡方法完全一样。它的基本思想是,在原有节块的剖分基础上,再剖分成一组规则的,非重叠的更粗的网格或节块。为简便起见,现以二维(x,y)为例(见图 5-9),每个粗网内含有若干(例如 2×2, $3\times3,\cdots$)个节块,并使其边界与原有节块的边界重合。

设在 n 次外迭代后,求出了各个节块的平均中子通量密度 $\bar{\phi}_g^m$,$g=1,2,\cdots,G$,

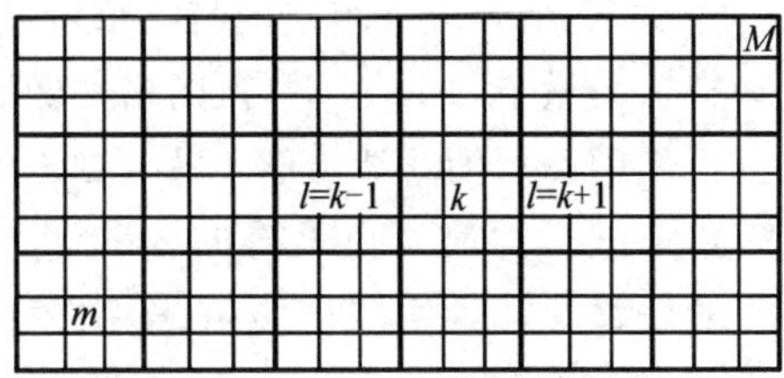

图 5－9　粗网格的剖分

将中子扩散方程式(5－62)在粗网格区域(I,J)内积分之,并对所有能群求和,则得到下列平衡方程:

$$-\sum_{l} J^{l\to k}+(\sum_{l} J^{k\to l}+A_k)=P_k \tag{5-169}$$

$$A_k=\sum_{V_m\in V_k}\sum_{g=1}^{G}\Sigma_{ag}^{m}\bar{\phi}_g^{m,(n)} \tag{5-170}$$

$$P_k=\frac{1}{k_{\mathrm{eff}}^{(n)}}\sum_{V_m\in V_k}\sum_{g=1}^{G}(\nu\Sigma_{\mathrm{f}})_g^m\bar{\phi}_g^{m,(n)} \tag{5-171}$$

上面 3 个式子中,m 为原来节块的编号;k 为粗网剖分网格的编号;A_k 和 P_k 分别为粗网格内的总吸收率和产生率,而

$$j^{k\to l}=\sum_{a_n^m\in S_{kl}}\frac{1}{a_u^m}\sum_{g=1}^{G}J_{gu}^{m,\mathrm{out},(n)} \tag{5-172}$$

式中,S_{kl} 为粗网格与相邻粗网格 l 的界面;$J^{k\to l}$ 是在 S_{kl} 上从粗网格 k 流到相邻粗网格 l 的平均界面出射流。在外迭代过程收敛之前,中子平衡方程式(5－111)将不会被满足。为强制使其满足,将粗网格 k 内的中子通量密度 $\bar{\phi}_g^{(n)}$ 乘一个再平衡因子 f_k,即令

$$\phi_g^{m,(n)}=f_k\bar{\phi}_g^{m,(n)},\ V_m\in V_k \tag{5-173}$$

$$\tilde{J}_g^{m,\mathrm{out},(n)}=f_kJ_g^{m,\mathrm{out},(n)},\ V_m\in V_k \tag{5-174}$$

$$\tilde{k}_{(\mathrm{eff})}^{(n)}=\rho k_{\mathrm{eff}}^{(n)} \tag{5-175}$$

$$g=1,\cdots,G,\quad m\in k,\ k=1,\cdots,K$$

将上面 3 个公式代入式(5－169),得到如下再平衡因子 f_k 的方程组:

$$-\sum_{l} J^{l\to k}f_l+[\sum_{l} J^{k\to l}+A_k]f_k=\frac{1}{\rho}P_kf_k,\ k=1,2,\cdots,K \tag{5-176}$$

在式(5－176)中计算中子泄漏项时要用到节块界面出射中子流 $J_{gu}^{m,\mathrm{out}}$。这可以应用如下公式计算:

$$J_{gu\pm}^{m,\mathrm{out}}=\frac{1}{4}\phi_{gu\pm}^{m}\pm\frac{1}{2}J_{gu\pm}^{m} \tag{5-177}$$

式(5－176)是一个关于 f_k 的 K 个齐次方程组的特征值问题。可以用幂迭代方法求解,以求出特征值 ρ 和特征向量 $\boldsymbol{f}_k$。一般讲,粗网格的数目不大,式(5－176)是一个低阶的线性方程组,可采用高斯消元法求解。为了加速收敛,可以应用5.6.1小节中所介绍的维兰特方法进行加速。把求得的 ρ 和 f_k 代入式(5－173)和式(5－175),便得到节块的最后解。计算实践证明,在一次粗网格平衡之后,可做几次节块法外迭代,然后再做一次粗网格再平衡。这样可以得到更好的收敛效果。相邻两次粗网格迭代之间的源外迭代的次数称为粗网格再平衡周期。许多情况下,粗网格再平衡周期不宜太小。

5.8 节块内精细功率分布的重构

在反应堆燃料管理计算中,先进的节块法具有高计算效率并且精确度满足工程设计的需要,因而得到了广泛的应用。但它的缺陷是只能给出燃料组件或节块的平均功率。而在核设计及安全分析中往往需要提供燃料组件或节块内功率的精细分布,以计算功率的不均匀系数,确定燃料棒"热点"。为此需要在节块法计算取得的信息基础上做附加计算,以提供节块内详细的中子通量密度或功率分布,即进行组件内中子通量密度或功率分布的重构。

重构的方法可以有许多种。下面介绍压水堆计算中最常用的高阶多项式展开的"调制方法"[48]。该方法首先是根据节块法计算给出的解的一些结果,包括节块平均通量密度、表面偏中子通量密度和表面中子流密度等,拟合出均匀化节块内中子通量密度或功率的光滑分布;然后把它和燃料组件计算所得到的非均匀组件内的中子通量密度或功率分布(形状函数或形状因子)相乘,便得到燃料组件内的精细功率分布。

5.8.1 均匀化节块内精细功率分布的重构

组件或节块内的精细通量密度的连续分布可以用高阶多项式,例如双四次幂函数来表示。例如,对于快群中子通量密度可以表示为

$$\phi_1(x,y)=\sum_{m,n=0}^{4}A_{nm}x^m y^n \tag{5-178}$$

式中,$x=X/a$、$y=Y/a$,X、Y 为真实坐标;x、y 为无量纲量;a 为节块的半宽度;坐标原点取在节块中心(见图5－10)。

在实际计算时,为了简化起见,常把 m 和 n 同时大于3的高阶项略去,即令 $A_{33}=A_{34}=A_{43}=A_{44}=0$。因此,在式(5－178)中实际上只保留了21项(见图5－11)。由于快群中子通量密度一般变化比较缓慢,因而式(5－178)可以很好地表示出它的分布。

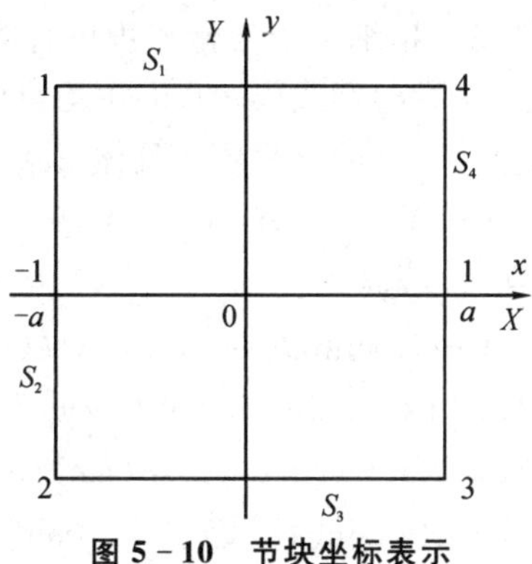

图 5-10　节块坐标表示

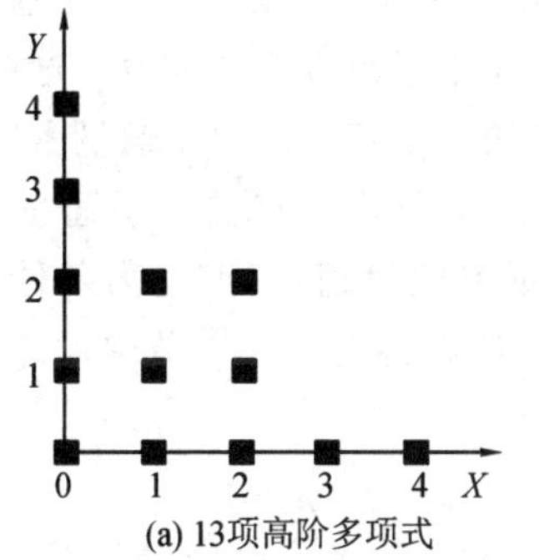

(a) 13项高阶多项式

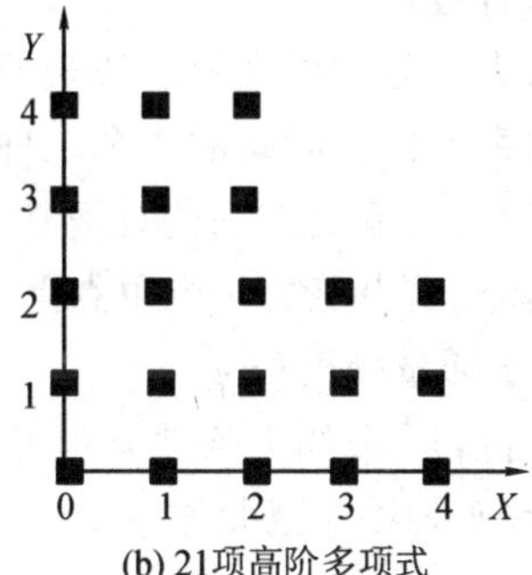

(b) 21项高阶多项式

图 5-11　高阶多项式阶数的取法

对于节块热群中子通量密度自然也可以按式(5-178)展开成多项式级数表示，但计算经验表明，由于热群中子通量密度在堆芯内变化较大，双四次幂函数多项式不能精确地表示节块内热群中子通量密度的分布。有学者发现热群中子通量密度分布可以更精确地表示为渐近项与热群特征函数项(以特征函数如双曲函数展开)之和(谱方法)[50]：

$$\phi_2(x,y)=C_{00}\phi_1(x,y)+\sum_{m=0}^{4}\sum_{n=0}^{4}C_{mn}F_m(u)F_n(u) \tag{5-179}$$

式中，下标 1、2 分别表示快群和热群，而

$$\left.\begin{aligned}&F_0(u)=1\\&F_1(u)=\sinh(ku)\\&F_2(u)=\cosh(ku)\\&F_3(u)=\sinh(2ku)\\&F_4(u)=\cosh(2ku)\\&k=a\sqrt{\Sigma_{a2}/D_2}\end{aligned}\right\} \tag{5-180}$$

由于谱方法的应用，提高了精细中子通量密度的计算精度。后来发展的中子通量密度重构程序中在式(5-178)和式(5-179)中均只保留13项，即略去了式中的高阶交叉项(忽略$m>2$或$n>2$的乘积项)，具体形式为

$$\phi_1(x,y)=A_{00}+A_{01}y+A_{02}y^2+A_{03}y^3+A_{04}y^4+A_{11}xy+A_{12}xy^2+A_{21}x^2y+A_{22}x^2y^2+A_{10}x+A_{20}x^2+A_{30}x^3+A_{40}x^4 \quad (5-181)$$

$$\phi_2(x,y)=C_{00}\phi_1(x,y)+C_{01}\sinh(ky)+C_{02}\cosh(ky)+C_{03}\sinh(2ky)+C_{04}\cosh(2ky)+C_{11}\sinh(kx)\sinh(ky)+C_{12}\sinh(kx)\cosh(ky)+C_{21}\cosh(kx)\sinh(ky)+C_{22}\cosh(kx)\cosh(ky)+C_{10}\sinh(kx)+C_{20}\cosh(kx)+C_{30}\sinh(2kx)+C_{40}\cosh(2kx) \quad (5-182)$$

这样，式(5-181)和式(5-182)中分别含有13个未知数，各需13个约束条件。在节块法的求解过程中，对每个节块已经提供了每一群的节块平均中子通量密度、节块表面平均中子通量密度及节块表面平均偏净中子流等9个数值。这些量均可作为插值的约束条件。尚缺的4个条件选择节块4个角点的中子通量密度值作为约束条件。但是，在节块方法的计算中并没有给出节块角点的中子通量密度值，为此，必须先补充求出节块4个角点上的中子通量密度值，以使约束条件方程完备。4个角点中子通量密度值$\phi_{c_i}(i=1,2,3,4)$的计算将在下一小节中讨论。这样，对于每一个能群，13个约束条件方程可以表示如下：

(1)节块平均中子通量密度为

$$\frac{1}{4}\int_{-1}^{+1}\mathrm{d}y\int_{-1}^{+1}\phi_g(x,y)\mathrm{d}x=\bar{\phi}_g \quad (5-183)$$

(2)节块4个表面上平均中子通量密度ϕ_{g,S_i}和平均偏净中子流$J_{g,S_i}(i=1,\cdots,4)$。例如，对于S_1表面，有

$$\frac{1}{2}\int_{-1}^{+1}\phi_g(x,y)\Big|_{y=1}\mathrm{d}x=\phi_{g,S_1} \quad (5-184)$$

$$\frac{1}{2}\int_{-1}^{+1}-D_g\frac{\partial\phi_g(x,y)}{\partial y}\Big|_{y=1}\mathrm{d}x=J_{g,S_1} \quad (5-185)$$

同理，对S_2、S_3和S_4 3个表面也可得到类似的方程。

(3)节块4个角点的中子通量密度值为

$$\phi_g(x,y)\,|_{(-1,1)}=\phi_{c_1},\quad \phi_g(x,y)\,|_{(-1,-1)}=\phi_{c_2}$$

$$\phi_g(x,y)\,|_{(1,-1)}=\phi_{c_3},\quad \phi_g(x,y)\,|_{(1,1)}=\phi_{c_4} \quad (5-186)$$

以上ϕ_g、ϕ_{g,S_i}、J_{g,S_i}、ϕ_{c_i}等值均是已知值，把式(5-181)和式(5-182)代入就可得到确定13项展开系数的所需方程组。

5.8.2 节块角点中子通量密度的确定

在计算角点值时，应考虑含有角点的4个相邻节块(见图5-12)，为了简化计

算，认为每个节块内的中子通量密度可以用较低阶多项式，例如双二次多项式来表示。这样，对于快群中子通量密度可以用

$$\phi_1(x,y)=\sum_{m=0}^{2}\sum_{n=0}^{2}A_{mn}x^m y^n（不含\ m=n=2\ 项）\tag{5-187}$$

表示。热群中子通量密度也可以用式(5-187)表示，或者用双二次谱分布表示，即

$$\phi_2(x,y)=C_{00}\phi_1(x,y)+\sum_{m=0}^{2}\sum_{n=0}^{2}C_{mn}F_m(x)F_n(y)\tag{5-188}$$

式(5-188)中函数 $F(u)$ 的定义和式(5-180)中的一样，同时求和符号中不包括 $m=n=2$ 和 $m=n=0$ 两个项(见图 5-11)。

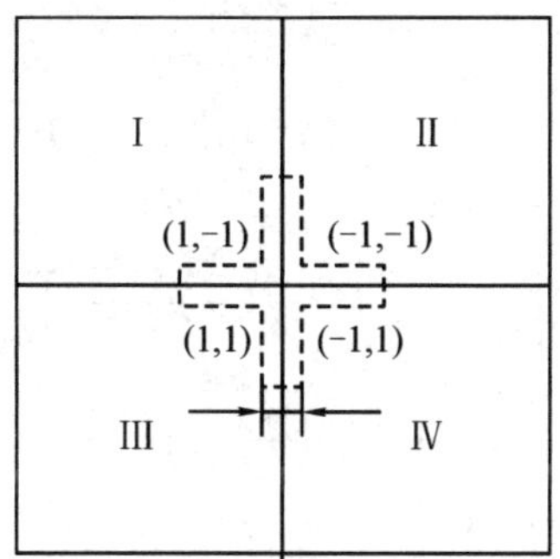

图 5-12　角点中子通量密度的确定(图中为 4 个相邻节块)

这样，每个能群每个节块有 8 个展开系数，4 个节块共有 32 个未知系数，因而需要 32 个约束条件。相邻 4 个节块(Ⅰ，Ⅱ，Ⅲ，Ⅳ)上已知条件可以归纳如下：

(1)节块平均中子通量密度 $\bar{\phi}_{g,i}$($i=$Ⅰ，Ⅱ，Ⅲ，Ⅳ)有 4 个，公共界面上平均中子通量密度有 4×2 个，公共界面上平均偏净中子流密度有 4×2 个，共 20 个。这些数值已由节块方法计算结果中给出。

(2)节块公共界面上中子通量密度和净中子流的加权连续条件。例如对节块Ⅰ和Ⅱ的界面上有

$$\int_{-1}^{+1}y^2\phi_g^{\mathrm{I}}(1,y)\mathrm{d}y=\int_{-1}^{+1}y^2\phi_g^{\mathrm{II}}(-1,y)\mathrm{d}y\tag{5-189}$$

$$\int_{-1}^{+1}y^2D_g^{\mathrm{I}}\left.\frac{\partial\phi_g^{\mathrm{I}}(x,y)}{\partial x}\right|_{x=1}\mathrm{d}y=\int_{-1}^{+1}y^2D_g^{\mathrm{II}}\left.\frac{\partial\phi_g^{\mathrm{II}}(x,y)}{\partial x}\right|_{x=-1}\mathrm{d}y\tag{5-190}$$

同样对其他 3 个界面可以求得类似的 6 个方程。这样，共获得 8 个条件。

(3)中心角点处中子通量密度连续条件为

$$\phi_g^{\mathrm{I}}(1,-1)=\phi_g^{\mathrm{II}}(-1,-1),\ \phi_g^{\mathrm{I}}(1,-1)=\phi_g^{\mathrm{III}}(1,1),$$
$$\phi_g^{\mathrm{II}}(-1,-1)=\phi_g^{\mathrm{IV}}(-1,1)\tag{5-191}$$

(4)中心角点无源条件。对于中心角点，由于奇异性影响，不可能同时在中心

角点处满足中子通量密度和中子流连续条件。因而需要进行特别处理，可以采用无源条件，如图 5-12 所示，考虑在沿虚线构成的 ΔV 内进行体积积分，当 Δh 足够小，且 ΔV 内无源时，得

$$\lim_{\Delta V \to 0}\int_{\Delta V} \nabla \cdot \boldsymbol{J}_g \, \mathrm{d}V = \lim_{\Delta h \to 0}\int_{\Delta s} \boldsymbol{J}_g \cdot \mathrm{d}\boldsymbol{S} = 0 \tag{5-192}$$

式(5-192)可以写为

$$\lim_{\Delta h \to 0}\Delta h\left[\frac{J_{x,g,c}^{\mathrm{II}} + J_{x,g,c}^{\mathrm{IV}}}{2} - \frac{J_{x,g,c}^{\mathrm{I}} + J_{x,g,c}^{\mathrm{III}}}{2} + \frac{J_{x,g,c}^{\mathrm{I}} + J_{x,g,c}^{\mathrm{II}}}{2} - \frac{J_{x,g,c}^{\mathrm{III}} + J_{x,g,c}^{\mathrm{IV}}}{2}\right] = 0$$

由于 Δh 的任意性及菲克定律，可得

$$\begin{aligned}
&D_g^{\mathrm{I}} \left.\frac{\partial \phi_g^{\mathrm{I}}(x,y)}{\partial x}\right|_{(1,-1)} + D_g^{\mathrm{III}} \left.\frac{\partial \phi_g^{\mathrm{III}}(x,y)}{\partial x}\right|_{(1,1)} - \\
&D_g^{\mathrm{II}} \left.\frac{\partial \phi_g^{\mathrm{II}}(x,y)}{\partial x}\right|_{(-1,-1)} - D_g^{\mathrm{IV}} \left.\frac{\partial \phi_g^{\mathrm{IV}}(x,y)}{\partial x}\right|_{(-1,1)} - \\
&D_g^{\mathrm{I}} \left.\frac{\partial \phi_g^{\mathrm{I}}(x,y)}{\partial y}\right|_{(1,-1)} - D_g^{\mathrm{II}} \left.\frac{\partial \phi_g^{\mathrm{II}}(x,y)}{\partial y}\right|_{(-1,-1)} + \\
&D_g^{\mathrm{III}} \left.\frac{\partial \phi_g^{\mathrm{III}}(x,y)}{\partial y}\right|_{(1,1)} + D_g^{\mathrm{IV}} \left.\frac{\partial \phi_g^{\mathrm{IV}}(x,y)}{\partial y}\right|_{(-1,1)} = 0
\end{aligned} \tag{5-193}$$

联立由上述约束条件所得到的 32 个方程，便可求得式(5-187)和式(5-188)中的 32 个(每群)多项式系数。从而求得中心角点的中子通量密度供前面一节中子通量密度重构时使用。

类似地可以求出节块上其他 3 个角点上的中子通量密度，这样就得到了式(5-186)中的 4 个约束条件方程，联立条件(1)～(3)中的方程便得到所需的 13 个约束方程，从而求出式(5-178)和式(5-179)的所有展开系数。

5.8.3 燃料组件内精细功率分布的重构

前面所求出的式(5-178)和式(5-179)的中子通量密度分布是均匀化节块内的精细中子通量密度。

但是应该指出，考虑到燃料组件的非均匀性，例如，含有可燃毒物棒、控制棒等吸收体，因而它并不代表非均匀组件内的真实的中子通量密度分布。组件内实际的中子通量密度分布 $\phi_g^{\mathrm{het}}(x,y)$ 可认为是由前面介绍的均匀化节块的精细中子通量密度分布 $\phi_g^{\mathrm{hom}}(x,y)$ 乘中子通量密度形状函数调制而成(见图5-13)的，即

$$\phi_g^{\mathrm{het}}(x,y) = \phi_g^{\mathrm{hom}}(x,y)\phi_g^{\mathrm{form}}(x,y) \tag{5-194}$$

式中，$\phi_g^{\mathrm{hom}}(x,y)$ 为均匀化节块的精细中子通量密度分布，由式(5-178)和式(5-179)求得；$\phi_g^{\mathrm{form}}(x,y)$ 为中子通量密度形状函数，它是假设燃料组件四周净中子流为零时考虑组件各栅元具体布置情况的非均匀燃料组件内的归一化中子通量

密度分布,是在进行燃料组件群常数计算时由组件程序计算出来的。

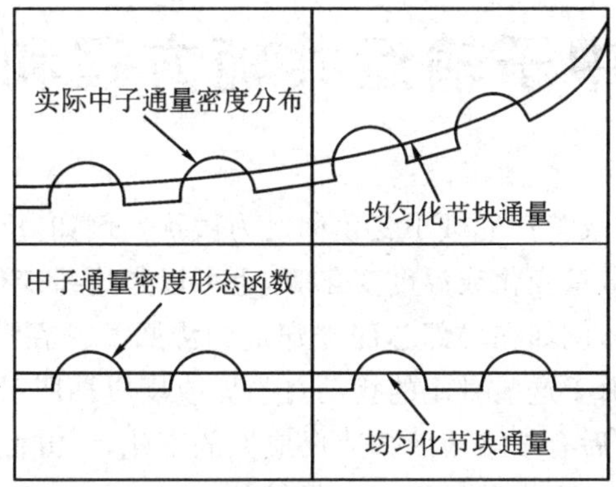

图 5-13　燃料组件(节块)内精细中子通量密度分布的调制

第6章　中子输运共轭方程和微扰理论

系统介质的性质或参数的微小变化称之为微扰。例如，反应堆中毒物(如水慢化剂中的硼浓度)的微量变化或温度变化等，也可以是这些变化仅仅发生在反应堆内很小的局部体积内，例如在局部芯部冷却剂的沸腾等。在反应堆运行的实际问题中，往往需要确定由于这些微小的扰动对临界或反应性所引起的效应。

为了确定扰动前后有效增殖因数或反应性的变化，一方面，最直接的办法是对“扰动前”及“扰动后”的两个系统进行临界计算以求出 δk_{eff}，这样计算的工作量自然是很大的；另一方面，当扰动很小时，δk_{eff} 的实际变化量有可能很小并和计算本身所具有的误差属于同一数量级。因此，对扰动前后系统直接计算求出 δk_{eff} 的办法可能得不到精确的结果。然而，对于这类问题，利用微扰理论则可以比较方便地解决。在下文的介绍中可以看到，在扰动比较小，没有使中子通量密度发生显著畸变的情况下，利用微扰理论只需根据扰动前系统的中子通量密度分布和参数的扰动数值便可求出 δk_{eff}，而无须对扰动后的系统重新进行临界计算。这对于非均匀的局部扰动问题尤其方便，因为这时扰动后系统的计算往往是一个多维(二维乃至三维)问题的计算，而这种计算是很费时的。再如，在设计计算中，有时为了简便，常常把几何形状予以简化，为了确定这些简化或堆芯几何形状微小变化所引起的效应，通常也可应用微扰理论来估计。

在微扰理论中，必须用到中子输运共轭方程(或称伴方程)和共轭(伴)中子通量密度(或中子价值)等概念。

6.1　共轭算子和中子输运共轭方程

6.1.1　共轭算子

在讨论微扰理论之前，首先简要地介绍一下共轭算子(或称伴算子)的定义和一些相关的数学知识。

设函数 $\phi(\boldsymbol{p})$ 及 $\phi^*(\boldsymbol{p})$ 定义于域 $G(\boldsymbol{p})$ 内，其中 $\boldsymbol{p}$ 为相空间$\boldsymbol{r}\times\boldsymbol{E}\times\boldsymbol{\Omega}$ 上的点，定义函数 $\phi(\boldsymbol{p})$ 和 $\phi^*(\boldsymbol{p})$ 的内积为

$$(\phi,\phi^*)=\int_G \phi\phi^*\,\mathrm{d}\boldsymbol{p} \tag{6-1}$$

式(6-1)的定义同样可以推广适用于向量函数。设有向量函数 $\boldsymbol{\phi}=(\phi_1(\boldsymbol{p}),$

$\phi_2(\boldsymbol{p}),\cdots,\phi_n(\boldsymbol{p}))$及$\boldsymbol{\phi}^*=(\phi_1^*(\boldsymbol{p}),\phi_2^*(\boldsymbol{p}),\cdots,\phi_n^*(\boldsymbol{p}))$定义于域$G(\boldsymbol{p})$上，其中$\phi_1,\cdots,\phi_n$为$\boldsymbol{\phi}$的分量，$\phi_1^*,\cdots,\phi_n^*$则为$\boldsymbol{\phi}^*$的分量。向量函数$\boldsymbol{\phi}$和$\boldsymbol{\phi}^*$的内积的定义为

$$(\boldsymbol{\phi},\boldsymbol{\phi}^*)=\int_G(\phi_1\phi_1^*+\phi_2\phi_2^*+\cdots+\phi_n\phi_n^*)\mathrm{d}\boldsymbol{p} \tag{6-2}$$

这实际上相当于通常三维空间中两个向量点积定义的推广。

设有算子$\boldsymbol{L}$作用于函数ϕ上，ϕ为定义于G上满足连续条件和边界条件的函数集合$\{\phi\}$上的任一函数，同时设另一算子$\boldsymbol{L}^*$作用于连续函数集合$\{\phi^*\}$（ϕ^*和ϕ所满足的边界条件可以不同）中的任意函数ϕ^*上。若$\boldsymbol{L}\phi$及$\boldsymbol{L}^*\phi$满足下列条件：

$$(\phi^*,\boldsymbol{L}\phi)=(\phi,\boldsymbol{L}^*\phi^*) \tag{6-3}$$

则称$\boldsymbol{L}^*$为$\boldsymbol{L}$的共轭算子（或伴算子）。

设有方程

$$\boldsymbol{L}\phi=0 \tag{6-4}$$

若$\boldsymbol{L}$的共轭算子为$\boldsymbol{L}^*$，则方程

$$\boldsymbol{L}^*\phi^*=0 \tag{6-5}$$

的解ϕ^*和式(6-4)的解ϕ显然满足关系式(6-3)。称式(6-5)为式(6-4)的**共轭方程（或伴方程）**，而它的解ϕ^*则称为ϕ的**共轭（或伴）函数**。若$\boldsymbol{L}=\boldsymbol{L}^*$，则称$\boldsymbol{L}$为自共轭（自伴）算子，式(6-4)便称为自共轭方程。由于式(6-4)和式(6-5)都是齐次的，因此自共轭函数ϕ和ϕ^*处处相等或成正比关系。

对于反应堆的中子输运方程，算子$\boldsymbol{L}$及其共轭算子$\boldsymbol{L}^*$通常可以表示为

$$\boldsymbol{L}=\boldsymbol{M}+\lambda\boldsymbol{F} \tag{6-6}$$

$$\boldsymbol{L}^*=\boldsymbol{M}^*+\lambda\boldsymbol{F}^* \tag{6-7}$$

式中，λ为方程的特征值；算子$\boldsymbol{M}$与$\boldsymbol{M}^*$、$\boldsymbol{F}$和$\boldsymbol{F}^*$也是互为共轭的，即分别满足关系式(6-3)。

6.1.2　中子输运共轭方程

按照式(1-36)，一般情况下中子输运方程可以写为

$$\boldsymbol{M}\phi=\frac{1}{v}\frac{\partial\phi}{\partial t}+\boldsymbol{L}\phi-\boldsymbol{F}\phi=0 \tag{6-8}$$

式中，算子$\boldsymbol{L}$和$\boldsymbol{F}$由式(1-92)和式(1-93)描述，即

$$\boldsymbol{L}\phi=(\boldsymbol{\Omega}\cdot\nabla+\Sigma_t)\phi-\int_0^\infty\int_{\boldsymbol{\Omega}'}\Sigma_s(\boldsymbol{r};E',\boldsymbol{\Omega}'\to E,\boldsymbol{\Omega})\phi(\boldsymbol{r},E',\boldsymbol{\Omega}')\mathrm{d}\boldsymbol{\Omega}'\mathrm{d}E' \tag{6-9}$$

$$\boldsymbol{F}\phi=\frac{\chi(E)}{4\pi}\int_0^\infty\mathrm{d}E'\int_{\boldsymbol{\Omega}'}\nu\Sigma_f(\boldsymbol{r},E')\phi(\boldsymbol{r},E',\boldsymbol{\Omega}')\mathrm{d}\boldsymbol{\Omega}' \tag{6-10}$$

下面根据式(6-3)定义的条件来求出式(6-8)的共轭方程，即

$$\boldsymbol{M}^*\phi^*=0 \tag{6-11}$$

$\boldsymbol{M}^*$ 为 $\boldsymbol{M}$ 的共轭算子，这也就是要证明下列关系式成立：

$$(\phi^*,\boldsymbol{M}\phi)=(\phi,\boldsymbol{M}^*\phi^*) \tag{6-12}$$

为此，逐项完成以下各项积分变换工作：

(1) $$(\phi^*,\frac{1}{v}\frac{\partial\phi}{\partial t})=\int_V \mathrm{d}\boldsymbol{r}\int\frac{1}{v}\mathrm{d}E\int \mathrm{d}\boldsymbol{\Omega}\int_{-\infty}^{+\infty}\phi^*\frac{\partial\phi}{\partial t}\mathrm{d}t$$
$$=\int_V \mathrm{d}\boldsymbol{r}\int\frac{1}{v}\mathrm{d}E\int\left[\phi\phi^*\Big|_{-\infty}^{+\infty}-\int_{-\infty}^{+\infty}\phi\frac{\partial\phi^*}{\partial t}\mathrm{d}t\right]\mathrm{d}\boldsymbol{\Omega}$$

由于输运过程总是发生在有限的时间内，所以 ϕ 在 $t\to-\infty$ 时为零，而 ϕ^* 在 $t\to+\infty$ 时为零[51]，$\phi\phi^*\Big|\Big|_{-\infty}^{+\infty}=0$，因而有

$$\left(\phi^*,\frac{1}{v}\frac{\partial\phi}{\partial t}\right)=-\left(\phi,\frac{1}{v}\frac{\partial\phi^*}{\partial t}\right) \tag{6-13}$$

(2) $$(\phi^*,\boldsymbol{\Omega}\cdot\nabla\phi)=\int_{-\infty}^{+\infty}\mathrm{d}t\int \mathrm{d}E\int \mathrm{d}\boldsymbol{\Omega}\int_V\phi^*\boldsymbol{\Omega}\cdot\nabla\phi\,\mathrm{d}\boldsymbol{r}$$
$$=\int_{-\infty}^{+\infty}\mathrm{d}t\int \mathrm{d}E\int \mathrm{d}\boldsymbol{\Omega}\int_V[\nabla\cdot(\boldsymbol{\Omega}\phi\phi^*)-\phi\boldsymbol{\Omega}\cdot\nabla\phi^*]\mathrm{d}\boldsymbol{r}$$

根据奥-高公式，有

$$\int_V \mathrm{div}(\boldsymbol{\Omega}\phi\phi^*)\mathrm{d}V=\int_S(\boldsymbol{\Omega}\cdot\boldsymbol{n})\phi\phi^*\,\mathrm{d}S \tag{6-14}$$

考虑到在外表面上 $\phi(\boldsymbol{r},E,\boldsymbol{\Omega},t)$ 的边界条件（式(1-40)），若令 $\phi^*(\boldsymbol{r},E,\boldsymbol{\Omega},t)$ 满足下列边界条件：

$$\phi^*(\boldsymbol{r},E,\boldsymbol{\Omega},t)=0,\quad \boldsymbol{r}\in\Gamma,(\boldsymbol{\Omega}\cdot\boldsymbol{n})>0 \tag{6-15}$$

则式(6-14)积分后将等于零。于是有

$$(\phi^*,\boldsymbol{\Omega}\cdot\nabla\phi)=(\phi,-\boldsymbol{\Omega}\cdot\nabla\phi^*) \tag{6-16}$$

如定义域 V 是由多种介质构成的多连通域，则对体积的积分应对每个域进行积分，如果假设 ϕ^* 和 ϕ 一样满足在交界面上沿 $\boldsymbol{\Omega}$ 方向是 $\boldsymbol{r}$ 的连续函数（式(1-39)），则在交界面上面积分互相抵消，因而式(6-16)仍然成立。

(3)对于式(6-9)第三项，显然有

$$(\phi^*,\Sigma_t\phi)=(\phi,\Sigma_t\phi^*) \tag{6-17}$$

(4)对于式(6-9)第四项，应用交换积分次序可以证明

$$(\phi^*,\int_0^\infty\int_{\boldsymbol{\Omega}'}\Sigma_s(\boldsymbol{r};E',\boldsymbol{\Omega}'\to E,\boldsymbol{\Omega})\phi(\boldsymbol{r},E',\boldsymbol{\Omega}',t)\mathrm{d}\boldsymbol{\Omega}'\mathrm{d}E')=$$
$$\int_{-\infty}^{+\infty}\mathrm{d}t\int_V\mathrm{d}\boldsymbol{r}\int_0^\infty \mathrm{d}E\int_{\boldsymbol{\Omega}}\mathrm{d}\boldsymbol{\Omega}\phi^*(\boldsymbol{r},E,\boldsymbol{\Omega},t)\int_0^\infty\int_{\boldsymbol{\Omega}'}\Sigma_s(\boldsymbol{r};E',\boldsymbol{\Omega}'\to E,$$
$$\boldsymbol{\Omega})\phi(\boldsymbol{r},E',\boldsymbol{\Omega}',t)\mathrm{d}\boldsymbol{\Omega}'\mathrm{d}E'=$$
$$\int_{-\infty}^{+\infty}\mathrm{d}t\int_V\mathrm{d}\boldsymbol{r}\int_0^\infty \mathrm{d}E'\int_{\boldsymbol{\Omega}'}\mathrm{d}\boldsymbol{\Omega}'\phi(\boldsymbol{r},E',\boldsymbol{\Omega}',t)\int_0^\infty\int_{\boldsymbol{\Omega}}\Sigma_s(\boldsymbol{r};E',\boldsymbol{\Omega}'\to E,$$

$$\boldsymbol{\Omega})\phi^*(\boldsymbol{r},E,\boldsymbol{\Omega},t)\mathrm{d}\boldsymbol{\Omega}\mathrm{d}E=$$

$$\int_{-\infty}^{+\infty}\mathrm{d}t\int_V\mathrm{d}\boldsymbol{r}\int_0^{\infty}\mathrm{d}E\int_{\boldsymbol{\Omega}}\mathrm{d}\boldsymbol{\Omega}\phi(\boldsymbol{r},E,\boldsymbol{\Omega},t)\int_0^{\infty}\int_{\boldsymbol{\Omega}'}\Sigma_s(\boldsymbol{r};E,\boldsymbol{\Omega}\to E',$$

$$\boldsymbol{\Omega}')\phi^*(\boldsymbol{r},E',\boldsymbol{\Omega}',t)\mathrm{d}\boldsymbol{\Omega}'\mathrm{d}E'=$$

$$\left(\phi,\iint\Sigma_s(\boldsymbol{r};E,\boldsymbol{\Omega}\to E',\boldsymbol{\Omega})\phi^*(\boldsymbol{r},E',\boldsymbol{\Omega}',t)\mathrm{d}E'\mathrm{d}\boldsymbol{\Omega}'\right)\tag{6-18}$$

这样，根据式(6-16)～式(6-18)及共轭算子定义，便求得$\boldsymbol{L}$的共轭算子$\boldsymbol{L}^*$为

$$\boldsymbol{L}^*\phi^*=-\boldsymbol{\Omega}\cdot\nabla\phi^*+\Sigma_t\phi^*-\int_0^{\infty}\int_{\boldsymbol{\Omega}'}\Sigma_s(\boldsymbol{r};E,\boldsymbol{\Omega}\to E',\boldsymbol{\Omega}')\phi^*(\boldsymbol{r},E',\boldsymbol{\Omega}',t)\mathrm{d}\boldsymbol{\Omega}'\mathrm{d}E'\tag{6-19}$$

(5)对算子$\boldsymbol{F}$有

$$\begin{aligned}(\phi^*,\boldsymbol{F}\phi)&=\int_{-\infty}^{+\infty}\mathrm{d}t\int_V\mathrm{d}\boldsymbol{r}\int_0^{\infty}\mathrm{d}E\int_{\boldsymbol{\Omega}}\mathrm{d}\boldsymbol{\Omega}\phi^*(\boldsymbol{r},E,\boldsymbol{\Omega},t)\times\\&\quad\left[\frac{\chi(E)}{4\pi}\int_0^{\infty}\mathrm{d}E'\int_{\boldsymbol{\Omega}'}\nu\Sigma_f(\boldsymbol{r},E')\phi(\boldsymbol{r},E',\boldsymbol{\Omega}',t)\mathrm{d}\boldsymbol{\Omega}'\right]\\&=\int_{-\infty}^{+\infty}\mathrm{d}t\int_V\mathrm{d}\boldsymbol{r}\int_0^{\infty}\mathrm{d}E'\int_{\boldsymbol{\Omega}'}\nu\Sigma_f(\boldsymbol{r},E')\phi(\boldsymbol{r},E',\boldsymbol{\Omega}',t)\mathrm{d}\boldsymbol{\Omega}'\times\\&\quad\int_0^{\infty}\mathrm{d}E\int_{\boldsymbol{\Omega}}\frac{\chi(E)}{4\pi}\phi^*(\boldsymbol{r},E,\boldsymbol{\Omega},t)\mathrm{d}\boldsymbol{\Omega}\\&=\left(\phi,\frac{\nu\Sigma_f(\boldsymbol{r},E)}{4\pi}\int_0^{\infty}\mathrm{d}E'\int_{\boldsymbol{\Omega}'}\chi(E')\phi^*(\boldsymbol{r},E',\boldsymbol{\Omega}',t)\mathrm{d}\boldsymbol{\Omega}'\right)\end{aligned}\tag{6-20}$$

于是$\boldsymbol{F}$的共轭算子$\boldsymbol{F}^*$为

$$\boldsymbol{F}^*\phi^*=\frac{\nu\Sigma_f(\boldsymbol{r},E)}{4\pi}\int_0^{\infty}\mathrm{d}E'\int_{\boldsymbol{\Omega}'}\chi(E')\phi^*(\boldsymbol{r},E',\boldsymbol{\Omega}',t)\mathrm{d}\boldsymbol{\Omega}'\tag{6-21}$$

最后，求得共轭中子输运方程为

$$\boldsymbol{M}^*\phi^*=-\frac{1}{v}\frac{\partial\phi^*}{\partial t}+\boldsymbol{L}^*\phi-\boldsymbol{R}^*\phi^*=0\tag{6-22}$$

或者写成具体形式，即

$$\begin{aligned}&-\frac{1}{v}\frac{\partial\phi^*}{\partial t}-\boldsymbol{\Omega}\cdot\nabla\phi^*+\Sigma\phi^*-\\&\int_0^{\infty}\mathrm{d}E'\int_{\boldsymbol{\Omega}'}\Sigma_s(\boldsymbol{r};E,\boldsymbol{\Omega}\to E',\boldsymbol{\Omega}')\phi^*(\boldsymbol{r},E',\boldsymbol{\Omega}',t)\mathrm{d}\boldsymbol{\Omega}'=\\&\frac{\nu\Sigma_f(\boldsymbol{r},E)}{4\pi}\int_0^{\infty}\chi(E')\mathrm{d}E'\int_{\boldsymbol{\Omega}'}\phi^*(\boldsymbol{r},E',\boldsymbol{\Omega}',t)\mathrm{d}\boldsymbol{\Omega}'\end{aligned}\tag{6-23}$$

在自由外表面Γ上满足边界条件

$$\phi^*(\boldsymbol{r}_s,E,\boldsymbol{\Omega},t)=0,\quad(\boldsymbol{\Omega}\cdot\boldsymbol{n})>0,\boldsymbol{r}_S\in\Gamma\tag{6-24}$$

由此可见，一阶微分-积分形式的中子输运方程式(1-36)是非自共轭的。因此，一些数值方法，例如，有限元方法、变分方法应用起来就显得不方便。在这种情

况下，将其变换为二阶自共轭型的奇偶型中子输运方程(式(2-186))。下面证明其自共轭性。

6.1.3 奇-偶二阶型中子输运方程的自共轭性

单能奇-偶二阶对称型中子输运方程由式(2-186)给出：

$$\boldsymbol{\Omega}\cdot\nabla[\Sigma_t^{-1}\boldsymbol{\Omega}\cdot\nabla\psi^+(\boldsymbol{r},\boldsymbol{\Omega})]+\Sigma_t(\boldsymbol{r})\psi^+(\boldsymbol{r},\boldsymbol{\Omega})=\int_{\boldsymbol{\Omega}'}\Sigma_s^+(\boldsymbol{r};\boldsymbol{\Omega}'\to\boldsymbol{\Omega})\psi^+(\boldsymbol{r},\boldsymbol{\Omega}')\mathrm{d}\boldsymbol{\Omega}'+Q(\boldsymbol{r},\boldsymbol{\Omega}) \tag{6-25}$$

式中，ψ^+ 为偶中子角通量密度(参见式(2-176))；$\Sigma_s^+(\boldsymbol{r};\boldsymbol{\Omega}'\to\boldsymbol{\Omega})$ 为偶散射函数，当 $\boldsymbol{US}=\boldsymbol{S}$ 时，$\Sigma_s^+(\boldsymbol{r};\boldsymbol{\Omega}'\to\boldsymbol{\Omega})=\Sigma_s(\boldsymbol{r};\boldsymbol{\Omega}'\to\boldsymbol{\Omega})$。$\psi^+(\boldsymbol{r},\boldsymbol{\Omega})$ 满足的边界条件为式(2-187)，即

$$\left.\begin{aligned}&\psi^+(\boldsymbol{r},\boldsymbol{\Omega})-\Sigma_t^{-1}(\boldsymbol{r})[\boldsymbol{\Omega}\cdot\nabla\psi^+(\boldsymbol{r},\boldsymbol{\Omega})]=0,\boldsymbol{r}\in\Gamma,(\boldsymbol{\Omega}\cdot\boldsymbol{n})<0\\&\psi^+(\boldsymbol{r},\boldsymbol{\Omega})+\Sigma_t^{-1}(\boldsymbol{r})[\boldsymbol{\Omega}\cdot\nabla\psi^+(\boldsymbol{r},\boldsymbol{\Omega})]=0,\boldsymbol{r}\in\Gamma,(\boldsymbol{\Omega}\cdot\boldsymbol{n})>0\end{aligned}\right\} \tag{6-26}$$

下面逐项证明其自共轭性。设有函数 $\psi^+(\boldsymbol{r},\boldsymbol{\Omega})$ 在 $(\boldsymbol{r}\times\boldsymbol{\Omega})$ 域内连续，且满足式(6-26)形式的边界条件(即在式(6-26)中用 ψ^* 代替 ψ^+)。

(1)令 $A=(\psi^*,-\boldsymbol{\Omega}\cdot\nabla(\Sigma_t^{-1}\boldsymbol{\Omega}\cdot\nabla\psi^+))=\int_{\boldsymbol{\Omega}}\mathrm{d}\boldsymbol{\Omega}\int_V[-\boldsymbol{\Omega}\cdot\nabla(\Sigma_t^{-1}\boldsymbol{\Omega}\cdot\nabla\psi^+)]\psi^*\mathrm{d}\boldsymbol{r}=\int_{\boldsymbol{\Omega}}\mathrm{d}\boldsymbol{\Omega}\int_V[(\Sigma_t^{-1}\boldsymbol{\Omega}\cdot\nabla\psi^+)\nabla\cdot\psi^*\boldsymbol{\Omega}-\nabla\cdot(\Sigma_t^{-1}\boldsymbol{\Omega}\cdot\nabla\psi^+)\psi^*\boldsymbol{\Omega})]\mathrm{d}\boldsymbol{r}$

根据奥-高公式可以得到

$$A=\int_{\boldsymbol{\Omega}}\mathrm{d}\boldsymbol{\Omega}\int_V(\Sigma_t^{-1}\boldsymbol{\Omega}\cdot\nabla\psi^*)(\boldsymbol{\Omega}\cdot\nabla\psi^*)\mathrm{d}\boldsymbol{r}-\int_\Gamma\Sigma_t^{-1}\boldsymbol{\Omega}\cdot\nabla\psi^+(\psi^*\boldsymbol{\Omega})\cdot\mathrm{d}\boldsymbol{S} \tag{6-27}$$

利用边界条件式(6-26)得到

$$A=\int_{\boldsymbol{\Omega}}\mathrm{d}\boldsymbol{\Omega}\int_V(\Sigma_t^{-1}\boldsymbol{\Omega}\cdot\nabla\psi^+)(\boldsymbol{\Omega}\cdot\nabla\psi^*)\mathrm{d}\boldsymbol{r}-\int_\Gamma|\boldsymbol{\Omega}\cdot\boldsymbol{n}|\psi^+\cdot\psi^*\mathrm{d}S \tag{6-28}$$

同样可证明

$$\begin{aligned}B&=(\psi^+,-\boldsymbol{\Omega}\cdot\nabla(\Sigma_t^{-1}\boldsymbol{\Omega}\cdot\nabla\psi^*))\\&=\int_{\boldsymbol{\Omega}}\mathrm{d}\boldsymbol{\Omega}\int_V(\Sigma_t^{-1}\boldsymbol{\Omega}\cdot\nabla\psi^+)(\boldsymbol{\Omega}\cdot\nabla\psi^*)\mathrm{d}\boldsymbol{r}-\int_\Gamma\Sigma_t^{-1}\boldsymbol{\Omega}\cdot\nabla\psi^*(\psi^+\boldsymbol{\Omega})\cdot\mathrm{d}\boldsymbol{S}\end{aligned} \tag{6-29}$$

根据 ψ^* 的边界条件得到

$$B=\int_{\boldsymbol{\Omega}}\mathrm{d}\boldsymbol{\Omega}\int_V(\Sigma_t^{-1}\boldsymbol{\Omega}\cdot\nabla\psi^+)(\boldsymbol{\Omega}\cdot\nabla\psi^+)\mathrm{d}\boldsymbol{r}-\int_\Gamma|\boldsymbol{\Omega}\cdot\boldsymbol{n}|\psi^+\cdot\psi^*\mathrm{d}S \tag{6-30}$$

因而 $A=B$。

(2)$(\psi^*,\Sigma_t\psi^+)=(\psi^+,\Sigma_t\psi^*)$是显然成立的。

(3) $$(\psi^*,\boldsymbol{S}\psi^+)=\int_V \mathrm{d}\boldsymbol{r}\int_{\boldsymbol{\Omega}}\mathrm{d}\boldsymbol{\Omega}\psi^*(\boldsymbol{r},\boldsymbol{\Omega})\int_{\boldsymbol{\Omega}'}\Sigma_s(\boldsymbol{r};\boldsymbol{\Omega}'\to\boldsymbol{\Omega})\psi^+(\boldsymbol{r},\boldsymbol{\Omega}')\mathrm{d}\boldsymbol{\Omega}' \tag{6-31}$$

交换积分次序后得到

$$\begin{aligned}(\psi^*,\boldsymbol{S}\psi^+)&=\int_V \mathrm{d}\boldsymbol{r}\int_{\boldsymbol{\Omega}'}\psi^+(\boldsymbol{r},\boldsymbol{\Omega}')\mathrm{d}\boldsymbol{\Omega}'\int_{\boldsymbol{\Omega}}\Sigma_s(\boldsymbol{r};\boldsymbol{\Omega}'\to\boldsymbol{\Omega})\psi^*(\boldsymbol{r},\boldsymbol{\Omega})\mathrm{d}\boldsymbol{\Omega}\\&=\int_V \mathrm{d}\boldsymbol{r}\int_{\boldsymbol{\Omega}}\psi^+(\boldsymbol{r},\boldsymbol{\Omega})\mathrm{d}\boldsymbol{\Omega}\int_{\boldsymbol{\Omega}'}\Sigma_s(\boldsymbol{r};\boldsymbol{\Omega}'\to\boldsymbol{\Omega})\psi^*(\boldsymbol{r},\boldsymbol{\Omega})\mathrm{d}\boldsymbol{\Omega}'\\&=(\psi^+,\boldsymbol{S}\psi^*)\end{aligned} \tag{6-32}$$

这便证明了二阶型中子输运方程式(6-25)的自共轭性。

6.2　多群 P_1 近似和扩散近似共轭方程

在核工程领域中，如在核反应堆物理计算中，广泛应用多群扩散理论及 P_1 近似。因此有必要求出在多群扩散理论及 P_1 近似条件下的共轭方程。因为在核反应堆物理的微扰理论及变分方法中都需要用到它们。

6.2.1　多群扩散近似共轭方程

1. 单群扩散近似共轭方程

单群特征值问题的扩散方程可以写为

$$\nabla\cdot D(\boldsymbol{r})\nabla\phi(\boldsymbol{r})-\Sigma_a(\boldsymbol{r})\phi(\boldsymbol{r})+\frac{1}{k_{\mathrm{eff}}}\nu\Sigma_f(\boldsymbol{r})\phi(\boldsymbol{r})=0 \tag{6-33}$$

式中，k_{eff} 为有效增殖因数。式(6-33)也可以写成 $\boldsymbol{M}\phi=0$ 的算子方程形式，这时单群算子 $\boldsymbol{M}$ 为

$$\boldsymbol{M}=\nabla\cdot D\nabla-\Sigma_a+\frac{1}{k_{\mathrm{eff}}}\nu\Sigma_f \tag{6-34}$$

根据式定义(6-3)可以证明式(6-34)的算子 $\boldsymbol{M}$ 是自共轭的，即它的共轭算子即是 $\boldsymbol{M}$ 本身，有

$$\boldsymbol{M}^*=\boldsymbol{M}=\nabla\cdot D\nabla-\Sigma_a+\frac{1}{k_{\mathrm{eff}}}\nu\Sigma_f \tag{6-35}$$

这可以证明如下。

根据内积定义由式(6-34)和式(6-35)，有

$$(\phi^*,\boldsymbol{M}\phi)=\int_V\phi^*\ \nabla\cdot D\nabla\phi\,\mathrm{d}V-\int_V\phi^*(\Sigma_a-\frac{1}{k_{\mathrm{eff}}}\nu\Sigma_f)\phi\,\mathrm{d}V$$

$$(\phi,\boldsymbol{M}^*\phi^*)=\int_V\phi\nabla\cdot D\nabla\phi^*\,\mathrm{d}V-\int_V\phi(\Sigma_a-\frac{1}{k_{\mathrm{eff}}}\nu\Sigma_f)\phi^*\,\mathrm{d}V$$

令

$$\Delta=(\phi^*,\boldsymbol{M}\phi)-(\phi,\boldsymbol{M}^*\phi^*)=\int_V\phi^*\ \nabla\cdot D\nabla\phi\mathrm{d}V-\int_V\phi\nabla\cdot D\nabla\phi^*\mathrm{d}V \tag{6-36}$$

根据向量恒等式

$$\nabla\cdot a\boldsymbol{b}=a\nabla\cdot\boldsymbol{b}+\boldsymbol{b}\nabla a \tag{6-37}$$

则式(6-36)便可写为

$$\Delta=\int_V\nabla\cdot\phi^*D\nabla\phi\mathrm{d}V-\int_V\nabla\cdot\phi D\nabla\phi^*\mathrm{d}V \tag{6-38}$$

利用高斯公式

$$\int_V\nabla\cdot\boldsymbol{b}\mathrm{d}V=\int_S\boldsymbol{b}\cdot\boldsymbol{n}\mathrm{d}S$$

式中，$\boldsymbol{n}$ 是单位外法线向量，这样式(6-38)便可写为

$$\Delta=\int_S(\phi^*D\nabla\phi-\phi D\nabla\phi^*)\cdot\boldsymbol{n}\mathrm{d}S \tag{6-39}$$

若在反应堆外表面上满足

$$\phi_S=0,\quad \phi_S^*=0 \tag{6-40}$$

或

$$\nabla_n\phi/\phi=\nabla_n\phi^*/\phi^*=\alpha \tag{6-41}$$

式(6-40)、式(6-41)中，脚标 S 表示取外表面上的数值；∇_n 表示沿外表面法线方向求导；α 等于常数。那么便得到

$$\Delta=(\phi^*,\boldsymbol{M}\phi)-(\phi,\boldsymbol{M}^*\phi^*)=0$$

这就证明了单群算子的自共轭性：$\boldsymbol{M}=\boldsymbol{M}^*$。因而式(6-33)本身也就是单群扩散自近似共轭方程，中子通量密度 $\phi(\boldsymbol{r})$ 也就等于 $\phi^*(\boldsymbol{r})$。同时也就证明了扩散算子$\nabla\cdot D\nabla$ 在满足边界条件式(6-40)的情况下是自共轭的，即

$$\int_V\phi^*\ \nabla\cdot D\nabla\phi\mathrm{d}V=\int_V\phi\nabla\cdot D\nabla\phi^*\mathrm{d}V \tag{6-42}$$

2. 双群及多群扩散近似共轭方程

反应堆双群方程可以写为

$$\left.\begin{aligned}\nabla\cdot D_1\nabla\phi_1-\Sigma_1\phi_1+\frac{\nu}{k_{\mathrm{eff}}}\Sigma_{f2}\phi_2=0\\ \nabla\cdot D_2\nabla\phi_2-\Sigma_2\phi_2+\Sigma_1\phi_1=0\end{aligned}\right\} \tag{6-43}$$

式中，下标 1、2 分别表示快群和热群，其他符号都是习惯上所采用的。式(6-43)也可写成算子方程形式，即

$$\boldsymbol{M\phi}=0 \tag{6-44}$$

式中，

$$\boldsymbol{\phi}=\begin{pmatrix}\phi_1\\ \phi_2\end{pmatrix}$$

$$\boldsymbol{M}=\begin{bmatrix}M_{1,1} & M_{1,2}\\ M_{2,1} & M_{2,2}\end{bmatrix}=\begin{pmatrix}\nabla\cdot D_1\nabla-\Sigma_1 & \dfrac{\nu\Sigma_{f2}}{k}\\ \Sigma_1 & \nabla\cdot D_2\nabla-\Sigma_2\end{pmatrix} \tag{6-45}$$

现在来求出双群算子 $\boldsymbol{M}$ 的共轭算子 $\boldsymbol{M}^*$。假设它可以写为

$$\boldsymbol{M}^*=\begin{pmatrix}M_{1,1}^* & M_{1,2}^*\\ M_{2,1}^* & M_{2,2}^*\end{pmatrix}$$

那么，根据内积定义，有

$$\left.\begin{aligned}(\boldsymbol{\phi}^*,\boldsymbol{M\phi})&=\int_V(\phi_1^*M_{1,1}\phi_1+\phi_1^*M_{1,2}\phi_2+\phi_2^*M_{2,1}\phi_1+\phi_2^*M_{2,2}\phi_2)\mathrm{d}V\\ (\boldsymbol{\phi}^*,\boldsymbol{M}^*\boldsymbol{\phi}^*)&=\int_V(\phi_1M_{1,1}^*\phi_1^*+\phi_1M_{1,2}^*\phi_2^*+\phi_2M_{2,1}^*\phi_1^*+\phi_2M_{2,2}^*\phi_2^*)\mathrm{d}V\end{aligned}\right\} \tag{6-46}$$

显然，若令

$$M_{1,1}^*=M_{1,1},\quad M_{2,2}^*=M_{2,2},\quad M_{1,2}^*=M_{2,1},\quad M_{2,1}^*=M_{1,2}$$

将这些符号的具体表示式(6－45)代入式(6－46)，同时注意到边界条件式(6－40)，则可以证明有

$$(\boldsymbol{\phi}^*,\boldsymbol{M\phi})=(\boldsymbol{\phi},\boldsymbol{M}^*\boldsymbol{\phi}^*)$$

因而双群共轭算子

$$\boldsymbol{M}^*=\begin{pmatrix}M_{1,1}^* & M_{1,2}^*\\ M_{2,1}^* & M_{2,2}^*\end{pmatrix}=\begin{pmatrix}\nabla\cdot D_1\nabla-\Sigma_1 & \Sigma_1\\ \dfrac{\nu}{k_{\text{eff}}}\Sigma_{f2} & \nabla\cdot D_2\nabla-\Sigma_2\end{pmatrix} \tag{6-47}$$

即 $M_{i,j}^*=M_{i,j}$。这样双群扩散近似共轭方程便可写为

$$\left.\begin{aligned}\nabla\cdot D_1\nabla\phi_1^*-\Sigma_1\phi_1^*+\Sigma_1\phi_2^*&=0\\ \nabla\cdot D_2\nabla\phi_2^*-\Sigma_2\phi_2^*+\frac{\nu\Sigma_{f2}}{k_{\text{eff}}}\phi_1^*&=0\end{aligned}\right\} \tag{6-48}$$

这时共轭中子通量密度在外推边界上满足式(6－40)，即

$$\phi_{1,s}^*(\boldsymbol{r})=\phi_{2,s}^*(\boldsymbol{r})=0 \tag{6-49}$$

注意到，对于双群方程，$\boldsymbol{M}\neq\boldsymbol{M}^*$、$\boldsymbol{\phi}\neq\boldsymbol{\phi}^*$。图 6－1 中示出了一维平板反应堆双群中子通量密度和共轭中子通量密度的曲线。关于共轭中子通量密度和共轭方程的具体物理意义将在下一节中详细讨论。

可以看到，上面对双群共轭算子 $\boldsymbol{M}^*$ 的推证，完全可以推广到多群的情况。例如，多群扩散方程(G 群)和它的近似共轭方程可以写为

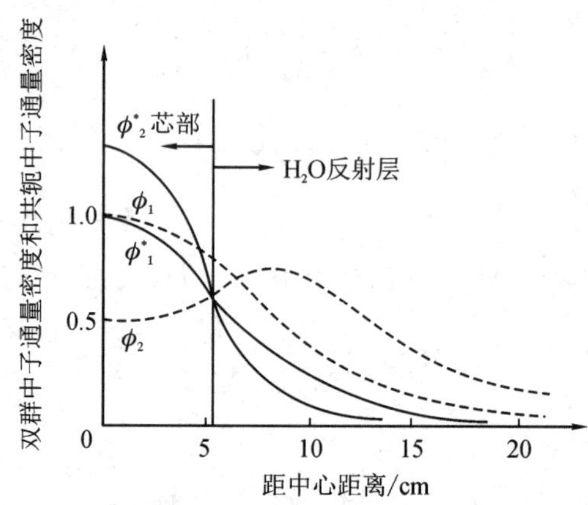

图 6-1　一维平板反应堆的双群中子通量密度和共轭中子通量密度曲线示意图

$$\boldsymbol{M\phi}=\begin{pmatrix}M_{1,1},\cdots,M_{1,G}\\M_{2,1},\cdots,M_{2,G}\\\vdots\\M_{G,1},\cdots,M_{G,G}\end{pmatrix}\begin{pmatrix}\phi_1\\\phi_2\\\vdots\\\phi_G\end{pmatrix}=\boldsymbol{0}\tag{6-50}$$

$$\boldsymbol{M}^*\boldsymbol{\phi}^*=\begin{pmatrix}M_{1,1}^*,\cdots,M_{1,G}^*\\M_{2,1}^*,\cdots,M_{2,G}^*\\\vdots\\M_{G,1}^*,\cdots,M_{G,G}^*\end{pmatrix}\begin{pmatrix}\phi_1^*\\\phi_2^*\\\vdots\\\phi_G^*\end{pmatrix}=\boldsymbol{0}\tag{6-51}$$

而其中 $\boldsymbol{M}^*$ 为 $\boldsymbol{M}$ 的转置矩阵，即

$$M_{i,j}^*=M_{j,i}\tag{6-52}$$

边界条件为在反应堆外推边界上，有

$$\phi_{g,S}=\phi_{g,S}^*=0,\ \ g=1,2,\cdots,G\tag{6-53}$$

这样，对于反应堆多群算子 $\boldsymbol{M}$，若需求其共轭算子，则只要把 $\boldsymbol{M}$ 的每一矩阵元 $M_{i,j}$ 进行行、列对换，也就是按式(6-52)把每一个 $M_{i,j}^*$ 用 $M_{j,i}$ 替换，求出 $\boldsymbol{M}$ 的转置矩阵即可。这时，假定边界条件式(6-53)得到满足。因而对于共轭方程利用扩散程序，把 $M_{i,j}$ 用 $M_{j,i}$ 替换，即可计算出共轭中子通量密度 ϕ_1^* 和 ϕ_2^* 而不必重新编制计算程序。

6.2.2　P_1 近似的共轭方程

1. 单群 P_1 近似的共轭方程

从 P_1 近似方程式(2-130)和式(2-131)可以求得单群(能)P_1 近似方程为

$$\mathrm{div}\boldsymbol{J}(\boldsymbol{r})+\Sigma_a\phi(\boldsymbol{r})=Q(\boldsymbol{r})\tag{6-54}$$

$$\frac{1}{3}\nabla\phi(\boldsymbol{r})+\Sigma_1\boldsymbol{J}(\boldsymbol{r})=Q_1(\boldsymbol{r}) \tag{6-55}$$

在自由外边界上满足边界条件式(2-137),即

$$\boldsymbol{n}\cdot\boldsymbol{J}=\alpha\phi \tag{6-56}$$

可以证明式(6-54)和式(6-55)的共轭方程为

$$-\mathrm{div}\boldsymbol{J}^*(\boldsymbol{r})+\Sigma_a\phi^*(\boldsymbol{r})=Q^*(\boldsymbol{r}) \tag{6-57}$$

$$-\frac{1}{3}\nabla\phi^*(\boldsymbol{r})+\Sigma_1\boldsymbol{J}^*(\boldsymbol{r})=Q_1^*(\boldsymbol{r}) \tag{6-58}$$

在外边界上满足边界条件

$$\boldsymbol{n}\cdot\boldsymbol{J}^*=-\alpha\phi^* \tag{6-59}$$

这里,解 $\boldsymbol{\Phi}^*=[\phi^*,\boldsymbol{J}^*]$为 $\boldsymbol{\Phi}=[\phi,\boldsymbol{J}]$的共轭函数。

证明:式(6-54)和式(6-55)写成矩阵算子形式为

$$\boldsymbol{M\Phi}=\boldsymbol{Q} \tag{6-60}$$

式中,

$$\boldsymbol{M}=\begin{bmatrix}\Sigma_a & \mathrm{div}\\ \frac{1}{3}\nabla & \Sigma_1\end{bmatrix},\quad \boldsymbol{\Phi}=\begin{bmatrix}\phi\\ \boldsymbol{J}\end{bmatrix},\quad \boldsymbol{Q}=\begin{bmatrix}Q\\ Q_1\end{bmatrix}$$

式(6-57)和式(6-58)可写为

$$\boldsymbol{M}^*\boldsymbol{\Phi}^*=\boldsymbol{Q}^*$$

$$\boldsymbol{M}^*=\begin{pmatrix}\Sigma_a & -\mathrm{div}\\ -\frac{1}{3}\nabla & \Sigma_1\end{pmatrix},\quad \boldsymbol{\Phi}^*=\begin{bmatrix}\phi^*\\ \boldsymbol{J}^*\end{bmatrix},\quad \boldsymbol{Q}^*=\begin{bmatrix}Q^*\\ Q_1^*\end{bmatrix}$$

为证明 $\boldsymbol{M}$ 与 $\boldsymbol{M}^*$ 的共轭性,只要计算下面内积:

$$\begin{aligned}(\boldsymbol{\Phi}^*,\boldsymbol{M\Phi})-(\boldsymbol{\Phi},\boldsymbol{M}^*\boldsymbol{\Phi}^*)&=\int_V[\phi^*\mathrm{div}\boldsymbol{J}+\boldsymbol{J}\cdot\nabla\phi+\phi\mathrm{div}\boldsymbol{J}^*+\boldsymbol{J}\cdot\nabla\phi^*]\mathrm{d}\boldsymbol{r}\\ &=\int_V[\mathrm{div}\phi^*\boldsymbol{J}+\mathrm{div}\phi\boldsymbol{J}^*]\mathrm{d}V\\ &=\int_\Gamma[(\boldsymbol{n}\cdot\boldsymbol{J})\phi^*-(\boldsymbol{n}\cdot\boldsymbol{J}^*)\phi]\mathrm{d}S\\ &=\alpha\int_\Gamma(\phi^*\phi-\phi\phi^*)\mathrm{d}S\\ &=0\end{aligned}$$

这里应用了奥-高公式和边界条件式(6-56)和式(6-59)。

2. 多群 P_1 近似的共轭方程

同样从 P_1 近似方程式(2-130)和式(2-131)可以得出多群 P_1 近似方程为

$$\mathrm{div}\boldsymbol{J}_g+\Sigma_{tg}\phi_g=\sum_{g'=1}^{G}\Sigma_{sg'-g}\phi_{g'}+Q_{0,g},\quad g=1,\cdots,G \tag{6-61}$$

$$\frac{1}{3}\nabla\phi_g + \Sigma_{1g}\boldsymbol{J}_g = \sum_{g'=1}^{G}\Sigma_{s_1 g'-g}\boldsymbol{J}_{g'} + \boldsymbol{Q}_{1,g},\quad g=1,\cdots,G \tag{6-62}$$

可求出上述多群 P_1 近似的共轭方程为

$$\mathrm{div}\boldsymbol{J}_g^* + \Sigma_{tg}\phi_g^* = \sum_{g'=1}^{G}\Sigma_{sg-g'}\phi_{g'}^* + Q_{0,g}^*,\quad g=1,\cdots,G \tag{6-63}$$

$$-\frac{1}{3}\nabla\phi_g^* + \Sigma_{1g}\boldsymbol{J}_g^* = \sum_{g'=1}^{G}\Sigma_{s_1 g-g'}\boldsymbol{J}_{g'}^* + \boldsymbol{Q}_{1,g}^*,\quad g=1,\cdots,G \tag{6-64}$$

其证明过程和前面一样:用 ϕ_g^* 乘式(6-61),用 $\boldsymbol{J}_g^*$ 乘式(6-62),二者相加并把结果对体积积分及对 g 求和,就可得到一个内积。同时,用 ϕ_g 乘式(6-63),用 $\boldsymbol{J}_g$ 乘式(6-64),二者相加并作内积,使与前一个内积相等。其边界条件为

$$\left.\begin{aligned}\boldsymbol{n}\cdot\boldsymbol{J}_g &= \alpha_g\phi_g\\ \boldsymbol{n}\cdot\boldsymbol{J}_g^* &= -\alpha_g\phi_g^*\end{aligned}\right\} \tag{6-65}$$

将其与方程式(6-61)与方程式(6-62)比较,不同之处在于:导数项的符号相反,同时散射截面的下标 g 和 g' 互换了位置。

6.3 共轭算子的本征值及其本征函数

从第1章中知道,非稳态中子输运方程的齐次形式可以写为

$$\frac{1}{v}\frac{\partial\phi}{\partial t} = \boldsymbol{M}\phi \tag{6-66}$$

上述齐次方程可以化为定态的本征值问题,即

$$\boldsymbol{M}\phi = \frac{\alpha}{v}\phi \tag{6-67}$$

α 称为方程的本征值,可以证明有许多个分立的本征值 α_j,它们按其实数部分的大小顺序编号为 $\alpha_0,\alpha_1,\cdots$。其对应的解(本征函数)以 ϕ_j 表示。有文献证明在一定条件下,α_0 为实数,称为基本本征值,其对应的本征函数为正值函数。

同理,对于方程式(6-66)的共轭方程

$$-\frac{1}{v}\frac{\partial\phi^*}{\partial t} = \boldsymbol{M}^*\phi^* \tag{6-68}$$

可以归结为稳态本征值问题,即

$$\boldsymbol{M}^*\phi^* = \frac{\alpha^*}{v}\phi^* \tag{6-69}$$

和式(6-67)的情况一样,可以证明对于式(6-69)同样存在一个最大的实本征值 α_0^*,其对应的本征函数处处恒为正值[52]。这样,和第1章中一样,系统的临界性由 α_0^* 的符号确定,$\alpha_0^*>0$ 系统为超临界的;$\alpha_0^*<0$ 系统为次临界的,$\alpha_0^*=0$ 系统处于临界状态。

然而应当注意，由式(6-68)知，$\partial\phi^*/\partial t=-\alpha^*\phi^*$，所以对于 α^* 为正时的超临界系统，其共轭函数 ϕ^* 值随时间而减小，这和下一节中对共轭函数的物理意义解释是一致的。在超临界系统中较早时刻的中子相对来讲比较晚时刻的中子具有更大的价值，这是因为较早时刻的中子有更多的时间增殖从而导致较大的功率贡献。对于次临界系统共轭函数值将随时间的增大而增大。

现在讨论 α_0 与 α_0^* 之间，及中子通量密度 ϕ 与共轭函数 ϕ^* 之间的关系。用 ϕ_i^* 乘式(6-67)、用 ϕ_j 乘式(6-69)，分别作内积并相减，得到

$$(\alpha_j-\alpha_i^*)\left(\frac{1}{v}\phi_i^*,\phi_j\right)=(\phi_i^*,\boldsymbol{M}\phi_j)-(\phi_j,\boldsymbol{M}^*\phi_i^*)$$

根据共轭算子定义，方程右边两个内积相等，因此

$$(\alpha_j-\alpha_i^*)\left(\frac{1}{v}\phi_i^*,\phi_j\right)=0 \tag{6-70}$$

如 $i=j=0$，即考虑基本本征值，则由于 ϕ_0^* 和 ϕ_0 都是非负的，式(6-70)中的内积将为正，因此有

$$\alpha_0=\alpha_0^* \tag{6-71}$$

即算子 $\boldsymbol{L}$ 与 $\boldsymbol{L}^*$ 的基本本征值相等。另一方面，若 $\alpha_j\neq\alpha_i^*$，则根据式(6-70)有

$$\left(\frac{1}{v}\phi_i^*,\phi_j\right)=0 \tag{6-72}$$

也就是说，共轭函数 ϕ_i^* 与中子通量密度函数 ϕ 是正交的(具有权重因子 $1/v$)。这种情况下的中子通量密度与共轭中子通量密度的本征函数构成了双正交函数族。

另一方面，可以看到，式(6-67)解的本征函数列本身并不一定能构成正交的函数族。这可以证明如下。

特征函数 ϕ_j 和 ϕ_i 分别满足下列方程：

$$\boldsymbol{M}\phi_j=\frac{\alpha_j}{v}\phi_j \tag{6-73}$$

$$\boldsymbol{M}\phi_i=\frac{\alpha_i}{v}\phi_i \tag{6-74}$$

用 ϕ_i 乘式(6-73)、用 ϕ_j 乘式(6-74)，分别作内积并相减，其结果为

$$(\phi_i,\boldsymbol{M}\phi_j)-(\phi_j,\boldsymbol{M}\phi_i)=(\alpha_j-\alpha_i)\left(\frac{1}{v}\phi_i,\phi_j\right) \tag{6-75}$$

由此可见，若 $\boldsymbol{M}=\boldsymbol{M}^*$，即 $\boldsymbol{M}$ 为自共轭算子，则方程式(6-75)的左端等于零，且在 6.2 节中已经证明了单群扩散方程的算子是自共轭的。这表明单群方程的本征函数构成了一组正交函数集。

但是正如前面指出，在多数情况下，如果输运算子(式(6-9))、P_N 近似和多群扩散方程算子都是非自共轭的，则式(6-75)的左端不等于零。因此它们的本征函

数不能构成正交函数集,虽然它们的基本本征值相等。这时本征函数及其共轭函数的双正交性在中子输运及核反应堆理论中就显得特别重要。因为它表明可以把任何具有良好性质的函数(或向量函数)展成特征函数的级数,并可确定其展开系数,即使这些函数本身不是正交的。例如,若将函数 $f(\boldsymbol{r})$展开成

$$f(\boldsymbol{r})=\sum A_n\phi_n(\boldsymbol{r}) \tag{6-76}$$

式中,$\phi_n(\boldsymbol{r})$为特征函数。用 $\phi_n^*(\boldsymbol{r})$乘式(6-76)的两边,并对整个反应堆体积作积分,就可以得到系数 A_n,可由双正交性条件给出:

$$A_n=\int_V v\phi_n^*(\boldsymbol{r})f(\boldsymbol{r})\mathrm{d}V\Big/\int_V v\phi_n^*(\boldsymbol{r})\phi_n(\boldsymbol{r})\mathrm{d}V \tag{6-77}$$

任意函数用特征函数展开的式(6-77)是中子输运和反应堆理论及反应堆动力学等问题中经常遇到的问题。

6.4 中子价值

这一节将着重讨论反应堆共轭方程和共轭中子通量密度的物理解释。

1. 中子价值的概念

对于反应堆内中子群体的状况除了用中子通量密度 ϕ 这个量来描述外,现在再引入一个“中子价值”的概念。为了对中子价值有更具体的了解,先观察这样一个例子。假设在反应堆中的不同位置上分别放入同样(具有同样的形状和大小及吸收截面 Σ_a)的小吸收体(见图 6-2),可以发现,在中心位置上的吸收体所引起的反应性变化比边缘位置上的大。自然很容易联想到,这是因为在中心处的中子通量密度高,因而吸收中子的数目也多的缘故。如果仅仅是如此,那么它们对反应性的影响就应该正比于中子通量密度 $\phi(\boldsymbol{r})$。但是实验表明,它们对反应性的影响并非正比于 $\phi(\boldsymbol{r})$,而是近似地正比于中子通量密度的平方 $\phi^2(\boldsymbol{r})$。对于这个现象,很自然可以认为,反应性的不同不仅是由不同点处吸收中子的数目(正比于中子通量密度)不同所引起,而且还由不同点处被吸收中子对反应性的贡献或“价值”不相等的缘故所引起。这也就是说,同样一个中子在不同的地点对链式反应或反应堆功率的贡献或“重要程度”是不同的。显然,在靠近边界处的中子由于泄漏出芯部的概率较大,因而它对链式反应或反应堆功率的贡献(也就是它的中子价值)要比中心处小。下面即将证明,单群近似时,中子价值和中子通量密度的分布 $\phi(\boldsymbol{r})$一样。所以不同位置上吸收体对反应性的影响近似地正比于 $\phi^2(\boldsymbol{r})$。

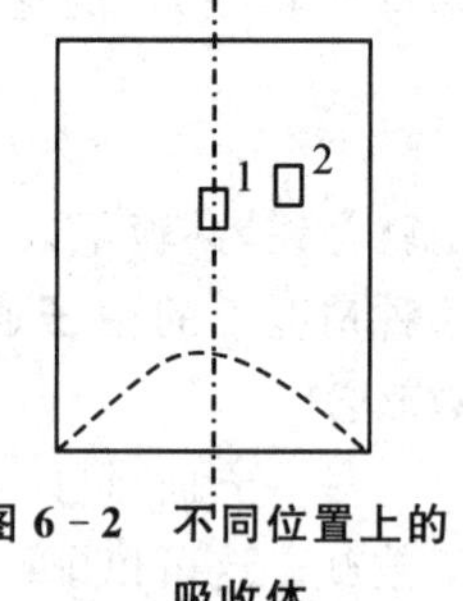

图 6-2　不同位置上的吸收体

另外,对于一个临界的反应堆,如无扰动,则其具有一个恒定的功率和功率分

布，这些功率自然是由堆芯内中子与铀核发生裂变而产生的。我们自然要问，是否堆芯内各个不同位置具有不同能量的中子对反应堆功率的贡献都一样？为回答这一问题，假设有一个处于临界状态的反应堆，在初始时刻功率等于零(或处于某一稳定功率)。现设在 $\boldsymbol{r}$ 点处突然投入几个能量为 E、运动方向为 $\boldsymbol{\Omega}$ 的中子，这将给反应堆中子通量密度一个扰动。这几个中子将一面运动一面增殖。由于反应堆处于临界状态，因此经过足够长时间后，中子通量密度(或功率)将达到一个稳定的基波分布(见图 6-3)，并使堆的输出能量达到一个新的稳定水平，它将比原来的功率高一些。显然，输出能量的增加值与投入中子的地点 $\boldsymbol{r}$、中子能量 E 和运动方向 $\boldsymbol{\Omega}$ 有关，并正比于投入的中子数 n。中子价值 $\phi^{+}(\boldsymbol{r},E,\boldsymbol{\Omega})$ 的定义为：**在临界反应堆中，在 $\boldsymbol{r}$ 处投入一个能量为 E、运动方向为 $\boldsymbol{\Omega}$ 的中子所引起的对稳定功率的贡献。**

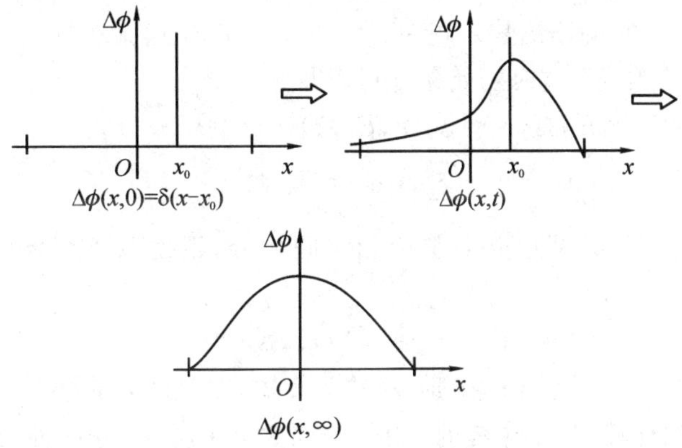

图 6-3 x_0 处引入中子后中子通量密度变化过程示意图

下面从中子输运方程及其共轭方程来求出中子价值的具体表达式及说明其物理意义。中子输运方程由式(6-66)可以写为

$$\frac{1}{v}\frac{\partial\phi}{\partial t}=\boldsymbol{M}\phi \tag{6-78}$$

考虑其可分离变量解，有

$$\phi(\boldsymbol{r},E,\boldsymbol{\Omega},t)=\phi(\boldsymbol{r},E,\boldsymbol{\Omega})\mathrm{e}^{\alpha t} \tag{6-79}$$

式(6-78)便写为下面的本征值问题：

$$\boldsymbol{M}\phi=\frac{\alpha}{v}\phi \tag{6-80}$$

式中，α 为本征值。根据 6.3 节的讨论，有一系列分立本征值，按其实部大小排列：$\alpha_0,\alpha_1,\cdots,\alpha_i,\cdots$，对应的特征函数为 ϕ_i。于是式(6-80)的解可以表示为

$$\phi(\boldsymbol{r},E,\boldsymbol{\Omega},t)=\sum_i A_i\phi_i(\boldsymbol{r},E,\boldsymbol{\Omega})\mathrm{e}^{\alpha_i t} \tag{6-81}$$

式中，α_0 为最大的实数，称为基本本征值，对应的非负特征函数 ϕ_0 称为基波项。注意到 $\boldsymbol{M}$ 并不是自共轭的，正如 6.4 节所述，其特征函数并不构成一个正交函数集，因而无法通过 ϕ_i 的正交性来求得展开系数 A_i。考虑其共轭算子 $\boldsymbol{M}^*$，式(6 - 80)的共轭方程可以写为

$$\boldsymbol{M}^* \phi^* = \frac{\alpha^*}{v}\phi^* \tag{6-82}$$

根据前面讨论，输运方程的本征函数解 ϕ 与共轭方程的解 ϕ^* 构成双正交函数集，适当选取比例因子进行归一，有

$$\left(\frac{1}{v}\phi_i^*, \phi_j\right) = \delta_{ij} \tag{6-83}$$

利用双正交性可以确定展开式(6 - 81)中的系数 A_i。

假设有一恰好为临界的反应堆，其初始中子通量密度分布为 $\phi_0(\boldsymbol{r},E,\boldsymbol{\Omega})$（它就是对应于 $\alpha_0=0$ 的特征函数），现在 $t=0$ 时刻，在 $\boldsymbol{r}_0$ 点突然投入一个能量为 E_0，运动方向为 $\boldsymbol{\Omega}_0$ 的中子，这时初始条件可以写为

$$\phi_0(\boldsymbol{r},E,\boldsymbol{\Omega},0) = \phi_0(\boldsymbol{r},E,\boldsymbol{\Omega}) + v_0\delta(\boldsymbol{r}-\boldsymbol{r}_0)\delta(E-E_0)\delta(\boldsymbol{\Omega}-\boldsymbol{\Omega}_0) = \sum_i A_i\phi_i(\boldsymbol{r},E,\boldsymbol{\Omega}) \tag{6-84}$$

用 ϕ_i^*/v_0 乘式(6 - 84)两边并对整个相空间积分，根据双正交条件式(6 - 72)便得到

$$A_i = \delta_{i0} + \phi_i^*(\boldsymbol{r}_0, E_0, \boldsymbol{\Omega}_0) \tag{6-85}$$

对于临界系统，$\alpha_0=0$。而当 $i>0$ 时 α_i 均为负数，于是随 t 的增大，式(6 - 81)中高阶谐波项将迅速衰减，当 $t\to\infty$ 时，中子通量密度的稳态分布便等于 $i=0$ 的基波项：

$$\phi(\boldsymbol{r},E,\boldsymbol{\Omega},\infty) \to (1+\phi_0^*(\boldsymbol{r}_0,E_0,\boldsymbol{\Omega}_0))\phi_0(\boldsymbol{r},E,\boldsymbol{\Omega}) \tag{6-86}$$

这样，便得到在临界反应堆中在 $\boldsymbol{r}_0$ 处投入一个 $E=E_0$，运动方向为 $\boldsymbol{\Omega}_0$ 的中子，最后得到的中子通量密度(或功率)便增加了 $\phi_0^*(\boldsymbol{r}_0,E_0,\boldsymbol{\Omega}_0)$倍，这就是中子价值的定义。这里 ϕ_0^* 便是共轭方程 $\boldsymbol{M}^*\phi^*=0$ 的解，以后便用共轭函数 ϕ^* 表示中子价值。

由定义知道，中子价值是 $\boldsymbol{r}$、E 和 $\boldsymbol{\Omega}$ 的函数，将 $\phi^*(\boldsymbol{r},E,\boldsymbol{\Omega})$对所有方向取平均值便得到中子价值 $\phi^*(\boldsymbol{r},E)$。如果认为引入中子的角分布是各向同性的，那么，便可求得

$$\phi^*(\boldsymbol{r},E) = \frac{1}{4\pi}\int_{\boldsymbol{\Omega}}\phi^*(\boldsymbol{r},E,\boldsymbol{\Omega})\mathrm{d}\boldsymbol{\Omega} \tag{6-87}$$

应该注意到，中子价值和中子总通量密度 $\phi(\boldsymbol{r},E)$不同，后者是对中子角通量密度 $\phi(\boldsymbol{r},E,\boldsymbol{\Omega})$的积分，而前者 $\phi^*(\boldsymbol{r},E)$(式(6 - 87))则应该理解为平均值的概念。

可以证明，上述结果对于多群扩散方程也是成立的。可以概括如下：第 g 群

共轭中子通量密度 $\phi_g^*(\boldsymbol{r})$ 正比于在 $\boldsymbol{r}$ 点引进或消除一个(第 g)群中子所引起的反应堆功率(或中子通量密度)的增益或损失，并称为该群的中子价值。可以看到，共轭中子通量密度本身并不具有“通量”的含义。

现在可以对图 6－1 上的双群共轭中子通量的曲线形状从物理上给予解释。首先注意到，与热群中子通量密度不同，热群共轭中子通量密度(中子价值)在芯部和反射层交界附近，并没有出现凸峰，而是光滑地沿着反射层减少至零。这是因为离开芯部交界面愈远，则中子泄漏到堆外的概率愈大，中子价值便愈小。其次，芯部的快群共轭中子通量密度(中子价值)比热群共轭中子通量密度(中子价值)低，然而在同一区域内快群中子通量密度却比热群中子通量密度高。这是因为在芯部热群的吸收截面大于快群的移出截面，其结果使 $\phi_{2,c}$ 降低到 $\phi_{1,c}$ 以下；而从另一方面看，热群中子被芯部材料吸收并引起裂变的概率大于快群中子，因而热群中子的价值便高于快群中子的价值。在单群近似中，由于单群扩散方程是自共轭的，因而单群中子通量密度分布和共轭中子通量密度分布是一致的。

同时根据中子价值的概念，也可以解释共轭函数 $\phi^*(\boldsymbol{r},E,\boldsymbol{\Omega})$ 的边界条件式(6－24)。因为 $(\boldsymbol{\Omega}\cdot\boldsymbol{n})>0$ 表示离开反应堆表面的中子，自然不会再对堆芯功率有贡献了。

2. 次临界或非增殖系统内中子价值的解释

前面讨论了临界系统内共轭函数或中子价值的概念和表示，当然这是反应堆物理中最重要和最普遍的情况，但是在核技术领域还经常遇到含有任意稳态源 $Q(\boldsymbol{r},E,\boldsymbol{\Omega})$ 的稳态次临界或非增殖系统。下面讨论在这种情况下共轭函数的物理意义。这时输运方程可以写成如下非齐次形式：

$$\boldsymbol{M}\phi=Q(\boldsymbol{p}) \tag{6-88}$$

式中，$\boldsymbol{M}$ 即为前面讨论的稳态输运算子；$Q(\boldsymbol{p})$ 为介质内外中子源分布；$\boldsymbol{p}$ 为属于相空间 $(\boldsymbol{r}\times E\times\boldsymbol{\Omega})$ 内的点。

在解决一些中子物理或测量问题时，往往需要求出与上述解 $\phi(\boldsymbol{p})$ 有关的线性泛函。例如，我们感兴趣的介质内中子与核发生某种反应的次数，设该反应的宏观截面为 Σ_x，则它可以用如下泛函表示：

$$I_{\Sigma_x}=\iiint\Sigma_x\phi(\boldsymbol{r},E,\boldsymbol{\Omega})\mathrm{d}\boldsymbol{r}\mathrm{d}E\mathrm{d}\boldsymbol{\Omega}=(\phi,\Sigma_x) \tag{6-89}$$

这里 ϕ 为式(6－88)的解。假设某物理过程特征可用 p 表示，如对于裂变反应，$p=\Sigma_f$；对于探测器的响应 $p=\Sigma_\alpha$，Σ_α 为探测器的响应截面。这样，每秒发生的裂变反应数或探测器的响应数，则可通过下列泛函来表示：

$$I_p[\phi]=(\phi,p) \tag{6-90}$$

式中，p 为我们感兴趣的某个过程的量，如 Σ_f 等。

设 $\boldsymbol{M}$ 的共轭算子为 $\boldsymbol{M}^*$，现在讨论共轭算子方程，即

$$\boldsymbol{M}^{*}\phi_{p}^{*}=p \tag{6-91}$$

用 ϕ_{p}^{*} 乘式(6-88),用 ϕ 乘式(6-91),分别在相空间作内积并相减,鉴于 $\boldsymbol{M}^{*}$ 为 $\boldsymbol{M}$ 的共轭算子,得到

$$(\phi_{p}^{*},Q)=(\phi,p)=I_{p}[\phi] \tag{6-92}$$

若令

$$Q(\boldsymbol{r},E,\boldsymbol{\Omega})=\delta(\boldsymbol{r}-\boldsymbol{r}_{0})\delta(E-E_{0})\delta(\boldsymbol{\Omega}-\boldsymbol{\Omega}_{0}) \tag{6-93}$$

则得到

$$\phi_{p}^{*}(\boldsymbol{r}_{0},E,\boldsymbol{\Omega}_{0})=I_{p}[\phi]=\iiint\phi(\boldsymbol{r},E,\boldsymbol{\Omega})p\,\mathrm{d}\boldsymbol{r}\mathrm{d}E\mathrm{d}\boldsymbol{\Omega} \tag{6-94}$$

方程(6-94)左端即为所要求的反应次数。因此满足式(6-91)的共轭函数 $\phi_{p}^{*}(\boldsymbol{r}_{0},E,\boldsymbol{\Omega}_{0})$ 便表示在介质内 $\boldsymbol{r}_{0}$ 点引入能量为 E_{0}、运动方向为 $\boldsymbol{\Omega}_{0}$ 的一个中子所引起的相应的 p 核反应(或响应)数,这也就是中子价值的定义。

从式(6-92)可以明显地看到共轭函数 ϕ^{*} 的一种用途,即若要确定某个探测器对各种中子源的响应,不必对每种中子源计算中子通量密度,而只需计算一次共轭通量密度(式(6-91))。同时应用式(6-92)就可计算出探测器对不同中子源的响应。

3. 与时间相关的共轭函数(中子价值)的性质

对任一系统与时间相关的中子输运方程(式(6-8))都有一个与其共轴的与时间相关的共轭方程(式(6-23))。比较这两个方程,将看到它们对时间微分项前面的符号正好相反。中子输运方程是一个初值问题,原则上,在给定初始条件下可以确定以后任意时刻的中子通量密度 ϕ。对比之下,式(6-23)情况完全不同,它定义了一个终值问题。这就是说,如果在某个末态时刻 $t=t_{\mathrm{f}}$ 给定共轭函数 ϕ^{*},那么对时间往回积分,原则上可以求得 t_{f} 之前所有时刻的 ϕ^{*} 值。从数学观点来看,这种差别是由于共轭方程式(6-23)中时间导数项的符号与输运方程中的相反的缘故。

从物理意义上讲,对于中子通量密度,任何时刻的源都只能影响 t_{0} 以后的中子密度。与之相反,共轭函数具有中子价值的意义。根据前面中子价值的定义,设在 t 时刻在 $\boldsymbol{r}$ 点引入能量为 E,运动方向为 $\boldsymbol{\Omega}$ 的 Q 个中子,这 Q 个中子的价值 $Q\phi^{*}(\boldsymbol{r},E,\boldsymbol{\Omega},t)$ 便等于在一个时间间隔 Δt(即 $t'=t+\Delta t$)内该 Q 个中子在系统内引起的核反应数(例如在系统中引起的裂变或其他反应数),加上在 Δt 时间间隔内由于引入 Q 个中子所产生(例如 (n,f),$(n,2n)$ 等反应)新中子的价值,和在 $t'=t+\Delta t$ 时刻 Q 个中子尚未发生任何反应的余下中子的价值之和。这也就是价值守恒的原理。因此,任一时刻 t 中子的价值(即它对系统核反应或功率的贡献),是与往后时间间隔内所可能发生的事件(例如泄漏、被吸收、裂变等)相关,是由后代情况所确定的,它与前面时刻的中子情况无关。也就是共轭函数(中子价值)对

以后的中子价值不起影响作用，或者说只有从后代中子的贡献才能推断前辈中子的价值，这就是末值问题的物理实质。

下面进一步来看与时间相关的共轭函数（中子价值）的意义及它在不同系统（超临界、次临界）内的时间特性。重复列出中子输运方程如下：

$$\frac{1}{v}\frac{\partial \phi}{\partial t}=\boldsymbol{M}\phi \tag{6-95}$$

设在初始时刻（$t=t_0$）在 $\boldsymbol{r}_0$ 点投入 Q 个能量为 E_0，运动方向为 $\boldsymbol{\Omega}_0$ 的中子，则初始条件可写为

$$\phi(\boldsymbol{r},E,\boldsymbol{\Omega},t_0)=Qv_0\delta(\boldsymbol{r}-\boldsymbol{r}_0)\delta(E-E_0)\delta(\boldsymbol{\Omega}-\boldsymbol{\Omega}_0) \tag{6-96}$$

其共轭方程为

$$-\frac{1}{v}\frac{\partial \phi^*}{\partial t}=\boldsymbol{M}^*\phi^* \tag{6-97}$$

其末态条件为

$$\phi^*(\boldsymbol{r},E,\boldsymbol{\Omega},t_{\mathrm{f}})=\phi_{\mathrm{f}}^*(\boldsymbol{r},E,\boldsymbol{\Omega}) \tag{6-98}$$

用 ϕ^* 乘式(6－95)，用 ϕ 乘式(6－97)，分别作内积并相减便得到

$$\left(\phi^*,\frac{1}{v}\frac{\partial \phi}{\partial t}\right)-\left(\phi,\frac{1}{v}\frac{\partial \phi^*}{\partial t}\right)=0$$

因而对相空间积分，可得

$$\int_V \mathrm{d}\boldsymbol{r}\int_0^\infty \mathrm{d}E\int_{\boldsymbol{\Omega}}\mathrm{d}\boldsymbol{\Omega}\int_0^{t_{\mathrm{f}}}\frac{1}{v}\frac{\partial(\phi\phi^*)}{\partial t}\mathrm{d}t=0$$

对时间从 t_0 到 t_{f} 积分，得到

$$\int_V \mathrm{d}\boldsymbol{r}\int_0^\infty \mathrm{d}E\int_{\boldsymbol{\Omega}}\mathrm{d}\boldsymbol{\Omega}\,\frac{1}{v}\phi\phi^*\Big|_{t=t_0}=\int_V \mathrm{d}\boldsymbol{r}\int_0^\infty \mathrm{d}E\int_{\boldsymbol{\Omega}}\mathrm{d}\boldsymbol{\Omega}\,\frac{1}{v}\phi\phi^*\Big|_{t_{\mathrm{f}}} \tag{6-99}$$

把初态条件和末态条件分别代入式(6－99)两端，注意到 $\phi/v=N(\boldsymbol{r},E,\boldsymbol{\Omega},t_{\mathrm{f}})$ 是 t_{f} 时刻的中子角密度，根据中子价值守恒则有

$$Q\phi^*(\boldsymbol{r}_0,E_0,\boldsymbol{\Omega}_0,t_0)=\int_V \mathrm{d}\boldsymbol{r}\int_0^\infty \mathrm{d}E\int_{\boldsymbol{\Omega}}\phi_{\mathrm{f}}^*(\boldsymbol{r},E,\boldsymbol{\Omega})N(\boldsymbol{r},E,\boldsymbol{\Omega},t_{\mathrm{f}})\mathrm{d}\boldsymbol{\Omega} \tag{6-100}$$

设末态时刻系统内中子的平均价值 $\bar{\phi}_{\mathrm{f}}^*$ 为

$$\bar{\phi}_{\mathrm{f}}^*=\int_V \mathrm{d}\boldsymbol{r}\int_0^\infty \mathrm{d}E\int_{\boldsymbol{\Omega}}\phi_{\mathrm{f}}^*(\boldsymbol{r},E,\boldsymbol{\Omega})N(\boldsymbol{r},E,\boldsymbol{\Omega},t_{\mathrm{f}})\mathrm{d}\boldsymbol{\Omega}\Big/ \int_V \mathrm{d}\boldsymbol{r}\int_0^\infty \mathrm{d}E\int_{\boldsymbol{\Omega}}N(\boldsymbol{r},E,\boldsymbol{\Omega},t_{\mathrm{f}})\mathrm{d}\boldsymbol{\Omega} \tag{6-101}$$

则

$$\phi^*(\boldsymbol{r}_0,E,\boldsymbol{\Omega}_0,t_0)=\bar{\phi}_{\mathrm{f}}^*N_{t_{\mathrm{f}}}/Q=\bar{\phi}^*R \tag{6-102}$$

$$N_{t_{\mathrm{f}}}=\int_V \mathrm{d}\boldsymbol{r}\int_0^\infty \mathrm{d}E\int_{\boldsymbol{\Omega}}N(\boldsymbol{r},E,\boldsymbol{\Omega},t_{\mathrm{f}})\mathrm{d}\boldsymbol{\Omega} \tag{6-103}$$

式(6-102)、式(6-103)中,N_{t_f} 为末态时刻系统内中子的总数;R 为 t_0 到末态 t_f 时刻中子数目的放大倍数。因此,可以看到初始中子的价值 $\phi^*(\boldsymbol{r}_0,E,\boldsymbol{\Omega}_0,t_0)$是它在系统内所产生的末态时刻中子的平均中子价值的 R 倍。显然,对于超临界系统($R>1$)由于中子密度不断增大,因而中子平均价值随时间逐渐减小;对次临界系统($R<1$),中子平均价值则随时间而增长;对于临界系统,当 t_f 足够大时 Q 个中子将形成中子密度的稳态分布,这种系统的中子数和中子平均价值均不随时间变化,这和前面得到的结论一致。

6.5 中子共轭方程的建立与物理解释

前一节讨论了共轭中子通量密度 $\phi^*(\boldsymbol{r},E,\boldsymbol{\Omega})$具有明确的物理意义——中子价值。中子价值函数 ϕ^* 是一个无量纲的量。它连同定解条件式(6-24)和式(6-98)一起满足末态问题共轭方程的解。

根据中子价值的定义可以看到,中子价值具有叠加性质。设某个状态中子具有价值 $\phi^*(\boldsymbol{r},E,\boldsymbol{\Omega})$,那么,$n$ 个这种状态中子具有的价值便等于 $n\phi^*(\boldsymbol{r},E,\boldsymbol{\Omega})$。另一方面,对于临界反应堆或系统,某一时刻中子对能量输出的贡献也正是这些中子和后来任一时刻由它所形成的所有中子对能量输出的贡献之和,所以中子价值是守恒的。

下面根据中子价值守恒的物理概念来建立中子价值守恒方程——中子输运共轭方程。

6.5.1 中子输运共轭方程

假设 t 时刻在系统的 $\boldsymbol{r}$ 点投入 n 个能量为 E,运动方向为 $\boldsymbol{\Omega}$ 的中子。设每个中子的价值以 $\phi^*(\boldsymbol{r},E,\boldsymbol{\Omega},t)$表示,则总价值为 $n\phi^*(\boldsymbol{r},E,\boldsymbol{\Omega},t)$。设中子的速度为 v,观察这些中子经过 Δt 时间运动到$\boldsymbol{r}'=\boldsymbol{r}+v\Delta t\boldsymbol{\Omega}$ 的过程。设以 $\Sigma_t(\boldsymbol{r},E)$表示中子与核相互作用的宏观总截面。中子沿 $\boldsymbol{\Omega}$ 方向移动 $ds=v\Delta t\boldsymbol{\Omega}$ 距离发生碰撞的概率为$\Sigma_t v\Delta t$,因而不经碰撞到达 $\boldsymbol{r}'$点的中子数将为$n(1-\Sigma_t v\Delta t)$,设在 $\boldsymbol{r}'$点的中子价值为$\phi^*(\boldsymbol{r}+v\Delta t\boldsymbol{\Omega},E,\boldsymbol{\Omega},t+\Delta t)$,因而到达 $\boldsymbol{r}'$点的中子价值为

$$L=n(1-\Sigma_t v\Delta t)\phi^*(\boldsymbol{r}+v\Delta t\boldsymbol{\Omega},E,\boldsymbol{\Omega},t+\Delta t) \tag{6-104}$$

在路程上发生碰撞将造成中子价值的损失。但是在这些碰撞中有 $n\Sigma_s v\Delta t$ 个中子发生的是散射碰撞,仅改变运动方向和能量。设散射截面为 $\Sigma_s(\boldsymbol{r};E,\boldsymbol{\Omega}\to E',\boldsymbol{\Omega}')$,那么这部分散射后的中子所具有的中子价值为

$$I_s=n\Sigma_s v\Delta t\iint\Sigma_s(\boldsymbol{r};E,\boldsymbol{\Omega}\to E',\boldsymbol{\Omega}')\phi^*(\boldsymbol{r}+v\varepsilon\Delta t\boldsymbol{\Omega},E',\boldsymbol{\Omega}',t+\varepsilon\Delta t)\mathrm{d}E'\mathrm{d}\boldsymbol{\Omega}' \tag{6-105}$$

而另一部分 $n\Sigma_f v\Delta t$ 个中子发生裂变，假设裂变中子的角分布是各向同性的，则产生的中子价值为

$$I_f = \frac{n\nu\Sigma_f v\Delta t}{4\pi}\int_0^{\infty} \mathrm{d}E' \int_{\boldsymbol{\Omega}'} \chi(E')\phi^*(\boldsymbol{r} + v\varepsilon\Delta t\boldsymbol{\Omega}, E', \boldsymbol{\Omega}', t + \varepsilon\Delta t)\mathrm{d}\boldsymbol{\Omega}' \tag{6-106}$$

式中，$0 \leqslant \varepsilon \leqslant 1$，引入这个因子表示碰撞是发生在 t 到 $t+\Delta t$ 中间的某一时刻。因此根据中子价值守恒，应该有

$$n\phi^*(\boldsymbol{r}, E, \boldsymbol{\Omega}, t) = L + I_s + I_f \tag{6-107}$$

用 $nv\Delta t$ 除以式(6－107)中的各项，并令 $\Delta t \to 0$，注意到

$$\lim_{\Delta t \to 0} \frac{-[\phi^*(\boldsymbol{r} + v\Delta t\boldsymbol{\Omega}, E, \boldsymbol{\Omega}, t + \Delta t) - \phi^*(\boldsymbol{r}, E, \boldsymbol{\Omega}, t)]}{v\Delta t} = -\frac{1}{v}\frac{\partial \phi^*}{\partial t} - \frac{\partial \phi^*}{\partial l} \tag{6-108}$$

式中，$\frac{\partial \phi^*}{\partial l}$ 为沿 $\boldsymbol{\Omega}$ 方向的方向导数，即

$$\frac{\partial \phi^*}{\partial l} = \boldsymbol{\Omega} \cdot \nabla\phi^*(\boldsymbol{r}, E, \boldsymbol{\Omega}, t) \tag{6-109}$$

因而由式(6－107)，当 $\Delta t \to 0$ 时，得到中子价值的守恒方程为

$$-\frac{1}{v}\frac{\partial \phi^*(\boldsymbol{r}, E, \boldsymbol{\Omega}, t)}{\partial t} - \boldsymbol{\Omega} \cdot \nabla\phi^*(\boldsymbol{r}, E, \boldsymbol{\Omega}, t) + \Sigma_t\phi^*(\boldsymbol{r}, E, \boldsymbol{\Omega}, t) =$$
$$\int_0^{\infty} \mathrm{d}E' \int_{\boldsymbol{\Omega}'} \Sigma_s(\boldsymbol{r}; E, \boldsymbol{\Omega} \to E', \boldsymbol{\Omega}')\phi^*(\boldsymbol{r}, E', \boldsymbol{\Omega}', t)\mathrm{d}\boldsymbol{\Omega}' +$$
$$\frac{\nu\Sigma_f(E)}{4\pi}\int_0^{\infty}\int_{\boldsymbol{\Omega}'} \chi(E')\phi^*(\boldsymbol{r}, E', \boldsymbol{\Omega}', t)\mathrm{d}\boldsymbol{\Omega}'\mathrm{d}E' \tag{6-110}$$

$$\phi^*(\boldsymbol{r}, E, \boldsymbol{\Omega}, t) = 0,\ (\boldsymbol{\Omega} \cdot \boldsymbol{n}) > 0, \boldsymbol{r} \in \Gamma \tag{6-111}$$

把式(6－110)与式(6－23)比较，可以看到它就是中子输运方程的共轭方程。这样从物理意义上看，中子输运共轭方程就是表征中子价值守恒的方程，共轭中子通量密度分布也就是中子价值的函数分布。

6.5.2　分群中子扩散的共轭方程

下面根据中子价值守恒的物理概念来建立扩散近似的中子价值的平衡方程。为方便起见，先讨论单能情况。现在讨论在 $\boldsymbol{r}$ 处中子在扩散过程中价值的守恒问题。首先考察沿 $\boldsymbol{\Omega}$ 方向运动的中子的价值的变化(见图 6－4)。

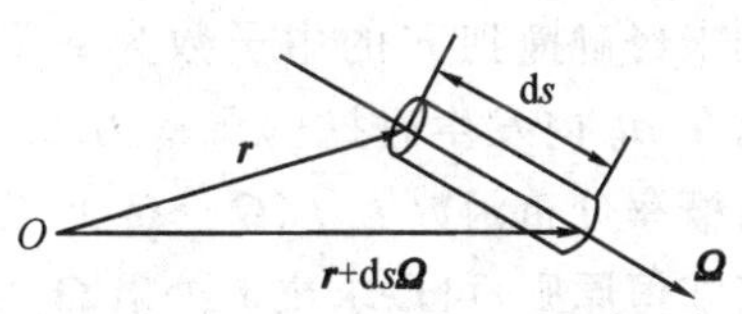

图 6－4　中子价值的守恒图

设沿该方向单位立体角内的中子数为 n，它们的中子价值为 $\phi^*(\boldsymbol{r}, \boldsymbol{\Omega})$，而 $\boldsymbol{r}$ 点的中子平均价值为 $\phi^*(\boldsymbol{r})$(见式(6－28))。假设这些中子沿 $\boldsymbol{\Omega}$ 方向移动了一个微小

距离 ds(见图 6-4),不受碰撞到达 $\boldsymbol{r}'=\boldsymbol{r}+ds\boldsymbol{\Omega}$ 点的中子数等于 $n(1-ds/\lambda_t)$,其中 $\lambda_t=1/\Sigma_t$ 是总平均自由程。因此到达 $\boldsymbol{r}'$点时的中子价值发生的变化便等于

$$n[(1-\Sigma_t ds)\phi^*(\boldsymbol{r}+ds\boldsymbol{\Omega},\boldsymbol{\Omega})-\phi^*(\boldsymbol{r},\boldsymbol{\Omega})]$$

令

$$L=n[\phi^*(\boldsymbol{r}+ds\boldsymbol{\Omega},\boldsymbol{\Omega})-\phi^*(\boldsymbol{r},\boldsymbol{\Omega})]$$

它是中子自 $\boldsymbol{r}$ 点输运到 $\boldsymbol{r}'$点时价值的增加,而

$$F=n\Sigma_t ds\phi^*(\boldsymbol{r}+ds\boldsymbol{\Omega},\boldsymbol{\Omega})$$

是在 ds 路程上由于碰撞所造成的中子价值损失。这些碰撞中子中有 $n\Sigma_s ds$ 个中子是发生散射碰撞(改变了运动方向)。如果散射后角分布概率散射函数为 $f(\boldsymbol{\Omega}\to\boldsymbol{\Omega}')$,那么这部分被散射中子的价值便等于

$$I_s=n\Sigma_s ds\int_{\boldsymbol{\Omega}'}f(\boldsymbol{\Omega}\to\boldsymbol{\Omega}')\phi^*(\boldsymbol{r},\boldsymbol{\Omega}')d\boldsymbol{\Omega}'=n\Sigma_s ds\phi^*(\boldsymbol{r})$$

假设裂变中子的角分布是各向同性的,那么,由于裂变而产生的中子价值为

$$I_f=n\Sigma_f ds\int_{\boldsymbol{\Omega}'}\frac{\nu}{4\pi}\phi^*(\boldsymbol{r},\boldsymbol{\Omega}')d\boldsymbol{\Omega}'=n\nu\Sigma_f ds\phi^*(\boldsymbol{r})$$

在稳态时,根据中子价值守恒原理有

$$L-F+I_s+I_f=0 \tag{6-112}$$

用 nds 除以式(6-112)各项并令 $ds\to 0$,同时注意到左端第一项为

$$L=\lim_{ds\to 0}\frac{\phi^*(\boldsymbol{r}+ds\boldsymbol{\Omega},\boldsymbol{\Omega})-\phi^*(\boldsymbol{r},\boldsymbol{\Omega})}{ds}=\boldsymbol{\Omega}\cdot\nabla\phi^*(\boldsymbol{r},\boldsymbol{\Omega})$$

它表示在 $\boldsymbol{\Omega}$ 方向单位路程上由于输运所引起的中子价值的变化。可以看到,它和 $\phi^*(\boldsymbol{r},\boldsymbol{\Omega})$的梯度的符号相同。因而式(6-112)便具有如下形式:

$$\boldsymbol{\Omega}\cdot\nabla\phi^*(\boldsymbol{r},\boldsymbol{\Omega})-\Sigma_t\phi^*(\boldsymbol{r},\boldsymbol{\Omega})+\Sigma_s\phi^*(\boldsymbol{r})+\nu\Sigma_f\phi^*(\boldsymbol{r})=0 \tag{6-113}$$

式(6-113)表示 $\boldsymbol{r}$ 点沿 $\boldsymbol{\Omega}$ 方向运动的中子价值的守恒。

下面来求出 $\phi^*(\boldsymbol{r},\boldsymbol{\Omega})$的近似表达式。为此,考察无限大的弱吸收介质($\Sigma_a\ll\Sigma_s$),设在 $\boldsymbol{r}$ 处有一个沿 $\boldsymbol{\Omega}$ 方向运动的中子(见图 6-5),则未经碰撞到 $\boldsymbol{r}'$的中子数为 $e^{-\Sigma_s l}$ ($\Sigma_a\ll\Sigma_s$),而在 dl 内发生碰撞的概率为 $\Sigma_s dl$,假设散射角概率分布函数为 $f(\boldsymbol{\Omega}\to\boldsymbol{\Omega}')$,则根据中子价值守恒原则,可以求出 $\boldsymbol{r}$ 处沿 $\boldsymbol{\Omega}$ 方向运动的中子的价值为

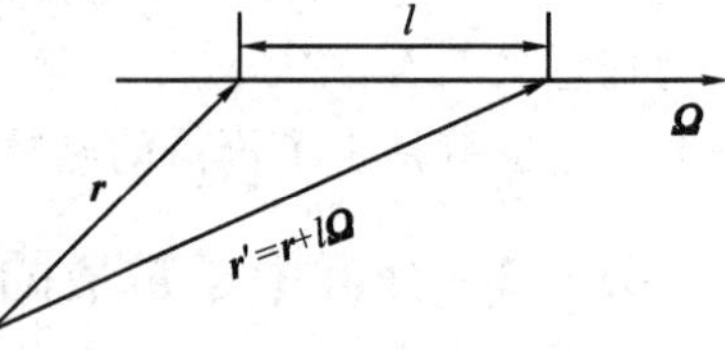

图 6-5 $\phi^*(\boldsymbol{r},\boldsymbol{\Omega})$的计算

$$\phi^*(\boldsymbol{r},\boldsymbol{\Omega})=\int_0^\infty e^{-\Sigma_s l}\Sigma_s dl\int_{\boldsymbol{\Omega}'}\phi^*(\boldsymbol{r}',\boldsymbol{\Omega}')f(\boldsymbol{\Omega}\to\boldsymbol{\Omega}')d\boldsymbol{\Omega}'=\int_0^\infty\phi^*(\boldsymbol{r}')e^{-\Sigma_s l}\Sigma_s dl \tag{6-114}$$

如果 $\phi^*(\boldsymbol{r}')$是空间坐标的缓慢变化函数,把 $\phi^*(\boldsymbol{r}')$在 $\boldsymbol{r}$ 处展成泰勒级数并取前两项,则有

$$\phi^*(\boldsymbol{r}')=\phi^*(\boldsymbol{r})+l\frac{\mathrm{d}\phi^*}{\mathrm{d}l}=\phi^*(\boldsymbol{r})+l\boldsymbol{\Omega}\cdot\nabla\phi^*(\boldsymbol{r})$$

将它代入式(6-114)积分即得

$$\phi^*(\boldsymbol{r},\boldsymbol{\Omega})=\phi^*(\boldsymbol{r})+\frac{1}{\Sigma_s}\boldsymbol{\Omega}\cdot\nabla\phi^*(\boldsymbol{r})=\phi^*(\boldsymbol{r})+3D\boldsymbol{\Omega}\cdot\nabla\phi^*(\boldsymbol{r}) \tag{6-115}$$

式中，$D=1/3\Sigma_s$ 是扩散系数。可以看到，式(6-115)和第 2 章中中子通量密度 $\phi(\boldsymbol{r},\boldsymbol{\Omega})$ 的 P_1 近似展开式(式(2-124))相似。将式(6-115)代入式(6-113)中，并对所有 $\boldsymbol{\Omega}$ 积分，经过运算便得到

$$\nabla\cdot D\nabla\phi^*(\boldsymbol{r})-\Sigma_a\phi^*(\boldsymbol{r})+\nu\Sigma_f\phi^*(\boldsymbol{r})=0 \tag{6-116}$$

式(6-116)表示在 $\boldsymbol{r}$ 处中子在输运过程中价值的守恒。其中左端第一项是由于输运过程所引起的中子价值的变化；第二项则是 F 和 I_s 项之差，它等于被吸收中子的价值损失；第三项是裂变产生的中子价值。可以看到，式(6-116)正是前面所述的单群共轭方程。

上面的推导过程可以很容易推广到多群的情况。例如在 $\boldsymbol{r}$ 处对于第 g 群中子的价值守恒方程可以写为

$$\nabla\cdot D_g\nabla\phi_g^*-\Sigma_{R,g}\phi_g^*+\sum_{\substack{g'=1\\g'\neq g}}^{G}\Sigma_{g'\to g}\phi_{g'}^*+\nu_g\Sigma_{f,g}\sum_{g'=1}^{G}\chi_{g'}\phi_{g'}^*=0 \tag{6-117}$$

式中，$\Sigma_{R,g}$、$\Sigma_{g'\to g}$ 分别是第 g 群的移出截面和群转移截面。式中左端第一项表示由于输运过程所引起的中子价值的变化；第二项表示移出(包括吸收和减速)第 g 群的中子价值损失；第三项是由第 g 群慢化到各群的中子价值；第四项则是裂变产生的中子价值。事实上式(6-117)就是反应堆的多群共轭方程。对于双群情况，自然便得到式(6-48)。

这样，从物理意义上看，反应堆共轭方程是表示中子价值守恒的方程。共轭中子通量密度分布也就是中子价值的函数分布。应用中子价值的概念可以很方便地对下面由微扰理论所得到的许多结果从物理意义上予以解释。例如，应用中子价值便很容易说明本节开头所提到的不同位置上吸收体对反应性的贡献是正比于中子通量密度平方的事实。因为在单群近似条件下，中子价值或共轭中子通量密度的分布和中子通量密度的分布是一样的。

6.6　积分输运共轭方程

从第 1 章讨论中知道中子输运方程有两种表示形式：微分-积分方程形式(式(1-37))和积分方程形式(式(1-79))。同时证明了这两种形式的输运方程是互相等价的。但却发现它们的共轭方程却具有不同的形式，并且不是互相等价的。

下面讨论中子输运共轭方程的积分方程形式和积分输运共轭方程,以及它们之间的差别。

6.6.1 中子输运共轭方程的积分方程形式

在中子输运理论中最常用的是微分-积分形式的中子输运方程(式(1-37)),它的共轭方程如式(6-23)所示为

$$-\boldsymbol{\Omega}\cdot\nabla\phi^*(\boldsymbol{r},E,\boldsymbol{\Omega})+\Sigma_t\phi^*(\boldsymbol{r},E,\boldsymbol{\Omega})=\int_0^\infty \mathrm{d}E'\int_{\boldsymbol{\Omega}'}\Sigma_s(\boldsymbol{r};E,\boldsymbol{\Omega}\to E',\boldsymbol{\Omega}')\phi^*(\boldsymbol{r},E',\boldsymbol{\Omega}')\mathrm{d}\boldsymbol{\Omega}'+\frac{\nu\Sigma_f(\boldsymbol{r},E)}{4\pi}\int_0^\infty \chi(E')\mathrm{d}E'\int_{\boldsymbol{\Omega}}\phi^*(\boldsymbol{r},E',\boldsymbol{\Omega}')\mathrm{d}\boldsymbol{\Omega}' \tag{6-118}$$

在自由外表面上满足边界条件

$$\phi^*(\boldsymbol{r},E,\boldsymbol{\Omega})=0,\ (\boldsymbol{\Omega}\cdot\boldsymbol{n})>0,\boldsymbol{r}_s\in\Gamma \tag{6-119}$$

式(6-118)便是微分-积分形式的中子输运共轭方程,它的解 $\phi^*(\boldsymbol{r},E,\boldsymbol{\Omega})$称为式(1-36)解的共轭函数,它具有第 6.4 节所讨论的中子价值的物理意义。

对于共轭方程式(6-118),可以采用和 1.5.2 小节同样的方法,求出与其等价的积分方程。事实上方程式(6-118)右端第一项$\boldsymbol{\Omega}\cdot\nabla\phi^*$是函数 ϕ^* 在 $\boldsymbol{\Omega}$ 方向上的方向导数。设 l 为沿中子飞行方向的距离(见图 1-12),$\boldsymbol{r}=\boldsymbol{r}'+l\boldsymbol{\Omega}$。因而方程式(6-118)可以写为

$$\frac{\mathrm{d}\phi^*(\boldsymbol{r}'+l\boldsymbol{\Omega},E,\boldsymbol{\Omega})}{\mathrm{d}l}+\Sigma_t(\boldsymbol{r}'+l\boldsymbol{\Omega},E)\phi^*=Q(\boldsymbol{r}'+l\boldsymbol{\Omega},E,\boldsymbol{\Omega}) \tag{6-120}$$

$$Q(\boldsymbol{r},E,\boldsymbol{\Omega})=\int_0^\infty \mathrm{d}E'\int_{\boldsymbol{\Omega}'}\Sigma_s(\boldsymbol{r};E,\boldsymbol{\Omega}\to E',\boldsymbol{\Omega}')\phi^*(\boldsymbol{r},E',\boldsymbol{\Omega}')\mathrm{d}\boldsymbol{\Omega}'+\frac{\nu\Sigma_f(\boldsymbol{r},E)}{4\pi}\int_0^\infty \chi(E')\mathrm{d}E'\int_{\boldsymbol{\Omega}'}\phi^*(\boldsymbol{r},E',\boldsymbol{\Omega}')\mathrm{d}\boldsymbol{\Omega}' \tag{6-121}$$

式(6-120)是一个关于 $\phi^*(\boldsymbol{r}'+l\boldsymbol{\Omega},E,\boldsymbol{\Omega})$的线性一阶常微分方程,容易求得其解。然后把它转换成全空间形式的积分方程(参阅第 1 章 1.5 节对积分输运方程的推导的类似过程),这样便可导出与共轭玻尔兹曼方程式(6-118)等价的积分方程形式,即

$$\phi^*(\boldsymbol{r},E,\boldsymbol{\Omega})=\int_{V'}\frac{\exp[-\tau(E,\boldsymbol{r}\to\boldsymbol{r}']}{|\boldsymbol{r}-\boldsymbol{r}'|^2}\delta\left(\boldsymbol{\Omega}\cdot\frac{\boldsymbol{r}'-\boldsymbol{r}}{|\boldsymbol{r}'-\boldsymbol{r}|}-1\right)\left\{\int_0^\infty \mathrm{d}E'\int_{\boldsymbol{\Omega}'}\Sigma_s(\boldsymbol{r}';E,\boldsymbol{\Omega}\to E',\boldsymbol{\Omega}')\phi^*(\boldsymbol{r}',E',\boldsymbol{\Omega}')\mathrm{d}\boldsymbol{\Omega}'+\frac{\nu\Sigma_f(\boldsymbol{r}',E)}{4\pi}\int_0^\infty \chi(E')\mathrm{d}E'\int_{\boldsymbol{\Omega}'}\phi^*(\boldsymbol{r}',E',\boldsymbol{\Omega}')\mathrm{d}\boldsymbol{\Omega}'\right\}\mathrm{d}V' \tag{6-122}$$

显然它的解 $\phi^*(\boldsymbol{r},E,\boldsymbol{\Omega},t)$与中子输运共轭方程(6-118)的解等价,具有 6.4 节所

描述的中子价值的物理意义。它表示一个从 $\boldsymbol{r}$ 处发出的能量为 E，飞行方向为 $\boldsymbol{\Omega}$ 的中子对系统功率或反应性的贡献。另外，从中子价值守恒原理也可以导出式(6－122)。一方面，假设系统内 $\boldsymbol{r}$ 处发射出 n 个能量为 E，飞行方向为 $\boldsymbol{\Omega}$ 的源中子，显然，这 n 个源中子的总的中子价值为 $n\phi^*(\boldsymbol{r},E,\boldsymbol{\Omega})$。另一方面，这 n 个源中子从 $\boldsymbol{r}$ 点发出后，沿 $\boldsymbol{\Omega}$ 方向不经碰撞首次飞行到 $\boldsymbol{r}'$处的中子数为

$$n\exp[-\tau(E,\boldsymbol{r}\rightarrow\boldsymbol{r}')]\delta\left(\boldsymbol{\Omega}\cdot\frac{\boldsymbol{r}'-\boldsymbol{r}}{|\boldsymbol{r}'-\boldsymbol{r}|}-1\right) \tag{6-123}$$

在 $\boldsymbol{r}'$处飞行距离 $\mathrm{d}l$ 内发生碰撞的中子数为

$$n\Sigma_{\mathrm{s}}\mathrm{d}l\exp[-\tau(E,\boldsymbol{r}\rightarrow\boldsymbol{r}')]\delta\left(\boldsymbol{\Omega}\cdot\frac{\boldsymbol{r}'-\boldsymbol{r}}{|\boldsymbol{r}'-\boldsymbol{r}|}-1\right) \tag{6-124}$$

它们碰撞后，重新产生出能量为 E'，飞行方向为 $\boldsymbol{\Omega}'$的中子，设其价值为 $\phi^*(\boldsymbol{r}',E',\boldsymbol{\Omega}')$，因而其产生的总中子价值为

$$\int_0^\infty\mathrm{d}E'\int_{\boldsymbol{\Omega}'}n\Sigma_{\mathrm{s}}(\boldsymbol{r}';E,\boldsymbol{\Omega}\rightarrow E',\boldsymbol{\Omega}')\exp[-\tau(E,\boldsymbol{r}\rightarrow\boldsymbol{r}')]\times$$
$$\delta\left(\boldsymbol{\Omega}\cdot\frac{\boldsymbol{r}'-\boldsymbol{r}}{|\boldsymbol{r}'-\boldsymbol{r}|}-1\right)\phi^*(\boldsymbol{r}',E',\boldsymbol{\Omega}')\mathrm{d}\boldsymbol{\Omega}'\mathrm{d}l \tag{6-125}$$

用同样方法可以求出飞行到 $\boldsymbol{r}'$处在飞行距离 $\mathrm{d}l$ 内产生的裂变中子数为

$$n\nu\Sigma_{\mathrm{f}}\mathrm{d}l\exp[-\tau(E,\boldsymbol{r}\rightarrow\boldsymbol{r}')]\delta\left(\boldsymbol{\Omega}\cdot\frac{\boldsymbol{r}'-\boldsymbol{r}}{|\boldsymbol{r}'-\boldsymbol{r}|}-1\right)$$

其所产生的裂变中子的总中子价值(假设裂变中子的角分布是各向同性的)为

$$\frac{n\nu\Sigma_{\mathrm{f}}}{4\pi}\int_0^\infty\mathrm{d}E'\int_{\boldsymbol{\Omega}'}\chi(E')\exp[-\tau(E,\boldsymbol{r}\rightarrow\boldsymbol{r}')]\delta\left(\boldsymbol{\Omega}\cdot\frac{\boldsymbol{r}'-\boldsymbol{r}}{|\boldsymbol{r}'-\boldsymbol{r}|}-1\right)\times$$
$$\phi^*(\boldsymbol{r}',E',\boldsymbol{\Omega}')\mathrm{d}\boldsymbol{\Omega}'\mathrm{d}l \tag{6-126}$$

将式(6－125)和式(6－126)相加并对所有 $\boldsymbol{r}'$和 $\boldsymbol{\Omega}$ 积分，就得到最初由从 $\boldsymbol{r}$ 处发出的 n 个能量为 E，飞行方向为 $\boldsymbol{\Omega}$ 的源中子所引起的新一代由于碰撞和裂变产生的中子的总价值。根据中子价值守恒原理它应等于 $n\phi^*(\boldsymbol{r}',E,\boldsymbol{\Omega})$。考虑到 $\mathrm{d}l\mathrm{d}\boldsymbol{\Omega}=\dfrac{\mathrm{d}V'}{|\boldsymbol{r}-\boldsymbol{r}'|^2}$，因此便得到

$$\begin{aligned}\phi^*(\boldsymbol{r},E,\boldsymbol{\Omega})=\int_{V'}&\frac{\exp[-\tau(E,\boldsymbol{r}\rightarrow\boldsymbol{r}')]}{|\boldsymbol{r}-\boldsymbol{r}'|^2}\delta\left(\boldsymbol{\Omega}\cdot\frac{\boldsymbol{r}'-\boldsymbol{r}}{|\boldsymbol{r}'-\boldsymbol{r}|}-1\right)\cdot\\&\left\{\int_0^\infty\mathrm{d}E'\int_{\boldsymbol{\Omega}'}\Sigma_{\mathrm{s}}(\boldsymbol{r}';E,\boldsymbol{\Omega}\rightarrow E',\boldsymbol{\Omega}')\phi^*(\boldsymbol{r}',E',\boldsymbol{\Omega}')\mathrm{d}\boldsymbol{\Omega}'+\right.\\&\left.\frac{\nu\Sigma_{\mathrm{f}}}{4\pi}\int_0^\infty\mathrm{d}E'\int_{\boldsymbol{\Omega}'}\chi(E')\phi^*(\boldsymbol{r}',E',\boldsymbol{\Omega}')\mathrm{d}\boldsymbol{\Omega}'\right\}\mathrm{d}V'\end{aligned} \tag{6-127}$$

这就是中子输运共轭方程的积分方程形式(式(6－122))。它和式(6－118)一样，同样表示中子价值的守恒。

6.6.2 中子积分输运方程的共轭方程

中子积分输运方程可以写为(参见式(1-79))

$$\boldsymbol{M}\phi = 0 \tag{6-128}$$

式中,

$$\boldsymbol{M} = \phi(\boldsymbol{r},E,\boldsymbol{\Omega}) - \int_{V'} \frac{\exp[-\tau(E,\boldsymbol{r}'\to\boldsymbol{r})]}{|\boldsymbol{r}'-\boldsymbol{r}|^2}\delta\left(\boldsymbol{\Omega}\cdot\frac{\boldsymbol{r}'-\boldsymbol{r}}{|\boldsymbol{r}'-\boldsymbol{r}|}-1\right)$$
$$\left\{\int_0^\infty \mathrm{d}E'\int_{\boldsymbol{\Omega}'}\Sigma_s(\boldsymbol{r}';E',\boldsymbol{\Omega}'\to E,\boldsymbol{\Omega})\phi^*(\boldsymbol{r}',E',\boldsymbol{\Omega}')\mathrm{d}\boldsymbol{\Omega}' + Q_f(\boldsymbol{r}',E)\right\}\mathrm{d}V' \tag{6-129}$$

$$Q_f(\boldsymbol{r}',E) = \frac{\chi(E)}{4\pi}\int_0^\infty \mathrm{d}E'\int_{\boldsymbol{\Omega}'}\nu(E')\Sigma_f(\boldsymbol{r}',E')\phi(\boldsymbol{r}',E',\boldsymbol{\Omega}')\mathrm{d}\boldsymbol{\Omega}' \tag{6-130}$$

下面根据共轭方程定义来求出中子积分输运方程式(6-128)的共轭方程。设式(6-128)的共轭方程为

$$\boldsymbol{M}^*\psi^*(\boldsymbol{r},E,\boldsymbol{\Omega}) = 0 \tag{6-131}$$

根据共轭算子的定义,则应有

$$(\psi^*,\boldsymbol{M}\phi) = (\phi,\boldsymbol{M}^*\psi^*) \tag{6-132}$$

由式(6-129),根据内积定义有如下关系,同时应用交换积分次序可以证明

$$(\psi^*,\boldsymbol{M}\phi) = \int_V \mathrm{d}V\int_0^\infty \mathrm{d}E\int_{\boldsymbol{\Omega}}\mathrm{d}\boldsymbol{\Omega}\psi^*(\boldsymbol{r},E,\boldsymbol{\Omega})$$
$$\left\{\int_{V'}\frac{\exp[-\tau(E,\boldsymbol{r}'\to\boldsymbol{r})]}{|\boldsymbol{r}'-\boldsymbol{r}|^2}\delta\left(\boldsymbol{\Omega}\cdot\frac{\boldsymbol{r}-\boldsymbol{r}'}{|\boldsymbol{r}-\boldsymbol{r}'|}-1\right)\cdot\right.$$
$$\left[\int_0^\infty \mathrm{d}E'\int_{\boldsymbol{\Omega}'}\Sigma_s(\boldsymbol{r}';E',\boldsymbol{\Omega}'\to E,\boldsymbol{\Omega})\phi(\boldsymbol{r}',E',\boldsymbol{\Omega}')\mathrm{d}\boldsymbol{\Omega}' + \right.$$
$$\left.\left.\frac{\chi(E)}{4\pi}\int_0^\infty\int_{\boldsymbol{\Omega}'}\nu\Sigma_f(\boldsymbol{r}',E')\phi(\boldsymbol{r}',E',\boldsymbol{\Omega}')\mathrm{d}\boldsymbol{\Omega}'\mathrm{d}E'\right]\mathrm{d}V' + \phi(\boldsymbol{r},E,\boldsymbol{\Omega})\right\}$$
$$= -\int_V \mathrm{d}V'\int_0^\infty \mathrm{d}E'\int_{\boldsymbol{\Omega}'}\mathrm{d}\boldsymbol{\Omega}'\phi(\boldsymbol{r}',E',\boldsymbol{\Omega}')\int_V\frac{\exp[-\tau(E,\boldsymbol{r}'\to\boldsymbol{r})]}{|\boldsymbol{r}'-\boldsymbol{r}|^2}\delta\left(\boldsymbol{\Omega}\cdot\right.$$
$$\left.\frac{\boldsymbol{r}-\boldsymbol{r}'}{|\boldsymbol{r}-\boldsymbol{r}'|}-1\right)\left[\int_0^\infty \mathrm{d}E\int_{\boldsymbol{\Omega}}\Sigma_s(\boldsymbol{r}';E',\boldsymbol{\Omega}'\to E,\boldsymbol{\Omega})\psi^*(\boldsymbol{r},E,\boldsymbol{\Omega})\mathrm{d}\boldsymbol{\Omega} + \right.$$
$$\left.\int_0^\infty\frac{\chi(E)}{4\pi}\int_{\boldsymbol{\Omega}}\nu\Sigma_f(\boldsymbol{r},E')\psi^*(\boldsymbol{r},E,\boldsymbol{\Omega})\mathrm{d}\boldsymbol{\Omega}\mathrm{d}E\right]\mathrm{d}V + \int_V\mathrm{d}V\int_0^\infty\mathrm{d}E\int_{\boldsymbol{\Omega}}\psi^*\phi\,\mathrm{d}\boldsymbol{\Omega}$$
$$= -\int_V \mathrm{d}V\int_0^\infty \mathrm{d}E\int_{\boldsymbol{\Omega}}\mathrm{d}\boldsymbol{\Omega}\phi(\boldsymbol{r},E,\boldsymbol{\Omega})\int_{V'}\int_{\boldsymbol{\Omega}'}\int_0^\infty\left[\left(\frac{\exp[-\tau(E',\boldsymbol{r}\to\boldsymbol{r}')]}{|\boldsymbol{r}-\boldsymbol{r}'|^2}\cdot\right.\right.$$
$$\left.\delta\left(\boldsymbol{\Omega}'\cdot\frac{\boldsymbol{r}'-\boldsymbol{r}}{|\boldsymbol{r}'-\boldsymbol{r}|}-1\right)\Sigma_s(\boldsymbol{r};E,\boldsymbol{\Omega}\to E',\boldsymbol{\Omega}') + \right.$$
$$\left.\frac{\chi(E')}{4\pi}\nu\Sigma_f(\boldsymbol{r},E')\psi^*(\boldsymbol{r}',E',\boldsymbol{\Omega}')\right]\mathrm{d}E'\mathrm{d}\boldsymbol{\Omega}'\mathrm{d}V' +$$

$$\int_V \mathrm{d}V \int_0^\infty \mathrm{d}E \int_{\boldsymbol{\Omega}} \psi^* \phi \mathrm{d}\boldsymbol{\Omega}$$

$$= (\phi, \boldsymbol{M}^* \psi^*) \tag{6-133}$$

于是求得

$$\boldsymbol{M}^* \psi^* = \psi^*(\boldsymbol{r}, E, \boldsymbol{\Omega}) - \int_{V'} \int_0^\infty \int_{\boldsymbol{\Omega}'} \left[\frac{\exp[-\tau(E', \boldsymbol{r} \rightarrow \boldsymbol{r}')]}{|\boldsymbol{r} - \boldsymbol{r}'|^2} \cdot \delta\left(\boldsymbol{\Omega}' \cdot \frac{\boldsymbol{r}' - \boldsymbol{r}}{|\boldsymbol{r}' - \boldsymbol{r}|} - 1\right) \Sigma_s(\boldsymbol{r}; E, \boldsymbol{\Omega} \rightarrow E', \boldsymbol{\Omega}') + \frac{\chi(E')}{4\pi} \nu\Sigma_f(\boldsymbol{r}, E) \right] \psi^*(\boldsymbol{r}', E', \boldsymbol{\Omega}') \mathrm{d}\boldsymbol{\Omega}' \mathrm{d}E' \mathrm{d}V' \tag{6-134}$$

中子积分输运方程式(6－128)的共轭方程可以写为[53]

$$\psi^*(\boldsymbol{r}, E, \boldsymbol{\Omega}) = \int_{V'} \int_0^\infty \int_{\boldsymbol{\Omega}'} \left[\frac{\exp[-\tau(E', \boldsymbol{r} \rightarrow \boldsymbol{r}')]}{|\boldsymbol{r} - \boldsymbol{r}'|^2} \delta\left(\boldsymbol{\Omega}' \cdot \frac{\boldsymbol{r}' - \boldsymbol{r}}{|\boldsymbol{r}' - \boldsymbol{r}|} - 1\right) \Sigma_s(\boldsymbol{r}; E, \boldsymbol{\Omega} \rightarrow E', \boldsymbol{\Omega}') \psi^*(\boldsymbol{r}', E', \boldsymbol{\Omega}') + \frac{\chi(E')}{4\pi} \nu\Sigma_f(\boldsymbol{r}, E) \psi^*(\boldsymbol{r}', E', \boldsymbol{\Omega}') \right] \mathrm{d}\boldsymbol{\Omega}' \mathrm{d}E' \mathrm{d}V' \tag{6-135}$$

这就是中子积分输运方程的共轭方程。可以看出，它和前面的中子输运方程的共轭方程的积分形式(式(6－122))不同。相应地它的解 $\psi^*(\boldsymbol{r}, E, \boldsymbol{\Omega})$ 与前面的共轭函数或中子价值 $\phi^*(\boldsymbol{r}, E, \boldsymbol{\Omega})$ 也不相同。因而可以看到，虽然中子角通量密度积分输运方程式(1－79)和微分-积分形式的玻尔兹曼方程式(1－37)等价。但是前者的共轭方程与后者的共轭方程的积分形式却是不等价的。共轭函数 $\psi^*(\boldsymbol{r}, E, \boldsymbol{\Omega})$ 和 $\phi^*(\boldsymbol{r}, E, \boldsymbol{\Omega})$ 的物理意义也不相同，$\psi^*(\boldsymbol{r}, E, \boldsymbol{\Omega})$ 并不具有 6.4 节所描述的中子价值意义。

但是，可以证明，对于单能总通量 $\phi(\boldsymbol{r})$ 的积分方程式(1－84)的输运算符却是自共轭的。

虽然 $\phi^*(\boldsymbol{r}, E, \boldsymbol{\Omega})$ 与 $\psi^*(\boldsymbol{r}, E, \boldsymbol{\Omega})$ 并不等价，但是它们之间却存在着一定的关系。为此，考察一个具有外源 $S(\boldsymbol{r}, E, \boldsymbol{\Omega})$ 的次临界系统，中子角通量密度满足的非齐次玻尔兹曼方程(参见式(1－37))为

$$\boldsymbol{L}\phi = S \tag{6-136}$$

$\boldsymbol{L}$ 算子由式(1－92)确定，假定在系统内引入某探测器，其宏观反应截面为 Σ_d，那么探测器的响应可由下式表示(参见式(6－90))：

$$I_d = (\phi, \Sigma_d) \tag{6-137}$$

设 $\boldsymbol{L}$ 的共轭算子为 $\boldsymbol{L}^*$。写出共轭算子 $\boldsymbol{L}^*$ 的非齐次方程

$$\boldsymbol{L}^* \phi^* = \Sigma_d \tag{6-138}$$

则可得(参见式(6－92))

$$I_d = (\phi, \Sigma_d) = (\phi^*, S) \tag{6-139}$$

另一方面写出与式(6－136)的等价的积分方程

$$\boldsymbol{M}\phi+\int_{V'}S(\boldsymbol{r}',E,\boldsymbol{\Omega})\frac{\exp[-\tau(E,\boldsymbol{r}'\rightarrow\boldsymbol{r})]}{|\boldsymbol{r}-\boldsymbol{r}'|^2}\delta\left(\boldsymbol{\Omega}\cdot\frac{\boldsymbol{r}-\boldsymbol{r}'}{|\boldsymbol{r}-\boldsymbol{r}'|}-1\right)\times \mathrm{d}V'=0 \tag{6－140}$$

式中，$\boldsymbol{M}$ 由式(6－129)确定。设 $\boldsymbol{M}$ 的共轭算子为 $\boldsymbol{M}^*$（参见式(6－134)），则写出共轭算子 $\boldsymbol{M}^*$ 的方程为

$$\boldsymbol{M}^*\psi^*=\Sigma_{\mathrm{d}} \tag{6－141}$$

方程式(6－140)乘 $\psi^*(\boldsymbol{r},E,\boldsymbol{\Omega})$，方程式(6－141)乘 $\phi(\boldsymbol{r},E,\boldsymbol{\Omega})$，对所有变量积分，然后两式相减，根据 $\boldsymbol{M}$ 与 $\boldsymbol{M}^*$ 共轭得到

$$I_{\mathrm{d}}=(\phi,\Sigma_{\mathrm{f}})=\iiint\psi^*(\boldsymbol{r}',E,\boldsymbol{\Omega})\left[\int_{V'}S(\boldsymbol{r}',E,\boldsymbol{\Omega})\frac{\exp[-\tau(E,\boldsymbol{r}'\rightarrow\boldsymbol{r})]}{|\boldsymbol{r}-\boldsymbol{r}'|^2}\times\right.$$
$$\left.\delta\left(\boldsymbol{\Omega}\cdot\frac{\boldsymbol{r}-\boldsymbol{r}'}{|\boldsymbol{r}-\boldsymbol{r}'|}-1\right)\mathrm{d}V'\right]\mathrm{d}E\,\mathrm{d}\boldsymbol{\Omega}\,\mathrm{d}V \tag{6－142}$$

因而由式(6－139)和式(6－142)有

$$\iiint\phi^*(\boldsymbol{r},E,\boldsymbol{\Omega})S(\boldsymbol{r},E,\boldsymbol{\Omega})\mathrm{d}E\,\mathrm{d}\boldsymbol{\Omega}\,\mathrm{d}V=(\phi,\Sigma_{\mathrm{d}})=$$
$$\iiint\psi^*(\boldsymbol{r},E,\boldsymbol{\Omega})\int_{V'}S(\boldsymbol{r}',E,\boldsymbol{\Omega})\frac{\exp[-\tau(E,\boldsymbol{r}'\rightarrow\boldsymbol{r})]}{|\boldsymbol{r}-\boldsymbol{r}'|^2}\times$$
$$\delta\left(\boldsymbol{\Omega}\cdot\frac{\boldsymbol{r}-\boldsymbol{r}'}{|\boldsymbol{r}-\boldsymbol{r}'|}-1\right)\mathrm{d}V'\mathrm{d}E\,\mathrm{d}\boldsymbol{\Omega}\,\mathrm{d}V \tag{6－143}$$

由于外源 $S(\boldsymbol{r}',E,\boldsymbol{\Omega})$ 可以是任意的，令 $S(\boldsymbol{r},E,\boldsymbol{\Omega})=\delta(\boldsymbol{r}-\boldsymbol{r}_0)\delta(E-E_0)\delta(\boldsymbol{\Omega}-\boldsymbol{\Omega}_0)$，将其代入式(6－143)，便得到

$$\phi^*(\boldsymbol{r}_0,E_0,\boldsymbol{\Omega}_0)=$$
$$\int_V\psi^*(\boldsymbol{r}_0,E_0,\boldsymbol{\Omega}_0)\frac{\exp[-\tau(E_0,\boldsymbol{r}_0\rightarrow\boldsymbol{r})]}{|\boldsymbol{r}-\boldsymbol{r}_0|^2}\delta\left(\boldsymbol{\Omega}_0\cdot\frac{\boldsymbol{r}-\boldsymbol{r}_0}{|\boldsymbol{r}-\boldsymbol{r}_0|}-1\right)\mathrm{d}V \tag{6－144}$$

这就是 $\phi^*(\boldsymbol{r},E,\boldsymbol{\Omega})$ 与 $\psi^*(\boldsymbol{r},E,\boldsymbol{\Omega})$ 的关系。

6.7 微扰理论及其应用

现在把上面讨论的共轭方程应用到反应堆的微扰理论上去，推导出微扰的一般公式并讨论几个具体应用的例子。

6.7.1 扰动方程

设未扰动前的中子输运方程为

$$\boldsymbol{M}\boldsymbol{\phi}=0 \tag{6－145}$$

式中，$\boldsymbol{M}$ 为输运算符，例如，对于多群近似，$\boldsymbol{\phi}$ 为向量函数，$\boldsymbol{M}$ 即为多群方程的系数矩阵。式(6-145)的共轭方程为

$$\boldsymbol{M}^*\boldsymbol{\phi}^*=\boldsymbol{0} \tag{6-146}$$

式中，$\boldsymbol{M}^*$ 为 $\boldsymbol{M}$ 的共轭算子。对于分群近似特殊情况，$\boldsymbol{M}^*$ 即为 $\boldsymbol{M}$ 的转置矩阵。

现在讨论一般情况，假设在临界的系统中由于某种原因引入某些微扰。例如由于温度升高引起核密度的减少，使 $\Sigma_i\to\Sigma'_i=\Sigma_i+\delta\Sigma_i$，$i$ 表示 a，f，s；$D\to D'=D+\delta D$，…。这些扰动的结果，使得系统不再是临界的了。但是，正如第 1 章所述，如果令有效增殖因数 k_{eff}(或 ν)也改变成一个适当的新值 k'_{eff}(或 ν')，系统便可以恢复成临界的。这样，引入扰动后使 k_{eff} 作相应变化，以使系统仍保持临界。此时算子 $\boldsymbol{M}$ 变为 $\boldsymbol{M}'=\boldsymbol{M}+\delta\boldsymbol{M}$ 或记作

$$\boldsymbol{M}'=\boldsymbol{M}+\boldsymbol{P} \tag{6-147}$$

$\boldsymbol{P}=\delta\boldsymbol{M}$ 称之为扰动算符，其中包括物理扰动及由其引起的如 f 的相应变化。因而受扰动后反应堆的中子通量密度函数 ϕ'满足

$$\boldsymbol{M}'\phi'=0 \tag{6-148}$$

或

$$\boldsymbol{M}\phi'+\boldsymbol{P}\phi'=0 \tag{6-149}$$

把受扰动前的共轭方程式(6-146)的解 ϕ^* 与受扰动后的反应堆方程式(6-149)作内积，得到

$$(\phi^*,\boldsymbol{M}\phi')+(\phi^*,\boldsymbol{P}\phi')=0$$

由于 $\boldsymbol{M}$ 与 $\boldsymbol{M}^*$ 共轭，并假定边界条件没有受到扰动，则有

$$(\phi',\boldsymbol{M}^*\phi^*)+(\phi^*,\boldsymbol{P}\phi')=0$$

但 $\boldsymbol{M}^*\phi^*=0$，这样便得到

$$(\phi^*,\boldsymbol{P}\phi')=0 \tag{6-150}$$

假设扰动很小，则它对中子通量密度没有带来显著的畸变，故 ϕ'可写成 $\phi'=\phi+\delta\phi$，而且 $|\delta\phi|\ll|\phi|$，所以若略掉扰动的二阶微量则有

$$\boldsymbol{P}\phi'=\boldsymbol{P}\phi+\boldsymbol{P}\delta\phi\approx\boldsymbol{P}\phi \tag{6-151}$$

这样，近似地把式(6-151)代入式(6-150)便得到微扰理论的基本方程

$$(\phi^*,\boldsymbol{P}\phi)=0 \tag{6-152}$$

式(6-152)称为扰动方程。扰动算符 $\boldsymbol{P}$ 中包括系统内各种参数，例如 Σ_{a}，Σ_{f}，D，…的微小扰动，其中也包括 k_{eff} 的相应变化。这样，应用扰动方程便可以从受扰动前系统的中子通量密度分布 ϕ 和共轭中子通量密度 ϕ^* 中求出由于各种参数的扰动所引起的有效增殖因数 k_{eff} 或反应性的变化。为了应用上的方便，下面写出输运方程在单群及双群情况下扰动方程的具体形式。

6.7.2　中子输运方程的扰动方程

稳态中子输运方程和共轭方程根据式(6-8)和式(6-11)可以写为

$$\left.\begin{array}{l} \boldsymbol{M}\phi = \boldsymbol{L}\phi - \lambda \boldsymbol{F}\phi = 0 \\ \boldsymbol{M}^{*}\phi^{*} = \boldsymbol{L}^{*}\phi^{*} - \lambda \boldsymbol{F}^{*}\phi = 0 \end{array}\right\} \tag{6-153}$$

式中，λ 为方程的特征值（$\lambda = 1/k_{\text{eff}}$）；算子 $\boldsymbol{M}$、$\boldsymbol{L}$、$\boldsymbol{F}$ 由式（6－8）～式（6－10）确定；$\boldsymbol{M}^{*}$、$\boldsymbol{L}^{*}$、$\boldsymbol{F}^{*}$ 由式（6－19）、式（6－21）和式（6－22）确定。

设由于某种原因在系统内引入某种扰动，算子 $\boldsymbol{L}$ 及 $\boldsymbol{F}$ 获得相应扰动。为保持系统临界，其特征值亦应给予相应的扰动 $\delta\lambda$，即 $\boldsymbol{L}$、$\boldsymbol{F}$、λ 扰动后分别为

$$\boldsymbol{L}' \to \boldsymbol{L} + \delta\boldsymbol{L},\ \lambda' \to \lambda + \delta\lambda,\ \boldsymbol{F}' \to \boldsymbol{F} + \delta\boldsymbol{F}$$

因而扰动算子将包括 $\delta\boldsymbol{L}$、$\delta\boldsymbol{F}$、$\delta\lambda$，根据扰动方程式（6－152）得到

$$(\phi^{*}, \delta\boldsymbol{L}\phi) + (\phi, \lambda\delta\boldsymbol{F}\phi) + (\phi^{*}, \delta\lambda\boldsymbol{F}\phi) = 0$$

根据 $\rho = (k_{\text{eff}} - 1)/k_{\text{eff}}$，因而 $\delta\rho = \delta\left(\dfrac{1}{k_{\text{eff}}}\right) = \delta\lambda$，因而

$$\delta\rho = -\frac{(\phi^{*}, \delta\boldsymbol{L}\phi) + (\phi^{*}, \lambda\delta\boldsymbol{F}\phi)}{(\phi^{*}, \boldsymbol{F}\phi)} \tag{6-154}$$

这便是中子输运方程的扰动方程，$\delta\boldsymbol{L}$ 及 $\delta\boldsymbol{F}$ 扰动包括各种截面的变化，如

$$\Sigma'_{\text{t}} \to \Sigma_{\text{t}} + \delta\Sigma_{\text{t}},\quad \Sigma'_{\text{f}} \to \Sigma_{\text{f}} + \delta\Sigma_{\text{f}},\quad \Sigma'_{\text{s}} \to \Sigma_{\text{s}} + \delta\Sigma_{\text{s}}, \cdots$$

把这些扰动代入式（6－154）便得到扰动方程

$$\begin{aligned} \delta\rho = -\Big\{ & \int_0^{\infty} \mathrm{d}E \int_{\boldsymbol{\Omega}} \mathrm{d}\boldsymbol{\Omega} \int_V \phi^{*} \Big[\phi\delta\Sigma_{\text{t}} - \int_{\boldsymbol{\Omega}'} \mathrm{d}\boldsymbol{\Omega}' \int_0^{\infty} \phi(\boldsymbol{r}, E', \boldsymbol{\Omega}') \delta\Sigma_{\text{s}}(\boldsymbol{r}; E', \\ & \boldsymbol{\Omega}' \to E, \boldsymbol{\Omega}) \mathrm{d}E' - \frac{\lambda}{4\pi} \int_{\boldsymbol{\Omega}'} \mathrm{d}\boldsymbol{\Omega}' \int_0^{\infty} \mathrm{d}E' \delta(\chi(E)\nu\Sigma_{\text{f}}) \phi(\boldsymbol{r}, E', \boldsymbol{\Omega}') \Big] \mathrm{d}\boldsymbol{r} \Big\} / Q \end{aligned} \tag{6-155}$$

$$Q = \frac{1}{4\pi} \int_V \mathrm{d}\boldsymbol{r} \int_0^{\infty} \mathrm{d}E \int_{\boldsymbol{\Omega}} \phi^{*}(\boldsymbol{r}, E, \boldsymbol{\Omega}) \mathrm{d}\boldsymbol{\Omega} \int_0^{\infty} \mathrm{d}E' \int_{\boldsymbol{\Omega}'} \chi(E)\nu\Sigma_{\text{f}}(\boldsymbol{r}, E') \times \phi(\boldsymbol{r}, E', \boldsymbol{\Omega}') \mathrm{d}\boldsymbol{\Omega}' \tag{6-156}$$

式中，Q 为系统内裂变中子的总价值，对于给定稳态系统，它等于常数。有趣的是，为观察共轭函数的物理意义，假定在 $\boldsymbol{r}_0$ 点的微小体积内引入一个小吸收体，其宏观吸收截面为

$$\delta\Sigma_{\text{a}} = \Sigma_{\text{a0}} \delta(\boldsymbol{r} - \boldsymbol{r}_0) \delta(E - E_0) \delta(\boldsymbol{\Omega} - \boldsymbol{\Omega}_0)$$

而其他物理量都没有扰动，将 $\delta\Sigma_{\text{a}}$ 代入式（6－155），扰动所引起的反应性为

$$\Delta\rho = -\frac{\Sigma_{\text{a0}} \phi(\boldsymbol{r}_0, E_0, \boldsymbol{\Omega}_0) \phi^{*}(\boldsymbol{r}_0, E_0, \boldsymbol{\Omega}_0)}{Q} \tag{6-157}$$

式中，$\Sigma_{\text{a0}} \phi(\boldsymbol{r}_0, E_0, \boldsymbol{\Omega}_0)$ 表示吸收体每秒吸收的 $\boldsymbol{r}_0$ 处能量为 E_0，运动方向为 $\boldsymbol{\Omega}_0$ 的中子数，因而共轭函数

$$\phi^{*}(\boldsymbol{r}_0, E_0, \boldsymbol{\Omega}_0) = -\frac{\Delta\rho Q}{\Sigma_{\text{a0}} \phi(\boldsymbol{r}_0, E_0, \boldsymbol{\Omega}_0)} \tag{6-158}$$

这正如预料的那样，共轭中子通量密度 $\phi^{*}(\boldsymbol{r}_0, E_0, \boldsymbol{\Omega}_0)$ 正比于在 $\boldsymbol{r}_0$ 处移去（被吸

收)一个能量为 E_0,运动方向为 $\boldsymbol{\Omega}_0$ 的中子所引起的负反应性。对一般多群理论也可以得到同样的结果:群共轭中子通量密度 $\phi_g^*(\boldsymbol{r})$正比于在 $\boldsymbol{r}$ 点引进或消除一个该群中子所引起的反应性增益或损失。这可以看作共轭中子通量密度或中子价值的另一种物理定义或解释。

6.7.3　分群扩散方程的扰动方程

1. 单群微扰公式

根据式(6-35),单群近似算子 $\boldsymbol{M}$ 为

$$\boldsymbol{M}=\boldsymbol{\nabla}\cdot D\boldsymbol{\nabla}-\Sigma_{\mathrm{a}}+\frac{1}{k_{\mathrm{eff}}}\nu\Sigma_{\mathrm{f}} \tag{6-159}$$

现在假定,由于某种原因各个参数发生了变化,即

$$\Sigma_{\mathrm{f}}\to\Sigma'_{\mathrm{f}}=\Sigma_{\mathrm{f}}+\delta\Sigma_{\mathrm{a}},\quad \Sigma_{\mathrm{a}}\to\Sigma'_{\mathrm{a}}=\Sigma_{\mathrm{a}}+\delta\Sigma_{\mathrm{a}},$$
$$D\to D'=D+\delta D$$

同时假定,为了使系统恢复临界,有效增殖因数 $k_{\mathrm{eff}}\to k'_{\mathrm{eff}}=k_{\mathrm{eff}}+\delta k_{\mathrm{eff}}$(假定 $\nu\to\nu'$),因而扰动后算子 $\boldsymbol{M}'$为

$$\boldsymbol{M}'=\boldsymbol{\nabla}\cdot(D+\delta D)\,\boldsymbol{\nabla}-(\Sigma_{\mathrm{a}}+\delta\Sigma_{\mathrm{a}})\left[\frac{1}{k_{\mathrm{eff}}}+\delta\left(\frac{1}{k_{\mathrm{eff}}}\right)\right]\times\nu(\Sigma_{\mathrm{f}}+\delta\Sigma_{\mathrm{f}})$$

由式(6-147),同时略掉二阶微量 $\delta\left(\frac{1}{k_{\mathrm{eff}}}\right)\delta\Sigma_{\mathrm{f}}$,则有

$$\boldsymbol{P}=\boldsymbol{\nabla}\cdot\delta D\boldsymbol{\nabla}-\delta\Sigma_{\mathrm{a}}+\delta\left(\frac{1}{k_{\mathrm{eff}}}\right)\nu\Sigma_{\mathrm{f}}+\frac{1}{k_{\mathrm{eff}}}\nu\delta\Sigma_{\mathrm{f}} \tag{6-160}$$

注意到单群算子是自共轭的,因而 $\phi^*=\phi$,这样扰动方程式(6-152)便可写为

$$\int_V\phi^*\boldsymbol{P}\phi\,\mathrm{d}V=\int_V\left[\phi\boldsymbol{\nabla}\cdot\delta D\boldsymbol{\nabla}\phi+\left(\frac{\nu\delta\Sigma_{\mathrm{f}}}{k_{\mathrm{eff}}}-\delta\Sigma_{\mathrm{a}}\right)\phi^2+\delta\left(\frac{1}{k_{\mathrm{eff}}}\right)\nu\Sigma_{\mathrm{f}}\phi^2\right]\mathrm{d}V=0 \tag{6-161}$$

应用式(6-38),式(6-161)展开后右端第一项积分可以写为

$$\int_V\phi\boldsymbol{\nabla}\cdot\delta D\boldsymbol{\nabla}\phi\,\mathrm{d}V=\int_V\boldsymbol{\nabla}\cdot\phi\delta D\boldsymbol{\nabla}\phi\,\mathrm{d}V-\int_V\delta D(\boldsymbol{\nabla}\phi)^2\mathrm{d}V$$

应用高斯公式并根据中子通量密度在外表面等于零,有

$$\int_V\boldsymbol{\nabla}\cdot\phi\delta D\boldsymbol{\nabla}\phi\,\mathrm{d}V=\int_S\phi\delta D\boldsymbol{\nabla}\phi\cdot\boldsymbol{n}\,\mathrm{d}S=0$$

根据反应性定义,有 $\Delta\rho=-\delta\left(\frac{1}{k_{\mathrm{eff}}}\right)$,因而由式(6-161),便可求得单群微扰公式

$$\Delta\rho=\frac{\int_V\left[\left(\frac{\nu\delta\Sigma_{\mathrm{f}}}{k_{\mathrm{eff}}}-\delta\Sigma_{\mathrm{a}}\right)\phi^2-\delta D(\boldsymbol{\nabla}\phi)^2\right]\mathrm{d}V}{\int_V\nu\Sigma_{\mathrm{f}}\phi^2\,\mathrm{d}V} \tag{6-162}$$

从式(6－162)可知，吸收或裂变截面变化对反应性的贡献是用 ϕ^2 来权重的，而扩散系数 D 的变化是用$(\nabla\phi)^2$ 来权重的，而且 D 的增大将导致负的 $\Delta\rho$ 值。从物理上看，这是由于扩散系数的增大导致中子泄漏增加的缘故所引起的。

单群理论微扰公式的应用有很大的局限性，因为它受到单群方法固有的缺陷的限制，例如，单群公式不能用于涉及系统慢化性质变化或快中子生成的问题。

2. 双群微扰公式

假定在双群方程式(6－43)或式(6－45)中的所有参数都发生了微小的扰动：

$$\Sigma_1 \to \Sigma_1 + \delta\Sigma_1,\quad \Sigma_2 \to \Sigma_2 + \delta\Sigma_2,\quad \Sigma_{f2} \to \Sigma_{f2} + \delta\Sigma_{f2}$$

$$D_1 \to D_1 + \delta D_1,\quad D_2 \to D_2 + \delta D_2,\quad 1/k_{eff} \to 1/k_{eff} + \delta\left(\frac{1}{k_{eff}}\right)$$

将上述参量代入式(6－45)，根据 $\boldsymbol{M}'=\boldsymbol{M}+\boldsymbol{P}$，并略去二阶微量，很容易证明

$$\boldsymbol{P}=\begin{pmatrix} \nabla\cdot\delta D_1\nabla-\delta\Sigma_1 & \dfrac{\nu\delta\Sigma_{f2}}{k_{eff}}+\delta\left(\dfrac{1}{k_{eff}}\right)\nu\Sigma_{f2} \\ \delta\Sigma_1 & \nabla\cdot\delta D_2\nabla-\delta\Sigma_2 \end{pmatrix} \tag{6-163}$$

根据微扰方程式(6－125)有

$$\int_V \boldsymbol{\phi}^*\boldsymbol{P}\boldsymbol{\phi}\,\mathrm{d}V=0 \tag{6-164}$$

应该注意，这里 $\boldsymbol{\phi}^*$ 和 $\boldsymbol{\phi}$ 都是二维向量，把 $\boldsymbol{P}$ 用式(6－163)代替，并根据式(6－2)定义，不难证明，双群微扰反应性由下式给出：

$$\Delta\rho=\frac{1}{Q}\int_V\Big[-\delta D_1\nabla\phi_1^*\cdot\nabla\phi_1-\delta\Sigma_1\phi_1^*\phi_1+\frac{\nu}{k_{eff}}\delta\Sigma_{f2}\phi_1^*\phi_2+$$

$$\delta\Sigma_1\phi_2^*\phi_1-\delta D_2\nabla\phi_2^*\cdot\nabla\phi_2-\delta\Sigma_2\phi_2^*\phi_2\Big]\mathrm{d}V \tag{6-165}$$

$$Q=\int_V\nu\Sigma_{f2}\phi_2^*\phi_2\,\mathrm{d}V \tag{6-166}$$

上述结果可以很容易地推广到多群的普遍情况并导出多群的微扰公式。这样，根据扰动前 $\boldsymbol{\phi}(\boldsymbol{r})$ 和 $\boldsymbol{\phi}^*(\boldsymbol{r})$ 的分布，应用扰动方程式(6－152)或式(6－162)及式(6－165)便可以很方便地求出由于各种参数的改变所引起的反应性变化，而不必对扰动后的系统进行计算。但是应该指出，所有这些公式都只在微小的扰动下才是精确的，因为在它们的推导过程中都略去了所有二阶以上的项。

6.8 微扰理论的一些应用

在反应堆物理分析中有许多问题用微扰理论来处理是很方便的。现举几个最简单的例子加以讨论。

1. 在芯部中引入小的吸收体情况(毒性计算)

这种情况相当于在芯部的局部地方放入一小的吸收剂(例如同位素靶件等)。

现在假设在芯部某个小体积 V_p 内放入一小吸收体，使得在 V_p 体积内热中子的宏观吸收截面有了微小的变化 $\delta\Sigma_a$，那么根据扰动方程，很容易可以求出它所引起的反应性效应。在单群近似情况下，根据式(6-162)，便有

$$\Delta\rho = -\frac{\int_{V_p} \delta\Sigma_a \phi^2(\boldsymbol{r})\mathrm{d}V}{\int_{V_p} \nu\Sigma_f \phi^2(\boldsymbol{r})\mathrm{d}V} \tag{6-167}$$

对于双群理论，这时 $\delta\Sigma_2 = \delta\Sigma_a$，根据式(6-165)有

$$\Delta\rho = -\frac{\int_{V_p} \delta\Sigma_a \phi_2^* \phi_2 \mathrm{d}V}{\int_{V_p} \nu\Sigma_{f2} \phi_1^* \phi_2 \mathrm{d}V} \tag{6-168}$$

2. 非均匀裂变产物毒物

反应堆内裂变产生的毒物(主要是 ^{135}Xe)的浓度是空间的函数，它对反应性所造成的毒性也可以通过用微扰理论来近似估计。现在把氙的空间浓度(毒性)分布当作扰动来处理。因而扰动可以表示为

$$\delta\Sigma_a(\boldsymbol{r}) = N_{Xe}(\boldsymbol{r})\sigma_a^{Xe}$$

式中，$N_{Xe}(\boldsymbol{r})$为氙的浓度。应用式(6-162)，那么氙对反应性的影响便等于

$$\Delta\rho_{Xe} = -\int_V N_{Xe}(\boldsymbol{r})\sigma_a^{Xe}\phi^2(\boldsymbol{r})\mathrm{d}V \Big/ \int_V \nu\Sigma_f\phi^2(\boldsymbol{r})\mathrm{d}V \tag{6-169}$$

3. 部分插入的控制棒

对于部分插入的控制棒的计算问题是非常复杂的，不能用普通的解析方法来处理。在这种情况下，微扰理论可以对部分插入控制棒相对于完全插入棒的价值提供一个粗略的估计。现讨论圆柱体反应堆中心棒的情况，反应堆外推半径和高度分别为 R 及 H，棒的半径为 a。为方便起见，将坐标的中心取在堆顶端的圆心上，那么对于插入深度为 Z 的棒的扰动量为

$$\delta\Sigma_a = \begin{cases} \Sigma_{a,p}, & 0 \leqslant z \leqslant Z,\ 0 \leqslant r \leqslant a \\ 0, & \text{其他区域} \end{cases}$$

式中，$\Sigma_{a,p}$ 是棒的宏观吸收截面。

在单群近似下，按照式(6-167)可以得出插入距离为 Z 的棒的反应性为

$$\rho(Z) = -\Sigma_{a,p}\int_0^a\int_0^Z 2\pi\phi^2(r,z)r\mathrm{d}r\mathrm{d}z \Big/ \int_V \nu\Sigma_f\phi^2(r,z)\mathrm{d}V \tag{6-170}$$

当棒完全插入时

$$\rho(H) = -2\pi\Sigma_{a,p}\int_0^a\int_0^H \phi^2(r,z)r\mathrm{d}r\mathrm{d}z \Big/ \int_V \nu\Sigma_f\phi^2(r,z)\mathrm{d}V \tag{6-171}$$

而未受扰动的中子通量密度为

$$\phi(r,z) = AJ_0\left(\frac{2.405r}{R}\right)\sin\left(\frac{\pi z}{H}\right) \tag{6-172}$$

将式(6-172)代入式(6-170)和式(6-171),并将两式相除,得出

$$
\begin{aligned}
\rho(Z) &= \rho(H)\int_0^Z \sin^2\left(\frac{\pi z}{H}\right)\mathrm{d}z \Big/ \int_0^H \sin^2\left(\frac{\pi z}{H}\right)\mathrm{d}z \\
&= \rho(H)\left[\frac{Z}{H} - \frac{1}{2\pi}\sin\left(\frac{2\pi Z}{H}\right)\right]
\end{aligned}
\tag{6-173}
$$

在应用式(6-173)时,完全插入棒的价值 $\rho(H)$ 可由精确计算或实验确定。由于式(6-173)出现的是相对价值,所以它甚至对于强吸收棒也适用。

上篇参考文献

[1] 贝尔,格拉斯登. 核反应堆理论[M]. 千里,译. 北京:原子能出版社,1979.

[2] BELL G I, HANSEN G E, SANDMEIER H A. Multiable Treatments of Anisotropic Scattering in S_N Multigroup Transport Calculation[J]. Nucl. Sci. & Eng. ,1967,28:376.

[3] ROSE I P F. ENDF/B-Ⅵ Summary Documation[J]. Report: BNL-NCS-1994,4:17541.

[4] NAKAGAWA T. Japanese Evaluated Nuclear Data Library Versions[J]. Rev-2,JENDL-3. 2. J. Nucl. Sci. Tech. ,1995,32:1259.

[5] MACFARL R E, MUIZ D W. The NJOY Nuclear Data Processing System [M]. Version 91. Report:CA-12740-M,1994.

[6] 戴维逊 . 中子迁移理论[M]. 和平,译 . 北京:科学出版社,1961.

[7] Румянцев Г Я. Границые условня в метоле сфернческнх яармоник [J]. Атомная Энергн,1961,10:26.

[8] Владнмнров В С. Математнческне эадачн односкоростной теорнн переноса частнц[J]. Труды Математнческого Ннстнтута Н. М. Стеклова АНСССР, Москова,1961.

[9] 谢仲生:关于球谐近似方法中的边界条件[M]. 北京:原子能出版社,1964.

[10] Марнук Г И. Метолы расчёта ялерных реакторов [M]. Москва: ГОСАТОМНЭЛАТ,1961.

[11] 胡永明 . 反应堆物理数值计算方法[M]. 长沙:国防科技大学出版社,2000.

[12] 谢仲生 . 中子输运问题的变分原理与球谐方法中的边界条件[J],西安交通大学学报,1981,12(1):33 - 46.

[13] FLETCHER J K. The Solution of Multigroup Neutron Transpont Equation Using Spherical Harmonics[J]. Nucl. Sci. Eng. ,1983,84:33 - 46.

[14] JUNG J C. Discerte Neutron Transport Equation Equivalent to P_L Approximation[J]. Nucl. sci. Eng. ,1972,49:1 - 9.

[15] MCGHEE J M. The DANTE Boltzmann Transport Solver. International Conference on Mathematical Methods and Suppercomputing for Nuclear Energy[M]. Oct. 5 - 10, New York, 1997. Proc. of CONF-971005-14.

[16] MOREL J E. Parallel 3-D Sperical-Harmonics Transport Methods[C], Los

Alamos National Lab. Report. 1997.

[17] WEIBERG A, WIGNER E. The Physical Theory of Neutron Chain Reactor [M]. Chicago: University of Chicago Press, 1958.

[18] 谢仲生 . 核反应堆物理分析:上、下册[M]. 北京:原子能出版社,1994.

[19] Reactor Physics Constants[J]. 5th ed. ANL-5800,1963.

[20] 王勖成 . 有限单元法基本原理和数值方法[M],北京:清华大学出版社,1997.

[21] YVON J. Diffusion Macroscopque des Neutrons and Methode d Approximation[J]. J. Nucl. Energy, 1957,1(4):305.

[22] ALCOUFFE R E. Diffusion Synthetic Acceleration Method for Diamond Differenced Discrete Ordinates Equation[J]. Nucl. Sci. & Eng., 1977,64: 344 - 355.

[23] LATHROP K D. TWOTRAN-Ⅱ: An Interfaced Expontable Version of the TWOTRAN Code for Two Dimensional Transport[J]. USAEC Rept. LA-4848-MS,1973.

[24] MYNATT F R. DOT-Ⅲ, Two-Dimensional Discrete Ordinate Transport Code[J]. USAEC Rept. ORNL-TM-4280,1973.

[25] ENGLE W W. A User's Manual for ANISN[J]. USAEC Rept. K-1693,1967.

[26] 谢仲生 . 核反应堆物理分析[M]. 修订版. 北京:原子能出版社,2004.

[27] HONECK H C. THERMOS - A Thermalization Transport Theory Code for Reactor Lattice Calculation[J]. BNL-5826,1961.

[28] ASKEW J R, FAYERS F J, KEMSHE P B. A General Discription of Lattice Code SISMS[J]. Journal of British Nuclear Energy Society, 1966.

[29] CARLVIK I. A Method for Calculating Collision Probabilities in General Cylindrical Geometry and Applications to Flux Distributions and Dancoff Factors[J]. Proc. of 3rd International Conference on PUAE, IAEA Vienna, 1965,2:225.

[30] BICKLEY W G, NAYLER J. A Short Table of The Functions $Ki_n(x)$ from $n=1$ to $n=16$[J]. Phil. Mag. ,1935,20:343.

[31] 陈仁济,阮可强 . 中子碰撞几率方法及其应用[M]. 北京:原子能出版社,1981.

[32] STAMM'LER R J J, ABBATE M J. Methods of Steady-state Reactor Physics in Nuclear Design[J]. London: Academic press, 1983.

[33] ZHAO C, XIE Z S. Two-Dimensional Calculation of Neutron Flux and

Power Distribution in the Fuel Assembly of a Light Water Reactor[J]. Nucl. Sci. Eng. ,1988,100(3).

[34] GREENSPAN H. Computing Methods in Reactor Physics[M]. New York: Gordon and Breach Science Publishers,1968.

[35] 谢仲生．核反应堆物理数值计算[M]. 北京:原子能出版社,1997.

[36] WACHSPRESS E L. Iterative Solution of Elliptic System[M]. New York: Prentic Hall,1966.

[37] 马尔丘克 ГH. 核反应堆数值计算方法[M]. 和平,译．北京:原子能出版社,1960.

[38] HAGEMAN L A. PDQ-7 Reference Manua[M]. WAPD-TM-395,1965.

[39] LAWRANCE R D. Progress in Nodal Methods for the Solution of The Neutron Diffusion and Transport Equations[J]. Progress Nucl. Ehergy, 1986,17(3):271.

[40] 中村省一郎．科技计算方法[M]. 尹邦华,译．北京:原子能出版社,1987.

[41] 谢仲生．切比雪夫外推加速收敛方法在节块法中的应用[J]. 核动力工程. 1988,9(5).

[42] SMITH K S. An Analytic Nodal Method for Solving Two-group Multidimensional Static and Transient Diffusion Equation [M]. U. S. A., MIT, 1979.

[43] FINNEMAN H, et al. Interface Current Techniques for Multidimensional Reactor Calculation[J]. Atomkernenergie, 1977,30:123.

[44] LAWRANCE R D, DORNING J J. A Nodal Green's Function Method for Multidimensional Neutron Diffusion Calcution [J]. Nucl. Sci. & Eng., 1980,76:218.

[45] DAVIDSON S L. ANC: Westinghouse Advanced Nodal Computer Code [M]. WCAP-10965-P-A,September, 1986.

[46] SMITH K S. Simulate-3 Methodology [M]. Studvik/SOA-92-02-Rev. ,1992.

[47] BOUFFIER M. Science-An Advanced 3D Nuclear Code Package. Proc[M]. Conf. on Physics of Reactor, Mito, Japan, 1996.

[48] KOEBKE K, WAGNER M R. The Determination of Pin Power Distribution in a Reator Core on the Basis of Nodal Coarse Mesh Calculation[J]. Atomkernenergie, 1977,30:36.

[49] SMITH K S. Modern Reactor Core Design Code and Comparision to Measured Data[M]. Private Communication, 1989.

[50] Methodology and Benchmarking[J]. Nucl. Sci. and Eng., 1998,103:334.

[51] Смелов В В. Лекцня по теорнн нереноса неитроннов [M]. Москва: АТОМНЭДАТ,1972.

[52] 阳名珠,朱广田.具有各向异性散射和裂变的中子迁移算子的谱[J].中国科学,1981,(1).

[53] 陈仁济,阮可强.中子碰撞几率方法及其应用[M].北京:原子能出版社,1981.

下　篇

中子输运问题的
随　机　模　拟

第 7 章　绪　　论

蒙特卡罗(Monte Carlo,MC)方法又称随机模拟法或统计实验法。早在计算机问世前,经典的布丰投针问题(法国数学家布丰(Buffon)投针求圆周率 π)的基本原理就是随机模拟法的应用。20 世纪 40 年代中期,随着科学技术的发展和电子计算机的问世,美国洛斯阿拉莫斯国家实验室(Los Alamos National Laboratory,LANL)的科学家费米(Fermi)首次尝试用随机模拟法解中子扩散问题,后来又用这种方法确定了反应堆的临界性。著名数学家乌拉姆(Ulam)与冯·诺依曼(von Neumann)提出在计算机上模拟中子链式反应过程,即通过对大量中子行为的观察分析,用统计平均的方法,推测出估计量之解。冯·诺伊曼和乌拉姆从事的工作是秘密进行的,需要一个代号,由于该工作包含了选随机数、俄罗斯轮盘赌和随机抽样等过程,1944 年冯·诺依曼和乌拉姆的同事梅特罗波利斯(Metropolis)建议,把他们研制的第一个随机模拟中子链式反应的程序用摩纳哥著名赌城“蒙特卡罗(Monte Carlo)”命名(见图 7-1),由此 MC 方法正式成为随机模拟法的代名词。稍后,费米又结合质点扩散问题,用同样的方法获得了某些偏微分方程的特征

图 7-1　摩纳哥赌城蒙特卡罗外景

值。从此,MC 方法引起了人们的关注,成为核科学工程领域一门新兴的计算学科和计算数学的一个分支,并逐步发展壮大。

随机抽样技巧是 MC 方法求解数学期望类积分中引入的加速收敛措施,除了会增大统计样本数之外,随机抽样技巧是降低统计误差最行之有效的手段。由于微分和积分可以互相转换,因此,MC 方法可求解的问题种类很多,只要所求问题能够表示成数学期望形式的积分,均可用 MC 方法进行求解。MC 方法的基本特点是利用各种概率密度函数或分布函数,通过随机抽样,计算得到估计量的近似值,最后用统计平均值作为估计量的解。MC 方法的理论来自于概率论和数理统计,其中大数定律和中心极限定理是 MC 方法的理论基础。与其他确定论方法相比,MC 方法获得的解存在一定的随机性和统计不确定性,近似解的精度是在一定概率置信度下保证的。由于随机性,MC 方法获得的解不唯一。这一点是 MC 方法与确定论方法的本质区别。

7.1 MC 方法发展史

20 世纪 40 年代,在美国的曼哈顿计划中,MC 方法用于模拟中子链式反应及核装置的临界性。由于核武器的主要材料依赖于反应堆制造,因此,MC 方法首要用于辐射屏蔽、各种研究堆及生产堆的计算。根据文献记载,MC 方法在 20 世纪反应堆计算中大致经历了 4 个阶段:①60 年代反应堆系统临界 k_{eff} 本征值的计算;②70 年代精细组件功率的计算;③80 年代精细二维全堆芯的计算;④90 年代三维全堆芯的计算。由于 MC 方法消耗的计算资源相对其他方法要大得多,早期受计算机速度、内存及费用的限制,其主要用于确定论方法的补充和参考验证,以及计算某些确定论方法无法计算的复杂几何、强射线效应问题。

20 世纪 50 年代末至 60 年代末是 MC 方法蓬勃发展的鼎盛时期。1958 年,Goertzel 与 Kalos[1] 从理论上肯定了用统计估计模拟跟踪粒子历史的方法,为 MC 方法的应用奠定了理论基础。这一时期,由于引入了伪散射[2-4] 和伴随估计量跟踪模拟计算,由此产生各种偏倚抽样技巧[5,6]。进入 70 年代,计算几何在机械工程中成功应用,MC 几何处理借鉴机械工程中采用的法则,用组合几何布尔运算,实现了复杂几何描述和粒子径迹计算。如针对玻尔兹曼(Boltzmann)方程的求解,发展了多种通量估计方法;针对自然界中存在的某些重复几何体,如反应堆堆芯组件,发展了重复结构几何描述,从而大大降低了大型复杂装置建模的复杂度。在广泛实践基础上,关于 MC 方法的各具特色的专著大量出现[7-9],其中,最具代表的专著为 *Particle-transport simulation with the Monte Carlo Method*[10],书中系统介绍了 MC 方法应用于玻尔兹曼输运方程求解的理论基础及算法,介绍了多种通量计算方法和若干降低方差技巧,使之成为学习 MC 方法最有价值的参考书之一。这些专著从不同角度对过去工作进行了总结,预示着 MC 方法的渐趋成熟。随着统计误差理论的提出[11-14],MC 方法的理论研究工作有了新的突破,如以方差为标准,合理选取提高估计量精度和效率的算法被不断推出。

进入 21 世纪后,随着高性能并行计算机的推出和计算机运行成本的大幅下降,MC 方法模拟各种大型复杂装置辐射屏蔽及反应堆全堆芯精细模型成为可能,除研究中子行为外,光子及各种带电粒子的模拟也成为可能。如 MCNP6 程序[15]对中子、光子、反中子、反光子、α 粒子、电子、质子、正负介子、轻离子、重离子等的模拟。MC 方法的模拟离不开精密的基础数据库。目前国际上采用较多的是美国布鲁克海文国家实验室(Brookhaven National Laboratory, BNL)研制的 ENDF/B 系列基础数据库。随着基础核数据库的不断完善和精密化,MC 方法的模拟结果扮演了理论和实验之间桥梁的角色,过去长期依赖实验的某些工程项目,如今通过 MC 模拟计算,就可以获得与实验相当精度的结果。如在客体信息反演中,采用中子探测或中子-γ 探测,通过解谱实现对客体内部信息的确定,这是工业 CT 的基本原理。其他应用,如利用 MC 方法分类标识计算,可为探测仪灵敏度设计提供理论与技术支持。MC 方法在辐射屏蔽和反应堆堆芯临界安全分析中的应用十分成功,在求解某些深穿透问题时,利用 MC 方法和 S_N 方法各自的优点,通过耦合计算,显著地提升了深穿透辐射屏蔽的计算精度和效率[16-19]。在核医学方面,MC 剂量计算成为肿瘤治疗的一部分,例如,硼中子俘获治疗(*BNCT*)采用基于 MC 方法的治疗计划,能够精确算出器官内的剂量分布,为患者的临床治疗提供确定的照射部位和照射时间,治疗效果明显优于外科手术[20-21]。总之,当今 MC 方法已成为核科学工程领域不可或缺的模拟工具。其他 MC 方法应用领域还包括:金融工程、分子动力学、统计物理、流体力学、信息论、运筹学、生物医学、高分子化学、计算物理学等。

其实,MC 方法用来求解线性方程组、线性积分方程、线性齐次方程的本征值和微分方程组等也是有效的,但 MC 方法求解高维积分方程的优势最突出。其他方面的求解 MC 方法的优势并不突出,确定论方法更适用一些。

7.2　MC 方法奠基人

回顾 MC 方法的发展历史,四位国际公认的奠基人分别是乌拉姆(Ulam)、梅特罗波利斯(Metropolis)、冯·诺依曼(von Neumann)和科尔莫哥洛夫(Kolmogorov)(见图 7-2)。他们对 MC 方法做出过开创性贡献,提出的理论和方法在 20 世纪产生了巨大而深远的影响,成为后来 MC 方法发展的理论基础。其中乌拉姆

(1909—1984)被认为是MC方法的首要创始人,他首次提出用统计抽样法求解系列数学问题[22-23]。梅特罗波利斯(1915—1999)是最早把MC方法应用到统计物理领域的学者,他提出的算法至今影响深远,被誉为20世纪科学和工程计算领域十大算法之一。另一位是美籍匈牙利数学家、计算机科学家、物理学家冯·诺依曼(1903—1957),他在计算数学方面的影响巨大,在MC方法方面取得的成就仅是他一生研究取得的成就的一部分,他在爆轰流体力学和中子输运方法方面的成就同样影响深远。科尔莫哥洛夫(1903—1987)是20世纪苏联最杰出的数学家,他的研究遍及数学的所有领域,MC方法是他开创性研究工作的一部分,他把轮盘赌方法上升到理论研究,使之成为MC方法的理论精髓。

乌拉姆

梅特罗波利斯

冯·诺伊曼

科尔莫哥洛夫

图7-2　MC方法的四位奠基人

7.3　MC粒子输运程序现状

针对玻尔兹曼方程的求解,诞生了两类求解方法:①确定论方法;②MC方法。确定论方法计算成本较小,但是需要对空间、能量、方向进行离散,对能量的离散处理即截面的多群归并处理。MC方法对空间、能量、方向进行精确描述和计算,计算精度高,但由于需要模拟的样本数要足够多,因此,计算成本较高。相比较确定论方法,MC方法对求解复杂区域的几何适用及系统的能谱适用性更强。随着计算机速度和存储能力的提高,MC方法正成为中子学分析的主流方法。

基于MC方法,国内外多家单位投入研究,开发了各具特色的MC程序,其代表有MCNP、KENO、MC21、Mercury、FLUKA、GEANT4、MONK、TRIPLI、PRIZMA、MVP、Serpent、OpenMC、McCARD、JMCT、RMC、SuperMC等。下面仅对我们较熟悉的几个MC程序予以简介。

1. MCNP 程序[15,36]

MCNP 程序由美国 LANL 研发，是目前国际上知名度最高、用户最多的 MC 程序，也是确定论程序和其他 MC 程序参考验证的工具。MCNP 程序内含丰富详细的物理数学及参数处理过程，最新版本为 MCNP6[15]，可求解包括中子、光子、电子、质子等 37 种粒子的输运问题，具有在线多普勒温度展宽等多种功能。

2. GEANT4 程序[24]

GEANT4 程序由欧洲核子研究组织(CERN)等多家研究机构联合开发，程序预留了很多工具箱接口，用户可根据需求，选择工具箱进行组装。工具箱包括中子、光子、电子、μ 子等粒子，可用于探测器响应计算。从用户反馈的信息来看，GEANT4 程序更擅长带电粒子输运的计算。

3. Serpent 程序[25]

Serpent 程序是由芬兰国家技术研究中心研发的三维中子-光子输运 MC 程序，主要针对裂变压水堆中子学计算，具有燃耗计算、考虑温度效应等功能，实现了与热工水力的耦合，可以进行全堆计算。

4. OpenMC 程序[26]

OpenMC 程序由美国麻省理工学院(MIT)开发，程序开发始于 2011 年，采用 ACE 格式的连续点截面和实体组合几何，可计算复杂几何的临界问题和固定源屏蔽问题，可进行中子、光子及中子-光子耦合计算。其他功能还包括燃耗计算、在线多普勒温度展宽、MPI 和 OpenMP 并行计算等。可运行在 Linux、Mac OS 和 Windows 系统下。程序采用哈希表存储和搜索，计算速度优于 MCNP 程序。目前程序对外开源，借助全球用户也帮助程序发现了多个 BUG。

5. JMCT 程序[27,29]

三维中子-光子-电子耦合输运 MC 软件 JMCT 由北京应用物理与计算数学研究所和中物院高性能数值模拟软件中心共同研发，软件基于并行中间件 JCOGIN 研发[28]，采用可视建模和可视结果输出。2013 年推出中子-光子输运 JMCT1.0 版本[27]，2017 年推出中子-光子-电子输运 JMCT2.0 版本[29]，该版本具有燃耗计算和多温截面在线展宽等计算功能，并与热工水力耦合，实现了核-热-力多物理耦合计算，能够对反应堆多种工况稳态、瞬态进行模拟。软件可运行在 PC 机、服务器及超算平台上，已广泛应用于各种辐射屏蔽、反应堆堆芯临界安全分析、核探测及核医学领域问题的模拟。

7.4 小结

MC 方法自诞生之日起，就与同期世界上最先进的科学技术相融合，应用概率论与数理统计知识，借助计算机工具，帮助人们进一步认识世界和改造世界，解决物理问题。七十多年来，作为计算数学中发展迅速的领域之一，MC 方法在物理学的各个分支学科中均发挥了积极、重要的作用，成为理论物理与实验物理之间的桥梁。MC 方法不仅能够弥补简单解析理论模型难以完全描述的复杂物理现象的不足，而且在一定程度上克服了实验物理中遇到的困难。随着计算机技术的快速发展，MC 方法已经渗透到物理学的各个领域，包括凝聚态物理、核物理、粒子物理、天体物理、大气物理、地球物理等众多学科。

MC 方法主要用于三类问题：最优化、数值积分、依据概率分布生成图像。在物理相关问题中，MC 方法可用于模拟具有多个耦合自由度的系统，如流体、无序材料、强耦合固体和细胞结构。其他例子包括：对输入中具有重大不确定性的现象进行建模，如商业中的风险计算，以及在数学中具有复杂边界条件的多维定积分的计算。

第 8 章　MC 方法基本原理

8.1　基本思想

随机模拟思想萌芽于 17 世纪，我国的蒲松投针法求圆周率 π，后来法国的布丰(Buffon)投针法求 π[30]，都是 MC 方法诞生前这一思想的体现。下面以蒲松投针法求 π 为例，说明随机模拟法的应用。

例 8-1　随机方法求圆周率 π。

解：如图 8-1 所示，在单位正方形内，有一内切圆，将针均匀地投入正方形内，则针命中圆内的概率为

$$P=\frac{\text{内切圆面积}}{\text{单位正方形面积}}=\frac{\pi}{4}\sim\frac{M}{N} \tag{8-1}$$

式中，N 为投针总数；M 为命中圆内的针数。则

$$\pi\approx\frac{4M}{N} \tag{8-2}$$

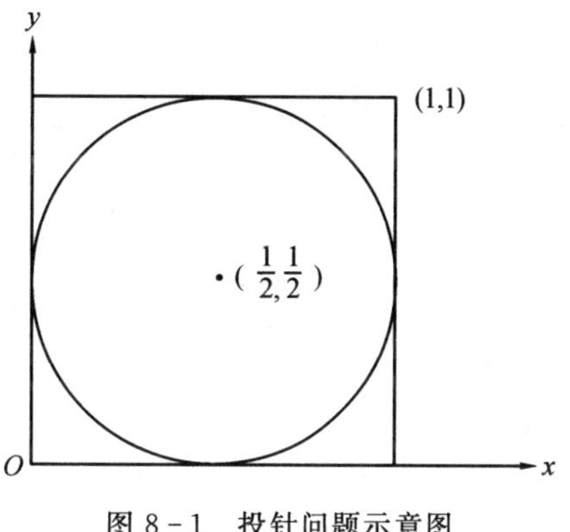

图 8-1　投针问题示意图

显然 N 越大，π 计算得越精确。

上述过程的计算机实现：均匀地投针到单位正方形内，等价于在单位正方形内均匀选点(x,y)，亦即在 x 轴(0,1)区间和 y 轴(0,1)区间内均匀选点 x 和 y，这相当于在计算机上用伪随机数发生器在(0,1)上任意产生随机数 ξ_1 和 ξ_2(后面介绍)。针是否命中圆内，即判断不等式

$$\left(\xi_1-\frac{1}{2}\right)^2+\left(\xi_2-\frac{1}{2}\right)^2\leqslant\frac{1}{4} \tag{8-3}$$

是否成立？若不等式成立，则 $M+1\Rightarrow M$。误差 $\hat{\varepsilon}=\sqrt{(N-M)/(NM)}$(后面介绍)。在计算机上模拟投针求 π 的计算流程如图 8-2 所示。

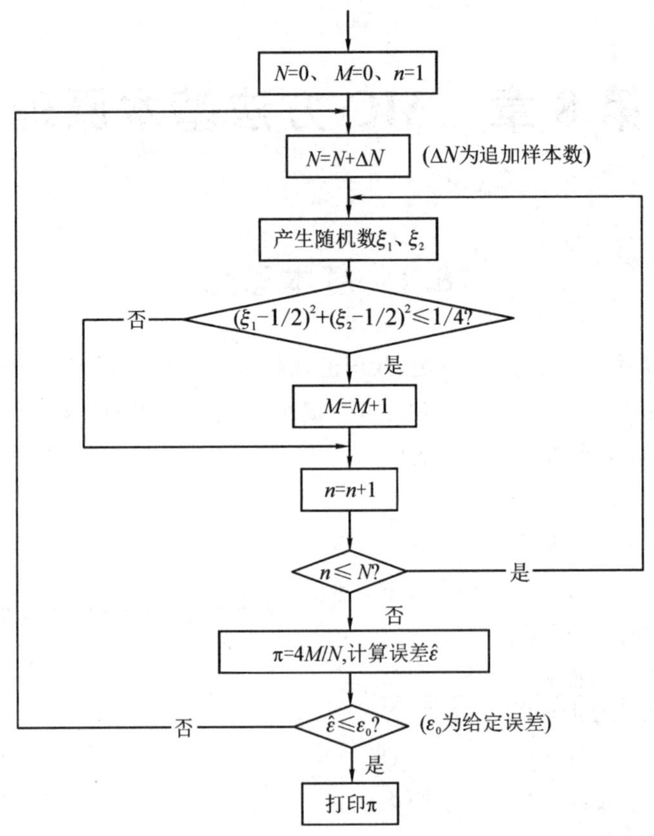

图 8-2 投针求 π 的计算流程

8.2 误差理论

8.2.1 大数定律

大数定律和中心极限定理是概率论中最重要的两个结论，也是 MC 方法误差理论的基础。下面回顾一下两个结论的内容。

大数定律：设$\{x_i\}$($i=1,2,\cdots$)是一个相互独立，且服从同一分布的随机变量序列，具有有限数学期望$E[x_i]=a$，同时定义统计量

$$X_k=\frac{1}{N}\sum_{i=1}^{N}x_i^k,\ k=1,2,\cdots \tag{8-4}$$

则对任意小的数$\varepsilon>0$，有

$$\lim_{N\to\infty}P\{|X_1-a|<\varepsilon\}=1 \tag{8-5}$$

式中，N 为样本总数；P 为概率；X_1 为均值。

大数定律定性地给出了近似解与精确解偏差小于 ε 的概率。下面对 ε 和 P 进行量化，引入中心极限定理。

8.2.2 中心极限定理

中心极限定理： 假定相互独立的随机变量 $x_1, x_2, \cdots$ 服从同一分布，且具有数学期望 $a<+\infty$ 及方差 $0<\sigma^2<+\infty$，那么有

$$\lim_{N\to+\infty} P\left\{ |X_1 - a| < \frac{\lambda\sigma}{\sqrt{N}} \right\} = \frac{1}{\sqrt{2\pi}} \int_{-\lambda}^{\lambda} e^{-t^2/2} dt = \Phi(\lambda) \tag{8-6}$$

式(8-6)给出了 X_1 与 a 的绝对误差小于 $\lambda\sigma/\sqrt{N}$ 的概率置信度 $\Phi(\lambda)$，式(8-6)还可以写为

$$\lim_{N\to+\infty} P\left\{ \left| \frac{X_1 - a}{X_1} \right| < \frac{\lambda\sigma}{\sqrt{N} X_1} \right\} = \Phi(\lambda) \tag{8-7}$$

这里 $\sigma_{X_1}^2 = \sigma^2/N$ 为均值 X_1 的方差，称 $1-\Phi(\lambda)$ 为置信水平。

中心极限定理定量地给出了近似解与精确解的偏差及概率值。

8.2.3 误差估计

定义相对标准误差如下：

$$\varepsilon(\lambda) = \frac{\lambda\sigma}{\sqrt{N} X_1} = \frac{\lambda\sigma_{X_1}}{X_1} \tag{8-8}$$

这里 $\sigma_{X_1}^2 = \sigma^2/N$ 为均值 X_1 的方差。$\lambda=1$ 对应的误差 $\varepsilon(1)$ 为实际误差(同确定论方法的误差)，$\lambda=2$ 对应的误差 $\varepsilon(2)$ 为 95%置信度误差。MC 输运计算中多给出 $\varepsilon(1)$ 误差，而在临界 k_{eff} 计算中，会同时给出 $\varepsilon(1)$、$\varepsilon(2)$ 和 $\varepsilon(3)$($\lambda=3$)三种误差。

利用式(8-8)，式(8-7)可以写为

$$\lim_{N\to+\infty} P\left\{ \left| \frac{X_1 - a}{X_1} \right| < \varepsilon(\lambda) \right\} = \Phi(\lambda) \tag{8-9}$$

表 8-1 给出了 λ、$\Phi(\lambda)$ 的对应关系，可以看出 $\varepsilon(2)$ 就是常说的 95 准则误差。

表 8-1　λ、$\Phi(\lambda)$ 的对应关系

λ	$\Phi(\lambda)$
1	0.6827
2	0.9545
3	0.9973
4	0.9999

虽然 $\lambda=1$、$\Phi(1)=0.6827$ 时置信度较低，但由于对应的误差为实际误差

ε(1)，与确定论方法的误差相同，所以多数情况下，MC 程序会将其作为误差收敛标准，目的是便于 MC 方法和其他数值方法进行误差比较。由于 MC 估计量是随机的，所以其误差又称为概率误差。

在误差式(8-8)中，由于 σ、X_1 仍然是未知的，所以模拟计算中为了反映样本数与误差之间的关系，统计量用对应样本数 N 下的估计量代替，估计量 S 取为

$$S^2 = X_2 - (X_1)^2 \approx \frac{1}{N}\sum_{i=1}^{N} x_i^2 - \left(\frac{1}{N}\sum_{i=1}^{N} x_i\right)^2 \tag{8-10}$$

因为

$$\begin{aligned} E[S^2] &= \frac{1}{N}\sum_{i=1}^{N} E(x_i^2) - E\left(\frac{1}{N}\sum_{i=1}^{N} x_i\right)^2 \\ &= \frac{1}{N}\sum_{i=1}^{N} E(x_i - X_1)^2 \\ &= \frac{1}{N}\sum_{i=1}^{N} E\left[(x_i - a) - (X_1 - a)\right]^2 \\ &= \frac{1}{N}\sum_{i=1}^{N} \left[E(x_i - a)^2 - N\cdot E(X_1 - a)^2\right] \\ &= \frac{1}{N}(N\sigma^2 - \sigma^2) = \frac{N-1}{N}\sigma^2 \end{aligned} \tag{8-11}$$

而$\frac{N-1}{N}\sigma^2 \neq \sigma^2$，因此，严格地讲用式(8-10)作为 σ^2 的估计量是有偏的。但考虑到样本数 N 充分大时，有$\frac{N}{N-1}\approx 1$。因此，认为用 S^2 作为 σ^2 的估计量 $\hat{\sigma}^2$ 是可以接受的。由此，得到与样本数 N 相关的误差估计式

$$\hat{\varepsilon} = \frac{\hat{\sigma}}{\sqrt{N}X_1} = \left[\sum_{i=1}^{N} x_i^2 / \left(\sum_{i=1}^{N} x_i\right)^2 - \frac{1}{N}\right]^{1/2} \tag{8-12}$$

计算中用 $\hat{\varepsilon}$ 代替ε，可以实时计算给出对应样本数 N 的标准误差的估计值。中心极限定理定量地给出了近似解与精确解的偏差。

下面利用式(8-12)，计算 π 的误差。为此，定义随机变量

$$\eta_i = \begin{cases} 1, & \text{第 } i \text{ 针落在圆内} \\ 0, & \text{第 } i \text{ 针落在圆外} \end{cases} \tag{8-13}$$

显然有 $\sum_{i=1}^{N}\eta_i = M$、$\sum_{i=1}^{N}\eta_i^2 = M$，于是有

$$\hat{\varepsilon} = \sqrt{\sum_{i=1}^{N}\eta_i^2 / \left(\sum_{i=1}^{N}\eta_i\right)^2 - \frac{1}{N}} = \sqrt{\frac{N-M}{NM}} \tag{8-14}$$

这就是 π 对应的误差估计值。

对任意随机变量 η，定义标准化随机变量

$$\zeta = \frac{\eta - E(\eta)}{\sqrt{D(\eta)}} \tag{8-15}$$

显然它服从标准正态分布 $N(0,1)$。

现实中，经常需要计算多个统计量的组合，涉及组合量误差的计算，这里给出几种组合量统计误差计算公式。

(1)已知 x、y、z 独立，求 $t=x+y+z$ 的误差，其相对标准误差为

$$\varepsilon_t = \frac{\sigma_t}{t} = \frac{\sqrt{(x\varepsilon_x)^2 + (y\varepsilon_y)^2 + (z\varepsilon_z)^2}}{x+y+z} = \frac{\sqrt{\sigma_x^2 + \sigma_y^2 + \sigma_x^2}}{x+y+z} \tag{8-16}$$

式中，ε_x、ε_y、ε_z 分别为 x、y、z 的误差。

(2)设 x、y 独立，求 $z=x\pm y$ 的误差，其相对标准误差为

$$\begin{cases} \sigma_z = \sqrt{\sigma_x^2 + \sigma_y^2} \\ \varepsilon_z = \dfrac{\sqrt{\sigma_x^2 + \sigma_y^2}}{x+y} \end{cases} \tag{8-17}$$

(3)设 x、y 独立，求 $z=kxy$ 的误差，其相对标准误差为

$$\begin{cases} \sigma_z = k\sqrt{y^2\sigma_x^2 + x^2\sigma_y^2} \\ \varepsilon_z = \dfrac{\sqrt{y^2\sigma_x^2 + x^2\sigma_y^2}}{xy} \end{cases} \tag{8-18}$$

(4)设 x、y 独立，求 $z=kx/y$ 的误差，其相对标准误差为

$$\begin{cases} \sigma_z = \dfrac{k}{y}\sqrt{\sigma_x^2 + \dfrac{x^2}{y^2}\sigma_y^2} \\ \varepsilon_z = \dfrac{1}{x}\sqrt{\sigma_x^2 + \dfrac{x^2}{y^2}\sigma_y^2} \end{cases} \tag{8-19}$$

更多的内容可参考《数学手册》[31]一书。

8.3　方法特点

从误差公式(8-8)或其近似表达式式(8-12)可以看出，MC 方法归纳起来有如下六大特点。

(1)收敛速度与问题的维数无关。在前面误差公式的推导中可以看到 MC 方法的误差在置信水平一定的情况下，除了与方差 σ^2 有关，还取决于子样的容量 N，而与子样中的元素所在集合空间的几何形状、空间维数和被积函数的性质均无关。问题的维数变化，除了引起抽样时间和计算估计量的时间增加，不影响问题解的误

差。或者说 MC 方法的收敛速度与问题的维数无关。但是对于一般数值方法,例如,在计算多重积分时,要达到同样的误差,须满足点数与维数的幂次成正比。经验表明,当积分重数超过 3 时,MC 方法求积分的优势就会超过其他数值方法。

(2)受几何条件限制少。对对称、非对称问题,一维、二维、三维复杂几何问题,MC 方法求解时不会遇到任何困难,这是其他方法所不具备的。因此,MC 方法特别适宜于维数高、几何形状复杂、被积函数光滑性差的问题的计算。

(3)能够同时考虑多个方案和计算多个未知量。MC 方法可以一次算出多个未知量,以输运计算为例,它可以在计算出通量的同时,算出经通量响应得到的各种物理量,如各种反应率、能谱、时间谱、角度谱及其联合谱。通过 MC 分类标识计算,还可以得到问题的各个微观量,如非弹 γ 和俘获 γ 等,这是其他数值方法不具备的。

(4)特别适于并行计算。MC 方法的解是由若干样本计算结果的统计平均给出的,每个样本的模拟过程都是独立的,样本与样本之间没有关联,因此,MC 方法特别适于并行计算,且并行可扩展性好,加速比近乎呈线性增长,而这也是其他数值方法难以做到的。

(5)收敛慢和误差的概率性。从中心极限定理可以看出,MC 方法的一大不足是误差的概率性,其误差是在一定概率保证下的误差,这与确定论方法的误差有本质的区别。此外,从误差公式可以看出,由于 $\bar{x}$ 与 $\hat{\sigma}$ 为常数,所以 $\varepsilon \propto 1/\sqrt{N}$。由此可以看出,MC 方法的误差若要下降一个数量级,则样本数需要增加相应的平方数量级,因此收敛慢也是 MC 方法的主要薄弱环节之一。

(6)深穿透问题模拟存在不足。辐射屏蔽问题多为深穿透问题,平均自由程是一个重要指标。经验表明 10 个平均自由程以内的问题,MC 模拟结果置信度较高。而超过 10 个平均自由程以上的深穿透问题,MC 计算统计结果相对实验结果波动较大,个别情况会出现计算结果低于实验结果的情况。这方面 MC 方法相对确定论方法存在明显不足。

提高 MC 估计量计算精度和效率的措施主要有:①增大模拟样本数 N,通过大规模并行计算来实现;②降低方差 σ,通过发展多种降低方差偏倚技巧,尽可能地增加计数量的统计信息。

从事 MC 方法研究的前辈们,总结了一条衡量某种算法优劣的标准,该标准不仅要考虑方差大小的变化,还要考虑相应的计算成本。这就是品质因子(figure of merit,FOM),其定义为

$$\text{FOM} = \frac{1}{\sigma^2 t} \tag{8-20}$$

FOM 值越大,说明算法的方差 σ 越小,用时 t 也越少。当 FOM 趋于常数时,

意味着 MC 估计量的解已经收敛，计算可以终止。MC 方法是一种带经验性的算法，对同样的问题，不同人、采用不同的手段，最终都会获得近似相同的结果，但 FOM 值会出现明显不同。因此，对某些问题的模拟，需要从多种计算方案中，选择最佳优化方案。可以在少量且相同的计算时间下，选择 FOM 值最大的那种方案作为问题模拟方案进行全程问题的模拟。

8.4　随机数与伪随机数

产生随机数是 MC 抽样必不可少的环节，在估计量的求解中，其是通过大量统计量求平均值得到的，而统计量是从分布函数抽样获取的，其中便涉及随机数，因此，随机数的产生是 MC 算法的理论基础，本节就此进行专门讨论。

8.4.1　随机数

定义：把定义在[0,1]上的均匀分布的随机变量的抽样值称为随机数。

在[0,1]上均匀分布的随机变量的分布函数为

$$F(x)=\begin{cases}0, & x<0\\ x, & 0\leqslant x\leqslant 1\\ 1, & x>1\end{cases} \tag{8-21}$$

相应的概率密度函数为

$$f(x)=F'(x)=\begin{cases}1, & 0\leqslant x\leqslant 1\\ 0, & \text{其他}\end{cases} \tag{8-22}$$

定理：设 $\eta_1,\eta_2,\cdots,\eta_n,\cdots$ 是一列等概率取值为 0 或 1 的相互独立的随机变量，则随机变量

$$\xi=\frac{1}{2}\eta_1+\frac{1}{2^2}\eta_2+\cdots+\frac{1}{2^n}\eta_n+\cdots \tag{8-23}$$

是在(0,1)上均匀分布的随机变量(证明略)。

8.4.2　伪随机数

上述定理从另一角度给出随机数的级数展开表达式，也是计算机产生随机数的依据。受计算机字长的限制，ξ 只能取有限项，若按计算机字长 m 作截断处理，则有

$$\tilde{\xi}=\frac{1}{2}\eta_1+\frac{1}{2^2}\eta_2+\cdots+\frac{1}{2^m}\eta_m \tag{8-24}$$

显然由计算机产生的随机数是有限的，不能覆盖[0,1]全区间，与真实的随机

数品质有一些差距。由于这一特点，把计算机产生的随机数称为“伪随机数”。在后面的讨论中，凡提到的随机数大都指“伪随机数”，用 ξ 或 ξ_i 表示。

为保证计算机产生的随机数序列具有良好的品质，希望计算机产生的随机数能尽可能保持原随机数的性质。即需要满足独立性、均匀性、无连贯性、长周期性，同时为便于对算法进行验证，要求具有可重复性。

在实际计算中，通常是在计算机上应用数学方法来产生随机数。一般情况下，是在给定初值 $\xi_1,\xi_2,\cdots,\xi_k$ 下，通过递推公式

$$\xi_{n+k}=T(\xi_n,\cdots,\xi_{n+k-1}),\ n=1,2,\cdots \tag{8-25}$$

确定 ξ_{n+k}。通常取 $k=1$，这时计算公式变为

$$\xi_{n+1}=T(\xi_n),\ n=1,2,\cdots \tag{8-26}$$

其中，T 为递推函数。这样给定初值 ξ_1 后，便可逐个产生随机数序列 $\xi_2,\xi_3,\cdots,\xi_n,\cdots$。

用数学方法产生随机数序列是由递推公式和给定的初始值确定的，或者说随机数序列中除前 k 个随机数是给定的，其他的任一个随机数都被前面的随机数唯一确定。严格地说，它不满足随机数的相互独立的要求。然而，数学家证明了只要递推公式选得好，随机数的相互独立性是可以近似满足的。另外，计算机上表示的[0,1]区间上的数是有限的，因此，由递推公式产生的随机数序列就不可能不出现重复，而形成一定的周期循环。

伪随机数从数学意义上讲并不符合随机数的性质，但是只要计算方法选择得当，可以近似地认为其是相互独立和均匀分布的，并能通过相应的统计检验，证明其是随机的，在模拟中使用不会引起太大的系统误差。同时用数学方法产生的伪随机数非常容易在计算机上实现，可以复算。因此，虽然伪随机数存在一些缺陷，但在计算中仍广泛地被使用。研究各种随机数发生器的工作一直在进行，相关文献也很多，这里不再一一列出。

历史上随机数产生的方法很多，有平方取中法、截断法、混合法、乘同余方法、Fibonecci 法、小数平方法、小数开方法、混沌法、取余法等。在产生随机数的各种不同方法中，选择计算速度快、可复算和具有较好统计性的随机数发生器是非常重要的。这里介绍产生随机数的常用方法。最早采用随机数表的方法，这种处理方法在计算机诞生前使用，计算机诞生后发现它不适于在计算机上使用，因为它需要庞大的存储量。随机数可以利用某些物理现象的随机性来获得，如放射性物质的放射性和计算机噪声等。用物理方法产生随机数有运算速度快的优点，但产生的随机数序列无法重复实现，这给计算结果的验证带来很大的不确定性，加之所需要的特殊设备费用昂贵，也不适用。

8.4.3　随机数的产生方法

下面给出几种计算机产生随机数的方法[32-35]。

1. 平方取中法

1951 年冯·诺依曼提出平方取中法，基本思想为：产生 $2N$ 个任意二进制数字构造初值 $\alpha_0=x_1x_2\cdots x_{2N}(x_i=0$ 或 $1)$，求 $\alpha_0^2=y_1y_2\cdots y_{4N}$，取 α_0^2 中间的 $2N$ 个数构造 $\alpha_1=y_{N+1}y_{N+2}\cdots y_{3N}$，依此类推产生系列随机数 $\alpha_0,\alpha_1,\cdots\alpha_n,\cdots$，然后归一化后得到随机数列 $\xi_0,\xi_1,\cdots\xi_n,\cdots$，用递归公式表示为

$$\begin{cases}\alpha_0=x_1x_2\cdots x_{2N}\\ \alpha_{n+1}\equiv\mathrm{int}[\alpha_n^2/2^N]\mathrm{mod}2^{2N}\\ \xi_{n+1}=2^{-2N}\alpha_{n+1},\ n=0,1,\cdots\end{cases}\tag{8-27}$$

2. 截断法

该法由莱默(Lehmer)提出，其思想类似冯·诺依曼方法。选择有 $2N$ 位二进位初始数 α_0，求 α_0^2，取其后面 $2N$ 位数字，得到一个新数 $\alpha_0^{(1)}$，把 $\alpha_0^{(1)}$ 乘上一个常数 c，取其前面 $2N$ 位数字，定为 $\alpha_0^{(2)}$；再选 $\alpha_0^{(2)}$ 的前 $2N$ 位数，定义为 $\alpha_0^{(3)}$，$\alpha_0^{(3)}$ 乘上一个常数 c，取其后面 $2N$ 位数字，定义为 $\alpha_0^{(4)}$；$\alpha_0^{(2)}$ 和 $\alpha_0^{(4)}$ 按位相加得到下一个 α_1。如此下去得到数列 $\alpha_0,\alpha_1,\cdots\alpha_n,\cdots$，归一化后得到随机数列 $\xi_0,\xi_1,\cdots\xi_n,\cdots$，用递归公式表示为

$$\begin{cases}\alpha_0=x_1x_2\cdots x_{2N}\\ \alpha_n^{(1)}\equiv\alpha_n^2\mathrm{mod}2^{2N}\\ \alpha_n^{(2)}=\mathrm{int}\left[\dfrac{c\alpha_n^{(1)}}{2^{2N}}\right]\\ \alpha_n^{(3)}=\mathrm{int}\left[\dfrac{\alpha_n^2}{2^{2N}}\right]\\ \alpha_n^{(4)}\equiv c\alpha_n^{(3)}\mathrm{mod}2^{2N}\\ \alpha_{n+1}=\alpha_n^{(2)}+\alpha_n^{(4)}\\ \xi_{n+1}=2^{-2N}\alpha_n\end{cases}\tag{8-28}$$

上述两法均可给出一列周期不超过 2^{2N} 的随机数列。

3. 混合法

这是移位和按位相加相结合的一种方法：选择任一具有一定位数的初始数 α_0，向左右各移几位，舍去超出数位的数，然后按位相加，并取绝对值作为 α_1，对 α_1 重复上述过程，产生一列数 $\alpha_0,\alpha_1,\cdots\alpha_n,\cdots$，归一化后得到随机数列 $\xi_0,\xi_1,\cdots\xi_n,\cdots$，用递归公式表示为

$$\begin{cases}\alpha_0 = x_1 x_2 \cdots x_{2N} \\ \alpha_n^{(1)} = \text{int}\left[\dfrac{\alpha_n}{2^P}\right] \\ \alpha_n^{(2)} \equiv 2^P \alpha_n \bmod 2^N \\ \alpha_{n+1} = \left|\alpha_n^{(1)} \oplus \alpha_n^{(2)}\right| \\ \xi_{n+1} = 2^{-N}\alpha_{n+1}\end{cases} \tag{8-29}$$

式中，P 表示移位数。

4. 乘同余方法

乘加同余方法是罗滕贝格(Rotenberg)于 1960 年提出来的，由于该方法有很多优点，已成为仅次于乘同余方法产生随机数的主要方法。

数论工作者经过研究总结，认为齐次线性乘同余方法是相对简单、运算高效的随机数发生器，多数 MC 程序均采用齐次线性乘同余方法随机数发生器($c=0$)，其递归关系如下：

$$\begin{cases}x_{n+1} \equiv (\lambda x_n + c)\bmod M, \\ \xi_{n+1} = x_{n+1}/M,\end{cases} \quad n=0,1,\cdots \tag{8-30}$$

式中，λ 为乘子；M 为模；c 为增量；$0 \leqslant x_{n+1} < M$、$0 < \xi_{n+1} < 1$ 为随机数。

数论证明，当模和乘子取素数时，产生的随机数品质好、周期长、统计性好，不会出现负相关。随机数周期与计算机字长密切相关，对 32 位单精度整数，模 M 取为 $2^{31}-1$，而对 64 位长整型整数，模 M 取为 $2^{64}-1$。表 8-2 给出几种随机数发生器的模、乘子、增量的相关参数选取及周期。

表 8-2 几种随机数发生器对应的参数选择

发生器	M	λ	c	周期
ANSIC[rand()]	2^{31}	1103515245	12345	2^{31}
Park-Miller NR ran0()	$2^{31}-1$	16807	0	$2^{31}-1$
*d*rand48()	2^{48}	25214903917	11	2^{48}
Hayes 64 - bit	2^{64}	6364136223846793005	1	2^{64}

随机数分单、双精度两种。单精度随机数发生器运算简单、效率高，但周期较短。双精度随机数发生器产生的随机数周期长，但产生随机数的运算量较大，计算时间多于单精度随机数发生器。著名的 MCNP 程序采用双精度随机数发生器[36]，MORSE-CG 程序采用单精度随机数发生器[16]，二者各有特点，对随机数周期无特殊要求的问题，采用单精度随机数发生器效果好。这里给出 MORSE-CG 程序中的随机数发生器(FORTRAN 外部函数)，供大家参考。

取 $\xi=\text{rang()}$ 即在(0,1)上的随机数。该随机数的周期较短($\sim 2^{31}$)，但产生单个随机数的效率高。具体过程如下：

```
      function rang()
      save iy, nrn
      data iy/1/, nrn/0/                 ! iy=1 为初始随机数;nrn 为随机数计数器
      iy=iy * 65539                      ! λ=65539 为乘子
      if(iy) 5,6,6
5     iy=iy+2147483647                   ! M=2^31-1=2147483647 为模
6     rang=iy * 0.4656613e-9             ! 1/M=(2^31-1)^-1=0.4656613e-9
      nrn=nrn+1
      return
      end
```

8.4.4　组合随机数产生

为了加长随机数的周期，常用的办法就是采取组合随机数序列，就好比(0,1)是一维随机数线，组合后变为(0,1)×(0,1)二维随机数面，当然面比线更稠密，因而，组合随机数的周期更长。根据组合随机数理论，经组合得到的发生器要比参与组合的其中任意一个发生器产生的随机数序列更接近[0,1]均匀分布，而且组合后的周期(在宽松的条件下)是被组合的随机数周期的最小公倍数，它从理论上保证了组合随机数的长周期。

根据乘同发生器的线性组合理论，这种组合所得的发生器等于另一个“关联”的乘同余发生器，后者的模是被组合的每一个模的乘积，乘子也可由公式算出，从而可以通过参数的优选，保证组合发生器的高维结构更为稠密。

组合随机数发生器的一般形式为[37]

$$\begin{cases} Y_i = \left(\sum\limits_{j=1}^{m} c^{(j)} X_i^{(j)}\right) \operatorname{mod} M \\ \xi_i = Y_i / M \end{cases} \tag{8-31}$$

式中，

$$\begin{cases} X_{i+1}^{(j)} = a^{(j)} X_i^{(j)} \operatorname{mod} M^{(j)} \\ M = \max\limits_{j} M^{(j)},\ j = 1,\cdots,m \end{cases} \tag{8-32}$$

ξ_i 为[0,1]上均匀分布的随机数。

几个独立且近似均匀的随机变量的线性组合也是一个近似均匀的随机变量，且其分布比组成它的任意一个变量更接近 $U[0,1]$。这意味着组合发生器的被组合对象可以是不同类型的发生器，而构造优良组合发生器系数是问题的关键。通

常组合数 m 越高，随机数的周期越长。但当 $m>1$ 时，由于参与运算的初始随机数为 m 个，且乘同余方法的运算量较 $m=1$ 多。所以，选择随机数周期并非越长越好，可根据模拟问题特点，选择周期和效率都能兼顾的随机数发生器。

8.4.5 随机数统计检验

随机数的统计品质决定了随机抽样方法的计算精度，通过统计检验，可以了解它是否具有[0,1]区间上的均匀分布的随机数应有的统计特性。随机数统计检验内容非常丰富，主要有均匀性、随机性和独立性检验。但所有的检验方法都是必要而不充分的。随机数的周期往往只能给出理论估计，无法核实。这里给出常用的几种随机数统计检验方法。

1. 矩检验

随机数序列的 1～4 阶矩统计检验，其估计值分别如下。

均值：

$$\bar{\xi}=\sum_{i=1}^{N}\xi_i/N \tag{8-33}$$

方差：

$$s^2=\sum_{i=1}^{N}(\xi_i-0.5)^2/N \tag{8-34}$$

偏度系数：

$$g_1=\frac{1}{N}\sum_{i=1}^{N}\left[\sqrt{12}(\xi_i-0.5)\right]^3 \tag{8-35}$$

峰度系数：

$$g_2=\frac{1}{N}\sum_{i=1}^{N}\left[\sqrt{12}(\xi_i-0.5)\right]^4-3 \tag{8-36}$$

上述 4 个估计值的期望值和方差分别为

$$E(\bar{\xi})=0.5,\quad D(\bar{\xi})=\frac{1}{12N}$$

$$E(s^2)=\frac{1}{12},\quad D(s^2)=\frac{1}{180N}$$

$$E(g_1)=0,\quad D(g_1)=\frac{1}{0.509175^2N}$$

$$E(g_2)=0,\quad D(g_2)=\frac{1}{0.416667^2N}$$

由中心极限定理得到统计量分别为

$$\begin{cases} u_1 = \dfrac{\bar{\xi} - E(\bar{\xi})}{\sqrt{D(\bar{\xi})}} \\ u_2 = \dfrac{s^2 - E(s^2)}{\sqrt{D(s^2)}} \\ u_3 = \dfrac{g_1 - E(g_1)}{\sqrt{D(g_1)}} \\ u_4 = \dfrac{g_2 - E(g_2)}{\sqrt{D(g_2)}} \end{cases} \tag{8-37}$$

$u_i(i=1\sim4)$渐近服从 $N(0,1)$正态分布。

2. 相关性检验

把随机数 $\xi_1,\xi_2,\cdots,\xi_N$ 视为一平稳时间序列，于是时滞 1～7 的自相关函数的估计值为

$$\rho_j = \frac{\dfrac{1}{N-j}\sum_{i=1}^{N-j}(\xi_i - \bar{\xi})(\xi_{i+j} - \bar{\xi})}{s^2},\ j=1,2,\cdots,7 \tag{8-38}$$

式中，

$$\bar{\xi} = \frac{1}{N}\sum_{i=1}^{N}\xi_i,\ s^2 = \frac{1}{N}\sum_{i=1}^{N}(\xi_i - \bar{\xi})^2 \tag{8-39}$$

则统计量

$$u_j = \rho_j\sqrt{N-j},\ j=1,2,\cdots,7 \tag{8-40}$$

渐近服从 $N(0,1)$标准正态分布。

3. 均匀性检验

(1)一维均匀性检验。把区间[0,1]分为 $k=1.87\times(N-1)^{2/5}$ 个等长度区间，并把 ξ_i 视为[0,1]上的随机点，它落入各小区间的观测频数和理论频数分别为 n_i 和 $m_i=N/k$，于是统计量

$$\chi^2 = \sum_{i=1}^{k}\frac{(n_i - m_i)^2}{m_i} \tag{8-41}$$

渐近服从 $\chi^2(k-1)$分布。

(2)二维均匀性检验。在 $X-Y$ 平面上，把单位正方形分为 $k\times k$ 个相等的小正方形，从而构成 $k\times k$ 列联表，用于二维独立性、均匀性检验。把随机数对(ξ_i,ξ_j)看作单位正方形内的一点，记落入小正方形(i,j)内的观测频数为 $n_{ij}(i,j=1,2,\cdots,k)$，令

$$n_i = \sum_{j=1}^{k}n_{ij},\ n_j = \sum_{i=1}^{k}n_{ij} \tag{8-42}$$

则统计量

$$\chi^2 = N\left(\sum_{i,j=1}^{k} \frac{n_{ij}^2}{n_i n_j} - 1\right) \tag{8-43}$$

渐近服从 $\chi^2[(k-1)^2]$分布。

关于随机数的检验内容很多，实际应用时，把产生的 N 个随机数 ξ_i（N 充分大）求和取平均，若 $\eta = \frac{1}{N}\sum_{i=1}^{N}\xi_i \approx 0.5$，则认为使用的随机数序列是均匀的。

8.5 小结

概率论与数理统计是 MC 方法的理论基础，其中大数定律和中心极限定理是 MC 方法误差估计的基础。只要能够把求解的问题转化为数学期望的积分，就可使用 MC 方法进行求解。MC 方法用大量随机抽样获得的统计平均解作为数学期望的近似解。当样本数足够多，MC 方法的近似解可以充分逼近解析解。由于抽样的原因，MC 方法得到的解与解析解之间的偏差是用概率置信度来保证的，其解不唯一，这一点与其他数学方法不同。人们在求解各类数学问题时，MC 方法可以作为一种选择，具体视实际性价比决定。

第 9 章　随机抽样方法

任意分布的随机变量的抽样，均可用一个或几个随机数的某种关系来表示，本章讨论离散型和连续型分布抽样值的产生过程。在下面的讨论中，用 ξ 表示[0,1]区间上的随机数，用 x_f 表示随机变量 x 的抽样值。

9.1　直接抽样方法

9.1.1　离散型分布抽样

设 x 是离散型随机变量，分别以概率 p_i 取值 x_i，满足归一条件 $\sum_{i=1}^{N} p_i = 1$，可用以下方法获得随机变量 x 的抽样值 x_f。

抽随机数 ξ，求出满足不等式

$$\sum_{i=1}^{j-1} p_i \leqslant \xi < \sum_{i=1}^{j} p_i \tag{9-1}$$

的 j($j \leqslant N$，约定 $p_0 = 0$)，则 $x_f = x_j$。

由于

$$P(x = x_j) = P\left(\sum_{i=1}^{j-1} p_i \leqslant \xi < \sum_{i=1}^{j} p_i\right) = \sum_{i=1}^{j} p_i - \sum_{i=1}^{j-1} p_i = p_j$$

故 x_j 即为随机变量 x 的抽样值 x_f。

例 9 - 1　设某个有限齐次马尔可夫链 $\{w_1, w_2, \cdots, w_n\}$，其初始分布是 $\{p_1, p_2, \cdots, p_n\}$，转移概率矩阵为

$$\begin{bmatrix} p_{11} & p_{12} & \cdots & p_{1n} \\ p_{21} & p_{22} & \cdots & p_{2n} \\ \vdots & \vdots & & \vdots \\ p_{n1} & p_{n2} & \cdots & p_{nn} \end{bmatrix} \tag{9-2}$$

试确定该马尔可夫链的瞬时状态。

解：(1)首先根据初始分布决定初始状态，选随机数 ξ_1，确定满足不等式

$$\sum_{k=1}^{i-1} p_k \leqslant \xi_1 < \sum_{k=1}^{i} p_k, j \leqslant n \tag{9-3}$$

的 i，对应 i 的 w_i 就是初态。

(2)根据初态 w_i 和转移概率矩阵确定转移态，选随机数 ξ_2，确定满足不等式

$$\sum_{k=1}^{j-1} p_{ik} \leqslant \xi_2 < \sum_{k=1}^{j} p_{ik} \tag{9-4}$$

的 j（约定 $p_{i0}=0, i=1,2,\cdots,n$），对应 j 的 w_j 就是转移态。

例 9-2　能量为 E 的中子与 ^{235}U 原子核发生碰撞，假定碰撞后可能发生的核反应有弹性散射(el)、非弹性散射(in)、俘获反应(c)、裂变反应(f)。它们的反应概率分别为：$p_{el}^{(1)}=\Sigma_{el}/\Sigma_t$、$p_{in}^{(2)}=\Sigma_{in}/\Sigma_t$、$p_c^{(3)}=\Sigma_c/\Sigma_t$、$p_f^{(4)}=\Sigma_f/\Sigma_t$，满足归一条件 $p_{el}^{(1)}+p_{in}^{(2)}+p_c^{(3)}+p_f^{(4)}=1(\Sigma_t=\Sigma_{el}+\Sigma_{in}+\Sigma_c+\Sigma_f)$，试定出碰撞后发生的反应类型。

解：碰撞反应类型确定的框图如图 9-1 所示。

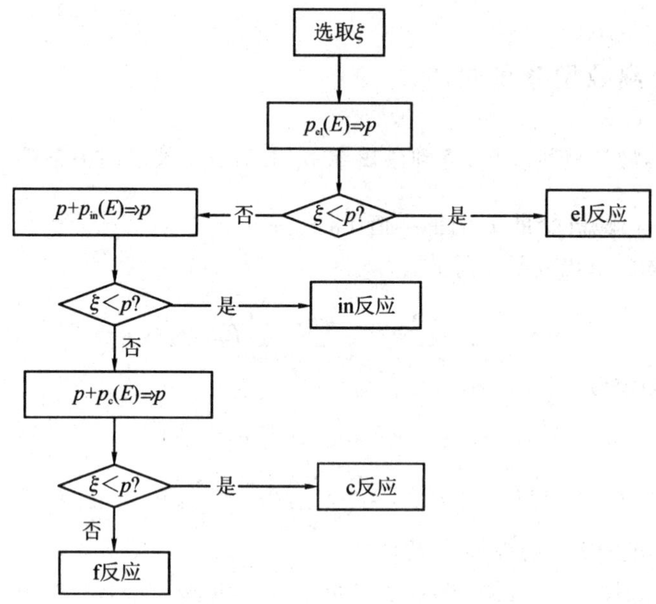

图 9-1　碰撞反应类型的确定

等概率抽样：若有 n 个事件 $E_1,E_2,\cdots,E_n$，每个事件发生的概率相等，$p_i=1/n$。采用直接抽样法确定事件 E_j 的发生，j 满足下列不等式：

$$\sum_{i=1}^{j-1} p_i \leqslant \xi < \sum_{i=1}^{j} p_i$$

即有

$$j-1 \leqslant n \cdot \xi < j$$

求得

$$j = \mathrm{int}[n \cdot \xi] + 1$$

这说明等概率事件可以采用比解不等式简单的公式计算。

9.1.2　连续型分布抽样

函数变换法是连续型随机变量产生的基本方法，其基本原理如下。

函数变换法：设 $F(x)$ 为连续型随机变量 x 的分布函数，$x \in (a, b)$，$f(x) = F'(x)$ 为 x 的概率密度函数(下简记为 p. d. f)，若 $F(x)$ 的反函数 $F^{-1}(x)$ 存在，可得随机变量 x 的抽样值为

$$x_{\mathrm{f}} = F^{-1}(\xi) \tag{9-5}$$

式中，ξ 为[0，1]上均匀分布的随机数。

或利用 $f(x)$，从方程

$$\xi = \int_a^{x_{\mathrm{f}}} f(x)\mathrm{d}x \tag{9-6}$$

反解出 x_{f}。

由于

$$P(x_{\mathrm{f}} < x) = P[F^{-1}(\xi) < x] = P[\xi < F(x)] = F(x)$$

故 x_{f} 就是随机变量 x 的抽样值。

例 9－3　确定各向同性角度 $\boldsymbol{\Omega}$ 的方向余弦(u, v, w)的抽样值。

解：各向同性是指每个方向都是等概率的，相当于在单位球面上均匀地取一点的坐标。若采用球坐标，令 $\mu = \cos\theta$ 与 φ 分别表示极角余弦与方位角，则该点的坐标可表示为

$$\begin{cases} u = \sqrt{1-\mu^2}\cos\varphi \\ v = \sqrt{1-\mu^2}\sin\varphi, \ -1 \leqslant \mu \leqslant 1, \ 0 \leqslant \varphi \leqslant 2\pi \\ w = \mu \end{cases} \tag{9-7}$$

(μ, φ)的联合 p. d. f 为

$$f(\mu, \varphi) = \frac{1}{4\pi} = f_1(\mu) f_2(\varphi) \tag{9-8}$$

式中，$f_1(\mu) = 1/2$，$\mu \in [-1, 1]$为极角余弦分布；$f_2(\varphi) = 1/2\pi$，$\varphi \in [0, 2\pi]$为方位角分布，两者均服从均匀分布，用函数变换法抽样得

$$\begin{cases} \mu_{\mathrm{f}} = 2\xi_1 - 1 \\ \varphi_{\mathrm{f}} = 2\pi\xi_2 \end{cases} \tag{9-9}$$

将式(9－9)代入式(9－7)得到方向抽样值。

例 9－4　已知中子的碰撞距离 l 服从负指数分布

$$f(l) = \Sigma(l)\mathrm{e}^{-\int_0^{l_{\mathrm{f}}} \Sigma(l')\mathrm{d}l'}, \ 0 < l < \infty \tag{9-10}$$

求 l 的抽样值。

解:分以下两种情况考虑。

(1)当 $\Sigma(l)=\Sigma$ 为一常数时(即单层介质)。抽随机数 ξ,由 $\xi=\int_0^{l_{\mathrm{f}}}\Sigma \mathrm{e}^{-\Sigma l'}\mathrm{d}l'$ 得 l 的抽样值为

$$l_{\mathrm{f}}=-\frac{\ln(1-\xi)}{\Sigma}$$

因 $1-\xi$ 仍然是[0,1]上均匀分布的随机数,可用 ξ 代之而简化为

$$l_{\mathrm{f}}=-\frac{\ln\xi}{\Sigma} \tag{9-11}$$

(2)假定截面由多层介质组成(见图 9-2)。每层介质的截面为一常数,$\Sigma(l)$ 可表为

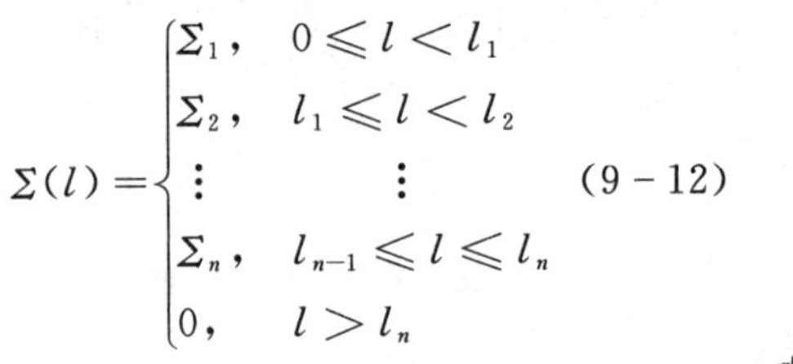

$$\Sigma(l)=\begin{cases}\Sigma_1, & 0\leqslant l<l_1\\ \Sigma_2, & l_1\leqslant l<l_2\\ \vdots & \vdots\\ \Sigma_n, & l_{n-1}\leqslant l\leqslant l_n\\ 0, & l>l_n\end{cases} \tag{9-12}$$

真空 $\boldsymbol{\Omega}'$ Σ_n l_n Σ_2 l_1 Σ_1 l_2 $\boldsymbol{r}'$

图 9-2 中子飞行穿过各界面示意图(多层介质)

作变量变换,令 $\tilde{l}=\int_0^l\Sigma(l')\mathrm{d}l'$,则 $\tilde{l}$ 服从负指数分布:

$$g(\tilde{l})=\mathrm{e}^{-\tilde{l}}\ (0\leqslant\tilde{l}<\infty)$$

由 $\xi=\int_0^{\tilde{l}_{\mathrm{f}}}\mathrm{e}^{-l'}\mathrm{d}l'$ 解出 $\tilde{l}$,由此得到距离 $\tilde{l}$ 的抽样值为

$$\tilde{l}_{\mathrm{f}}=-\ln\xi=\int_0^l\Sigma(l')\mathrm{d}l'$$

若 $\tilde{l}_{\mathrm{f}}>\int_0^{l_n}\Sigma(l')\mathrm{d}l'$,则中子穿出系统进入真空,按泄漏处理;反之,则必存在 $j\leqslant n$,使不等式

$$\int_0^{l_{j-1}}\Sigma(l')\mathrm{d}l'\leqslant-\ln\xi<\int_0^{l_j}\Sigma(l')\mathrm{d}l'$$

成立。上式展开有

$$\int_0^{l_{\mathrm{f}}}\Sigma(l')\mathrm{d}l'=-\ln\xi=\left[\int_0^{l_{j-1}}\Sigma(l')\mathrm{d}l'+\int_{l_{j-1}}^{l_{\mathrm{f}}}\Sigma(l')\mathrm{d}l'\right]$$

$$=\sum_{i=1}^{j-1}(l_i-l_{i-1})\Sigma_i+(l_{\mathrm{f}}-l_{j-1})\Sigma_j$$

解得

$$l_{\mathrm{f}}=l_{j-1}-\frac{1}{\Sigma_j}\left[\ln\xi+\sum_{i=1}^{j-1}(l_i-l_{i-1})\Sigma_i\right] \tag{9-13}$$

这里约定 $l_0=0$。$\widetilde{l}_{\mathrm{f}}=l_{\mathrm{f}}$ 即为多层介质碰撞距离的抽样值。

连续分布随机变量直接抽样涉及反函数求解。多数函数存在反函数，但也有函数不存在反函数，或求反函数的过程复杂。因此，函数变换法存在一定的局限性。此时需要考虑其他替代抽样方法。偏倚抽样方法是获得随机变量抽样值的另一种方法。

例 9-5　求随机变量 $\zeta=\max\{\xi_1,\xi_2,\cdots,\xi_n\}$ 和 $\eta=\min\{\xi_1,\xi_2,\cdots,\xi_n\}$ 的分布函数，其中 $\xi_i(i=1,2,\cdots,n)$ 为随机数。

解：(1)求随机变量 ζ 的分布函数：

$$F(x)=P\{\zeta<x\}=P\{\max\{\xi_1,\xi_2,\cdots,\xi_n\}<x\}$$
$$=P\{\xi_1<x\}P\{\xi_2<x\}\cdots P\{\xi_n<x\}=x^n,0\leqslant x\leqslant 1 \tag{9-14}$$

(2)求随机变量 η 的分布函数：

$$\begin{aligned}G(y)&=P\{\eta<y\}=P\{\min\{\xi_1,\xi_2,\cdots,\xi_n\}<y\}\\&=1-P\{\min\{\xi_1,\xi_2,\cdots,\xi_n\}\geqslant y\}\\&=1-P\{\xi_1\geqslant y\}P\{\xi_2\geqslant y\}\cdots P\{\xi_n\geqslant y\}\\&=1-(1-y)^n\end{aligned} \tag{9-15}$$

通过以上计算可知，具有分布函数 $F(x)=x^n$ 的随机变量 X 的抽样值为

$$\zeta_{\mathrm{f}}=\max\{\xi_1,\xi_2,\cdots,\xi_n\} \tag{9-16}$$

具有分布函数 $G(y)=1-(1-y)^n$ 的随机变量 Y 的抽样值为

$$\eta_{\mathrm{f}}=\min\{\xi_1,\xi_2,\cdots,\xi_n\} \tag{9-17}$$

例 9-6　已知随机变量 $\{x_i\}$ 相互独立，具有相同分布 e^{-x}，证明随机变量 $x=\sum_{i=1}^{n}x_i$ 的 p. d. f 为 $f(x)=\dfrac{x^{n-1}}{(n-1)!}\mathrm{e}^{-x}$，并求随机变量 x 的抽样值。

解：(1)采用数学归纳法证明 x 的 p. d. f 的形式成立。

当 $n=2$ 时，由分布函数的性质，有

$$f(x)=f_{x_1+x_2}(x)=\int_0^x f_{x_1}(y)f_{x_2}(x-y)\mathrm{d}y$$
$$=\int_0^x \mathrm{e}^{-y}\mathrm{e}^{-(x-y)}\mathrm{d}y=x\mathrm{e}^{-x}=\left.\frac{x^{n-1}}{(n-1)!}\mathrm{e}^{-x}\right|_{n=2}$$

即 $n=2$ 时成立。

假定 $k=n-1$ 时成立，即随机变量 $y=\sum_{i=1}^{n-1}x_i$ 服从分布

$$f(x)=f_y(x)=\frac{x^{n-2}}{(n-2)!}\mathrm{e}^{-x}$$

当 $k=n$ 时，有

$$f(x)=f_{y+x_n}(x)=\int_0^x f_y(y)f_{x_n}(x-y)\mathrm{d}y$$

$$=\int_0^x \frac{y^{n-2}}{(n-2)!}e^{-y}e^{-(x-y)}dy$$

$$=\frac{1}{(n-2)!}\int_0^x y^{n-2}e^{-x}dy$$

$$=\frac{x^{n-1}}{(n-1)!}e^{-x}$$

证毕。

(2)求随机变量 x 的抽样值。已知随机变量 x_i 服从负指数分布 e^{-x}，则其抽样值为 $x_{if}=-\ln\xi_i$，于是随机变量 $x=\sum_{i=1}^{n}x_i$ 的抽样值为

$$x_f=\sum_{i=1}^{n}x_{if}=-\ln(\xi_1\xi_2\cdots\xi_n) \tag{9-18}$$

例 9-7 设随机变量 ζ 服从截尾指数分布

$$f(x)=\frac{e^{-x}}{1-e^{-a}},\ 0<x<a \tag{9-19}$$

求 ζ 的抽样值。

解:若采用直接法，则 ζ 的抽样值为

$$\zeta_f=-\ln[1-\xi(1-e^{-a})] \tag{9-20}$$

由于指数运算在计算机中计算很费时，考虑替代办法。定义随机变量 η 及其分布函数 $e^{-y}(0\leqslant y<\infty)$，同时定义随机变量

$$\zeta=\eta \bmod a \tag{9-21}$$

现证明 ζ 服从截尾指数分布式(9-19)。

对任意实数 $y\in[0,\infty)$，必存在 $n\geqslant 0$，使

$$y=na+x,0\leqslant x<a \tag{9-22}$$

于是有

$$F(x)=P(\zeta<x)=\sum_{n=0}^{\infty}P(na\leqslant y<na+x)$$

$$=\sum_{n=0}^{\infty}[P(y<na+x)-P(y<na)]$$

$$=\sum_{n=0}^{\infty}\{[1-e^{-(na+x)}]-(1-e^{-na})\}$$

$$=(1-e^{-x})\sum_{n=0}^{\infty}e^{-na}=\frac{1-e^{-x}}{1-e^{-a}}$$

求导得到随机变量 ζ 的 p. d. f 为

$$f(x)=F'(x)=\frac{e^{-x}}{1-e^{-a}},\quad 0<x<a$$

即随机变量 ζ 服从截尾指数分布式(9-19)。

由 η 的抽样值 $\eta_f=-\ln\xi$，易得 ζ 的抽样值为

$$\zeta_f=-\ln\xi \bmod a \tag{9-23}$$

式(9-23)避开了指数运算。

后面介绍的强迫碰撞采用的就是截尾指数分布，对于光学薄区域的计数，采取强迫碰撞来提高统计计数是十分必要的。

例 9-8　试求均匀分布在球壳 $R_0\leqslant r\leqslant R_1$ 内的半径 r 的抽样值。

解：根据体积均匀的假设，构造半径随机变量 r 的分布函数及 p. d. f：

$$\begin{cases} F(r)=\dfrac{V(r)-V(R_0)}{V(R_1)-V(R_0)}=\dfrac{\dfrac{4}{3}\pi r^3-\dfrac{4}{3}\pi R_0^3}{\dfrac{4}{3}\pi R_1^3-\dfrac{4}{3}\pi R_0^3}=\dfrac{r^3-R_0^3}{R_1^3-R_0^3} \\ f(r)=F'(r)=\dfrac{3r^2}{R_1^3-R_0^3} \end{cases} \tag{9-24}$$

由函数变换法 $\xi=\int_0^r \mathrm{d}F(r)=F(r)$，求得 r 的抽样值为

$$r_f=F^{-1}(\xi)=[R_0^3+\xi(R_1^3-R_0^3)]^{1/3} \tag{9-25}$$

为了回避开方运算，作变量代换：

$$r=R_0+x(R_1-R_0) \tag{9-26}$$

则有

$$\mathrm{d}r=(R_1-R_0)\mathrm{d}x,\ 0\leqslant x\leqslant 1$$

由雅可比变换，有

$$f(x)=f(r)\frac{\mathrm{d}r}{\mathrm{d}x}=\frac{3[R_0+x(R_1-R_0)]^2}{R_1^3-R_0^3}(R_1-R_0)$$

$$=\frac{3[R_0+x(R_1-R_0)]^2}{R_0^2+R_0R_1+R_1^2} \tag{9-27}$$

作变量代换，令

$$\lambda=R_0^2+R_0R_1+R_1^2 \tag{9-28}$$

则式(9-27)变为

$$f(x)=\frac{(R_1-R_0)^2}{\lambda}\cdot 3x^2+\frac{3R_0(R_1-R_0)}{\lambda}\cdot 2x+\frac{3R_0^2}{\lambda}=\sum_{i=1}^{3}p_i f_i(x) \tag{9-29}$$

式中，$p_1=(R_1-R_0)^2/\lambda$、$p_2=3R_0(R_1-R_0)/\lambda$、$p_3=3R_0^2/\lambda$、$f_1(x)=3x^2$、$f_2(x)=2x$、$f_3(x)=1$。

用复合抽样容易得到随机变量 r 的抽样值(见 9.3.5 节介绍)。

9.1.3 随机向量的抽样

设二维随机向量(ζ,η)的联合 p. d. f 为 $f(x,y)(-\infty< x<+\infty,-\infty<y<+\infty)$,现求它的抽样值。把 $f(x,y)$写为

$$f(x,y)=f_{\zeta}(x)f_{\eta}(y\mid x) \tag{9-30}$$

式中,$f_{\zeta}(x)$是随机变量 ζ 的 p. d. f;$f_{\eta}(y\mid x)$是 $\zeta=x$ 条件下 η 的条件 p. d. f。它们分别为

$$f_{\zeta}(x)=\int_{-\infty}^{+\infty}f(x,y)\mathrm{d}y \tag{9-31}$$

$$f_{\eta}(y\mid x)=\frac{f(x,y)}{\int_{-\infty}^{+\infty}f(x,y)\mathrm{d}y} \tag{9-32}$$

从 $f_{\zeta}(x)$定出抽样值 x_{f},再从 $f_{\eta}(y\mid x_{\mathrm{f}})$求出 y 的抽样值 y_{f},由此,产生了二维随机向量(ζ,η)的抽样值$(x_{\mathrm{f}},y_{\mathrm{f}})$。

类似地,可产生多维随机向量$(\zeta_1,\zeta_2,\cdots,\zeta_n)$的抽样值。假定它的联合 p. d. f 为 $f(x_1,x_2,\cdots,x_n)(-\infty<x_1,x_2,\cdots,x_n<\infty)$,$f$ 可以进一步写为

$$f(x_1,x_2,\cdots,x_n)=f_{\zeta_1}(x_1)f_{\zeta_2}(x_2\mid x_1)\cdots f_{\zeta_n}(x_n\mid x_1,x_2,\cdots,x_{n-1}) \tag{9-33}$$

式中,

$$\begin{cases} f_{\zeta_1}(x_1)=\int_{-\infty}^{+\infty}\cdots\int_{-\infty}^{+\infty}f(x_1,x_2,\cdots,x_n)\mathrm{d}x_2\cdots\mathrm{d}x_n \\ f_{\zeta_2}(x_2\mid x_1)=\dfrac{\int_{-\infty}^{+\infty}\cdots\int_{-\infty}^{+\infty}f(x_1,x_2,\cdots,x_n)\mathrm{d}x_3\cdots\mathrm{d}x_n}{f_{\zeta_1}(x_1)} \\ \qquad\vdots \\ f_{\zeta_n}(x_n\mid x_1,x_2,\cdots,x_{n-1})=\dfrac{f(x_1,x_2,\cdots,x_n)}{f_{\zeta_1}(x_1)f_{\zeta_2}(x_2\mid x_1)\cdots f_{\zeta_{n-1}}(x_{n-1}\mid x_1,x_2,\cdots,x_{n-2})} \end{cases} \tag{9-34}$$

从 p. d. f $f_{\zeta_1}(x_1)$中产生抽样值 $x_{1\mathrm{f}}$,再根据 $x_{1\mathrm{f}}$ 从条件 p. d. f $f_{\zeta_2}(x_2\mid x_{1\mathrm{f}})$中产生抽样值 $x_{2\mathrm{f}}$,以此类推,最后可以得到随机向量$(\zeta_1,\zeta_2,\cdots,\zeta_n)$的抽样值$(x_{1\mathrm{f}},x_{2\mathrm{f}},\cdots,x_{n\mathrm{f}})$[38]。

例 9-9　试求二维 p. d. f

$$f(x,y)=\frac{e^{-xy}}{x}\ (1<x<\infty,0<y<\infty)$$

的抽样值。

解:把 $f(x,y)$写为

$$f(x,y)=f_{\zeta}(x)f_{\eta}(y|x)$$

式中,

$$f_{\zeta}(x)=\frac{1}{x^2},\quad f_{\eta}(y|x)=xe^{-xy}$$

应用函数变换法求得 $f_{\zeta}(x)$的抽样值为为

$$x_f=\frac{1}{\xi_1}$$

代入 $f_{\eta}(y|x)$,继续应用函数变换法求得 $f_{\eta}(y|x)$的抽样值为

$$y_f=-\xi_1\ln\xi_2$$

式中,ξ_1、ξ_2 为随机数。

由此得到 $f(x,y)$关于(x,y)的抽样值$(x_f,y_f)=\left(\frac{1}{\xi_1},-\xi_1\ln\xi_2\right)$。

9.2　偏倚抽样方法

降低方差技巧本质上就是偏倚抽样,即在相同样本数前提下,增加对统计量贡献多的抽样数,减少对统计量贡献少的抽样数。偏倚计算结果是有偏的,需要通过无偏修正来确保计算结果的正确无偏性。降低方差技巧经过多年发展,诞生了若干针对不同问题的偏倚抽样算法,如连续型分布偏倚抽样和离散型分布偏倚抽样。

9.2.1　连续型分布偏倚抽样

下面考虑区域 G 上的数学期望积分 I 的求解:

$$I=E[g]=\int_G f(X)g(X)\mathrm{d}X \tag{9-35}$$

式中,X 可为多维变量;$f(X)$为定义在 G 上的 p. d. f。

前面讨论了,通过函数变换法在 G 上产生 $f(X)$的抽样值,就可以得到积分 I 的近似值。但如果 $f(X)$或 $F(X)$的反函数不存在,或通过反函数求 X 的抽样值效率很低,那么就需要在定义域 G 上引入偏倚 p. d. f$\tilde{f}(X)$,将原来的泛函积分 I 改写为

$$I=\int_G f(X)g(X)\mathrm{d}X=\int_G \tilde{f}(X)g(X)\frac{f(X)}{\tilde{f}(X)}\mathrm{d}X$$

$$=\int_G \tilde{f}(X)g_1(X)\mathrm{d}X = E[g_1] \tag{9-36}$$

式中，

$$g_1(X)=g(X)\left(\frac{f(X)}{\tilde{f}(X)}\right)=g(X)w_{\mathrm{adj}}(X) \tag{9-37}$$

$$w_{\mathrm{adj}}(X)=\frac{f(X)}{\tilde{f}(X)} \tag{9-38}$$

称 $w_{\mathrm{adj}}(X)$为 $f(X)$的纠偏因子。

抽样过程：从 $\tilde{f}(X)$抽样产生 N 个抽样值 $X_1,X_2,\cdots,X_N$，用

$$I=E[g_1]\approx\frac{1}{N}\sum_{n=1}^{N}g_1(X_n)=\hat{I} \tag{9-39}$$

作为泛函积分 I 的估计值。

这种用偏倚函数 $\tilde{f}(X)$代替原函数 $f(X)$的抽样称为偏倚抽样，相应的估计函数 g_1 的方差为

$$\begin{aligned}\sigma_{g_1}^2 &= E[g_1(X)-I]^2\\ &=\int_G[g_1(X)-I]^2\tilde{f}(X)\mathrm{d}X\\ &=\int_G g_1^2(X)\tilde{f}(X)\mathrm{d}X-\left[\int_G g_1(X)\tilde{f}(X)\mathrm{d}X\right]^2\\ &=\int_G\frac{f^2(X)g^2(X)}{\tilde{f}(X)}\mathrm{d}X-I^2\end{aligned} \tag{9-40}$$

从式(9-40)可以看出，当取 $\tilde{f}(X)=f(X)g(X)/I$ 时，有 $\sigma_{g_1}^2=0$，但由于此时的 $\tilde{f}(X)$中含有待求量 I，显然“零”方差是达不到的，仅有理论意义。不过它会启发人们去寻找接近“零”方差的偏倚函数 $\tilde{f}(X)$。

从式(9-40)可以看出，若选择的偏倚函数 $\tilde{f}(X)$在定义域 G 内的绝大部分区域满足

$$w_{\mathrm{adj}}(X)=\frac{f(X)}{\tilde{f}(X)}<1$$

则有

$$\sigma_g^2-\sigma_{g_1}^2=\int_G g^2(X)\left[1-\frac{f(X)}{\tilde{f}(X)}\right]f(X)\mathrm{d}X>0$$

即有

$$\sigma_{g_1}^2<\sigma_g^2$$

从而达到降低方差的目的。

9.2.2　离散型分布偏倚抽样

如果已知离散概率分布$\{p_i\}$满足归一条件$\sum p_i=1$。可能会有这种情况：某个事件的抽样概率很小，但贡献很大，即小概率大贡献事件，由于随机性原因，当抽样样本数不充分时，这种小概率大贡献事件往往会被漏掉。为了避免这种情况发生，可以通过偏倚抽样来避免，即加大对所关心的事件的抽样概率。可以重新定义一组偏倚抽样概率分布$\{\widetilde{p}_i\}$，其满足归一条件$\sum \widetilde{p}_i=1$，按偏倚概率分布$\{\widetilde{p}_i\}$进行抽样，对应每个$\widetilde{p}_i$的纠偏因子为$p_i/\widetilde{p}_i$。

无论是连续型，还是离散型，其偏倚函数或分布都是不唯一的。凡使用偏倚抽样，均需要对计算结果进行无偏修正。

9.3　常用抽样方法

由于 MC 方法求解问题的精度直接由方差决定，如何在相同的样本下，使统计量的方差变小，是各种抽样方法亟待解决的问题。因此，MC 方法发展到今天，诞生了若干抽样方法。为方便讨论，以一维数学期望积分

$$I=E[g]=\int_a^b g(x)f(x)\mathrm{d}x \tag{9-41}$$

的计算为例，这里$f(x)$为(a,b)上的 p. d. f。

估计量I的方差为

$$\sigma^2=E[g(x)-I]^2=\int_a^b [g(x)-I]^2 f(x)\mathrm{d}x \tag{9-42}$$

9.3.1　直接抽样

直接抽样：从$f(x)$抽取N个样本点$x_1,x_2,\cdots,x_N$，以

$$I_1=\frac{1}{N}\sum_{i=1}^{N}g(x_i) \tag{9-43}$$

作为I的估计量，相应的方差为

$$\sigma_1^2=E[I_1-E(I_1)]^2=E(I_1-I)^2=\frac{1}{N}\left\{\sum_{i=1}^{N}[g(x_i)-I]^2\right\}=\frac{\sigma^2}{N} \tag{9-44}$$

式中，

$$\sigma^2=E[g(x)-I]^2=\int_a^b [g(x)-I]^2 f(x)\mathrm{d}x \tag{9-45}$$

9.3.2 替换抽样

对某些复杂随机变量，直接抽样困难或直接抽样的计算量较大，若其可以表示为多个简单随机变量 $\xi_1,\xi_2,\cdots,\xi_n$ 的函数，如

$$\eta=g(\xi_1,\xi_2,\cdots,\xi_n) \tag{9-46}$$

这样，只要获得 $\xi_1,\xi_2,\cdots,\xi_n$ 的抽样值，就可方便地得到随机变量 η 的抽样值。

例 9-10 确定随机正弦 $\sin\varphi$、随机余弦 $\cos\varphi$ 的抽样值，其中 φ 均匀分布在 $(0,\ 2\pi)$上。

解：虽然用函数变换法可以求出 φ 的抽样值 $\varphi_f=2\pi\xi$，代入 $\sin\varphi$、$\cos\varphi$ 便可以求出 $\sin\varphi$、$\cos\varphi$ 的抽样值，但在计算机上 $\sin\varphi$、$\cos\varphi$ 是通过级数展开方式计算的，其计算量比加减法大很多。于是考虑用投点法替换函数变换法产生 $\sin\varphi$、$\cos\varphi$ 的抽样值。

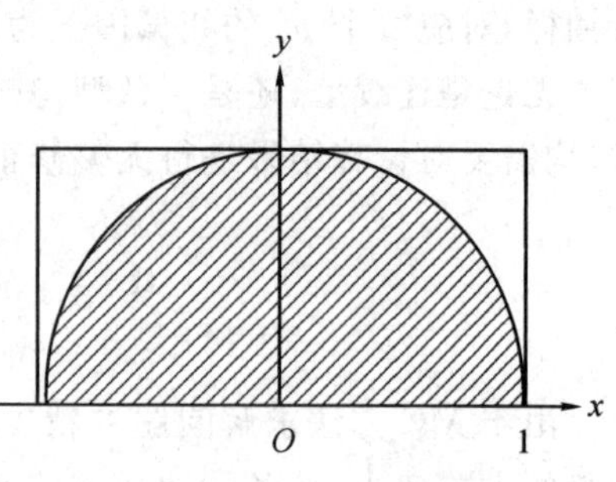

图 9-3 投点法示意图

如图 9-3 所示，作变换 $\varphi=2\psi$，于是 $\psi\in[0,\pi]$，将 $\sin\varphi$、$\cos\varphi$ 展开为

$$\begin{cases}\sin\varphi=2\sin\psi\cos\psi\\ \cos\varphi=\cos^2\psi-\sin^2\psi\end{cases} \tag{9-47}$$

在单位圆的上半圆内均匀投点，有

$$\begin{cases}x=\rho\cos\psi\\ y=\rho\sin\psi\end{cases},\quad 0\leqslant\rho\leqslant1,\quad 0\leqslant\psi\leqslant\pi \tag{9-48}$$

x、y 服从分布

$$\begin{cases}f(x)=1/2, & -1\leqslant x\leqslant1\\ f(y)=1, & 0\leqslant y\leqslant1\end{cases} \tag{9-49}$$

抽样步骤如下：

(1)抽随机数对(ξ_1,ξ_2)，由式(9-49)得 x、y 的抽样值为

$$\begin{cases}x_f=2\xi_1-1\\ y_f=\xi_2\end{cases} \tag{9-50}$$

(2)通过不等式

$$(2\xi_1-1)^2+\xi_2^2\leqslant1 \tag{9-51}$$

判断点(ξ_1,ξ_2)是否在图 9-3 所示的区域内，成立则转到步骤(3)，不成立回到步骤(1)重新抽样(ξ_1,ξ_2)，直到式(9-51)满足。

(3)将式(9-50)代入式(9-48)求出 $\cos\psi$、$\sin\psi$，并代入式(9-47)，求得 $\sin\varphi$、$\cos\varphi$ 的抽样值为

$$\begin{cases}(\sin\psi)_{\mathrm{f}}=\dfrac{2xy}{\rho^2}=\dfrac{2xy}{x^2+y^2}=\dfrac{2(2\xi_1-1)\xi_2}{(2\xi_1-1)^2+\xi_2^2}\\(\cos\psi)_{\mathrm{f}}=\dfrac{x^2-y^2}{\rho^2}=\dfrac{x^2-y^2}{x^2+y^2}=\dfrac{(2\xi_1-1)^2-\xi_2^2}{(2\xi_1-1)^2+\xi_2^2}\end{cases}\tag{9-52}$$

式(9－52)仅涉及加减乘除运算，比级数展开的运算量少。

例 9－11　设随机变量 ζ 服从正态分布

$$f_{\zeta}(x)=\frac{1}{\sqrt{2\pi}}\mathrm{e}^{-\frac{x^2}{2}},\quad -\infty<x<\infty\tag{9-53}$$

求其抽样值。

解：显然采用函数变换法无法求出随机变量 ζ 的抽样值，于是考虑使用替换抽样。引入一个与随机变量 ζ 独立同分布的随机变量 η，于是关于(ζ,η)的二元联合密度函数 $f_{\zeta\eta}(x,y)$为

$$f_{\zeta\eta}(x,y)=\frac{1}{2\pi}\mathrm{e}^{-\frac{(x^2+y^2)}{2}},\quad -\infty<x,y<\infty\tag{9-54}$$

做随机变量(ζ,η)的变换：

$$\begin{cases}x=\rho\cos\varphi\\y=\rho\sin\varphi\end{cases},\quad 0\leqslant\rho\leqslant\infty,\quad 0\leqslant\varphi\leqslant 2\pi\tag{9-55}$$

得到(ρ,φ)的联合 p. d. f 为

$$\begin{aligned}f_{\rho\varphi}(\rho,\varphi)&=f_{\zeta\eta}(x,y)\begin{vmatrix}\dfrac{\mathrm{d}x}{\mathrm{d}\rho}&\dfrac{\mathrm{d}x}{\mathrm{d}\varphi}\\\dfrac{\mathrm{d}y}{\mathrm{d}\rho}&\dfrac{\mathrm{d}y}{\mathrm{d}\varphi}\end{vmatrix}\\&=\frac{\rho}{2\pi}\mathrm{e}^{-\frac{\rho^2}{2}}\\&=f_{\rho}(\rho)f_{\varphi}(\varphi)\end{aligned}\tag{9-56}$$

式中，$f_{\rho}(\rho)=\rho\mathrm{e}^{-\frac{\rho^2}{2}}$；$f_{\varphi}(\varphi)=\dfrac{1}{2\pi}$。

从 $f_{\rho}(\rho)$抽样得 $\rho=\sqrt{-2\ln\xi_1}$，从 $f_{\varphi}(\varphi)$抽样得 $\varphi=2\pi\xi_2$，代入式(9－55)得随机变量 ζ 的抽样值为

$$x_{\mathrm{f}}=\sqrt{-2\ln\xi_1}\cos(2\pi\xi_2)\tag{9-57}$$

9.3.3　舍选抽样

1. 简单舍选抽样

如图 9－4 所示，设 $f(x)$为定义在区间(0,1)上的随机变量 x 的 p. d. f，满足 $M=\max\limits_{x\in[0,1]}f(x)<\infty$，则舍选抽样过程如下：

(1)选取随机数 ξ_1、ξ_2,判断

$$\xi_2 M \leqslant f(\xi_1) \tag{9-58}$$

是否成立? 即判断点$(\xi_1,\xi_2 M)$是否落在$f(x)$的有效面积内。

(2)如果式(9-58)成立,则取

$$x_f = \xi_1 \tag{9-59}$$

否则,回到步骤(1),重复上面的过程,直到条件满足。

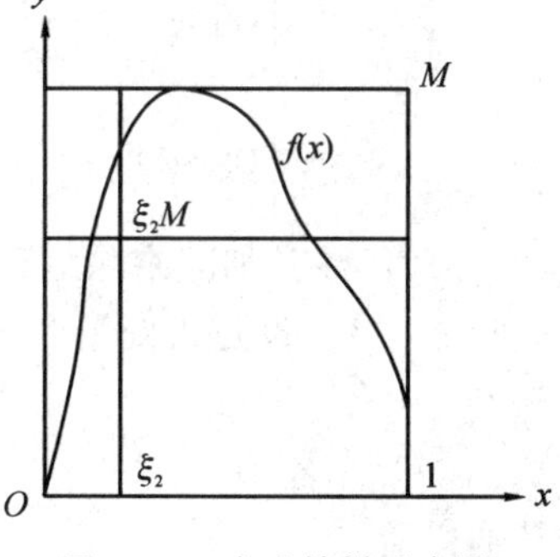

图 9-4　舍选抽样示意图

推广到任意区间(a,b)上,对应式(9-58)的判断为

$$\xi_2 M \leqslant f(a+\xi_1(b-a)) \tag{9-60}$$

是否成立? 如果成立,则取

$$x_f = a+\xi_1(b-a) \tag{9-61}$$

作为随机变量 x 的抽样值。

抽样效率:为所有抽样点中被选重点的概率,亦即抽样点$(\xi_1,\ \xi_2 M)$落在$f(x)$内的概率,用 E_f 表示。设 $M=\max\limits_{x\in[a,b]} f(x)<\infty$,则 E_f 可表示为

$$E_f = \frac{\int_a^b f(x)\mathrm{d}x}{M(b-a)} = \frac{1}{M(b-a)} \tag{9-62}$$

对例 9-10,相应的抽样效率为

$$E_f = \frac{\pi}{4} \tag{9-63}$$

2. 舍选抽样的推广形式

若 $f(x)$可表示为一个 p. d. f 和一个有界函数之积:

$$f(x) = h(x) f_1(x) \tag{9-64}$$

式中,$x\in(a,b)$;$f_1(x)$为 p. d. f;$h(x)$为有界函数,$\max\limits_{x\in[a,b]} h(x)=M$。

则随机变量 x 的抽样步骤如下:

(1)从 $f_1(x)$中抽样得到 x_f;

(2)若 $M\xi\leqslant h(x_f)$成立,则 x_f 作为随机变量 x 的抽样值;否则回到步骤(1)重新抽样,重复以上过程,直到抽取的 x_f 满足条件(2)。抽样效率为

$$E_f = P\{M\xi \leqslant h(x_{f_1})\} = \frac{\int_a^b h(x)\mathrm{d}x}{M(b-a)} \tag{9-65}$$

从上面的讨论可以看出,舍选抽样的效率与被积函数在定义域内的面积百分比有关,百分比越大,抽样效率就越高。对于正态分布,其分布函数在定义域内的面积百分比很低,因此,直接抽样的效率就很低。但用舍选抽样的推广形式,其抽

样效率就会显著提高。

下面以正态分布为例，介绍舍选抽样的推广形式。由于 $f(x)(-\infty<x<\infty)$ 关于 $x=0$ 对称，所以考虑 $x\geqslant 0$ 的部分，对原来的 $f(x)$ 按 $[0,\infty)$ 重新归一，得到 $[0,\infty)$ 上的 p. d. f 为

$$\begin{aligned} f(x) &= \sqrt{\frac{2}{\pi}}\mathrm{e}^{-\frac{x^2}{2}} \\ &= \sqrt{\frac{2}{\pi}}\mathrm{e}^{\frac{1}{2}}\mathrm{e}^{-\frac{(x-1)^2}{2}}\mathrm{e}^{-x} = f_1(x)h(x),\ 0<x<\infty \end{aligned} \tag{9-66}$$

式中，$f_1(x)=\mathrm{e}^{-x}$；$h(x)=\sqrt{2\mathrm{e}/\pi}\,\mathrm{e}^{-(x-1)^2/2}$。

容易求得 $M=\max\limits_{x} h(x)=\sqrt{2\mathrm{e}/\pi}$，推广形式的舍选抽样：

(1)从 p. d. f $f_1(x)$ 产生随机变量 x 的抽样值 $x_{\mathrm{f}_1}=-\ln\xi_1$，同时抽取随机数 ξ_2；

(2)判断

$$\xi_2\leqslant\frac{h(x_{\mathrm{f}_1})}{M}=\mathrm{e}^{-\frac{(x_{\mathrm{f}_1}-1)^2}{2}}=\mathrm{e}^{-\frac{(\ln\xi_1+1)^2}{2}}$$

是否成立？等价于判断

$$\ln\xi_2\leqslant-\frac{(\ln\xi_1+1)^2}{2}$$

是否成立？若成立，则取 $x_{\mathrm{f}}=x_{\mathrm{f}_1}$；否则重复步骤(1)、(2)直到不等式成立。

9.3.4　渐近抽样

渐近抽样又称极限法，即利用随机变量序列的极限分布是某已知分布的性质，可以把序列中某个值取作已知分布的抽样值。

例 9-12　用渐近抽样求标准正态分布 $N(0,1)$的抽样值。

解：设 $x_1,x_2,\cdots,x_n$ 独立同分布，满足 $E(x_i)=a$、$D(x_i)=\sigma^2$，则标准化的随机变量

$$y_n=\frac{\bar{x}-a}{\sigma/\sqrt{n}}=\frac{\sum\limits_{i=1}^{n}x_i-na}{\sqrt{n}\sigma} \tag{9-67}$$

服从标准正态分布 $N(0,1)$，即有

$$\lim_{n\to\infty}P\{y_n<x\}=\frac{1}{2\pi}\int_{-\infty}^{x}\mathrm{e}^{-\frac{t^2}{2}}\mathrm{d}t$$

亦即当 n 充分大时，y_n 就可以近似看作分布 $N(0,1)$的随机变量。因此，只要定出 $x_1,x_2,\cdots,x_n$ 的抽样值，就可以得到 $N(0,1)$的抽样值。

取$\{x_i\}=\{\xi_i\}$,则有

$$a=\int_0^1 x\,\mathrm{d}x=\frac{1}{2},\quad \sigma^2=\int_0^1 (x-a)^2\,\mathrm{d}x=\frac{1}{12},\quad y_n=\frac{\sum_{i=1}^{n}\xi_i-n/2}{\sqrt{n/12}}$$

特别取$n=12$,有

$$y_{12}=\sum_{i=1}^{12}\xi_i-6 \tag{9-68}$$

用y_{12}作为正态分布的近似抽样值,即取$x_f=y_{12}$。

例 9-13 用麦克斯韦(Maxwell)分布

$$f(E)=C\sqrt{E}\,\mathrm{e}^{-E/T},\ 0\leqslant E<\infty \tag{9-69}$$

求中子能量的抽样值。式中,C为归一化系数;$T=T(E')>0$为谱型系数;E'为入射中子能量。

解: 由$\int_0^\infty f(E)\mathrm{d}E=1$,求得$C=2/\sqrt{\pi T^3}$,令

$$f_1(E)=\frac{c_0}{T}\mathrm{e}^{-c_0E/T} \tag{9-70}$$

取

$$h(E)=\frac{CT}{c_0}\sqrt{E}\,\mathrm{e}^{\frac{(c_0-1)}{T}E},\quad c_0\neq 1 \tag{9-71}$$

则$f(E)=f_1(E)h(E)$。由$h'(E)=0$解得$E=\dfrac{T}{2(1-c_0)}$。因为$h(E)>h(0)=0$,故在E处,$h(E)$取得极大值:

$$M=\max_E h(E)=\frac{C}{c_0\sqrt{2(1-c_0)}}T^{3/2}\sqrt{\mathrm{e}} \tag{9-72}$$

取$T=2\bar{E}/3$,$\bar{E}$为平均中子能量,$c_0=2/3$,则

$$f_1(E)=\frac{1}{\bar{E}}\mathrm{e}^{-\frac{E}{\bar{E}}} \tag{9-73}$$

$$h(E)=C\bar{E}\sqrt{E}\,\mathrm{e}^{-\frac{E}{2\bar{E}}} \tag{9-74}$$

$$M=C(\bar{E})^{3/2}/\sqrt{\mathrm{e}} \tag{9-75}$$

$$\frac{h(E)}{M}=\sqrt{\frac{\mathrm{e}E}{\bar{E}}}\,\mathrm{e}^{-\frac{E}{2\bar{E}}} \tag{9-76}$$

抽样方案如下:

(1)从$f_1(E)$中得到能量抽样值$E_f=-\bar{E}\ln\xi_1$;

(2)抽随机数ξ_2,判别

$$\xi_2 \leqslant \frac{h(E_f)}{M} = \sqrt{-\ln\xi_1}\, e^{\frac{1-\ln\xi_1}{2}} \tag{9-77}$$

是否成立？若成立，则 E_f 即为 $f(E)$ 的抽样值；否则回到步骤(1)，重复上述过程直到条件(2)满足。

9.3.5　复合抽样

如果 p. d. f $f(x)$ 可表示为复合分布

$$f(x) = \sum_{i=1}^{n} p_i f_i(x), \quad x \in (a, b) \tag{9-78}$$

式中，$p_i > 0$ 且满足归一条件 $\sum\limits_{i=1}^{n} p_i = 1$，即 $f_i(x)$ 为 (a, b) 上的 p. d. f。

抽样方案如下：

(1)抽随机数 ξ，求出满足不等式

$$\sum_{i=1}^{j-1} p_i \leqslant \xi < \sum_{i=1}^{j} p_i$$

的 j，$j \leqslant n$；

(2)从 $f_j(x)$ 中产生抽样值 x_f，以此作为 $f(x)$ 的抽样值。

对于更一般的形式：

$$f(x) = \sum_{i=1}^{n} \alpha_i g_i(x), \quad x \in (a, b) \tag{9-79}$$

式中，$\alpha_i > 0$ 且 $\sum\limits_{i=1}^{n} \alpha_i \neq 1$，即不满足归一条件；$g_i(x) \geqslant 0$ 为任一函数。

此时 $f(x)$ 可通过变换，使其满足复合抽样的条件，具体做法如下：

$$\begin{aligned} f(x) &= \sum_{i=1}^{n} \left[\alpha_i \int_a^b g_i(x')\mathrm{d}x' \frac{g_i(x)}{\int_a^b g_i(x')\mathrm{d}x'} \right] \\ &= \left[\sum_{j=1}^{n} \alpha_j \int_a^b g_j(x')\mathrm{d}x' \right] \sum_{i=1}^{n} \left[\frac{\alpha_i \int_a^b g_j(x')\mathrm{d}x'}{\sum\limits_{j=1}^{n} \alpha_j \int_a^b g_j(x')\mathrm{d}x'} \frac{g_i(x)}{\int_a^b g_j(x')\mathrm{d}x'} \right] \\ &= c \sum_{i=1}^{n} p_i f_i(x) \end{aligned} \tag{9-80}$$

式中，$c = \sum\limits_{j=1}^{n} \alpha_j \int_a^b g_j(x')\mathrm{d}x'$；$p_i = \alpha_i \int_a^b g_j(x')\mathrm{d}x' / \sum\limits_{j=1}^{n} \alpha_j \int_a^b g_j(x')\mathrm{d}x' > 0$，满足归一条件 $\sum\limits_{i=1}^{n} p_i = 1$；$f_i(x) = g_i(x) / \int_a^b g_j(x')\mathrm{d}x'$ 为 (a, b) 上的 p. d. f。

这样 $f(x)$ 便满足复合抽样的条件。

9.3.6 加权抽样

选取(a,b)上另一 p.d.f $h(x)$，积分 I 可改写为

$$I=\int_a^b g(x)f(x)\mathrm{d}x=\int_a^b h(x)\left[\frac{f(x)}{h(x)}g(x)\right]\mathrm{d}x=E\left[\frac{f(x)}{h(x)}g(x)\right] \tag{9-81}$$

式中，$f(x)/h(x)$可看作函数 $g(x)$的加权函数。

从分布 $h(x)$选取 N 个相互独立的样本 $x_1,x_2,\cdots,x_N$，以

$$I_2=\frac{1}{N}\sum_{i=1}^{N}\frac{f(x_i)}{h(x_i)}g(x_i) \tag{9-82}$$

作为 I 的估计量，满足 $E(I_2)=I$。相应 I_2 的方差为

$$\sigma_2^2=\frac{1}{N}\int_a^b\left[\frac{f(x)}{h(x)}g(x)-I\right]^2 h(x)\mathrm{d}x \tag{9-83}$$

适当地选取 $h(x)$，可望使 $\sigma_2^2\leqslant\sigma_1^2$，达到了降低方差的目的。

9.3.7 系统抽样

把区间(a,b)分为 n 份，其分点为 $a=x_1<x_2<\cdots<x_n=b$，积分 I 改写为

$$I=\int_a^b g(x)f(x)\mathrm{d}x=\sum_{i=1}^{n}\int_{x_{i-1}}^{x_i}f(x)g(x)\mathrm{d}x=\sum_{i=1}^{n}p_i\int_{x_{i-1}}^{x_i}\frac{f(x)}{p_i}g(x)\mathrm{d}x$$

式中，$p_i=\int_{x_{i-1}}^{x_i}f(x)\mathrm{d}x$，$i=1,2,\cdots,n$。

给定样本 N，在区间(x_{i-1},x_i)中，按分布 $f(x)/p_i$ $(x_{i-1}<x<x_i)$选取 $n_i=p_iN$ 个相互独立的样本 $x_i^{(1)},x_i^{(2)},\cdots,x_i^{(n_i)}$ $(i=1,2,\cdots,n)$，以

$$I_3=\sum_{i=1}^{n}\frac{p_i}{n_i}\sum_{j=1}^{n_i}g(x_i^{(j)})=\frac{1}{N}\sum_{i=1}^{n}\sum_{j=1}^{n_i}g(x_i^{(j)}) \tag{9-84}$$

作为 I 的估计量，显然有 $E(I_3)=I$，I_3 相应的方差为 σ_3^2。

现在来计算 σ_3^2，令

$$e_i=\int_{x_{i-1}}^{x_i}\frac{f(x)}{p_i}g(x)\mathrm{d}x$$

注意到

$$I=\sum_{i=1}^{n}p_ie_i=\sum_{i=1}^{n}\frac{n_i}{N}e_i$$

$$E(g(x_i^{(j)}))=e_i,\quad i=1,\cdots,n;\quad j=1,\cdots,n_i$$

有

$$\sigma_3^2=E(I_3-I)^2=E\left[\frac{1}{N}\sum_{i=1}^{n}\sum_{j=1}^{n_i}g(x_i^{(j)})-\sum_{i=1}^{n}\frac{n_i}{N}e_i\right]^2$$

$$=E\left[\frac{1}{N}\sum_{i=1}^{n}\sum_{j=1}^{n_i}(g(x_i^{(j)})-e_i)\right]^2$$

$$=\frac{1}{N^2}\sum_{i=1}^{n}n_i\zeta_i^2=\frac{1}{N}\sum_{i=1}^{n}p_i\zeta_i^2 \tag{9-85}$$

式中，

$$\zeta_i^2=\int_{x_{i-1}}^{x_i}\frac{f(x)}{p_i}(g(x)-e_i)^2\mathrm{d}x,\quad i=1,2,\cdots,n \tag{9-86}$$

要证明 $\sigma_3^2\leqslant\sigma_1^2$，比较式(9-44)与式(9-85)，归结为证明

$$\sum_{i=1}^{n}p_i\zeta_i^2\leqslant\sigma^2$$

通过简单计算，证明上式等价于证明

$$\left[\int_a^b f(x)g(x)\mathrm{d}x\right]^2\leqslant\sum_{i=1}^{n}p_ie_i^2$$

根据施瓦茨(Schwarz)不等式，有

$$\left[\int_a^b f(x)g(x)\mathrm{d}x\right]^2=\left[\sum_{i=1}^{n}\sqrt{p_i}\times\left(\frac{1}{\sqrt{p_i}}\int_{x_{i-1}}^{x_i}f(x)g(x)\mathrm{d}x\right)\right]^2$$

$$\leqslant\left[\sum_{i=1}^{n}p_i\right]\left[\sum_{i=1}^{n}\left(\frac{1}{\sqrt{p_i}}\int_{x_{i-1}}^{x_i}f(x)g(x)\mathrm{d}x\right)^2\right]$$

$$=\sum_{i=1}^{n}p_i\mathrm{e}_i^2$$

证毕。

系统抽样的思想是把积分区域划分为若干个子区域，每个子区域的样本数，依据概率大小，按比例决定。

9.3.8　分层抽样

分层抽样属于广义的系统抽样。

分层抽样：把区间(a,b)分为 n 份，其分点为 $a=x_1<x_2<\cdots<x_n=b$，积分 I 改写为

$$I=\int_a^b g(x)f(x)\mathrm{d}x=\sum_{i=1}^{n}\int_{x_{i-1}}^{x_i}f(x)g(x)\mathrm{d}x=\sum_{i=1}^{n}p_i\int_{x_{i-1}}^{x_i}\frac{f(x)}{p_i}g(x)\mathrm{d}x$$

式中，$p_i=\int_{x_{i-1}}^{x_i}f(x)\mathrm{d}x$，$i=1,2,\cdots,n$。

在区间(x_{i-1},x_i)中按分布 $f(x)/p_i(x_{i-1}<x<x_i)$选取 m_i 个独立的样本 $x_i^{(1)},x_i^{(2)},\cdots,x_i^{(m_i)}(i=1,2,\cdots,n)$，以

$$I_4=\sum_{i=1}^{n}\frac{1}{m_i}\sum_{j=1}^{m_i}p_ig(x_i^{(j)}) \tag{9-87}$$

作为 I 的估计量，显然有 $E(I_4)=I$。现在来求 I_4 的方差 σ_4^2，令

$$e_i=\int_{x_{i-1}}^{x_i}\frac{f(x)}{p_i}g(x)\mathrm{d}x \tag{9-88}$$

有

$$\sigma_4^2=E(I_4-I)^2=E\left\{\sum_{i=1}^{n}\frac{1}{m_i}\sum_{j=1}^{m_i}p_i\left[g(x_i^{(j)})-e_i\right]\right\}^2$$

$$=\sum_{i=1}^{n}\frac{p_i^2}{m_i}D_i \tag{9-89}$$

式中，

$$D_i=E\left[g(x_i)-e_i\right]^2=\int_{x_{i-1}}^{x_i}\frac{g^2(x)f(x)}{p_i}\mathrm{d}x-\left[\int_{x_{i-1}}^{x_i}g(x)\frac{f(x)}{p_i}\mathrm{d}x\right]^2 \tag{9-90}$$

令

$$N=m_1+m_2+\cdots+m_n \tag{9-91}$$

在总样本数 N 一定的情况下，适当调整 $m_1,m_2,\cdots,m_n$，使 $\sigma_4^2\leqslant\sigma_1^2$。特别当 m_i 正比于 $p_i\sqrt{D_i}$ 时，方差 σ_4^2 达到最小，此时，

$$\sigma_4^2=\frac{1}{N}\Big(\sum_{i=1}^{n}p_i\sqrt{D_i}\Big)^2 \tag{9-92}$$

事实上，根据式(9-91)，可取

$$m_i=c_iN,\quad i=1,2,\cdots,n \tag{9-93}$$

式中，$c_i>0\ (i=1,2,\cdots,n)$，$\sum\limits_{i=1}^{n}c_i=1$。

按施瓦茨不等式，由式(9-89)，有

$$\sigma_4^2=\sum_{i=1}^{n}\frac{p_i^2}{m_i}D_i=\frac{1}{N}\sum_{i=1}^{n}\frac{p_i^2}{c_i}D_i=\frac{1}{N}\sum_{i=1}^{n}\left(p_i\sqrt{\frac{D_i}{c_i}}\right)^2\times\sum_{i=1}^{n}(\sqrt{c_i})^2$$

$$\geqslant\frac{1}{N}\Big(\sum_{i=1}^{n}p_i\sqrt{D_i}\Big)^2$$

当 $\dfrac{p_i}{c_i}\sqrt{D_i}=C$（$C$ 为常数，$i=1,2,\cdots,n$）时，等式成立，此时有 $m_i=\dfrac{p_i\sqrt{D_i}}{C}N$，$i=1,2,\cdots,n$。由此可知，当 m_i 正比于 $p_i\sqrt{D_i}$ 时，方差 σ_4^2 达到最小。但是 D_i 的值事先不知，所以，要达到方差最小值是不可能的。若取 $m_i=p_iN\,(i=1,2,\cdots,n)$，就回到前面讨论的系统抽样了。不过分层抽样促进了朝方差最小方向努力，如果 $m_1,m_2,\cdots,m_n$ 选择恰当，就能做到 $\sigma_4^2\leqslant\sigma_1^2$。

9.3.9　控制变数方法

如前，选取一个新的函数 $h(x)$，使 $h(x)$ 关于 $f(x)$ 的期望值已知，即 $\tilde{I}=\int_a^b f(x)h(x)\mathrm{d}x$ 已知，且 $h(x)$ 与 $g(x)$ 有很强的正相关，意味着 $h(x)$ 很接近 $g(x)$。以 $g(x)-h(x)+\tilde{I}$ 作为 I 的新统计量。当 $h(x)$ 与 $g(x)$ 的正相关很大时，新统计量的方差比 $g(x)$ 的方差小得多，称 $h(x)$ 为 $g(x)$ 的控制变数。(更一般地以 $g(x)-\alpha h(x)+\alpha\tilde{I}$ 作为 I 的新统计量，其中 $\alpha>0$)

控制变数方法：从分布 $f(x)$中选取 N 个相互独立的样本 $x_1,x_2,\cdots,x_N$，以

$$I_5=\frac{1}{N}\sum_{i=1}^{N}\left[g(x_i)-h(x_i)+\tilde{I}\right] \tag{9-94}$$

作为 I 的估计量。显然有 $E(I_5)=I$，其方差为

$$\begin{aligned}\sigma_5^2&=E\left\{\frac{1}{N}\sum_{i=1}^{N}\left[g(x_i)-h(x_i)+\tilde{I}\right]\right\}^2\\&=\frac{1}{N}(\sigma^2+\tilde{\sigma}^2-2\rho\sigma\tilde{\sigma})\end{aligned} \tag{9-95}$$

式中，

$$\begin{cases}\sigma^2=\int_a^b f(x)\left[g(x)-I\right]^2\mathrm{d}x\\ \tilde{\sigma}^2=\int_a^b f(x)\left[h(x)-\tilde{I}\right]^2\mathrm{d}x\\ \rho=\dfrac{\int_a^b f(x)\left[g(x)-I\right]\left[h(x)-\tilde{I}\right]\mathrm{d}x}{\sigma\tilde{\sigma}}\end{cases} \tag{9-96}$$

显然当 $\rho\geqslant\dfrac{\tilde{\sigma}}{2\sigma}$时有 $\sigma_5^2\leqslant\sigma_1^2$。如果考虑到在相同样本数下，控制变数方法的工作量是直接抽样式(9－43)工作量的 2 倍，那么需要 $\rho\geqslant\dfrac{\sigma^2+2\tilde{\sigma}^2}{4\sigma\tilde{\sigma}}$该方法才有效。若 $\sigma\sim\tilde{\sigma}$，那么需要 $\rho\geqslant3/4$，即 $h(x)$与 $g(x)$有很强的正相关时该方法才有效。在实际应用中，常选 $h(x)$接近于 $g(x)$，从

$$\sigma_5^2=\frac{1}{N}\left\{\int_a^b f(x)\left[g(x)-h(x)\right]^2\mathrm{d}x-(I-\tilde{I})^2\right\} \tag{9-97}$$

可见当$|h(x)-g(x)|\to0$ 时，$\sigma_5^2\to0$，可以选取接近 $g(x)$的矩形函数或阶梯函数作为 $h(x)$。

9.3.10　对偶变数方法

如前，积分 I 的基本统计量是 $g(x)$，选另一函数 $h(x)$，使它关于 $f(x)$ 的数

学期望也是 I，亦即$\int_a^b f(x)h(x)\mathrm{d}x=I$，以$(g(x)+h(x))/2$作为 I 的新统计量。当$h(x)$与$g(x)$有很强的负相关时，新的方差比旧的方差小。$h(x)$与$g(x)$称为对偶变数。更一般地可以选取$\alpha g(x)+(1-\alpha)h(x)$作为 I 的新统计量，其中，$0<\alpha<1$。具体过程如下。

对偶变数方法：从分布$f(x)$中选取 N 个相互独立的样本$x_1,x_2,\cdots,x_N$，以

$$I_6=\frac{1}{2N}\sum_{i=1}^{N}[g(x_i)+h(x_i)] \tag{9-98}$$

作为 I 的估计量。显然有$E(I_6)=I$，其方差为

$$\sigma_6^2=E\left\{\frac{1}{2N}\sum_{i=1}^{N}[g(x_i)+h(x_i)]-I\right\}^2=\frac{\sigma^2+\tilde{\sigma}^2+2\rho\sigma\tilde{\sigma}}{4N} \tag{9-99}$$

式中，

$$\begin{cases}\sigma^2=\int_a^b f(x)[g(x)-I]^2\mathrm{d}x\\ \tilde{\sigma}^2=\int_a^b f(x)[h(x)-\tilde{I}]^2\mathrm{d}x\\ \rho=\dfrac{\int_a^b f(x)[g(x)-I][h(x)-I]\mathrm{d}x}{\sigma\tilde{\sigma}}\end{cases} \tag{9-100}$$

显然，当$\rho\leqslant\dfrac{3\sigma^2-\tilde{\sigma}^2}{2\sigma\tilde{\sigma}}$时，有$\sigma_6^2\leqslant\sigma_1^2$。如果考虑在相同样本数下，对偶变数方法的工作量是加权抽样法式(9-82)的 2 倍，那么需要$\rho\leqslant\dfrac{\sigma^2-\tilde{\sigma}^2}{2\sigma\tilde{\sigma}}$对偶变数方法才有效。若$\sigma\sim\tilde{\sigma}$，则有$\rho\leqslant0$，即$h(x)$与$g(x)$是负相关时，对偶变数方法才有效。此法和控制变数方法的主要不同点是$h(x)$与$g(x)$一个是负相关，一个是正相关。

在实际应用中，按这样的原则来选取$h(x)$：当$g(x)$小时，$h(x)$变大；当$g(x)$大时，$h(x)$变小；当$g(x)$为单调函数时，可选$g(x)$在区间(a,b)上的对称函数作为$h(x)$。

下面介绍构造对偶变数的一种常用方法，记$F(x)=\int_a^x f(y)\mathrm{d}y$，则有积分式 I 可写为

$$I=\int_a^b g(x)\mathrm{d}F(x)$$

作变换$F(x)=z$，有

$$I=\int_0^1 g(F^{-1}(z))\mathrm{d}z$$

设 α 为$(0,1)$上任意一点，改写上式为

$$I=\int_0^{\alpha} g(F^{-1}(z))\mathrm{d}z+\int_{\alpha}^{1} g(F^{-1}(z))\mathrm{d}z$$

对右端第一项作变换，令 $z=\alpha x$；对第二项作变换，令 $z=1-(1-\alpha)x$，上式变为

$$I=\int_0^1 \{\alpha g(F^{-1}(\alpha x))+(1-\alpha)g(F^{-1}(1-(1-\alpha)x))\}\mathrm{d}x$$

于是得到 I 的估计量为

$$I_7=\frac{1}{N}\sum_{i=1}^{N}\{\alpha g(F^{-1}(\alpha\xi_i))+(1-\alpha)g(F^{-1}(1-(1-\alpha)\xi_i))\} \tag{9-101}$$

式中，$\xi_i(i=1,2,\cdots,N)$ 为 N 个相互独立的随机数。

估计量 I_7 的方差为

$$\sigma_7^2=\frac{1}{N}\left[\int_0^1 \{\alpha g(F^{-1}(\alpha x))+(1-\alpha)g(F^{-1}(1-(1-\alpha)x))\}^2\mathrm{d}x-I^2\right] \tag{9-102}$$

应用施瓦茨不等式，容易证明 $\sigma_7^2\leqslant\sigma_1^2$，但考虑到在相同样本数下，式(9-102)的工作量是直接抽样式(9-45)的 2 倍，那么需要 $\sigma_7^2\leqslant\frac{1}{2}\sigma_1^2$ 该方法才有效，而这一点只要选择合适的 α 值就可以达到。特别地，当 α 满足 $\frac{\mathrm{d}\sigma_7^2}{\mathrm{d}\alpha}=0$ 时，方差 σ_7^2 达到最小。当 $g(x)$ 为单调函数时，对任意的 $\alpha(0<\alpha<1)$，$g(F^{-1}(\alpha x)$ 与 $g(F^{-1}(1-(1-\alpha)x))$ 均是负相关的。因此，对偶变数方法对是单调函数的被积函数是特别适合的。

以上介绍的几种抽样技巧，对多维积分也适用。以二维积分为例，计算

$$J=\iint_G f(x,y)g(x,y)\mathrm{d}x\mathrm{d}y \tag{9-103}$$

式中，$f(x,y)$ 为区域 G 上的 p. d. f。

积分 J 的抽样方案为：从 $f(x,y)$ 中抽取 N 个相互独立的样本 (x_1,y_1)，(x_2,y_2)，…，(x_N,y_N)，以

$$J_1=\frac{1}{N}\sum_{i=1}^{N}g(x_i,y_i) \tag{9-104}$$

作为 J 的统计量，满足 $E(J_1)=J$，其方差为

$$\sigma_1^2=\frac{\sigma^2}{N} \tag{9-105}$$

式中，

$$\sigma^2=\iint_G [g(x,y)-J]^2 f(x,y)\mathrm{d}x\mathrm{d}y$$
$$=\iint_G g^2(x,y)f(x,y)\mathrm{d}x\mathrm{d}y-J^2$$

抽样(x_i, y_i)时，分别从$f(x,y)$关于y的边缘分布$f_y(x)$抽取x_i，从关于x的边缘分布$f_x(y)$抽取y_i，以此可推广到$m(m>2)$维积分。

9.3.11 半解析法

记$G(x)$为G关于x的截面，即$G(x)= y \mid (x,y) \in G, f(x)=\int_{G(x)} f(x,y)\mathrm{d}y$，即$f(x)$为$f(x,y)$关于$y$的边缘p.d.f。令$h(x)=\int_{G(x)} \frac{g(x,y)f(x,y)}{f(x)}\mathrm{d}y$，若$h(x)$容易求出，由于积分$J$可以写为

$$J=\int f(x)\mathrm{d}xh(x)\mathrm{d}y \tag{9-106}$$

这样仅对x抽样计算积分J。具体方案如下：

从边缘p.d.f$f(x)$中抽样N个相互独立的样本$x_1, x_2, \cdots, x_N$，记

$$\tilde{h}(x_i)=\int_{G(x_i)} \frac{f(x_i,y)g(x_i,y)}{f(x_i)}\mathrm{d}y \tag{9-107}$$

以

$$J_2=\frac{1}{N}\sum_{i=1}^{N}\tilde{h}(x_i) \tag{9-108}$$

作为J的统计量，满足$E(J_2)=J$，其方差为

$$\sigma_2^2=\frac{1}{N}\left[\int f(x)\tilde{h}^2(x)\mathrm{d}x-J^2\right] \tag{9-109}$$

应用施瓦茨不等式，容易证明$\sigma_2^2 \leqslant \sigma_1^2$。由于该法中求解积分部分采用直接计算，其他部分是采用MC抽样实现的，故称其为半解析法。

9.3.12 任意连续分布自动抽样

这是一个基于阶梯分布与补偿分布的复合抽样方法，其特点是抽样精度高，而且在N次抽样中，计算密度函数的平均次数少。

1. 阶梯分布[39]

如图9-5所示，假设连续分布的密度函数$f(x)$定义在区间$[a, b]$上，在此区间上插入$m+1$个分点：

$$a=x_1< x_2<\cdots< x_m< x_{m+1}=b$$

定义如下的阶梯函数：

上阶梯函数：$U(x)=U_i, x_i<x\leqslant x_{i+1}, i=1,2,\cdots,m$。

下阶梯函数：$L(x)=L_i, x_i<x\leqslant x_{i+1}, i=1,2,\cdots,m$。

上阶梯函数和下阶梯函数满足：

$$L(x)\leqslant f(x)\leqslant U(x)$$

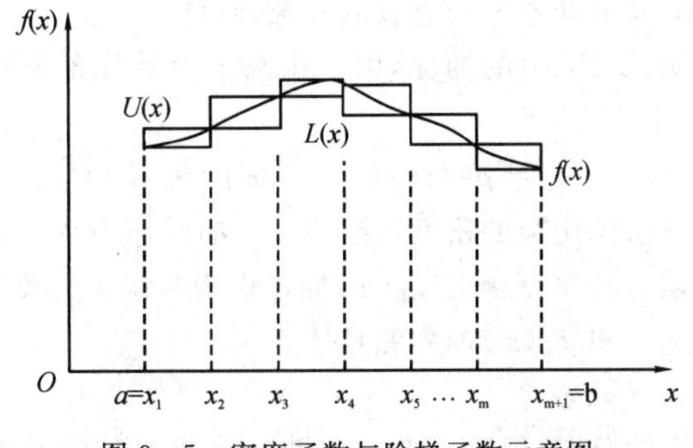

图 9-5　密度函数与阶梯函数示意图

记

$$p_a = \sum_{i=1}^{m} L_i (x_{i+1} - x_i) \tag{9-110}$$

并定义下阶梯函数的密度 $f_a(x)$作为 $f(x)$的近似：

$$f_a(x) = \frac{L(x)}{p_a} \tag{9-111}$$

在构造阶梯函数时，在区间$[a,b]$上插入的 $m+1$ 个分点无论是否等距，在其后的计算中都同样方便。此外，若密度函数的定义区间为$(-\infty,\infty)$，则可用计算机上的最大值或足够大的值代替∞，这时，从抽样效率考虑，通常可采用非等距分点。

2. 补偿分布[39]

如图 9-6 所示，在使用下阶梯函数的密度函数 $f_a(x)$近似 $f(x)$的前提下，其误差补偿的密度函数 $f_b(x)$为

$$f_b(x) = \frac{f(x) - L(x)}{1 - p_a} \tag{9-112}$$

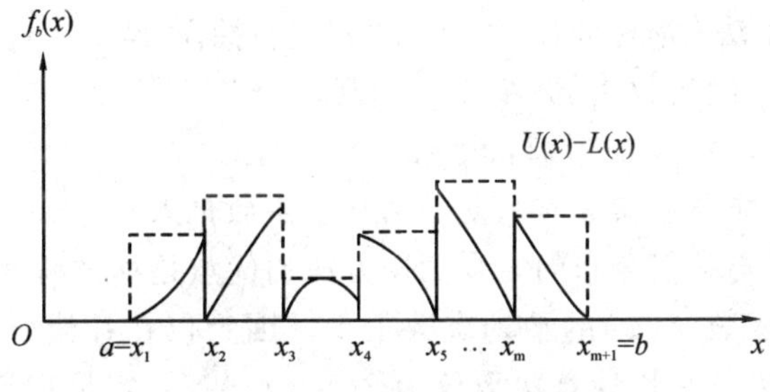

图 9-6　补偿分布示意图

3. 基于阶梯分布与补偿分布的自动抽样原理[39]

对于任意连续分布 $f(x)$ 的抽样，可采用基于阶梯分布与补偿分布的复合方法得到

$$f(x)=p_{a}f_{a}(x)+(1-p_{a})f_{b}(x) \tag{9-113}$$

这时，以概率 p_a 从下阶梯函数的密度函数 $f_a(x)$ 抽样作为从 $f(x)$ 抽样的近似，并以概率 $1-p_a$ 从补偿分布密度函数 $f_b(x)$ 抽样作为对误差的校正。

下面讨论从 $f_a(x)$ 和 $f_b(x)$ 抽样的具体方法。

4. 阶梯分布的抽样方法[39]

阶梯分布本是连续分布，但这里借助离散分布及别名罐子法复合抽样的概念构造阶梯分布的高效抽样方法。

1)与阶梯分布关联的离散分布

把 m 个阶梯看作离散分布的 m 个状态，记为 z_i，$i=1,2,\cdots,m$，其中，z_i 对应着以 L_i 为上边的矩形。这个矩形的(归一化)面积为

$$p_{i}=\frac{L_{i}(x_{i+1}-x_{i})}{p_{a}} \tag{9-114}$$

把该面积看作离散分布中状态 z_i 的概率，便有如下的关联离散分布：

状态 z_i：$z_1\ \ z_2\ \ \cdots\ \ z_m$

概率 p_i：$p_1\ \ p_2\ \ \cdots\ \ p_m$

2)阶梯分布的抽样步骤

(1)产生随机数 ξ_1，并借助别名罐子法确认当前的抽样所属状态(假设是 z_j)；

(2)连续化处理：产生另一个随机数 ξ_2，得到阶梯分布抽样值为

$$x_{\mathrm{f}}=x_{\mathrm{j}}+\xi_{2}(x_{\mathrm{j+1}}-x_{\mathrm{j}}) \tag{9-115}$$

5. 补偿分布的抽样方法[39]

因 $U(x)-L(x)$ 也具有阶梯分布形式，故补偿分布可借助别名罐子法与舍选法的结合进行抽样，步骤如下：

(1)用别名罐子法对阶梯分布 $U(x)-L(x)$ 进行抽样，得 $x'=x_j+\xi_2(x_{j+1}-x_j)$；

(2)产生另一个随机数 ξ_3，并令 $y'=[U(x')-L(x')]\xi_3$；

(3)若 $y'\leqslant f(x')-L(x')$，则 $x_{\mathrm{f}}=x'$。

6. 基于阶梯分布与补偿分布的复合抽样方法的优点

基于阶梯分布与补偿分布的复合抽样方法的优点是抽样精度高，而且在 N 次抽样中，计算密度函数 $f(x)$ 的平均次数很少。因为仅在补偿分布抽样中才需要计算密度函数，所以其平均计算次数仅为 $2(1-p_a)N$。容易理解，在构造阶梯分布时只要愿意就很容易使 p_a 大于 0.90，甚至大于 0.95 或 0.99。换句话说，计算的平均次数可由使用者指定，并容易做到不超过 $10N\%$次或更少。根据相关的测试结果，这种自动抽样方法通常要比常规方法快数倍甚至 10 倍。

9.4　一类积分方程的随机模拟

考虑一维弗雷德霍姆(Fredholm)积分方程

$$\phi(x)=f(x)+\lambda\int_a^b K(x,y)\phi(y)\mathrm{d}y \tag{9-116}$$

的求解。设 $f(x)$在(a,b)上均匀分布且连续,$K(x,y)$在$(a,b)\times(a,b)$上均匀分布且连续,且满足

$$\left|\lambda\int_a^b\int_a^b K(x,y)\mathrm{d}x\mathrm{d}y\right|<1 \tag{9-117}$$

那么积分方程(9-116)具有诺依曼(Neumann)级数解

$$\phi(x)=f(x)+\sum_{n=1}^{\infty}I_n(x) \tag{9-118}$$

式中,

$$I_n(x)=\lambda^n\int_a^b\cdots\int_a^b K(x,y_1)K(y_1,y_2)\cdots K(y_{n-1},y_n)f(y_n)\mathrm{d}y_1\mathrm{d}y_2\cdots\mathrm{d}y_n \tag{9-119}$$

下面建立质点随机游动来模拟式(9-118)表出的 $\phi(x)$。引入任意一组满足下面条件的二元函数 $P_0(x,y),P_1(x,y),\cdots,P_n(x,y),\cdots$,满足:

(1)$P_i(x,y)>0,x,y\in(a,b),i=0,1,\cdots n,\cdots$;

(2)$\int_a^b P_i(x,y)\mathrm{d}y<1,i=0,1,\cdots n,\cdots$。

令

$$\left.\begin{aligned}p_i(x)&=\int_a^b P_i(x,y)\mathrm{d}y\\ q_i(x)&=1-p_i(x)\end{aligned}\right\},\ i=0,1,\cdots n\cdots \tag{9-120}$$

质点随机游动规则如下:

(1)质点从(a,b)内的点 x 出发开始游动,以概率 $q_0(x)$停止游动,以概率 $p_0(x)$继续游动到下一点 y,从分布 $P_0(x,y)/p_0(x)$中选出 x,然后游动到 y,按此方法继续游动;

(2)假定质点进行了 $n-1$ 次游动到达点 y_{n-1},以概率 $q_{n-1}(y_{n-1})$停止游动,以概率 $p_{n-1}(y_{n-1})$游动到下一点 y_n。下一点的位置 y_n 从分布 $P_{n-1}(y_{n-1},y_n)/p_{n-1}(y_{n-1})$中抽样选出;

(3) 如此下去直到游动结束。设游动经过的路线为 $r_n:x\to y_1\to y_2\to\cdots\to y_n$,$y_n$ 为终止游动结束点,称 r_n 为链长为n 的游动路径。对于在 x 处就终止的游动,记作 r_0,把一切链长 n 的路径全体记作$\Gamma_n=\{r_n\}$,把一切可能的路径全体记作

$\Gamma = \bigcup_{n=0}^{\infty} \Gamma_n$。

在空间 Γ 上定义随机变量 $W(r/x)$ 如下：

(1)当 $r=r_0$ 时，

$$W(r/x) = W(r_0/x) = f(x)/q_0(x) \tag{9-121}$$

(2)当 $r=r_n(n>0)$ 时，

$$W(r/x) = W(r_n/x) = \frac{\lambda K(x,y_1)}{P_0(x,y_1)} \frac{\lambda K(y_1,y_2)}{P_1(y_1,y_2)} \cdots \frac{\lambda K(y_{n-1},y_n)}{P_{n-1}(y_{n-1},y_n)} \frac{f(y_n)}{q_n(y_n)} \tag{9-122}$$

按照质点随机游动规则，在 Γ 上给出的概率分布 $\mathrm{d}P$ 为：

(1)对于空间 Γ_0，

$$\mathrm{d}P = q_0(x) \tag{9-123}$$

(2)对于空间 Γ_n，

$$\begin{aligned}\mathrm{d}P &= p_0(x) \frac{P_0(x,y_1)}{p_0(x)} p_1(y_1) \frac{P_1(y_1,y_2)}{p_1(y_1)} \\ &\quad \cdots p_{n-1}(y_{n-1}) \frac{P_{n-1}(y_{n-1},y_n)}{p_{n-1}(y_{n-1})} q_n(y_n) \mathrm{d}y_1 \mathrm{d}y_2 \cdots \mathrm{d}y_n \\ &= P_0(x,y_1) P_1(y_1,y_2) \cdots P_{n-1}(y_{n-1},y_n) q_n(y_n) \mathrm{d}y_1 \mathrm{d}y_2 \cdots \mathrm{d}y_n\end{aligned} \tag{9-124}$$

利用式(9-121)～式(9-124)，容易证明随机变量 $W(r/x)$ 的期望值正好是积分方程式(9-118)的解，即有

$$E[W(r/x)] = \phi(x) \tag{9-125}$$

于是可以采用质点随机游动法来求 $\phi(x)$。

(1)按上述游动规则，跟踪从 x 出发的 N 个质点，分别记下他们的试验值 $W(r^{(1)}/x), W(r^{(2)}/x), \cdots, W(r^{(N)}/x)$；

(2)得到估计量

$$\phi(x) \approx \frac{1}{N} \sum_{i=1}^{N} W(r^{(i)}/x) \tag{9-126}$$

(3)按 1σ 给出统计量 ϕ 的误差

$$\varepsilon \approx \sqrt{\sum_{i=1}^{N} W(r^{(i)}/x)^2 / \left(\sum_{i=1}^{N} W(r^{(i)}/x)\right)^2 - \frac{1}{N}} \tag{9-127}$$

关于第二类弗雷德霍姆积分方程的 MC 求解，在第 10 章还会详细讨论。

9.5 小结

从上面各节的讨论可知，MC 方法适合求解线性积分方程类问题，具体问题包

括:①马尔可夫链;②数值积分与数值微分;③线性方程组等。积分维数越高,MC方法相对其他数值方法的优势越明显。当前 MC 方法按收敛阶数分为两类:①古典 MC 方法,收敛阶数为 $O(N^{-1/2})$;②拟蒙特卡罗(Quasi-Monte Carlo,QMC)方法,收敛阶数为 $O(\lg N)^{(d-1)/2}$,其中 d 表示维数。QMC 方法较古典 MC 方法收敛快,适合均匀分布类问题的计算,在数理金融和统计领域,广泛应用 QMC 方法。其具体又包括①量子 MC 方法;②团簇 MC 方法等。另外,在不确定性分析和机器学习中也大量使用了 MC 抽样方法。

第 10 章　中子输运方程的 MC 求解

早期粒子输运理论是与分子运动论紧密相关的，19 世纪中期克劳修斯（Clausius）、麦克斯韦（Maxwell）、玻尔兹曼（Boltzmann）做了大量开创性的工作，他们是公认的输运理论的奠基人。其重要标志是 1872 年，玻尔兹曼导出了反映微观粒子在介质中迁移守恒关系的粒子分布函数随时间和空间演变的微分-积分方程，该方程被命名为玻尔兹曼方程。1910 年，德国著名的数学家希尔伯特（Hilbert）论述了玻尔兹曼方程与第二类弗雷德霍姆积分方程的等价性，证明了解的唯一性，奠定了粒子输运理论的数学基础。1932 年，英国物理学家查德威克（Chadwick）发现了中子，由此开始了输运理论的系统性研究。本章讨论的是玻尔兹曼方程的随机模拟，其理论基础可参考相关文献[7,10,40-42]。图 10－1 为上述五位杰出人物的肖像图。

克劳修斯(Clausius,1822—1888)

麦克斯韦(Maxwell,1831—1879)

玻尔兹曼(Boltzmann,1844—1906)

希尔伯特(Hilbert,1862—1943)

查德威克(Chadwick,1891—1974)

图 10－1　粒子输运理论奠基人

10.1　理论概述

中子的发现在实验方面引发了中子核反应、核裂变等现象的研究和核能的利用。同时又从理论上解释了化学元素的同位素现象，推动了对核结构与核力的研究。由此逐渐建立与发展了中子物理学这一物理学分支。此后，随着对核反应堆和核武器的开发研究，中子输运理论得到了迅速的发展。二战后由于电子计算机的问世，粒子输运方程的数值求解方法进入了数学家的研究领域。图 10－2 概括了输运理论发展的几个重要时间节点。

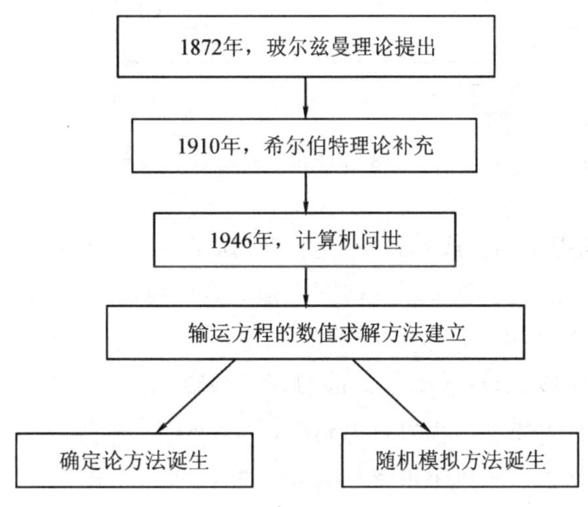

图 10－2　输运理论发展历程

基于中子守恒建立起来的玻尔兹曼方程没有解析解，因此，输运方程求解便诞生了确定论方法和随机模拟方法两大类方法。经过半个多世纪的发展，MC 方法比较固定，仅针对能量发展了多群、连续两种模拟模式，而确定论方法则随着不同时期的计算机速度和存储，衍生发展出了多种不同的近似计算方法。目前针对反应堆堆芯的计算正逐步聚焦到 MOC 方法和 SP_N 方法上，而屏蔽计算则聚焦到 S_N. MC 方法上，如图 10－3 所示。

概括地讲，MC 方法用于粒子输运模拟，就是要建立单个粒子在给定几何结构中的真实运动历史，通过对大量粒子运动历史的跟踪，得到充足的随机试验值(或称抽样值)，然后用统计方法作出随机变量某个数值特征的估计量，用该估计量作为问题的解。这些解可以是通量密度、剂量率、沉积能、功率或各种反应率等。所谓一个粒子的运动历史，是指该粒子从源发出，在介质中随机地经过各种核反应作

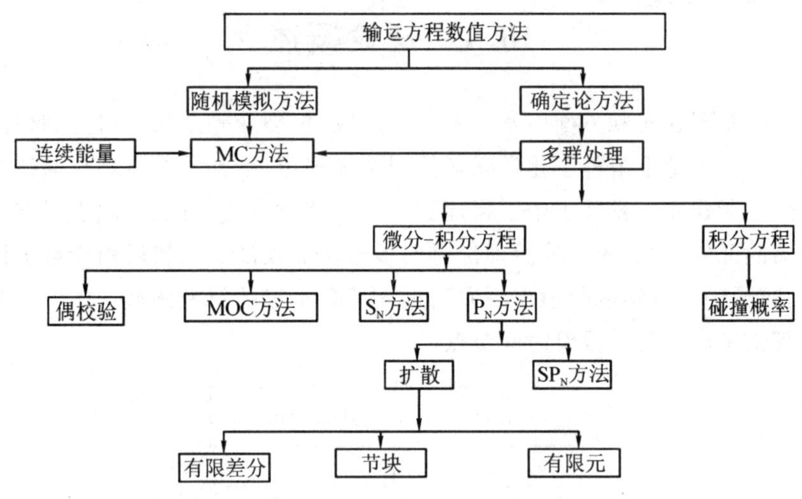

图 10-3　玻尔兹曼输运方程数值求解方法

用,直到粒子运动历史结束或称粒子“死亡”。所谓“死亡”是指粒子被吸收,穿出系统,被热化或达到能量、权重下限或时间上限。其中时间、能量的截断是无条件的,而权截断是有条件的,由俄罗斯轮盘赌决定。

当问题的几何形状、材料成分、初始源参数确定后,输运方程的解就唯一地确定了。通常一个粒子运动历史可以概括为图 10-4 所示的 5 个步骤,步骤②到⑤循环直到粒子参数满足预设结束条件。这些参数主要有边界条件、能量限、时间限和权截断限。通过对大量粒子运动历史的跟踪,进而可给出粒子行为的统计平均,以此作为问题的解。

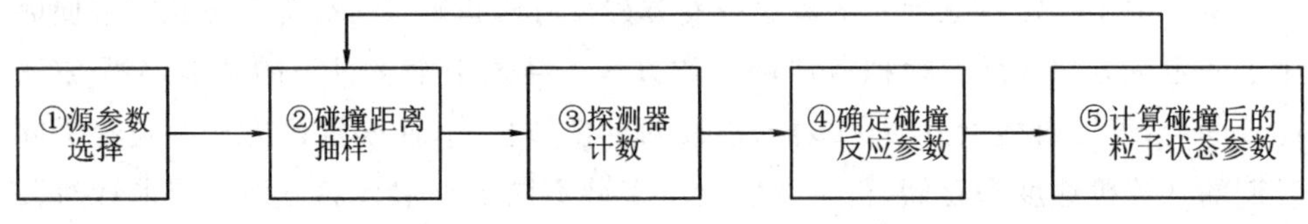

图 10-4　粒子运动历史循环过程

在核反应过程的所有粒子中,研究成熟度最高的是中子,其他粒子,如光子、电子、质子、α 粒子等的研究紧随其后,每种粒子的核反应过程(截面)不同,但求解的方程形式相同,均为玻尔兹曼方程,属于第二类弗雷德霍姆(Fredholm)方程。

10.2　输运方程基本形式

10.2.1　微分-积分形式

下面的讨论以中子为主。中子在介质中的输运过程，通常用中子角密度 N、中子角通量密度 ϕ、中子发射密度 Q 和中子碰撞密度 ψ 分别表示。描述中子行为的主要变量有：

时间 t(s)；位置 $\boldsymbol{r}$，$\boldsymbol{r}=(x,y,z)$(分量单位为 cm)；能量 E(MeV)；方向 $\boldsymbol{\Omega}$，$\boldsymbol{\Omega}=(u,v,w)$，满足 $u^2+v^2+w^2=1$；速度 v(cm/s)；宏观截面 $\Sigma_x(\mathrm{cm}^{-1})$，$x=\mathrm{t}$ 表示总截面，$x=\mathrm{s}$ 表示散射截面，$x=\mathrm{a}$ 表示吸收截面。

中子角密度 $N(\boldsymbol{r},E,\boldsymbol{\Omega},t)$ 的定义为：t 时刻，在空间 $\boldsymbol{r}$ 处单位体积内，能量为 E 的单位能量间隔内，运动方向为 $\boldsymbol{\Omega}$ 的单位立体角内的自由中子数目，中子数用 n 表示。

中子角通量密度 $\phi(\boldsymbol{r},E,\boldsymbol{\Omega},t)$ 的定义为：t 时刻，在空间 $\boldsymbol{r}$ 处单位体积内，能量为 E 的单位能量间隔内，运动方向为 $\boldsymbol{\Omega}$ 的单位立体角内的中子在单位时间内所走过的总径迹长度。有

$$\phi(\boldsymbol{r},E,\boldsymbol{\Omega},t)=v\cdot N(\boldsymbol{r},E,\boldsymbol{\Omega},t)$$

其单位为 $n\cdot\mathrm{cm}^{-2}\cdot\mathrm{s}^{-1}$($n$ 表示中子数)。中子输运方程建立在中子数守恒或中子平衡条件下，中子角通量密度随时间的变化率等于产生率减去泄漏率和移出率，即

$$\frac{\partial N}{\partial t}=\text{产生率}-\text{泄漏率}-\text{移出率}$$

中子输运方程有微分-积分形式和积分形式两种，它们互相等价。确定论方法通过对微分-积分方程进行离散求解，而 MC 方法则以积分方程为求解对象。含时非定常玻尔兹曼方程的微分-积分形式为

$$\begin{aligned}&\frac{1}{v}\frac{\partial\phi(\boldsymbol{r},E,\boldsymbol{\Omega},t)}{\partial t}+\boldsymbol{\Omega}\cdot\nabla\phi(\boldsymbol{r},E,\boldsymbol{\Omega},t)+\Sigma_{\mathrm{t}}(\boldsymbol{r},E)\phi(\boldsymbol{r},E,\boldsymbol{\Omega},t)\\&=S(\boldsymbol{r},E,\boldsymbol{\Omega},t)+\int_0^{E_{\max}}\int_{4\pi}\Sigma_{\mathrm{s}}(\boldsymbol{r},E',\boldsymbol{\Omega}'\rightarrow E,\boldsymbol{\Omega})\phi(\boldsymbol{r},E',\boldsymbol{\Omega}',t)\mathrm{d}E'\mathrm{d}\boldsymbol{\Omega}'\end{aligned}\tag{10-1}$$

式中，

$$\Sigma_{\mathrm{s}}(\boldsymbol{r},E',\boldsymbol{\Omega}'\rightarrow E,\boldsymbol{\Omega})=\Sigma_{\mathrm{s}}(r,E')f_{\mathrm{s}}(E',\boldsymbol{\Omega}'\rightarrow E,\boldsymbol{\Omega})\tag{10-2}$$

为散射截面(cm^{-1})；$f_{\mathrm{s}}(E',\boldsymbol{\Omega}'\rightarrow E,\boldsymbol{\Omega})$ 为粒子碰撞后能量、方向转移 p. d. f，又称为角分布函数；$\boldsymbol{E}'$、$\boldsymbol{\Omega}'$ 分别为入射中子能量及方向。

$$S(\boldsymbol{r},E,\boldsymbol{\Omega},t)=S_0(\boldsymbol{r},E,\boldsymbol{\Omega},t)+Q_f(\boldsymbol{r},E,\boldsymbol{\Omega}) \tag{10-3}$$

为总源项($\mathrm{cm}^{-3}\cdot\mathrm{s}^{-1}$)。式中,$S_0$ 为外源,Q_f 为裂变源。裂变源基本形式如下:

$$Q_f(\boldsymbol{r},E,\boldsymbol{\Omega})=\frac{\chi(\boldsymbol{r},E)}{4\pi}\int_0^{E_{\max}}\int_{4\pi}\nu\Sigma_f(\boldsymbol{r},E')\phi(\boldsymbol{r},E',\boldsymbol{\Omega}')\mathrm{d}E'\mathrm{d}\boldsymbol{\Omega}' \tag{10-4}$$

式中,$\chi(\boldsymbol{r},E)$为裂变谱;$\nu=\nu(E)$为每次裂变释放出的中子数;$v=v(E)$为中子速度,满足动量守恒方程(后面给出表达式)。

式(10-1)是建立在中子守恒上的输运方程的微分-积分形式,左端为中子消失率,第一项为中子随时间的变化率;第二项为中子的泄漏率,即穿出系统的中子;第三项为在系统内消失的中子,即中子的吸收率。右端为中子产生率,第一项为中子源;第二项为散射中子产生率。式(10-1)涉及空间 $\boldsymbol{r}$、能量 E、方向 $\boldsymbol{\Omega}$、时间 t 中的 7 个变量,由于梯度项(即泄漏项)无法解析处理,因此,输运方程的解析解不存在(如果泄漏项为零,则解析解存在),只能通过数值方法求解。

当$\partial\phi/\partial t=0$ 时,系统中子通量密度 ϕ 不随时间 t 变化,称为稳态系统或定常问题,即有 $\phi=\phi(\boldsymbol{r},E,\boldsymbol{\Omega})$;当$\partial\phi/\partial t\neq 0$ 时,系统中子角通量密度 ϕ 随时间 t 变化,称为非定常问题或瞬态问题,特别当系统几何形状、材料成分、温度、密度均随时间 t 变化时,则称该系统为动态系统,如反应堆严重事故和核爆等。

一般的核电站反应堆正常工况下,系统的几何形状不随时间 t 变化,仅材料成分 n_i 随燃耗时间 t 变化,但燃耗步时间步长通常按天计,在每个燃耗步内,中子输运求解的是一个稳态问题。另外式(10-3)的源项中,只有在反应堆启堆时,需要加入外源项 S_0,系统达到临界时($k_{\mathrm{eff}}=1$),裂变源 Q_f 成为唯一的源项,系统依靠自身的链式反应来维持平衡。

下面从非定常中子输运方程的微分-积分形式(10-1)出发,推导等价的积分形式方程。把式(10-1)右端的中子产生项定义为中子发射密度,用 Q 表示有

$$Q(\boldsymbol{r},E,\boldsymbol{\Omega},t)=S(\boldsymbol{r},E,\boldsymbol{\Omega},t)+\int_0^{E_{\max}}\int_{4\pi}\Sigma_s(\boldsymbol{r},E',\boldsymbol{\Omega}'\to E,\boldsymbol{\Omega})\phi(\boldsymbol{r},E',\boldsymbol{\Omega}',t)\mathrm{d}E'\mathrm{d}\boldsymbol{\Omega}' \tag{10-5}$$

即发射密度由独立源和散射源两项组成。

10.2.2 积分形式

如图 10-5 所示,角通量密度 ϕ 沿特征线的全导数可以展开表示为如下形式:

$$\begin{aligned}\frac{\mathrm{d}}{\mathrm{d}l}\phi(\boldsymbol{r}',E,\boldsymbol{\Omega},t')&=\frac{\partial\phi}{\partial x}\frac{\mathrm{d}x}{\mathrm{d}l}+\frac{\partial\phi}{\partial y}\frac{\mathrm{d}y}{\mathrm{d}l}+\frac{\partial\phi}{\partial z}\frac{\mathrm{d}z}{\mathrm{d}l}+\frac{\partial\phi}{\partial t'}\frac{\mathrm{d}t'}{\mathrm{d}l}\\&=-\Omega_x\frac{\partial\phi}{\partial x}-\Omega_y\frac{\partial\phi}{\partial y}-\Omega_z\frac{\partial\phi}{\partial z}-\frac{1}{v}\frac{\partial\phi}{\partial t'}\\&=-\boldsymbol{\Omega}\cdot\nabla\phi(\boldsymbol{r}',E,\boldsymbol{\Omega},t')-\frac{1}{v}\frac{\partial}{\partial t'}\phi(\boldsymbol{r}',E,\boldsymbol{\Omega},t')\end{aligned} \tag{10-6}$$

式中，$v = \mathrm{d}l/\mathrm{d}t'$为中子速度。

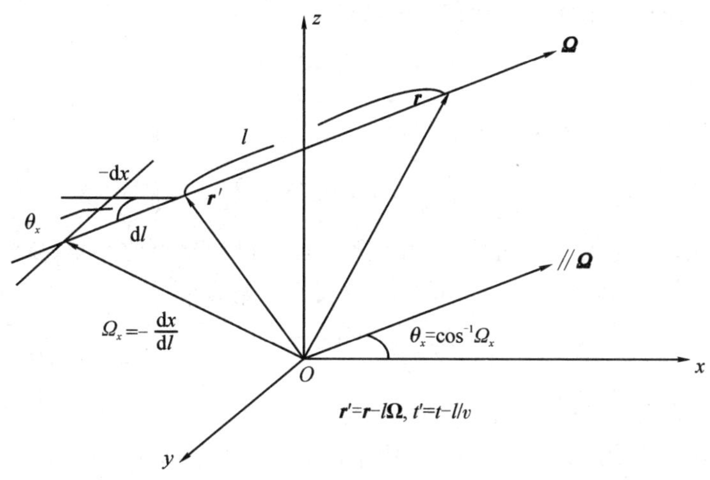

图 10-5 粒子飞行点示意图

把式(10-6)代入式(10-1)有

$$-\frac{\mathrm{d}}{\mathrm{d}l}\phi(\boldsymbol{r}',E,\boldsymbol{\Omega},t')+\Sigma_{\mathrm{t}}(\boldsymbol{r}',E)\phi(\boldsymbol{r}',E,\boldsymbol{\Omega},t')=Q(\boldsymbol{r}',E,\boldsymbol{\Omega},t') \quad (10-7)$$

引入指数积分因子 $\mathrm{e}^{-\int_0^l \Sigma_{\mathrm{t}}(\boldsymbol{r}-l'\boldsymbol{\Omega},E)\mathrm{d}l'}$，对式(10-7) 进行变换有

$$-\frac{\mathrm{d}}{\mathrm{d}l}\left[\phi(\boldsymbol{r}',E,\boldsymbol{\Omega},t')\mathrm{e}^{-\int_0^l \Sigma_{\mathrm{t}}(\boldsymbol{r}-l'\boldsymbol{\Omega},E)\mathrm{d}l'}\right]=\mathrm{e}^{-\int_0^l \Sigma_{\mathrm{t}}(\boldsymbol{r}-l'\boldsymbol{\Omega},E)\mathrm{d}l'}\left[-\frac{\mathrm{d}\phi}{\mathrm{d}l}+\Sigma_{\mathrm{t}}(\boldsymbol{r}',E)\phi(\boldsymbol{r}',E,\boldsymbol{\Omega},t')\right]$$

$$=\mathrm{e}^{-\int_0^l \Sigma_{\mathrm{t}}(\boldsymbol{r}-l'\boldsymbol{\Omega},E)\mathrm{d}l'}Q(\boldsymbol{r}-l\boldsymbol{\Omega},E,\boldsymbol{\Omega},t-l/v) \quad (10-8)$$

式(10-8)两端关于 l 从$[0,\infty)$积分，并令 $\phi(\boldsymbol{r}-l\boldsymbol{\Omega},E,\boldsymbol{\Omega},t-l/v)\big|_{l=\infty}=0$，得

$$\phi(\boldsymbol{r},E,\boldsymbol{\Omega},t)=\int_0^{\infty}\mathrm{e}^{-\int_0^l \Sigma_{\mathrm{t}}(\boldsymbol{r}-l'\boldsymbol{\Omega},E)\mathrm{d}l'}Q(\boldsymbol{r}-l\boldsymbol{\Omega},E,\boldsymbol{\Omega},t-l/v)\mathrm{d}l \quad (10-9)$$

这便是输运方程的积分形式，由此可看出通量与发射密度之间的关系。

引入光学厚度 τ 或称平均自由程数

$$\tau(\boldsymbol{r},E,\boldsymbol{\Omega})=\int_0^l \Sigma_{\mathrm{t}}(\boldsymbol{r}-l'\boldsymbol{\Omega},E)\mathrm{d}l'=\int_0^l \Sigma_{\mathrm{t}}(\boldsymbol{r}'+l'\boldsymbol{\Omega},E)\mathrm{d}l'^{①} \quad (10-10)$$

自由程定义为粒子在连续两次相互作用之间穿行的距离。中子速度 $v(E)$与

注：① 表示由 $\boldsymbol{r}=\boldsymbol{r}'+l\boldsymbol{\Omega}$，有 $\boldsymbol{r}-l'\boldsymbol{\Omega}=\boldsymbol{r}'+(l-l')\boldsymbol{\Omega}$，令 $\eta=l-l'$，则有 $\mathrm{d}l'=-\mathrm{d}\eta$，于是有

$$\int_0^l \Sigma_{\mathrm{t}}(\boldsymbol{r}-l'\boldsymbol{\Omega},E)\mathrm{d}l'==-\int_l^0 \Sigma_{\mathrm{t}}(\boldsymbol{r}'+\eta\boldsymbol{\Omega},E)\mathrm{d}\eta=\int_0^l \Sigma_{\mathrm{t}}(\boldsymbol{r}'+\eta\boldsymbol{\Omega},E)\mathrm{d}\eta=\int_0^l \Sigma_{\mathrm{t}}(\boldsymbol{r}'+l'\boldsymbol{\Omega},E)\mathrm{d}l'$$

能量 E 之间满足动量守恒方程，分两种情况讨论。

(1)不考虑相对论效应。依据牛顿动量守恒方程

$$E=\frac{1}{2}mv^2 \tag{10-11}$$

式中，m 为中子质量。解式(10-11)得

$$v(E)=\sqrt{\frac{2E}{m}}\approx 0.01383\sqrt{E}\ \text{cm/s} \tag{10-12}$$

(2)考虑相对论效应。此时，利用爱因斯坦相对论导出的能量、质量守恒方程 $E=mc^2$，得到中子速度 v 和能量 E 之间的转换关系为

$$v(E)=\frac{c\sqrt{E(E+2m)}}{E+m} \tag{10-13}$$

式中，$c=299792.5$ km/s 为光子速度，简称光速。

把式(10-9)代入式(10-5)得到中子发射密度方程的积分形式：

$$\begin{aligned}Q(\boldsymbol{r},E,\boldsymbol{\Omega},t)=&S(\boldsymbol{r},E,\boldsymbol{\Omega},t)+\\&\int_0^{E_{\max}}\int_{4\pi}\int_0^{\infty}\mathrm{e}^{-\int_0^l\Sigma_t(\boldsymbol{r}-l'\boldsymbol{\Omega}',E')\mathrm{d}l'}\Sigma_s(\boldsymbol{r},E',\boldsymbol{\Omega}'\rightarrow\\&E,\boldsymbol{\Omega})Q(\boldsymbol{r}-l\boldsymbol{\Omega}',E',\boldsymbol{\Omega}',t-l/v')\mathrm{d}E'\mathrm{d}\boldsymbol{\Omega}'\mathrm{d}l\end{aligned} \tag{10-14}$$

式中，

$$\boldsymbol{r}'=\boldsymbol{r}-l\boldsymbol{\Omega},\quad t'=t-\frac{l}{v} \tag{10-15}$$

为特征线方程，$l=|\boldsymbol{r}-\boldsymbol{r}'|$。

把式(10-14)代入式(10-9)得到积分形式的中子角通量密度方程：

$$\begin{aligned}\phi(\boldsymbol{r},E,\boldsymbol{\Omega},t)=&\int_0^{\infty}\mathrm{e}^{-\int_0^l\Sigma_t(\boldsymbol{r}-l'\boldsymbol{\Omega},E)\mathrm{d}l'}S(\boldsymbol{r}-l\boldsymbol{\Omega},E,\boldsymbol{\Omega},t-l/v)\mathrm{d}l+\\&\int_0^{\infty}\int_0^{E_{\max}}\int_{4\pi}\mathrm{e}^{-\int_0^l\Sigma_t(\boldsymbol{r}-l'\boldsymbol{\Omega}',E')\mathrm{d}l'}\Sigma_s(\boldsymbol{r}-l\boldsymbol{\Omega}',E',\boldsymbol{\Omega}'\rightarrow\\&E,\boldsymbol{\Omega})\phi(\boldsymbol{r}-l\boldsymbol{\Omega}',E',\boldsymbol{\Omega}',t-l/v')\mathrm{d}E'\mathrm{d}\boldsymbol{\Omega}'\mathrm{d}l\end{aligned} \tag{10-16}$$

定义首次碰撞源为

$$S_c(\boldsymbol{r},E,\boldsymbol{\Omega},t)=\int_0^{\infty}\mathrm{e}^{-\int_0^l\Sigma_t(\boldsymbol{r}-l'\boldsymbol{\Omega},E)\mathrm{d}l'}S(\boldsymbol{r}-l\boldsymbol{\Omega},E,\boldsymbol{\Omega},t-l/v)\mathrm{d}l \tag{10-17}$$

它是自然源分布经过了一次空间输运的结果。

则中子角通量密度方程改写为

$$\begin{aligned}\phi(\boldsymbol{r},E,\boldsymbol{\Omega},t)=&S_c(\boldsymbol{r},E,\boldsymbol{\Omega},t)+\\&\int_0^{\infty}\int_0^{E_{\max}}\int_{4\pi}\mathrm{e}^{-\int_0^l\Sigma_t(\boldsymbol{r}-l'\boldsymbol{\Omega},E)\mathrm{d}l'}\Sigma_s(\boldsymbol{r}-l\boldsymbol{\Omega}',E',\boldsymbol{\Omega}'\rightarrow\end{aligned}$$

$$E,\boldsymbol{\Omega})\phi(\boldsymbol{r}-l\boldsymbol{\Omega}',E',\boldsymbol{\Omega}',t-l/v')\mathrm{d}E'\mathrm{d}\boldsymbol{\Omega}'\mathrm{d}l \tag{10-18}$$

式中，右端第一项为源对中子对角通量的**直穿贡献**，第二项为中子对角通量的**散射贡献**。

定义中子碰撞密度为

$$\psi(\boldsymbol{r},E,\boldsymbol{\Omega},t)=\Sigma_{\mathrm{t}}(r,E)\phi(\boldsymbol{r},E,\boldsymbol{\Omega},t) \tag{10-19}$$

以 $\Sigma_{\mathrm{t}}(\boldsymbol{r},E)$乘式(10－18)两端得到积分形式的中子碰撞密度方程为

$$\psi(\boldsymbol{r},E,\boldsymbol{\Omega},t)=S_{\psi}(\boldsymbol{r},E,\boldsymbol{\Omega},t)+\int_{0}^{E_{\max}}\int_{\boldsymbol{\Omega}}\int_{0}^{\infty}\mathrm{e}^{-\int_{0}^{l}\Sigma_{\mathrm{t}}(\boldsymbol{r}-l'\boldsymbol{\Omega},E)\mathrm{d}l'}\Sigma_{\mathrm{s}}(\boldsymbol{r}-l\boldsymbol{\Omega}',E',\boldsymbol{\Omega}'\rightarrow E,\boldsymbol{\Omega})\times$$

$$\frac{\Sigma_{\mathrm{t}}(r,E)}{\Sigma_{\mathrm{t}}(\boldsymbol{r}-l\boldsymbol{\Omega},E')}\psi(\boldsymbol{r}-l\boldsymbol{\Omega}',E',\boldsymbol{\Omega}',t-l/v')\mathrm{d}E'\mathrm{d}\boldsymbol{\Omega}'\mathrm{d}l \tag{10-20}$$

式中，

$$S_{\psi}(\boldsymbol{r},E,\boldsymbol{\Omega},t)=\Sigma_{\mathrm{t}}(\boldsymbol{r},E)S_{\mathrm{c}}(\boldsymbol{r},E,\boldsymbol{\Omega},t) \tag{10-21}$$

上述三类积分方程均属于第二类弗雷德霍姆方程。

10.2.3　输运方程的算子形式

定义输运核 T(或称迁移核)：

$$T(\boldsymbol{r}'\rightarrow\boldsymbol{r}\,|\,E',\boldsymbol{\Omega}')=\Sigma_{\mathrm{t}}(\boldsymbol{r},E)\mathrm{e}^{-\int_{0}^{l}\Sigma_{\mathrm{t}}(\boldsymbol{r}-l'\boldsymbol{\Omega}',E')\mathrm{d}l'} \tag{10-22}$$

和碰撞核 C：

$$C(E',\boldsymbol{\Omega}'\rightarrow E,\boldsymbol{\Omega}\,|\,\boldsymbol{r})=\frac{\Sigma_{\mathrm{s}}(\boldsymbol{r},E',\boldsymbol{\Omega}'\rightarrow E,\boldsymbol{\Omega})}{\Sigma_{\mathrm{t}}(\boldsymbol{r},E')} \tag{10-23}$$

由于 E'、$\boldsymbol{\Omega}'$已知，因此，输运核 T 便是距离 l 的函数，即 $T=T(l)$；$\boldsymbol{r}$ 已知后，碰撞核 C 是 E、$\boldsymbol{\Omega}$ 的函数，于是中子发射密度方程可写为

$$\begin{aligned}Q(\boldsymbol{r},E,\boldsymbol{\Omega},t)=&S(\boldsymbol{r},E,\boldsymbol{\Omega},t)+\\&\int_{0}^{E_{\max}}\int_{4\pi}\int_{0}^{\infty}T(\boldsymbol{r}'\rightarrow\boldsymbol{r}\,|\,E',\boldsymbol{\Omega}')C(E',\boldsymbol{\Omega}'\rightarrow\\&E,\boldsymbol{\Omega}\,|\,\boldsymbol{r})Q(\boldsymbol{r}-l\boldsymbol{\Omega}',E',\boldsymbol{\Omega}',t-l/v')\mathrm{d}E'\mathrm{d}\boldsymbol{\Omega}'\mathrm{d}l\end{aligned} \tag{10-24}$$

相应的中子角通量密度方程为

$$\begin{aligned}\phi(\boldsymbol{r},E,\boldsymbol{\Omega},t)=&S_{\mathrm{c}}(\boldsymbol{r},E,\boldsymbol{\Omega},t)+\int_{0}^{E_{\max}}\int_{4\pi}\int_{0}^{\infty}C(E',\boldsymbol{\Omega}'\rightarrow E,\boldsymbol{\Omega}\,|\,\boldsymbol{r}')\times\\&T(\boldsymbol{r}'\rightarrow\boldsymbol{r}\,|\,E,\boldsymbol{\Omega})\frac{\Sigma_{\mathrm{t}}(\boldsymbol{r}-l\boldsymbol{\Omega}',E')}{\Sigma_{\mathrm{t}}(\boldsymbol{r},E)}\phi(\boldsymbol{r}-l\boldsymbol{\Omega}',E',\boldsymbol{\Omega}',\\&t-l/v')\mathrm{d}E'\mathrm{d}\boldsymbol{\Omega}'\mathrm{d}l\end{aligned} \tag{10-25}$$

中子碰撞密度方程为

$$\psi(\boldsymbol{r},E,\boldsymbol{\Omega},t)=S_{\psi}(\boldsymbol{r},E,\boldsymbol{\Omega},t)+\int_{0}^{E_{\max}}\int_{4\pi}\int_{0}^{\infty}C(E',\boldsymbol{\Omega}'\rightarrow E,\boldsymbol{\Omega}\,|\,\boldsymbol{r}')\times$$

$$T(\boldsymbol{r}' \to \boldsymbol{r} \mid E, \boldsymbol{\Omega})\psi(\boldsymbol{r} - l\boldsymbol{\Omega}', E', \boldsymbol{\Omega}', t - l/v')\mathrm{d}E'\mathrm{d}\boldsymbol{\Omega}'\mathrm{d}l \quad (10-26)$$

中子角通量密度和中子发射密度之间满足

$$\phi(\boldsymbol{r}, E, \boldsymbol{\Omega}, t) = \int_0^\infty \frac{T(\boldsymbol{r}' \to \boldsymbol{r} \mid E', \boldsymbol{\Omega}')}{\Sigma_t(\boldsymbol{r}, E')} Q(\boldsymbol{r} - l\boldsymbol{\Omega}', E, \Omega, t - l/v')\mathrm{d}l \quad (10-27)$$

以上方程均建立在式(10-15)所示特征线上，故称为特征线方程。

令 $\boldsymbol{P} = (\boldsymbol{r}, E, \boldsymbol{\Omega}, t)$、$\boldsymbol{P}' = (\boldsymbol{r}', E', \boldsymbol{\Omega}', t')$，$\mathrm{d}\boldsymbol{P}' = \mathrm{d}E'\mathrm{d}\boldsymbol{\Omega}'\mathrm{d}l$，则式(10-24)～式(10-26)可分别写为如下算子形式：

$$Q(\boldsymbol{P}) = S(\boldsymbol{P}) + \int K(\boldsymbol{P}' \to \boldsymbol{P})Q(\boldsymbol{P}')\mathrm{d}\boldsymbol{P}' \quad (10-28)$$

$$\phi(\boldsymbol{P}) = S_c(\boldsymbol{P}) + \int K_\phi(\boldsymbol{P}' \to \boldsymbol{P})\phi(\boldsymbol{P}')\mathrm{d}\boldsymbol{P}' \quad (10-29)$$

$$\psi(\boldsymbol{P}) = S_\psi(\boldsymbol{P}) + \int K_\psi(\boldsymbol{P}' \to \boldsymbol{P})\psi(\boldsymbol{P}')\mathrm{d}\boldsymbol{P}' \quad (10-30)$$

式中，

$$\begin{cases} K(\boldsymbol{P}' \to \boldsymbol{P}) = T(\boldsymbol{r}' \to \boldsymbol{r} \mid E', \boldsymbol{\Omega}')C(E', \boldsymbol{\Omega}' \to E, \boldsymbol{\Omega} \mid \boldsymbol{r}) \\ K_\phi(\boldsymbol{P}' \to \boldsymbol{P}) = \dfrac{\Sigma_t(\boldsymbol{r}', E')}{\Sigma_t(\boldsymbol{r}, E)} K_\psi(\boldsymbol{P}' \to \boldsymbol{P}) \\ K_\psi(\boldsymbol{P}' \to \boldsymbol{P}) = C(E', \boldsymbol{\Omega}' \to E, \boldsymbol{\Omega} \mid \boldsymbol{r}')T(\boldsymbol{r}' \to \boldsymbol{r} \mid E, \boldsymbol{\Omega}) \end{cases} \quad (10-31)$$

从式(10-31)可以看出，中子发射密度是先输运、后碰撞，而中子通量密度和中子碰撞密度则是先碰撞、后输运。中子发射密度采用的是自然源分布，而中子通量密度和中子碰撞密度采用的是首次碰撞源分布，即自然源分布经过了一次输运后的分布。

关于方程中时间变量 t 的说明，对非定常问题，若源粒子的初始时间为 t_0，则时间变化顺序为 $t_1 = t_0 + l_1/v_1, t_2 = t_1 + l_2/v_2, \cdots$。

10.2.4 全空间形式

为了便于点通量计算，现将之前的沿特征线中子角通量密度方程推广到全空间上。

如图 10-6 所示，体积元 $\mathrm{d}\boldsymbol{r}$ 可分解为

$$\mathrm{d}\boldsymbol{r} = \mathrm{d}A\,\mathrm{d}l = l^2\mathrm{d}\boldsymbol{\Omega}\mathrm{d}l \quad (10-32)$$

式中，$\mathrm{d}A$ 为与 $\boldsymbol{r} - \boldsymbol{r}'$ 方向垂直的面积元；$\mathrm{d}l$ 为沿 $\boldsymbol{r} - \boldsymbol{r}'$ 方向的线元；$\mathrm{d}\boldsymbol{\Omega} = \mathrm{d}A/l^2$ 为立体角。相应有 $\mathrm{d}\boldsymbol{r}' = l^2\mathrm{d}\boldsymbol{\Omega}'\mathrm{d}l$。

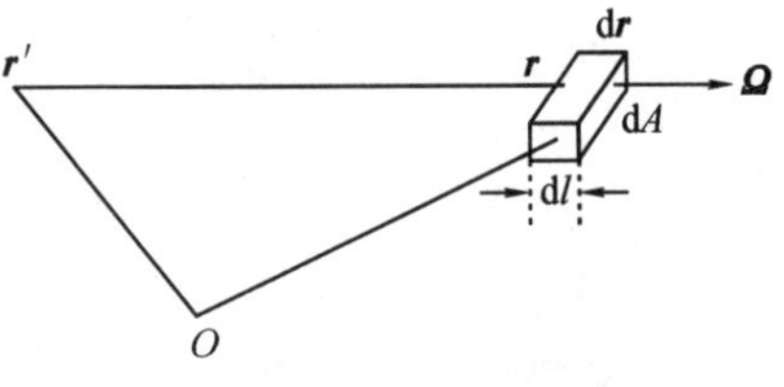

图 10-6　体积元 d**r** 的分解

根据 δ 函数性质，有

$$f(\boldsymbol{\Omega})=\int_{4\pi}f(\boldsymbol{\Omega})\delta(\boldsymbol{\Omega}'\cdot\boldsymbol{\Omega}-1)\mathrm{d}\boldsymbol{\Omega}' \tag{10-33}$$

利用式(10-33),式(10-16)变为

$$\phi(\boldsymbol{r},E,\boldsymbol{\Omega},t)=S_{\mathrm{c}}(\boldsymbol{r},E,\boldsymbol{\Omega},t)+\iiint\frac{\mathrm{e}^{-\int_0^{|\boldsymbol{r}-\boldsymbol{r}'|}\Sigma_{\mathrm{t}}(\boldsymbol{r}-l\boldsymbol{\Omega},E)\mathrm{d}l}}{|\boldsymbol{r}-\boldsymbol{r}'|^2}\delta\left(\boldsymbol{\Omega}'\cdot\frac{\boldsymbol{r}-\boldsymbol{r}'}{|\boldsymbol{r}-\boldsymbol{r}'|}-1\right)\cdot\delta\left(t'-(t-\frac{|\boldsymbol{r}-\boldsymbol{r}'|}{v})\right)\Sigma_{\mathrm{s}}(\boldsymbol{r}',E',\boldsymbol{\Omega}'\to E,\boldsymbol{\Omega})\phi(\boldsymbol{r}',E',\boldsymbol{\Omega}',t')\mathrm{d}\boldsymbol{r}'\mathrm{d}E'\mathrm{d}t' \tag{10-34}$$

这就是中子角通量密度方程的全空间形式或称其为中子角通量密度的体积分形式。相应的中子角通量密度与中子发射密度的关系式(10-9)的体积分形式为

$$\phi(\boldsymbol{r},E,\boldsymbol{\Omega},t)=\iint\frac{\mathrm{e}^{-\int_0^{|\boldsymbol{r}-\boldsymbol{r}'|}\Sigma_{\mathrm{t}}(\boldsymbol{r}-l\boldsymbol{\Omega},E)\mathrm{d}l}}{|\boldsymbol{r}-\boldsymbol{r}'|^2}\delta\left(\boldsymbol{\Omega}'\cdot\frac{\boldsymbol{r}-\boldsymbol{r}'}{|\boldsymbol{r}-\boldsymbol{r}'|}-1\right)\cdot\delta\left(t'-(t-\frac{|\boldsymbol{r}-\boldsymbol{r}'|}{v})\right)Q(\boldsymbol{r}',E,\boldsymbol{\Omega},t')\mathrm{d}\boldsymbol{r}'\mathrm{d}t' \tag{10-35}$$

引入全空间形式的输运算子 $\widetilde{T}$ 如下：

$$\begin{aligned}\widetilde{T}(\boldsymbol{r}',t'\to\boldsymbol{r},t\,|\,E,\boldsymbol{\Omega})&=\Sigma_{\mathrm{t}}(\boldsymbol{r},E)\,\frac{\mathrm{e}^{-\int_0^{|\boldsymbol{r}-\boldsymbol{r}'|}\Sigma_{\mathrm{t}}(\boldsymbol{r}-l\boldsymbol{\Omega},E)\mathrm{d}l}}{|\boldsymbol{r}-\boldsymbol{r}'|^2}\cdot\\&\quad\delta\left(\boldsymbol{\Omega}'\cdot\frac{\boldsymbol{r}-\boldsymbol{r}'}{|\boldsymbol{r}-\boldsymbol{r}'|}-1\right)\cdot\\&\quad\delta\left(t'-(t-\frac{|\boldsymbol{r}-\boldsymbol{r}'|}{v})\right)\\&=\frac{T(\boldsymbol{r}'\to\boldsymbol{r}\,|\,E,\boldsymbol{\Omega})}{|\boldsymbol{r}-\boldsymbol{r}'|^2}\delta\left(\boldsymbol{\Omega}'\cdot\frac{\boldsymbol{r}-\boldsymbol{r}'}{|\boldsymbol{r}-\boldsymbol{r}'|}-1\right)\cdot\\&\quad\delta\left(t'-(t-\frac{|\boldsymbol{r}-\boldsymbol{r}'|}{v})\right)\end{aligned} \tag{10-36}$$

则式(10-35)可写为

$$\phi(\boldsymbol{r},E,\boldsymbol{\Omega},t)=\int\frac{\widetilde{T}(\boldsymbol{r}',t'\to\boldsymbol{r},t\,|\,E',\boldsymbol{\Omega}')}{\Sigma_{\mathrm{t}}(\boldsymbol{r},E')}Q(\boldsymbol{r}',E,\boldsymbol{\Omega},t')\mathrm{d}\boldsymbol{r}'\mathrm{d}t' \tag{10-37}$$

$\widetilde{T}$ 与 T 满足如下关系：

$$\widetilde{T}(\boldsymbol{r}',t'\to\boldsymbol{r},t\,|\,E',\boldsymbol{\Omega}')\mathrm{d}\boldsymbol{r}'\mathrm{d}t'=T(\boldsymbol{r}'\to\boldsymbol{r}\,|\,E',\boldsymbol{\Omega}')\mathrm{d}l \tag{10-38}$$

也就是说由 $\boldsymbol{r}'$发出的中子,只有沿着特征线 $\boldsymbol{\Omega}$ 方向,才有发生碰撞的可能,说明中子角通量密度的全空间形式和特征线形式是一致的。

10.3 发射密度方程的解

由于角通量密度 ϕ 和碰撞密度 ψ 的源都经过了一次空间输运，而发射密度 Q 的源 S 为自然源分布。所以，MC 模拟选择发射密度 Q 进行模拟，而角通量密度 ϕ 和碰撞密度 ψ 被视为发射密度 Q 的响应量。(此处“角通量密度”“磁撞密度”等都省去了“中子”二字，下文同此处理)

下面讨论发射密度方程的 MC 求解。

10.3.1 发射密度的黎曼级数解

把发射密度方程式(10-24)简写为算符形式：

$$Q = S + KQ \tag{10-39}$$

由于方程两端含有待求量 Q，故采用源迭代求解，相应的迭代式为

$$Q^{(m+1)} = S + KQ^{(m)}, \quad m = 0,1,\cdots \tag{10-40}$$

式中，

$$Q^{(m)} = \sum_{l=0}^{m} K^l S \tag{10-41}$$

$$K^l S = \int \mathrm{d}\boldsymbol{P}_l \cdots \int \mathrm{d}\boldsymbol{P}_0 S(\boldsymbol{P}_0) \prod_{k=1}^{l} K(\boldsymbol{P}_{k-1} \to \boldsymbol{P}_l) \delta(\boldsymbol{P}_l - \boldsymbol{P}) \tag{10-42}$$

当 $m \to \infty$ 时，如果 $Q^{(m)}$ 收敛到方程(10-39)的解，那么此解即为中子角通量密度的黎曼级数解，形式为

$$\begin{aligned} Q(\boldsymbol{P}) &= \sum_{m=0}^{\infty} Q_m(\boldsymbol{P}) = \sum_{m=0}^{\infty} K^m S(\boldsymbol{P}) \\ &= \sum_{m=0}^{\infty} \int \mathrm{d}\boldsymbol{P}_m \int \mathrm{d}\boldsymbol{P}_{m-1} \cdots \int \mathrm{d}\boldsymbol{P}_0 S(\boldsymbol{P}_0) \prod_{k=1}^{m} K(\boldsymbol{P}_{k-1} \to \boldsymbol{P}_m) \delta(\boldsymbol{P}_m - \boldsymbol{P}) \end{aligned} \tag{10-43}$$

式中，$Q_m(\boldsymbol{P}) = K^m S(\boldsymbol{P})$，$\boldsymbol{P} \in \mathfrak{R}$，$\mathfrak{R}$ 为 $\boldsymbol{P}$ 的定义域。可以证明，如果算子 K 满足

$$0 < \sup_{\boldsymbol{P} \in \mathfrak{R}} \int_{\mathfrak{R}} K(\boldsymbol{P}' \to \boldsymbol{P}) \mathrm{d}\boldsymbol{P}' < 1 \tag{10-44}$$

即谱半径小于 1，则式(10-43)给出的黎曼级数解收敛。级数中每一项 $K^m S(\boldsymbol{P})$ 的物理意义是：从独立源 $S(\boldsymbol{P})$ 发出的中子，经过 m 次输运和碰撞后对 $\boldsymbol{P}$ 点的贡献。所有这些对 $\boldsymbol{P}$ 点的贡献之和就构成了 $\boldsymbol{P}$ 点的中子发射密度 $Q(\boldsymbol{P})$。

由于实际问题往往限定在一个有限区域 G 内，即有 $G \subset \mathfrak{R}$，中子离开区域 G 后便不再返回(真空边界)。因此，方程在区域 G 的黎曼级数解实际上只是级数中有限项之和，即存在有限正整数 $M < \infty$，使

$$Q(\boldsymbol{P}) = \sum_{m=0}^{M} Q_m(\boldsymbol{P}) = \sum_{m=0}^{M} K^m S(\boldsymbol{P}), \boldsymbol{P} \in G \tag{10-45}$$

另外,实际问题也不需要给出全空间 G 的解(k_{eff} 例外),而是给出 G 中某个子区域 D,$D\subset G$,称 D 为计数区域或探测器,即有

$$Q_D=\int_D \boldsymbol{Q}(\boldsymbol{P})\mathrm{d}\boldsymbol{P}=\sum_{m=0}^{M}\int_D Q_m(\boldsymbol{P})\mathrm{d}\boldsymbol{P}=\sum_{m=0}^{M}\int Q_m(\boldsymbol{P})\Delta(\boldsymbol{P}\in D)\mathrm{d}\boldsymbol{P}=\sum_{m=0}^{M}Q_{D,m} \tag{10-46}$$

式中,$Q_{D,m}=\int_D Q_m(\boldsymbol{P})\mathrm{d}\boldsymbol{P}=\int Q_m(\boldsymbol{P})\Delta(\boldsymbol{P}\in D)\mathrm{d}\boldsymbol{P}$;$\Delta$ 为特征函数或示性函数,其定义为

$$\Delta(\cdot)=\begin{cases}1, & \text{如果条件“}\cdot\text{”满足}\\0, & \text{否则}\end{cases} \tag{10-47}$$

于是问题归结为每一项 $Q_{D,m}$ 的求解。

10.3.2 发射密度的 MC 解

从式(10-43)可以看出,发射密度的求解过程复杂,且计算量大。随机模拟中要引入一个重要的概念,即权或权重,用符号 w 表示。它的引入既可用于源特征的描述,还可用于偏倚抽样的纠偏,以保证估计量的无偏性。

初始权重定义为

$$w_0=\int_D S(\boldsymbol{P})\mathrm{d}\boldsymbol{P}=1 \tag{10-48}$$

这里假定 $S(\boldsymbol{P})=\widetilde{S}(\boldsymbol{P})/\int\widetilde{S}(\boldsymbol{P})\mathrm{d}\boldsymbol{P}=\widetilde{S}(\boldsymbol{P})/S_0$ 为归一化源分布,其为 $\boldsymbol{P}$ 的 p. d. f,$\widetilde{S}(\boldsymbol{P})$ 为实际源分布,$S_0=\int\widetilde{S}(\boldsymbol{P})\mathrm{d}\boldsymbol{P}$ 为实际源强。MC 模拟获得的计算结果,最后要乘以实际源强 S_0,才是求解问题的解,这一点需要留意。

MC 模拟过程中中子权重的变化反映的是发射密度强度的变化,而探测器计数权重变化的平稳程度反映了估计量方差的大小。在一个非增殖系统,中子权重是单调减少的,对于增殖系统,虽然有新的中子产生,但权重 w 始终控制在 1 以内。下面讨论中子发射密度的 MC 求解。

首先构造一个随机模型,然后对其进行求解。

(1)构造随机游动链:

定义 $\Gamma_m:\boldsymbol{P}_0\to\boldsymbol{P}_1\to\cdots\to\boldsymbol{P}_m(\boldsymbol{P}_m=\boldsymbol{P})$,即中子的状态转移过程。同时构造联合随机变矢量 $\boldsymbol{X}_m=(\boldsymbol{P}_0,\boldsymbol{P}_1,\cdots,\boldsymbol{P}_m)$及相应的 p. d. f 为

$$f(\boldsymbol{X}_m)=H(\boldsymbol{P}_0)H(\boldsymbol{P}_0\to\boldsymbol{P}_1)\cdots H(\boldsymbol{P}_{m-1}\to\boldsymbol{P}_m) \tag{10-49}$$

式中,$H(\boldsymbol{P}_0)=S(\boldsymbol{P}_0)$为初始源分布;$H(\boldsymbol{P}_{l-1}\to\boldsymbol{P}_l)$为已知状态 $\boldsymbol{P}_{l-1}$ 下的条件转移函数。

令 $\mathrm{d}\boldsymbol{X}_m=\mathrm{d}\boldsymbol{P}_0\mathrm{d}\boldsymbol{P}_1\cdots\mathrm{d}\boldsymbol{P}_m$。

(2)从 $f(\boldsymbol{X}_m)$ 抽样状态序列 $\Gamma_m:\boldsymbol{P}_0\to\boldsymbol{P}_1\to\cdots\to\boldsymbol{P}_m$，抽样过程中同时计算粒子权重：

$$\begin{cases}w_0=\dfrac{S(\boldsymbol{P}_0)}{H(\boldsymbol{P}_0)}=1\\ w_l=w_{l-1}\dfrac{K(\boldsymbol{P}_{l-1}\to\boldsymbol{P}_l)}{H(\boldsymbol{P}_{l-1}\to\boldsymbol{P}_l)},\ l=1,\cdots,m\end{cases}\tag{10-50}$$

(3) 在 Γ_m 上定义随机变量 $\boldsymbol{X}_m$ 的函数 $h(\boldsymbol{X}_m)$：

$$h(\boldsymbol{X}_m)=w_m\delta(\boldsymbol{P}_m-\boldsymbol{P})\tag{10-51}$$

现证明 $h(\boldsymbol{X}_m)$即为发射密度的 MC 解，即证明 $h(\boldsymbol{X}_m)$的数学期望满足 $E[h(\boldsymbol{X}_m)]=Q_m(\boldsymbol{P})$。

因为

$$\begin{aligned}E[h]&=\int f(\boldsymbol{X}_m)h(\boldsymbol{X}_m)\mathrm{d}\boldsymbol{X}_m\\&=\int f(\boldsymbol{X}_m)\frac{S(\boldsymbol{P}_0)}{H(\boldsymbol{P}_0)}\frac{K(\boldsymbol{P}_0\to\boldsymbol{P}_1)}{H(\boldsymbol{P}_0\to\boldsymbol{P}_1)}\cdots\frac{K(\boldsymbol{P}_{m-1}\to\boldsymbol{P}_m)}{H(\boldsymbol{P}_{m-1}\to\boldsymbol{P}_m)}\delta(\boldsymbol{P}_m-\boldsymbol{P})\mathrm{d}\boldsymbol{X}_m\\&=\int S(\boldsymbol{P}_0)K(\boldsymbol{P}_0\to\boldsymbol{P}_1)\cdots K(\boldsymbol{P}_{m-1}\to\boldsymbol{P}_m)\delta(\boldsymbol{P}_m-\boldsymbol{P})\mathrm{d}\boldsymbol{X}_m\\&=K^mS(\boldsymbol{P})\\&=Q_m(\boldsymbol{P})\end{aligned}$$

故式(10-51)给出的解为 $Q_m(\boldsymbol{P})$的一个无偏估计，即有

$$\hat{Q}_m(\boldsymbol{P})=w_m\delta(\boldsymbol{P}_m-\boldsymbol{P})\tag{10-52}$$

于是得到发射密度的近似解为

$$\hat{Q}(\boldsymbol{P})=\sum_{m=0}^{M}\hat{Q}_m(\boldsymbol{P})=\sum_{m=0}^{M}w_m\delta(\boldsymbol{P}_m-\boldsymbol{P})\tag{10-53}$$

$$\hat{Q}_D=\sum_{m=0}^{M}w_m\Delta(\boldsymbol{P}_m\in D)\tag{10-54}$$

称 w_m 为中子在第 m 次碰撞后的积存权重，也为第 m 次碰撞对发射密度的贡献。式(10-53)给出了发射密度 $Q(\boldsymbol{P})$的全空间的近似解 $\hat{Q}(\boldsymbol{P})$。

下面讨论 $\hat{Q}_D$ 的计算。

(1)吸收估计。定义转移函数

$$H(\boldsymbol{P}_{l-1}\to\boldsymbol{P}_l)=K(\boldsymbol{P}_{l-1}\to\boldsymbol{P}_l)/\beta(\boldsymbol{P}_l)\tag{10-55}$$

式中，

$$\beta(\boldsymbol{P}')=\int K(\boldsymbol{P}'\to\boldsymbol{P})\mathrm{d}\boldsymbol{P}=\Sigma_{\mathrm{s}}(\boldsymbol{r}',E')/\Sigma_{\mathrm{t}}(\boldsymbol{r}',E')\tag{10-56}$$

为在状态 $\boldsymbol{P}'$的质点继续游动的**散射概率**，相应得到粒子终止游动的**吸收概率**为

$$\alpha(\boldsymbol{P}')=1-\beta(\boldsymbol{P}')=\Sigma_{\mathrm{a}}(\boldsymbol{r}',E')/\Sigma_{\mathrm{t}}(\boldsymbol{r}',E')\tag{10-57}$$

$\alpha(\boldsymbol{P}')+\beta(\boldsymbol{P}')=1$。中子的吸收反应又称为中子俘获，关于俘获有两种处理方式。

(a)直接俘获。随机游动设计为：

①由源分布 $S(\boldsymbol{P}_0)$ 抽取粒子的初始状态 $\boldsymbol{P}_0$，由此开始随机游动；

②对任意状态 $i(i=1,2,\cdots)$，计算粒子到达 $\boldsymbol{P}_i$ 点是否终止游动，其由吸收概率 $\alpha(\boldsymbol{P}_i)$ 来决定。

③抽任一随机数 ξ，判断 $\xi<\alpha(\boldsymbol{P}_i)$ 是否成立？成立，则在 $\boldsymbol{P}_i$ 点发生吸收反应，粒子游动终止；否则，粒子继续游动，从分布 $H(\boldsymbol{P}_{l-1}\rightarrow\boldsymbol{P}_l)=K(\boldsymbol{P}_i\rightarrow\boldsymbol{P})/\beta(\boldsymbol{P}_i)$ 抽样确定粒子的下一个状态参量 $\boldsymbol{P}_{i+1}$。重复②、③直到粒子被吸收，游动终止。

④如果情况②、③不发生，则粒子必然会穿出系统，按泄漏处理，该粒子历史结束。

通过上述抽样过程，得到一个随机游动链 $\Gamma_k:\boldsymbol{P}_0\rightarrow\boldsymbol{P}_1\rightarrow\cdots\rightarrow\boldsymbol{P}_k$，其中 $\boldsymbol{P}=\boldsymbol{P}_k$ 为粒子终止游动的状态点，由于粒子被吸收前的状态为散射，故有

$$\beta(\boldsymbol{P}_0)=\beta(\boldsymbol{P}_1)=\cdots=\beta(\boldsymbol{P}_{k-1})=1,\quad \beta(\boldsymbol{P}_k)=0 \tag{10-58}$$

由式(10-50)可知，粒子权重有

$$w_k=w_{k-1}=\cdots=w_0=1 \tag{10-59}$$

定义 Γ_k 上的估计量为

$$\hat{Q}_D^{(a)}=w_k\frac{\Delta(\boldsymbol{P}_k\in D)}{\alpha(\boldsymbol{P}_k)}=\frac{\Sigma_t(\boldsymbol{r}_k,E_k)}{\Sigma_a(\boldsymbol{r}_k,E_k)}\Delta(\boldsymbol{P}_k\in D) \tag{10-60}$$

现证明 $\hat{Q}_D^{(a)}$ 为 Q_D 的一个无偏估计，即证明 $E(\hat{Q}_D^{(a)})=Q_D$。

事实上，中子从状态 $\boldsymbol{P}_0$ 经 $k-1$ 次空间输运和碰撞后，$\boldsymbol{P}_k$ 被吸收的 p.d.f 为

$$\begin{aligned}P(\Gamma_k)&=[S(\boldsymbol{P}_0)\beta(\boldsymbol{P}_0)]\left[\frac{K(\boldsymbol{P}_0\rightarrow\boldsymbol{P}_1)}{\beta(\boldsymbol{P}_0)}\beta(\boldsymbol{P}_1)\right]\cdots\left[\frac{K(\boldsymbol{P}_{k-1}\rightarrow\boldsymbol{P}_k)}{\beta(\boldsymbol{P}_{k-1})}\alpha(\boldsymbol{P}_k)\right]\\&=S(\boldsymbol{P}_0)\prod_{l=1}^{k}K(\boldsymbol{P}_{l-1}\rightarrow\boldsymbol{P}_l)\alpha(\boldsymbol{P}_k)\end{aligned} \tag{10-61}$$

于是有

$$\begin{aligned}E(\hat{Q}_D^{(a)})&=\int w_k\frac{\Delta(\boldsymbol{P}_k\in D)}{\alpha(\boldsymbol{P}_k)}P(\Gamma_k)\mathrm{d}\boldsymbol{X}_k\\&=\int S(\boldsymbol{P}_0)\prod_{l=1}^{k}K(\boldsymbol{P}_{l-1}\rightarrow\boldsymbol{P}_l)\Delta(\boldsymbol{P}_k\in D)\mathrm{d}\boldsymbol{X}_k\\&=Q_D\end{aligned} \tag{10-62}$$

由此证明了式(10-60)为发射密度的**吸收估计**解，也称为**最后事件估计**。它描述的过程与实际物理过程一致，但这种估计方法只有吸收反应正好发生在计数区域 D 时，探测器才有计数 Σ_t/Σ_a，且由于计数值 $\Sigma_t/\Sigma_a>1$，存在较大的统计涨落，方差自然就大。

采用直接俘获的吸收估计，不仅计数率低，而且方差大，除非计数区域 D 相对

问题空间较大，否则尽量不使用直接俘获的吸收估计，系统 k_{eff} 的计算和粒子穿过某个面的穿透率的计算例外。

(b)隐俘获。隐俘获又名隐吸收或加权法，与直接俘获相比，隐俘获本身没有物理意义，完全是一种数学处理。将式(10－55)、式(10－56)代入式(10－50)得

$$\begin{aligned} w_l &= w_{l-1}\frac{\Sigma_{\mathrm{s}}(\boldsymbol{r}_l,E_{l-1})}{\Sigma_{\mathrm{t}}(\boldsymbol{r}_l,E_{l-1})} \\ &= w_{l-1}\left[1-\frac{\Sigma_{\mathrm{a}}(\boldsymbol{r}_l,E_{l-1})}{\Sigma_{\mathrm{t}}(\boldsymbol{r}_l,E_{l-1})}\right] \\ &= w_{l-1}-w_{a,l-1},\ l=1,2,\cdots,m \end{aligned} \tag{10－63}$$

式中，$w_{\mathrm{a},l-1}=w_{l-1}\Sigma_{\mathrm{a}}(\boldsymbol{r}_l,E_{l-1})/\Sigma_{\mathrm{t}}(\boldsymbol{r}_l,E_{l-1})$ 为吸收权重；$w_{\mathrm{s},l-1}=w_{l-1}\Sigma_{\mathrm{s}}(\boldsymbol{r}_l,E_{l-1})/\Sigma_{\mathrm{t}}(\boldsymbol{r}_l,E_{l-1})$ 为散射权重。

当粒子与核发生碰撞后，不通过抽样决定是发生散射反应，还是吸收反应，而是直接扣除吸收权重 $w_{\mathrm{a},l-1}$，之后粒子以散射权重 $w_{\mathrm{s},l-1}$ 继续游动。同样，只有当碰撞正好发生在计数区域 D 时，探测器有计数

$$\hat{Q}_{D,m}^{(ia)}=w_m\Delta(\boldsymbol{P}_m\in D) \tag{10－64}$$

相比直接俘获，隐俘获处理的优点有二：①粒子游动链延长，有利于探测器计数；②从式(10－64)可以看出，隐俘获计数权重变化比较平稳，统计涨落小，有利于降低方差。为了证明这一点，以穿透概率计算为例。

例 10－1　一束中子水平入射到 $x=0$ 的平板上，试求中子穿过平板 $x=l$ 的概率(见图 10－7)。

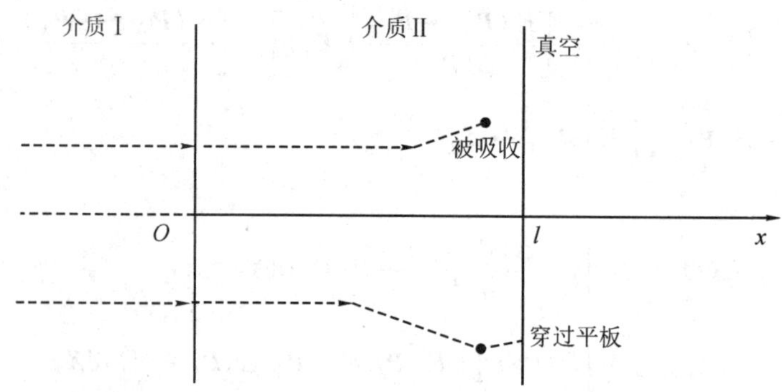

图 10－7　中子穿透平板示意图

①直接俘获。引进随机变量 η，令第 i 个中子对穿透率的贡献为

$$\eta_i=\begin{cases}1, & X_M\geqslant l \\ 0, & \text{否则}\end{cases} \tag{10－65}$$

式中，下标 M 为该中子历史的最终状态。

假定共跟踪 N 个中子，则穿透率 p 的无偏估计为

$$\hat{p}_N = \frac{1}{N}\sum_{i=1}^{N}\eta_i \tag{10-66}$$

显然 η 服从二项式分布，有

$$E\eta = 1\cdot p + 0\cdot(1-p) = p \approx \hat{p}_N \tag{10-67}$$

$$\sigma^2(\eta) = E\eta^2 - (E\eta)^2 = E\eta - (E\eta)^2 \approx \hat{p}_N(1-\hat{p}_N) = \hat{\sigma}_N^2(\eta) \tag{10-68}$$

②隐俘获。引进随机变量 ζ，设第 i 个中子对穿透率的贡献为

$$\zeta_i = \begin{cases} w_{M-1}, & x_M \geqslant l \\ 0, & \text{否则} \end{cases} \tag{10-69}$$

式中，w_{M-1} 满足递推公式 $w_m = w_{m-1}(1-\Sigma_{a,m-1}/\Sigma_{t,m-1})$，$m=1,2,\cdots,M-1$，则穿透率的无偏估计为

$$\hat{p}_N = \frac{1}{N}\sum_{i=1}^{N}\zeta_i \tag{10-70}$$

其方差为

$$\hat{\sigma}_N^2(\zeta) = \frac{1}{N}\sum_{i=1}^{N}\zeta_i^2 - (\hat{p}_N)^2 \tag{10-71}$$

③方差比较。因为

$$\hat{\sigma}_N^2(\eta) - \hat{\sigma}_N^2(\zeta) = \hat{p}_N - \frac{1}{N}\sum_{i=1}^{N}\zeta_i^2 = \frac{1}{N}\sum_{i=1}^{N}\zeta_i(1-\zeta_i) > 0 \tag{10-72}$$

即有 $\hat{\sigma}_N^2(\eta) > \hat{\sigma}_N^2(\zeta)$，说明隐俘获的方差的确小于直接俘获的方差。

隐俘获虽然延长了粒子游动链长，有利于探测器计数，但计算时间较直接俘获长。因此，什么情况适合隐俘获处理、什么情况适合直接俘获处理要视具体情况而定。例如，对低能热中子散射，由于碰撞以弹性散射为主，而弹性散射不损失能量，采用隐俘获，则碰撞次数和计算时间增加，对探测器计数贡献甚微，采用直接俘获会很快结束这些粒子历史。很多 MC 粒子输运程序都设定了使用隐俘获和直接俘获的能量限 E_{cap}，当中子能量 $E > E_{\text{cap}}$ 时，采用隐俘获；当 $E \leqslant E_{\text{cap}}$ 时，采用直接俘获。

(2)碰撞估计。假定中子在 $\boldsymbol{P}_k$ 点被吸收，$\alpha(\boldsymbol{P}_k)=1$，之前的每个碰撞点有 $\beta(\boldsymbol{P}_0)=\beta(\boldsymbol{P}_1)=\cdots=\beta(\boldsymbol{P}_{k-1})=1$，$\alpha(\boldsymbol{P}_0)=\alpha(\boldsymbol{P}_1)=\cdots=\alpha(\boldsymbol{P}_{k-1})=0$。按式(10-59)，在每个碰撞点 $\boldsymbol{P}_m$ 应记录

$$\left[w_m \frac{\Delta(\boldsymbol{P}_m \in D)}{\alpha(\boldsymbol{P}_m)}\right]\alpha(\boldsymbol{P}_m) = w_m\Delta(\boldsymbol{P}_m \in D) = w_0\Delta(\boldsymbol{P}_m \in D)$$
$$= \Delta(\boldsymbol{P}_m \in D),\ m=0,1,\cdots,k$$

于是有

$$\hat{Q}_D^{(c)} = \sum_{m=0}^{k}\Delta(\boldsymbol{P}_m \in D) \tag{10-73}$$

因为

$$
\begin{aligned}
E[\hat{Q}_D^{(c)}] &= \sum_{m=0}^{k}\int \Delta(\boldsymbol{P}_m \in D)P(\Gamma_m)\mathrm{d}\boldsymbol{X}_m \\
&= \sum_{m=0}^{k}\int_D S(\boldsymbol{P}_0)\prod_{l=1}^{m}K(\boldsymbol{P}_{l-1}\rightarrow\boldsymbol{P}_l)\alpha(\boldsymbol{P}_m)\mathrm{d}\boldsymbol{X}_m \\
&= \sum_{m=0}^{k}\int_D S(\boldsymbol{P}_0)\prod_{l=1}^{m}K(\boldsymbol{P}_{l-1}\rightarrow\boldsymbol{P}_l)[1-\beta(\boldsymbol{P}_m)]\mathrm{d}\boldsymbol{X}_m \\
&= \int_D S(\boldsymbol{P}_0)\prod_{l=1}^{k}K(\boldsymbol{P}_{l-1}\rightarrow\boldsymbol{P}_l)\mathrm{d}\boldsymbol{X}_k = Q_D
\end{aligned}
$$

故 $\hat{Q}_D^{(c)}$ 为 Q_D 的一个无偏估计，称其为发射密度的碰撞估计或逐次事件估计解。

相比吸收估计，碰撞估计更充分地利用了随机游动链信息，计数率高于吸收估计。同样由于只有碰撞发生在探测器内才有计数，碰撞估计的计数率也不高。除用于系统 k_{eff} 的计算外，在其他探测器估计中也很少使用。

10.4 通量估计方法

根据式(10－9)及发射密度的黎曼级数解式(10－52)，有

$$
\hat{\phi}(\boldsymbol{r},E,\boldsymbol{\Omega},t) = \sum_{m=0}^{M} w_m \int_0^{\infty} \mathrm{e}^{-\int_0^{l}\Sigma_t(\boldsymbol{r}_m - l'\boldsymbol{\Omega}_m, E_m)\mathrm{d}l'}\mathrm{d}l \tag{10-74a}
$$

$$
= \sum_{m=0}^{M} w_m \int_0^{\infty} T(\boldsymbol{r}_m \rightarrow \boldsymbol{r}_m + l\boldsymbol{\Omega}_m \mid E_m, \boldsymbol{\Omega}_m)\frac{1}{\Sigma_t(\boldsymbol{r}_m + l\boldsymbol{\Omega}_m, E_m)}\mathrm{d}l \tag{10-74b}
$$

$$
= \sum_{m=0}^{M} w_m \int_0^{\infty} T(\boldsymbol{r}_m \rightarrow \boldsymbol{r}_m + l\boldsymbol{\Omega}_m \mid E_m, \boldsymbol{\Omega}_m)\frac{\Sigma_a(\boldsymbol{r}_m + l\boldsymbol{\Omega}_m, E_m)}{\Sigma_t(\boldsymbol{r}_m + l\boldsymbol{\Omega}_m, E_m)}\cdot \frac{1}{\Sigma_a(\boldsymbol{r}_m + l\boldsymbol{\Omega}_m, E_m)}\mathrm{d}l \tag{10-74c}
$$

由后面的讨论可知，式(10－74a)对应通量密度的径迹长度估计；式(10－74b)对应通量密度的碰撞估计；式(10－74c)对应通量密度的吸收估计。

1. 体通量密度

给定区域 D 上的体通量密度为

$$
\phi(D) = \int \phi(\boldsymbol{r},E,\boldsymbol{\Omega},t)\Delta(\boldsymbol{r}\in D)\mathrm{d}\boldsymbol{r}\mathrm{d}E\mathrm{d}\boldsymbol{\Omega}\mathrm{d}t \tag{10-75}
$$

2. 面通量密度

给定曲面 A 上的面通量密度为

$$
\phi(A) = \int \phi(\boldsymbol{r},E,\boldsymbol{\Omega},t)\Delta(\boldsymbol{r}\in A)\mathrm{d}\boldsymbol{r}\mathrm{d}E\mathrm{d}\boldsymbol{\Omega}\mathrm{d}t \tag{10-76}
$$

3. 点通量密度

给定点 $\boldsymbol{r}'$处的点通量密度为

$$\phi(\boldsymbol{r}') = \int \phi(\boldsymbol{r}, E, \boldsymbol{\Omega}, t)\delta(\boldsymbol{r} - \boldsymbol{r}')\mathrm{d}\boldsymbol{r}\mathrm{d}E\mathrm{d}\boldsymbol{\Omega}\mathrm{d}t \tag{10-77}$$

由于输运问题的各种求解量均可写为统一形式的泛函，故有

$$I = \langle \phi, g \rangle = \int \phi(\boldsymbol{P})g(\boldsymbol{P})\mathrm{d}\boldsymbol{P} = \sum_{m=0}^{M}\int \phi_m(\boldsymbol{P})g(\boldsymbol{P})\mathrm{d}\boldsymbol{P} = \sum_{m=0}^{M} I_m \tag{10-78}$$

式中，$\phi(\boldsymbol{P}) = \sum_{m=0}^{M}\phi_m(\boldsymbol{P})$；$I_m = \int \phi_m(\boldsymbol{P})g(\boldsymbol{P})\mathrm{d}\boldsymbol{P}$；$g(\boldsymbol{P})$为关于状态 $\boldsymbol{P}$ 的响应函数。

把 $m=0$ 对应的解 $\phi_0(\boldsymbol{P})$称为独立源中子对 $\boldsymbol{P}$ 点通量的直穿贡献；把 $m>0$ 对应的解 $\phi_m(\boldsymbol{P})$称为独立源中子对 $\boldsymbol{P}$ 点通量的第 m 次散射贡献。

当 g 取 $\Delta(\boldsymbol{r}\in D)$、$\Delta(\boldsymbol{r}\in A)$与 $\delta(\boldsymbol{r}-\boldsymbol{r}')$时，$I$ 分别表示体通量、面通量和点通量。

于是泛函 I 的求解归结为式(10-78)中每个分项 I_m 的计算，当碰撞点 $\boldsymbol{r}_{m+1}$ 的发射密度 Q_m 已知时，利用角通量密度和发射密度之间的关系式(10-9)和发射密度的估计式(10-52)，可以得到 I_m 的估计值表达式：

$$\hat{I}_m = w_m \int_0^{\infty} T(\boldsymbol{r}_m \to \boldsymbol{r}_m + l\boldsymbol{\Omega}_m \mid E_m, \boldsymbol{\Omega}_m) \frac{g(\boldsymbol{r}_m + l\boldsymbol{\Omega}_m, E_m, \boldsymbol{\Omega}_m, t_m + l/v_m)}{\Sigma_\mathrm{t}(\boldsymbol{r}_m + l\boldsymbol{\Omega}_m, E_m)}\mathrm{d}l \tag{10-79}$$

下面围绕式(10-74a)中涉及的指数积分，讨论通量密度的几种估计方法。

10.4.1　吸收估计

式(10-79)或式(10-74c)可写为

$$\hat{I}_m = w_m \int_0^{\infty} T(\boldsymbol{r}_m \to \boldsymbol{r}_m + l\boldsymbol{\Omega}_m \mid E_m, \boldsymbol{\Omega}_m) \frac{\Sigma_\mathrm{a}(r_m + l\boldsymbol{\Omega}_m, E_m)}{\Sigma_\mathrm{t}(r_m + l\boldsymbol{\Omega}_m, E_m)} \frac{g(\boldsymbol{r}_m + l\boldsymbol{\Omega}_m, E_m, \boldsymbol{\Omega}_m, t_m + l/v_m)}{\Sigma_\mathrm{a}(\boldsymbol{r}_m + l\boldsymbol{\Omega}_m, E_m)}\mathrm{d}l \tag{10-80}$$

设中子的随机游动链为 $\Gamma_k: \boldsymbol{P}_0 \to \boldsymbol{P}_1 \to \cdots \to \boldsymbol{P}_k$，$\boldsymbol{P}_k = (\boldsymbol{r}_k, E_k, \boldsymbol{\Omega}_k, t_k)$，在 $\boldsymbol{r}_{k+1}$ 处，抽随机数 ξ，若 $\xi < \dfrac{\Sigma_\mathrm{a}(\boldsymbol{r}_{k+1}, E_k)}{\Sigma_\mathrm{t}(\boldsymbol{r}_{k+1}, E_k)}$成立，则中子在 $\boldsymbol{r}_{k+1}$ 处被吸收，停止游动，此时记录估计量为

$$\hat{I}^{(\mathrm{a})} = w_k \frac{g(\boldsymbol{r}_{k+1}, E_k, \boldsymbol{\Omega}_k, t_{k+1})}{\Sigma_\mathrm{a}(\boldsymbol{r}_{k+1}, E_k)} \tag{10-81}$$

它是泛函 I 的一个无偏估计量。特别地，对体通量密度有

$$\hat{\phi}^{(a)}(D)=\frac{\Delta(\boldsymbol{r}_{k+1}\in D)}{\Sigma_{a}(\boldsymbol{r}_{k+1},E_{k})} \tag{10-82}$$

目前通量吸收估计主要用于临界 k_{eff} 的计算。

10.4.2 碰撞估计

若中子离开第 m 次碰撞时的状态为 $\boldsymbol{P}_m=(\boldsymbol{r}_m,E_m,\boldsymbol{\Omega}_m,t_m)$，权重为 w_m，由通量和发射密度之间的关系式及发射密度的解，有

$$\begin{aligned}\hat{I}_m^{(c)}&=w_m\int_0^{\infty}T(\boldsymbol{r}_m\to\boldsymbol{r}_m+l\boldsymbol{\Omega}_m\mid E_m,\boldsymbol{\Omega}_m)\frac{g(\boldsymbol{r}_m+l\boldsymbol{\Omega}_m,E_m,\boldsymbol{\Omega}_m,t_m+l/v_m)}{\Sigma_t(\boldsymbol{r}_m+l\boldsymbol{\Omega}_m,E_m)}\mathrm{d}l\\&=w_mE\left[\frac{g(\boldsymbol{r}_{m+1},E_m,\boldsymbol{\Omega}_m,t_{m+1})}{\Sigma_t(\boldsymbol{r}_{m+1},E_m)}\right]\end{aligned} \tag{10-83}$$

对式(10－83)的数学期望，考虑到总模拟的粒子数足够多，故这里数学期望估计仅取一次近似值作为统计量的计数值，即从 $T(\boldsymbol{r}_m\to\boldsymbol{r}_m+l\boldsymbol{\Omega}_m\mid E_m,\boldsymbol{\Omega}_m)$ 抽出 l，得到位置点 $\boldsymbol{r}_{m+1}=\boldsymbol{r}_m+l\boldsymbol{\Omega}_m$ 及到达时间 $t_{m+1}=t_m+l/v_m$，由此得

$$E\left[\frac{g(\boldsymbol{r}_{m+1},E_m,\boldsymbol{\Omega}_m,t_{m+1})}{\Sigma_t(\boldsymbol{r}_{m+1},E_m)}\right]\approx\frac{g(\boldsymbol{r}_{m+1},E_m,\boldsymbol{\Omega}_m,t_{m+1})}{\Sigma_t(\boldsymbol{r}_{m+1},E_m)}$$

进而得

$$\hat{I}_m^{(c)}=w_m\frac{g(\boldsymbol{r}_{m+1},E_m,\boldsymbol{\Omega}_m,t_{m+1})}{\Sigma_t(\boldsymbol{r}_{m+1},E_m)} \tag{10-84}$$

最后得到泛函 I 的无偏估计量

$$\hat{I}^{(c)}=\sum_{m=0}^{M}\hat{I}_m^{(c)}=\sum_{m=0}^{M}w_m\frac{g(\boldsymbol{r}_{m+1},E_m,\boldsymbol{\Omega}_m,t_{m+1})}{\Sigma_t(\boldsymbol{r}_{m+1},E_m)} \tag{10-85}$$

特别地，对体通量密度有

$$\hat{\phi}^{(c)}(D)=\sum_{m=0}^{M}\hat{\phi}_m^{(c)}=\sum_{m=0}^{M}w_m\frac{\Delta(\boldsymbol{r}_{m+1}\in D)}{\Sigma_t(\boldsymbol{r}_{m+1},E_m)} \tag{10-86}$$

由此可见，只有当碰撞点落在计数区域内时，才对所要计算的通量有贡献，且这种估计对面通量密度的计算无效。因此，碰撞估计的实用性也有限，仅用于临界 k_{eff} 的计算。

10.4.3 期望估计

如图 10－8 所示，设中子从碰撞点 $\boldsymbol{r}_m$ 出发沿 $\boldsymbol{\Omega}_m$ 方向飞行并与计数区域 D 相交，穿入的距离为 l_{n-1}，穿出的距离为 l_n。由通量和发射密度之间的关系式(10－7)，以及发射密度的解式(10－52)，可以得到中子第 m 次碰撞后的体通量估计为

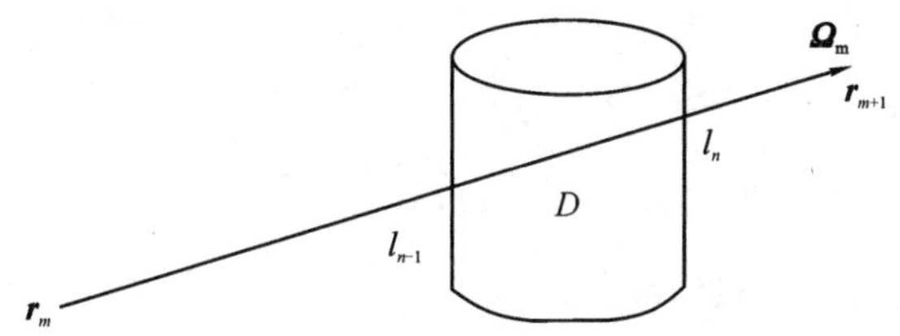

图 10 - 8　从 $\boldsymbol{r}_m$ 出发沿 $\boldsymbol{\Omega}_m$ 方向的射线穿过区域 D 示意图

$$\hat{\phi}_m^{(\mathrm{E})}(D)=w_m\int_{l_{n-1}}^{l_n}\mathrm{e}^{-\int_0^l\Sigma_\mathrm{t}(\boldsymbol{r}_m-l'\boldsymbol{\Omega}_m,E_m)\mathrm{d}l'}\mathrm{d}l \tag{10-87}$$

在进入 D 之前，中子穿过了 $n-1$ 层介质，在每层介质(l_{i-1},l_i)上，当能量 $E=E_m$ 确定时，截面为一常数 Σ_i，此时式(10 - 87)变为

$$\begin{aligned}\hat{\phi}_m^{(\mathrm{E})}(D)&=w_m\frac{\mathrm{e}^{-\int_0^{l_{n-1}}\Sigma_\mathrm{t}(\boldsymbol{r}_m-l'\boldsymbol{\Omega}_m,E_m)\mathrm{d}l'}-\mathrm{e}^{-\int_0^{l_n}\Sigma_\mathrm{t}(\boldsymbol{r}_m-l'\boldsymbol{\Omega}_m,E_m)\mathrm{d}l'}}{\Sigma_n}\\&=w_m\frac{\exp\left(-\sum_{i=1}^{n-1}\Sigma_i\Delta l_i\right)-\exp\left(-\sum_{i=1}^{n}\Sigma_i\Delta l_i\right)}{\Sigma_n}\end{aligned} \tag{10-88}$$

这里假定 $l_0=0,\Delta l_i=l_i-l_{i-1}$，当 $\boldsymbol{r}_m\in D$ 时，$n=1$。此即为体通量密度的期望估计。

对式(10 - 87)的积分还可以采用抽样处理，在$[l_{n-1},l_n]$上均匀抽取一个值 $l_n^*=l_{n-1}+\xi\Delta l_n$，由此得到 $\boldsymbol{r}_n^*=\boldsymbol{r}_m+l_n^*\boldsymbol{\Omega}_m$，进而得到 $\phi_m(D)$的另一个无偏估计量为

$$\begin{aligned}\hat{\phi}_m^{(\mathrm{E})}(D)&\approx w_m\exp\left(-\int_0^{l_n^*}\Sigma_\mathrm{t}(\boldsymbol{r}_m-l'\boldsymbol{\Omega}_m,E_m)\mathrm{d}l'\right)\Delta l_n\\&=w_m\left[\exp\left(-\sum_{i=1}^{n-1}\Sigma_i\Delta l_i\right)+\Sigma_n(l_n^*-l_{n-1})\right]\Delta l_n\end{aligned} \tag{10-89}$$

与式(10 - 88)相比，式(10 - 89)少算一个指数函数。

10.4.4 径迹长度估计

式(10 - 88)和式(10 - 89)给出的体通量期望估计均涉及指数的计算，较费时间，下面考虑一种更简化的处理。如图 10 - 8 所示，定义随机变量 $\zeta(l)$如下：

$$\zeta(l)=\begin{cases}0, & l\leqslant l_{n-1}\text{，或 }\boldsymbol{r}_{m+1}\text{ 沿 }\boldsymbol{\Omega}_m\text{ 不穿过 }D\\ l-l_{n-1}, & l_{n-1}<l<l_n,\ \boldsymbol{r}_{m+1}\in D\\ l_n-l_{n-1}, & l\geqslant l_n,\ \boldsymbol{r}_{m+1}\text{ 沿 }\boldsymbol{\Omega}_m\text{ 穿过 }D\end{cases} \tag{10-90}$$

现证明第 m 次散射对体通量的贡献为

$$\hat{\phi}_m^{(\mathrm{T})}(D)=w_m\zeta \tag{10-91}$$

即证明

$$E\zeta=\int_{l_{n-1}}^{l_n} e^{-\int_0^l \Sigma_t(\boldsymbol{r}_m-l'\boldsymbol{\Omega}_m,E_m)dl'}dl \tag{10-92}$$

事实上，由式(10－90)和式(10－91)，有

$$\begin{aligned}E\zeta&=\int_0^\infty \zeta(l)\cdot\Sigma_t(\boldsymbol{r}_m-l\boldsymbol{\Omega}_m,E_m)e^{-\int_0^l \Sigma_t(\boldsymbol{r}_m-l'\boldsymbol{\Omega}_m,E_m)dl'}dl\\&=\left\{\int_0^{l_{n-1}}+\int_{l_{n-1}}^{l_n}+\int_{l_n}^\infty\right\}\zeta(l)\cdot\Sigma_t(\boldsymbol{r}_m-l\boldsymbol{\Omega}_m,E_m)e^{-\int_0^l \Sigma_t(\boldsymbol{r}_m-l'\boldsymbol{\Omega}_m,E_m)dl'}dl\\&=\int_{l_{n-1}}^{l_n}(l-l_{n-1})\Sigma_t(\boldsymbol{r}_m-l\boldsymbol{\Omega}_m,E_m)e^{-\int_0^l \Sigma_t(\boldsymbol{r}_m-l'\boldsymbol{\Omega}_m,E_m)dl'}dl+\\&\quad(l_n-l_{n-1})\int_{l_n}^\infty \Sigma_t(\boldsymbol{r}_m-l\boldsymbol{\Omega}_m,E_m)e^{-\int_0^l \Sigma_t(\boldsymbol{r}_m-l'\boldsymbol{\Omega}_m,E_m)dl'}dl\\&=-(l_n-l_{n-1})e^{-\int_0^{l_n} \Sigma_t(\boldsymbol{r}_m-l'\boldsymbol{\Omega}_m,E_m)dl'}+\int_{l_{n-1}}^{l_n}e^{-\int_0^l \Sigma_t(\boldsymbol{r}_m-l'\boldsymbol{\Omega}_m,E_m)dl'}dl+\\&\quad(l_n-l_{n-1})\left[\exp\left(-\int_0^{l_n}\Sigma_t(\boldsymbol{r}_m-l'\boldsymbol{\Omega}_m,E_m)dl'\right)-\exp\left(-\int_0^\infty\Sigma_t(\boldsymbol{r}_m-l'\boldsymbol{\Omega}_m,E_m)dl'\right)\right]\\&=\int_{l_{n-1}}^{l_n}e^{-\int_0^l \Sigma_t(\boldsymbol{r}_m-l'\boldsymbol{\Omega}_m,E_m)dl'}dl\end{aligned}$$

这里假定 $e^{-\int_0^\infty \Sigma_t(\boldsymbol{r}_m-l'\boldsymbol{\Omega}_m,E_m)dl'}=0$，证毕。

对径迹长度估计，当粒子穿过计数区域 D 时便有计数，它比碰撞估计和吸收估计的计数率高，目前多数 MC 粒子输运程序多采用径迹长度估计计算通量密度。但对计数区域 D 相对求解问题几何系统较小时，径迹长度估计的计数率也不高。有效方法是点估计，下节讨论。

10.4.5 面通量计算

如图 10－9 所示，虽然面通量密度的计算不能直接采用径迹长度估计，但可被视为体通量密度的一种特殊情况，假定 $V\approx A\delta$，其中 A 为块的近似表面积，δ 为块的近似厚度，则径迹长度为 $l=\delta/|\mu_m|$，其中 $\mu_m=\boldsymbol{\Omega}_m\cdot\boldsymbol{n}=\cos\theta_m$，$\boldsymbol{n}$ 为 A 表面的单位外法矢量。则有

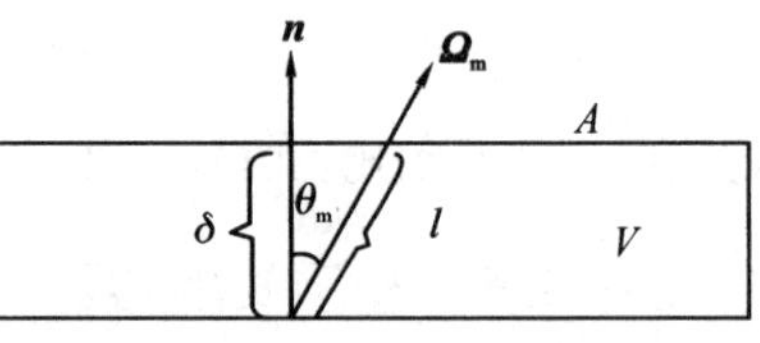

图 10－9　体积元 V 分解示意图

$$\begin{aligned}\phi_m(A)&=\frac{1}{A}\int\phi_m(\boldsymbol{r},E,\boldsymbol{\Omega},t)\Delta(\boldsymbol{r}\in A)d\boldsymbol{r}dEd\boldsymbol{\Omega}dt\\&\approx\lim_{\delta\to0}\hat{\phi}_m^{T}(A\delta)/V=\lim_{\delta\to0}(w_m\delta/|\mu_m|)/(A\delta)\\&=w_m/(A|\mu_m|)\end{aligned}\tag{10-93}$$

10.5　点通量估计方法

在输运计算中，当探测区域相对整个问题区域很小可近似为一点时，前面介绍的估计方法就很难给出计数值了。此时，发展点通量密度的指向概率方法就十分必要了，点通量密度的指向概率方法又称为下次事件估计(next event estimator, NEE)[43]，下面介绍该方法。

10.5.1　指向概率方法

方便讨论起见，略去时间变量 t，点通量问题可表示为

$$\phi(\boldsymbol{r}^*,E,\boldsymbol{\Omega})=\int\phi(\boldsymbol{r},E,\boldsymbol{\Omega})\delta(\boldsymbol{r}-\boldsymbol{r}^*)\mathrm{d}\boldsymbol{r}=E[\phi(\boldsymbol{r}^*,E,\boldsymbol{\Omega})\mid\boldsymbol{r}=\boldsymbol{r}^*] \tag{10-94}$$

这是一个强条件数学期望问题，进一步对能量 E、方向 $\boldsymbol{\Omega}$ 积分，得到仅为位置 $\boldsymbol{r}^*$ 的通量表达式：

$$\phi(\boldsymbol{r}^*)=\int\phi(\boldsymbol{r}^*,E,\boldsymbol{\Omega})\mathrm{d}E\mathrm{d}\boldsymbol{\Omega} \tag{10-95}$$

采用式(10-35)给出的全空间形式的通量表达式，把点通量密度 $\phi(\boldsymbol{r}^*)$分解为两部分：

$$\phi(\boldsymbol{r}^*)=\phi_0(\boldsymbol{r}^*)+\phi_s(\boldsymbol{r}^*) \tag{10-96}$$

式中，$\phi_0(\boldsymbol{r}^*)$表示直穿贡献(对应 $m=0$)；$\phi_s(\boldsymbol{r}^*)$表示散射贡献(对应 $m>0$)。

由式(10-25)及式(10-37)，$\phi_0(\boldsymbol{r}^*)$可表示为

$$\phi_0(\boldsymbol{r}^*)=\int\tilde{T}(\boldsymbol{r}'\to\boldsymbol{r}^*\mid E,\boldsymbol{\Omega})\frac{S(\boldsymbol{r}',E,\boldsymbol{\Omega})}{\Sigma_t(\boldsymbol{r}^*,E)}\mathrm{d}\boldsymbol{r}'\mathrm{d}E\mathrm{d}\boldsymbol{\Omega} \tag{10-97}$$

$\phi_s(\boldsymbol{r}^*)$可表示为

$$\phi_s(\boldsymbol{r}^*)=\int\frac{\tilde{T}(\boldsymbol{r}'\to\boldsymbol{r}^*\mid E,\boldsymbol{\Omega})}{\Sigma_t(\boldsymbol{r}^*,E)}\left[\int\tilde{T}(\boldsymbol{r}''\to\boldsymbol{r}'\mid E,\boldsymbol{\Omega})C(E',\boldsymbol{\Omega}'\to E,\boldsymbol{\Omega}\mid\boldsymbol{r}')\times Q(\boldsymbol{r}'',E',\boldsymbol{\Omega}')\mathrm{d}\boldsymbol{r}''\mathrm{d}E'\right]\mathrm{d}\boldsymbol{r}'\mathrm{d}E\mathrm{d}\boldsymbol{\Omega} \tag{10-98}$$

从式(10-98)可以看出，$\phi_s(\boldsymbol{r}^*)$涉及 3 个位置变量 $\boldsymbol{r}''$、$\boldsymbol{r}'$及 $\boldsymbol{r}^*$ 之间的转移关系，为了保持和之前粒子转移状态的一致性，把 $\boldsymbol{r}''$还原到 $\boldsymbol{r}'$，把 $\boldsymbol{r}'$还原到 $\boldsymbol{r}$。有

$$\phi_s(\boldsymbol{r}^*)=\int\frac{\tilde{T}(\boldsymbol{r}\to\boldsymbol{r}^*\mid E,\boldsymbol{\Omega})}{\Sigma_t(\boldsymbol{r}^*,E)}\left[\int\tilde{T}(\boldsymbol{r}'\to\boldsymbol{r}\mid E,\boldsymbol{\Omega})C(E',\boldsymbol{\Omega}'\to E,\boldsymbol{\Omega}\mid\boldsymbol{r})\times Q(\boldsymbol{r}',E',\boldsymbol{\Omega}')\mathrm{d}\boldsymbol{r}'\mathrm{d}E'\right]\mathrm{d}\boldsymbol{r}\mathrm{d}E\mathrm{d}\boldsymbol{\Omega} \tag{10-98a}$$

进一步写为

$$\phi_s(\boldsymbol{r}^*)=\sum_{m=1}^{M}\phi_m(\boldsymbol{r}^*) \tag{10-99}$$

式中，$\phi_m(\boldsymbol{r}^*)$表示第 m 次散射对通量 $\phi_s(\boldsymbol{r}^*)$的贡献。

下面讨论直穿项 $\phi_0(\boldsymbol{r}^*)(m=0)$和散射项 $\phi_m(\boldsymbol{r}^*)(m\geqslant1)$的计算。

1. 直穿项的计算

将源分布 $S(\boldsymbol{r},E,\boldsymbol{\Omega})$表示为

$$S(\boldsymbol{r},E,\boldsymbol{\Omega})=S_1(\boldsymbol{r})S_2(E|\boldsymbol{r})S_3(\boldsymbol{\Omega}|\boldsymbol{r},E) \tag{10-100}$$

式中，

$$\begin{cases}S_1(\boldsymbol{r})=\iint S(\boldsymbol{r},E,\boldsymbol{\Omega})\mathrm{d}E\mathrm{d}\boldsymbol{\Omega}\\ S_2(E|\boldsymbol{r})=\int S(\boldsymbol{r},E,\boldsymbol{\Omega})\mathrm{d}\boldsymbol{\Omega}/S_1(\boldsymbol{r})\\ S_3(\boldsymbol{\Omega}|\boldsymbol{r},E)=\dfrac{S(\boldsymbol{r},E,\boldsymbol{\Omega})}{S_1(\boldsymbol{r})S_2(E|\boldsymbol{r})}\end{cases} \tag{10-101}$$

(1)从位置分布 $S_1(\boldsymbol{r})$抽取位置 $\boldsymbol{r}_0$；

(2)从能量分布 $S_2(E|\boldsymbol{r})$抽取能量 E_0；

(3) 方向采用 $\boldsymbol{\Omega}_0^*=(\boldsymbol{r}^*-\boldsymbol{r}_0)/|\boldsymbol{r}^*-\boldsymbol{r}_0|$；

(4) 初始权重 $w_0=\int S(\boldsymbol{r},E,\boldsymbol{\Omega})\mathrm{d}\boldsymbol{r}\mathrm{d}E\mathrm{d}\boldsymbol{\Omega}=1$。

根据式(10-36)和式(10-97)，便得到 $\phi_0(\boldsymbol{r}^*)$的无偏估计式为

$$\hat{\phi}_0(\boldsymbol{r}^*)=\frac{S_3(\boldsymbol{\Omega}_0^*|\boldsymbol{r}_0,E_0)}{|\boldsymbol{r}^*-\boldsymbol{r}_0|^2}\exp\left\{-\int_0^{|\boldsymbol{r}^*-\boldsymbol{r}_0|}\Sigma_t(\boldsymbol{r}^*-l'\boldsymbol{\Omega}_0^*,E_0)\mathrm{d}l'\right\} \tag{10-102}$$

2. 散射项的计算

设中子进入第 m 次碰撞的状态为$(\boldsymbol{r}_m,E_{m-1},\boldsymbol{\Omega}_{m-1},w_{m-1})$，离开第 m 次碰撞的状态为$(\boldsymbol{r}_m,E_m,\boldsymbol{\Omega}_m,w_m)$，则由式(10-98a)，$\phi_m(\boldsymbol{r}^*)$可表示为

$$\phi_s(\boldsymbol{r}^*)=\int\frac{\widetilde{T}(\boldsymbol{r}\to\boldsymbol{r}^*|E,\boldsymbol{\Omega})}{\Sigma_t(\boldsymbol{r}^*,E)}\left[\int\widetilde{T}(\boldsymbol{r}'\to\boldsymbol{r}|E,\boldsymbol{\Omega})C(E',\boldsymbol{\Omega}'\to E,\boldsymbol{\Omega}|r)\times Q(\boldsymbol{r}',E',\boldsymbol{\Omega}')\mathrm{d}\boldsymbol{r}'\mathrm{d}E'\right]\mathrm{d}\boldsymbol{r}\mathrm{d}E\mathrm{d}\boldsymbol{\Omega} \tag{10-98b}$$

$$\phi_m(\boldsymbol{r}^*)=\int\frac{\widetilde{T}(\boldsymbol{r}_m\to\boldsymbol{r}^*|E_m,\boldsymbol{\Omega}_m)}{\Sigma_t(\boldsymbol{r}^*,E_m)}\left[\int\widetilde{T}(\boldsymbol{r}_{m-1}\to\boldsymbol{r}_m|E_m,\boldsymbol{\Omega}_m)C(E_{m-1},\boldsymbol{\Omega}_{m-1}\to E,\boldsymbol{\Omega}|\boldsymbol{r}_m)\times Q(\boldsymbol{r}_{m-1},E_{m-1},\boldsymbol{\Omega}_{m-1})\mathrm{d}\boldsymbol{r}_{m-1}\mathrm{d}E_{m-1}\right]\mathrm{d}\boldsymbol{r}_m\,\mathrm{d}E\mathrm{d}\boldsymbol{\Omega} \tag{10-103}$$

式中，

$$Q(\boldsymbol{r}_{m-1},E_{m-1},\boldsymbol{\Omega}_{m-1})=w_{m-1}\delta(\boldsymbol{r}-\boldsymbol{r}_{m-1})\delta(E-E_{m-1})\delta(\boldsymbol{\Omega}-\boldsymbol{\Omega}_{m-1}) \tag{10-104}$$

将式(10-104)代入式(10-103)，得 $\hat{\phi}_m(\boldsymbol{r}^*)$ 的无偏估计式为

$$\hat{\phi}_m(\boldsymbol{r}^*)=w_{m-1}\int\frac{\widetilde{T}(\boldsymbol{r}_m\rightarrow\boldsymbol{r}^*\mid E,\boldsymbol{\Omega}_m^*)}{\Sigma_t(\boldsymbol{r}^*,E_m)}C(E_{m-1},\boldsymbol{\Omega}_{m-1}\rightarrow E,\boldsymbol{\Omega}_m^*\mid\boldsymbol{r}_m)\mathrm{d}E$$

$$=\frac{w_{m-1}}{|\boldsymbol{r}^*-\boldsymbol{r}_m|^2}\int\exp\left\{-\int_0^{|\boldsymbol{r}^*-\boldsymbol{r}_m|}\Sigma_t(\boldsymbol{r}_m-l'\boldsymbol{\Omega}_m^*,E)\mathrm{d}l'\right\}C(E_{m-1},\boldsymbol{\Omega}_{m-1}\rightarrow E,\boldsymbol{\Omega}_m^*\mid\boldsymbol{r}_m)\mathrm{d}E \tag{10-105}$$

对式(10-105)中的积分进行变换，有

$$\int\mathrm{e}^{-\int_0^{|\boldsymbol{r}^*-\boldsymbol{r}_m|}\Sigma_t(\boldsymbol{r}_m-l'\boldsymbol{\Omega}_m^*,E)\mathrm{d}l'}\frac{C(E_{m-1},\boldsymbol{\Omega}_{m-1}\rightarrow E,\boldsymbol{\Omega}_m^*\mid\boldsymbol{r}_m)}{\int C(E_{m-1},\boldsymbol{\Omega}_{m-1}\rightarrow E,\boldsymbol{\Omega}_m^*\mid\boldsymbol{r}_m)\mathrm{d}E}\mathrm{d}E\int C(E_{m-1},\boldsymbol{\Omega}_{m-1}\rightarrow E,\boldsymbol{\Omega}_m^*\mid\boldsymbol{r}_m)\mathrm{d}E \tag{10-106}$$

从分布 $C(E_{m-1},\boldsymbol{\Omega}_{m-1}\rightarrow E,\boldsymbol{\Omega}_m^*\mid\boldsymbol{r}_m)/\int C(E_{m-1},\boldsymbol{\Omega}_{m-1}\rightarrow E,\boldsymbol{\Omega}_m^*\mid\boldsymbol{r}_m)\mathrm{d}E$ 抽样得到能量 E_m^*，由此得

$$\hat{\phi}_m(\boldsymbol{r}^*)=\frac{w_{m-1}}{|\boldsymbol{r}^*-\boldsymbol{r}_m|^2}\exp\left\{-\int_0^{|\boldsymbol{r}^*-\boldsymbol{r}_m|}\Sigma_t(\boldsymbol{r}_m-l'\boldsymbol{\Omega}_m^*,E_m^*)\mathrm{d}l'\right\}\int C(E_{m-1},\boldsymbol{\Omega}_{m-1}\rightarrow E,\boldsymbol{\Omega}_m^*\mid\boldsymbol{r}_m)\mathrm{d}E \tag{10-107}$$

对式(10-107)中的积分，有

$$\int C(E_{m-1},\boldsymbol{\Omega}_{m-1}\rightarrow E,\boldsymbol{\Omega}_m^*\mid\boldsymbol{r}_m)\mathrm{d}E=\int\frac{\Sigma_s(\boldsymbol{r}_m,E_{m-1},\boldsymbol{\Omega}_{m-1}\rightarrow E,\boldsymbol{\Omega}_m^*)}{\Sigma_t(\boldsymbol{r}_m,E_{m-1})}\mathrm{d}E$$

$$=\frac{\Sigma_s(\boldsymbol{r}_m,E_{m-1})}{\Sigma_t(\boldsymbol{r}_m,E_{m-1})}\int f(E_{m-1},\boldsymbol{\Omega}_{m-1}\rightarrow E,\boldsymbol{\Omega}_m^*)\mathrm{d}E \tag{10-108}$$

式中，$\mu_m^*=\boldsymbol{\Omega}_{m-1}\cdot\boldsymbol{\Omega}_m^*$；$\boldsymbol{\Omega}_m^*=(\boldsymbol{r}^*-\boldsymbol{r}_m)/|\boldsymbol{r}^*-\boldsymbol{r}_m|$；

$$\int f(E_{m-1},\boldsymbol{\Omega}_{m-1}\rightarrow E,\boldsymbol{\Omega}_m^*)\mathrm{d}E=\frac{f(\mu_m^*)}{2\pi} \tag{10-109}$$

$f(\mu)$ 为关于 μ 的角分布($-1\leqslant\mu\leqslant1$)。

采用隐俘获处理，即有

$$w_m=w_{m-1}\frac{\Sigma_s(\boldsymbol{r}_m,E_{m-1})}{\Sigma_t(\boldsymbol{r}_m,E_{m-1})}=w_{m-1}\left[1-\frac{\Sigma_a(\boldsymbol{r}_m,E_{m-1})}{\Sigma_t(\boldsymbol{r}_m,E_{m-1})}\right] \tag{10-110}$$

将式(10-110)代入式(10-109)及式(10-107)，求得

$$\hat{\phi}_m(\boldsymbol{r}^*)=\frac{w_m f(\mu_m^*)}{2\pi|\boldsymbol{r}^*-\boldsymbol{r}_m|^2}\exp\left\{-\int_0^{|\boldsymbol{r}^*-\boldsymbol{r}_m|}\Sigma_t(\boldsymbol{r}_m-l'\boldsymbol{\Omega}_m^*,E_m^*)\mathrm{d}l'\right\} \tag{10-111}$$

式(10－111)即为点通量密度的指向概率方法估计式，其物理意义是：$\boldsymbol{r}_m$ 处粒子对 $\boldsymbol{r}^*$ 点通量密度的贡献，等于粒子在 $\boldsymbol{\Omega}_m^*$ 方向单位立体角中的发射概率 $f(\mu_m^*)/(2\pi)$ 乘从 $\boldsymbol{r}_m$ 不碰撞到达 $\boldsymbol{r}^*$ 的概率 $\exp\left[-\int_0^{|\boldsymbol{r}^*-\boldsymbol{r}_m|}\Sigma_t(\boldsymbol{r}_m-l'\boldsymbol{\Omega}_m^*,E_m^*)\mathrm{d}l'\right]$，再乘 $\boldsymbol{r}^*$ 处垂直于 $\boldsymbol{\Omega}_m^*$ 方向的单位面积对 $\boldsymbol{r}_m$ 点所张开的立体角 $1/|\boldsymbol{r}^*-\boldsymbol{r}_m|^2$。

从式(10－111)可以看出，点通量估计式分母含有二阶奇异项 $1/|\boldsymbol{r}^*-\boldsymbol{r}_m|^2$，当碰撞点 $\boldsymbol{r}_m$ 接近计数点探测器 $\boldsymbol{r}^*$ 时，$|\boldsymbol{r}_m-\boldsymbol{r}^*|\to 0$，进而导致估计量 $\hat{\phi}_m(\boldsymbol{r}^*)$ 及方差无界。这是点探测器估计存在的主要不足。当遇到这种情况时，需要有相应的替代计数措施，这里给出两种改进措施。

1)MCNP 程序的处理[36]

对出现在以探测点为中心、R_0 为半径的小球内的碰撞，用计算平均贡献的方法代替下次事件估计处理。假设在探测点的这个球形邻域内，散射通量密度是均匀各向同性的，从而可以用均匀分布在小球内的平均通量密度近似碰撞点对计数点的通量密度贡献。当 $R=|\boldsymbol{r}^*-\boldsymbol{r}_m|<R_0$ 且 $\Sigma_t\neq 0$ 时，R_0 内的点探测器估计可用均匀分布在小球内的平均通量密度代替，取 $f(\mu_m)=1/2$，即在小球内方向按各向同性近似，有

$$\hat{\phi}_m(\boldsymbol{r}^*)=\frac{\int\hat{\phi}_m\mathrm{d}V}{\int\mathrm{d}V}$$

$$\approx w_m\cdot f(\mu_m)\frac{\int_0^{R_0}\frac{\mathrm{e}^{-\Sigma_t r}}{2\pi r^2}4\pi r^2\mathrm{d}r}{4\pi R_0^3/3}$$

$$=\frac{3w_m(1-\mathrm{e}^{-\Sigma_t R_0})}{4\pi R_0^3\Sigma_t},\ \Sigma_t\neq 0,R<R_0 \tag{10-112}$$

如果 $\Sigma_t=0$，点探测器不在散射介质区，因而没有碰撞发生，则

$$\hat{\phi}_m(\boldsymbol{r}^*)=\frac{w_m f(\mu_m)R_0}{2\pi R_0^3/3}=\frac{3w_m}{4\pi R_0^2},\ \Sigma_t=0,R<R_0 \tag{10-113}$$

如果虚拟球半径用平均自由程数 $\tau_0=\Sigma_t R_0$ 表示，则式(10－112)变为

$$\hat{\phi}_m(\boldsymbol{r}^*)\approx\frac{3w_m(1-\mathrm{e}^{-\tau_0})\Sigma_t^2}{4\pi\tau_0^3},\ \tau<\tau_0,\ \Sigma_t\neq 0 \tag{10-114}$$

R_0 的选取主要基于经验，以一个平均自由程为妥。

2)MORSE-CGA 程序的处理

给定权窗上限 w_{up}，以探测点 $\boldsymbol{r}^*$ 为中心、ε 为半径构造一小球，当碰撞发生在

小球外时，按正常点估计计数。当碰撞发生在球内时，则取 $\hat{\phi}_m(\boldsymbol{r}^*)=w_{up}$。

10.5.2　环探测器估计

相对于点探测器估计，环探测器只有 $1/R$ 一阶奇异性，方差有界，而且理论上已证明在柱对称系统中，环上任一点的通量密度均为一常数[45]。因此，可以用环上任一点的通量代替之前讨论的某一固定点 $\boldsymbol{r}^*$ 处的通量，这样可以避免 $\boldsymbol{r}^*$ 与碰撞点 $\boldsymbol{r}_m$ 过近所导致的计数和方差同时无界。设碰撞点坐标为 $\boldsymbol{r}_m=(x_m,y_m,z_m)$，其离探测点 $\boldsymbol{r}=(x,y,z)$（环上任一点）的距离为 $R=|\boldsymbol{r}-\boldsymbol{r}_m|$，环探测器可以选择 x、y、z 轴之一为对称轴构造。

如图 10-10 所示，不妨选 y 轴为对称轴，r 为环半径，点 (x,y,z) 用极坐标表示为

$$\begin{cases} x=r\cos\varphi \\ y=y \\ z=r\sin\varphi \end{cases},\ -\pi\leqslant\varphi\leqslant\pi \tag{10-115}$$

式中，y 为固定值；点 (x,y,z) 可以从环上通过抽样产生。

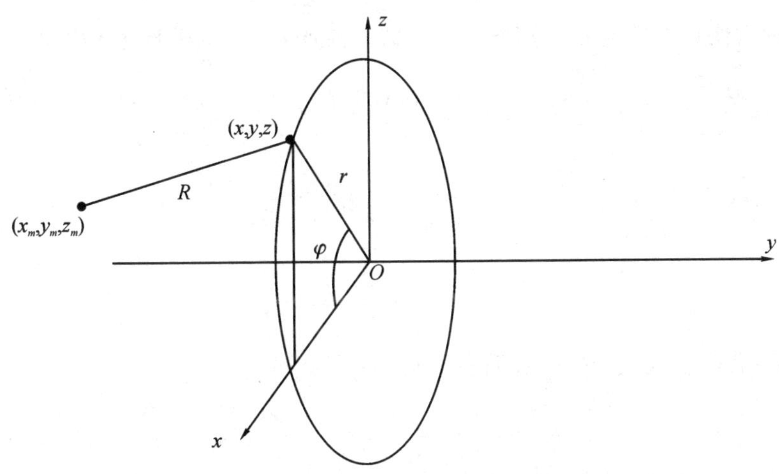

图 10-10　环探测器示意图

用 $\dfrac{1}{R^2}$ 偏倚方位角 φ 的分布 $\dfrac{1}{2\pi}$，从下面的概率密度函数中抽样产生 φ：

$$p(\varphi)=\frac{C}{2\pi R^2} \tag{10-116}$$

式中，C 为归一化因子。

抽随机数 ξ，由

$$\begin{aligned}\xi &= \frac{C}{2\pi}\int_{-\pi}^{\varphi} \frac{1}{R^2}\mathrm{d}\varphi' \\ &= \frac{C}{2\pi}\int_{-\pi}^{\varphi} \frac{1}{(x_m - r\cos\varphi')^2 + (y_m - y)^2 + (z_m - r\sin\varphi')^2}\mathrm{d}\varphi' \\ &= \frac{C}{2\pi}\int_{-\pi}^{\varphi} \frac{1}{a + b\cos\varphi' + c\sin\varphi'}\mathrm{d}\varphi' \\ &= \frac{1}{\pi}\arctan\left\{\frac{1}{C}\left[(a-b)\tan\frac{\varphi}{2}\right] + c\right\} + \frac{1}{2}\end{aligned}$$

解得

$$\tan\frac{\varphi}{2} = \frac{1}{a-b}\left\{C\tan\left[\pi\left(\xi - \frac{1}{2}\right)\right] - c\right\} \tag{10-117}$$

式中，

$$\begin{cases} a = r^2 + x_m^2 + (y - y_m)^2 + z_m^2 \\ b = -2rx_m \\ c = -2rz_m \\ C = \sqrt{a^2 - b^2 - c^2} \end{cases} \tag{10-118}$$

上述方法只有满足 $a^2 - b^2 - c^2 > 0$，即碰撞点 $\boldsymbol{r}_m$ 不在环上时才成立。令

$$t = \tan\left(\frac{\varphi}{2}\right) \tag{10-119}$$

解得

$$\begin{cases} \sin\varphi = \dfrac{2t}{1+t^2} \\ \cos\varphi = \dfrac{1-t^2}{1+t^2} \end{cases} \tag{10-120}$$

将式(10-120)代入式(10-115)得

$$\begin{cases} x = r\dfrac{1-t^2}{1+t^2} \\ y = y \\ z = 2r\dfrac{t}{1+t^2} \end{cases} \tag{10-121}$$

关于点探测器、环探测器估计方法，可参考 MCNP 程序手册[36]。

10.6 估计方法的适用范围

从前面的讨论可知，点通量密度仅有一种估计，称为下次事件估计。体通量密

度有四种估计，分别是：①吸收估计（或称最后事件估计）；②碰撞估计（或称逐次事件估计）；③期望估计；④径迹长度估计。吸收估计只有当粒子正好在探测器内发生吸收反应时，才做计数 $\Sigma_D(\boldsymbol{r},E)/\Sigma_t(\boldsymbol{r},E)$，其中 $\Sigma_D(\boldsymbol{r},E)$ 为探测器的宏观反应截面，通常计数率不高。碰撞估计只有当碰撞发生在探测器内时，才有计数 $\Sigma_D(\boldsymbol{r},E)/\Sigma_a(\boldsymbol{r},E)$，通常计数率也不高。吸收估计和碰撞估计主要用于系统量 k_{eff} 的计算。期望估计不如径迹长度估计，很少用。相比之下，用径迹长度估计时，当粒子飞行线穿过探测器 D 时，便有计数，计数率明显优于吸收估计和碰撞估计。但对深穿透问题，径迹长度估计计数率也不高。点估计指向概率方法，即当粒子在探测器外任一点发生碰撞，对探测器均有计数贡献，计数率较高，适合深穿透问题，但当碰撞点靠近探测点时，计数存在一定涨落。

与吸收估计相比，碰撞估计更充分地利用了每次碰撞的信息，方差小于吸收估计。径迹长度估计多数情况下比吸收估计和碰撞估计的计数率高。图 10－11 给出了碰撞估计和径迹长度估计误差 ε 随自由程数 τ 的变化。可以看出，对于光学薄的区域（$\tau \leqslant 1.25$），径迹长度有较好的统计性质；对于光学厚的区域（$\tau > 1.25$），碰撞估计优于径迹长度估计[46]。径迹长度估计是 MC 粒子输运计算栅元体通量普遍采用的一种估计方法，这种方法简单实用，物理意义清楚，对非深穿透问题效果良好。对深穿透问题，采用点估计指向概率方法效果更佳一些。MC 方法发展到今天，诞生了多种估计方法，每种估计方法都存在一定局限性，应针对不同问题特点，选择一种估计方法或多种估计方法组合，这是 MC 模拟的主流模式。

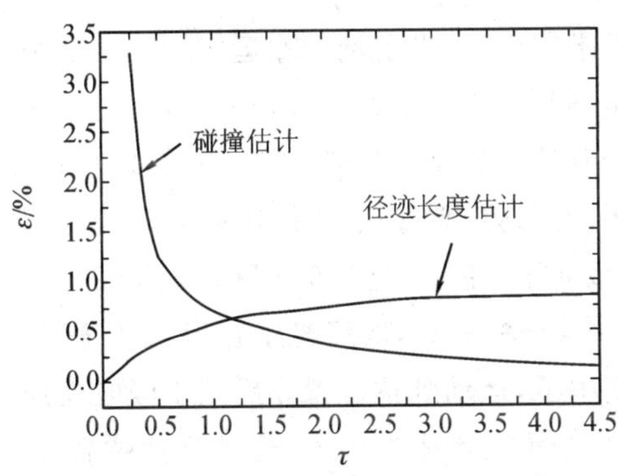

图 10－11　误差 ε 随平板自由程数 τ 的变化

10.7　固定源问题

固定源问题又称为外源问题。下面以自然源分布的发射密度方程为对象，讨论 MC 模拟的实现。

10.7.1 源分布抽样

中子的状态由 $\boldsymbol{P}=(\boldsymbol{r},E,\boldsymbol{\Omega},t)$ 中共 7 个自变量来描述，对初始中子源分布进行归一处理，使其为一 p.d.f，假定源分布可以进行变量分离，即有

$$S(\boldsymbol{r},E,\boldsymbol{\Omega},t)=S_1(\boldsymbol{r})S_2(E)S_3(\boldsymbol{\Omega})S_4(t) \tag{10-122}$$

则每个独立变量对应的分布函数亦为 p.d.f，分别从每个变量对应的分布函数中抽出变量，由此确定源中子的初始状态参量$(\boldsymbol{r}_0,E_0,\boldsymbol{\Omega}_0,t_0)$，初始权重 $w_0=\int S(\boldsymbol{P})\mathrm{d}\boldsymbol{P}=1$。

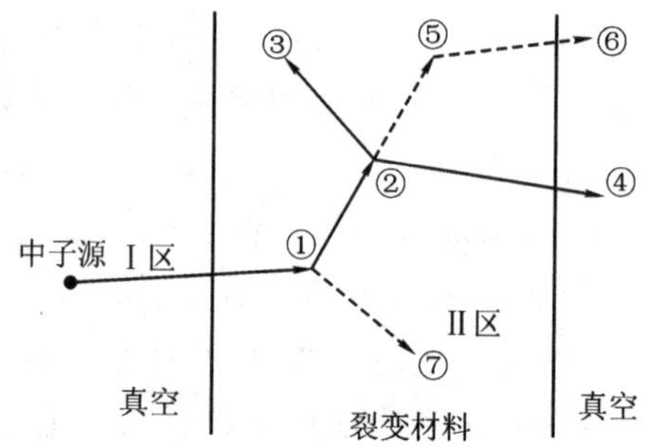

图 10-12 中子与物质作用引起的反应

图 10-12 给出了求解中子-光子耦合输运问题中一个中子从“出生”到“死亡”全过程示意图(即中子与物质作用引起的反应示意图)。中子从源Ⅰ区发出进入裂变材料Ⅱ区，中子运动到达位置①后发生散射，并产生 1 个次级光子存库；中子改变能量和方向，继续运动到达位置②后发生裂变反应，当前中子历史结束，同时放出 2 个中子和 1 个次级光子(注：每次裂变实际放出 $\nu(2<\nu<3)$个中子，MC 采用取整处理，这里假定 $\mathrm{int}[\nu+\xi]=2$)，次级光子存库，2 个裂变中子的一个先存入中子库；跟踪另一个裂变中子，运动到达位置③后发生吸收反应，该中子历史结束；接着从中子库里取出另一个裂变产生的中子，运动到达位置④后，确定进入真空，按泄漏处理，该中子历史结束；由此，中子历史跟踪完毕。从库里取出次级光子进行跟踪，按后进先出方式从栈里取出库存光子进行跟踪，先取出位置②产生的光子进行跟踪，运动到达位置⑤后发生散射，改变能量和方向后，运动到达位置⑥确认进入真空，按泄漏处理，该光子历史结束；再从次级光子库里取出位置①处产生的光子，运动到达位置⑦后发生吸收反应，该光子历史结束。至此，一个源中子历史结束。通过跟踪大量源中子历史，用统计平均给出估计量的解。

下面给出 $(\boldsymbol{r},E,\boldsymbol{\Omega},t)$ 状态变量的抽样过程，为方便起见，略去之前确定的抽样值下标“f”。

1. 位置状态变量 $\boldsymbol{r}$ 的抽样

通过下面两个简单实例，给出位置变量 $\boldsymbol{r}=(x,y,z)$，位置通常采用极坐标（球坐标或柱坐标）表示。

1)柱壳均匀分布源抽样

采用柱坐标表示位置 $\boldsymbol{r}=(x,y,z)$，有

$$\begin{cases}x=\rho\cos\varphi\\ y=\rho\sin\varphi\\ z=z\end{cases}\tag{10-123}$$

式中，ρ 为柱半径；z 为柱高。

源中子位置 p. d. f 为 $f(\rho,\varphi,z)$：

$$f(\rho,\varphi,z)=\frac{2\rho}{R_2^2-R_1^2}\cdot\frac{1}{2\pi}\cdot\frac{1}{H}\tag{10-124}$$

式中，$R_1\leqslant\rho\leqslant R_2$，$0\leqslant\varphi\leqslant 2\pi$，$0\leqslant z\leqslant H$；$R_1$、$R_2$ 分别为圆柱壳的内、外半径；H 为高。

直接抽样得到 ρ、φ 及 z 的抽样值分别为

$$\begin{cases}\rho=\sqrt{R_1^2+\xi_1(R_2^2-R_1^2)}\\ \varphi=2\pi\xi_2\\ z=\xi_3 H\end{cases}\tag{10-125}$$

将式(10－125)代入式(10－123)便求得位置 $\boldsymbol{r}=(x,y,z)$ 的抽样值。

2)球壳内均匀分布源抽样

采用球坐标表示位置 $\boldsymbol{r}=(x,y,z)$，有

$$\begin{cases}x=\rho\sqrt{1-\mu^2}\cos\varphi\\ y=\rho\sqrt{1-\mu^2}\sin\varphi,\ R_0\leqslant\rho\leqslant R_1,\ 0\leqslant\varphi\leqslant 2\pi,\ -1\leqslant\mu\leqslant 1\\ z=\rho\mu\end{cases}\tag{10-126}$$

式中，R_0、R_1 分别为球内、外半径。

源中子位置 p. d. f 为

$$f(\rho,\varphi,\mu)=\frac{3\rho^2}{R_1^3-R_0^3}\cdot\frac{1}{2\pi}\cdot\frac{1}{2}\tag{10-127}$$

采用直接抽样得

$$\begin{cases}\rho=[R_0^3+\xi_1(R_1^3-R_0^3)]^{\frac{1}{3}}\\ \varphi=2\pi\xi_2\\ \mu=2\xi_3-1\end{cases} \tag{10-128}$$

将式(10－128)代入式(10－126)求得源位置 $\boldsymbol{r}=(x,y,z)$ 的抽样值。

2. 能量 E 的抽样

(1)单能源。能量服从 δ 分布：

$$S_2(E)=\delta(E-E^*) \tag{10-129}$$

直接抽样得 $E=E^*$。当 $E^*=14.1$ MeV,则对应于氘氚聚变中子分布。

(2)离散能量分布：

$$S_2(E)=\sum_i p_i\delta(E-E_i) \tag{10-130}$$

式中，系数 p_i 满足归一条件 $\sum_i p_i=1$(类似于多群分布)。

(a)求出满足不等式

$$\sum_{i=1}^{j-1}p_i\leqslant\xi<\sum_{i=1}^{j}p_i$$

的 j；

(b)从对应 j 的 δ 分布 $\delta(E-E_i)$抽样得 $E=E_j$。

(3)连续能量分布。麦克斯韦(Maxwell)分布为

$$f(E)=C\sqrt{E}\,\mathrm{e}^{-\frac{E}{T}},\ 0\leqslant E<\infty \tag{10-131}$$

式中,C 为归一化系数;$T=T(E')>0$ 为谱型系数;E'为入射中子能量。

抽样过程详见例 10－13。

3. 方向变量 $\boldsymbol{\Omega}$ 的确定

(1)各向同性：

$$S_3(\boldsymbol{\Omega})=f(\phi,\mu)=\frac{1}{4\pi},0\leqslant\varphi\leqslant2\pi,\ -1\leqslant\mu\leqslant1 \tag{10-132}$$

直接抽样得

$$\begin{cases}\mu=2\xi_1-1\\ \varphi=2\pi\xi_2\end{cases} \tag{10-133}$$

式中,ξ_1、ξ_2 为任意随机数。由此得到方向 $\boldsymbol{\Omega}=(u,v,w)$的抽样值为

$$\begin{cases}u=\sqrt{1-\mu^2}\cos\varphi\\ v=\sqrt{1-\mu^2}\sin\varphi\\ w=\mu\end{cases} \tag{10-134}$$

(2)余弦分布。μ 的 p. d. f 定义为

$$f(\mu)=2\mu,\ 0\leqslant\mu\leqslant 1 \tag{10-135}$$

这里 μ 以 z 轴为参考方向，即 $\mu=\boldsymbol{\Omega}\cdot z$，则 μ 的抽样值为 $\mu=\sqrt{\xi_1}$ 或取 $\mu=\max(\xi_1,\xi_2)$，$\phi=2\pi\xi_3$，由此求出方向 $\boldsymbol{\Omega}=(u,v,w)$，$(u,v,w)$满足式(10-134)。

4. 时间变量 t 的确定

以阶梯函数分布为例：

$$T(t)=\begin{cases}a_1, & t_0\leqslant t<t_1\\ a_2, & t_1\leqslant t<t_2\\ \vdots & \vdots\\ a_n, & t_{n-1}\leqslant t<t_n\\ 0, & \text{其他}\end{cases} \tag{10-136}$$

式中，$a_i\geqslant 0$，$i=1,2,\cdots,n$，满足 $\sum_{i=1}^{n}a_i(t_i-t_{i-1})=1$。其抽样过程如图 10-13 所示。

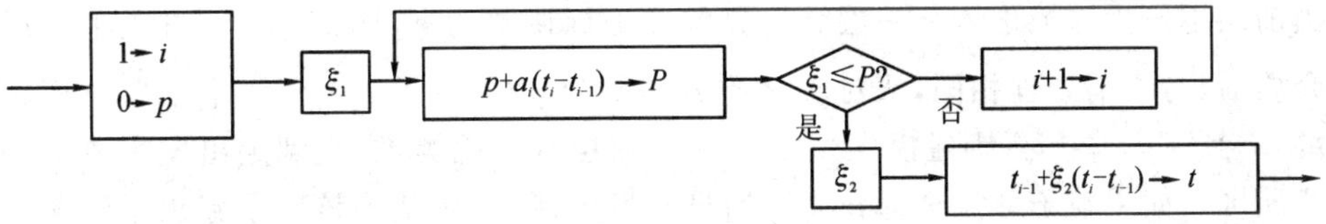

图 10-13　离散时间分布抽样过程

10.7.2　碰撞距离抽样

1. 到达碰撞点距离的确定

粒子从 $\boldsymbol{r}'$ 出发沿 $\boldsymbol{\Omega}'$ 方向飞行，到达下个碰撞点的位置为 $\boldsymbol{r}=r'+l\boldsymbol{\Omega}'$，其中碰撞距离 l 服从指数分布

$$f(l)=\Sigma_t(\boldsymbol{r}'+l\boldsymbol{\Omega}',E')\mathrm{e}^{-\int_0^l\Sigma_t(\boldsymbol{r}'+l'\boldsymbol{\Omega}',E')\mathrm{d}l'},\ 0\leqslant l<\infty \tag{10-137}$$

按光学距离(或平价自由程数目)τ 表示，则 τ 的 p. d. f 为

$$f(\tau)=\mathrm{e}^{-\tau}(\tau>0) \tag{10-138}$$

直接抽样得

$$\tau=-\ln\xi \tag{10-139}$$

(1)对于单层介质，从式 $\tau=\int_0^l\Sigma_t(\boldsymbol{r}'+l'\boldsymbol{\Omega}',E')\mathrm{d}l'$，解得

$$l = \frac{-\ln\xi}{\Sigma_t(\boldsymbol{r}' + l'\boldsymbol{\Omega}', E')} \tag{10-140}$$

(2)对于多层介质系统,依据例 9-4 给出的抽样,得到第 j 层发生碰撞的距离 l 的抽样值为

$$l = l_{j-1} - \frac{1}{\Sigma_j}\left[\ln\xi + \sum_{i=1}^{j-1}(l_i - l_{i-1})\Sigma_i\right] \tag{10-141}$$

这里 j 满足

$$\int_0^{l_{j-1}} \Sigma(l')\mathrm{d}l' \leqslant -\ln\xi < \int_0^{l_j} \Sigma(l')\mathrm{d}l' \tag{10-142}$$

如果满足不等式(10-142)的 j 不存在,即有 $\rho \geqslant \sum_{i=1}^{n}(l_i - l_{i-1})\Sigma_i$($n$ 为粒子沿 $\boldsymbol{\Omega}'$ 方向穿出的最后一层介质序号),则粒子无碰撞穿出系统,按泄漏处理。

2. 逐层推进碰撞距离抽样方法

根据指数分布的"无记忆"特点,抽样只考虑当前层介质即可。当前层介质能量一定后,截面为一常数 Σ_t,此时,从分布 $f(l)=\Sigma_t e^{-\Sigma_t l}$ 抽取碰撞距离 l,若 $l < l_i$,则碰撞发生在当前层,由此确定碰撞点位置为 $\boldsymbol{r} = \boldsymbol{r}' + l\boldsymbol{\Omega}'$;若 $l > l_i$,则粒子在当前层不发生碰撞进入下一层。边界位置坐标调整为 $\boldsymbol{r}' + l_i\boldsymbol{\Omega}' \Rightarrow \boldsymbol{r}'$;进入下一层介质后,与之前处理相同,从对应介质分布函数 $f(l)=\Sigma_{i+1}e^{-\Sigma_{t+1} l}$ 中抽取碰撞距离 l,若 $l < l_{i+1} - l_i$,则碰撞发生在新的当前层。以此类推,直到定出发生碰撞的介质区。如果粒子穿过全部介质区均没有发生碰撞,则认为该粒子穿出了问题的定义域,按泄漏处理,当前粒子历史结束。

3. 确定到达碰撞点的时间 t

粒子到达碰撞点的时间 t 为

$$t = t' + l/v' \tag{10-143}$$

10.7.3 碰撞核及反应类型抽样

粒子输运到达碰撞点后,将与介质中的某个核发生碰撞。碰撞核通常由碰撞所在介质内各个核素的截面决定。设碰撞介质为 n 种核组成的均匀混合物质或化合物,其宏观截面为 $\Sigma_x(\boldsymbol{r}, E)$,宏观截面 Σ 与微观截面 σ 之间满足

$$\Sigma_x(\boldsymbol{r}, E) = \sum_i \Sigma_{x,i}(\boldsymbol{r}, E) = \rho\sum_i \sigma_{x,i}(\boldsymbol{r}, E) = \sum_i N_i\sigma_{x,i}(\boldsymbol{r}, E) \tag{10-144}$$

式中,$\Sigma_{x,i}(\boldsymbol{r}, E)$为碰撞介质中第 i 种核对应 x 反应的宏观截面;$N_i = \rho n_i$ 为单位体积中第 i 种元素的原子核数目,ρ 为介质密度,n_i 为单位体积中第 i 种元素的核子数目;$\sigma_{x,i}$ 为第 i 种核对应 x 反应的微观反应截面。

对散射截面,有

$$\Sigma_s(\boldsymbol{r},E',\boldsymbol{\Omega}'\rightarrow E,\boldsymbol{\Omega})=\sum_{i,j}N_i\sigma_{j,i}(\boldsymbol{r},E')\eta_{j,i}f^{(j,i)}(E',\boldsymbol{\Omega}'\rightarrow E,\boldsymbol{\Omega}) \tag{10-145}$$

式中，$\sigma_{j,i}(\boldsymbol{r},E)$为中子与第 i 核发生 j 类反应的微观截面；$f^{(j,i)}(E',\boldsymbol{\Omega}'\rightarrow E,\boldsymbol{\Omega})$为中子与第 i 核发生 j 类反应后的能量、方向转移函数；$\eta_{j,i}$ 为中子与第 i 核发生 j 类反应释放出的中子数。

中子的所有反应均可表示为(n，xn)，其中，$x=0$ 对应吸收反应，如(n，γ)、(n，α)、(n，p)等都属于吸收反应中的一种；$x=1$ 对应散射，如 el，in；$x>1$ 对应产中子反应，如(n，2n)反应，$x=2$；(n，3n)反应，$x=3$；对于裂变反应 f，$x=\nu$。利用式(10－145)，按物理作用过程，把式(10－23)定义的碰撞核 C 的函数进行拆分重写为

$$C(E',\boldsymbol{\Omega}'\rightarrow E,\boldsymbol{\Omega}\mid\boldsymbol{r})=\sum_i\left[\frac{\Sigma_{t,i}(\boldsymbol{r},E)}{\Sigma_t(\boldsymbol{r},E)}\right]\sum_j\left[\frac{\sigma_{j,i}(\boldsymbol{r},E)}{\sigma_{t,i}(\boldsymbol{r},E)}\right]\eta_{j,i}f^{(j,i)}(E',\boldsymbol{\Omega}'\rightarrow E,\boldsymbol{\Omega}) \tag{10-146}$$

碰撞后的出射中子能量和方向将从式(10－146)确定。

下面讨论相关过程的抽样实现算法。

1. 直接法

(1)从分布$[\Sigma_{t,i}(\boldsymbol{r},E)/\Sigma_t(\boldsymbol{r},E)]$抽样确定碰撞核 i；

(2)从分布$[\sigma_{j,i}(\boldsymbol{r},E)/\sigma_{t,i}(\boldsymbol{r},E)]$确定反应类型 j；

(3)碰撞前、后中子权重满足关系：$w=w'\eta_{j,i}$。

其中，$\eta_{j,i}$ 为次级粒子数，对增殖系统 $\eta_{j,i}>1$，对非增殖系统 $\eta_{j,i}=1$；w'为碰撞前的中子权重。

2. 加权法

加权法就是前面介绍的隐俘获，其通过扣权来处理中子反应。将式(10－146)进一步改写为

$$\begin{aligned}C(E',\boldsymbol{\Omega}'\rightarrow E,\boldsymbol{\Omega}\mid\boldsymbol{r})&=\sum_i\frac{\Sigma_{t,i}(\boldsymbol{r},E)}{\Sigma_t(\boldsymbol{r},E)}\frac{\sigma_{s,i}(\boldsymbol{r},E)}{\sigma_{t,i}(\boldsymbol{r},E)}\sum_{j\neq c}\frac{\sigma_{j,i}(\boldsymbol{r},E)}{\sigma_{s,i}(\boldsymbol{r},E)}\eta_{j,i}f^{(j,i)}(E',\boldsymbol{\Omega}'\rightarrow E,\boldsymbol{\Omega})\\&=\sum_i\frac{\Sigma_{t,i}(\boldsymbol{r},E)}{\Sigma_t(\boldsymbol{r},E)}\left[1-\frac{\sigma_{a,i}(\boldsymbol{r},E)}{\sigma_{t,i}(\boldsymbol{r},E)}\right]\sum_{j\neq c}\left[\frac{\sigma_{j,i}(\boldsymbol{r},E)}{\sigma_{t,i}(\boldsymbol{r},E)-\sigma_{a,i}(\boldsymbol{r},E)}\right]\cdot\\&\quad\ \eta_{j,i}f^{(j,i)}(E',\boldsymbol{\Omega}'\rightarrow E,\boldsymbol{\Omega})\end{aligned} \tag{10-147}$$

式中，c 表示俘获反应。

(1)从分布$[\Sigma_{t,i}(r,E)/\Sigma_t(r,E)]$抽样定出碰撞核 i；

(2)从分布$\left[\dfrac{\sigma_{j,i}(\boldsymbol{r},E)}{\sigma_{t,i}(\boldsymbol{r},E)-\sigma_{a,i}(\boldsymbol{r},E)}\right]$抽样确定反应类型 j；

(3)散射后中子权重取为

$$w = w'\left[1 - \frac{\sigma_{a,i}(\boldsymbol{r},E)}{\sigma_{t,i}(\boldsymbol{r},E)}\right]\eta_{j,i} \tag{10-148}$$

直接法和加权法在处理中子散射时各有利弊，例如对热中子散射，采用直接法更好一些，直接法可以杀死一些低能中子，达到节省计算时间的目的。而对高能中子，采用加权法更好一些。

10.7.4 散射后能量方向的抽样

当中子与第 i 核发生 j 类反应后，出射中子能量和方向将从对应第 i 核、j 反应道的能量方向转移，其 p.d.f 由 $f^{(j,i)}(E',\boldsymbol{\Omega}'\to E,\boldsymbol{\Omega})$ 抽样确定。这部分内容较多，将在第 11 章中讨论。

10.7.5 次级粒子的处理

核反应发生后，伴有次级粒子产生，产中子反应有(n,xn)($x>1$)和(n,f)，产光子的反应有(n,γ)、(n,f)。对(n,2n)反应，将有 2 个次级中子产生，连同原来的中子，共有 3 个中子存在；对(n,f)反应，放出 $\nu(2<\nu<3)$ 个中子，当前中子历史结束。第 i 核 j 反应道产生的次级中子数目用 $\eta_{j,i}$ 表示。次级粒子的权重若采用乘 $\eta_{j,i}$ 来处理，则有

$$w = \eta_{j,i}w'$$

则 w 可能超过 1，探测器计数统计涨落增大将导致方差增大。为了避免这种情况发生，通常把 $\eta_{j,i}$ 个次级粒子分别存储，逐一跟踪。次级粒子(中子、光子)分别存入各自的驿站内，采用后进先出顺序跟踪次级粒子，次级粒子也是按先中子、后光子的顺序处理。

对(n,f)裂变反应，每次裂变要释放出 ν 个中子，由于 ν 不为整数，为此，MC 模拟处理裂变中子数引入了非常巧妙的方法，即按 $\mathrm{int}(\nu+\xi)$ 取整处理，其中 ξ 为任一随机数，不难证明

$$E[\mathrm{int}(\nu+\xi)] = \nu \tag{10-149}$$

式中，E 表示数学期望。

10.7.6 粒子历史结束的判据

模拟粒子历史是否结束，主要由粒子发生碰撞所在位置 $\boldsymbol{r}$、到达碰撞点的时间 t、能量 E 及权重 w 是否有效确定。模拟前会给定时间限 t_{cut}、能量限 E_{cut} 及截断权限 w_{cut}。

(1)泄漏处理。类似于确定论求解设定的边界条件，通常模拟问题被限制在某个几何系统内，采用真空边界处理，即当粒子穿出问题几何系统后，粒子不再返回，

按泄漏处理。系统内、外，可用重要性来识别，重要性设置为“0”表示系统外，若粒子进入“0”重要性几何块，则当前粒子历史结束。

(2)时间截断。当粒子游动时间 $t>t_{\text{cut}}$，则粒子历史结束。

(3)能量截断。当粒子能量 $E\leqslant E_{\text{cut}}$，则粒子历史结束。

(4)权截断。当粒子权重 $w\leqslant w_{\text{cut}}$ 时，不能像能量或时间截断那样来终止粒子历史。为了保持计算结果无偏，需要通过俄罗斯轮盘赌来决定粒子历史是否结束。给定粒子存活权重 w_{suv}（通常取 $w_{\text{suv}}=2w_{\text{cut}}$）和存活概率 $p=w/w_{\text{suv}}$，抽随机数 ξ，若 $\xi<p$，则赌赢，粒子存活，粒子以存活权重 $w=w_{\text{suv}}$ 存活，继续游动；反之，若 $\xi\geqslant p$，则赌输，粒子历史结束。

10.7.7　最大截面法

对于非均匀介质，要确定碰撞点距离是非常困难的。若把非均匀系统划分为多层均匀介质的近似系统，采用逐层推进碰撞距离抽样方法确定碰撞点距离的计算时间是非常大的。为了解决这一难题，设想在介质中充填假想的原子，当游动粒子与之相互作用时，只保持能量和方向不变的散射，犹如没有发生碰撞一样，也称为 δ 散射。

适当调整所填充的假想原子数目，使系统介质的总截面与空间位置无关，从而将非均匀介质问题转化为均匀介质问题。此时，总截面将不因穿过不同介质的界面而改变。因此，无须计算粒子飞行线与界面的交点，只需判断碰撞点所属的介质区域就够了，从而节省相当多的计算时间，这就是“最大截面法”的核心。

以 Σ_{M} 表示填充假设原子后的介质总截面，其定义为

$$\Sigma_{\text{M}}(E)=\max_{r}\Sigma_{\text{t}}(\boldsymbol{r},E) \tag{10-150}$$

将稳态中子输运方程

$$\boldsymbol{\Omega}\cdot\nabla\phi(\boldsymbol{r},E,\boldsymbol{\Omega})+\Sigma_{\text{t}}(\boldsymbol{r},E)\phi(\boldsymbol{r},E,\boldsymbol{\Omega})=S(\boldsymbol{r},E,\boldsymbol{\Omega})+\int_{0}^{E_{\max}}\int_{4\pi}\Sigma_{\text{t}}(\boldsymbol{r},E')C(E',\boldsymbol{\Omega}'\rightarrow E,\boldsymbol{\Omega}\mid\boldsymbol{r})\phi(\boldsymbol{r},E',\boldsymbol{\Omega}')\text{d}E'\text{d}\boldsymbol{\Omega}' \tag{10-151}$$

与恒等式

$$[\Sigma_{\text{M}}(E)-\Sigma_{\text{t}}(\boldsymbol{r},E)]\phi(\boldsymbol{r},E,\boldsymbol{\Omega},t)=\int_{0}^{E_{\max}}\int_{4\pi}\Big[\Sigma_{\text{M}}(E')-\Sigma_{\text{t}}(\boldsymbol{r},E')\Big]\delta(E'-E)\delta(\boldsymbol{\Omega}'-\boldsymbol{\Omega})\phi(\boldsymbol{r},E',\boldsymbol{\Omega}')\text{d}E'\text{d}\boldsymbol{\Omega}' \tag{10-152}$$

相加，得

$$\boldsymbol{\Omega}\cdot\nabla\phi(\boldsymbol{r},E,\boldsymbol{\Omega})+\Sigma_{\text{M}}(E)\phi(\boldsymbol{r},E,\boldsymbol{\Omega})=S(\boldsymbol{r},E,\boldsymbol{\Omega})+$$

$$\int_0^{E_{\max}}\int_{4\pi}\Sigma_M(E')C^*(E',\boldsymbol{\Omega}'\to E,\boldsymbol{\Omega}|\boldsymbol{r})\phi(\boldsymbol{r},E',\boldsymbol{\Omega}')\mathrm{d}E'\mathrm{d}\boldsymbol{\Omega}' \tag{10-153}$$

式中，

$$C^*(E',\boldsymbol{\Omega}'\to E,\boldsymbol{\Omega}|\boldsymbol{r})=\frac{\Sigma_t(\boldsymbol{r},E')}{\Sigma_M(E')}C(E',\boldsymbol{\Omega}'\to E,\boldsymbol{\Omega}|\boldsymbol{r})+\left[1-\frac{\Sigma_t(\boldsymbol{r},E')}{\Sigma_M(E')}\right]\delta(E'-E)\delta(\boldsymbol{\Omega}'-\boldsymbol{\Omega}) \tag{10-154}$$

可见，从假想的自由程分布

$$f_1(x)=\Sigma_M e^{-\Sigma_M x}(x>0) \tag{10-155}$$

抽取飞行距离 x，那么在点 $\boldsymbol{r}=\boldsymbol{r}'+x\boldsymbol{\Omega}'$ 处发生物理上真实碰撞的概率为 Σ_t/Σ_M，发生假想散射的概率为 $1-\Sigma_t/\Sigma_M$。根据 Σ_M 的定义可知其与能量 E 有关，具体函数关系的选择要立足于 Σ_M 易于求解，且运算量小的基础上。

最大截面法除了可以简化复杂几何系统内粒子的跟踪外，还有许多其他应用，例如改进某些估计量的计数效率，估计粒子由碰撞点沿飞行线方向的衰减因子等。对于截面变化不大的系统，采用假想散射模型是可取的，特别当用于系统截面不同而分成相当多的层数时更有效。当一个系统内存在具有很大截面的介质，但仅占很小的体积时，若采用全系统的截面最大值作为 Σ_M，将导致其他区域会有很多的 δ 散射发生。此时，应选择适当的 $\Sigma_M<\max\Sigma_t$，以减少粒子在系统内的 δ 散射次数。

10.7.8 反射面设置

对某些对称问题，可以把对称面设置为反射边界面，粒子到达反射边界面时，按镜面反射原理处理粒子的飞行方向，折射回去的粒子，继续在系统内输运。确定论方法采用反射边界处理某些对称问题在反应堆堆芯计算中很常见。但对 MC 计算而言，使用反射边界计算得到的结果是对称的，而不采用反射边界计算的结果可能存在包括样本数不够充分而导致计算结果不对称的情况。因此，MC 模拟即便处理的是一个对称系统问题时，虽然可以节省存储空间，但计算时间与非对称系统问题是基本相同的。

例如计算反应堆全堆芯功率随燃耗的变化，如果采用 1/4 堆芯及反射边界计算，堆芯功率分布随燃耗变化是对称的。然而，对同样问题及同样的样本数模拟全堆芯，但不使用反射边界计算，则获得的计算结果可能无法保证堆芯功率的对称性。即 MC 结果与模拟的粒子数密切相关，每个燃耗步的统计误差积累，会对最终计算结果产生影响。所以，MC 模拟还是尽量少使用反射边界的计算处理。

10.7.9 计算流程

以下给出外源问题模拟计算中子体通量的计算流程(见图10-14),计数采用径迹长度估计,设模拟总样本数为N,收敛误差确定为ε_0,如果全部样本数N模拟完成后的结果误差$\varepsilon>\varepsilon_0$,则追加样本数$N_0$,继续模拟。对某些问题,仅靠追加样本数也很难达到预先设定的收敛标准,这时MC模拟可以给定结束时间,在任何一个条件满足时结束。

具体步骤如下:

①初始化。从第一个中子跟踪开始($n=1$),计数器初始化($S_1=0$)。

②确定中子的初始状态。中子的初始状态$\boldsymbol{P}$从归一化源分布$S(\boldsymbol{P})$中抽样确定,初始权$w_0=1$,$(\boldsymbol{r}_0,E_0,\boldsymbol{\Omega}_0,t_0,w_0)\to(\boldsymbol{r}',E',\boldsymbol{\Omega}',t',w')$,转到③。

③确定下一个碰撞点的位置$\boldsymbol{r}$和到达碰撞点的时间t。从输运分布$f(l)=T(\boldsymbol{r}'\to\boldsymbol{r}\,|\,E',\boldsymbol{\Omega}')$抽出距离$l$,由此确定中子到达碰撞点的位置$\boldsymbol{r}=\boldsymbol{r}'+l\boldsymbol{\Omega}'$和到达时间$t=t'+l/v'$,转到④。

④判断中子是否穿过计数区。若中子输运中穿过计数区,则进行计数:$S_1=S_1+w\cdot d$(这里假定记录的是体通量,且采用径迹长度估计),转到⑤。

⑤判断中子历史是否结束?即判断$\boldsymbol{r}\notin G$或$t>t_{\mathrm{cut}}$或$E\leqslant E_{\mathrm{cut}}$是否成立?若其中之一成立,则中子历史结束;不成立则转到⑥。

⑥判断$w\leqslant w_{\mathrm{cut}}$是否成立?若成立,则进行俄罗斯轮盘赌,赌赢,则中子存活,转到⑦;赌输,则中子历史结束。

⑦确定碰撞核和反应类型。确定碰撞后的中子能量E和方向$\boldsymbol{\Omega}$,若$E\leqslant E_{\mathrm{cut}}$,则中子历史结束,转到⑧,否则回到③。

⑧跟踪库存粒子。若有次级粒子,则跟踪库存粒子,次序为先中子、后光子,采用后进先出的法则。

⑨判断计算是否结束?当所有粒子跟踪完毕,计算统计误差ε,并判断$\varepsilon<\varepsilon_0$是否成立?成立,则计算结束,转到⑩;不成立,则追加样本$N+N_0\to N$,转到②。

⑩输出计算结果。给出通量ϕ的估计值为

$$\hat{\phi}=\begin{cases}S_1/N, & \text{体通量;}\\ S_1/(V\cdot N), & \text{体平均通量}\end{cases}\tag{10-156}$$

上述流程针对的是体通量的径迹长度估计,对于临界计算(下节讨论),需要多一层关于代数的循环,在每代中子的跟踪过程中,模拟过程同外源问题,计数量是k_{eff},它是通量的响应量。对k_{eff}的计算中,计数时除了径迹长度估计外,还有吸收估计和碰撞估计,误差除了采用1σ的68%误差外,还有2σ的95%和3σ的99%误差。

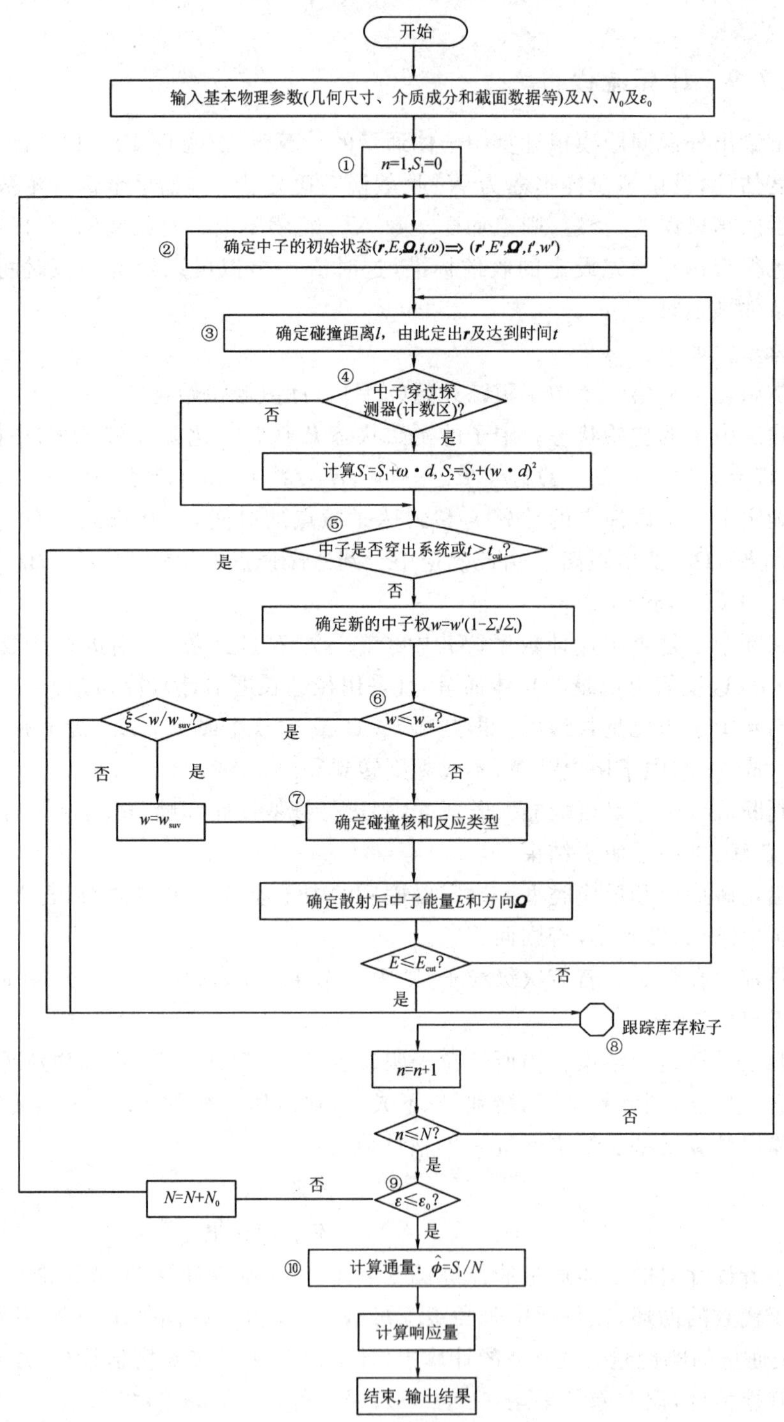

图 10-14　MC 模拟计算中子体通量密度 ϕ 的流程图

10.8　临界问题

在任何时刻，系统内的中子数期望值为一常数，此时的系统称为临界系统，它存在着一个确定的包括空间、能量的中子场分布。临界问题是在没有外中子源情况下，依靠裂变材料自身的裂变反应维持中子链式反应，例如，反应堆的稳态运行，要使系统实现自持链式反应，则核反应产生的中子数目和消失的中子数目(吸收和泄漏)要达到平衡。

临界本征值问题是中子输运方程求解中的另一类问题，它与固定源问题一起组成中子输运问题的闭环。

10.8.1　本征值及本征函数

以裂变源作为源的稳态中子输运方程，可以写为如下算符形式：

$$(\boldsymbol{L}+\boldsymbol{T}-\boldsymbol{S})\phi=\boldsymbol{F}\phi \tag{10-157}$$

式中，算符 $\boldsymbol{L}$、$\boldsymbol{T}$、$\boldsymbol{S}$、$\boldsymbol{F}$ 分别定义为

$$\begin{cases}\boldsymbol{L}\phi=\boldsymbol{\Omega}\cdot\nabla\phi\\ \boldsymbol{T}\phi=\Sigma_{\mathrm{t}}\phi\\ \boldsymbol{S}\phi=\displaystyle\int_0^{E_{\max}}\int_{4\pi}\Sigma_{\mathrm{s}}(\boldsymbol{r},E',\boldsymbol{\Omega}'\rightarrow E,\boldsymbol{\Omega})\phi(\boldsymbol{r},E',\boldsymbol{\Omega}',t)\mathrm{d}E'\mathrm{d}\boldsymbol{\Omega}'\\ \boldsymbol{F}\phi=\dfrac{\chi(\boldsymbol{r},E)}{4\pi}\displaystyle\int_0^{E_{\max}}\int_{\Omega}\nu(\boldsymbol{r},E')\Sigma_{\mathrm{f}}(\boldsymbol{r},E')\phi(\boldsymbol{r},E',\boldsymbol{\Omega}')\mathrm{d}E'\mathrm{d}\boldsymbol{\Omega}'\end{cases} \tag{10-158}$$

目前，针对式(10－157)共演化出几种不同的本征值问题求解方程，这里列出常见的 3 种形式[47]。

(1)k 本征值方程：

$$(\boldsymbol{L}+\boldsymbol{T}-\boldsymbol{S})\phi=\frac{1}{k}\boldsymbol{F}\phi \tag{10-159}$$

(2)c 本征值方程：

$$(\boldsymbol{L}+\boldsymbol{T})\phi=\frac{1}{c}(\boldsymbol{S}+\boldsymbol{F})\phi \tag{10-160}$$

(3)δ 本征值方程：

$$\boldsymbol{L}\phi=\frac{1}{\delta}(\boldsymbol{S}+\boldsymbol{F}-\boldsymbol{T})\phi \tag{10-161}$$

下面重点讨论 k 本征值的计算。

10.8.2 k_{eff} 本征值的计算

把式(10-159)改写为

$$\boldsymbol{M}\phi = k\phi \tag{10-162}$$

式中,$\boldsymbol{M}=(\boldsymbol{L}+\boldsymbol{T}-\boldsymbol{S})^{-1}\boldsymbol{F}$。

式(10-162)两端均含有待求量 ϕ,故采用迭代法求解,构造迭代式

$$\phi^{(n+1)} = \boldsymbol{M}\phi^{(n)} = k^{(n)}\phi^{(n)} \tag{10-163}$$

于是求得有效增殖因子 k_{eff} 为

$$k_{eff} = \lim_{n\to\infty} k^{(n)} = \lim_{n\to\infty}\frac{\boldsymbol{M}\phi^{(n)}}{\phi^{(n)}} = \lim_{n\to\infty}\frac{\phi^{(n+1)}}{\phi^{(n)}} \tag{10-164}$$

它与 k_{eff} 的定义是一致的,即为相邻两代中子数之比。

当 $k_{eff}<1$ 时,对应于次临界系统;当 $k_{eff}=1$ 时,对应于临界系统;当 $k_{eff}>1$ 时,对应于超临界系统。当系统的几何形状、材料成分一定后,中子输运方程的解就唯一确定了。之所以在裂变源项引入 k_{eff} 本征值,目的是确保中子输运方程的解的唯一性,用 k_{eff} 来控制裂变源的大小,确保裂变源满足归一条件。

下面给出通过裂变源迭代求解 k_{eff} 的过程。基于一个臆测的 k_0 初值,开始迭代,算出系统的初始通量 $\phi^{(1)}$,接着算出一个更新的裂变源 $Q_f^{(1)}$,…,迭代式如下:

$$\begin{cases}(\boldsymbol{L}+\boldsymbol{T}-\boldsymbol{S})\phi^{(n)}(\boldsymbol{r},E,\boldsymbol{\Omega}) = \dfrac{\chi(\boldsymbol{r},E)}{4\pi}Q_f^{(n-1)}(\boldsymbol{r}) = \boldsymbol{F}\phi^{(n-1)} \\ Q_f^{(n)}(\boldsymbol{r}) = \displaystyle\int_0^{E_{max}}\int_{4\pi}\nu(\boldsymbol{r},E')\Sigma_f(\boldsymbol{r},E')\phi^{(n)}(\boldsymbol{r},E',\boldsymbol{\Omega}')\mathrm{d}E'\mathrm{d}\boldsymbol{\Omega}'\end{cases} \tag{10-165}$$

式中,$Q_f^{(n)}(\boldsymbol{r})$ 为裂变源的空间分布。

裂变源始终满足归一条件,即裂变源为一 p. d. f,初始中子位置 $\boldsymbol{r}_0$ 从裂变源空间分布中抽取,裂变中子能量统一从 ^{235}U 裂变谱 $\chi_{^{235}\mathrm{U}}(E)$ 中抽取 E_0,方向按各向同性处理,从 $1/(4\pi)$ 抽样出 (μ,φ),进而求出方向 $\boldsymbol{\Omega}_0$,初始中子权重 $w_0=1$。这样就完成了裂变源初始中子状态参量 $(\boldsymbol{r}_0,E_0,\boldsymbol{\Omega}_0,w_0)$ 的确定。由此求出 k_{eff} 为

$$\begin{aligned}k_{eff} &= \lim_{n\to\infty}\int_V Q_f^{(n)}(\boldsymbol{r})\mathrm{d}\boldsymbol{r}\Big/\int_V Q_f^{(n-1)}(\boldsymbol{r})\mathrm{d}\boldsymbol{r} \\ &= \lim_{n\to\infty}\frac{\displaystyle\int_V \nu(\boldsymbol{r},E')\Sigma_f(\boldsymbol{r},E')\phi^{(n)}(\boldsymbol{r},E',\boldsymbol{\Omega}')\mathrm{d}\boldsymbol{r}\mathrm{d}E'\mathrm{d}\boldsymbol{\Omega}'}{\displaystyle\int_V \nu(\boldsymbol{r},E')\Sigma_f(\boldsymbol{r},E')\phi^{(n-1)}(\boldsymbol{r},E',\boldsymbol{\Omega}')\mathrm{d}\boldsymbol{r}\mathrm{d}E'\mathrm{d}\boldsymbol{\Omega}'}\end{aligned} \tag{10-166}$$

式中,V 为求解问题的几何定义域。

MC 模拟计算 k_{eff} 并非采用相邻两代中子数之比,而是把迭代过程中每一活跃代的中子信息都用上,假定共迭代了 M 代,去掉前 n_1 非活跃代$(n_1<M)$,然后用后 $M-n_1$ 代的统计平均作为 k_{eff} 的结果,即有

$$k_{\text{eff}}=\frac{1}{M-n_1}\sum_{n=n_1+1}^{M}k^{(n)} \tag{10-167}$$

式中，

$$k^{(n)}=\int_V\int_0^{E_{\max}}\int_{4\pi}\nu(\boldsymbol{r},E')\Sigma_{\mathrm{f}}(\boldsymbol{r},E')\phi^{(n)}(\boldsymbol{r},E',\boldsymbol{\Omega}')\mathrm{d}\boldsymbol{r}\mathrm{d}E'\mathrm{d}\boldsymbol{\Omega}' \tag{10-168}$$

依据通量的 3 种估计，得到 k_{eff} 的 3 种估计。

1. 碰撞估计

k_{eff} 的碰撞估计由各碰撞点的裂变中子期望数给出，即在每个碰撞点上给出 k_{eff} 的记录值：

$$k_{\text{eff}}^{(\mathrm{C})}=\frac{1}{N}\sum_i w_i\left(\frac{\sum_k n_k\bar{\nu}_k\sigma_{\mathrm{f},k}}{\sum_k n_k\sigma_{\mathrm{t},k}}\right) \tag{10-169}$$

式中，求和是针对发生碰撞几何块材料中的所有可裂变核 k；$\sigma_{x,k}(x=\mathrm{f},\mathrm{t})$ 为第 k 核的微观截面；n_k 为第 k 核的核子密度；$\bar{\nu}_k$ 是第 k 核每次裂变释放出的平均中子数；w_i 为第 i 个中子发生碰撞时的中子权重；N 是每次循环模拟跟踪的总中子数。

2. 吸收估计

直接俘获：抽随机数 ξ，判断 $\xi<p_{\mathrm{a}}$ 是否成立？成立意味着发生吸收反应，得到 k_{eff} 的吸收估计记录值为

$$k_{\text{eff}}^{(\mathrm{A})}=\frac{1}{N}\sum_i w_i\left(\frac{\bar{\nu}_k\sigma_{\mathrm{f},k}}{\sigma_{\mathrm{c},k}+\sigma_{\mathrm{f},k}}\right) \tag{10-170}$$

式中，吸收概率 $p_{\mathrm{a}}=\sigma_{\mathrm{a},k}/\sigma_{\mathrm{t},k}=(\sigma_{\mathrm{c},k}+\sigma_{\mathrm{f},k})/\sigma_{\mathrm{t},k}$，$\sigma_{\mathrm{a},k}=\sigma_{\mathrm{c},k}+\sigma_{\mathrm{f},k}$，$\sigma_{\mathrm{c},k}$ 为俘获截面。

隐俘获：令 $w'_i=w_i[1-(\sigma_{\mathrm{c},k}+\sigma_{\mathrm{f},k})/\sigma_{\mathrm{t},k}]$，$k_{\text{eff}}$ 的吸收估计记录值为

$$k_{\text{eff}}^{(\mathrm{A})}=\frac{1}{N}\sum_i w'_i\left(\frac{\bar{\nu}_k\sigma_{\mathrm{f},k}}{\sigma_{\mathrm{c},k}+\sigma_{\mathrm{f},k}}\right) \tag{10-171}$$

3. 径迹长度估计

依据通量的径迹长度估计，k_{eff} 的径迹长度估计则是相邻碰撞点之间给出的记录值：

$$k_{\text{eff}}^{(\mathrm{TL})}=\frac{1}{N}\sum_i\rho_{\mathrm{a}}w_i d\left(\sum_k n_k\bar{\nu}_k\sigma_{\mathrm{f},k}\right)=\frac{1}{N}\sum_i w_i d\left(\sum_k\bar{\nu}_k\Sigma_{\mathrm{f},k}\right) \tag{10-172}$$

式中，ρ_{a} 为中子飞行穿过裂变区的原子密度；d 为中子穿过裂变区走过的径迹长度。

由于 k_{eff} 为系统量，空间尺度大，中子统计信息量大，因此，3 种 MC 估计都易于收敛。所谓加速源迭代收敛算法，就是立足用较少的计算量，既能保证系统量 k_{eff} 算得准，同时又能算准系统中某些局部统计量。为此，近年发展了多种加速裂变源收敛的算法，比较之下，MCNP 程序推荐的算法是比较行之有效的，其分两步

计算实现(即两步法)。

(1)第一步——初始计算。初始计算中,迭代数足够多(推荐 $M=150$),每代中子数少取(推荐 $N=3000\sim5000$),目的是确保裂变源收敛,亦即 k_{eff} 收敛。

(2)第二步——续算。在第一步基础上,追加一代临界计算,即共计算 $M+1$ 代,而这一代计算的中子数(即样本数)足够多(确保关心计数量收敛所需的粒子数)。

两步法被证明是加速裂变源收敛,且能保证系统内局部统计量同步收敛的最有效算法之一,可以取得事半功倍的效果。

10.8.3 裂变源归一处理

MC 临界计算需要迭代若干代(设为 M),每代跟踪 N 个中子。由于裂变原因,到一代中子历史结束时,产生的裂变中子数为 N',通常 $N'\neq N$。需要把 N'个中子按 N 个中子进行归一处理。由于源迭代时,从裂变源发出的中子的方向按各向同性处理,能量从麦克斯韦分布抽样产生,因此,裂变源仅存取中子的位置信息。

分两种情况进行裂变源归一处理:

(1)超临界情况。此时产生的中子数大于从源发出的中子数,即有 $N'>N$,因此,只需保存前 N 个中子的位置 $\boldsymbol{r}_i\,(i=1,2,\cdots,N)$(其占用的存储空间最少),每个中子权重按 N 统一归一为

$$w_j=w=\frac{1}{N}\sum_{i=1}^{N'}w'_i\,,\ j=1,2,\cdots,N \tag{10-173}$$

(2)次临界情况。此时有 $N'<N$,即产生的中子数少于从源发出的中子数,裂变源仅保存了 N'个中子的位置 $\boldsymbol{r}_i\,(i=1,2,\cdots,N')$,需要补充 $N-N'$个中子的位置信息。此时,可从原来 N'个位置信息中,再补充前 $N-N'$个中子的位置信息,这样就完成了 N 个中子位置信息的保存,需要说明的是在 N 个位置信息中,有 $N-N'$个重复位置信息 $\boldsymbol{r}_i\,(i=1,2,\cdots,N-N')$。源中子的初始权按 N 归一处理同式(10-173)。

对于次临界情况,裂变源位置有重复信息,源属性变差,好在 MC 模拟时,初始位置虽然相同,但从源发出后,由于随机数不同,中子在系统中输运的轨迹也不同,这样就排除了相关性的因素。

10.8.4 中子迁移寿命的计算

下面讨论非定常($\mathrm{d}\phi/\mathrm{d}t\neq0$)输运方程中几个物理特征量的计算,考虑无外源情况($S(\boldsymbol{r},E,\boldsymbol{\Omega},t)=0$),对中子输运方程两端关于空间 $\boldsymbol{r}$、能量 E'、方向 $\boldsymbol{\Omega}$、时间 t 积分,利用奥-高公式 $\boldsymbol{\Omega}\cdot\nabla\phi=\boldsymbol{\Omega}\cdot J$,有

$$\int_V\int_0^{E_{\max}}\int_{4\pi}\int_0^{\infty}\nabla\cdot J\,\mathrm{d}\boldsymbol{r}\,\mathrm{d}E'\,\mathrm{d}\boldsymbol{\Omega}'\,\mathrm{d}t+\int_V\int_0^{E_{\max}}\int_{4\pi}\int_0^{\infty}\Sigma_{\mathrm{t}}\phi\,\mathrm{d}\boldsymbol{r}\,\mathrm{d}E'\,\mathrm{d}\boldsymbol{\Omega}'\,\mathrm{d}t$$

$$=\frac{1}{4\pi k_{\mathrm{eff}}}\int_V\int_0^{E_{\max}}\int_{4\pi}\int_0^{\infty}\nu\Sigma_{\mathrm{f}}\chi\phi\,\mathrm{d}\boldsymbol{r}\,\mathrm{d}E'\,\mathrm{d}\boldsymbol{\Omega}'\,\mathrm{d}t+\int_V\int_0^{E_{\max}}\int_{4\pi}\int_0^{\infty}\Sigma_{\mathrm{s}}\phi\,\mathrm{d}\boldsymbol{r}\,\mathrm{d}E'\,\mathrm{d}\boldsymbol{\Omega}'\,\mathrm{d}t \tag{10-174}$$

将方程中的总截面和散射截面进一步展开为

$$\int_V\int_0^{E_{\max}}\int_{4\pi}\int_0^{\infty}\nabla\cdot J\,\mathrm{d}\boldsymbol{r}\,\mathrm{d}E'\,\mathrm{d}\boldsymbol{\Omega}'\,\mathrm{d}t+\int_V\int_0^{E_{\max}}\int_{4\pi}\int_0^{\infty}(\Sigma_{\mathrm{c}}+\Sigma_{\mathrm{f}}+\Sigma_{(n,2n)}+\Sigma_{(n,3n)}+\cdots)\phi\,\mathrm{d}\boldsymbol{r}\,\mathrm{d}E'\,\mathrm{d}\boldsymbol{\Omega}'\,\mathrm{d}t$$
$$=\frac{1}{4\pi k_{\mathrm{eff}}}\int_V\int_0^{E_{\max}}\int_{4\pi}\int_0^{\infty}\nu\Sigma_{\mathrm{f}}\chi\phi\,\mathrm{d}\boldsymbol{r}\,\mathrm{d}E'\,\mathrm{d}\boldsymbol{\Omega}'\,\mathrm{d}t+\int_V\int_0^{E_{\max}}\int_{4\pi}\int_0^{\infty}(2\Sigma_{(n,2n)}+3\Sigma_{(n,3n)}+\cdots)\phi\,\mathrm{d}\boldsymbol{r}\,\mathrm{d}E'\,\mathrm{d}\boldsymbol{\Omega}'\,\mathrm{d}t \tag{10-175}$$

式中，Σ_{c} 为纯吸收截面。

式(10－175)为守恒形式的中子本征方程，方程左端为消失率，右端为产生率。

定义瞬发中子寿命 τ 的计算公式如下：

$$\tau=\frac{\int_V\int_0^{E_{\max}}\int_{4\pi}\int_0^{\infty}N\,\mathrm{d}\boldsymbol{r}\,\mathrm{d}E'\,\mathrm{d}\boldsymbol{\Omega}'\,\mathrm{d}t}{\int_V\int_0^{E_{\max}}\int_{4\pi}\int_0^{\infty}\nabla\cdot J\,\mathrm{d}\boldsymbol{r}\,\mathrm{d}E'\,\mathrm{d}\boldsymbol{\Omega}'\,\mathrm{d}t+\int_V\int_0^{E_{\max}}\int_{4\pi}\int_0^{\infty}(\Sigma_{\mathrm{c}}+\Sigma_{\mathrm{f}}+\Sigma_{(n,2n)}+\Sigma_{(n,3n)}+\cdots)\phi\,\mathrm{d}\boldsymbol{r}\,\mathrm{d}E'\,\mathrm{d}\boldsymbol{\Omega}'\,\mathrm{d}t} \tag{10-176}$$

式中，N 为单位能量、单位立体角、单位体积下的中子数，满足关系

$$N(\boldsymbol{r},E,\boldsymbol{\Omega},t)=N_0(\boldsymbol{r},E,\boldsymbol{\Omega})\mathrm{e}^{\frac{(k_{\mathrm{eff}}-1)t}{\tau}} \tag{10-177}$$

式中，N_0 为初始中子数。

N 与中子角通量密度 ϕ 之间满足 $N(\boldsymbol{r},E,\boldsymbol{\Omega},t)=\frac{1}{v}\phi(\boldsymbol{r},E,\boldsymbol{\Omega},t)$。把式(10－177)代入式(10－176)得到用通量密度 ϕ 表示的瞬发中子寿命为

$$\tau=\frac{\int_V\int_0^{E_{\max}}\int_{4\pi}\int_0^{\infty}\frac{\phi}{v}\,\mathrm{d}\boldsymbol{r}\,\mathrm{d}E'\,\mathrm{d}\boldsymbol{\Omega}'\,\mathrm{d}t}{\int_V\int_0^{E_{\max}}\int_{4\pi}\int_0^{\infty}\nabla\cdot J\,\mathrm{d}\boldsymbol{r}\,\mathrm{d}E'\,\mathrm{d}\boldsymbol{\Omega}'\,\mathrm{d}t+\int_V\int_0^{E_{\max}}\int_{4\pi}\int_0^{\infty}(\Sigma_{\mathrm{c}}+\Sigma_{\mathrm{f}}+\Sigma_{(n,2n)}+\Sigma_{(n,3n)}+\cdots)\phi\,\mathrm{d}\boldsymbol{r}\,\mathrm{d}E'\,\mathrm{d}\boldsymbol{\Omega}'\,\mathrm{d}t} \tag{10-178}$$

式(10－178)的分母即为中子消失率。

中子迁移寿命定义为一个裂变中子从出生到死亡(包括被吸收、发生裂变或泄漏)的平均寿命，由中子通量的碰撞和吸收估计，得到中子迁移寿命 τ 的两种估计。

1. 碰撞估计

碰撞估计计数值为

$$\tau^{(\mathrm{C})}=\left[\frac{\sum_k n_k(\sigma_{\mathrm{c},k}+\sigma_{\mathrm{f},k})}{\sum_k n_k\sigma_{\mathrm{t},k}}\right]w\cdot t \tag{10-179}$$

式中，t 是中子到达碰撞点的时间。

2.吸收估计

按直接俘获和隐俘获处理，分别给出相应的计数值。

直接俘获：

$$\tau^{(A)}=w\cdot t \tag{10-180}$$

式中，t 是中子到达碰撞点的时间。

隐俘获：

$$\tau^{(A)}=\left(\frac{\sigma_{c,k}+\sigma_{f,k}}{\sigma_{t,k}}\right)w\cdot t \tag{10-181}$$

以上给出的中子迁移寿命估计公式的详细推导过程，可以参考 MCNP 程序手册及相关文献。

10.8.5 α 本征值的计算

前面讨论的 k_{eff} 本征值的计算建立在稳态系统下。如果系统随时间 t 变化，则考虑的本征值为 $\alpha(t)$，以下将进行有源非定常非齐次中子输运方程的求解。

将非定常中子输运方程写为如下算子形式：

$$\frac{1}{v}\frac{\partial\phi}{\partial t}=\tilde{\boldsymbol{L}}\phi+\boldsymbol{F}\phi \tag{10-182}$$

其中，$\tilde{\boldsymbol{L}}=\boldsymbol{S}-\boldsymbol{L}-\boldsymbol{T}$ 为拉普拉斯(Laplace)算子。

根据微分方程解的性质，式(10-182)的解由齐次方程

$$\frac{1}{v}\frac{\partial\phi}{\partial t}=\tilde{\boldsymbol{L}}\phi \tag{10-183}$$

的通解和非齐次方程(10-182)的特解组成。

下面讨论式(10-183)的解，如果截面不随时间变化，按照常用的解线性齐次方程的分离变量法，中子角通量密度 ϕ 可以关于时间 t 作变量分离：

$$\phi(\boldsymbol{r},E,\boldsymbol{\Omega},t)=\phi_\alpha(\boldsymbol{r},E,\boldsymbol{\Omega})T(t) \tag{10-184}$$

初始条件为 $T(t)\big|_{t=t_0}=T_0$。

将式(10-184)代入式(10-183)，得

$$\frac{\mathrm{d}T(t)}{\mathrm{d}t}\frac{1}{T(t)}=\frac{v\tilde{\boldsymbol{L}}\phi_\alpha(\boldsymbol{r},E,\boldsymbol{\Omega})}{\phi_\alpha(\boldsymbol{r},E,\boldsymbol{\Omega})} \tag{10-185}$$

等式左端为时间 t 的函数，右端为状态$(\boldsymbol{r},E,\boldsymbol{\Omega})$的函数，与时间 t 无关，若两者相等，则必为常数，用 α 代表此常数。于是，式(10-185)变为两个独立方程

$$\frac{\mathrm{d}T(t)}{\mathrm{d}t}=\alpha T(t) \tag{10-186}$$

及

$$\widetilde{\boldsymbol{L}}\phi_{\alpha}=\frac{\alpha}{v}\phi_{\alpha} \tag{10-187}$$

令

$$\varphi_{\alpha}\equiv\int_{0}^{\infty}\mathrm{e}^{-\alpha t}\phi(\boldsymbol{r},E,\boldsymbol{\Omega},t)\mathrm{d}t \tag{10-188}$$

取 $t=0$ 时的初始条件为

$$\phi^{0}(\boldsymbol{r},E,\boldsymbol{\Omega})=\phi(\boldsymbol{r},E,\boldsymbol{\Omega},0) \tag{10-189}$$

鉴于 φ_{α} 是复变数 α 的函数，在 α 的实部足够大时，有

$$\int_{0}^{\infty}\frac{1}{v}\frac{\partial\phi}{\partial t}\mathrm{e}^{-\alpha t}\mathrm{d}t=-N^{0}(\boldsymbol{r},E,\boldsymbol{\Omega})+\frac{\alpha}{v}\varphi_{\alpha} \tag{10-190}$$

式中，$N^{0}(\boldsymbol{r},E,\boldsymbol{\Omega})=\frac{1}{v}\phi^{0}(\boldsymbol{r},E,\boldsymbol{\Omega})$为初始中子密度。

于是，式(10－183)的拉普拉斯变换结果如下：

$$N^{0}(\boldsymbol{r},E,\boldsymbol{\Omega})=\left(\frac{\alpha}{v}-\widetilde{\boldsymbol{L}}\right)\phi_{\alpha} \tag{10-191}$$

或写为

$$\phi_{\alpha}=\left(\frac{\alpha}{v}-\widetilde{\boldsymbol{L}}\right)^{-1}N^{0}(\boldsymbol{r},E,\boldsymbol{\Omega}) \tag{10-192}$$

应用拉普拉斯逆变换，式(10－183) 的解为

$$\phi(\boldsymbol{r},E,\boldsymbol{\Omega},t)=\frac{1}{2\pi\mathrm{i}}\int_{b-\mathrm{i}\infty}^{b+\mathrm{i}\infty}\left(\frac{\alpha}{v}-\widetilde{\boldsymbol{L}}\right)^{-1}N^{0}\mathrm{e}^{\alpha t}\mathrm{d}\alpha \tag{10-193}$$

式中，b 是在复变数 α 的平面上位于被积函数所有奇点右边的任一实常数，换言之，b 大于被积函数中任一奇点处 α 的实部。

在完成逆变换式(10－193)中的积分时，确定逆算符$(\alpha/v-\widetilde{\boldsymbol{L}})^{-1}$ 的奇点是非常重要的，这些奇点将最终决定复变数的积分结果。可以预计方程(10－193)有如下形式解[41]：

$$\phi(\boldsymbol{r},E,\boldsymbol{\Omega},t)\propto\sum_{j=0}\mathrm{e}^{\alpha_{j}t}\phi_{\alpha,j}(\boldsymbol{r},E,\boldsymbol{\Omega}) \tag{10-194}$$

式中，α_{j} 是相应于本征函数 $\phi_{\alpha,j}$ 的本征值，它们满足本征方程

$$\widetilde{\boldsymbol{L}}\phi_{\alpha,j}=\frac{\alpha_{j}}{v}\phi_{\alpha,j} \tag{10-195}$$

通常本征值 α_{j} 称为输运算符 $\widetilde{\boldsymbol{L}}$ 的谱，它们按实数部分的大小顺序排列，有 $\alpha_{0}>\alpha_{1}>\cdots>\alpha_{n}$，$\alpha_{0}$ 是输运算符 $\widetilde{\boldsymbol{L}}$ 的占优本征值，其中 α_{1}/α_{0} 称为**占优比**。如果研究的系统是有限大小的，那么，本征值 α_{j} 形成一个不连续集合。贝尔-格拉斯登的专著中指出，对于十分小的系统，没有分离本征值，不过，小到没有分离本征值的系统显然是次临界系统。早期很多学者从谱分析角度研究了 $\widetilde{\boldsymbol{L}}$ 的本征值和本征

函数的存在性,最后得到方程(10-184)的通解表达式为

$$\phi(\boldsymbol{r},E,\boldsymbol{\Omega},t)=\sum_{j=0}^{n}c_j\phi_{\alpha,j}(\boldsymbol{r},E,\boldsymbol{\Omega})\mathrm{e}^{\alpha_j t} \tag{10-196}$$

式中,c_j 为常数;α_j 满足 $\alpha_0>\alpha_1>\cdots>\alpha_n$。

当 t 充分大时,式(10-196)右端第一项之后的各项比起第一项要小得多,即有 $\alpha_0\gg\alpha_1$,这时,式(10-196)可取主本征值一项近似方程的解,即有

$$\phi(\boldsymbol{r},E,\boldsymbol{\Omega},t)\approx c_0\phi_{\alpha,0}(\boldsymbol{r},E,\boldsymbol{\Omega})\mathrm{e}^{\alpha_0 t} \tag{10-197}$$

此解可作为式(10-183)的近似解,它是无源齐次方程的近似解。

10.8.6 δ吸收的应用

至于非齐次方程(10-183)的解,需要确定当$\partial\phi/\partial t=0$ 时,下面方程的解是否存在唯一性:

$$\widetilde{\boldsymbol{L}}\phi+\boldsymbol{F}\phi=0 \tag{10-198}$$

当然,$\partial\phi/\partial t=0$ 意味着 ϕ 与时间 t 无关,即稳态系统。对于一个超临界系统,不可能有$\partial\phi/\partial t\neq 0$ 的物理解,因为任何确定下来的通量都将按 $\mathrm{e}^{\alpha_0 t}$ 增长,其中 $\alpha_0>0$。对于任何给定源 $\boldsymbol{F}\phi$,在非增殖介质中可望获得一个与时间无关的解。计算实践证明,对于无源的临界系统,或者对于具有稳定源的次临界系统,中子输运方程均有与时间无关的唯一解[40]。

1. 本征值$\{\alpha_i\}$及本征函数$\{\phi_i\}$的计算

式(10-187)经过变换,得

$$\left[\boldsymbol{\Omega}\cdot\nabla+\left(\Sigma_{\mathrm{t}}+\frac{\alpha}{v}\right)\right]\phi(\boldsymbol{r},E,\boldsymbol{\Omega})=\int_0^{E_{\max}}\int_{4\pi}\Sigma_{\mathrm{s}}(\boldsymbol{r},E',\boldsymbol{\Omega}'\to E,\boldsymbol{\Omega})\nu\phi(\boldsymbol{r},E',\boldsymbol{\Omega}')\mathrm{d}E'\mathrm{d}\boldsymbol{\Omega}'+\frac{1}{4\pi}\int_0^{E_{\max}}\int_{4\pi}\nu(\boldsymbol{r},E')\Sigma_{\mathrm{f}}(\boldsymbol{r},E')\chi(\boldsymbol{r},E'\to E)\phi(\boldsymbol{r},E',\boldsymbol{\Omega}')\mathrm{d}E'\mathrm{d}\boldsymbol{\Omega}' \tag{10-199}$$

称式(10-199)为中子输运方程的 α 本征值方程。系统的 α 本征值是用来描述系统中子场随时间的变化行为的。当 $\alpha>0$ 时,系统处于超临界状态;当 $\alpha<0$ 时,系统处于次临界状态;当 $\alpha=0$ 时,系统处于临界状态。

式(10-199)中的 α/v 项可视为附加吸收截面,可以虚拟地增大系统的吸收,使其达到临界状态。反之,对次临界系统,则通过减少吸收截面来调整,使其达到临界状态。因此,α 本征值的大小反映了系统偏离临界状态的尺度。k 本征值则是通过改变裂变释放出的中子数 ν,使其达到临界状态。

在求解次临界 α 本征值对应的本征函数时会遇到这种情况:$\alpha<0$,在低能区,这时的中子速度 v 很小,$|\alpha/v|$ 很大,会出现 $\Sigma_{\mathrm{t}}(\boldsymbol{r},E)+\alpha/v<0$。一旦出现这种情况,就意味着截面和概率出负,这对 MC 模拟来说是不能接受的。但在含氢深次

临界实验中，这种现象又的确存在。很长时间以来，这是摆在研究人员面前的一个难题。在人们的研究中，曾经尝试用 δ 吸收来解决这一难题，在某些情况下，δ 吸收可以缓解求解问题的难度，但仍有一定的局限性。

2. 引入时间吸收的处理

引入系数 η $(0<\eta<1)$，把式(10-199)改写为

$$\begin{aligned}&[\boldsymbol{\Omega}\cdot\nabla+(\Sigma_t-\eta|\alpha|/v)]\phi(\boldsymbol{r},E,\boldsymbol{\Omega})\\&=\int_0^{E_{\max}}\int_{4\pi}\Big[\Sigma_s(\boldsymbol{r},E',\boldsymbol{\Omega}'\to E,\boldsymbol{\Omega})+(1-\eta)(|\alpha|/v)\delta(E-E')\cdot\\&\delta(\boldsymbol{\Omega}-\boldsymbol{\Omega}')\Big]\phi(\boldsymbol{r},E',\boldsymbol{\Omega}')\mathrm{d}E'\mathrm{d}\boldsymbol{\Omega}'+\\&\frac{1}{4\pi}\int_0^{E_{\max}}\int_{4\pi}\nu(\boldsymbol{r},E')\Sigma_f(\boldsymbol{r},E')\chi(\boldsymbol{r},E'\to E)\phi(\boldsymbol{r},E',\boldsymbol{\Omega}')\mathrm{d}E'\mathrm{d}\boldsymbol{\Omega}',\\&\alpha<0,\ 0\leqslant\eta\leqslant1\end{aligned}\tag{10-200}$$

即把方程左端导致吸收出负的一部分移到右端，选取的 η 以满足 $\Sigma_t-\eta|\alpha|/v$ 非负即可。式(10-200)与式(10-199)是等价的，与式(10-199)比较，式(10-200)相当于在式(10-199)散射的基础上，增加了一项 δ 散射。因此，散射由实际散射和 δ 散射组成，发生实际散射的概率为

$$p_s=\frac{\Sigma_s}{\Sigma_s+(1-\eta)(|\alpha|/v)}\tag{10-201}$$

发生 δ 散射的概率为

$$p_\delta=\frac{(1-\eta)(|\alpha|/v)}{\Sigma_s+(1-\eta)(|\alpha|/v)}\tag{10-202}$$

若引入时间吸收后，$p_\delta\gg p_s$，则 δ 散射占支配作用，由于 δ 散射中子能量不损失，故式(10-200)仍然无解。只有当 p_δ 与 p_s 都有发生的可能时，式(10-200)的改进处理才起作用，原方程有解。

3. $k-\alpha$ 迭代算法

式(10-199)的裂变源项引入 k 本征值后变为

$$\begin{aligned}\left[\boldsymbol{\Omega}\cdot\nabla+\left(\Sigma_t+\frac{\alpha}{v}\right)\right]\phi(\boldsymbol{r},E,\boldsymbol{\Omega})=&\int_0^{E_{\max}}\int_{4\pi}\Sigma_s(\boldsymbol{r},E',\boldsymbol{\Omega}'\to E,\boldsymbol{\Omega})\nu\phi(\boldsymbol{r},E',\boldsymbol{\Omega}')\mathrm{d}E'\mathrm{d}\boldsymbol{\Omega}'+\\&\frac{1}{4\pi k}\int_0^{E_{\max}}\int_{4\pi}\nu(\boldsymbol{r},E')\Sigma_f(\boldsymbol{r},E')\chi(r,E'\to E)\phi(\boldsymbol{r},E',\boldsymbol{\Omega}')\mathrm{d}E'\mathrm{d}\boldsymbol{\Omega}'\end{aligned}\tag{10-203}$$

该方程与之前求 k_{eff} 本征值的方程的形式基本一样，只是泄漏项的总截面多了 α/v 项，在散射源项多了速度中子 v。这样之前计算 k_{eff} 本征值的办法也可以用来计算 α 本征值，当 k 收敛到 1 时，对应的 α 值即为所求的本征值。目前 MCNP 程序计算 α 本征值采用的就是 $k-\alpha$ 内外迭代法求解。

必须指出，存在这样的情况，由 α 本征值给出的通量谱更接近实际情形，例如需要瞬时估计超临界或次临界系统的谱时，它们随时间的变化接近指数形式。又

例如，把一个超临界系统用均匀添加 $1/v$ 吸收的办法变成临界系统，就属于这种情况。为了确定这些系统的积分参量(例如少群截面或动力学参量)，应用 α 本征值解通量谱，不仅能给出参量的正确权重函数，而且能够正确确定反应率和空间功率分布。一般来说，处理高超临界或深次临界问题时，α 本征值较其他本征值总是更符合实际。

对于临界系统，$\alpha=0$ 和 $k=1$ 是等价的，它们对应的本征方程是一致的。其他情况，α 本征值与 k 本征值之间没有转换关系。目前计算 α 本征值的算法仍然不够成熟，仅考虑主本征值及本征函数中的一项作为问题的解是否合理，以及是否应该考虑更多项本征值及本征函数组成的解等均值得研究。

10.9 响应泛函的计算

从前面的讨论可知，输运问题的各种物理量均可通过通量响应得到，用泛函 I 表示为

$$I=\langle \phi , g\rangle=\int_{G}\phi(\boldsymbol{P})g(\boldsymbol{P})\mathrm{d}\boldsymbol{P} \tag{10-204}$$

泛函 I 包括：各种反应率、剂量率、反照率、沉积能、功率、探测器响应脉冲高度谱等。

确定论方法计算泛函 I 需要经过独立的两步：①解输运方程求出通量 $\phi(\boldsymbol{P})$；②计算卷积积分得到泛函 I。由于需要存储角通量 $\phi(\boldsymbol{P})$的信息，确定论方法计算泛函 I 时通常需要较大的存储空间。相比之下，MC 方法计算泛函 I 可一步到位，即在计算通量 ϕ 的同时，泛函 I 也计算了。这是 MC 方法的又一优点。

下面给出常用的几种物理量的计算统计式。

1. 反应率

输运计算中，最普遍的是计算各种反应率，例如输运-燃耗耦合计算，反应率可表示为

$$R_i=\int\Sigma_i(\boldsymbol{r},E)\phi(\boldsymbol{r},E,\boldsymbol{\Omega},t)\mathrm{d}\boldsymbol{r}\mathrm{d}E\mathrm{d}\boldsymbol{\Omega}\mathrm{d}t \tag{10-205}$$

式中，i 对应中子反应类型(即截面)，如 t、el、in、(n，2n)、(n，3n)、(n，fx)、(n，f)、(n，n′f)、(n，2nf)、(n，n′p)、(n，n′d)、(n，n′t)、(n，3nf)、(n，α)、(n，n′)、(n，γ)、(n，p)、(n，d)、(n，t)、(n，^{3}He)等。其中燃耗计算的反应率均来自中子的吸收反应。

2. 界面流

记录穿过某个界面 A 的粒子数份额，称为粒子流，用 J 表示：

$$J(\boldsymbol{r})=\int_A\int_E\int_{\boldsymbol{\Omega}}\int_t J(\boldsymbol{r},E,\boldsymbol{\Omega},t)\mathrm{d}\boldsymbol{r}\mathrm{d}E\mathrm{d}\boldsymbol{\Omega}\mathrm{d}t \tag{10-206}$$

式中，

$$J(\boldsymbol{r},E,\boldsymbol{\Omega},t)=|\mu|\phi(\boldsymbol{r},E,t)A \tag{10-207}$$

为粒子穿过界面 A 的流，$\mu=\boldsymbol{\Omega}\cdot\boldsymbol{n}$，$\boldsymbol{n}$ 为 A 表面 $\boldsymbol{r}$ 点处的外法向单位矢量。

J 分流进(用 J^- 表示)和流出(用 J^+ 表示)，$\mu<0$ 表示流进，$\mu>0$ 表示流出。

3. 沉积能

沉积能表达式为

$$E=\frac{1}{V}\frac{\rho_a}{\rho_g}\int_V\int_E\int_{\boldsymbol{\Omega}}\int_t H(E)\phi(\boldsymbol{r},E,\boldsymbol{\Omega},t)\mathrm{d}V\mathrm{d}E\mathrm{d}\Omega\mathrm{d}t \tag{10-208}$$

式中，ρ_a 为原子密度(10^{24} 个原子/cm^3)；ρ_g 为重力密度($\mathrm{g/cm^3}$)；$H(E)$为每次碰撞的平均放热量，对中子 $H(E)=1.242\times10^{-3}$ MeV/g，对光子 $H(E)=1.338\times10^{-3}$ MeV/g。

4. 探测器响应

脉冲高度谱为

$$N(h)=\int_D\int_0^{E_{\max}}\int_{\boldsymbol{\Omega}}\int_t R(E,h)\phi(\boldsymbol{r},E,\boldsymbol{\Omega},t)\mathrm{d}\boldsymbol{r}\mathrm{d}E\mathrm{d}\boldsymbol{\Omega}\mathrm{d}t \tag{10-209}$$

式中，h 为脉冲计数道(采用能量单位 MeV)；$R(E,h)$为探测器响应函数。

除了上面提到的计数量外，泛函 I 还可以是 MC 计数关心的多种标识计数量，例如，探测器信号来源、粒子属性、反应道和反应类型等。标识信息其实是对实验测量信息的补充，是通过解谱获取一些微观信息，对改进仪器灵敏度设计具有重要指导作用。

10.10　欧拉及拉格朗日坐标下的中子输运方程

10.10.1　拉格朗日坐标与欧拉坐标的对应关系

考虑瞬态问题时，需要考虑问题系统随时间 t 的变化。对某些变化剧烈的场景，仅靠欧拉(Euler)坐标进行状态刻画，会存在某些不足，而采用拉格朗日(Language)坐标刻画质点状态变化则更容易，于是需要建立拉格朗日坐标下的中子输运方程，进而求解之。

欧拉坐标是取实验室的空间坐标 R 及时间 t 作为自变量，每一时刻、每一地点的流体规律由当时、当地的状态确定，而不考虑这个质点的原始状态。拉格朗日坐标则以质点的初始位置 r 及时间 t 作为自变量。目前，大多数问题采用欧拉坐标描述就够了，但模拟某些瞬态大变形问题时，人们发现采用欧拉坐标描述质点运动时，其为曲线，而采用拉格朗日坐标描述质点运动时，则为直线(如表 10-1 中的流线图)。如果粒子两次碰撞点之间的运动方向为曲线，则无论从哪个方面，都会增加模拟处理的难度。相反，在拉格朗日坐标下，粒子两次碰撞之间方向为直线，则模拟就与之前讨论的静态模拟相同,需要建立拉格朗日坐标系下的中子输运方程。表 10-1 给出了欧拉坐标与拉格朗日坐标空间、时间的对应关系。

表 10-1 欧拉坐标与拉格朗日坐标空间、时间的对应关系

项目	欧拉坐标	拉格朗日坐标
坐标变量	R、t	r、t
流线方程及图形	$R=R(r,t)$,由此得 $u=\frac{\partial}{\partial t}R(r,t)$	$r=$常数
变换	$t=t$、$R=R(r,t)$、$\rho=\rho(R,t)=\rho(R(r,t),t)\equiv\tilde{\rho}(r,t)$	
质量守恒方程	$4\pi\int_0^{R(r,t)}\rho(\xi,t)\xi^2\mathrm{d}\xi=4\pi\int_0^r\rho_0(\xi)\xi^2\mathrm{d}\xi\to\rho(R,t)R^3=\rho_0(r)r^3$, 对 r 微分得:$\rho(R(r,t),t)R^2(r,t)\frac{\partial R}{\partial r}=\rho_0(r)r^2$	

10.10.2 欧拉及拉格朗日坐标之中子输运方程

由表 10-1 得到的质量守恒方程为

$$\frac{\rho(R(r,t),t)}{\rho_0(r)}\frac{R^2(r,t)}{r^2}\frac{\partial R}{\partial r}=1 \tag{10-210}$$

式中,ρ 为欧拉坐标下的中子密度;ρ_0 为拉格朗日坐标下的中子密度。

质量守恒方程是连接欧拉坐标和拉格朗日坐标下中子输运方程的纽带。下面推导拉格朗日坐标下的一维球几何中子输运方程。

已知欧拉坐标下的一维中子输运方程为

$$\frac{\partial N(R,E,\mu,t)}{\partial t}+\frac{\mu}{R^2}\frac{\partial(R^2N\nu)}{\partial R}+\frac{1}{R}\frac{\partial[(1-\mu^2)N\nu]}{\partial\mu}=Q(R,E,\mu,t)-A(R,E,\mu,t) \tag{10-211}$$

式中,Q 为总源项;A 为吸收项。记

$$N(R,E,\mu,t)=N(R(r,t),E,\mu,t)\equiv\tilde{N}(r,E,\mu,t) \tag{10-212}$$

$N(R,E,\mu,t)$对时间 t 求全微商,有

$$\begin{aligned}\frac{\mathrm{d}N(R,E,\mu,t)}{\mathrm{d}t}&=\frac{\mathrm{d}N(R(r,t),E,\mu,t)}{\mathrm{d}t}=\frac{\partial\widetilde{N}(r,E,\mu,t)}{\partial t}\\&=\frac{\partial N(R,E,\mu,t)}{\partial t}+\frac{\partial R}{\partial t}\frac{\partial N(R,E,\mu,t)}{\partial R}\\&=\frac{\partial N(R,E,\mu,t)}{\partial t}+u\frac{\partial N(R,E,\mu,t)}{\partial R}\end{aligned}$$

进而有

$$\frac{\partial N(R,E,\mu,t)}{\partial t}=\frac{\mathrm{d}N(R,E,\mu,t)}{\mathrm{d}t}-u\frac{\partial N(R,E,\mu,t)}{\partial R}$$

利用式(10－210)的质量守恒关系，有

$$\frac{1}{R^2}\frac{\partial}{\partial R}(R^2u)=\rho\frac{\partial}{\partial t}\left(\frac{1}{\rho}\right)+\frac{\partial u}{\partial R}-u\tag{10－213}$$

由此得到

$$\begin{aligned}\frac{1}{R^2}\frac{\partial}{\partial R}(R^2\widetilde{N}u)&=u\frac{\partial\widetilde{N}}{\partial R}+\frac{\widetilde{N}}{R^2}\frac{\partial}{\partial R}(R^2u)\\&=u\frac{\partial\widetilde{N}}{\partial R}+\widetilde{N}\rho\frac{\partial}{\partial t}\left(\frac{1}{\rho}\right)+\left(\frac{\partial u}{\partial R}-u\right)\widetilde{N}\end{aligned}$$

进而有

$$u\frac{\partial\widetilde{N}}{\partial R}=\frac{1}{R^2}\frac{\partial}{\partial R}(R^2\widetilde{N}u)-\widetilde{N}\rho\frac{\partial}{\partial t}\left(\frac{1}{\rho}\right)-\left(\frac{\partial u}{\partial R}-u\right)\widetilde{N}$$

于是式(10－211)左边可以写为

$$\begin{aligned}&\frac{\partial N}{\partial t}+\frac{\mu}{R^2}\frac{\partial(R^2N\nu)}{\partial R}+\frac{1}{R}\frac{\partial[(1-\mu^2)N\nu]}{\partial\mu}\\&=\frac{\mathrm{d}N}{\mathrm{d}t}-u\frac{\partial N}{\partial R}+\frac{\mu}{R^2}\frac{\partial(R^2N\nu)}{\partial R}+\frac{1}{R}\frac{\partial[(1-\mu^2)N\nu]}{\partial\mu}\\&=\frac{\mathrm{d}N}{\mathrm{d}t}+N\rho\frac{\partial}{\partial t}\left(\frac{1}{\rho}\right)-\frac{1}{R^2}\frac{\partial(R^2Nu)}{\partial R}+\left(\frac{\partial u}{\partial R}-u\right)N+\frac{\mu}{R^2}\frac{\partial(R^2N\nu)}{\partial R}+\\&\quad\frac{1}{R}\frac{\partial[(1-\mu^2)N\nu]}{\partial\mu}\\&=\rho\frac{\mathrm{d}}{\mathrm{d}t}\left(\frac{N}{\rho}\right)+\frac{1}{R^2}\frac{\partial}{\partial R}[R^2N(\nu\mu-u)]+\frac{1}{R}\frac{\partial[(1-\mu^2)N\nu]}{\partial\mu}+\left(\frac{\partial u}{\partial R}-u\right)N\end{aligned}$$

因此，中子输运方程可以写为

$$\begin{aligned}&\rho\frac{\mathrm{d}}{\mathrm{d}t}\left(\frac{N}{\rho}\right)+\frac{1}{R^2}\frac{\partial}{\partial R}[R^2N(\nu\mu-u)]+\frac{1}{R}\frac{\partial[(1-\mu^2)N\nu]}{\partial\mu}+\left(\frac{\partial u}{\partial R}-u\right)N\\&\qquad=Q(R,E,\mu,t)-A(R,E,\mu,t)\end{aligned}\tag{10－214}$$

或

$$\rho\frac{\partial}{\partial t}\left(\frac{\widetilde{N}}{\widetilde{\rho}}\right)+\frac{1}{R^2}\frac{\partial}{\partial R}[R^2\widetilde{N}(\nu\mu-u)]+\frac{1}{R}\frac{\partial[(1-\mu^2)\widetilde{N}\nu]}{\partial\mu}+\left(\frac{\partial u}{\partial R}-u\right)\widetilde{N}$$
$$=\widetilde{Q}(r,E,\mu,t)-\widetilde{A}(r,E,\mu,t) \tag{10-215}$$

式(10-214)、式(10-215)均为拉格朗日坐标下的中子输运方程，把式(10-215)写为通量形式，有

$$\frac{\rho}{\nu}\frac{\partial}{\partial t}\left(\frac{\widetilde{\phi}}{\widetilde{\rho}}\right)+\frac{1}{R^2}\frac{\partial}{\partial r}\left[R^2\widetilde{\phi}\left(\mu-\frac{u}{\nu}\right)\right]+\frac{1}{R}\frac{\partial[(1-\mu^2)\widetilde{\phi}]}{\partial\mu}+\left(\frac{\partial u}{\partial R}-u\right)\frac{\widetilde{\phi}}{\nu}$$
$$=\widetilde{Q}(r,E,\mu,t)-\widetilde{A}(r,E,\mu,t) \tag{10-216}$$

研究表明，对某些特定大变形问题，采用拉格朗日坐标刻画粒子在介质中的运动，比用欧拉坐标描述更直观容易一些。因此，了解拉格朗日坐标系下的中子输运方程的求解，对加深中子输运理论的认识是有益的。目前，发展欧拉与拉格朗日耦合的 ALE 算法正成为流体与输运耦合计算的热门研究课题。

10.11 瞬态计算

核武器和反应堆事故工况都会涉及瞬态计算，即系统状态随时间 t 变化。反应在输运问题求解上有$\frac{\partial\phi}{\partial t}\neq 0$，此时，分两种情况：

(1)$\boldsymbol{r}$ 不随时间 t 变化。如果 $\boldsymbol{r}$ 不随时间 t 变化，则问题仅属于非定常范畴，中子的时间行为主要来自源，即源随时间 t 变化，典型例子为脉冲源发射。反应堆正常工况下，时间行为主要来自燃耗引起的核子密度 n_i 的变化和热工水力引起的温度 T 的变化。但正常工况下，每个燃耗步长的时间以天计算，因此，本质上可按稳态考虑。

(2)$\boldsymbol{r}$ 随时间 t 变化。即 $\boldsymbol{r}=\boldsymbol{r}(t)$，这属于典型的瞬态中子输运计算范畴，这种情况通常发生在核武器动作过程和反应堆事故状态下。

瞬态问题的描述：瞬态中子输运问题的求解，通常是对时间变量 t 进行离散，把时间区间离散成 n 个子区间$[t_{i-1}, t_i]$，$i=1,\cdots,n$，在每个时间子区间$[t_{i-1}, t_i]$上，中子按稳态(定常)处理，时间子区间间隔可以不等分，视物理变化的平稳/剧烈程度而定。如图10-15 所示。

对于反应堆极端事故工况的模拟，中子输运方程需要与燃耗-燃料-热工水力方程组耦合求解，燃料肿胀时会有几何形状 $\boldsymbol{r}$、材料成分 n_i 随时间 t 的变化，核爆过程情况更加复杂，除了考虑中子 ν 的运动外，还需要考虑流体 u 的运动。

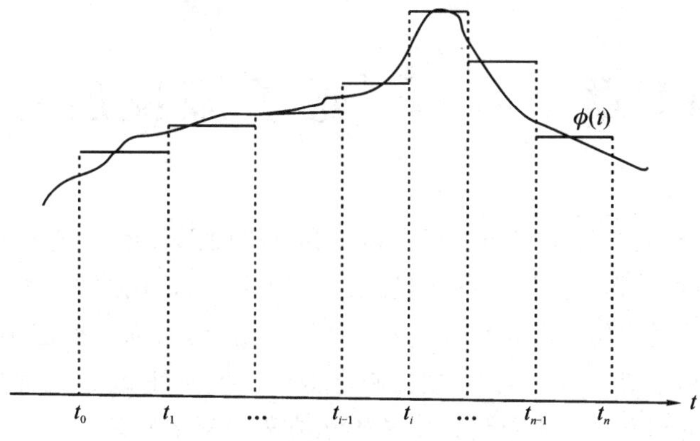

图 10 - 15　瞬态问题时间 t 的离散示意图

10.12　小结

粒子在相空间中的运动遵循马尔可夫过程，相应粒子的轨迹在相空间中的概率分布完全被粒子在初始时刻的状态与转移概率所决定。而转移概率又由周围介质的特性，如介质成分、反应截面、散射规律等决定。因此，需构造一个 N 条随机轨迹或游动链的马氏随机过程：$\Gamma_1, \Gamma_2, \cdots, \Gamma_N$，并设法寻找定义在随机轨迹上的随机变量 η 的均值：

$$\hat{I} = \frac{1}{N}\sum_{i=1}^{N}\eta(\Gamma_i)$$

作为泛函 I 的近似值，$\hat{I}$ 称为 I 的一个无偏估计量，即满足 $E(\hat{I}) = I$。

由于中子输运方程采用源迭代求解，每次迭代过程均需要计算关于空间 $\boldsymbol{r}$、能量 E、方向 $\boldsymbol{\Omega}$ 的积分，不管是确定论方法还是 MC 方法，其计算量都是很大的。特别对裂变-聚变增殖系统问题，中子链长的增加给方程求解带来巨大的存储和计算压力。确定论方法求解诞生了若干求解玻尔兹曼方程的近似方法，其实都是在不同时期，受计算条件限制下发展的。

本章讨论了中子通量密度的多种估计方法，过程看似复杂，其实把问题进行分解，逐一消化，就不难理解了。总结一下求解过程：①计算中子发射密度 Q，其解就是中子权重 w 衰减的叠加之和；②计算中子通量密度 ϕ，它是中子发射密度 Q 的响应量，中子通量密度 ϕ 随中子发射密度 Q 呈负指数 $\mathrm{e}^{-\tau}$ 衰减，而 $\mathrm{e}^{-\tau}$ 正好是径迹长度 ζ 的数学期望。

第 11 章　中子/光子核反应过程

中子/光子输运方程求解的过程由输运和碰撞两部分组成,输运归类为数学过程,而碰撞则归类为物理过程。数学过程已在第 10 章讨论过了,物理过程为中子与核发生碰撞后引起的各种核反应过程,涉及截面,由截面可确定中子/光子发生各种反应的概率。依据这些概率,抽样确定中子发生何种反应,进而确定碰撞后的出射中子的能量和方向。本章讨论中子输运方程求解的物理过程。

11.1　截面

中子/光子和各种物质相互作用的核反应涉及的微观截面和有关参数,统称为核数据,它是核科学技术研究及核设计必须的基本参数。为了提高核设计数值模拟的精度,除了计算方法应具有较高置信度外,很重要的环节就是提高基础核数据库的置信度。一直以来,核科学领域都是在基础数据库和计算方法两个方向平行向前推进的。

11.1.1　宏观与微观截面

玻尔兹曼输运方程中,涉及宏观总截面 Σ_t 和宏观散射截面 Σ_s。截面是输运问题求解中一个重要的基本参量,求解中视为已知量,它的精度对数值模拟结果的精度影响很大。因此,截面参数库制作与检验历来是国际上重点关注的领域。今天的核工程计算科学离不开精密的核数据。其中,中子是所有粒子中核反应过程最复杂,人们研究最多的一种粒子。因此,本章讨论的重点是中子输运方程求解中涉及的截面及核反应。

输运方程求解中涉及的是宏观截面,而基础数据库提供的是微观截面,两者之间存在转换关系。通常用 Σ 表示宏观截面,用 σ 表示微观截面。微观截面 σ 的量纲采用面积单位,用 barn 度量,1 barn$=10^{-24}$cm^2。宏观截面 Σ 的量纲为 cm^{-1},原子密度 N_i 的量纲为 10^{24} 原子数 cm^{-3}。

宏观截面与微观截面之间满足关系

$$\Sigma_x(\boldsymbol{r},E)=\sum_i N_i\sigma_{x,i}(\boldsymbol{r},E) \tag{11-1}$$

式中,$\sigma_{x,i}$ 为第 i 种核(后面简称 i 核)的微观反应截面;N_i 为混合物物质中 i 核的核子数目或原子密度,量纲为 10^{24} 原子数/cm^3。

对不同物质，N_i 有不同的计算方法。对于混合物，设混合物的密度为 ρ（重量密度单位为 g/cm^3 或原子密度单位为 10^{24} 原子数/cm^3），i 核在混合物中的重量百分比为 n_i，i 核的原子量为 A_i，则它在单位混合物体积中的核数为

$$N_i = \rho N_0 n_i / A_i \tag{11-2}$$

对于化合物，设化合物的分子量为 M，密度为 ρ，化合物分子中 i 核的原子数目为 n_i，则

$$N_i = \rho N_0 n_i / M \tag{11-3}$$

其中，$N_0 = 0.6022045 \times 10^{24}$ 原子数/mol，为阿伏伽德罗常数。

根据第 10 章平均自由程 τ 的定义：

$$\begin{aligned}\tau = E(x) &= \int_0^\infty x p(x) \mathrm{d}x \\ &= \Sigma_t \int_0^\infty x \mathrm{e}^{-\Sigma_t x} \mathrm{d}x = 1/\Sigma_t\end{aligned} \tag{11-4}$$

式中，$p(x) = \mathrm{e}^{-\Sigma_t x}$ 为粒子相互作用 p. d. f。即宏观总截面 Σ_t 也是表征粒子在单位体积内，单位自由程中发生相互作用的概率大小的一种度量。

11.1.2　中子微观截面

中子微观总截面 $\sigma_t(E)$ 可表示为吸收和散射截面之和，即有

$$\sigma_t(E) = \sigma_a(E) + \sigma_s(E) \tag{11-5}$$

吸收截面 σ_a 可表示为

$$\sigma_a(E) = \sigma_c(E) + \sigma_f(E) \tag{11-6}$$

式中，σ_c 为俘获截面；σ_f 为裂变截面。

进一步将微观散射截面按反应律可展开为

$$\sigma_s(E) = \sigma_{el}(E) + \sigma_{in}(E) + 2\sigma_{2n}(E) + 3\sigma_{3n}(E) \tag{11-7}$$

式中，el 为弹性散射；in 为非弹性散射；2n、3n 为产中子反应。

通常非弹性(n，n)、(n，xn)(x＝2，3)散射发生在高能区，(n，n′)弹性散射发生在低能区。

吸收截面 $\sigma_a(E)$ 还可进一步展开为各分截面之和：

$$\sigma_a = \sigma_{(n,\gamma)} + \sigma_{(n,f)} + \sigma_{(n,p)} + \sigma_{(n,\alpha)} + \sigma_{(n,d)} + \sigma_{(n,t)} + \sigma_{(n,{}^3He)} + \cdots \tag{11-8}$$

式中，(n，f)反应发生后，当前中子被吸收，但同时放出 $\nu(E)$ 个中子和 $\bar{\upsilon}$ 个光子（$\bar{\upsilon} \approx 7$）。

$$\sigma_c = \sigma_{(n,\gamma)} + \sigma_{(n,p)} + \sigma_{(n,\alpha)} + \sigma_{(n,d)} + \sigma_{(n,t)} + \sigma_{(n,{}^3He)} + \cdots \tag{11-9}$$

式中，(n，γ)反应放出一个俘获光子；(n，p)、(n，α)反应中负荷粒子产生反应道，其他反应道主要用于响应计算。

在输运方程求解中，仅 σ_c、σ_f、σ_{el}、σ_{in}、σ_{2n}、σ_{3n} 反应参与输运计算，其他截面用于反应率计算。

11.1.3 光子微观截面

与中子微观截面相对应，光子微观截面定义为

$$\sigma_a(E)=\sigma_{pe}(E) \tag{11-10}$$

$$\sigma_s(E)=\sigma_{Com}(E)+\sigma_{Tom}(E)+\sigma_{pp}(E) \tag{11-11}$$

式中，pe 表示光电吸收反应；Com 表示康普顿(Compton)散射反应；Tom 表示汤姆孙(Thomson)散射反应；pp 表示对产生反应。

光子输运分简单物理处理和详细物理处理，对简单物理处理，考虑 pe、pp、Com3 种反应就够了；对详细物理处理，需要考虑 pe、pp、Com、Tom4 种反应。后面讨论光子碰撞反应道时会对此详细介绍。

截面的内容很丰富，上面仅给出了中子、光子的截面组成，本章后几节还会讨论电子的各种截面及反应，以及截面随能量 E(严格讲还有温度 T)的变化特征。

11.1.4 连续点截面格式

连续能量点截面简称点截面，数据格式一般是把整个入射粒子的能量范围分成 N 个能量点，对应每个能量点都有相应的截面值，即

$$\begin{cases}\text{能量点}:E_1,E_2,\cdots,E_N\\ \text{截面值}:\sigma_1,\sigma_2,\cdots,\sigma_N\end{cases} \tag{11-12}$$

当粒子能量 E 等于某个能量点 E_k 时，就直接使用对应的截面值 σ_k，$k=1,2,\cdots,N$；而当粒子能量 E 落入某个能量区间$[E_k,\ E_{k+1}]$时，则截面值需要通过$[\sigma_k,\ \sigma_{k+1}]$插值得到。插值方式有 4 种：①线性-线性插值；②对数-对数插值；③线性-对数插值；④对数-线性插值。通过上述方式，可以计算出处于反应能量范围内的实际能量对应的截面值。因此，点截面又称为连续能量截面。

点截面实际上就是对真实能谱的分段拟合，当 N 很大时，拟合程度非常高，特别是共振区，可以非常精确地计算出能谱来，如 ^{238}U 核素的总截面，10^{-5} eV～20 MeV 整个能量范围共有 219443 个能量分点，对真实截面曲线逼近的程度非常高。

截面数据(包括整个共振区在内)都是点截面形式的，使用的截面考虑了特定评价库中所有反应的处理，中子能量范围为：10^{-5} eV～20 MeV，当中子能量≥20 MeV 时，将按 20 MeV 的截面处理，当中子能量≤10^{-5} eV 时，按 10^{-5} eV 的截面处理；光子能量范围为：1 eV～100 GeV；电子能量范围为：10 eV～1 GeV。

11.2　中子与物质相互作用

11.2.1　中子基本特征

各种不同的中子相互作用，可以按照 3 种不同机理中的一种或几种发生，这 3 种不同的机理分别为：①复合核的形成；②势散射（或称形状散射）；③直接相互作用。在复合核的形成过程中，入射中子被核吸收，形成一种叫作复合核的系统。如果靶核是 Z^A（Z 为原子数），则形成的复合核是 Z^A+1。如果放出来的核子是一个中子，而剩余核 Z^A 重新回到基态，则称这个过程为复合弹性散射，有时也称为共振弹性散射。如果放出中子后，剩余核处于激发态，则称这个过程为复合核非弹性散射或称为共振非弹性散射。

当两个核粒子（如两个核或者一个核和一个核子）相互作用，产生两个或更多个核粒子或 γ 辐射时，就说发生了核反应。对 a+b→c+d 这样的核反应，按照关系式 $E=mc^2$（这里 m 为中子的质量，c 为光速），其动能改变为

$$(E_c+E_d)-(E_a+E_b)=[(m_c+m_d)-(m_a+m_b)]c^2 \qquad (11-13)$$

定义反应热 Q 为

$$Q=[(m_c+m_d)-(m_a+m_b)]c^2 \qquad (11-14)$$

若 $Q>0$，则粒子的动能是净增的，称这种反应为放热反应；若 $Q<0$，则粒子的动能是净减的，称这种反应为吸热反应。

中子按能量可分为热中子（$E<1$ eV）、超热中子（1 eV$\leqslant E<0.1$ MeV）和快中子（0.1 MeV$\leqslant E<10$ MeV）。此外还有冷中子（它比热中子能量更低）、慢中子（$E<1$ keV）和中能中子（1 keV$\leqslant E<0.5$ MeV）。具有单一能量的中子称为单能中子或单色中子，具有连续能量分布的中子称为连续谱中子。标准热中子速度为 2.2×10^5 cm/s。

中子源的半衰期：设同位素源出厂时的强度为 Q_0，经时间 t 后的强度减少为

$$Q=Q_0\mathrm{e}^{-\frac{0.639}{(T_1/2)}t} \qquad (11-15)$$

式中，$T_1/2$ 为半衰期。

同位素中子源是核探测中普遍使用的中子源，常用的有 ^{241}Am^{9}Be 中子源，其具有伴生 γ 强度低和半衰期长等优点，常在放射性测井中使用。其他中子源还包括 ^{60}Go、^{252}C$_f$、散裂中子源等。中子源在材料性能测试中有重要作用，开展中子源制备及其应用研究也是中子物理学研究的一个方向。

原子核按质量数 A 的大小可分为轻核（$A<30$）、中等核（$30\leqslant A\leqslant90$）和重核（$A>90$）。中子与原子核的相互作用有散射和吸收两类。其中散射包括弹性散射

(n,n)和非弹性散射(n,n′)。吸收包括辐射俘获(n,γ)、裂变(n,f)、(n,α)、(n,p)、(n,d)等。表 11-1 给出中子与各种质量数核发生核反应的特性[48]。

表 11-1　中子与各种质量数核发生核反应的特性

原子核	热中子(0～1 eV)	超热中子 (1 eV～0.1 MeV)	快中子 (0.1～10 MeV)
轻核(A<30)	(n,n)	(n,n)、(n,p)	(n,n)、(n,p)、(n,α)
中等核(30≤A≤90)	(n,n)、(n,γ)	(n,n)、(n,γ)*	(n,n)、(n,n′)、(n,p)、(n,α)
重核(A>90)	(n,n)*、(n,γ)	(n,n)、(n,γ)*	(n,n)、(n,n′)、(n,p)、(n,γ)

注：*号表示有共振。

11.2.2　热化处理

当中子能量 $E<4$ eV 时，按 $S(\alpha,\beta)$热化模式处理，需要考虑化学束缚和晶格效应。目前最新评价数据库中只提供了部分核素的热化截面，分别是金属铍、苯、氧化铍、正氘、仲氘、石墨、锆化氢中的氢核、正氢、重氢、重水中的氘核、液态甲烷的氢核、轻水中的氢核、聚乙烯中的氢核、固体甲烷中的氢核和锆化氢中的锆核。

当中子能量 $E\geqslant4$ eV 时，按自由气体模式处理，需要考虑原子的热运动。此时，中子弹性散射截面要基于零温截面进行放大修正，其修正因子为

$$F=\left(1+\frac{0.5}{a^2}\right)\mathrm{erf}(a)+\frac{\mathrm{e}^{-a^2}}{a\sqrt{\pi}} \tag{11-16}$$

式中，$a=\sqrt{aE/kT}$；E 为中子能量，T 为温度；erf 为误差函数。

当 $a\geqslant2$ 时，可近似取 $F\approx1+0.5/a^2$；当 $a<2$ 时，F 可通过线性插值得到。这种处理适合非裂变核。对裂变核，基于零温截面的多温截面在线多谱勒(Doppler)展宽，需要更精细的拟合插值计算。

11.2.3　弹性散射

若中子与核作用后，其同位素成分和内能都没有发生变化，称这个过程为弹性散射，用(n,n)表示。对于中子的弹性散射，出射中子的能量和方向都要发生变化(靶核的内能不变)。当入射中子能量小于 0.1 MeV 时，按各向同性处理，当能量高于 1 MeV 时，散射显著呈现各向异性特征，特别是轻核，更是如此。在描述中子运动的过程中，引入了质心系的概念，为了有利于下面的讨论，简单地对质心系进行介绍。如果用相对于相互作用的粒子的质心是静止的坐标系来描述中子与靶核的相互作用，则中子相互作用的运动学的计算将大为简化，这种坐标系称为质心坐标系，用 c 表示。有关质心坐标系与实验室坐标系(L)之间的关系的描述可参考

相关文献[40]。

散射中子的能量、方向分布，通常有几种不同形式，下面分别进行讨论。

1. 给定质心坐标系(c)下的角分布

给定质心坐标系(c)下的角分布为

$$f_{\mathrm{el}}(E',\boldsymbol{\Omega}'\rightarrow E,\boldsymbol{\Omega})=\frac{1}{2\pi}f_{\mathrm{c}}(\mu_{\mathrm{c}})\delta\left[E-E'\frac{1+A^{2}+2A\mu_{\mathrm{c}}}{(A+1)^{2}}\right]\tag{11-17}$$

从 $f_{\mathrm{c}}(\mu_{\mathrm{c}})$ 抽出质心坐标系下的散射角余弦 μ_{c}，如果在 c 系中散射是各向同性的，则

$$f_{\mathrm{c}}(\mu_{\mathrm{c}})=\frac{\sigma_{\mathrm{el}}(\mu_{\mathrm{c}}\,|\,E')}{\sigma_{\mathrm{el}}(E')}=\frac{1}{2},-1\leqslant\mu_{\mathrm{c}}\leqslant 1\tag{11-18}$$

直接抽样得 $\mu_{\mathrm{c}}=2\xi_1-1$，$\xi_1$ 为任一随机数。转换为实验室坐标系下的散射角余弦为

$$\mu_{\mathrm{L}}=\frac{1+A\mu_{\mathrm{c}}}{\sqrt{1+A^{2}+2A\mu_{\mathrm{c}}}}\tag{11-19}$$

方位角 φ 服从均匀分布 $f_{\varphi}(\varphi)=1/2\pi$，直接抽样得 $\varphi=2\pi\xi_2$，ξ_2 为任一随机数。由此可以定出散射后的中子出射方向 $\boldsymbol{\Omega}=(u,v,w)$，它与入射中子方向 $\boldsymbol{\Omega}'=(u',v',w')$之间满足如下关系。

(1)若 $|w'|\neq 1$，则

$$\begin{cases}u=\mu_{\mathrm{L}}u'+\dfrac{\cos\varphi\sqrt{1-\mu_{\mathrm{L}}^{2}}\,u'w'-\sin\varphi\sqrt{1-\mu_{\mathrm{L}}^{2}}\,v'}{\sqrt{1-w'^{2}}}\\[2ex] v=\mu_{\mathrm{L}}v'+\dfrac{\cos\varphi\sqrt{1-\mu_{\mathrm{L}}^{2}}\,v'w'+\sin\varphi\sqrt{1-\mu_{\mathrm{L}}^{2}}\,u'}{\sqrt{1-w'^{2}}}\\[2ex] w=\mu_{\mathrm{L}}w'-\cos\varphi\sqrt{1-\mu_{\mathrm{L}}^{2}}\cdot\sqrt{1-w'^{2}}\end{cases}\tag{11-20}$$

(2)若 $|w'|=1$，则

$$\begin{cases}u=\sqrt{1-\mu_{\mathrm{L}}^{2}}\cos\varphi\\ v=\sqrt{1-\mu_{\mathrm{L}}^{2}}\sin\varphi\\ w=\mu_{\mathrm{L}}\end{cases}\tag{11-21}$$

利用入射中子能量 E' 和质心系下的散射角余弦 μ_{c}，可以得到散射后中子的能量为

$$E=E'\frac{1+A^{2}+2A\mu_{\mathrm{c}}}{(A+1)^{2}}=E'\frac{(1+\alpha)+(1-\alpha)\mu_{\mathrm{c}}}{2}\tag{11-22}$$

式中，$\alpha=\left(\dfrac{A-1}{A+1}\right)^{2}$。

可以看出，散射中子的角度和能量是可以互相转换的。其中，求散射后中子出

射方向用到的是实验室坐标系下的散射极角余弦 μ_l，求出射中子能量使用的是质心坐标系下的散射极角余弦 μ_c。

2. 给定实验坐标系(L)下的角分布

给定实验坐标系(L)下的角分布为

$$f_{el}(E',\boldsymbol{\Omega}' \to E,\boldsymbol{\Omega}) = \frac{1}{2\pi}f(\mu_L)\delta\left\{E - E'\left[\frac{\sqrt{\mu_L^2 + A^2 + 1} + \mu_L}{(A+1)^2}\right]^2\right\} \tag{11-23}$$

式中，

$$f(\mu_L) = \frac{\sigma_{el}(\mu_L \mid E')}{\sigma_{el}(E')}, -1 \leqslant \mu_L \leqslant 1 \tag{11-24}$$

角分布 $f(\mu_L)$通常以勒让德(Legendre)多项式为基函数，按级数展开为

$$f(\mu_L) = \sum_{l=1}^{\infty}\frac{2l+1}{2}f_l P_l(\mu_L), -1 \leqslant \mu_L \leqslant 1 \tag{11-25}$$

其中，$P_l(\mu_L)$为 l 阶勒让德多项式；f_l 为勒让德展开系数。

11.2.4 非弹性散射

核与中子作用后，核的成分虽未改变，但却处于激发态，这个过程称为非弹性散射，用(n, n′)表示。在非弹性散射中，中子被靶核吸收形成复合核，然后放出一个能量较低的中子，而靶核停留在激发态中，故中子动能的一部分转换成了靶核的内能。

1. 离散能级情况

假定有能量为 E'的入射中子，激发核可以处于 J 个能级之一，相应激发能为 $\varepsilon_j(j=1, 2, \cdots, J)$，则其能量、方向转移分布为

$$f_{in}(E',\boldsymbol{\Omega}' \to E,\boldsymbol{\Omega} \mid \boldsymbol{r}) = \sum_{j=1}^{J}\frac{\sigma_{in}^{(j)}(E')}{\sigma_{in}(E')}f_{in}^{(j)}(E',\boldsymbol{\Omega}' \to E,\boldsymbol{\Omega}) \tag{11-26}$$

式中，$\sigma_{in}(E') = \sum_{j=1}^{J}\sigma_{in}^{(j)}(E')$；$\sigma_{in}^{(j)}(E')$ 表示第 j 个能级的非弹性散射微分截面；称 $\sigma_{in}^{(j)}(E')/\sigma_{in}(E')$ 为第 j 个能级的非弹性散射分支比，进一步有

$$f_{in}^{(j)}(E',\boldsymbol{\Omega}' \to E,\boldsymbol{\Omega}) = \frac{1}{2\pi}f_j(\mu_c)\delta\left[E - E'\frac{1 + A_j{}^2 + 2A_j\mu_c}{(A+1)^2}\right] \tag{11-27}$$

式中，

$$A_j = A\sqrt{1 - \frac{(A+1)\varepsilon_j}{AE'}} \tag{11-28}$$

根据式(11-26)，抽样方案如下：

(1)从 $\sigma_{in}^{(j)}(E')/\sigma_{in}(E')$抽样确定一个 $j(j \leqslant J)$；

(2)从对应 j 的角分布 $f_j(\mu_c)$ 中抽出质心坐标系下的方向余弦 μ_c；

(3)由 μ_c 的值得到出射中子能量 E 和实验室坐标系下的方向余弦 μ_L：

$$\begin{cases} E = E' \dfrac{1 + A_j^2 + 2A_j\mu_c}{(A+1)^2} \\ \mu_L = \boldsymbol{\Omega}' \cdot \boldsymbol{\Omega} = \dfrac{1 + A_j\mu_c}{\sqrt{1 + A_j^2 + 2A_j\mu_c}} \end{cases} \tag{11-29}$$

(4)直接抽样得到方位角的抽样值 $\varphi = 2\pi\xi$，ξ 为任一随机数。

类似式(11-20)、式(11-21)的处理，易得散射后的中子方向 $\boldsymbol{\Omega} = (u, v, w)$。

2. 连续能级情况

在连续能极情况，有

$$f_{in}(E', \boldsymbol{\Omega}' \to E, \boldsymbol{\Omega} \mid \boldsymbol{r}) = \frac{f_{in}(E' \to E)}{4\pi} \tag{11-30}$$

式中，

$$f_{in}(E' \to E) = K_{in} E e^{\left(-\frac{E}{T}\right)}, \quad 0 < E < E' \tag{11-31}$$

为能量分布；K_{in} 为归一化系数；T 为谱型系数，它与入射中子能量 E' 有关，方向服从各向同性分布。

非弹性散射过程比较复杂，涉及若干法则，这里仅列出了部分内容，有关法则的分类，可参考 MCNP 程序手册介绍[36,49]。

11.2.5　裂变反应

当中子与某些重核发生碰撞时，核会分裂成两个大的碎片，同时释放出大量能量，称此过程为裂变过程，用(n, f)表示。输运处理中习惯把裂变反应归入吸收反应，即所谓的裂变当吸收处理，每次裂变发生后，当前中子被吸收，但要放出 $\nu(E')$ 个中子(一般快群 $\bar{\nu} = 2.54$，热群 $\bar{\nu} = 2.43$)。当裂变核 i 确定后，裂变中子能量、方向服从下列分布：

$$f_i(E', \boldsymbol{\Omega}' \to E, \boldsymbol{\Omega}) = \frac{\chi_i(E' \to E)}{4\pi} \tag{11-32}$$

式中，i 为发生碰撞的裂变核；$\chi_i(E' \to E)$ 为对应的裂变谱。

研究表明，不同裂变核的裂变谱差异很小，而研究得最多的是 ^{235}U 裂变谱。因此，模拟中习惯把 ^{235}U 裂变谱作为标准裂变谱，用于确定裂变中子的出射能量 E。^{235}U 裂变谱服从麦克斯韦分布：

$$\chi(E' \to E) = 2\sqrt{\frac{E}{\pi T^3}}\, e^{-\frac{E}{T}} \tag{11-33}$$

式中，$T = T(E')$ 为谱形系数，依赖入射中子能量 E'。

一般反应堆模拟中，取中子平均能量 $\bar{E}=1.942$ MeV 对应的谱型系数 T，其形式为

$$T=\frac{2}{3}\bar{E} \tag{11-34}$$

相应的谱型系数为 $T=1.295$，这样，裂变谱仅为能量 E 的函数，对多群处理，对应的裂变谱称为向量裂变谱；如果考虑入射中子对谱型系数的影响，则对应的多群裂变谱称为矩阵裂变谱。

裂变当吸收处理：在模拟某些裂变源问题时，由于源已考虑了裂变，当从裂变源发出的中子再次与裂变核发生作用时，裂变按吸收处理（MCNP 程序中 nonu≠0 对应的处理）。例如在堆外探测室响应产品风险顺序数（RPN）的计算时，堆芯功率分布作为源，则从源发出的中子与堆芯裂变核再次发生裂变反应时，中子按吸收处理。

11.2.6 辐射俘获

辐射俘获是吸收反应中最重要的反应之一，其反应产物之一就是 γ 射线，用（n,γ）表示。即中子吸收反应中，产生次级光子的反应道主要有（n, f）和（n,γ）。用特征 γ 射线进行探测，在核科学工程计算中有重要的用途。

11.2.7 产中子反应

（n, xn）反应属于产中子反应，通常发生在高能区，每次反应产生 x（$x>1$ 为正整数）个中子，连同剩余核中子，共有 $x+1$ 个中子。其能量服从分布

$$f_m(E_c)=K_m\sqrt{E_c}\{E'-Q-[(A+1)/A]^2E_c\}^{(3m-8)/2} \tag{11-35}$$

式中，E_c 为散射后中子在质心坐标系下的能量；E' 为入射中子能量；Q 为反应阈能；K_m 为归一化系数；A 为碰撞核的原子量。

相空间能量分布是对直接作用反应下次级中子能量分布的近似，例如，（n, n$'X$）反应及轻核的（n,2n）反应的次级中子，均可由这个分布近似抽样确定质心坐标系下的动能 E_c，并认为中子在质心坐标系下按各向同性发射，次级中子在实验室坐标系下的能量和散射角余弦可以像非弹性散射那样，按散射定律求出：

$$\begin{cases} E=E_c\dfrac{1+\tilde{A}^2+2\tilde{A}\mu_c}{\tilde{A}^2} \\ \mu_L=\dfrac{1+\tilde{A}\mu_c}{\sqrt{1+\tilde{A}^2+2\tilde{A}\mu_c}} \end{cases} \tag{11-36}$$

式中，

$$\tilde{A}=(A+1)\sqrt{\frac{E_c}{E'}} \tag{11-37}$$

11.2.8　缓发裂变

针对缓发裂变的处理,计算问题有固定源和临界两种。中子连续能量点截面物理模块分为多种情况处理。

考虑缓发裂变的情况,不管是临界还是固定源问题,通常根据缓发裂变中子个数与总裂变中子个数的比值确定缓发中子的抽样概率,抽样确定出射中子是瞬发裂变中子还是缓发裂变中子,然后根据相应的中子能谱和角度谱抽取裂变中子的能量和出射角度。

不考虑缓发情况,则不管是临界还是固定源问题,从瞬发裂变中子个数中抽取裂变中子个数,从瞬发裂变中子能谱和角度谱中抽取裂变中子的能量和出射角度。

早期研究工作中,由于核数据的不完善,瞬发裂变和缓发裂变是按照 $\upsilon_{缓发}\approx 1.0025\times\upsilon_{瞬发}$ 来近似处理的。如今 ENDF/B-VII、VIII 库已有完善的缓发裂变产中子数据。每次裂变反应发生后,当前中子被吸收,同时放出 $\nu(E)$ $(2<\nu(E)<3)$ 个中子。在实验室下的裂变中子,方向服从各向同性分布,由于不同裂变核的能谱差异很小,因此,均采用麦克斯韦分布表示。

11.3　光子与物质相互作用

虽然 γ 射线、韧致辐射、湮没辐射和特征 X 射线等起源不一、能量大小不等,但它们都属于电磁辐射。电磁辐射与物质相互作用的机制,与这些电磁辐射的起源是无关的,只与它们的能量有关。所以这里讨论的光子与物质的相互作用规律,对其他来源产生的电磁辐射也适用。

光子与物质的相互作用与带电粒子与物质的相互作用有显著的不同:①光子不带电,它不像带电粒子那样直接与靶物质原子核外电子发生库仑碰撞使之电离或激发,或者与靶原子核发生碰撞,导致弹性碰撞使之方向改变,或导致非弹性碰撞使之辐射损失能量,因而不能像带电粒子那样用能量损失率 $\mathrm{d}E/\mathrm{d}s$ 来描述光子在物质中的行为;②带电粒子主要通过连续地与物质原子的核外电子多次碰撞,逐渐损失能量,每一次碰撞中所转移的能量很小(小能量转移碰撞);③光子与物质原子相互作用时,发生一次相互作用就导致其损失大部分或全部能量(大能量转移),光子不是完全消失就是大角度散射。

光子与物质的相互作用,可以有多种方式。当光子的能量在 30 MeV 以下时,在所有相互作用方式中,最主要的 3 种反应是光电效应、电子对效应和非相干散射(即康普顿散射)。除了上述 3 种主要相互作用方式,其他一些相互作用方式有相干散射(即汤姆孙散射)和光致核反应。

光子与物质发生上述5种相互作用都具有一定的概率,用截面 σ 表示作用概率的大小。对于大于一定能量的光子与物质原子核的作用,能发射出次级粒子,如 (γ,n) 反应。光子输运分简单物理处理和详细物理处理。简单物理处理不考虑相干散射和来自光电吸收产生的荧光光子,这主要针对高能光子问题或自由电子问题。详细物理处理则要考虑包括相干散射和光电吸收后产生的荧光光子。

下面分别介绍两种物理处理。

11.3.1 简单物理处理

简单物理处理主要针对高能光子,其对高原子序数(Z)或深穿透问题是不充分的。物理过程由光电效应、电子对效应、非相干散射和光致核反应组成。这里先介绍前3种(光致核反应的概率较小,之后再介绍)。前3种反应的总截面为

$$\sigma_{t} = \sigma_{pe} + \sigma_{pp} + \sigma_{Com} \tag{11-38}$$

1. 光电效应

光子与靶物质原子的束缚电子作用时,光子把全部能量转移给某个束缚电子,使之发射出去,而光子本身消失,这种过程称为光电效应。光电效应中发射出来的光子称为光电子。

原子吸收了光子的全部能量后,其中一部分消耗于光电子脱离原子核束缚所需的电离能,另一部分作为光电子的动能存在。所以,释放出来的光电子的能量就是入射光子能量和该束缚电子所处的电子壳层的结合能之差。因此,要发生光电效应,光子能量必须要大于电子的结合能。光电子可以从原子的各个电子壳层中发射出来,但是因为动量守恒的要求,在光电效应过程中,还必须要有原子核的参与。虽然碰撞后一部分能量被原子的反冲核所吸收,但这部分反冲能量与光子能量、光电子能量相比几乎可以忽略。由于原子核的参与,动量和能量满足守恒。电子在原子中束缚得越紧,就越容易使原子核参加上述过程,产生光电效应的概率也就越大。所以在K壳层上打出光电子的概率最大,L壳层次之。如果入射光子的能量超过K壳层电子的结合能,那么80%的光电吸收发生在K壳层电子上。

发生光电效应时,从原子内壳层上打出电子,在此壳层上就留下空位,并使原子处于激发状态,这种激发状态是不稳定的,可能会出现退激发过程或发射特征X射线,或发射俄歇电子。因此,在光电效应的过程中,还伴随着原子发射特征X射线或俄歇电子的过程。

与中子吸收处理类似,光电效应通常采用隐俘获处理,出射光子权重修正为

$$w = w'(1 - \sigma_{pe}/\sigma_{t}) \tag{11-39}$$

2. 电子对效应

当光子从原子核旁边经过时,在原子核库仑场作用下,光子转化为一个正电子

和一个负电子，这种过程称为电子对效应。根据能量守恒定律，只有当入射光子能量 $h\nu$ 大于 $2m_ec^2$，即 $h\nu>1.022$ MeV 时，才能发生电子对效应。入射光子的能量除一部分转变为正-负电子对的静止能量外，其余就作为它们的动能，即

$$h\nu=E_{e^+}+E_{e^-}+2m_ec^2 \tag{11-40}$$

由式(11-40)可以看出，对于一定能量的入射光子，电子对效应产生的正电子和负电子的动能之和为常数。但就负电子或正电子中的某一种粒子而言，它的动能从零到 $h\nu-2m_ec^2$ 都是可能的。负电子和正电子之间的能量分配是任意的。由于动量守恒关系，负电子和正电子几乎都是沿着入射光子方向的前向角度发射的。入射光子能量越大，正负电子的发射方向越是前倾。电子对效应中产生的快速正电子和负电子，在物质中通过碰撞能量损失和辐射能量损失消耗能量。正电子在吸收体中很快被慢化，将发生湮没，湮没光子在物质中会再发生相互作用。正负电子的湮没，可以看作光子发生电子对效应的逆过程。

如果光子发生电子对(pp)效应，则产生两个 0.511 MeV 的正负光子(光子的能量用电子静止质量 $mc^2=0.511$ MeV 表示)，两个光子除方向外，其他属性相同。当一个光子的方向确定后，另一个光子取相反方向。

3. 非相干散射

对简单物理处理，非相干散射即为康普顿散射，是入射光子与原子的核外电子之间发生的非弹性碰撞的过程。这一过程中，入射光子的一部分能量转移给电子，使它脱离原子成为反冲电子。而光子的运动方向和能量将发生变化。

康普顿散射和光电效应的不同是光电效应中光子本身消失，能量完全转移给电子，并且光电效应发生在束缚得最紧的内壳层电子上。康普顿散射中光子只是损失一部分能量，并且康普顿散射总是发生在束缚得较松的外层电子上。

虽然光子与束缚电子之间的康普顿散射严格地讲是一种非弹性碰撞过程。但外层电子的结合能较小，一般是 eV 数量级，与入射光子的能量相比较，完全可以忽略。所以可以把外层电子看作“自由电子”。这样康普顿散射就可以认为是光子与处于静止状态的自由电子之间的弹性碰撞。入射光子的能量和动量就由反冲电子和散射光子两部分进行分配。用相对论的能量和动量守恒定律，可以推导出弹性碰撞中散射光子和反冲电子的能量与散射角的关系。

光子的康普顿散射截面形式为 $K(\alpha,\mu)$，其中

$$\alpha=\frac{E}{mc^2} \tag{11-41}$$

其满足克莱因-尼希纳(Klein-Nishina，K-N)公式[50,51]：

$$K(\alpha,\mu)=\pi r_0^2\left(\frac{\alpha'}{\alpha}\right)^2\left(\frac{\alpha'}{\alpha}+\frac{\alpha}{\alpha'}+\mu^2-1\right) \tag{11-42}$$

式中，m 为电子质量；c 为光速；$r_0=2.817938\times10^{-13}$ cm 为古典电子半径。

需要注意的是光子与中子的入射、出射后的能量表示不同，即 α 表示入射光子的能量，α' 表示出射光子的能量。出射光子能量 α' 与入射光子能量 α 之间满足如下转化关系：

$$\alpha' = \frac{\alpha}{1+\alpha(1-\mu)} \tag{11-43}$$

为了进行能量、角度抽样，对光子散射截面进行归一化处理，使其为 p. d. f。其归一化因子 C 的计算公式如下：

$$\begin{aligned} C^{-1}(\alpha) &= \int_{-1}^{1} K(\alpha,\mu)\mathrm{d}\mu \\ &= \pi r_0^2 \int_{-1}^{1} \frac{1}{[1+\alpha\ (1-\mu)]^2}\left[\frac{1}{1+\alpha(1-\mu)} + \alpha(1-\mu) + \mu^2\right]\mathrm{d}\mu \\ &= \pi r_0^2 \left[\frac{4}{\alpha^2} + \frac{2(1+\alpha)}{(1+2\alpha)^2} + \frac{\alpha^2-2\alpha-2}{\alpha^3}\ln(1+2\alpha)\right] \end{aligned} \tag{11-44}$$

令

$$x = \frac{\alpha'}{\alpha} \tag{11-45}$$

将式(11－45)代入式(11－42)得到关于变量 x 的康普顿散射 p. d. f：

$$f(x) = C(\alpha)\left[\left(\frac{\alpha+1-x}{\alpha x}\right)^2 + \frac{1}{x} - \frac{1}{x^2} + \frac{1}{x^3}\right] \tag{11-46}$$

对式(11－46)作变换，引入两个 p. d. f：

$$\begin{cases} f_1(x) = \dfrac{2\alpha+1}{2\alpha}\cdot\dfrac{1}{x^2} \\ f_2(x) = \dfrac{1}{2\alpha} \end{cases},\ 1 \leqslant x \leqslant 2\alpha+1 \tag{11-47}$$

及两个有界函数：

$$\begin{cases} h_1(x) = \dfrac{2\alpha C(\alpha)}{2\alpha+1}\left[\left(\dfrac{\alpha+1-x}{\alpha}\right)^2 + 1\right] \\ h_2(x) = C(\alpha)2\alpha\ \dfrac{(x-1)^2}{x^3} \end{cases} \tag{11-48}$$

则 $f(x)$ 可以表示为

$$f(x) = h_1(x)f_1(x) + h_2(x)f_2(x) \tag{11-49}$$

显然 $h_i(x) \geqslant 0, i=1,2$，可以求得 $h_1(x)$ 和 $h_2(x)$ 的极大值分别为 $M_1 = \max\limits_x h_1(x) = \dfrac{4\alpha C(\alpha)}{2\alpha+1}, M_2 = \max\limits_x h_2(x) = \dfrac{8\alpha}{27}C(\alpha)$，$f(x)$ 可进一步写为

$$f(x) = (M_1+M_2)\left[\frac{M_1}{M_1+M_2}\frac{h_1(x)}{M_1}f_1(x) + \frac{M_2}{M_1+M_2}\frac{h_2(x)}{M_2}f_2(x)\right] \tag{11-50}$$

采用复合与舍选抽样组合求 x 的抽样值。抽随机数 ξ，判断 $\xi<M_1/(M_1+M_2)$ 是否成立？若成立，则从 $h_1(x)f_1(x)/M_1$ 中抽取 x；否则从 $h_2(x)f_2(x)/M_2$ 中抽取 x。求得 x 后，通过式(11-45)求出 α'，进而由式(11-41)求出散射后的光子能量 $E'=\alpha' mc^2$，最后利用式(11-43)得到 μ，进而得到散射后的光子方向 $\boldsymbol{\Omega}$[52]。

对点通量估计和 DXTRAN 球，指向概率计算公式中的角分布取为

$$p(\mu)=\frac{1}{\sigma_1^K(Z,\alpha)}K(\alpha,\mu) \tag{11-51}$$

式中，

$$\begin{aligned}\sigma_1^K(Z,\alpha)&=\int_{-1}^{1}\int_{0}^{E_{\max}}K(\alpha,\mu)\mathrm{d}\alpha\mathrm{d}\mu\\&\approx\pi r_0^2\frac{c_1\eta^2+c_2\eta+c_3}{\eta^3+d_1\eta^2+d_2\eta+d_3}\end{aligned} \tag{11-52}$$

为归一化因子，式中，$\eta=1.222037$，$c_1=1.651035$，$c_2=9.340220$，$c_3=-8.325004$，$d_1=12.501332$，$d_2=-14.200407$，$d_3=1.699075$。

于是得到

$$p(\mu)=\frac{\eta^3+d_1\eta^2+d_2\eta+d_3}{c_1\eta^2+c_2\eta+c_3}\left(\frac{\alpha'}{\alpha}\right)^2\left(\frac{\alpha'}{\alpha}+\frac{\alpha}{\alpha'}+\mu^2-1\right) \tag{11-53}$$

当 $E>100$ MeV 时，式(11-53)无效。此时，$\sigma_1^K(Z,\alpha)$ 近似为

$$\sigma_1^K(Z,\alpha)=\sigma_1(Z,\alpha)/Z \tag{11-54}$$

相应有

$$p(\mu)=\frac{Z\pi r_0^2}{\sigma_1(Z,\alpha)}\left(\frac{\alpha'}{\alpha}\right)^2\left(\frac{\alpha'}{\alpha}+\frac{\alpha}{\alpha'}+\mu^2-1\right) \tag{11-55}$$

以下为非相干散射过程中反冲电子的处理及特征 X 射线或俄歇电子的处理。

(1)反冲电子的处理。如果碰撞后散射光子的能量为 $h\nu'$，根据能量守恒，得到反冲电子的能量

$$E_{\mathrm{e}}=h\nu-h\nu' \tag{11-56}$$

再根据动量守恒定律，得到反冲电子的反冲角 ϕ。ϕ 和散射光子散射角 θ 的关系为

$$\cot\phi=\left(1+\frac{h\nu}{m_{\mathrm{e}}c^2}\right)\tan\frac{\theta}{2} \tag{11-57}$$

(2)特征 X 射线或俄歇电子的处理。发生非相干散射时，如果从原子内壳层上打出电子，在此壳层上就会留下空位(空穴)，并使原子处于激发状态。因此，非相干散射过程中，还伴随着原子发射特征 X 射线或俄歇电子的过程。在 MCNP6 之前的计算中没有考虑由于非相干散射引起的荧光效应，在新的计算中，考虑了荧

光效应。

ENDF 评价核数据库中提供了：①考虑了原子支壳层（空穴所在壳层）的结合能；②非相干散射所致的原子壳层空穴的累计概率密度；③壳层退激发道数目；④每个退激发道的相关信息。根据累计概率密度抽样得到由于非相干散射所致的空穴的壳层。空穴产生后的退激发过程和单碰撞事例中电离过程后的退激发过程相同。

11.3.2 详细物理处理

相对简单物理处理，详细物理处理要考虑相干散射，它类似中子的弹性散射，不损失能量，仅改变粒子的运动方向，对高原子序数（Z）和深穿透问题，详细物理处理是必要的。由于相干散射中没有二次电子的产生，也没有电子能级的变化，所以，对于相干散射过程来说，不涉及光电耦合。除此之外，非相干散射和电子对效应在光子生电子的部分，详细物理处理和简单物理处理过程相同。对于光电效应，详细物理处理和简单物理处理过程有显著的不同，主要是在光电效应中详细物理处理考虑了光电子出射后，伴随产生的荧光效应。

详细物理处理光子总截面包括 4 种反应截面：①光电效应；②电子对效应；③非相干散射；④相干散射。涉及的反应截面相对前面提到的光子截面，均有相应变化和调整。

1. 光电效应

如果抽样反应类型为光电效应，那么入射光子消失，产生光电子，伴随发射特征 X 射线或俄歇电子（荧光效应）。过程为：

(1)入射光子消失的处理，即按吸收处理；

(2)光电子的处理。对于光电子，简单物理处理中，认为出射光电子的能量近似等于入射光子的能量，详细物理处理中，认为出射光电子的能量等于入射光子的能量减去光电子所在壳层的结合能。在光电子出射方向计算中，详细物理处理和简单物理处理相同；

(3)特征 X 射线或俄歇电子的处理。简单物理处理中不考虑荧光效应，仅在详细物理处理中考虑，并提供了两种处理方式。

处理方式一：发生光电效应时，原子内壳层上留下空位。为了填补这个空位，假设可能有 0 个、1 个或 2 个特征 X 射线（或俄歇电子）产生。

(a)0 个特征 X 射线（或俄歇电子）产生。如果产生的特征 X 射线的能量大于 1 keV，那么不考虑产生的特征 X 射线（或俄歇电子）。当靶原子的原子序数 Z 小于 12 时，产生的特征 X 射线的能量都小于 1 keV，此时不考虑特征 X 射线（或俄歇电子）的产生。

另外，当入射光子能量小于靶原子壳层中的倒数第二层（M 层）的结合能时，入射光子最多只能将最外层电子击出，此时没有特征 X 射线(或俄歇电子)产生。

当入射光子能量大于靶原子壳层的结合能时，则壳层的电子被击出，成为光电子。在壳层中光电效应电子被击出的累积概率表中插值，若插值后得到的概率大于外壳层填充该空穴的累积概率，则也没有特征 X 射线(或俄歇电子)产生。

出现上述任意一种情况，均没有特征 X 射线(或俄歇电子)产生。

(b)1 个特征 X 射线(或俄歇电子)产生。如果(a)中的情况都没有发生，那么就会产生特征 X 射线或俄歇电子。其中产生俄歇电子的概率及相应的处理与电子碰撞电离后产生俄歇电子的处理相同。产生俄歇电子的概率为

$$\begin{aligned} P(\text{Auger}) &= 1 - P(X) \\ &= 1 - \frac{1}{1 + (-0.064 + 0.034Z - 1.03 \times 10^{-6} Z)^4} \end{aligned} \tag{11-58}$$

若产生特征 X 射线，则在其所有产生特征 X 射线的通道中插值，便能得到填充这个空穴的通道，以及产生相应特征 X 射线的能量。如果产生的特征 X 射线的能量大于 1 keV，那么至少有一个特征 X 射线(或俄歇电子)产生。产生的特征 X 射线的能量 E' 为

$$E' = E - (E - e) - e' = e - e' \tag{11-59}$$

式中，E 为入射光子的能量；$E-e$ 为出射电子的动能；e 为出射电子所在壳层的结合能；e' 为填充空穴所在壳层的外壳层的结合能。产生特征 X 射线的能量存于 E_{old} 中。产生的特征 X 射线的方向是各向同性的。

外壳层电子跃迁填补空穴时，只考虑了下述过程产生的特征 X 射线。如果 $12 \leqslant Z \leqslant 31$(空穴产生后，外壳层填充新空穴时产生的特征 X 射线的能量小于 1 keV)，或者选中击出光电子(空穴)所在壳层在平均能量 $\bar{E}$ 或 $\bar{N}$ 壳层时，就只会产生一个特征 X 射线(或俄歇电子)。

(c)2 个特征 X 射线(或俄歇电子)产生。如果在情况(b)中外壳层电子跃迁填补空穴时在 L 壳层产生空穴，且新产生的空穴壳层的结合能 $e' > 1$ keV，那么就会有 2 个特征 X 射线产生。一般情况下，靶原子序数 $Z \geqslant 31$ 时有可能出现这种情况。

新产生的空穴所在壳层确定后，产生第二个特征 X 射线的能量 E'' 为

$$E'' = e' - e'' \tag{11-60}$$

式中，e'' 为填充新空穴所在壳层的外壳层电子的结合能。产生的特征 X 射线的方向是各向同性的。

处理方式二： 根据累计概率密度抽样得到光电子能量。由于光电效应产生的光电子在壳层 i，进而得到光电子的能量 E' 为

$$E' = h\nu - BE(i) \tag{11-61}$$

光电子出射方向的处理和简单物理处理过程相同。空穴产生后的退激发过程和单碰撞事例中电离过程后的退激发过程相同。这里 $BE(i)$ 为 ENDF/B-VI.8 截面库制成的光子-电子数据库格式[54]。

2. 电子对效应

如果发生电子对效应，详细物理处理和简单物理处理过程相同。

3. 非相干散射

非相干散射（即康普顿散射）在反冲电子处理及伴随发射的特征 X 射线或俄歇电子的处理中，详细物理处理和简单物理处理过程相同。而在散射光子的处理部分，二者则有很大的不同。

1）散射光子的处理

由于 K-N 分布和非相干散射截面在全能区有偏差存在，因此，二者之间需要引入形状因子 I 进行转换。对 K-N 分布进行修正如下：

$$\sigma_1(Z,\alpha,\mu)\mathrm{d}\mu = I(Z,\nu')K(\alpha,\mu)\mathrm{d}\mu \tag{11-62}$$

式中，ν' 为反转长度，$\nu'=\sin(\theta/2)/\lambda=\kappa\alpha\sqrt{1-\mu}$，$\kappa=10^{-8}m_{\mathrm{o}}c/(\sqrt{2}h)=29.1445\ \mathrm{cm}^{-1}$，$\nu'_{\max}=\sqrt{2}\kappa\alpha=41.2166$（对应 $\mu=-1$）。

$I(Z,\nu')$ 的基本特征如图 11-1 所示，其本意就是用来减小 K-N 分布值的，主要出现在向前方向，特别针对低能高 Z 情况。对任何 Z 值，$I(Z,\nu')$ 从 $I(Z,0)=0$ 到 $I(Z,\infty)=Z$ 增加。在之前的数据库中，只存储了较小范围 ν' 的形状因子，$\nu'\leqslant 8$，从而导致只有当入射光子能量 $E_\gamma\leqslant 99$ keV 时，形状因子才可以覆盖整个空间的散射角（$-1\leqslant\mu\leqslant 1$），而在其他能区的入射光子，在 ν' 没有覆盖的区域，形状因子近似取为 1。

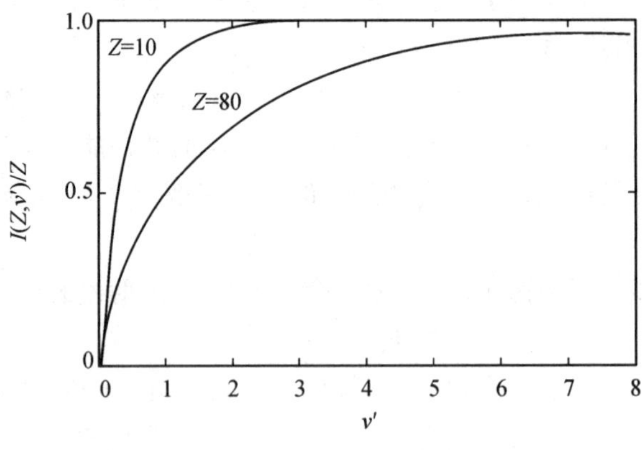

图 11-1 $I(Z,\nu')$ 的基本特征图

显然，这种近似不合理也是不正确的。因此，数据库中 ν' 的最大值增加到了

10^9，这个值可以使任意能量的光子的形状因子覆盖整个空间的散射角。对氢，确切的形状因子为

$$I(Z,\nu')=1-\frac{1}{\left(1+\frac{1}{2}f^2\nu'^2\right)^4} \tag{11-63}$$

式中，f 为常数，$f=137.0393$。

对点通量估计和 DXTRAN 球，指向概率计算公式中的角分布修改为

$$\begin{aligned}p(\mu)&=\frac{1}{\sigma_1(Z,\alpha)}I(Z,\nu')K(\alpha,\mu)\\&=\frac{\pi r_0^2}{\sigma_1(Z,\alpha)}I(Z,\nu')\left(\frac{\alpha'}{\alpha}\right)^2\left(\frac{\alpha'}{\alpha}+\frac{\alpha}{\alpha'}+\mu^2-1\right)\end{aligned} \tag{11-64}$$

式中，$\pi r_0^2=2494351$；$\sigma_1(Z,\alpha)$ 和 $I(Z,\nu')$ 从数据库获取。

2）反冲电子的处理

反冲电子的处理和简单物理处理过程相同。

3）特征 X 射线或俄歇电子的处理

特征 X 射线或俄歇电子的处理和简单物理处理过程相同。

4. 相干散射

相干散射，又名瑞利散射，是入射光子与核外电子发生碰撞、但未将核外电子激发的物理过程。由于入射光子的能量未发生改变，其波长未发生变化，入射光子与出射光子能够相互干涉，因此称为相干散射。发生相干散射时，碰撞后的光子能量不变，仅方向改变，其微分散射截面为

$$\sigma_2(Z,\alpha,\mu)\mathrm{d}\mu=C^2(Z,\nu')T(\mu)\mathrm{d}\mu \tag{11-65}$$

式中，反转长度 ν' 定义同前；$T(\mu)$ 为汤姆孙截面，其表达式为

$$T(\mu)=\pi r_0^2(1+\mu^2) \tag{11-66}$$

$C(Z,\nu')$ 为修正汤姆孙截面而引进的形状因子，$C(Z,\nu')$ 的基本特征如图 11-2 所示。

和非相干散射类似，在之前的数据库中，只存储了较小范围 ν' 的形状因子（$\nu'\leqslant 6$）。只有当入射光子能量 $E_\gamma\leqslant 74$ keV 时，形状因子才可以覆盖整个空间的散射角（$-1\leqslant\mu\leqslant 1$）。而在其他能区的入射光子，在 ν' 没有覆盖的角度上，形状因子近似取 0。MCNP6 采用 ENDF/B-VII.1 数据库，其中 ν' 的最大值增加到了 10^9，这个值可以使任意能量的光子的形状因子覆盖到整个空间的散射角[55]。

在核反应堆多物理过程耦合计算中，需要细致考虑燃料的多普勒（Doppler）效应。核反应堆从零功率到满功率变化过程中，堆芯温度变化范围为 300～1300 K。温度的变化将引起核截面的改变，从而影响反应性。在核反应堆物理-热工耦合计

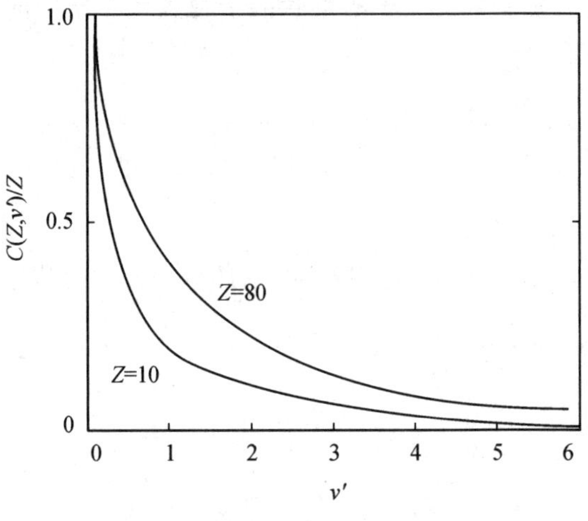

图 11-2　$C(Z,\nu')$的基本特征图

算中,需要细致考虑燃料的多普勒效应。研究结果表明,$^{238}UO_2$ 燃料的多普勒系数为−1.0～−5.0 pcm/K。图 11-3 给出了^{238}U不同温度下中子总截面 σ_T 的多普勒温度展宽图,可以看出随着温度的增高,多普勒峰下降,且变得平缓[56-57]。

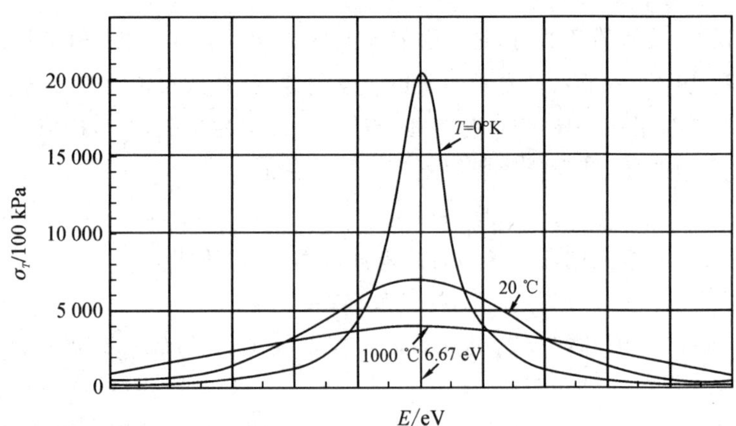

图 11-3　^{238}U不同温度下中子总截面 σ_T 的多普勒温度展宽图

近年来,计算机计算速度和性能的不断提升,使 MC 方法用于核反应堆全堆芯模拟成为可能。反应堆全堆芯计算面临的一大挑战是如何考虑不同燃料区的多普勒展宽温度效应。MC 方法在输运计算之前需要给定模型材料对应温度的截面参数。在堆芯满功率运行过程中,不同燃料区的温度差异比较大,需要实时产生大量的截面数据才能进行真实的核反应全堆芯模拟。采用 NJOY 程序实时加工制

作多温截面[58-59]，计算截面的时间太长，不适于工程应用。面对这一问题，不少学者开展了在线多普勒展宽算法研究，粗略归纳的处理方法有 3 种：①针对一些特定核素，按一定温度间隔，事先制作不同温度点的截面，产生一个多温截面库，输运计算时，通过插值得到实际温度的截面数据。这种方法的优点是计算效率较高，但由于温度点有限，插值本身要损失一定精度，且内存占用较大，实用性不强。②利用零温截面，通过多普勒展宽实时计算多温截面。这种做法相当于用 NJOY 程序实时加工不同温度、不同能量的截面，计算很耗时。③通过拟合方法求出实际温度的截面[58]。这种方法比计算多普勒积分效率高，但事先需要计算不同温度节点对应能量点的截面拟合参数，形成一个用于插值的数据库。由于每个温度点需存 3～17 个拟合系数，该数据库占用内存相对较大，但拟合插值获取的截面与 NJOY 加工的截面精度相当，而计算时间是几种处理中最少的，因此，被多数 MC 输运程序采用。

11.4　多谱勒温度效应

11.4.1　理论方法

理论上已经证明，利用 300 K 的温度截面来产生多温截面是最有效的方法。通过多普勒展宽实时计算加工多温截面，其理论基础是谢内尔-布罗德（Kernel Broadening）给出的展宽公式。单原子气体模型近似下的反应截面的多普勒展宽公式为

$$\sigma(v,T)=\frac{1}{v^2}\sqrt{\frac{\beta}{\pi}}\int_0^{\infty}v_r\sigma(v_r,0)\left[e^{-\beta(v-v_r)^2}-e^{-\beta(v+v_r)^2}\right]v_r\mathrm{d}v_r \tag{11-67}$$

或者写成以中子能量为自变量的形式：

$$\sigma(E,T)=\frac{1}{2\sqrt{E}}\sqrt{\frac{\alpha}{\pi E}}\int_0^{\infty}\sqrt{E_r}\,\sigma(\sqrt{E_r},0)\left[e^{-\alpha(\sqrt{E}-\sqrt{E_r})^2}-e^{-\alpha(\sqrt{E}+\sqrt{E_r})^2}\right]\mathrm{d}E_r \tag{11-68}$$

式中，T 为介质的温度；v 为入射中子速率；v_r 为中子和核相对运动速率；E_r 为中子和核运动的相对能量。α 与 β 之间满足转换关系：

$$\alpha=\frac{2\beta}{m}=\frac{A}{kT} \tag{11-69}$$

E_r 满足动量守恒：

$$E_r=\frac{1}{2}mv_r^2 \tag{11-70}$$

作变量变换，令 $y^2=\alpha E=\beta v^2$、$x^2=\alpha E_r=\beta v_r^2$，可以得到简化的多普勒公式为

$$\sigma(y,T)=\frac{1}{\sqrt{\pi}y^2}\int_0^{\infty}x^2\sigma(x,0)\left[\mathrm{e}^{-(x-y)^2}-\mathrm{e}^{-(x+y)^2}\right]\mathrm{d}x \tag{11-71}$$

式(11-71)是实现从单温截面向多温截面过渡的常用计算转换式,关于上述积分的计算,有多种选择办法。下面介绍一种被众多MC程序采用的快速产生方法。把式(11-71)分成两项来进行求解:

$$\sigma(y,T)=\sigma^*(y,T)-\sigma^*(-y,T) \tag{11-72}$$

式中,

$$\sigma^*(y,T)=\frac{1}{\sqrt{\pi}y^2}\int_0^{\infty}x^2\sigma(x,0)\mathrm{e}^{-(x-y)^2}\mathrm{d}x \tag{11-73}$$

$$\sigma^*(-y,T)=\frac{1}{\sqrt{\pi}y^2}\int_0^{\infty}x^2\sigma(x,0)\mathrm{e}^{-(x+y)^2}\mathrm{d}x \tag{11-74}$$

根据函数的奇偶特性,只需要确定函数$\sigma^*(y,T)$即可。

已知0 K温度下,通过线性插值方式得到$\sigma(E_r,0)$截面值的计算公式为

$$\begin{aligned}\sigma(E_r,0)&=\frac{E_r-E_k}{E_{k+1}-E_k}\sigma_{k+1}+\frac{E_{k+1}-E_r}{E_{k+1}-E_k}\sigma_k\\&=A_k+B_kE_r,\quad E_k\leqslant E\leqslant E_{k+1}\\&=A_k+C_kx^2,\quad x_k\leqslant x\leqslant x_{k+1}\end{aligned} \tag{11-75}$$

将式(11-75)代入式(11-73),得到

$$\sigma^*(y,T)=\frac{1}{\sqrt{\pi}}\frac{1}{y^2}\sum_k\int_{x_k}^{x_{k+1}}x^2(A_k+C_kx^2)\mathrm{e}^{-(x-y)^2}\mathrm{d}x \tag{11-76}$$

令$z=x-y$,式(11-73)进一步转化为

$$\begin{aligned}\sigma^*(y,T)=\frac{1}{\sqrt{\pi}}\frac{1}{y^2}\sum_k\int_{x_k-y}^{x_{k+1}-y}&[C_kz^4+4C_kyz^3+(A_k+6C_ky^2)z^2+\\&(2A_ky+4C_ky^3)z+(A_ky^2+C_ky^4)]\mathrm{e}^{-z^2}\mathrm{d}z\end{aligned} \tag{11-77}$$

在实际的多普勒展宽计算中,对式(11-73)和式(11-74)进行积分时x的积分范围不必从0到∞。只有入射粒子能量在特定的积分区域才对该积分有贡献,其余积分区域的积分值可以忽略不计。从式(11-71)可以看出,在精确多普勒展宽公式中,0 K温度下截面$\sigma(x,0)$不再含有各种复杂的物理量,而是化简为中子入射能量x的函数。基于此,对可分辨共振的处理分为两步:①完成0 K温度下的共振重造;②进行截面的多普勒展宽计算。

11.4.2 拟合在线展宽法

近年来,美国麻省理工学院(MIT)的耶希尔尤尔特(Yesilyurt)博士提出了一种新的在线多普勒展宽算法[56],该方法可以迅速加工出任意温度T下的多普勒

展宽截面，且所需数据量较小。Yesilyurt 把阿德勒-阿德勒（Adler-Adler）共振公式直接代入精确多普勒展宽公式中，经过一系列推导得到含多普勒温度效应的 Adler-Adler 共振公式，利用 NJOY 方法制作系列温度点的核参数，基于拟合公式，预先计算系列拟合系数。在 MC 输运计算中，就可以利用这些拟合系数快速加工出温度 T 下的共振截面值。此方法内存消耗虽然大一些（对一个能点，需要 3～17 个拟合参数），但该方法能快速计算任意温度下的等效截面值，且精度满足要求。

为了简化计算步骤，将 Adler-Adler 共振公式直接代入式（11－71），可得到含温 Adler-Adler 共振公式。经过一系列理论推导，最终得到任意温度下等效截面的逼近公式为[60]

$$\sigma_{\mathrm{t,cap,f}}(E,T) \approx \sum_{i=1}^{k} \frac{a_i}{T^{i/2}} + \sum_{i=1}^{k} b_i T^{i/2} + c \tag{11-78}$$

式中，下标 cap 表示俘获。

当公式中的系数 c、a_i 和 b_i 确定后，通过式（11－78）便可计算出任意温度下的等效截面。式（11－78）中 k 的取值大小与等效截面随温度变化的幅度有关，截面变化幅度大 k 值就大些，反之则小些。

1. 统一能量点构造

对于特定的核素（如^{238}U），首先需要构造适用于最低温度 $T_{\min}$ 到最高温度 $T_{\max}$ 范围内的统一能量点。将$[T_{\min}, T_{\max}]$温度区间划分为以 ΔT 为间隔的温度区间。ΔT 一般取值为 25 K，对于特定核素，为了达到更高的拟合精度，ΔT 还可以取得更小一些，最低温 $T_{\min}$ 和最高温 $T_{\max}$ 可根据用户需要任意指定。采用 ENDF/B-VII.0 评价库，使用 NJOY 程序可加工得到的 0 K 温度下的 ACE 格式数据，其他温度点的多普勒展宽计算值以 0 K 温度下的 ACE 数据为基础，采用 NJOY 程序的 BROADR 模块加工得到。特定核素的共振统一能量点以 0 K 温度下的初始能量点为基础进行构造，具体规则如下：

（1）首先根据输入，读取程序初始化参数，接着读取 0 K 温度下的 ACE 格式数据，最后初始化统一能量点为 0 K 温度下的初始能量点，设定第一个能量点为 E_i，第二个能量点为 E_{i+1}；

（2）在全部温度点，分别计算 E_i、$(E_i+E_{i+1})/2$ 和 E_{i+1} 能量点的共振反应道等效截面（BROADR 模块）；

（3）在全部温度点上，将（2）中得到的能量点 E_i 和 E_{i+1} 的等效截面通过线性插值得到中间能量点$(E_i+E_{i+1})/2$ 的截面；

（4）在全部温度点上，将（3）中能量点$(E_i+E_{i+1})/2$ 的线性插值结果与（2）中的真实值作比较，判断是否满足用户给定的收敛准则（≤0.1%）。如果不收敛则把该能量点$(E_i+E_{i+1})/2$ 加入统一能量点中，更新 E_{i+1} 为$(E_i+E_{i+1})/2$，接着跳回到(2)继续计算,直到满足收敛准则。更新能量点 E_i 为 E_{i+1},读取下一个能量点 E_{i+2} 作为 E_{i+1},接着跳回到(2)循环计算,达到该核素的最大可分辨共振能量 $E_{\max}$ 后循环结束,生成适用于$[T_{\min},T_{\max}]$温度区间的统一能量点。

对于特定核素的所有共振反应道均采用统一的能量点,最终的能量点数目会比初始能量点的数目多,数值试验表明,统一能量点数目大约是初始能量点数目的1.1～1.2倍。

2. 拟合系数计算

生成统一能量点之后,在每一个统一能量点上分别计算各个共振反应道截面(总截面,弹性散射、裂变和辐射俘获截面等)的拟合系数。由拟合式(11－78)得到的最小二乘矩阵为

$$\begin{bmatrix} 1 & T_0^{-0.5} & T_0^{0.5} & \cdots & T_0^{-k/2} & T_0^{k/2} \\ 1 & T_1^{-0.5} & T_1^{0.5} & \cdots & T_1^{-k/2} & T_1^{k/2} \\ \vdots & \vdots & \vdots & & \vdots & \vdots \\ 1 & T_n^{-0.5} & T_n^{0.5} & \cdots & T_n^{-k/2} & T_n^{k/2} \end{bmatrix} \begin{bmatrix} c \\ a_1 \\ \vdots \\ b_k \end{bmatrix} = \begin{bmatrix} \sigma_0 \\ \sigma_1 \\ \vdots \\ \sigma_n \end{bmatrix} \tag{11-79}$$

式中,$T_0,T_1,\cdots,T_n$ 为温度点;$c,a_1,\cdots,b_k$ 为系数;$\sigma_0,\sigma_1,\cdots,\sigma_n$ 为反应道截面值。

采用矩阵的奇异值分解(SVD)法求解最小二乘拟合系数[61]。在实际计算中,对于同一个能量点上的不同反应道,式(11－78)中 k 的取值可大可小,具体数值由程序给定收敛标准决定。该拟合系数计算的步骤如下:

(1)首先根据用户输入,读取程序初始化参数;接着读取0 K温度下的ACE格式数据,根据反应道阈能确定需要进行在线多普勒展宽的共振反应道。最后读取统一能量点,设定第一个能量点为 E_i;

(2)计算能量点 E_i 在温度点 $T_0,T_1,\cdots,T_n$ 的所有共振反应道等效截面,依次遍历所有的共振反应道;

(3)根据 k 的取值,计算得到拟合矩阵 $\mathbf{A}$,采用SVD算法计算式(11－79)中的拟合系数 k。判断该共振反应道拟合系数 k 是否达到收敛准则。如果达到收敛准则或者 k 已经达到最大值,退出循环,进行下一个共振反应道计算,直至所有共振反应道遍历完。如果没有达到收敛准则,更新 k 为 $k+1$,继续计算;

(4)能量点 E_i 所有的共振反应道遍历完之后,更新能量点 E_i 为 E_{i+1},接着跳回到(2)继续计算。循环计算直至达到该核素的最大可分辨共振能量 $E_{\max}$ 后循环结束。最后按照一定规则把拟合系数写到多普勒展宽拟合数据文件中。

只要知道核素热运动温度 T,就可通过该多普勒展宽拟合数据文件计算得到对应温度的等效截面,实现在线多普勒展宽功能。目前该功能已在JMCT程序中实现[62]。

11.5　热化截面温度效应

11.5.1　$S(\alpha,\beta)$热化截面

当入射中子的速度远大于靶核速度时，从简化运动学分析的角度来说，假定靶核静止不动是一个很好的近似。而对于处于热中子能区的中子，研究其截面必须考虑热运动及靶原子核化学键结合能的影响，就是要考虑 $S(\alpha,\beta)$热化处理。

中子连续能量点截面物理模块也考虑了这一点。热化截面同样是 ACE 格式，由中子截面读入，存储在核素结构体中。同一个核素可含有多个热化截面，因为该核素处于不同物质时可能需要考虑不同的热化截面，如 H_2O 中的 H 元素和 ZrH 中的 H 元素。甚至不同温度的 H_2O，H 元素的热化截面也是不同的。

用户可通过输入文件的相应卡片指定某物质采用何种热化截面，默认不考虑热化处理。热化截面同样是 ACE 格式，由中子截面读入，存储在核素结构体中。同一个核素可含有多个温度点的热化截面，如轻水 H_2O 在不同温度的下，H 核的热化截面也是不同的(轻水中的氧核还是符合自由气体模型的截面数据)。目前，MCNP 程序支持的热化截面共包括 15 种核(金属铍、苯、氧化铍、正氘、仲氘、石墨、锆化氢中的氢核、正氢、重氢、重水中的氘核、液态甲烷的氢核、轻水中的氢核、聚乙烯中的氢核、固体甲烷中的氢核和锆化氢中的锆核)。

11.5.2　热化截面温度修正

利用 $kT=0$ 情况下制作的 $S(\alpha,\beta)$热化截面制作 $kT\neq 0$ 情况下的热化截面，修正公式为

$$\bar{\sigma}_x(v)=\frac{1}{v}\int v_r\sigma_x(v_r,kT=0)M(w)\mathrm{d}w=\sigma_x(v,kT) \tag{11-80}$$

式中，$M(w)=(\rho/\pi)^{2/3}\exp(-\beta^2w^2)$为麦克斯韦分布函数；$v_r=v-w$，$v$ 为中子速度，w 为核运动速度，v_r 为相对速度。

ACE 格式截面角分布处理非常精确，其主要数据均由实验点经拟合得到，每个能量点对应 32 个等概率的余弦间隔，通过抽样定出的散射极角余弦值为

$$\mu=\mu_{n,i}+(32\xi-i)(\mu_{n,i+1}-\mu_{n,i}) \tag{11-81}$$

式中，ξ 为随机数；n 为入射能量 E 落在的能量区间的编号，即 $E\in[E_n,E_{n+1}]$；i 满足不等式 $i\leqslant 32\xi<i+1$。

11.6 中子产生光子

中子产生光子简称中子产光。由于包括同位素的核素众多,其物理性质千差万别,入射中子的能量也各不相同,所以中子与核素发生碰撞时,产生的核反应复杂多样,据统计有数百种之多,称为反应道。其中一些核反应不仅产生中子,还产生光子、^{3}He 粒子、α 粒子(^{4}He)等,这些粒子统称为次级粒子。例如,(n,γ)反应就是中子被核素吸收后产生瞬发光子的反应。

对于纯中子输运模拟,无须模拟次级光子,也无须考虑中子产光反应,仅需要模拟次级中子。但是对于中子-光子耦合输运模拟,次级光子和次级中子一样都需要模拟,且需要考虑中子产光反应和相应的产光截面。

11.6.1 中子产光反应

次级光子主要来自(n,n′)、(n,γ)及(n,f)反应。中子-光子耦合输运计算时,连续截面分为总产光和反应道产光两条路线。总产光路线是指当确定中子与物质的某个核素发生核反应时,先处理中子产光,根据中子产光截面和总中子截面,确定次级光子权重为

$$w_{\mathrm{p}}=w_{\mathrm{n}}\frac{\sigma_{\gamma}}{\sigma_{\mathrm{t}}} \tag{11-82}$$

接着进行俄罗斯轮盘赌,根据中子发生碰撞所在几何块 i 的重要性 I_i、权重下限值 $w_i^{\min}$ 及中子源几何块的重要性 I_{s} 进行俄罗斯轮盘赌,若 $w_{\mathrm{p}}>w_i^{\min}I_{\mathrm{s}}/I_i$,则进行分裂,最多产生 10 个光子,即

$$N_{\mathrm{p}}=\min\left\{\frac{w_{\mathrm{p}}I_i}{5w_i^{\min}}+1,10\right\} \tag{11-83}$$

每个中子的权重取为 $w_{\mathrm{p}}/N_{\mathrm{p}}$。若 $w_{\mathrm{p}}<w_i^{\min}I_{\mathrm{s}}/I_i$,则进行俄罗斯轮盘赌,光子存活概率为 $w_{\mathrm{p}}I_i/(w_i^{\min}I_{\mathrm{s}})$。若赌赢,则光子权重放大为 $w_{\mathrm{p}}=w_i^{\min}I_{\mathrm{s}}/I_i$。

对于多群处理,中子产光的数目为

$$N_{\mathrm{p}}=\left[\frac{\sigma_{\gamma,g}}{\sigma_{\mathrm{t},g}}+\xi\right] \tag{11-84}$$

式中,$\sigma_{\gamma,g}$ 为碰撞点介质的中子产光截面;ξ 为随机数。

次级光子权重为 $w_{\mathrm{p}}/N_{\mathrm{p}}$,同样用权窗来对过大或过小的权重进行分裂和俄罗斯轮盘赌。总产光截面是指核素的所有产光反应道截面之和。根据总产光截面抽取每个光子的能量和方向,然后回到中子的碰撞处理,确定中子核反应。

11.6.2 特征 γ 射线能量确定

中子与核发生碰撞将产生次级光子,次级光子可分为:①原级连续光子;②原

级线光子。它们按能量分别定义为

$$E_{\gamma}(i,j)=\begin{cases}E_{G}^{(i)}, & LP\neq 2, \quad \text{原级线光子}\\ E_{G}^{(i)}+\dfrac{A_i}{A_i+1}E_n, & LP=2,E_n>E_{line}, \quad \text{原级连续光子}\end{cases} \tag{11-85}$$

式中，A_i 为碰撞核 i 的原子量；$E_{G}^{(i)}$ 为碰撞核的 $H(n,\gamma)$反应的反应热；E_{γ} 为次级 γ 射线的能量；E_n 为发生碰撞时的中子能量；对核探测类问题，根据经验，取$E_{line}=0.001$ MeV 作为原级线光子和原级连续光子的分界能量；LP 为 ENDF 数据库反应律编号。

LP≠2 对应 γ 射线原级线光子，它不随入射中子能量变化。特征 γ 射线原级线光子不随入射中子能量变化的这一特征，是甄别常规/化学武器、隐藏爆炸物的关键。这也是中子-γ 探测较中子探测的优势所在。在众多核探测中，通过特征 γ 射线能谱分析，可以初步判断被探测物内的元素组成。

11.7　基础核数据

各种粒子(中子、光子、电子、质子、α 粒子等)与原子核发生核反应的过程中，出现的各种现象的数据信息的汇总构成了基本的核数据，包括各种核反应发生的概率(其由核反应截面决定)及发生核反应后出射粒子的能量-角度分布(其由双微分截面决定)，还有在中子照射下各核素之间的转换参数及各核素的衰变参数(如衰变常数、衰变模式及衰变热等)。核数据是核反应堆核数值计算的依据和出发点。核数据主要来源于实验测量，但由于实验数据较分散和不完备，常存在分歧，还不能完全满足应用的需求。因此，各国核数据中心一方面基于实验数据，另一方面利用核反应模型计算，经过修正、编纂、评价、汇编等得到完备、唯一、可靠的评价核数据库。

核数据是所有与核科学与技术相关的科学研究与工程设计的重要基础。对于反应堆物理专业来说，其为核能系统的设计提供了重要的堆芯物理参数，为反应堆物理计算(即中子输运方程求解)提供了必要的基础输入参数。

虽然核数据主要来源于实验测量，然而，对于同一截面数据，不同的实验室，采用不同的实验方法，可能给出不同的数值。因此，需要对这些数据进行分析、选择和评价。同时，由于中子输运计算还涉及大量同位素及广阔能域内的核反应截面与能量的复杂关系，其数据量是相当庞大的，现有实验数据不可能完全覆盖，因此，实验加理论计算、插值、外推成为补充手段。可以说核数据库的建立，是一项非常艰巨的任务，需要投入大量的人力和财力。

近年随着计算机存储能力的大幅提升，核数据能量分点越来越密，特别是连续能量点截面数据的使用，为高保真数值模拟提供了初始数据保障。

11.7.1 数据库国际现状

目前，国际评价核数据库成熟度最高、使用最广泛的是由美国布鲁克海文国家实验室牵头20多个实验室共同建立的ENDF核数据库。ENDF分为A和B两个库。其中，ENDF/A库主要用于若干不同核素原始数据的储存，在编评核数据库工作中发挥着重要的作用，但对于反应堆物理设计等计算来说没有实际的用处；ENDF/B库则广泛用于反应堆堆芯物理计算及屏蔽设计，ENDF/B库中每个核素都包含一套完整的经过评价的截面。因此，评价核数据库ENDF/B在核数据的研究方面具有更重要的地位。ENDF/B库按粒子反应类型，分为不同的子库，ENDF/B库包含中子反应的子库、中子裂变产额和衰变数据子库等共14类子库。每个子库中的核数据进一步细分为3个层次，分别是材料MAT(即靶核)、MF(如反应截面、共振参数、协方差数据等)和反应截面MT(裂变反应、弹性散射等)。每种材料MAT包括各种类型的MF，各种MF中又包含所有的反应截面MT。

从1968年开始以来，ENDF/B库已陆续更新了十几个版本，最新版本是2018年发布的ENDF/B-VIII.0[63]。在已知的ENDF/B-VI库中[54]，包含319种核素，内含有中子能量从10^{-5} eV～20 MeV范围内的所有重要中子反应的全套核数据，具体有：

(1)中子对各种核素引起的反应微观截面，包括(n,f)、(n,γ)、(n,n)、(n,n′)、(n,2n)、(n,p)、(n,2p)、(n,α)、(n,t)等；

(2)弹性散射和非弹性散射中子角分布；

(3)出射中子，γ射线和带电粒子的能谱、角分布及激发函数；

(4)裂变(瞬发和缓发)中子产额和能谱；

(5)裂变产物的产额、微观截面和衰变常数；

(6)共振参数和统计分布；

(7)慢化材料热中子散射律数据。

此外，数据库还包括用于剂量计算的KERMA因子库等。近年更新发布的数据库中，增加了很多中子产光截面数据。为满足实际应用的需要，从1960年代开始，以美国为首一些国家着手建立独自的评价核数据库。经过多年的发展，逐渐形成世界五大评价核数据库，分别是美国的ENDF/B[54-55,63]、日本的JENDL[64]、欧盟的JEF[65]、俄罗斯的RUSFOND[66](早期名为BROND)及中国的CENDL[67]。同时ENDF因其国际标准数据库存储格式，被各大评价核数据库统一采用。

除ENDF/B库外，日本的JENDL库和欧洲的JEF库对ENDF库进行了补充和完善，使核素的总数达到了450余种。

11.7.2 堆用核数据库

堆用核数据库是专为求解反应堆中子/光子的输运方程设计的核数据库，总体分为两大类：MC 程序常用的连续能量点截面库（ACE 格式）及确定论程序使用的多群截面库（ANISN 格式，如 WIMS 库、HELIOS 库、BUGLE 库等）。

堆用核数据库是对评价核数据库中的数据进行筛选、排列、计算和解析得到的事先定义好格式和规则的核数据库。堆用核数据库经过一定的处理后，与原有的评价核数据库相比，结构相对简洁明了，数据类型也相对简单。

目前国外常用的核数据加工程序为美国洛斯阿拉莫斯国家实验室研制的 NJOY 程序[58,59]、美国橡树岭国家实验室研制的 AMPX 程序、国际原子能机构核数据服务中心研制的 PREPRO 程序。国内常用的有清华大学研制的 RXSP 程序[68]、西安交通大学研制的 ATLAS 程序[69]、中国原子能科学研究院核数据中心研制的 Ruler 程序[70]。这些程序主要用于群常数制作，部分程序也可把基础数据库连续点截面数据加工成应用数据库。此外，欧洲经济合作组织核能署研制的 JANIS 程序具有从评价核数据库提取核数据及图形化显示功能。堆用核数据的加工工序大致有：共振重造、多普勒展宽、热化处理、共振处理、格式转化等。

多群、连续能量核数据是核装置研制必须的重要基本物理参数，属于应用型核数据。通过描述微观粒子与原子核的散射、吸收和裂变等相互作用过程，核参数给出包括反应截面、放能、次级粒子产生及发射的能谱和角分布等数据，构成了定量描述粒子输运方程的数值模拟计算中必须的基础数据。中子截面面临最复杂的物理过程，特别是低能区的中子共振处理，图 11－4 给出了^{238}U 中子吸收截面和总截面能谱，可以看出低能区共振峰特征显著。

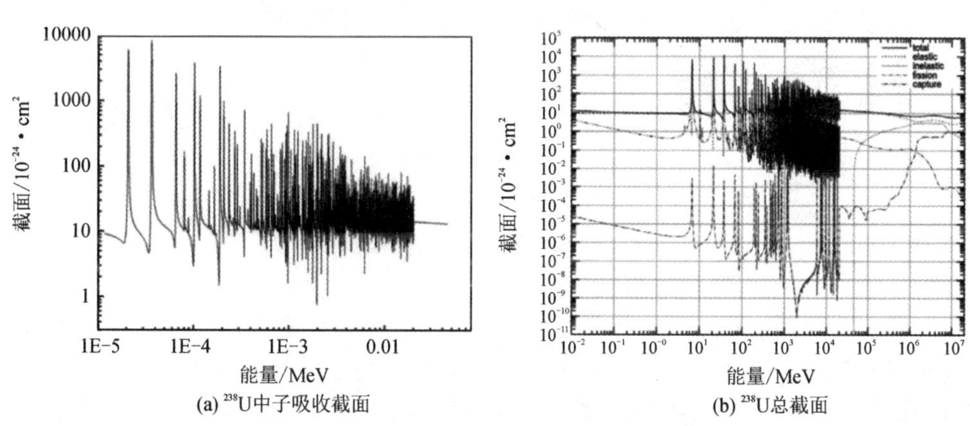

图 11－4　^{238}U 中子吸收截面和总截面能谱

从截面的特征可以看出，研究中子截面的复杂度主要集中在 1 MeV 以下的区域，超过 1 MeV 后中子截面随能量基本呈线性变化，用少群截面近似即可。由于反应堆中子释放能量主要来自低能区，因此，堆用截面参数的制作和检验要复杂得多。相比之下，由于核武器中子释放能量主要来自高能区，低能区贡献可以忽略不计。因此，制作核武器数值模拟的中子截面相对反应堆而言要简单容易得多。

由于核数据的庞大及存储内存的限制，上述的 ENDF/B 库也只保存着最精炼的核数据，比如只存储绝对零度下的核数据及一些公式、模型的参数，反应堆物理计算不能直接使用。这就需要对这些核数据进行处理，才能为堆物理计算程序使用。从基础库加工制作的微观截面库，在进行输运计算前，需要进行一系列的基准检验，内容包括微观检验和宏观检验两部分。图 11－5 给出了国际上中子截面宏观检验的主要步骤，内容包括：①国际基准检验，从国际基准 SINBAD、ICSBEP、IRPhE 库进行 C/E 值比较；②敏感性和不确定性分析；③计算给出截面的协方差矩阵等。特别对用于反应堆堆芯计算的多群中子截面，低能截面的共振修正，与构型有关的权重谱选取，温度效应的考虑等，其复杂过程甚至超过了输运计算方法本身。总之，截面参数的宏观检验是一个理论和实验结合的过程。

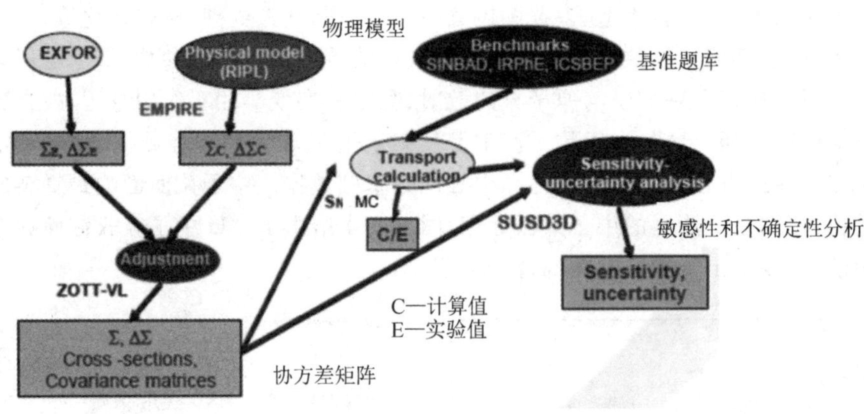

图 11－5　中子宏观截面检验过程

11.8　小结

中子与原子核相互作用及次级粒子的产生过程贯穿输运方程的求解，确定中子碰撞类型及反应道的整个过程都是通过截面来描述的。截面来自评价核数据库，数据规模庞大，因此，测量核数据与编评核数据库工作量巨大，这是反应堆物理专业需要了解的知识范畴。不断改进核模型、提高核数据库的精度和不确定性分析是堆芯物理设计孜孜不倦的追求。随着人们认知粒子的种类的不断增加，开展各种粒子的输运求解是 MC 方法未来努力的方向。

第12章　多群中子输运方程MC计算

在粒子输运方程的近似处理中，对能量 E 的离散，即所谓的多群处理。其基本思想是把粒子能量范围 $[0,\ E_{\max}]$ 划分成 G 个能量间隔，称为 G 群，其中 G 对应最低能群，1 对应最高能群。不同能群之间能量间隔为

$$\Delta E_g = E_{g-1} - E_g\,(g=1,2,\cdots,G;E_0=E_{\max};E_G=E_{\min})$$

假定在每一个能量间隔中子截面为一常数，这相当于用阶梯函数分布去逼近连续能量分布。可将 $\int_0^{\infty}\mathrm{d}E'$ 表示为

$$\int_0^{\infty}\mathrm{d}E' = \sum_{g'=1}^{G}\int_{\Delta E_{g'}}\mathrm{d}E' \tag{12-1}$$

12.1　多群截面基本形式

相比连续点截面，多群截面在形式上要简明得多，本节以多群中子截面为主。

12.1.1　多群中子截面

多群中子微观截面库的排列顺序为：总截面($\sigma_{\mathrm{t},g}$)、吸收截面($\sigma_{\mathrm{a},g}$)、裂变截面($\nu\sigma_{\mathrm{f},g}$)和散射截面($\sigma_{\mathrm{s},g}$)。如果 $\nu\sigma_{\mathrm{f},g}\neq 0$，则需要提供相应裂变核的裂变谱 χ_g。对一般反应堆问题，裂变谱统一采用 $^{235}\mathrm{U}$ 裂变谱。采用靶消失截面的处理方法，各截面分别定义如下：

$$\sigma_{\mathrm{t},g} = \sigma_{\mathrm{s}}^{g'\to g} + \sigma_{\mathrm{a},g} \tag{12-2}$$

式中，$\sigma_{\mathrm{s}}^{g'\to g}$ 为 g 群中子散射转移截面；$\sigma_{\mathrm{a},g}$ 为 g 群中子吸收截面。

$\sigma_{\mathrm{s}}^{g'\to g}$ 进一步展开为

$$\sigma_{\mathrm{s}}^{g'\to g} = \sigma_{\mathrm{s}',g} + 2\sigma_{2\mathrm{n},g} + 3\sigma_{3\mathrm{n},g} \tag{12-3}$$

式中，$\sigma_{\mathrm{s}',g}$ 为中子散射截面(弹性散射＋非弹性散射)；$\sigma_{\mathrm{a},g}$ 为中子吸收截面。

$\sigma_{\mathrm{a},g}$ 还可以进一步展开为

$$\sigma_{\mathrm{a},g} = \sigma_{\gamma,g} + \sigma_{\mathrm{f},g} - \sigma_{2\mathrm{n},g} - \sigma_{3\mathrm{n},g} \tag{12-4}$$

裂变截面还可以进一步表示为

$$\sigma_{\mathrm{f},g} = \sigma_{(\mathrm{n,f}),g} + \sigma_{(\mathrm{n,n'f}),g} + \sigma_{(\mathrm{n,2nf}),g} \tag{12-5}$$

12.1.2　中子产中子处理

在连续截面中，(n,xn)是产中子反应道。但在多群处理中，多群截面中并没

有(n,xn)反应截面,那么,(n,xn)反应贡献如何体现呢?多群处理把(n,xn)反应贡献放在$\sigma_{a}^{g'\to g}$散射转移截面中,通常有$\sigma_{s}^{g'\to g}\geqslant\sigma_{t,g}-\sigma_{a,g}$,当$\sigma_{s}^{g'\to g}>\sigma_{t,g}-\sigma_{a,g}$时,便有次级中子产生,MC方法确定的次级中子数为

$$m=\mathrm{int}\left[\frac{\sigma_{s}^{g'\to g}}{\sigma_{t,g}-\sigma_{a,g}}+\xi\right] \tag{12-6}$$

与求裂变反应产生的中子数ν的方法一致。

12.1.3 中子产光子处理

对中子-光子耦合输运问题进行求解,当中子与核发生作用时,中子会产生次级光子。多群中子产光子截面定义为$\sigma_{g',g}$,其中g'为入射中子能群,g为出射中子能群。如果$\sigma_{g',g}/\sigma_{t,g'}>1$,则产生次级光子,次级光子数目采用取整处理,即

$$n=\mathrm{int}\left[\frac{\sigma_{g',g}}{\sigma_{t,g'}}+\xi\right] \tag{12-7}$$

12.1.4 多群光子截面

多群光子截面仅考虑康普顿散射、对产生和光电吸收3种反应,截面定义为

$$\sigma_{t,g}=\sigma_{s}^{g'\to g}+\sigma_{pe,g}+\sigma_{p,g} \tag{12-8}$$

式中,$\sigma_{s}^{g'\to g}$为康普顿散射转移截面。

光子输运中,当发生电子对反应时,当前光子历史结束,同时产生两个0.511 MeV的次级光子,出射光子能群g为0.511 MeV所在的能群,方向按各向同性处理,当其中一个光子的方向确定后,另一个光子的方向取相反的方向。

12.1.5 多群截面制作

中子权重函数的选取对多群截面的精度至关重要,根据装置设计特点,通常选用NJOY程序[58]的GROUPR模块,取IWT=6(6号谱)的权重函数制作。它包含上面提到的3种谱,细致的分群可以弱化谱形在产生群平均截面的计算中的重要性。

光子的权重函数在GAMINR模块中取IWT=3,即包括"$1/E$"谱,温度按300 K处理,共振自屏截面选无限大(10^{15} Pa),即按无限稀释近似处理。另外,基于经验,在处理共振截面重构和截面线性化时,误差标准为0.1%,也就是说,用其他方法产生的多温截面与NJOY程序产生的多温截面偏差在0.1%以内便可以接受。

如图12-1所示,目前国际上普遍采用NJOY程序处理ENDF/B系列库格式的数据。根据不同需要,可有选择地使用NJOY程序的一个或多个模块来加工处理ENDF/B系列库的中子反应、光子产生和光子反应数据。散射方向转移截面按

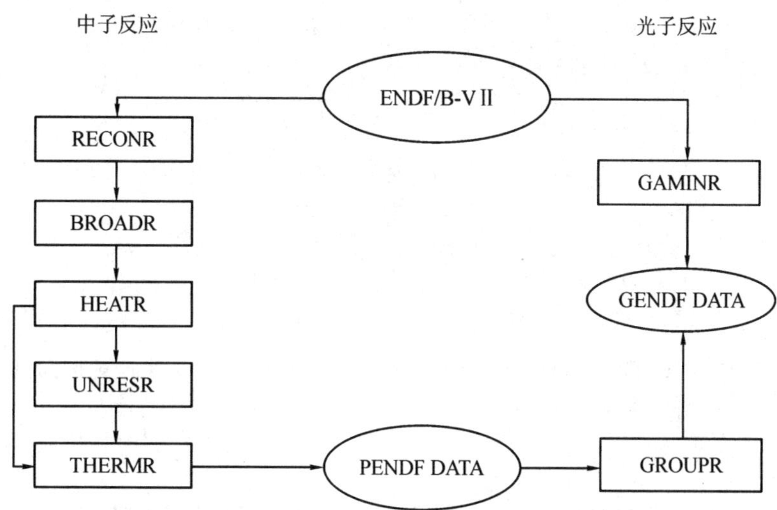

图 12-1　NJOY 程序从 ENDF/B 系列库制作群参数过程

勒让德多项式展开，取 L 阶近似，最后形成群平均形式的参数。参数包括比释动能因子等 14 个响应函数和散射群转移截面，并以 ANISN 格式输出备用。

12.2　输运方程的多群形式

12.2.1　中子输运方程的多群处理

对式(10-1)给出的中子输运方程两端关于能量在$\Delta E_g=[E_g, E_{g-1})$内积分，有

$$\frac{\partial}{\partial t}\int_{\Delta E_g}\frac{1}{v}\phi(\boldsymbol{r},E,\boldsymbol{\Omega},t)\mathrm{d}E+\boldsymbol{\Omega}\cdot\nabla\int_{\Delta E_g}\phi(\boldsymbol{r},E,\boldsymbol{\Omega},t)\mathrm{d}E+\int_{\Delta E_g}\Sigma_{\mathrm{t}}(\boldsymbol{r},E)\phi(\boldsymbol{r},E,\boldsymbol{\Omega},t)\mathrm{d}E$$
$$=\int_{\Delta E_g}S(\boldsymbol{r},E,\boldsymbol{\Omega},t)\mathrm{d}E+\sum_{g'=1}^{G}\int_{\Delta E_{g'}}\int_{4\pi}\mathrm{d}E'\mathrm{d}\boldsymbol{\Omega}'\int_{\Delta E_g}\Sigma_{\mathrm{s}}(\boldsymbol{r},E',\boldsymbol{\Omega}'\to E,\boldsymbol{\Omega})\phi(\boldsymbol{r},E',\boldsymbol{\Omega}',t)\mathrm{d}E \tag{12-9}$$

将角通量 ϕ 关于能量 E 进行变量分离：

$$\phi(\boldsymbol{r},E,\boldsymbol{\Omega},t)=\phi(\boldsymbol{r},\boldsymbol{\Omega},t)\varphi(E) \tag{12-10}$$

定义多群中子角通量、宏观总截面、散射截面、速度及中子多群源分布如下：

$$\phi_g(\boldsymbol{r},\boldsymbol{\Omega},t)=\phi_g(\boldsymbol{r},\boldsymbol{\Omega},t)\int_{\Delta E_g}\varphi(E)\mathrm{d}E \tag{12-11}$$

$$\Sigma_{\mathrm{t},g}(\boldsymbol{r})=\frac{\int_{\Delta E_g}\Sigma_{\mathrm{t}}(\boldsymbol{r},E)\varphi(E)\mathrm{d}E}{\int_{\Delta E_g}\varphi(E)\mathrm{d}E} \tag{12-12}$$

$$\Sigma_s^{g'\to g}(\boldsymbol{r},\boldsymbol{\Omega}'\to\boldsymbol{\Omega})=\frac{\int_{\Delta E_g}\int_{\Delta E_{g'}}\Sigma_s(\boldsymbol{r},E'\boldsymbol{\Omega}'\to E,\boldsymbol{\Omega})\varphi(E)\mathrm{d}E\mathrm{d}E'}{\int_{\Delta E_g}\varphi(E)\mathrm{d}E}\tag{12-13}$$

$$v_g=\frac{\int_{\Delta E_g}\varphi(E)\mathrm{d}E}{\int_{\Delta E_g}\frac{1}{v}\varphi(E)\mathrm{d}E}\tag{12-14}$$

$$S_g(\boldsymbol{r},\boldsymbol{\Omega},t)=\int_{\Delta E_g}S(\boldsymbol{r},E,\boldsymbol{\Omega},t)\mathrm{d}E\tag{12-15}$$

将式(12-11)~式(12-15)代入式(12-9)，得到中子输运方程的多群形式为

$$\frac{1}{v_g}\frac{\partial\phi_g(\boldsymbol{r},\boldsymbol{\Omega},t)}{\partial t}+\boldsymbol{\Omega}\cdot\nabla\phi_g(\boldsymbol{r},\boldsymbol{\Omega},t)+\Sigma_{t,g}(\boldsymbol{r})\phi_g(\boldsymbol{r},\boldsymbol{\Omega},t)$$

$$=S_g(\boldsymbol{r},\boldsymbol{\Omega},t)+\sum_{g'=1}^{g}\int_{4\pi}\mathrm{d}\boldsymbol{\Omega}'\Sigma_s^{g'\to g}(\boldsymbol{r},\boldsymbol{\Omega}'\to\boldsymbol{\Omega})\phi_{g'}(\boldsymbol{r},\boldsymbol{\Omega}',t)\tag{12-16}$$

12.2.2 权重谱选取

从式(12-11)~式(12-15)定义的多群截面可以看出，截面均涉及 g 群中子角通量密度 ϕ_g，而它是未知的。因此，严格地讲式(12-16)给出的多群中子输运方程组是非线性方程组，直接求解会给问题的求解增加新的复杂性。为此，首先对非线性方程组进行线性化处理。有效的近似处理是用中子通量密度近似值代替群常数中的多群角通量 ϕ_g。考虑到中子角通量 ϕ 在大部分能区内近似服从 $1/v$(或 $1/\sqrt{E}$)规律，于是可用权重谱来近似代替 ϕ_g。这样多群输运方程又回到最初的线性方程求解范畴。

权重谱根据能量范围，可分别取麦克斯韦热谱、$1/E$ 谱和裂变聚变谱三段进行组合。表 12-1 给出了权重谱的能量分段及对应的权重函数的选取。

表 12-1 权重谱的能量分段及对应的权重函数的选取

权重谱及权重函数形式	能量间隔
1. 麦克斯韦热谱($kT=0.054$ eV)	10^{-4}~0.108 eV
权重函数 $W_1(E)=C_1E\mathrm{e}^{-E/kT}$	
2. “$1/E$”谱	0.108 V~2.1 MeV
权重函数 $W_2(E)=a_2E-C_2/E$	

续表

权重谱及权重函数形式	能量间隔
3. 裂变聚变谱($\theta = 1.4$ MeV)	2.1～20.0 MeV
权重函数 $W_3(E)=a_3E-C_3E^{1/2}\mathrm{e}^{-E/\theta}$	

注：$C_1 = 1.0\ \mathrm{eV}^{-2}$，$a_2 = 1.578551\ \mathrm{eV}^{-2}$，$C_2 = 3.0$，$a_3 = 2.32472\ \mathrm{eV}^{-2}$，$C_3 = 12.0\ \mathrm{eV}^{-1.5}$。

12.2.3　积分输运方程的多群形式

定义多群形式的光学距离或自由程数目如下：

$$\tau_g(\boldsymbol{r},l,\boldsymbol{\Omega})=\int_0^l \Sigma_{\mathrm{t},g}(\boldsymbol{r}-l'\boldsymbol{\Omega})\mathrm{d}l'=\int_0^l \Sigma_{\mathrm{t},g}(\boldsymbol{r}'+l'\boldsymbol{\Omega})\mathrm{d}l' \tag{12-17}$$

与第 10 章的推导相同，可以得到与方程(12－16)等价的积分方程：

$$\phi_g(\boldsymbol{r},\boldsymbol{\Omega},t)=\int_0^\infty \exp[-\tau_g(\boldsymbol{r},l,\boldsymbol{\Omega})][S_g(\boldsymbol{r}',\boldsymbol{\Omega},t')+\sum_{g'=1}^{G}\int_{4\pi}\Sigma_{\mathrm{s}}^{g'\to g}(\boldsymbol{r}',\boldsymbol{\Omega}'\to\boldsymbol{\Omega})\phi_{g'}(\boldsymbol{r}',\boldsymbol{\Omega}',t')\mathrm{d}\boldsymbol{\Omega}'\Big]\mathrm{d}l \tag{12-18}$$

式中，$\boldsymbol{r}'=\boldsymbol{r}-l\boldsymbol{\Omega}$，$t'=t-l/v_g$ 为特征线方程。

12.3　多群输运方程的随机模拟

12.3.1　多群输运方程的算子形式

定义输运积分算子

$$\boldsymbol{T}_g(\boldsymbol{r}'\to\boldsymbol{r},\boldsymbol{\Omega})=\int_0^\infty \Sigma_{\mathrm{t},g}(\boldsymbol{r}'+l\boldsymbol{\Omega})\exp\{-\tau_g(\boldsymbol{r},l,\boldsymbol{\Omega})\}\,\mathrm{d}l \tag{12-19}$$

和碰撞积分算子

$$C_{g'\to g}(\boldsymbol{\Omega}'\to\boldsymbol{\Omega}\,|\,\boldsymbol{r})=\sum_{g'=1}^{g}\int_{4\pi}\frac{\Sigma_{\mathrm{s}}^{g'\to g}(\boldsymbol{r},\boldsymbol{\Omega}'\to\boldsymbol{\Omega})}{\Sigma_{\mathrm{t},g'}(\boldsymbol{r})}\mathrm{d}\boldsymbol{\Omega}' \tag{12-20}$$

则角通量密度方程(12－18)变为

$$\phi_g(\boldsymbol{r},\boldsymbol{\Omega},t)=\frac{S_{\mathrm{c}}^{g}(\boldsymbol{r},\boldsymbol{\Omega},t)}{\Sigma_{\mathrm{t},g}(\boldsymbol{r})}+C_{g'\to g}(\boldsymbol{\Omega}'\to\boldsymbol{\Omega}\,|\,r')\boldsymbol{T}_g(\boldsymbol{r}'\to\boldsymbol{r}\,|\,\boldsymbol{\Omega})\frac{\Sigma_{\mathrm{t},g'}(\boldsymbol{r}')}{\Sigma_{\mathrm{t},g}(\boldsymbol{r})}\phi_{g'}(\boldsymbol{r}',\boldsymbol{\Omega}',t') \tag{12-21}$$

式中，

$$S_{\mathrm{c}}^{g}(\boldsymbol{r},\boldsymbol{\Omega},t)=\int_0^\infty \exp[-\tau_g(\boldsymbol{r},l,\boldsymbol{\Omega})]\,S_g(\boldsymbol{r},\boldsymbol{\Omega},t')\mathrm{d}l \tag{12-22}$$

为首次碰撞源或称为源对角通量的直穿贡献。

相应得到：

(1)多群发射密度(总源项)方程：

$$Q_g(\boldsymbol{r},\boldsymbol{\Omega},t)=S_g(\boldsymbol{r},\boldsymbol{\Omega},t)+\boldsymbol{T}_{g'}(\boldsymbol{r}'\to\boldsymbol{r}\,|\,\boldsymbol{\Omega}')\boldsymbol{C}_{g'\to g}(\boldsymbol{\Omega}'\to\boldsymbol{\Omega}\,|\,\boldsymbol{r})Q_{g'}(\boldsymbol{r}',\boldsymbol{\Omega}',t') \tag{12-23}$$

(2)多群碰撞密度方程：

$$\psi_g(\boldsymbol{r},\boldsymbol{\Omega},t)=S_c^g(\boldsymbol{r},\boldsymbol{\Omega},t)+C_{g'\to g}(\boldsymbol{\Omega}'\to\boldsymbol{\Omega}\,|\,\boldsymbol{r}')\boldsymbol{T}_g(\boldsymbol{r}'\to\boldsymbol{r}\,|\,\boldsymbol{\Omega})\psi_{g'}(\boldsymbol{r}',\boldsymbol{\Omega}',t') \tag{12-24}$$

发射密度 Q_g 和角通量密度 ϕ_g 之间满足如下转换关系：

$$\phi_g(\boldsymbol{r},\boldsymbol{\Omega},t)=\int_0^\infty Q_g(\boldsymbol{r}-l\boldsymbol{\Omega},\boldsymbol{\Omega},t-l/v_g)\exp[-\tau_g(\boldsymbol{r},l,\boldsymbol{\Omega})]\,\mathrm{d}l \tag{12-25}$$

为了确定碰撞后的中子出射能量和出射方向，把原来的碰撞积分算子进一步改写为能群和方向的分布函数：

$$\boldsymbol{C}_{g'\to g}(\boldsymbol{\Omega}'\to\boldsymbol{\Omega}\,|\,\boldsymbol{r})=\sum_{g'=g}^{1}\int_{4\pi}\left[\frac{\Sigma_s^{g'}(\boldsymbol{r})}{\Sigma_t^{g'}(\boldsymbol{r})}\right]\left[\frac{\Sigma_s^{g'\to g}(\boldsymbol{r},\boldsymbol{\Omega}'\to\boldsymbol{\Omega})}{\Sigma_s^{g'}(\boldsymbol{r})}\right]\mathrm{d}\boldsymbol{\Omega}' \tag{12-26}$$

式中，

$$\Sigma_s^{g'}(\boldsymbol{r})=\sum_{g=1}^{g'}\int_{4\pi}\Sigma_s^{g'\to g}(\boldsymbol{r},\boldsymbol{\Omega}'\to\boldsymbol{\Omega})\mathrm{d}\boldsymbol{\Omega} \tag{12-27}$$

对式(12-26)中的散射项，可以进一步写为

$$\frac{\Sigma_s^{g'\to g}(\boldsymbol{r},\boldsymbol{\Omega}'\to\boldsymbol{\Omega})}{\Sigma_s^{g'}(\boldsymbol{r})}=\frac{\Sigma_s^{g'\to g}(\boldsymbol{r})}{\Sigma_s^{g'}(\boldsymbol{r})}\,\frac{\Sigma_s^{g'\to g}(\boldsymbol{r},\boldsymbol{\Omega}'\to\boldsymbol{\Omega})}{\Sigma_s^{g'\to g}(\boldsymbol{r})} \tag{12-28}$$

式中，

$$\Sigma_s^{g'\to g}(\boldsymbol{r})=\int_{4\pi}\Sigma_s^{g'\to g}(\boldsymbol{r},\boldsymbol{\Omega}'\to\boldsymbol{\Omega})\mathrm{d}\boldsymbol{\Omega} \tag{12-29}$$

$\Sigma_s^{g'\to g}(\boldsymbol{r})/\Sigma_t^{g'}(\boldsymbol{r})$为能群 g 的函数，用它来确定碰撞后出射中子的能群 g；而$\Sigma_s^{g'\to g}(\boldsymbol{r},\boldsymbol{\Omega}'\to\boldsymbol{\Omega})/\Sigma_s^{g'\to g}(\boldsymbol{r})$是方向 $\boldsymbol{\Omega}$ 的函数，用它来确定碰撞后出射中子的方向 $\boldsymbol{\Omega}$。多群与连续截面除了能量和方向的处理方式不同外，其他处理方式相同。

12.3.2 散射后能群的确定

能群转移概率定义如下：

$$p_{g'\to g}=\frac{\Sigma_s^{g'\to g}(\boldsymbol{r})}{\Sigma_s^{g'}(\boldsymbol{r})}=\frac{\sigma_{s,0}^{g'\to g}(\boldsymbol{r})}{\sigma_{s,0}^{g'}(\boldsymbol{r})}>0,\quad g'=1,2,\cdots,G;g=g',\quad g'+1,\cdots,G \tag{12-30}$$

其满足归一条件。

当无向上散射时，中子群转移概率为一严格上三角矩阵，其形式为

$$\begin{bmatrix} \sigma_s^{1\to1} & \sigma_s^{1\to2} & \sigma_s^{1\to3} & \cdots & \sigma_s^{1\to G} \\ 0 & \sigma_s^{2\to2} & \sigma_s^{2\to3} & \cdots & \sigma_s^{2\to G} \\ 0 & 0 & \sigma_s^{3\to3} & \cdots & \sigma_s^{3\to G} \\ \vdots & \vdots & \vdots & & \vdots \\ 0 & 0 & 0 & \cdots & \sigma_s^{G\to G} \end{bmatrix} \tag{12-31}$$

相应的转移概率矩阵为

$$\begin{bmatrix} p_{1\to1} & p_{1\to2} & p_{1\to3} & \cdots & p_{1\to G} \\ 0 & p_{2\to2} & p_{2\to3} & \cdots & p_{2\to G} \\ 0 & 0 & p_{3\to3} & \cdots & p_{3\to G} \\ \vdots & \vdots & \vdots & & \vdots \\ 0 & 0 & 0 & \cdots & p_{G\to G} \end{bmatrix} \tag{12-32}$$

已知中子入射能群 g' 后，从转移概率矩阵中对应入射能群的行转移概率 $p_{g'\to g'}, p_{g'\to g'+1}, \cdots, p_{g'\to G}$ 中，求出满足不等式

$$\sum_{j=g'}^{g-1} p_{g'\to j} \leqslant \xi < \sum_{j=g'}^{g} p_{g'\to j}, \quad g' \leqslant g < G \tag{12-33}$$

的 g，此即散射后的出射中子能群。

中子和轻核发生作用后，某些核(主要是氢核)会发生上散射，出射中子能量会超过入射中子能量。考虑上散射反应时，中子散射转移矩阵不再是上三角矩阵，其形式为

$$\begin{bmatrix} \sigma_s^{1\to1} & \sigma_s^{1\to2} & \sigma_s^{1\to3} & \cdots & \sigma_s^{1\to G} \\ \sigma_s^{2\to1} & \sigma_s^{2\to2} & \sigma_s^{2\to3} & \cdots & \sigma_s^{2\to G} \\ \sigma_s^{3\to1} & \sigma_s^{3\to2} & \sigma_s^{3\to3} & \cdots & \sigma_s^{3\to G} \\ \vdots & \vdots & \vdots & & \vdots \\ 0 & \cdots & \sigma_s^{G\to G-m} & \cdots & \sigma_s^{G\to G} \end{bmatrix} \tag{12-34}$$

式中，m 为上散射群数。

相应的转移概率矩阵为

$$\begin{bmatrix} p_{1\to1} & p_{1\to2} & p_{1\to3} & \cdots & p_{1\to G} \\ p_{2\to1} & p_{2\to2} & p_{2\to3} & \cdots & p_{2\to G} \\ p_{3\to1} & p_{3\to2} & p_{3\to3} & \cdots & p_{3\to G} \\ \vdots & \vdots & \vdots & & \vdots \\ 0 & \cdots & p_{G\to G-m} & \cdots & p_{G\to G} \end{bmatrix} \tag{12-35}$$

从转移矩阵抽样确定出射中子能群，对 MC 计算而言，有无上散射，计算难度都一样。对确定论方法，有上散射计算难度有所增加。

12.3.3 次级中子的确定

多群截面中没有直接提供次级中子的产生截面(产中子截面),产中子截面隐含在散射截面或吸收截面中。例如,铍(Be)的$(n,2n)$反应截面常常隐含在吸收截面中,我们看到的铍的某些群的吸收截面出负就是这个原因,吸收截面的减少意味着散射截面的增加,而增加的部分就来自次级中子。吸收截面的形式为:$\sigma_{a,g}\rightarrow\sigma_{a,g}-2\sigma_{(n,2n)}$。MC输运计算要求截面不能出负,因此,产中子截面都附加在散射截面上,即$\sigma_{s,g}\rightarrow\sigma_{s,g}+2\sigma_{(n,2n)}$,散射发生后,如果:$\eta=\sigma_{s,0,g'}/(\sigma_{t,g'}-\sigma_{a,g'})>1$,则大于1的部分来自次级中子,实际产生的次级中子数为$n=[\eta+\xi]$,ξ为任一随机数。

12.3.4 裂变中子数的确定

多群裂变截面还可以写为

$$\sigma_{a,g'}(\boldsymbol{r})=\sigma_{c,g'}(\boldsymbol{r})+\sigma_{f,g'}(\boldsymbol{r})\tag{12-36}$$

式中,$\sigma_{c,g'}(\boldsymbol{r})$为纯吸收截面;$\sigma_{f,g'}(\boldsymbol{r})$为裂变吸收截面。

与式(12-5)相比,此处相当于$\sigma_{c,g'}(\boldsymbol{r})=\sigma_{\gamma,g'}(\boldsymbol{r})-\sigma_{2n,g'}(\boldsymbol{r})-\sigma_{3n,g'}(\boldsymbol{r})$。当发生吸收反应后,抽随机数$\xi$,如果$\xi<\sigma_{c,g'}(\boldsymbol{r})$,则发生纯吸收反应,当前中子历史结束;否则,发生裂变吸收反应,当前中子历史结束,同时放出$\nu_{g'}(\boldsymbol{r})=\nu\sigma_{f,g'}(\boldsymbol{r})/\sigma_{f,g'}(\boldsymbol{r})$个中子。MC处理裂变中子数的方式与次级中子相同,采用加随机数取整处理,每次裂变放出$\text{int}[\nu_{g'}(\boldsymbol{r})+\xi]$个中子,方向各向同性,能群服从裂变谱分布(反应堆计算通常选择^{235}U裂变谱作为标准裂变谱),权重为发生裂变反应时的中子权重。

12.4 多群散射角分布的处理

多群与连续截面处理的主要差异仅在于中子碰撞后的能量、方向的确定。多群散射角分布的处理比较复杂,本节专门讨论多群散射角分布的处理。

12.4.1 散射后方向的确定

通常将散射角分布$f^{g'\rightarrow g}(\boldsymbol{r},\mu)$关于方向余弦$\mu$按勒让德级数展开,有

$$\begin{aligned}f^{g'\rightarrow g}(\boldsymbol{r},\mu)&=\frac{\Sigma_s^{g'\rightarrow g}(\boldsymbol{r},\boldsymbol{\Omega}'\rightarrow\boldsymbol{\Omega})}{\Sigma_s^{g'\rightarrow g}(\boldsymbol{r})}=\frac{\sum\limits_{l=0}^{\infty}\sigma_{s,l}^{g'\rightarrow g}(\boldsymbol{r})P_l(\mu)}{\sigma_{s,0}^{g'\rightarrow g}(\boldsymbol{r})}\\&=\sum_{l=0}^{\infty}\frac{2l+1}{2}f_l^{g'\rightarrow g}(\boldsymbol{r})P_l(\mu)\end{aligned}\tag{12-37}$$

式中,

$$f_l^{g'\to g}(\boldsymbol{r})=\frac{\sigma_{s,l}^{g'\to g}(\boldsymbol{r})}{\sigma_{s,0}^{g'}(\boldsymbol{r})} \tag{12-38}$$

式中，$\sigma_{s,l}^{g'\to g}(l\geqslant 1)$为 g'群到 g 群的 l 阶散射转移截面。需要注意的是对 ANISN 格式，系数$(2l+1)/2$ 包含在 $f_l^{g'\to g}$ 中。

为书写方便起见，略去位置 $\boldsymbol{r}$ 和能群 g'、g，角分布仅为 μ 的函数 $f(\mu)$，式(12-37)可重新写为

$$f(\mu)=\sum_{l=0}^{\infty}\frac{2l+1}{2}f_l P_l(\mu) \tag{12-39}$$

式中，$f(\mu)=f^{g'\to g}(\boldsymbol{r},\mu)$；$f_l=f_l^{g'\to g}(\boldsymbol{r})$。

实际中角分布只能取有限项，例如 L 阶截断，得到近似角分布 $f_L(\mu)$：

$$f_L(\mu)=\sum_{l=0}^{L}\frac{2l+1}{2}f_l P_l(\mu),\ L=1,3,5,\cdots \tag{12-40}$$

近似角分布 $f_L(\mu)$存在的最大不足是当 L 不是足够大，则 $f_L(\mu)$在其定义域$[-1,1]$内会局部出负，特别对某些轻核。以氢($A=1$)为例，图 12-2(a)给出 $L=3$(P_3 近似)、图 12-2(b)给出 $L=9$(P_9 近似)情况下 $f(\mu)$与 $f_L(\mu)$的比较，可以看出在 P_3 近似下 $f_L(\mu)$在$[-1,1]$内多处出负，P_9 近似下也不例外。由于氢是所有核素中质量最轻的，其向前散射明显，属于最极端的情况，其他核素的各向异性散射没有那么严重。

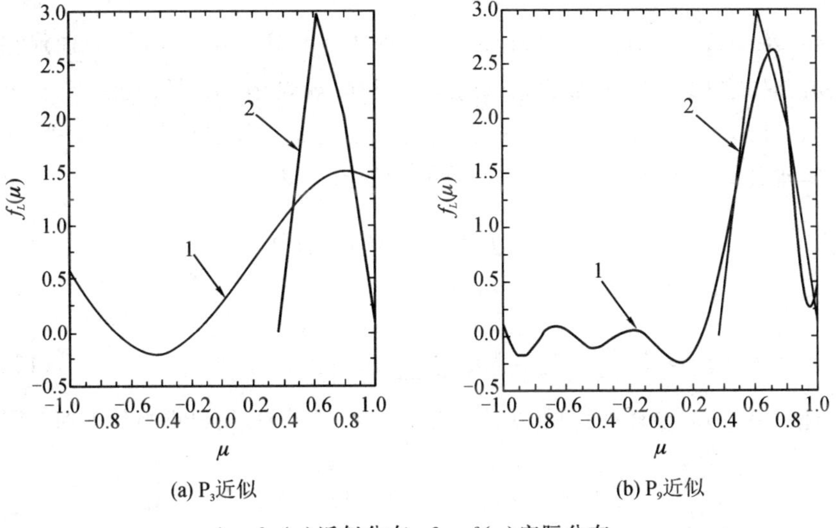

1—$f_L(\mu)$近似分布；2—$f(\mu)$实际分布。

图 12-2　氢 $g\to g+1$ 群的 $f_L(\mu)$分布

确定论方法求解时若遇到这种情况，通常对散射源做置“零”处理，这多少会影

响中子的守恒性，且勒让德展开截断出负一直是困扰确定论方法求解的难题。相比之下，MC方法通过广义高斯求积法，较好地解决了散射源出负问题。由于δ函数的勒让德级数展开式与 $f_L(\mu)$ 很接近，因此，所有的近似方法都与δ函数相关。下面讨论散射源的几种处理办法。

1. *方法1*

有文献[40]提到了避免 P_L 近似角分布角出负的处理，其做法为，在 P_L 近似角分布的基础上，进一步通过δ函数组合分布 $f^*(\mu)$ 来替代 $f_L(\mu)$，$f^*(\mu)$ 的基本形式为

$$f^*(\mu)=\sum_{k=0}^{L}a_k\delta(\mu-\mu_k) \tag{12-41}$$

式中，系数 a_k 取为

$$a_k=\frac{\sum\limits_{l=0}^{L}\frac{2l+1}{2}f_lP_l(\mu_k)}{\sum\limits_{l=0}^{L}\frac{2l+1}{2}[P_l(\mu_k)]^2} \tag{12-42}$$

$\mu_k(k=0,1,\cdots,L)$ 为 $P_{L+1}(\mu)=0$ 的根。

则式(12-41)是式(12-39)的一个近似，这是因为

$$\delta(\mu-\mu_k)=\sum_{l=0}^{\infty}\frac{2l+1}{2}P_l(\mu_k)P_l(\mu) \tag{12-43}$$

当 $\mu=\mu_k(k=0,1,\cdots,L)$ 时，式(12-41)的前 $L+1$ 项正好是式(12-42)的分母。所以 $\{\mu_k\}$ 是式(12-39)分布的总体的一个子样(容量为 $2L$)。因此，用 $f^*(\mu)$ 替代 $f_L(\mu)$ 在总体中的抽样。式(12-42)的不足是 a_k 不能保证恒正，即当 L 不够大时，同样会出现 $a_k<0$。此时，进一步构造偏倚 p. d. f 如下：

$$\tilde{f}^*(\mu)=\sum_{k=1}^{L}b_k\delta(\mu-\mu_k) \tag{12-44}$$

式中，

$$b_k=|a_k|\Big/\sum_{k=0}^{L}|a_k|>0 \tag{12-45}$$

根据MC偏倚抽样的性质，为了保证计算结果无偏，用权重乘如下纠偏因子：

$$w_{\text{adj}}(\mu)\big|_{\mu=\mu_k}=\frac{f^*(\mu)}{\tilde{f}^*(\mu)}\Big|_{\mu=\mu_k}=\frac{a_k}{|a_k|}\sum_{k=0}^{L}|a_k|=\frac{a_k}{b_k} \tag{12-46}$$

这种处理的主要不足是当 $a_k<0$ 时，$w_{\text{adj}}(\mu)<0$，这在MC无偏修正中是不能接受的。因此，方法1并不理想，实用性不强。

2. *方法2*

利用高斯求积的思想，构造复合δ函数分布，其形式为

$$f^*(\mu)=\sum_{i=1}^{n}p_i\delta(\mu-\mu_i) \tag{12-47}$$

用 $f^*(\mu)$ 去逼近 $f_L(\mu)$，此时，$f_L(\mu)$ 的形式为

$$f_L(\mu)=\sum_{l=0}^{2n-1}\frac{2l+1}{2}f_lP_l(\mu),\ L=1,3,5,\cdots \tag{12-48}$$

即 $L=2n-1$。

从形式上看，式(12-48)和方法 1 中的形式相同，但求积点只有 n 个，精度是 $2n-1$。高斯求积和广义高斯求积的过程都比较复杂，下面将详细讨论。

12.4.2　一般高斯求积

众所周知，高斯求积公式取 n 个求积点，可以获得 $2n-1$ 阶精度，是目前数值积分中精度最高的求积公式。

定理 1　若在 $[a,b]$ 区间上的可积函数 $f(x)$ 满足

$$f(x)\geqslant 0 \tag{Ⅰ}$$

则存在唯一的最高次项系数为 1 的、关于 $f(x)$ 正交的多项式系 $\{Q_i(x)\}_{i=1\sim n}$，使对任何小于等于 $2n-1$ 次多项式 $g(x)$ 有下式成立：

$$E[g]=\int_a^b g(x)f(x)\mathrm{d}x=\sum_{i=1}^{n}g(x_i)f_i \tag{Ⅱ}$$

$\{Q_i(x)\}_{i=1\sim n}$ 满足正交关系

$$\int_a^b Q_i(x)Q_j(x)f(x)\mathrm{d}x=\delta_{ij}N_i$$

式中，δ_{ij} 为克罗内克(Kronecker)δ 符号，满足 $\delta_{ij}=\begin{cases}0,\ i\neq j\\ 1,\ i=j\end{cases}$；$N_i=\int_a^b Q_i^2(x)h(x)\mathrm{d}x$ 为归一化系数；$\{x_i\}_{i=1\sim n}$ 为 $Q_n(x)$ 之根，即有 $Q_n(x_i)=0$；$f_i=\left[\sum_{k=1}^{n-1}Q_k^2(x_i)/N_k\right]^{-1}$。

证明略，可参考相关文献[71]。

因 $1,x,x^2,\cdots,x^{2n-1}$ 相互独立，由此构成 $2n-1$ 阶多项式空间的一组基，代入式(Ⅱ)求得 $f(x)$ 的 $2n$ 个矩：

$$M_k=\int_a^b x^kf(x)\mathrm{d}x=\sum_{i=1}^{n}x_i^kf_i,\ k=0,\cdots,2n-1 \tag{12-49}$$

构造复合 δ 函数 $f^*(x)$ 如下：

$$f^*(x)=\sum_{i=0}^{n}f_i\delta(x-x_i) \tag{12-50}$$

因为

$$M_k=\int_a^b x^k f(x)\mathrm{d}x=\sum_{i=1}^{n} x_i^k f_i,\ k=0,\cdots,2n-1$$

故 $f^*(x)$与 $f(x)$有相同的 $2n$ 个矩$\{M_k\}_{k=0\sim(2n-1)}$。由于 $f_L(x)$不满足高斯求积函数的非负条件,下面寻求比 $f(x)\geqslant 0$ 弱的高斯求积条件,从“矩”入手,讨论矩和勒让德多项式系数之间的关系。根据前面的讨论,$f(\mu)$可展开为勒让德级数:

$$f(\mu)=\sum_{l=0}^{\infty}\frac{2l+1}{2}f_l P_l(\mu)$$

式中,

$$f_l=\int_{-1}^{1} f(\mu)P_l(\mu)\mathrm{d}\mu\ (f_0=1) \tag{12-51}$$

$$P_l(\mu)=\sum_{n=0}^{l}P_{l,n}\mu^n \tag{12-52}$$

则 $f(\mu)$的 k 阶矩为

$$M_k=\int_{-1}^{1}\mu^k f(\mu)\mathrm{d}\mu \tag{12-53}$$

下面寻求用矩条件来代替非负条件,以使高斯求积公式成立。为此,首先证明矩和勒让德多项式系数等价。

定理 2 矩 M_k 和勒让德多项式系数 f_l 等价。

(1)已知矩 M_k,求勒让德系数 f_l。根据定义,有

$$f_l=\int_{-1}^{1} f(\mu)P_l(\mu)\mathrm{d}\mu=\sum_{k=0}^{l}P_{l,k}\int_{-1}^{1} f(\mu)\mu^k\mathrm{d}\mu=\sum_{k=0}^{l}P_{l,k}M_k \tag{12-54}$$

(2)已知勒让德系数 f_l,求矩 M_k。同样根据定义,有

$$M_k=\int_{-1}^{1}\mu^k f(\mu)\mathrm{d}\mu=\sum_{l=0}^{\infty}\frac{2l+1}{2}f_l\int_{-1}^{1}\mu^k P_l(\mu)\mathrm{d}\mu=\sum_{l=0}^{\infty}\frac{2l+1}{2}f_l P_{k,l}^{-1} \tag{12-55}$$

式中,$P_l(\mu)=\sum\limits_{k=0}^{l}P_{k,l}\mu^k$;$P_{k,l}^{-1}=\int_{-1}^{1}\mu^k P_l(\mu)\mathrm{d}\mu$ 为 μ^k 的勒让德展开式的系数,即有

$$\mu^k=\sum_{l=0}^{k}\frac{2l+1}{2}P_{k,l}^{-1}P_l(\mu) \tag{12-56}$$

根据勒让德多项式系数的定义及勒让德多项式加法定理,式(12-56)中的系数满足如下迭代关系

$$\begin{aligned}P_{k,l}^{-1}&=\int_{-1}^{1}\mu^k P_l(\mu)\mathrm{d}\mu\\&=\frac{1}{2l+1}\int_{-1}^{1}\mu^{k-1}\left[(2l+1)\mu P_l(\mu)\right]\mathrm{d}\mu\end{aligned}$$

$$=\frac{1}{2l+1}\int_{-1}^{1}\mu^{k-1}\left[(l+1)P_{l+1}(\mu)+lP_{l-1}(\mu)\right]\mathrm{d}\mu$$

$$=\frac{l+1}{2l+1}\int_{-1}^{1}\mu^{k-1}P_{l+1}(\mu)\mathrm{d}\mu+\frac{l}{2l+1}\int_{-1}^{1}\mu^{k-1}P_{l-1}(\mu)\mathrm{d}\mu$$

$$=\frac{2(l+1)}{(2l+1)(2l+3)}P_{k-1,l+1}^{-1}+\frac{2l}{(2l-1)(2l+1)}P_{k-1,l-1}^{-1} \tag{12-57}$$

式中，$P_{0,l}^{-1}=\delta_{0l}$、$P_{1,l}^{-1}=\delta_{1l}$ 已知，由此容易递推求出 $P_{k,l}^{-1}$，证毕。

1)正交多项式的产生

为了讨论方便，定义数学表达式

$$E[f(x)]=\int_{a}^{b}I(x)f(x)\mathrm{d}x$$

式中，$E[\ ]$表示卷积积分，当 $f(x)$为 p. d. f 时，$E[\ ]$即为数学期望。

对 i 阶正交多项式 $Q_i(x)$均按基函数 $1,x,x^2,\cdots,x^i$ 展开为

$$Q_i(x)=\sum_{k=0}^{i}a_{i,k}x^k,\quad i=0,1,\cdots,n,\ a_{ii}=1 \tag{12-58}$$

其满足正交关系

$$E[Q_i(x)Q_j(x)]=\delta_{ij}N_i \tag{12-59}$$

式中，

$$N_i=E[Q_i^2(x)]=\int_{a}^{b}Q_i^2(x)f(x)\mathrm{d}x=\sum_{k=0}^{i}a_{ik}M_{k+i}>0 \tag{12-60}$$

由 $f(x)\geqslant 0$，有 $N_i>0$。对任意 i 阶多项式 $S_i(x)$均可关于 $Q_k(x)$展开为

$$S_i(x)=\sum_{k=0}^{i}s_{ik}Q_k(x)$$

其满足

$$E[S_i(x)Q_j(x)]=0,\ i<j$$

由 $Q_i(x)$最高次项系数为 1 的假定，有 $a_{ii}=1$，于是 $Q_i(x)$可进一步写为

$$Q_{i+1}(x)=x^{i+1}+R_i(x) \tag{12-61}$$

式中，

$$R_i(x)=\sum_{k=0}^{i}a_{i+1,k}x^k$$

由此得

$$\begin{aligned}Q_{i+1}(x)&=x\cdot x^i+R_i(x)\\&=x\left[Q_i(x)-R_{i-1}(x)\right]+R_i(x)\\&=xQ_i(x)+\left[R_i(x)-xR_{i-1}(x)\right]\end{aligned}$$

因为 $R_i(x)-xR_{i-1}(x)$是 i 阶多项式，故有

$$Q_{i+1}(x)=xQ_i(x)+\sum_{k=0}^{i}d_{i,k}Q_k(x) \tag{12-62}$$

对 $j\leqslant i-2$,利用正交关系有

$$\begin{aligned}0&=E[Q_{i+1}(x)Q_j(x)]\\&=E[xQ_i(x)Q_j(x)]+\sum_{k=0}^{i}d_{i,k}E[Q_k(x)Q_j(x)]\\&=E[Q_i(x)(xQ_j(x))]+d_{i,j}N_j\\&=d_{i,j}N_j\end{aligned}$$

因为 $N_j>0$,必有 $d_{i,j}=0$。令 $\beta_{i+1}=-d_{i,i}$ 及 $\sigma_i^2=-d_{i,i-1}$。

因为 $N_j>0$,必有 $d_{i,j}=0$。令 $\beta_{i+1}=-d_{i,i}$ 及 $\sigma_i^2=-d_{i,i-1}$。

后面会看出 $d_{i,i-1}<0$,式(12-62)可写为

$$Q_{i+1}(x)=(x-\beta_{i+1})Q_i(x)-\sigma_i^2Q_{i-1}(x) \tag{12-63}$$

此即为 $Q_i(x)$满足的递推关系。

再由正交关系

$$\begin{aligned}0&=E[Q_{i+1}(x)Q_{i-1}(x)]\\&=E[xQ_i(x)Q_{i-1}(x)]-\beta_{i+1}E[Q_i(x)Q_{i-1}(x)]-\sigma_i^2E[Q_{i-1}^2(x)]\\&=E[Q_i(x)(xQ_{i-1}(x))]-\sigma_i^2N_{i-1}\\&=E\Big[Q_i(x)\Big(Q_i(x)-\sum_{k=0}^{i-1}d_{i-1,k}Q_k(x)\Big)\Big]-\sigma_i^2N_{i-1}\\&=E[Q_i^2(x)]-\sigma_i^2N_{i-1}\\&=N_i-\sigma_i^2N_{i-1}\end{aligned}$$

求得

$$\sigma_i^2=N_i/N_{i-1} \tag{12-64}$$

因 $\sigma_i^2>0$,所以有 $d_{i,i-1}<0$。回到式(12-60),有

$$\begin{aligned}N_i&=E[Q_i(x)Q_i(x)]\\&=E[Q_i(x)x^i]+E[Q_i(x)R_{i-1}(x)]\\&=E[Q_i(x)x^i]\\&=\sum_{k=0}^{i}a_{i,k}\int_a^b x^kx^if(x)\mathrm{d}x\\&=\sum_{k=0}^{i}a_{i,k}M_{k+i}\end{aligned} \tag{12-65}$$

定义

$$L_{i+1}=E[Q_i(x)x^{i+1}]=\sum_{k=0}^{i}a_{i,k}M_{k+i+1} \tag{12-66}$$

由

$$\begin{aligned}0&=E[Q_{i+1}(x)Q_i(x)]\\&=E[Q_{i+1}(x)x^i]+E[Q_{i+1}(x)R_{i-1}(x)]\\&=E[xQ_i(x)x^i]-\beta_{i+1}E[Q_i(x)x^i]-\sigma_i^2E[Q_{i-1}(x)x^i]\\&=L_{i+1}-\beta_{i+1}N_i-\sigma_i^2L_i\end{aligned}$$

求得

$$\beta_{i+1}=\frac{L_{i+1}}{N_i}-\sigma_i^2\frac{L_i}{N_i}=\frac{L_{i+1}}{N_i}-\frac{L_i}{N_{i-1}} \tag{12-67}$$

比较式(12－63)的两端对应 x^k 项的系数，可以得到 $a_{i,k}$ 满足的递推关系为

$$a_{i+1,k}=a_{i,k-1}-\beta_{i+1}a_{i,k}-\sigma_i^2a_{i-1,k} \tag{12-68}$$

回顾一下上面求 $Q_{i+1}(x)$的过程，在已知 $Q_i(x)$、$Q_{i-1}(x)$的情况下：

(1)由式(12－65)计算 N_i；

(2)由式(12－64)计算 σ_i^2；

(3)由式(12－66)计算 L_{i+1}；

(4)由式(12－67)计算 β_{i+1}；

(5)由式(12－68)计算 $Q_{i+1}(x)$的系数；

(6)由式(12－63)计算得到 $Q_{i+1}(x)$。

以此递推，最后求出关于 $f(x)$正交的多项式系$\{Q_i(x)\}_{i=0\sim n}$。图 12－3 为正交多项式的产生流程。

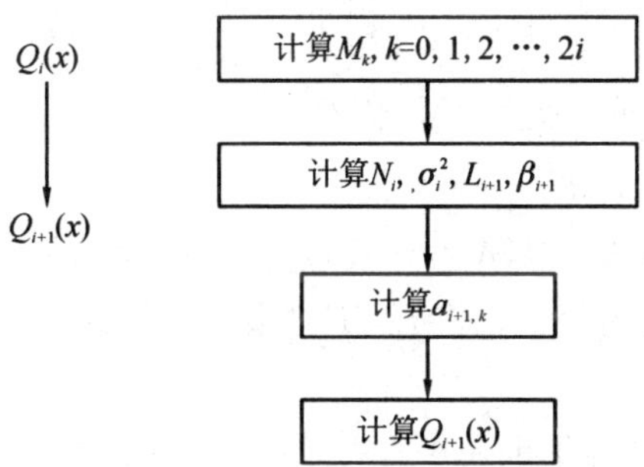

图 12－3　正交多项式的产生流程

2)正交多项式根的性质

引理 1 $Q_n(x)$有 n 个互异的实根且与 $Q_{n-1}(x)$之根交替,即在 $Q_{n-1}(x)$的任意两个相邻根之间有且只有一个 $Q_n(x)$之根。此外 $Q_n(x)$有一个大于 $Q_{n-1}(x)$全部根的根和一个小于 $Q_{n-1}(x)$全部根的根。同时,在 $Q_n(x)$的任意相邻根之间有且只有一个 $Q_{n-1}(x)$的根。

引理 2 $Q_n(x)$的 n 个根均在$[a,b]$内。

引理 1、引理 2 的证明可参考相关文献[71]。

12.4.3 广义高斯求积

一般高斯求积要求 $f(x)\geqslant 0$, $x\in[a,b]$,如果这个限制可以适当放松就好了,下面讨论有无这种可能。格拉姆(Gram)行列式定义如下:

$$|\boldsymbol{C}_i|=\begin{vmatrix} M_0 & M_1 & \cdots & M_i \\ M_1 & M_2 & \cdots & M_{i+1} \\ \vdots & \vdots & & \vdots \\ M_i & M_{i+1} & \cdots & M_{2i} \end{vmatrix}, \quad i=1,2,\cdots,n-1 \tag{12-69}$$

下面尝试用两个弱一点的限制(Ⅰ$_a$)、(Ⅱ$_a$)代替之前的限制(Ⅰ),并说明满足(Ⅰ$_a$)、(Ⅱ$_a$)的函数的高斯求积公式成立。

这里给出前面(Ⅰ)的替代限制(Ⅰ$_a$):

(Ⅰ$_a$)$|\boldsymbol{C}_i|\geqslant 0, i=1,2,\cdots,n-1$;

(Ⅱ$_a$)$Q_n(x)$的 n 个根 $x_i\in[a,b], i=1,2,\cdots,n$。

只要证明满足(Ⅰ)的函数一定满足(Ⅰ$_a$)即可。事实上,若(Ⅰ)成立,则有

$$N_i=\int_a^b Q_i^2(x)f(x)\mathrm{d}x=\sum_{k=0}^{i}a_{i,k}M_{k+i}\geqslant 0$$

根据格拉姆(Gram)行列式的性质,有$|\boldsymbol{C}_i|\geqslant 0, i=1,2,\cdots,n-1$,即(Ⅰ$_a$)成立,(Ⅱ$_a$)自然成立;反之则不然。

如果 $f(x)$的 $2n$ 个矩 $M_0,M_1,\cdots,M_{2n-1}$ 存在,满足条件(Ⅰ$_a$)、(Ⅱ$_a$),把满足此条件的函数类型定义为 F,现证明对 F 类函数,高斯求积成立。(由于矩和勒让德多项式系数等价,因此,$f_L(x)\in F$)。

定理 3 若$[a,b]$区间上的函数 $f(x)$的 $2n$ 个矩 $M_0,M_1,\cdots,M_{2n-1}$ 存在,且满足条件$|\boldsymbol{C}_i|>0, i=1,2,\cdots,n$,则在$[a,b]$上存在关于 $f(x)$正交的多项式系$\{Q_i(x)\}_{i=1\sim n}$,若规定 $Q_i(x)$的最高项系数为 1,则这种正交系是唯一的,且满足递推关系:

(1)$Q_0(x)=1$;

(2)$Q_{i+1}(x)=(x-\beta_{i+1})Q_i(x)-\sigma_i^2Q_{i-1}(x), i=0,1,\cdots,n-1$(假定 $Q_{-1}(x)=0$)。

这里 $\sigma_i^2=N_i/N_{i-1}, N_i=\sum_{k=0}^{i}a_{i,k}M_{k+i}, \beta_{i+1}=L_{i+1}/N_i-L_i/N_{i-1}, L_{i+1}=\sum_{k=0}^{i}a_{i,k}M_{k+i+1}, Q_{i+1}(x)=\sum_{k=0}^{i}a_{i,k}x^k, a_{i,k}=a_{i-1,k-1}-\beta_i a_{i-1,k}-\sigma_{i-1}^2 a_{i,k}$。

证明略。作为定理 1 的推广,得到如下定理。

定理 4　若$[a,b]$区间上的函数 $f(x)$的 $2n$ 个矩 $M_0, M_1, \cdots, M_{2n-1}$ 存在,且满足

(1)$N_i>0,\ i=1,2,\cdots,n$;

(2)Q_n 在$[a,b]$上的 n 个实根$\{x_i\}_{i=1-n}$ 存在。

则存在 n 个权重系数为$\{f_i\}_{i=1\sim n}$,使对任意小于等于 $2n-1$ 阶的多项式 $g(x)$,其高斯求积公式(Ⅱ)成立,即有

$$\int_a^b g(x)f(x)\mathrm{d}x=\sum_{i=1}^{n}g(x_i)f_i$$

式中,$f_i=\left(\sum_{k=0}^{n-1}Q_k^2(x_i)/N_k\right)^{-1}$,$\{Q_i(x)\}_{i=1\sim n}$ 为关于 $f(x)$ 正交的多项式系。

证明:根据多项式除法定理,对任意 $2n-1$ 次多项式 $g(x)$,有

$$g(x)=q_{n-1}(x)Q_n(x)+r_{n-1}(x)$$

式中,$q_{n-1}(x)$、$r_{n-1}(x)$为 $n-1$ 次多项式。有

$$E[g(x)]=E[q_{n-1}(x)Q_n(x)]+E[r_{n-1}(x)]=E[r_{n-1}(x)] \tag{12-70}$$

又

$$\begin{aligned}E[g(x)]&=\sum_{i=1}^{n}g(x_i)f_i\\&=\sum_{i=1}^{n}q_{n-1}(x_i)Q_n(x_i)f_i+\sum_{i=1}^{n}r_{n-1}(x_i)f_i\\&=\sum_{i=1}^{n}q_{n-1}(x_i)Q_n(x_i)f_i+E[r_{n-1}(x)]\end{aligned} \tag{12-71}$$

比较式(12-70)与式(12-71),有

$$\sum_{i=1}^{n}q_{n-1}(x_i)Q_n(x_i)f_i=0 \tag{12-72}$$

满足式(12-72)的充分必要条件是 $Q_n(x_i)=0$,意味着 x_i 是 $Q_n(x)$的根($i=1,2,\cdots,n$)。另外,根据定理 1,对任何小于等于 $2n-1$ 阶的多项式,式(Ⅱ)成立,因而,对 $r_{n-1}(x)$及 $Q_k(x)(k\leqslant n)$,有

$$E[r_{n-1}(x)]=\sum_{i=1}^{n}r_{n-1}(x_i)f_i \tag{12-73}$$

$$E[Q_k(x)]=\sum_{i=1}^{n}Q_k(x_i)f_i,\ k=0,\cdots,n-1 \tag{12-74}$$

此外，

$$E[Q_k(x)]=E[Q_k(x)Q_0(x)]=N_0\delta_{k0} \tag{12-75}$$

比较式(12-74)与式(12-75)得

$$\sum_{i=1}^{n}Q_k(x_i)f_i=N_0\delta_{k0},\ k=0,1,\cdots,n-1 \tag{12-76}$$

式(12-76)两端同乘 $Q_k(x_j)/N_k$，并对 k 从 0 到 $n-1$ 求和，有

$$式左=\sum_{k=0}^{n-1}\frac{Q_k(x_j)}{N_k}\sum_{i=1}^{n}Q_k(x_i)f_i=\sum_{i=1}^{n}f_i\left\{\sum_{k=0}^{N-1}\frac{Q_k(x_j)Q_k(x_i)}{N_k}\right\}$$

$$式右=\sum_{k=0}^{n-1}\frac{Q_k(x_j)}{N_k}N_0\delta_{k0}=\frac{Q_0(x_j)}{N_0}N_0=1$$

即有

$$\sum_{i=1}^{n}\left\{\sum_{k=0}^{n-1}\frac{Q_k(x_j)Q_k(x_i)}{N_k}\right\}f_i=1 \tag{12-77}$$

建立克里斯托费尔-达布(Christoffel-Darboux)等式，令

$$D_{n-1}(x,y)=\sum_{k=0}^{n-1}\frac{Q_k(x)Q_k(y)}{N_k} \tag{12-78}$$

则式(12-77)变为

$$\sum_{i=1}^{n}D_{n-1}(x_j,x_i)f_i=1 \tag{12-79}$$

现求系数 f_j。根据 Q_n 满足的递推公式，有

$$\begin{aligned}
&\frac{Q_n(x)Q_{n-1}(y)-Q_{n-1}(x)Q_n(y)}{N_{n-1}(x-y)}\\
&=\frac{[(x-\beta_n)Q_{n-1}(x)-\sigma_{n-1}^2Q_{n-2}(x)]Q_{n-1}(x)-Q_{n-1}(x)[(y-\beta_n)Q_{n-1}(y)-\sigma_{n-1}^2Q_{n-2}(y)]}{N_{n-1}(x-y)}\\
&=\frac{(x-y)Q_{n-1}(x)Q_{n-1}(y)+\sigma_{n-1}^2[Q_{n-1}(x)Q_{n-2}(y)-Q_{n-2}(x)Q_{n-1}(y)]}{N_{n-1}(x-y)}\\
&=\frac{Q_{n-1}(x)Q_{n-1}(y)}{N_{n-1}}+\frac{Q_{n-1}(x)Q_{n-2}(y)-Q_{n-2}(x)Q_{n-1}(y)}{N_{n-2}(x-y)}\\
&=\frac{Q_{n-1}(x)Q_{n-1}(y)}{N_{n-1}}+\frac{Q_{n-2}(x)Q_{n-2}(y)}{N_{n-2}}+\frac{Q_{n-2}(x)Q_{n-3}(y)-Q_{n-3}(x)Q_{n-2}(y)}{N_{n-3}(x-y)}\\
&=\cdots\\
&=\sum_{k=1}^{n-1}\frac{Q_k(x)Q_k(y)}{N_k}+\frac{(x-\beta_1)-(y-\beta_1)}{N_0(x-y)}
\end{aligned}$$

$$= \sum_{k=1}^{n-1} \frac{Q_k(x)Q_k(y)}{N_k} + \frac{1}{N_0}$$

$$= \sum_{k=1}^{n-1} \frac{Q_k(x)Q_k(y)}{N_k} + \frac{Q_0(x)Q_0(y)}{N_0}$$

$$= D_{n-1}(x,y) \tag{12-80}$$

因此，

$$D_{n-1}(x_j,x_i) = \frac{Q_n(x_j)Q_{n-1}(x_i) - Q_{n-1}(x_j)Q_n(x_i)}{N_{n-1}(x_j - x_i)}$$

对 $j \neq i$，由 $Q_n(x_i)=Q_n(x_j)=0$，有

$$D_{n-1}(x_j,x_i)=0,\ j \neq i \tag{12-81}$$

把式(12-81)代入式(12-79)，有

$$D_{n-1}(x_j,x_j)f_j=1 \tag{12-82}$$

由此求得

$$f_j = \frac{1}{D_{n-1}(x_j,x_j)} = \left[\sum_{k=0}^{n-1} \frac{Q_k^2(x_j)}{N_k}\right]^{-1} \tag{12-83}$$

综上，定理4证毕。

上述证明过程就是求解一个离散δ分布函数的过程，即用 $f^*(\mu)$ 代替 $f_L(\mu)$ 关于离散角余弦 μ 的抽样，这里

$$f^*(\mu) = \sum_{i=0}^{n} p_i \delta(\mu - \mu_i) \tag{12-84}$$

式中，$p_i=f_i$ 为 μ_i 被抽重的概率，p_i 满足归一条件 $\sum p_i = 1$，即 $f^*(\mu)$ 为一p. d. f。

根据δ函数的特点，有

$$\delta(\mu - \mu_k) = \sum_{l=0}^{\infty} \frac{2l+1}{2} P_l(\mu_k) P_l(\mu) \tag{12-85}$$

将式(12-85)代入式(12-84)求和，$f^*(\mu)$ 的前 n 项之和正好是 $f_L(\mu)$。所以，用 $f^*(\mu)$ 逼近 $f_L(\mu)$ 是合理的。

广义高斯求积很好地解决了散射角分布关于勒让德多项式级数展开截断出负的难题，这是多群输运计算中最核心的理论部分，目前MORSE-CGA[44]、KENO[72]、MCMG[73-74]、JMCT[29]多群角分布均采用这种处理。

12.4.4　P_N 近似中 N 的选取

在两种介质的分界面上，如果通量 ϕ_g 在分界面上连续，则在 P_N 近似下，这个条件用下面一组条件来代替：

$$\int \mu \phi_g(\boldsymbol{r},\mu) P_n(\mu) \mathrm{d}\mu, \ n=1,2,\cdots,N \text{ 在分界面上连续} \tag{12-86}$$

将通量展开式

$$\phi_g(\boldsymbol{r},\mu) = \sum_{n=0}^{N} \frac{2n+1}{2} \phi_{g,n}(\boldsymbol{r}) P_n(\mu) \tag{12-87}$$

代入式(12-86)便可推得平面 $\boldsymbol{r}=z$ 情况下的边界条件为

$$\begin{cases} \text{当 } N \text{ 为奇数时}, \phi_{g,0}, \phi_{g,1}, \cdots, \phi_{g,N} \text{ 连续;} \\ \text{当 } N \text{ 为偶数时}, \phi_{g,1}, \phi_{g,0}+2\phi_{g,2}, \cdots, (N-1)\phi_{g,N-1}+N\phi_{g,N} \text{ 连续} \end{cases} \tag{12-88}$$

由式(12-88)可以看出,当 N 为偶数近似时,中子通量密度 $\phi_{g,0}$ 在分界面上将不连续[75]。因此,在实际求解中,N 采用奇数近似,如 P_1,P_3,P_5,…近似,而不采用偶数近似,如 P_2,P_4,P_6,…。

下面讨论 P_3 近似和 P_5 近似的计算过程。

1. *多群 P_3 近似*

取 $L=2n-1=3$,求得 $n=2$,利用前面的公式推导,可以得到 P_3 近似下的离散角余弦及概率 μ_i、$p_i(i=1,2)$。具体求解过程如下。

(1)求勒让德多项式系数。由式(12-40),求出勒让德多项式系数 $\{f_l\}_{l=0\sim3}$。

(2)求矩。由式(12-55),求得矩 $\{M_l\}_{l=0\sim3}$ 如下:

$$\begin{cases} M_0 = f_0 \\ M_1 = f_1 \\ M_2 = \dfrac{1}{3} f_0 + \dfrac{2}{3} f_2 \\ M_3 = \dfrac{3}{5} f_1 + \dfrac{2}{5} f_3 \end{cases} \tag{12-89}$$

判断 $|\boldsymbol{C}_1|>0$ 是否成立?若成立,转到(3),否则终止并报错。

(3)求关于 $f(\mu)$ 正交的多项式系。由

$$Q_0(x)=1, \quad Q_1(x)=x-\beta_1 \tag{12-90}$$

及

$$\begin{aligned} Q_2(x) &= (x-\beta_2) Q_1(x) - \sigma_1^2 Q_0(x) \\ &= (x-\beta_2) Q_1(x) - \sigma_1^2 \\ &= x^2 - (\beta_1+\beta_2)x + \beta_1\beta_2 - \sigma_1^2 \end{aligned} \tag{12-91}$$

有

$$\sigma_1^2 = N_1/N_0 = a_{10} M_1 + a_{11} M_2 = -\beta_1 M_1 + M_2 = N_1 \tag{12-92}$$

比较系数得 $a_{10}=-\beta_1$、$a_{11}=1$。

再由 N_1 的定义式

$$N_1=\int_{-1}^{1}Q_1^2(\mu)f(\mu)\mathrm{d}\mu$$

$$=\int_{-1}^{1}(\mu-\beta_1)^2f(\mu)\mathrm{d}\mu=M_2-2\beta_1M_1+\beta_1^2 \tag{12-93}$$

比较式(12-92)和式(12-93),有

$$-\beta_1M_1+M_2=M_2-2\beta_1M_1+\beta_1^2 \tag{12-94}$$

求得

$$\beta_1=M_1 \tag{12-95}$$

将式(12-93)代入式(12-92)得

$$\sigma_1^2=M_2-M_1^2 \tag{12-96}$$

$$N_1=M_2-M_1^2 \tag{12-97}$$

$$L_1=a_{00}M_1=M_1 \tag{12-98}$$

$$L_2=a_{10}M_2+a_{11}M_3=-\beta_1M_2+M_3=M_3-M_1M_2 \tag{12-99}$$

$$\beta_2=L_2/N_1-L_1/N_0=\frac{M_3-M_1M_2}{M_2-M_1^2}-M_1 \tag{12-100}$$

将式(12-95)代入式(12-100)得

$$Q_1(x)=x-M_1 \tag{12-101}$$

将式(12-95)、式(12-96)、式(12-100)代入式(12-101)得

$$Q_2(x)=x^2-\frac{M_3-M_1M_2}{M_2-M_1^2}x+\frac{M_1(M_3-M_1M_2)}{M_2-M_1^2}-M_2 \tag{12-102}$$

解方程 $Q_2(x)=0$,得

$$x_{1,2}=\frac{1}{2}\left\{\frac{M_3-M_1M_2}{M_2-M_1^2}\pm\sqrt{\left(\frac{M_3-M_1M_2}{M_2-M_1^2}\right)^2-4\left[\frac{M_1(M_3-M_1M_2)}{M_2-M_1^2}M_2\right]}\right\} \tag{12-103}$$

由此求得高斯求积系数

$$p_i=\left[\frac{Q_0^2(x_i)}{N_0}+\frac{Q_1^2(x_i)}{N_1}\right]^{-1}=\left[1+\frac{(x_i-M_1)^2}{M_2-M_1^2}\right]^{-1},\quad i=1,2 \tag{12-104}$$

将 $\{p_i\}_{i=1,2}$ 做归一处理,以使 $f^*(\mu)=\sum_{i=1}^{2}p_i\delta(\mu-\mu_i)$ 为一 p. d. f。

图12-4给出了 P_3 散射角分布的两个散射方向 $\boldsymbol{\Omega}_1$ 和 $\boldsymbol{\Omega}_2$ 及粒子入射方向 $\boldsymbol{\Omega}'$ 形成的锥形示意图。多群计算中最复杂的处理就是离散角余弦及离散概率的计算。广义高斯求解突破了被积函数出负的假定,只要矩满足行列式非负即可。

该处理是多群 MC 输运计算的关键。目前确定论方法处理散射出负并没有更好的办法，通常采用强制充零处理。

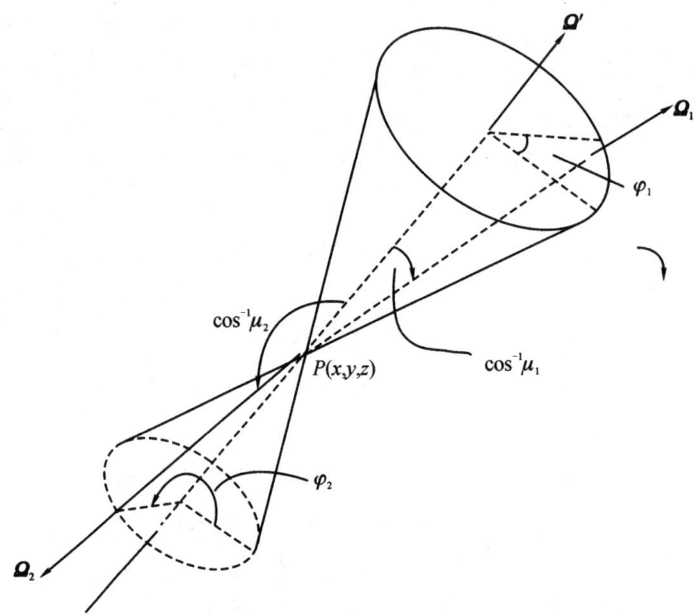

图 12-4 P_3 散射角分布的两个散射方向 $\boldsymbol{\Omega}_1$ 和 $\boldsymbol{\Omega}_2$ 及粒子入射方向 $\boldsymbol{\Omega}'$ 形成的锥形示意图

2. 多群 P_5 近似

由 $L=2n-1=5$，求得 $n=3$，利用前面 P_3 推导的公式，可以得到 P_5 近似下的离散角余弦和离散概率 μ_i、p_i，$i=1,2,3$。

(1)由式(12-38)求出勒让德多项式系数 $\{f_l\}_{l=0\sim5}$。

(2)由式(12-55)求得矩 $\{M_l\}_{l=0\sim5}$：

$$\begin{cases} M_0=f_0 \\ M_1=f_1 \\ M_2=\dfrac{1}{3}f_0+\dfrac{2}{3}f_2 \\ M_3=\dfrac{3}{5}f_1+\dfrac{2}{5}f_3 \\ M_4=\dfrac{8}{5}f_0+\dfrac{4}{7}f_2+\dfrac{8}{35}f_4 \\ M_5=\dfrac{3}{7}f_1+\dfrac{4}{9}f_3+\dfrac{8}{63}f_5 \end{cases} \tag{12-105}$$

判断 $|\boldsymbol{C}_i|>0$，$i=1,2$ 是否成立？若成立，转到(3)，否则终止并报错。

(3)求关于 $f(\mu)$ 正交的多项式系 $\{Q_i(x)\}_{i=1\sim 3}$。根据正交多项式递推关系($Q_0(x)=0$)，有

$$\begin{aligned}Q_3(x)&=(x-\beta_3)Q_2(x)-\sigma_2^2 Q_1(x)\\&=(x-\beta_3)[(x-\beta_2)(x-\beta_1)-\sigma_1^2]-\sigma_2^2(x-\beta_1)\\&=x^3+bx^2+cx+d\end{aligned}\tag{12-106}$$

式中，

$$\begin{cases}b=-(\beta_1+\beta_2+\beta_3)\\c=\beta_1\beta_2+\beta_1\beta_3+\beta_2\beta_3-\sigma_1^2-\sigma_2^2\\d=\beta_3\sigma_1^2+\beta_1\sigma_2^2-\beta_1\beta_2\beta_3\end{cases}\tag{12-107}$$

$$\beta_3=\frac{L_3}{N_2}-\frac{L_2}{N_1},\quad \sigma_2^2=\frac{N_2}{N_1}\tag{12-108}$$

关于式(12-107)、式(12-108)中系数的求解，根据前面 P_3 的计算，有

$$N_1=M_2-M_1^2\tag{12-109}$$

对应有

$$\begin{cases}a_{10}=-M_1\\a_{11}=1\\L_2=M_3-M_1M_2\\\beta_1=M_1\\\beta_2=\dfrac{M_3-M_1M_2}{M_2-M_1^2}-M_1\\\sigma_1^2=M_2-M_1^2\end{cases}\tag{12-110}$$

根据递推关系

$$a_{i+1,k}=a_{i,k-1}-\beta_{i+1}a_{ik}-\sigma_i^2 a_{i-1,k},k\leqslant i\tag{12-111}$$

得

$$\begin{cases}a_{20}=\beta_1\beta_2-\sigma_1^2=\dfrac{M_1(M_3-M_1M_2)}{M_2-M_1^2}-M_2\\a_{21}=-\beta_1-\beta_2-\sigma_1^2=\dfrac{M_1M_2-M_3}{M_2-M_1^2}-M_2+M_1^2\\a_{22}=a_{11}=1\end{cases}\tag{12-112}$$

再根据关系

$$N_i=\sum_{k=0}^{i}a_{ik}M_{k+i},\quad L_{i+1}=\sum_{k=0}^{i}a_{ik}M_{k+i+1}\tag{12-113}$$

求得

$$\begin{cases} N_2 = a_{20}M_2 + a_{21}M_3 + a_{22}M_4 \\ \quad = \dfrac{M_3 - M_1M_2}{M_2 - M_1^2}(M_1M_2 + M_3) - M_2(M_2 + M_3) + M_1^2M_3 + M_4 \\ L_3 = a_{20}M_3 + a_{21}M_4 + a_{22}M_5 \\ \quad = \dfrac{M_3 - M_1M_2}{M_2 - M_1^2}(M_1M_3 + M_4) - M_2(M_3 + M_4) + M_1^2M_4 + M_5 \end{cases} \tag{12-114}$$

把式(12-114)代入式(12-108)得到β_3、σ_2^2，由此得到$Q_3(x)$表达式中的系数b、c和d。

关于方程(12-106)根的求解，根据《数学手册》[31]，其表达式为

$$\begin{cases} x_1 = -\dfrac{b}{3} + \sqrt[3]{-\dfrac{q}{2} + \sqrt{\left(\dfrac{q}{2}\right)^2 + \left(\dfrac{p}{3}\right)^3}} + \sqrt[3]{\dfrac{q}{2} - \sqrt{\left(\dfrac{q}{2}\right)^2 + \left(\dfrac{p}{3}\right)^3}} \\ x_2 = -\dfrac{b}{3} + \omega\sqrt[3]{-\dfrac{q}{2} + \sqrt{\left(\dfrac{q}{2}\right)^2 + \left(\dfrac{p}{3}\right)^3}} + \omega^2\sqrt[3]{-\dfrac{q}{2} - \sqrt{\left(\dfrac{q}{2}\right)^2 + \left(\dfrac{p}{3}\right)^3}} \\ x_3 = -\dfrac{b}{3} + \omega^2\sqrt[3]{-\dfrac{q}{2} + \sqrt{\left(\dfrac{q}{2}\right)^2 + \left(\dfrac{p}{3}\right)^3}} + \omega\sqrt[3]{-\dfrac{q}{2} - \sqrt{\left(\dfrac{q}{2}\right)^2 + \left(\dfrac{p}{3}\right)^3}} \end{cases} \tag{12-115}$$

式中，

$$\begin{cases} p = c - \dfrac{b^2}{3} \\ q = \dfrac{2}{27}b^3 - \dfrac{bc}{3} + d \end{cases} \tag{12-116}$$

当$\Delta = (q/2)^2 + (p/3)^3 \leqslant 0$时，有3个实根。当$p < 0$时，3个根的三角余弦表达式为

$$\begin{cases} x_1 = -b/3 + 2\sqrt[3]{r}\cos\theta \\ x_2 = -b/3 + 2\sqrt[3]{r}\cos(\theta + 120) \\ x_3 = -b/3 + 2\sqrt[3]{r}\cos(\theta + 240) \end{cases} \tag{12-117}$$

式中，

$$r = \sqrt{-\left(\frac{p}{3}\right)^3}, \quad \theta = \frac{1}{3}\arccos\left(-\frac{q}{2r}\right) \tag{12-118}$$

此即P_5离散角余弦值，相应的离散角抽样概率为

$$p_i = \left[\frac{Q_0^2(x_i)}{N_0} + \frac{Q_1^2(x_i)}{N_1} + \frac{Q_2^2(x_i)}{N_2}\right]^{-1}, \quad i = 1,2,3 \tag{12-119}$$

例 12-1 ANISN格式$CaCO_3$中子二群宏观截面如表12-2所示，求其1→1群的P_1、P_3散射角余弦及概率。

表 12－2　ANISN 格式 $CaCO_3$ 中子二群宏观截面

g	$\Sigma_{t,g}$	$\Sigma_{s,0}^{g\to g}$	$\Sigma_{s,0}^{g\to g+1}$	$\Sigma_{s,1}^{g\to g}$	$\Sigma_{s,1}^{g\to g+1}$
1	3.30263E-1	3.14419E-1	1.30742E-2	9.43373E-2	4.81387E-3
2	5.42416E-1	4.86617E-1		1.73574E-1	
g	$\Sigma_{s,2}^{g\to g}$	$\Sigma_{s,2}^{g\to g+1}$	$\Sigma_{s,3}^{g\to g}$	$\Sigma_{s,3}^{g\to g+1}$	$\Sigma_{a,g}$
1	4.74588E-2	1.4586E-3	8.20433E-3	－1.54277E-3	2.7698E-3
2	7.48850E-2		1.32127E-2		5.5799E-2

解：(1)P_1 近似：

离散角个数 $n=1$，由 $Q_1(x)=x-M_1=0$，得 $\mu_1=M_1=0.10001$，$p_1=1$。

(2)P_3 近似：

离散角个数 $n=2$：

①求勒让德系数：$f_0=1$、$f_1=0.10001$、$f_2=0.03019$、$f_3=0.0037$；

②求矩：$M_0=1$、$M_1=0.10001$、$M_2=0.35346$、$M_3=0.061498$；

判断：若 $|\boldsymbol{C}_1|=0.34346>0$，转到③；

③求得离散角余弦：$\mu_1=-0.55125$、$\mu_2=0.62738$；

④相应的离散概率：$p_1=0.44745$、$p_2=0.55255$。

本节讨论了采用广义高斯求积法处理散射角分布关于勒让德多项式展开截断引起出负的问题，并通过引入复合 δ 函数分布，实现了离散角余弦值的抽样。这种处理的优点是：①近似角分布 $f^*(\mu)$满足非负假定，且为 p.d.f，易于抽样，有 n 个求积点，具有 $2n-1$ 阶精度；②对同一问题，不同物质、不同能群的转移概率、离散角余弦值和离散概率是唯一的，只计算一次，之后用 MC 法跟踪的每一个粒子历史，这些信息均可反复使用，相对于连续截面，多群存储量、计算量要少很多。多群计算的主要不足是：①因离散角较少，高能部分的前几次散射存在较强的射线效应；②点探测器估计(F5 计数)由于对角分布精度要求高，多群散射角分布无法满足精度要求，F5 计数失效。卡特(Carter)等给出了弥补这些不足的等概率阶梯函数法[76]，这种方法在一定程度上消除了射线效应的影响，使 F5 计数成为可能。

12.5　裂变谱

12.5.1　^{235}U 裂变谱

裂变中子的出射能量通常从裂变谱中抽样得到，由于不同裂变核的裂变谱差异很小，谱型基本一致，反应堆计算一般采用^{235}U 裂变谱，主要基于^{235}U 裂变谱研究得最多,其各项参数最清楚,因此其裂变谱常用作其他各种裂变谱的参考标准。

^{235}U 裂变谱服从麦克斯韦分布,基本形式为

$$\chi(E' \to E) = 2\sqrt{\frac{E}{\pi T^3(E')}}\exp\left[-\frac{E}{T(E')}\right] \tag{12-120}$$

式中,$T(E')$为谱形系数,依赖于入射中子能量 E'。

也可取平均能量 $\bar{E}$ 对应的近似谱型系数:

$$\bar{E} = \bar{E}_f + \frac{4}{3}\sqrt{\frac{(\upsilon+1)E_0}{2a}} \approx 0.74 + 0.65\sqrt{\upsilon+1} \tag{12-121}$$

式中,$\bar{E}_f = (0.74 \pm 0.02)$MeV 是折合到每个核子的裂变碎片动能的平均值;$E_0 \approx 6.7$ MeV 是每发射一个中子所引起碎片激发的能量;$a \approx 11$ MeV^{-1} 为表征碎片核能级密度的参量;0.65 是^{235}U 热裂变时对应能量 $\bar{E}$ 和裂变释放中子数 υ 的归一系数,理论上 a 值很难确定,故采用近似值;υ 为每次裂变放出的中子总数的平均值。

对于 3 个易裂变核素^{233}U、^{235}U 及^{239}Pu,υ 值随入射中子能量 E'变化,在测量误差范围内可以用直线拟合,由于三者的 $d\upsilon/dE'$足够接近,所以,可用如下拟合公式表示:

$$\begin{cases} \upsilon = \upsilon_0 + (0.077 \pm 0.014)E', & 0 \leqslant E' \leqslant 1 \text{ MeV} \\ \upsilon = \upsilon_0 - (0.073 \pm 0.011) + (0.147 \pm 0.003)E', & E' > 1 \text{ MeV} \end{cases} \tag{12-122}$$

式中,υ_0 对应于^{233}U、^{235}U 及^{239}Pu 相应低能段拟合式中令 $E'=0$ 所得的"最佳热裂变 υ 值"。

表 12-3 给出了上述 3 种常用裂变核素对应的 υ_0 值(无量纲)。反应堆两群计算中,裂变中子数平均值通常就按式(12-122)取近似值[77]。

表 12-3 ^{233}U、^{235}U 及^{239}Pu 对应的 υ_0 值

裂变核素	υ_0	入射能量范围/MeV
^{235}U	2.432 ±0.007	$0 \leqslant E' \leqslant 1$
	2.349 ±0.011	$E' > 1$
^{239}Pu	2.867 ±0.017	$0 \leqslant E' \leqslant 1$
	2.907 ±0.029	$E' > 1$
^{233}U	2.482 ±0.004	$0 \leqslant E' \leqslant 1$
	2.412 ±0.029	$E' > 1$

裂变谱形式为

$$\chi(E' \to E) = C(E')\sqrt{E}\exp\left[-\frac{E}{T(E')}\right] \tag{12-123}$$

式中，$C(E')$为归一化系数。

MCNP 程序中[36]，谱型系数 T 按能量分成四段近似，每段对应的谱型系数 T 取值如下：

$$T = \begin{cases} 1.2, C = 0.85839 \Rightarrow \bar{E} = 1.8\ \text{MeV}, E' \leqslant 1.8\ \text{MeV} \\ 1.3, C = 0.76127 \Rightarrow \bar{E} = 1.95\ \text{MeV}, 1.8\ \text{MeV} \leqslant E' \leqslant 2.1\ \text{MeV} \\ 1.4, C = 0.68118 \Rightarrow \bar{E} = 2.1\ \text{MeV}, 2.1\ \text{MeV} \leqslant E' \leqslant 2.13\ \text{MeV} \\ 1.42, C = 0.66684 \Rightarrow \bar{E} = 2.13\ \text{MeV}, E' \geqslant 2.13\ \text{MeV} \end{cases} \tag{12-124}$$

在多群输运计算中，把考虑入射能量变化的裂变谱称为矩阵裂变谱，取平均能量对应的裂变谱为向量裂变谱，下面具体说明。

(1)矩阵裂变谱。考虑入射能群对裂变谱的影响，则式(12－120)对应的多群裂变谱形式

$$\chi_{g' \to g} = 2\sqrt{\frac{E_g}{\pi T^3(E_{g}')}}\exp[-E_g/T(E_{g}')],$$
$$g' = 1,2,\cdots,G;\ g = g',\ g'+1,\cdots,G \tag{12-125}$$

为 $G \times G$ 矩阵。

(2)向量裂变谱。取平均能量 $\bar{E}$，对^{235}U，$\bar{E} = 1.942$ MeV、$T = 2\bar{E}/3 = 1.295$，以此平均能量对应的裂变谱作为标准谱，则式(12－120)对应的多群裂变谱形式

$$\chi_g = 2\sqrt{\frac{E_g}{\pi \bar{T}^3}}\exp(-E_g/\bar{T}),\ g = 1,2,\cdots,G \tag{12-126}$$

为 $G \times 1$ 向量。

在反应堆计算中，使用向量裂变谱或矩阵裂变谱，计算结果差异不大，但对瞬态问题，裂变谱的差异会随着时间的积累显现出来。因此，对瞬态问题，最好使用矩阵裂变谱。数值实验结果表明，对以铀为主要燃料的轻水反应堆，采用^{235}U 平均能量对应的向量裂变谱计算，结果是可靠的。但对加速器驱动的次临界系统(accelerator driving subcriticality，ADS)，计算表明矩阵裂变谱的计算结果与实验结果更靠近，而向量裂变谱的结果则存在一定的偏差。考虑到多群截面本身与构型有关，所以，选择裂变谱形式时，也需要考虑构型。

12.5.2　瓦特裂变谱

在热能区，裂变中子的能量分布更接近瓦特(Watt)裂变谱，瓦特裂变谱的基

本形式为

$$\chi(E' \to E) = c\exp\left[-\frac{E}{a(E')}\right]\mathrm{sh}\sqrt{b(E')E}, \quad 0 \leqslant E \leqslant E_0 \quad (12-127)$$

式中，系数 a、b 依赖于入射中子能量 E'；c 为归一化系数。

由归一条件 $\int_0^{E_0}\chi(E' \to E)\mathrm{d}E = 1$，求得

$$c^{-1} = \frac{1}{2}\sqrt{\frac{\pi a^3 b}{4}}\exp\left(\frac{ab}{4}\right)\left[\mathrm{erf}\left(\sqrt{\frac{E'-E_0}{a}} - \sqrt{\frac{ab}{4}}\right) + \mathrm{erf}\left(\sqrt{\frac{E'-E_0}{a}} + \sqrt{\frac{ab}{4}}\right)\right] - a\exp\left(-\frac{E'-E_0}{a}\right)\mathrm{sh}\sqrt{b(E'-E_0)} \quad (12-128)$$

采用排斥法，抽样得到出射中子能量 E 的抽样值为

$$E = -ag\ln\xi \quad (12-129)$$

式中，

$$g = \sqrt{\left(1+\frac{ab}{8}\right)^2 - 1} + \left(1+\frac{ab}{8}\right) \quad (12-130)$$

如果

$$[(1-g)(1-\ln\xi_1) - \ln\xi_2]^2 > bE \quad (12-131)$$

那么 E 被排斥，重新抽样；反之，式(12-129)产生的能量抽样值有效。

12.6 多群 MC 程序 MCMG

MCMG 程序是作者早年就读博士期间的研究工作之一[74]，其是针对反应堆临界和屏蔽计算研制开发的一个三维多群 MC 程序，用于求解中子、光子及伴随输运计算。前面几节介绍了多群 MC 算法已融入 MCMG 程序中，此外，MCMG 程序还发展了有一定独到特色的算法，下面予以介绍。

12.6.1 多群截面库

MCMG 程序配备了两个 ANISN 格式的多群截面库，分别为：

(1)47 群中子(含 5 群上散射)，20 群光子 P_5 截面库，采用 BUGLE/96 群结构，主要用于屏蔽计算；

(2)172 群中子(含 40 群上散射)，30 群光子 P_5 截面库，主要用于堆芯计算。

基础数据来自于 ENDF/B-VII 库，用 NJOY 程序制作加工而成。

多群截面中，除了标准 ANISN 格式提供 $\sigma_{t,g}$、$\nu\sigma_{f,g}$、$\sigma_{a,g}$、$\sigma_{s,g}$ 外，还增加了裂变截面 $\sigma_{f,g}$，这样可以计算得到每次裂变放出的中子数为：

$$\nu_g = \frac{\nu\sigma_{f,g}}{\sigma_{f,g}} \tag{12-132}$$

这与在热群取 $\nu_g = 2.43$，在快群取 $\nu_g = 2.54$ 的近似处理相比，显然要准确一些。

12.6.2　基于物质的碰撞机制

目前，MC 中子/光子输运程序普遍采用针对核的碰撞反应机制，当中子/光子与物质发生作用时，根据组成该物质的各核素所占份额及概率，通过抽样确定碰撞核及反应类型。在反应堆输运-燃耗耦合计算中，随着裂变产物的增加，核素数目往往多于物质数目，若采用针对核的碰撞反应机制计算所有核素的转移矩阵、转移概率及离散角余弦，其计算量和存储量将大幅增加，弱化了多群 MC 方法计算效率高的优势。由于反应堆计算主要关心的中子注量及其经过注量响应得到的功率等物理量，于是，研究中想到了把核素合成为物质，在保留针对核的碰撞反应机制的同时，发展同样适合物质的碰撞反应机制[78]。

设物质 k 由 m 种核素组成，每种核素的核子数为 $n_i(i=1,2,\cdots,m)$，根据组成物质 k 的各核素的比例，合成 k 物质的截面为

$$\sigma_{x,g}(k) = \sum_{i=1}^{m} n_i \sigma_{x,g}^{(i)}, \quad x = \mathrm{t}, \mathrm{a}, \mathrm{f} \tag{12-133}$$

$$\sigma_{\mathrm{s}}^{g' \to g}(k) = \sum_{i=1}^{m} n_i \sigma_{\mathrm{s},i}^{g' \to g} \tag{12-134}$$

式中，t、a、f、s 分别表示总截面、吸收截面、裂变截面和散射截面。

如果 $\nu\sigma_{f,g} \neq 0$，则合成裂变物质的裂变谱的计算公式为

$$\chi_g(k) = \frac{\sum_{i=1}^{m} n_i \nu\sigma_{f,g}^{(i)} \chi_g^{(i)}}{\sum_{i=1}^{m} n_i \nu\sigma_{f,g}^{(i)}} \tag{12-135}$$

每次裂变反应释放出的中子数由式(12-132)计算得到。

数值实验表明，在多数情况下，此算法关于物质的碰撞机制及计算精度有一定保障，计算效率高，且占用内存少。

12.6.3　多群-连续能量耦合

众所周知，MC 连续截面输运计算具有精度高的优点，但存在计算耗时多、内存消耗大的不足。原因是粒子与核发生碰撞后，粒子的出射能量和方向需要重新计算，之前的粒子的信息不能复用。相比之下，多群截面需要的存储量较连续能量截面需要的存储量少得多，加之针对每个核(或物质)的散射转移概率及离散角余

弦只需要计算一次,之后每个被跟踪的粒子均可使用。这是多群计算较连续能量截面计算快数倍的原因。多群计算结果与连续能量计算结果的主要差异出现在共振区。

与确定论方法一样,多群计算面临的主要难题是共振处理。于是,自然就会联想能不能找到能够发挥两种能量处理各自的优势的算法。在作者的早年研究工作中,首次提出了一种能量耦合处理方法,其基本思想其实很简单,即对能量进行分段(通常分两段即可),给定一个连续截面与多群截面的分界能量 E_0,当中子能量 $E<E_0$ 时,采用连续截面计算;当中子能量 $E\geqslant E_0$ 时,采用多群截面计算。E_0 的选取就以共振区为界[79]。

12.6.4 方法有效性验证

选择如图 12-5 所示的 ITER 简化模型,模型特点:①含氢;②深次临界。该模型对截面参数十分敏感。该模型假设模型几何形状、材料成分不变,模拟分临界和外源两种情况,并以全程采用连续截面的 MCNP 结果为标准,比较 MCNP 结果、全程多群计算结果和多群-连续能量耦合计算结果。多群计算采用 172 群 P_5 中子截面库。

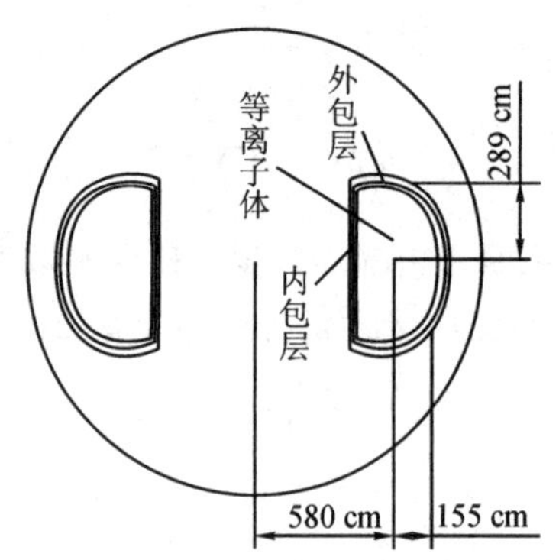

图 12-5　ITER 包层计算模型简化图

1. 临界计算

临界计算中共模拟 150 代,去掉前 30 代,统计后 120 代,每代跟踪 50000 个中子历史。耦合计算分段能量取 $E_0=4$ eV。表 12-4 给出了系统 k_{eff} 的计算结果比较。表 12-5 给出了燃料区和水区的中子通量结果比较及二者与 MCNP 标准结果的偏差;图 12-6 分别给出了燃料区和水区的中子通量能谱比较。从系统 k_{eff} 的计算来看,多群结果与 MCNP 结果偏差达 -0.7%,超过了 k_{eff} 对精度的要求;耦合计算 k_{eff} 偏差为 0.25%,满足 k_{eff} 对精度的要求。从能谱比较来看,多群与连续截面结果差异主要出现在 0～4 eV 的热能区，通过耦合计算，消除了存在的差异。

表 12－4　系统 k_{eff} 的计算结果比较及各结果与 MCNP5 标准结果的偏差

MCNP5	MCMG		MCMG_CO	
	结果	偏差/%	结果	偏差/%
0.49901	0.49199	－0.7	0.50151	0.25

注：CO 表示多群-连续能量耦合计算（下同）。

表 12－5　燃料区和水区的中子通量结果比较及二者与 MCNP5 标准结果的偏差

计数区	MCNP5	MCMG		MCMG_CO	
		结果	偏差/%	结果	偏差/%
燃料区	1.09217E-06	1.10578E-06	1.36	1.09940E-06	0.72
水区	1.08701E-06	1.10544E-06	1.84	1.09876E-06	1.18

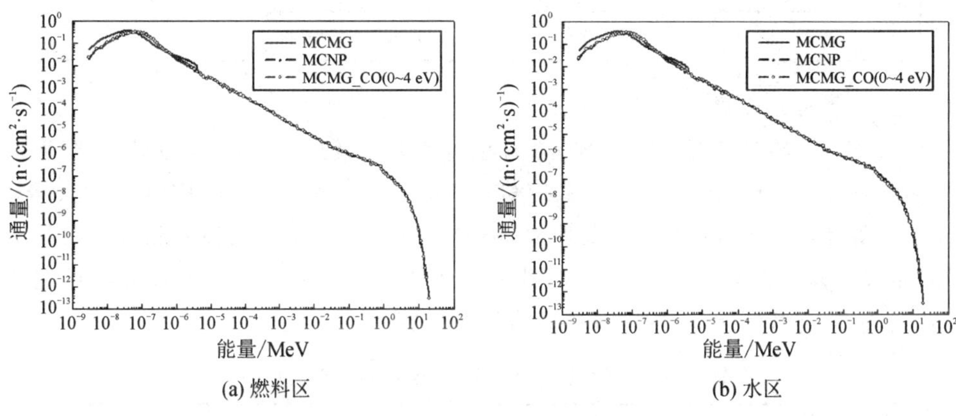

图 12－6　燃料区及水区的中子通量能谱比较

2. 外源计算

采用相同的模型（见图 12－5），采用外源模式计算。源位于球心，采用 14.1 MeV 氘-氚（D-T）中子点源，方向按各向同性发射。图 12－7 给出了燃料区及水区的中子通量能谱比较，表 12－6 给出了不同程序燃料区和水区中子通量计算结果的比较及与 MCNP 标准结果的偏差。可以看出全程采用多群计算（MCMG）与 MCNP 结果在 4 eV 以上结果几乎完全一致，在 4 eV 以下存在明显差异，主要是多群共振及热散射截面存在的不足，这一部分按连续截面处理。结果表明，耦合计算取得了与全程采用连续截面计算几乎一致的结果。

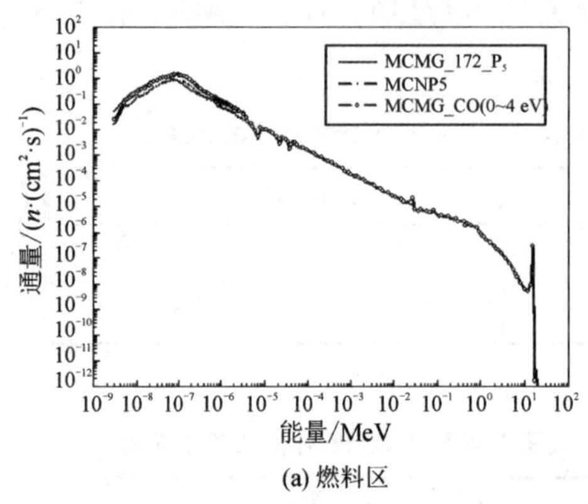

(a) 燃料区

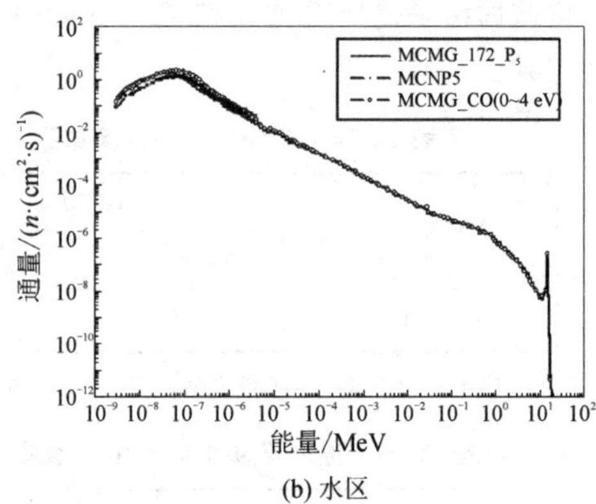

(b) 水区

图 12-7 燃料区及水区的中子通量能谱比较

表 12-6 燃料区和水区中子通量计算结果比较及二者与 MCNP5 标准结果的偏差

计数区	MCNP5	MCMG	偏差/%
燃料区	5.30369E-06	5.35832E-06	5.46
水区	5.16725E-06	5.23858E-06	7.13

3. 计算时间比较

表 12-7 给出了两个模型不同程序的计算时间及加速比较，比较显示，全程采用多群计算速度较 MCNP 可提高 2 倍以上，耦合计算速度较 MCNP 提高近 2 倍。说明多群计算在工程应用中优势明显，随着模型材料复杂度的提高和材料数的增加，多群计算及多群-连续耦合计算的效率较连续计算效率方面的优势会更加突出。目前对屏蔽问题，采用多群计算的效果是显著的。

表 12-7 两个模型不同程序的计算时间及加速比

程序 模型	MCNP5 /min	MCMG /min	MCMG_CO /min	加速比 MCMG_CO/MCNP	加速比 MCMG/MCNP
临界	20.07	8.07	9.63	2.08	2.49
外源	20.01	9.06	10.60	1.89	2.21

注：计算机为 ThinkPad T400。

4. 基准临界计算

表 12-8 给出了来自于 ICSBEP 的部分国际基准模型 MCMG 与 MCNP 计算结果的比较，偏差均在 60 pcm 内。

表 12-8　临界基准 MCMG 与 MCNP 计算的结果比较

模型	MCMG					MCNP
	24 群	32 群	47-20 群	173-40 群	173-27-32 群	点截面
Godiva	0.992790 (0.0003)	0.994113 (0.0003)	1.001713 (0.0003)	1.001264 (0.0003)	1.001864 (0.0006)	0.994113 (0.0003)
Jezebel	0.999091 (0.0004)	0.999987 (0.0003)	1.004226 (0.0004)	1.003837 (0.0003)	0.974445 (0.0003)	0.999987 (0.0003)
M1bB5	0.994673 (0.0003)	0.997611 (0.0003)	1.004145 (0.0003)	1.002712 (0.0003)	1.003263 (0.0004)	0.997611 (0.0003)
m3b6	0.996231 (0.0003)	0.997509 (0.0003)	1.001033 (0.0003)	1.000898 (0.0003)	0.967808 (0.0003)	0.997509 (0.0003)
m5B7	0.993108 (0.0008)	1.000240 (0.0007)	1.001086 (0.0003)	1.003718 (0.0008)	0.979503 (0.0003)	1.004166 (0.0007)
m6B5	0.998205 (0.0004)	1.003804 (0.0003)	1.003143 (0.0003)	1.002360 (0.0003)	1.002844 (0.0003)	0.992395 (0.0004)
m7B6	0.993890 (0.0003)	1.002441 (0.0003)	1.001562 (0.0004)	1.002471 (0.0004)	1.001947 (0.0004)	1.000487 (0.0004)
HMF12	0.986482 (0.0003)	0.995403 (0.0003)	1.003434 (0.0003)	1.002832 (0.0003)	0.994458 (0.0003)	0.994195 (0.0003)

5. 20 cm 铁球模型

此处设计了简单的一维铁球模型，采用 14.1 MeV 中子点源（位于球心）及相同的多群截面参数，模拟球内的中子和光子通量分布。分别利用 ANISN 和 MCMG 多群和连续截面 MCNP 程序进行计算并比较，以考查程序及多群截面参数的正确性。图 12-8 给出了计算结果的比较。

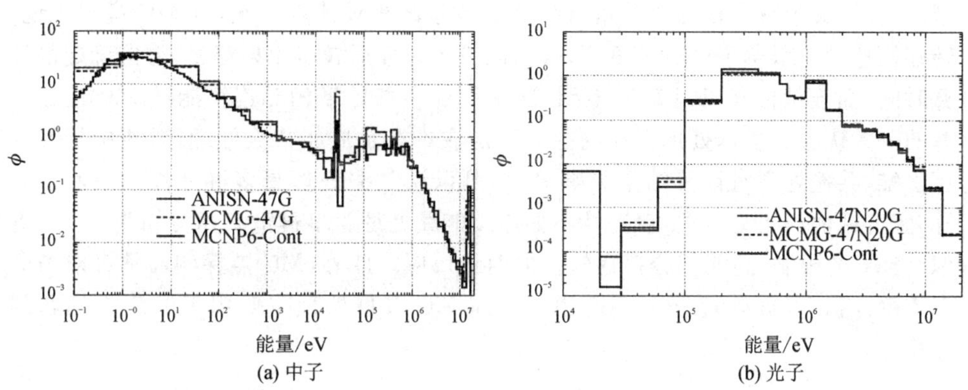

(a) 中子　(b) 光子

图 12-8　20 cm 铁球内中子、光子通量的计算结果比较

6. 20 cm 铝球模型

20 cm 铝球模型与 20 cm 铁球模型除材料不同外，其他条件均相同。图 12－9 给出了中子和光子通量的计算结果比较。模拟分别采用一维 S_N 程序 ANISN、MC 输运程序 MCNP 和 MCMG 程序。

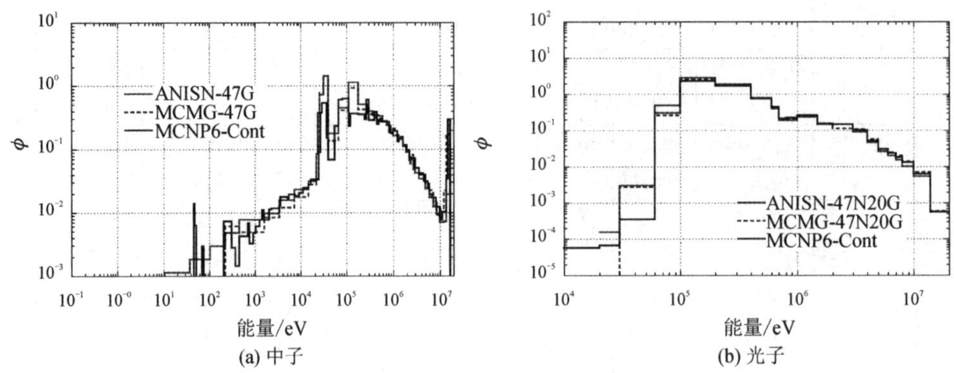

图 12－9　20 cm 铝球内中子、光子通量的计算结果比较

比较显示，采用多群参数 ANISN 与 MCMG 计算的 k_{eff}，中子和光子通量符合得很好，总体上多群的计算结果与 MCNP 连续截面的结果也符合得较好，表明 MCMG 程序和制作的多群截面参数是正确的。

12.7　小结

确定论方法求解输运方程基本采用多群计算。相比之下，MC 方法求解输运问题，既可以采用连续能量处理，也可以采用多群求解。与连续能量点截面处理相比，多群截面要简单得多，不仅占用内存少，而且多群碰撞机制简单灵活。由于模型确定后，关于每个核的离散角余弦值及转移概率只计算一次，对 MC 模拟来说，转移概率及离散角余弦的可复用，大大减少了碰撞后粒子出射能量、方向确定的计算时间，而连续能量处理却做不到，这是 MC 多群计算相对连续能量 MC 输运计算的一大优势。多群处理存在的主要不足或难点是低能共振处理，对热中子裂变压水堆，共振处理对计算结果影响显著，可以说共振处理是多群计算的核心。另外，多群截面与构型有关，普适性不如连续能量处理。多群散射角分布采用 P_N 近似，受 N 的限制，高能部分存在较强的射线效应。此外，MC 点探测器估计对角分布依赖性强，多群处理基本不适用。目前 MC 多群处理主要用于屏蔽类问题的计算。

第 13 章　降低方差的技巧

选择合理的、具有理论指导作用的随机概型，通过偏倚抽样来降低方差，进而可提高模拟计算精度和计算效率。为此，设计一个接近于常数估计量的算法，使其统计量方差达到极小，而计算时间没有显著增加，以使 FOM 值达到极大。这就是 MC 算法潜心研究的问题。MC 降低方差的技巧有很多，但大多数技巧是针对特定目标量设计的。早年针对全局量的降低方差技巧只有俄罗斯轮盘赌和分裂技巧，主要针对几何空间进行偏倚，之后又发展了方向偏倚、指数变换、权窗等技巧。近年来，针对反应堆全堆芯 pin 功率计算，又先后发展了均匀裂变位置(uniform fission site, UFS)算法和均匀计数密度(uniform tally density, UTD)算法，本章将一并介绍。

13.1　重要抽样

正如所知，常数的方差为零。这启发人们去寻找或构造使问题的解接近常数的抽样技巧或算法。考虑到输运计算中的所有问题均可归结为泛函 I 的求解，有

$$I=\langle \phi,g\rangle=\int \phi(\boldsymbol{P})g(\boldsymbol{P})\mathrm{d}\boldsymbol{P} \tag{13-1}$$

式中，$g(\boldsymbol{P})$为响应函数；角通量 $\phi(\boldsymbol{P})$满足

$$\phi(\boldsymbol{P})=S(\boldsymbol{P})+\int K(\boldsymbol{P}'\to\boldsymbol{P})\phi(\boldsymbol{P}')\mathrm{d}\boldsymbol{P}' \tag{13-2}$$

把响应函数 $g(\boldsymbol{P})$作为源，构造式(13-2)的伴随方程(又称共轭方程)

$$\phi^*(\boldsymbol{P})=g(\boldsymbol{P})+\int K^*(\boldsymbol{P}'\to\boldsymbol{P})\phi^*(\boldsymbol{P}')\mathrm{d}\boldsymbol{P}' \tag{13-3}$$

式中，输运核 K 与共轭核 K^* 之间满足

$$K^*(\boldsymbol{P}'\to\boldsymbol{P})=K(\boldsymbol{P}\to\boldsymbol{P}') \tag{13-4}$$

式(13-2)两端同乘 $\phi^*(\boldsymbol{P})$减去式(13-3)两端同乘 $\phi(\boldsymbol{P})$并对 $\boldsymbol{P}$ 积分，得到泛函 I 的两种求解途径：

$$I=\langle \phi,g\rangle=\int \phi(\boldsymbol{P})g(\boldsymbol{P})\mathrm{d}\boldsymbol{P}=\int \phi^*(\boldsymbol{P})S(\boldsymbol{P})\mathrm{d}\boldsymbol{P}=\langle \phi^*,S\rangle \tag{13-5}$$

即泛函 I 可通过 ϕ 求得，也可通过 ϕ^* 求得。伴随方程的求解过程是原过程直接求解的逆过程，输运方程的这层关系，使很多复杂的正算问题可以转化为求解伴随输运方程问题。

13.1.1　伴随方程及作用

为了说明伴随方程的意义，假定需要计算如下积分：

$$I_i = \int \phi_i(\boldsymbol{P}) g(\boldsymbol{P}) \mathrm{d}\boldsymbol{P}, i = 1, 2, \cdots, L \tag{13-6}$$

式中，$\phi_i(\boldsymbol{P})$满足输运方程：

$$\phi_i(\boldsymbol{P}) = S^{(i)}(\boldsymbol{P}) + \int K(\boldsymbol{P}' \rightarrow \boldsymbol{P}) \phi_i(\boldsymbol{P}') \mathrm{d}\boldsymbol{P}' \tag{13-7}$$

这相当于解源的微扰问题。常规的做法是先通过解方程(13－7)求出所有解$\phi_1(\boldsymbol{P}), \phi_2(\boldsymbol{P}), \cdots, \phi_L(\boldsymbol{P})$，然后代入式(13－6)通过求卷积积分便得到$I_i$。因为求每个$\phi_i(\boldsymbol{P})$的计算量很大，完成全部泛函$I_i$的求解，总计算量将是非常巨大的。而从式(13－5)可以看出，如果解伴随方程求出ϕ^*，通过计算卷积积分便可获得泛函I_i：

$$I_i = \int \phi^*(\boldsymbol{P}) S^{(i)}(\boldsymbol{P}) \mathrm{d}\boldsymbol{P}, i = 1, 2, \cdots, L \tag{13-8}$$

显然后者相对前者的计算量要少得多，因为后者的主要计算量在求ϕ^*上，但只计算一次，相比之下，计算泛函I_i的卷积积分的计算量几乎可以忽略不计。因此，用共轭解求源微扰问题是非常经济的。除了微扰问题外，其他物理量的微扰均可用伴随(又称共轭)方程解得。

目前，截面参数的微小变化，对系统k_{eff}的影响分析，多采用求伴随方程的解来实现。此外，在反应堆通过控制棒实现临界搜索中，也使用了伴随解。当然，在MC粒子输运中，伴随解用得最多的还是作为MC正算的价值函数，其可指导俄罗斯轮盘赌、分裂，并提供重要区的粒子统计信息。

下面讨论价值函数的产生及应用。

13.1.2　价值函数的构造

任意选取一个正值函数$J(\boldsymbol{P})>0$，在式(13－2)两端同乘以$J(\boldsymbol{P})$，得到$\tilde{\phi}$的方程

$$\tilde{\phi}(\boldsymbol{P}) = \tilde{S}(\boldsymbol{P}) + \int \tilde{K}(\boldsymbol{P}' \rightarrow \boldsymbol{P}) \tilde{\phi}(\boldsymbol{P}') \mathrm{d}\boldsymbol{P}' \tag{13-9}$$

这相当于对角通量ϕ进行偏倚。式中，

$$\begin{cases} \tilde{\phi}(\boldsymbol{P}) = \phi(\boldsymbol{P}) J(\boldsymbol{P}) \\ \tilde{S}(\boldsymbol{P}) = S(\boldsymbol{P}) J(\boldsymbol{P}) \\ \tilde{K}(\boldsymbol{P}' \rightarrow \boldsymbol{P}) = K(\boldsymbol{P}' \rightarrow \boldsymbol{P}) J(\boldsymbol{P}) / J(\boldsymbol{P}') \end{cases} \tag{13-10}$$

定义粒子终止游动的概率，也称为吸收概率 $\tilde{\alpha}(\boldsymbol{P}')$ 为

$$\tilde{\alpha}(\boldsymbol{P}') = 1 - \tilde{\beta}(\boldsymbol{P}') = 1 - \int \tilde{K}(\boldsymbol{P}' \to \boldsymbol{P})\mathrm{d}\boldsymbol{P}$$

$$= \frac{J(\boldsymbol{P}') - \int K(\boldsymbol{P}' \to \boldsymbol{P})J(\boldsymbol{P})\mathrm{d}\boldsymbol{P}}{J(\boldsymbol{P}')} \tag{13-11}$$

式中，$\tilde{\beta}(\boldsymbol{P}')$ 为散射概率。

交换变量 $\boldsymbol{P}$ 与 $\boldsymbol{P}'$ 的次序，并作适当变换得到价值函数 J 满足的方程

$$J(\boldsymbol{P}) = R(\boldsymbol{P}) + \int K(\boldsymbol{P} \to \boldsymbol{P}')J(\boldsymbol{P}')\,\mathrm{d}\boldsymbol{P}' \tag{13-12}$$

式中，$R(\boldsymbol{P})$ 为新的源项，定义为

$$R(\boldsymbol{P}) = \tilde{\alpha}(\boldsymbol{P})J(\boldsymbol{P}) \geqslant 0 \tag{13-13}$$

上面引进的 3 个函数 $J(\boldsymbol{P})$、$\tilde{S}(\boldsymbol{P})$、$\tilde{\beta}(\boldsymbol{P})$ 满足以下条件：

$$\begin{cases} J(\boldsymbol{P}) > 0 \\ \int \tilde{S}(\boldsymbol{P})\mathrm{d}\boldsymbol{P} = \int S(\boldsymbol{P})J(\boldsymbol{P})\mathrm{d}\boldsymbol{P} = 1 \\ \tilde{\beta}(\boldsymbol{P}) = \int \tilde{K}(\boldsymbol{P}' \to \boldsymbol{P})\mathrm{d}\boldsymbol{P} = \int K(\boldsymbol{P}' \to \boldsymbol{P})J(\boldsymbol{P})/J(\boldsymbol{P}')\,\mathrm{d}\boldsymbol{P}' \leqslant 1 \end{cases} \tag{13-14}$$

依据式(13-9)，构造终止游动概率为 $\tilde{\alpha}(\boldsymbol{P})$ 的随机游动。设粒子游动链长为 k，即有 $\tilde{\alpha}(\boldsymbol{P}_1) = \tilde{\alpha}(\boldsymbol{P}_2) = \cdots = \tilde{\alpha}(\boldsymbol{P}_{k-1}) = 0$，$\tilde{\alpha}(\boldsymbol{P}_k) = 1$。参照第 10 章的讨论，得到 I 的两种无偏估计。

(1)吸收估计：

$$\hat{I}^{(a)} = \tilde{w}_k g(\boldsymbol{P}_k)/\tilde{\alpha}(\boldsymbol{P}_k) \tag{13-15}$$

(2)碰撞估计：

$$\hat{I}^{(c)} = \sum_{m=0}^{k} \tilde{w}_m g(\boldsymbol{P}_m) \tag{13-16}$$

式中，粒子权重为

$$\tilde{w}_m = \frac{S(\boldsymbol{P}_0)}{\tilde{S}(\boldsymbol{P}_0)} \prod_{l=1}^{m} \frac{K(\boldsymbol{P}_{l-1} \to \boldsymbol{P}_l)}{\tilde{K}(\boldsymbol{P}_{l-1} \to \boldsymbol{P}_l)} \tag{13-17}$$

式(13-15)和式(13-16)给出的两种估计与第 10 章给出的发射密度的两种估计相同，只是源为首次碰撞源。根据式(13-10)、式(13-17)，经过简单运算得到

$$\tilde{w}_m = \frac{1}{J(\boldsymbol{P}_0)} \prod_{l=1}^{m} \frac{J(\boldsymbol{P}_{l-1})}{J(\boldsymbol{P}_l)} = \frac{1}{J(\boldsymbol{P}_m)} \tag{13-18}$$

再将式(13-18)代入式(13-15)和式(13-16)，得到吸收估计表达式

$$\hat{I}^{(a)} = \frac{g(\boldsymbol{P}_k)}{J(\boldsymbol{P}_k) \times \tilde{\alpha}(\boldsymbol{P}_k)} \tag{13-19}$$

和碰撞估计表达式

$$\hat{I}^{(c)} = \sum_{m=0}^{k} g(\boldsymbol{P}_m)/J(\boldsymbol{P}_m) \tag{13-20}$$

两个表达式均不含权重，这说明粒子在游动过程中权重保持不变，不同的只是把记录函数变为

$$\tilde{g}(\boldsymbol{P}) = g(\boldsymbol{P})/J(\boldsymbol{P}) \tag{13-21}$$

显然有

$$I = \int \phi(\boldsymbol{P}) g(\boldsymbol{P}) \mathrm{d}\boldsymbol{P} = \int \tilde{\phi}(\boldsymbol{P}) \tilde{g}(\boldsymbol{P}) \mathrm{d}\boldsymbol{P} \tag{13-22}$$

由此说明用 J 偏倚 ϕ 后，计算结果是无偏的。下面讨论如何选取最佳的偏倚函数 J 使估计量 I 的方差达到极小。不妨取 $J(\boldsymbol{P}) = c\phi^*(\boldsymbol{P})$，代入式(13－14)的第二式，有

$$c\int S(\boldsymbol{P})\phi^*(\boldsymbol{P})\mathrm{d}\boldsymbol{P} = c\int g(\boldsymbol{P})\phi(\boldsymbol{P})\mathrm{d}\boldsymbol{P} = cI = 1$$

求得 $c = 1/I$，即有

$$J(\boldsymbol{P}) = \phi^*(\boldsymbol{P})/I \tag{13-23}$$

把式(13－23)代入式(13－21)，得到

$$\tilde{g}(\boldsymbol{P}) = g(\boldsymbol{P}) \times I/\phi^*(\boldsymbol{P}) \tag{13-24}$$

把式(13－23)代入式(13－11)，并交换变量 $\boldsymbol{P}$、$\boldsymbol{P}'$ 的次序，得到偏倚吸收概率

$$\tilde{\alpha}(\boldsymbol{P}) = \frac{\phi^*(\boldsymbol{P}) - \int K(\boldsymbol{P} \to \boldsymbol{P}')\phi^*(\boldsymbol{P}')\mathrm{d}\boldsymbol{P}'}{\phi^*(\boldsymbol{P})} = \frac{g(\boldsymbol{P})}{\phi^*(\boldsymbol{P})} \tag{13-25}$$

把式(13－25)、式(13－23)代入式(13－19)，得到泛函 I 的吸收估计表达式

$$\hat{I}^{(a)} = \frac{g(\boldsymbol{P}_k) \times I/\phi^*(\boldsymbol{P}_k)}{g(\boldsymbol{P}_k)/\phi^*(\boldsymbol{P}_k)} = I$$

把式(13－23)代入式(13－20)，并利用式(13－11)，得到泛函 I 的碰撞估计表达式

$$\hat{I}^{(c)} = I\sum_{m=0}^{k} \frac{\phi^*(\boldsymbol{P}_m) - \int K^*(\boldsymbol{P}' \to \boldsymbol{P}_m)\phi^*(\boldsymbol{P}')\mathrm{d}\boldsymbol{P}'}{\phi^*(\boldsymbol{P}_m)} = I\sum_{m=0}^{k}\tilde{\alpha}(\boldsymbol{P}_m) = I\tilde{\alpha}(\boldsymbol{P}_k) = I$$

也就是说，对每一个粒子游动链，估计量均不变，为一常数，因而方差为零。但仔细观察发现，偏倚函数 $J(\boldsymbol{P})$ 中涉及 I，而 I 是待求量。因此，用当前 $J(\boldsymbol{P})$ 作为价值函数来偏倚 ϕ 是没有实际意义的。不过这至少启发人们去思考并寻找接近“零”方差的价值函数。实践证明，取 ϕ^* 作为 ϕ 的偏倚函数，可使 ϕ 的估计量的方差达到最小。

针对空间偏倚的价值函数或按几何块给出，或按网格给出。

13.2　常用降低方差技巧

MC 降低方差技巧本质上就是偏倚抽样，其中俄罗斯轮盘赌（以下简称“赌”）、分裂技巧成熟度最高，适合全局计数。13.1 节讨论了用伴随方程的解作为价值函数，用于指导输运计算的源偏倚和碰撞中的赌和分裂，可有效提高估计量的计数率，降低估计量的统计误差。具体来说，就是当粒子从价值低的区域进入价值高的区域时，进行分裂，增加高价值区的粒子轨迹数目；反之，进行赌，减少低价值区的粒子轨迹数目。本节讨论价值函数的产生和使用，包括几种粒子输运计算中常用的技巧[8,40]。

13.2.1　赌与分裂

1. 赌

分裂是增加分支的过程，赌则是减少分支的过程。引入赌就必然有输赢之分。设赌赢的概率为 $p(0<p<1)$，则赌输的概率为 $1-p$。同理，定义赌赢泛函 I_p 如下：

$$I_p=\int_G g(\boldsymbol{P})\phi(\boldsymbol{P})\mathrm{d}\boldsymbol{P}/p=I/p \tag{13-26}$$

则原泛函 I 可以按输、赢表示为

$$I=p\times I_p+(1-p)\times 0 \tag{13-27}$$

即泛函 I 服从二项分布。显然 $I_p>I$，即赌赢时，收获值超过它的原值；反之，收获值为零。在粒子输运计算中，赌赢就是权重变大的过程，相当于把赌输的权重交给了赌赢的一方。通过赌可达到减少不重要区域粒子轨迹的目的。

归纳起来，分裂是权重减少的过程，赌是权重增大的过程。分裂和赌均服从二项分布，需同时使用。使用赌、分裂技巧时，输赢概率应控制在一个合理的范围内，避免计数涨落过大，导致统计误差不降反增。

2. 分裂

分裂就是通过权重的减小来增加分支数，目的是提高到达探测器的粒子轨迹数目，降低方差。下面给出实现途径。

设 $n>1$ 为一整数，把响应函数 $g(\boldsymbol{P})$ 分为 n 份，每份为 $g_i(\boldsymbol{P})=g(\boldsymbol{P})/n$，则泛函 I 可以写为

$$I=\int\phi(\boldsymbol{P})g(\boldsymbol{P})\mathrm{d}\boldsymbol{P}=\sum_{i=1}^{n}I_i \tag{13-28}$$

式中，

$$I_i=\int\phi(\boldsymbol{P})g_i(\boldsymbol{P})\mathrm{d}\boldsymbol{P},\ i=1,2,\cdots,n \tag{13-29}$$

为估计量 I 的一个分支，相当于把对泛函 I 的计算转化为 n 个分支 I_i 的计算，每

个 $g_i(\boldsymbol{P})$为原来的记录函数 $g(\boldsymbol{P})$的 $1/n$，这就是分裂。在输运计算中，更多的是把粒子权重 w 拆分为 n 份。

3. 赌、分裂技巧的应用

赌、分裂技巧主要用于空间偏倚，偶尔用于能量的偏倚。以空间为例，按几何块设定价值函数，第 i 个几何块的重要性(又称为价值函数)为 I_i，当粒子从第 n 个几何块进入第 $n+1$ 个几何块时，根据 I_{n+1}/I_n，确定施行赌或分裂。

(1)$I_{n+1}/I_n>1$。此意味着粒子从低价值区进入高价值区，则进行分裂。分裂的分支数目取为 $m=\text{int}[I_{n+1}/I_n+\xi]$，每个分支的权重为原来权重的 $1/m$，即 $w_i=w/m, i=1,2,\cdots,m$，这里 w 为粒子的当前权重。MCNP 程序把分裂的分支上限控制在 10 以内，即取 $m=\max\{10,\ \text{int}[I_{n+1}/I_n+\xi]\}$。

(2)$I_{n+1}/I_n<1$。此意味着粒子从高价值区进入低价值区，则进行赌。赌赢概率取为 $p=I_{n+1}/I_n$。任意抽取一个随机数 ξ，判断 $\xi>p$ 是否成立？成立则为赌赢，粒子权重增大为 w/p；反之为赌输，$w=0$，当前粒子历史结束。

赌、分裂技巧还适用于权截断。给定一个粒子截断下限权重 $w_{\text{cut}}\neq 0$，当粒子权重 $w\leqslant w_{\text{cut}}$ 时，进行赌，输赢采用等概率，即 $p=0.5$，任意抽取一个随机数 ξ，若 $\xi>p$ 成立，则为赌赢，粒子权重增加为 $w/p=2w$；反之为赌输，$w=0$，当前粒子历史结束。

(3)$I_{n+1}/I_n=1$。粒子权重维持不变。

使用重要性价值函数需要注意的是相邻两个区域的价值 I_n、I_{n+1} 要保持连续性，即不能出现太大的偏差，导致权重波动过大，方差不减反增。使用确定论提供的伴随计算结果作重要性价值函数时，不会出现这种情况，但在使用 MC 伴随计算结果作重要性价值函数时，存在解不连续情况，必要的光滑性修复是需要的。计算表明，价值函数选择恰当，可以显著提高正算模拟的计算效率和计算精度。还有一种权窗游戏，本质上也是赌、分裂技巧的应用，详见 13.2.3 小节介绍。

13.2.2 指数变换

指数变换是针对宏观总截面的偏倚，本质上是对输运距离分布 $f(l)$的偏倚。通过改变宏观总截面进而改变粒子飞行自由程是指数变换的指导思想。对物质的宏观总截面 Σ_t 进行偏倚，偏倚公式为

$$\widetilde{\Sigma}_t=\Sigma_t(1-p\mu) \tag{13-30}$$

式中，$0<p<1$ 为拉伸系数；$\mu=\boldsymbol{\Omega}'\cdot\boldsymbol{\Omega}_T$ 为粒子飞行方向与靶点(探测器中心点)方向的夹角余弦，$\boldsymbol{\Omega}_T$ 为碰撞点与靶点连线方向，称为重要方向，可表示为

$$\boldsymbol{\Omega}_T=\frac{(x_T-x,y_T-y,z_T-z)}{\sqrt{(x_T-x)^2+(y_T-y)^2+(z_T-z)^2}} \tag{13-31}$$

式中，(x_T, y_T, z_T)为靶点坐标；(x, y, z)为碰撞点的位置坐标。

显然，当 $\mu<0$ 时，粒子飞行方向与重要方向背离，有 $\tilde{\Sigma}_t>\Sigma_t$，意味着粒子径迹缩短，飞行自由程减少(宏观截面的倒数为自由程)；当 $\mu>0$ 时，粒子飞行方向与重要方向相一致，有 $\tilde{\Sigma}_t<\Sigma_t$，意味着粒子径迹延长，飞行自由程增加。将式(13-30)中的偏倚宏观总截面代入输运距离 l 服从的分布 $f(l)=\Sigma_t e^{-\Sigma_t l}$ 中，得到距离 l 的偏倚分布

$$\tilde{f}(l)=\tilde{\Sigma}_t e^{-\tilde{\Sigma}_t l}=\Sigma_t(1-p\mu)e^{-\Sigma_t(1-p\mu)l} \tag{13-32}$$

相应的纠偏因子为

$$w_{\text{adj}}(l)=\frac{f(l)}{\tilde{f}(l)}=\frac{e^{-\Sigma_t p\mu l}}{1-p\mu} \tag{13-33}$$

关于伸缩系数 $p(0<p<1)$的选取，恰当的选择是取 p 为吸收率，即

$$p=\Sigma_a(\boldsymbol{r},E)/\Sigma_t(\boldsymbol{r},E) \tag{13-34}$$

这样更能反映系统的物质特征，考虑到 p 随能量 E 变化，确定起来有一定难度，通常可取 $E=\bar{E}$ 对应的 p 值(这里 $\bar{E}$ 为平均能量)。p 值选取也可以基于经验，通常对地层和混凝土介质，取 $p=0.7$；其他介质，取 $p=0.5$。作为一个输入量，不同介质区的 p 值可以不同，靶点(x_T, y_T, z_T)也可以对应多点。

使用指数变换后，为了避免无偏修正后的粒子权出现较大波动，通常要配以权窗游戏。

13.2.3　权窗游戏

所谓权窗游戏就是把粒子权重控制在一个合理的区间范围内(见图 13-1)。

其原理是当粒子游动权重低于权窗下限值时，进行赌；超过权窗上限值时，进行分裂。通过权窗控制，可降低估计量的方差。权窗游戏需要输入 3 个参数：①权窗上限 w_H；②权窗下限 w_L；③平均值 w_A。它们之间满足关系：$w_L<w_A<w_H$。

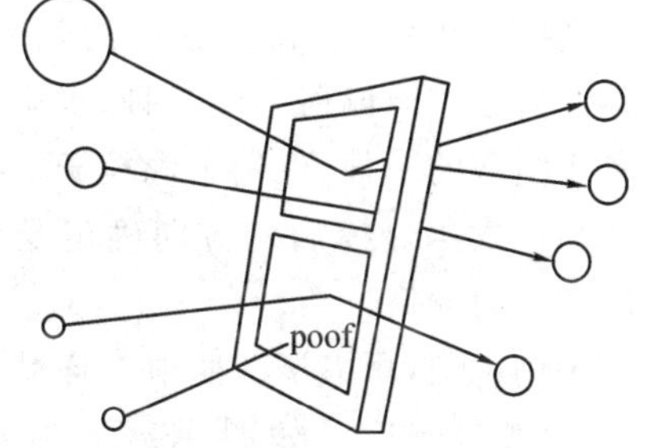

图 13-1　权窗示意图
(poof 为一种昆虫)

(1)当 $w<w_L$ 时。进行赌，赌赢概率取为 $0<p=\omega/\omega_A<1$。抽随机数 ξ，若 $\xi>p$，则赌赢，粒子存活，且权重增加，$w=w_A$；反之，若 $\xi\leqslant p$，则赌输，按粒子“死亡”处理。

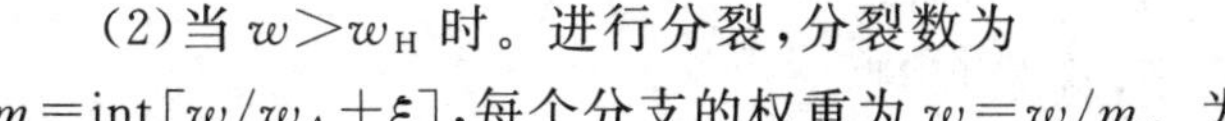

(2)当 $w>w_H$ 时。进行分裂，分裂数为 $m=\text{int}[w/w_A+\xi]$，每个分支的权重为 $w=w/m$。为了避免过度分裂，一般程序

会设定一个上限值，MCNP 程序设定的上限值为 10，相应公式为

$$m=\max\{10,\mathrm{int}[w/w_A+\xi]\}$$

权窗本质上就是赌和分裂，因此，二者不可同时选择。使用权窗游戏，就不要选择赌和分裂；反之，选择赌和分裂，就不要选择权窗游戏。

权窗游戏可针对几何块或自定义的计数网格，对每个几何块（或网格）网格 i，输入 3 个变量：$w_L(i)$、$w_H(i)$、$w_A(i)$。

目前多数 MC 程序都发展了两套计数方法：①几何块计数；②网格计数（即 mesh 计数）。网格计数通常是对模拟问题的几何系统进行网格化处理，选择一个包络问题几何系统的盒子（法向平行 x、y、z 轴之一），在 x、y、z 方向进行网格划分（x、y、z 方向可以不等分），MC 输运计算统计每个网格的径迹长度，这就是 mesh 计数的思想。不同介质区交界面的网格会出现混合材料，解析计算混合材料组分十分困难，且会有若干新材料出现，增加计算复杂度和内存消耗。因此，对混合材料网格，只要网格质量保持守恒，则可采取中心点方法确定网格的材料及密度。即以网格中心点的材料及密度作为整个网格的材料及密度，这样处理的优点是材料数维持不变。要保障网格质量守恒，交界面附近的网格划分不能太大。

13.2.4 源方向偏倚

方向偏倚是针对粒子运动方向施行的一种偏倚技巧，是通过改变粒子的飞行方向，增加朝着目标物方向飞行的粒子轨迹，减少背离目标物方向的粒子轨迹。由于方向偏倚涉及散射角分布的改变，不同散射、各向同性、各向异性的处理涉及较多的坐标变换和角度系统转换，因此其过程实现比较复杂。美国北卡州立大学的 Garder、Verghes[80-84] 教授团队在这方面开展了大量研究，发展了一系列方向偏倚算法，并将这些算法应用于石油测井这样的深穿透问题模拟，取得了较好的效果。源方向偏倚属于方向偏倚中的一种，也是最简单，最易于实现的一种，仅用于源粒子发射，之后粒子与核发生碰撞后的方向确定及偏倚，要靠新的方向偏倚技巧。

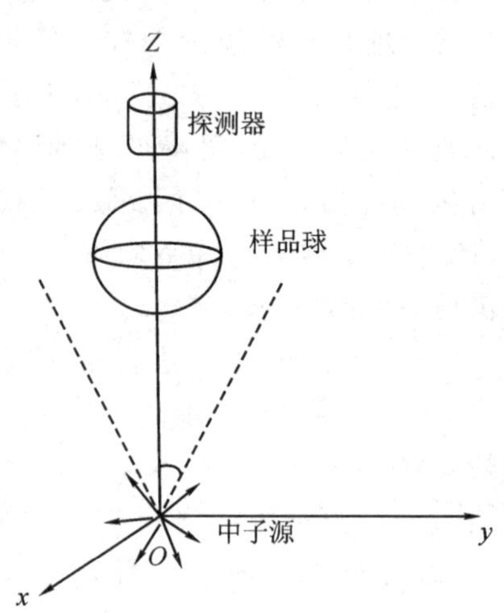

图 13－2　中子发射示意图

举例说明，用中子源照射一样品球，模拟计算探测器响应。如图 13－2 所示，建立 $Oxyz$ 坐标系，中子源位于原点 O，单能（$E=E_0$），各向同性发射，样品球及探测器位于源点的 Oz 轴方向。

若按各向同性发射源粒子，则发射到 Oxy 平面以下的中子，对探测器的贡献几乎

为零，显然只有在 Oxy 上半平面方向的粒子，经过样品球，到达探测器的概率大一些。若源中子不做方向偏倚，则模拟效果必然是事倍功半。而源中子采用方向偏倚发射，则模拟效果就是事半功倍。

为了进一步增加源粒子到达样品球的概率，方向偏倚可以进一步缩小源中子的发射立体角，由于粒子飞行方向 $\boldsymbol{\Omega}(\mu,\varphi)$ 主要是由 μ 决定的，因此，根据坐标原点 O 与样品球的立体张角，确定一个 μ 的变化范围：(μ_1,μ_2)，把源粒子发射方向限定在该范围内。对各向同性散射极角余弦分布 $f(\mu)=1/2(-1\leqslant\mu\leqslant1)$ 进行偏倚，有

$$\tilde{f}(\mu)=\begin{cases}\dfrac{1}{\mu_2-\mu_1}, & -1<\mu_1\leqslant\mu\leqslant\mu_2<1\\ 0, & \text{其他}\end{cases}\tag{13-35}$$

相应纠偏因子为

$$w_{\mathrm{adj}}(\mu)=\begin{cases}\dfrac{f(\mu)}{\tilde{f}(\mu)}=\dfrac{\mu_2-\mu_1}{2}, & \mu_1\leqslant\mu\leqslant\mu_2\\ 0, & \text{其他}\end{cases}\tag{13-36}$$

13.2.5　隐俘获

隐俘获又称加权法，在第 9 章已经做过较多的介绍。方法本身没有实际物理意义，纯粹是一种数学处理。当中子/光子与核发生作用时，粒子权重按吸收和散射一分为二：$w=w_a+w_s$，其中，$w_a=(\sigma_a/\sigma_t)w$ 为吸收权重；$w_s=(\sigma_s/\sigma_t)w$ 为散射权重（$\sigma_t=\sigma_a+\sigma_s$）。中子与核发生碰撞后，扣除吸收权重 w_a，中子以散射权重 w_s 继续游动。

第 10 章例 10-1 证明了隐俘获的方差小于直接俘获。

13.2.6　强迫碰撞

为了提高碰撞点抽样效率，对粒子飞行距离分布 $f(l)=\Sigma_t\mathrm{e}^{-\Sigma_t l}(0<l<\infty)$ 进行偏倚，假定求解问题的空间是有限的，即有 $0<l\leqslant L$，L 为一有限值。

构造一个无逸出游动方案，粒子权重按移出和留下分解为两部分：$w=w_1+w_2$，其中，$w_1=w\mathrm{e}^{-\Sigma_t L}$ 为粒子移出系统的权重，$w_2=w(1-\mathrm{e}^{-\Sigma_t L})$ 为粒子留在系统内的权重。输运计算扣除移出权重，仅考虑留在系统内的权重，相应的偏倚距离分布函数为

$$\tilde{f}(l)=\frac{\Sigma_t\mathrm{e}^{-\Sigma_t l}}{1-\mathrm{e}^{-\Sigma_t L}},0<l\leqslant L\tag{13-37}$$

其抽样值为

$$l_f = -\frac{1}{\Sigma_t}\ln\left[1-\xi(1-e^{-\Sigma_t L})\right] \tag{13-38}$$

显然 $0 < l_f \leqslant L$，即碰撞发生在系统内。相应的纠偏因子为

$$w_{adj}(l) = \frac{f(l)}{\tilde{f}(l)} = 1-e^{-\Sigma_t L} \tag{13-39}$$

因为 $w_{adj}(l) < 1$，根据第 9 章的讨论，偏倚抽样的方差小于直接抽样的方差。强迫碰撞可以增加所关心区域的粒子碰撞次数，有利于关心区域的计数。对光学薄系统的计数，强迫碰撞效果是明显的。

13.2.7 截断处理

当粒子的状态到达某一时域时，它对目标计数量可能不会再有任何贡献，继续跟踪该粒子除了增加计算时间，没有实际意义。对这种粒子可以通过某种终止方式来结束其历史。通常的做法有几何块重要性置零，当粒子进入零重要性几何块时，按泄漏处理，粒子历史结束。同时，还可以施以能量、时间和权截断来终止对探测器计数无贡献的粒子历史。

1. 能量截断

一般的 MC 程序都会根据问题的特点，通过输入卡预设一个截断能量值 E_{cut}，当粒子能量 $E < E_{cut}$ 时，粒子历史结束。能量截断卡设置恰当，可以节省大量计算时间，在屏蔽计算中，能量截断卡的设置对模拟计算时间影响甚大，特别是对低能热中子弹性散射，其碰撞次数多，能量损失少，如果不作能量截断处理，计算时间将是惊人的。

2. 时间截断

时间截断也是 MC 模拟的输入卡之一，设定一个时间下限值 t_{cut}，当粒子运动时间 $t < t_{cut}$ 时，粒子历史结束。时间截断主要针对中子，光子按光速运动，输运时间很有限。

3. 权截断

权截断是最常用的 MC 降低方差的技巧之一，操作简单且有效。其原理是通过权截断处理来“杀死”一些对探测器计数无贡献的低权重粒子。权截断与能量截断和时间截断不同，能量截断、时间截断是无条件的，而权截断是有条件的。为了保持权重守恒，通常给定截断权重 w_{cut} 的同时，要给定存活权重 w_{suv}（$w_{cut} < w_{suv} < 1$），当粒子权重 $w < w_{cut}$ 时，进行赌，抽随机数 ξ，若 $\xi > w/w_{suv}$，则赌赢，粒子以存活权重 w_{suv} 继续游动；反之，粒子历史结束。

4. UFS 和 UTD 算法

在反应堆全堆芯 pin-by-pin 功率计算中，采用直接模拟，堆芯组件的 pin 功率快速收敛，而边缘组件 pin 功率的误差始终偏大，如果不能确保边缘组件的 pin 功

率误差在 1%以内，随着燃耗的加深，堆芯 pin 功率分布将变得不对称。为了确保粒子数相同情况下，堆芯 pin 功率同步收敛，2012 年美国 MC21 程序发展了均匀裂变位置(uniform fission site，UFS)算法[85-86]，2016 年上官丹骅等在 UFS 算法基础上，发展了均匀计数密度(uniform tally density，UTD)算法[87]。下面结合大亚湾反应堆模型堆芯 pin 功率计算为例，对 UFS 和 UTD 两种算法进行介绍。

1)直接模拟

图 13－3(彩图见书后插页)给出大亚湾 157 组件堆芯 pin 模型直接模拟的 pin 功率分布及误差分布，可以看出在堆芯边缘区域组件的 pin 功率误差较中心区组件的 pin 功率误差大。

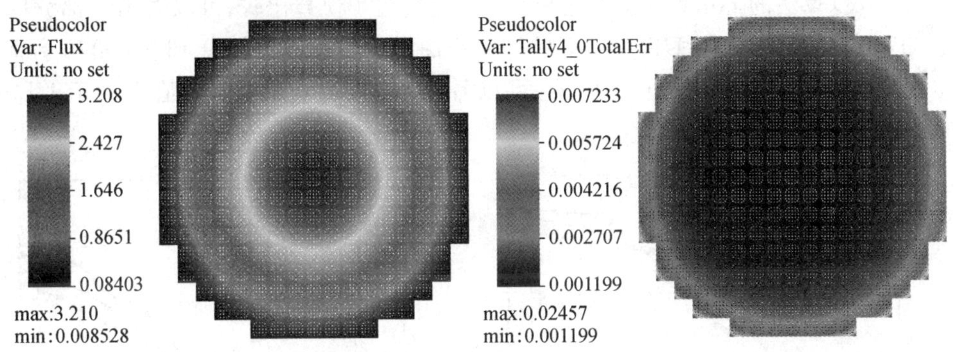

图 13－3　大亚湾 157 组件堆芯 pin 模型直接模拟的 pin 功率分布及误差分布示意图

根据 MIT 的研究结论，只有所有的 pin 功率统计误差＜1%，考虑燃耗-热工反馈后，解才不会失真。如果采用直接模拟来达到这个收敛标准，计算时付出的时间及经济代价往往很大。因此，针对此问题，发展全局收敛的偏倚算法十分必要。

2)UFS 算法

对堆芯裂变中子数，按几何栅元的体积和裂变源所占份额，分配到每个栅元的裂变中子数为

$$m = w' \frac{\nu\Sigma_{\mathrm{f}}}{\Sigma_{\mathrm{t}}} \frac{v_k}{s_k} \tag{13-40}$$

式中，m 为裂变中子数；k 为碰撞点所在几何块；v_k 为 k 几何块在整个裂变区 V 内的体积份额；s_k 为 k 几何块在裂变源区内所占份额；w'为裂变发生时的中子权重。

式(13－40)中，$\nu\Sigma_{\mathrm{f}}/\Sigma_{\mathrm{t}}$ 为每次裂变放出的中子数，而 v_k/s_k 的引入，就是对裂变中子数的一种偏倚。显然在堆芯中心部位，s_k 所占份额大，v_k 保持不变，偏倚后，中心区域的裂变中子数减少，但由于中心区域的裂变中子数足够多，即便减少一点，收敛性也没有受到影响。反观在堆芯外边缘区域，s_k 会下降，而 v_k 保持不变，v_k/s_k 变大，这意味着外边缘区域的裂变中子数增加。

3)UTD 算法

上官丹骅等在 UFS 算法基础上,把 k_{eff} 的变化考虑进去,用几何栅元在目标计数区的份额代替裂变源区所占份额,得到如下公式:

$$m = w' \frac{\nu\Sigma_{\text{f}}}{k_{\text{eff}}\Sigma_{\text{t}}} \frac{v_k}{t_k} \tag{13-41}$$

式中,t_k 为 k 几何块在目标计数区内所占份额。

与式(13-40)比较,式(13-41)相当于用 $k_{\text{eff}}t_k$ 代替了 s_k,t_k 和 s_k 的作用差不多,把 k_{eff} 的因素考虑进去,显然更全面一些。两种算法均可保证总裂变数守恒。

数值实验在 JMCT 软件开展,对相同模型进行测试,图 13-4 给出了 UFS 算法与 UTD 算法的 pin 通量误差比较及 pin 能量沉积误差比较,可以看出大部分区域 UTD 算法的误差较 UFS 小,不进行偏倚的 pin 误差最大。表 13-1 给出了直接模拟与两种算法 FOM 值的比较,可以看出 UTD 算法的 FOM 值也大于 UFS 算法的 FOM 值。

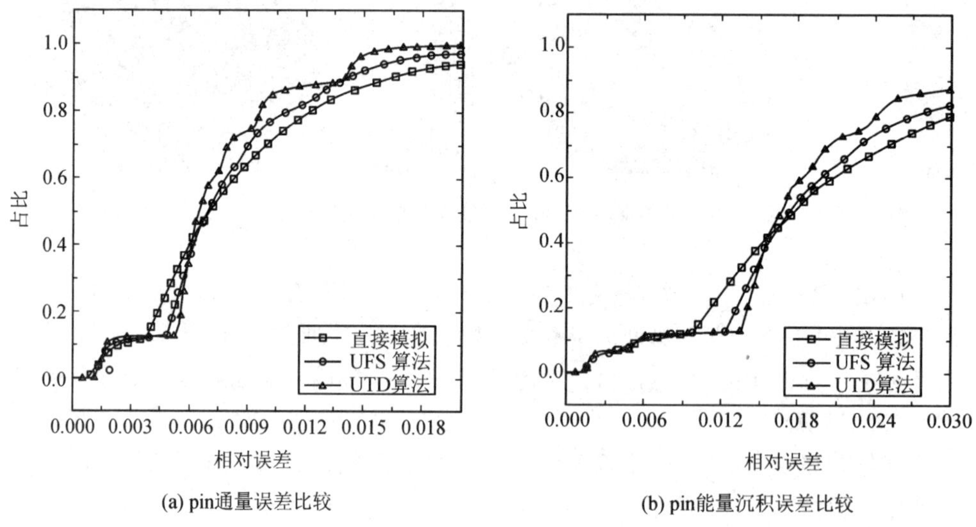

图 13-4　UFS 算法与 UTD 算法的 pin 通量误差比较及 pin 能量沉积误差比较

表 13-1　直接模拟与 UFS 与 UTD 算法 FOM 值的比较

算法类别	全局 F4 计数(体通量)		全局 F6 计数(沉积能)	
	FOM_MAX	FOM_95	FOM_MAX	FOM_95
直接模拟	0.03605	0.47501	0.00355	0.07633
UFS 算法	0.05263	0.72876	0.00593	0.11518
UTD 算法	0.11275	0.90794	0.01562	0.14738

13.3　体探测器指向概率法

从之前的讨论可知，MCNP 程序的 F5 点探测器估计采用的是指向概率法，但当碰撞点接近计数测点时，估计量会出现很大的起伏，极端情况下，甚至会导致计数及方差无界，且估计值方差不能保证随样本数增加而下降，进而很难判断何时解收敛。20 世纪 80 年代，在核测井 MC 数值模拟牵引下，美、英、法等都在各自的主流 MC 输运程序上，发展了提高探测器计数效率的算法。其中，美国北卡罗来纳州立大学核工程系辐射应用中心的教授的团队发展了圆柱体探测器的指向概率法或统计估计法，又称无碰撞探测概率估计(unscattered detection probability estimator，UDPE)法[81,88]。该算法是对点探测器 F5 指向概率法的完善。相比 F5 计数法，UDPE 算法得到的通量及方差均是有界的。数值实验表明，UDPE 算法对从源到探测点超过 10 个平均自由程、衰减 10 个量级以上的深穿透问题是有效的。考虑到目前应用中的探测器形状多为正圆柱体。因此，UDPE 算法主要建立在正圆柱体探测器的估计上。早年作者的博士论文中也消化吸收了 UDPE 算法，并有针对性地发展了一些具有个性处理特点的算法，并在 MCCO 蒙卡程序中进行了验证。

下面介绍 UDPE 算法的基本原理，要注意区别它与点探测器估计的相同之处和不同之处。

如图 13 - 5 所示，选取右手直角坐标系 $Oxyz$，设粒子碰撞点坐标为 $\boldsymbol{r}'(x',y',z')$，入射粒子方向为 $\boldsymbol{\Omega}'(u',v',w')$。设探测器为正圆柱体，半径为 R、高为 H(其他形状类似考虑)、探测器中心点坐标为 $D(x_d,y_d,z_d)$，以对称轴方向 $\boldsymbol{\Omega}_t(u_t,v_t,w_t)$为参考方向，建立以碰撞点 $\boldsymbol{r}'(x',y',z')$为中心，柱探测器对称轴 $\boldsymbol{\Omega}_t$ 方向为 Z 轴的直角坐标系 $OXYZ$，则粒子从 $\boldsymbol{r}'$点、沿立体张角内任一方向 $\boldsymbol{\Omega}(\upsilon,\rho)$无碰撞进入探测器的概率为

$$P_r=\int_{\upsilon_{\min}}^{\upsilon_{\max}}\int_{\rho_{\min(\upsilon)}}^{\rho_{\max(\upsilon)}}p_1(\upsilon,\rho)p_2(\upsilon,\rho)p_3(\upsilon,\rho)\mathrm{d}\upsilon\mathrm{d}\rho,\boldsymbol{r}\notin D \tag{13-42}$$

式中，υ、ρ 为以 $\boldsymbol{\Omega}_t$ 为参照方向测定的散射极角余弦和方位角，二者与之前定义的粒子飞行方向(μ,φ)之间的转换关系由后面推导给出(见式(13 - 61))；D 为探测器空间区域；$p_1(\upsilon,\rho)$为粒子沿方向 $\boldsymbol{\Omega}(\upsilon,\rho)$朝着探测器立体张角发射的概率；

$$p_2(\upsilon,\rho)=\exp\left\{-\sum_{i=1}^{n}\Sigma_{t,i}(E(\upsilon,\rho))\,l_i(\upsilon,\rho)\right\} \tag{13-43}$$

为粒子从 $\boldsymbol{r}'$ 沿 $\boldsymbol{\Omega}$ 方向无碰撞到达探测器表面的概率，其中，$\sum_{i=1}^{n}\Sigma_{t,i}(E)l_i(\upsilon,\rho)$ 为粒子从 $\boldsymbol{r}'$ 沿 $\boldsymbol{\Omega}$ 到达探测器表面的光学距离(或自由程数目)，l_i 为粒子在几何块 i

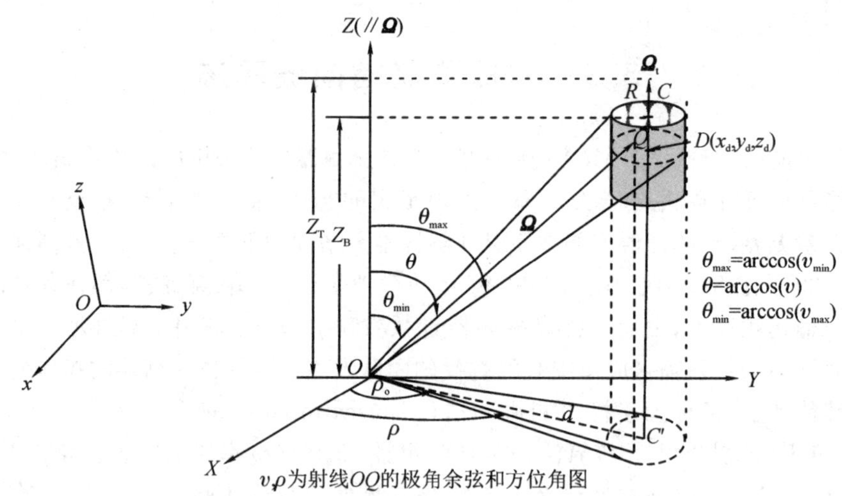

图 13-5　碰撞点相对探测器张角示意图

（ω、ρ 为射线 OQ 的极角余弦和方位角）

内走过的距离，n 为从 $\boldsymbol{r}'$ 出发沿 $\boldsymbol{\Omega}$ 方向到达探测器表面所穿过的几何块数目；

$$p_3(\upsilon,\rho)=1-\exp\{-\Sigma_{t,D}[E(\upsilon,\rho)]l_D(\upsilon,\rho)\} \tag{13-44}$$

为粒子在探测器内发生作用的概率，其中，$l_D(\upsilon,\rho)$是粒子沿 $\boldsymbol{\Omega}$ 方向在探测器空间区域 D 内走过的距离。

当碰撞发生在探测器空间区域 D 内时，不再计数，因为之前发生在探测器外的碰撞已进行了计数。以上概率估计适用于体探测器角通量密度 $\phi(\boldsymbol{r},E,\boldsymbol{\Omega},t)$和表面流 $J(\boldsymbol{r},E,\boldsymbol{\Omega},t)$的计算。当计算进入探测器表面的流 $J(\boldsymbol{r},E,\boldsymbol{\Omega},t)$时，取 $p_3(\upsilon,\rho)=1$，计数同时乘上粒子权重 w。对体平均通量还需要除以探测器的体积 V 和探测器物质的宏观总截面 Σ_D。

下面讨论概率 P_r 的计算，从式(13-42)可以看出，需要完成 4 步的计算。

(1)碰撞点相对探测器的立体张角 $\Omega_D=[\upsilon_{\min},\upsilon_{\max}]\times[\rho_{\min}(\upsilon),\rho_{\max}(\upsilon)]$的计算；

(2)确定新角度系统(υ,ρ)与原角度系统(μ,φ)之间的转换关系；

(3)计算 $p_1(\upsilon,\rho)$、$p_2(\upsilon,\rho)$和 $p_3(\upsilon,\rho)$；

(4)完成 P_r 积分的计算。

从式(13-43)、式(13-44)可以看出 p_2、p_3 不难计算，困难在于 p_1 的计算，需要给出不同类型散射在(υ,ρ)角度系统下的表达式。

如图 13-5 所示，建立新坐标系 $OXYZ$，它与原坐标系 $Oxyz$ 之间满足转换关系，分两种情况讨论：

(1)当 $|w_t|=1$ 时,即探测器对称轴为 z 轴或与 z 轴平行,于是有

$$\begin{bmatrix} X \\ Y \\ Z \end{bmatrix} = \begin{bmatrix} 1 & 0 & 0 \\ 0 & 1 & 0 \\ 0 & 0 & w_t \end{bmatrix} \begin{bmatrix} x-x' \\ y-y' \\ z-z' \end{bmatrix} \tag{13-45}$$

(2)当 $|w_t|\neq 1$ 时,有

$$\begin{bmatrix} X \\ Y \\ Z \end{bmatrix} = \begin{bmatrix} u_t w_t/\sqrt{1-w_t^2} & v_t w_t/\sqrt{1-w_t^2} & -\sqrt{1-w_t^2} \\ -v_t/\sqrt{1-w_t^2} & u_t/\sqrt{1-w_t^2} & 0 \\ u_t & v_t & w_t \end{bmatrix} \begin{bmatrix} x-x' \\ y-y' \\ z-z' \end{bmatrix} \tag{13-46}$$

参照图 13-5,定义如下 5 个特征变量

$$\begin{cases} d^2 = X_d^2 + Y_d^2 \\ r_c^2 = d^2 - R^2 \\ Z_B = Z_d - H/2 \\ Z_T = Z_d + H/2 \\ \rho_0 = \arctan(Y_d/X_d) \end{cases} \tag{13-47}$$

13.3.1 立体张角范围的确定

求碰撞点对探测器贡献的指向概率积分,需要确定碰撞点相对正圆柱探测器所张立体角的范围,为此,分以下两种情况考虑。

(1)设粒子从 $\boldsymbol{r}'(O)$点出发,沿 $\boldsymbol{\Omega}$ 方向穿过探测器,与探测器表面交于 Q 点,探测器可位于 OXY 平面之上、之中、之下,现确定 OQ 方向 $\boldsymbol{\Omega}$ 的极角余弦 υ 和方位角 ρ 的变化范围。如图 13-6 所示,这时圆柱体对碰撞点 $\boldsymbol{r}'$所张立体角的范围相当于图中用粗线勾画出的圆柱体边缘分布对原点所张的立体角,υ 的变域$[\upsilon_{\min},\upsilon_{\max}]$分为三段:$[\upsilon_1,\upsilon_2]$、$[\upsilon_2,\upsilon_3]$、$[\upsilon_3,\upsilon_4]$,其中,

$$\begin{cases} \upsilon_1 = \upsilon_{\min} \\ \upsilon_4 = \upsilon_{\max} \end{cases} \tag{13-48}$$

显然 $\upsilon_{\min}$ 由 Z_B 决定,$\upsilon_{\max}$ 由 Z_T 决定。对图 13-6(a),即 $Z_B>0$ 的情况,有

$$\begin{cases} \upsilon_{\min} = Z_B/\sqrt{(d+R)^2+Z_B^2}, & Z_B>0 \\ \upsilon_{\max} = Z_T/\sqrt{(d-R)^2+Z_T^2}, & Z_T>0 \end{cases} \tag{13-49}$$

对图 13-6(b),即 $Z_B<0$,$Z_T>0$ 的情况,有

$$\begin{cases} \upsilon_{\min} = Z_B/\sqrt{(d-R)^2+Z_B^2}, & Z_B<0 \\ \upsilon_{\max} = Z_T/\sqrt{(d-R)^2+Z_T^2}, & Z_T>0 \end{cases} \tag{13-50}$$

对图 13-6(c),即 $Z_T<0$ 的情况,有

$$\begin{cases} \upsilon_{\min} = Z_{\mathrm{B}} / \sqrt{(d-R)^2 + Z_{\mathrm{B}}^2}, & Z_{\mathrm{B}} < 0 \\ \upsilon_{\max} = Z_{\mathrm{T}} / \sqrt{(d+R)^2 + Z_{\mathrm{T}}^2}, & Z_{\mathrm{T}} < 0 \end{cases} \tag{13-51}$$

记

$$\upsilon_{\mathrm{a}} = Z_{\mathrm{B}} / \sqrt{r_{\mathrm{c}}^2 + Z_{\mathrm{B}}^2} \tag{13-52}$$

$$\upsilon_{\mathrm{b}} = Z_{\mathrm{T}} / \sqrt{r_{\mathrm{c}}^2 + Z_{\mathrm{T}}^2} \tag{13-53}$$

以上 3 种情况均满足关系：$\upsilon_{\min} < \upsilon_1 < \upsilon_2 < \upsilon_{\max}$。下面讨论 $\upsilon \in [\upsilon_{\min}, \upsilon_{\max}]$ 时，ρ 的变化范围 $[\rho_{\min}(\upsilon), \rho_{\max}(\upsilon)]$。由图 13－6 可以看出：

$$\begin{cases} \rho_{\min}(\upsilon) = \rho_0 - \Delta\rho(\upsilon) \\ \rho_{\max}(\upsilon) = \rho_0 + \Delta\rho(\upsilon) \end{cases} \tag{13-54}$$

关于 $\Delta\rho$、υ_i 的求解，过程比较冗长，这里仅给出 $\Delta\rho$、υ 的值（见表 13－2、13－3），详细推导过程，可参考相关文献[81]。

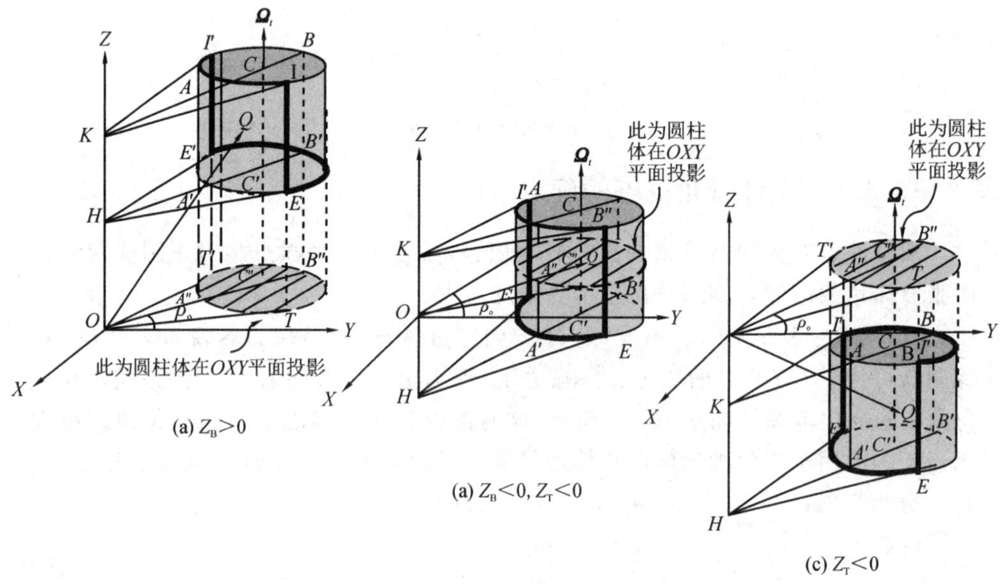

图 13－6　碰撞点相对探测器的立体角示意图

表 13－2　$d^2 \geqslant R^2$ 情况下的 υ 取值

条件	$\upsilon_{\min}$	υ_1	υ_2	$\upsilon_{\max}$
$Z_{\mathrm{T}}<0,\ Z_{\mathrm{B}}<0$	$Z_{\mathrm{B}}/\sqrt{(d-R)^2+Z_{\mathrm{B}}^2}$	$Z_{\mathrm{B}}/\sqrt{r_{\mathrm{c}}^2+Z_{\mathrm{B}}^2}$	$Z_{\mathrm{T}}/\sqrt{r_{\mathrm{c}}^2+Z_{\mathrm{T}}^2}$	$Z_{\mathrm{T}}/\sqrt{(d+R)^2+Z_{\mathrm{T}}^2}$
$Z_{\mathrm{T}}>0,\ Z_{\mathrm{B}}<0$	$Z_{\mathrm{B}}/\sqrt{(d-R)^2+Z_{\mathrm{B}}^2}$	$Z_{\mathrm{B}}/\sqrt{r_{\mathrm{c}}^2+Z_{\mathrm{B}}^2}$	$Z_{\mathrm{T}}/\sqrt{r_{\mathrm{c}}^2+Z_{\mathrm{T}}^2}$	$Z_{\mathrm{T}}/\sqrt{(d-R)^2+Z_{\mathrm{T}}^2}$
$Z_{\mathrm{T}}>0,\ Z_{\mathrm{B}}>0$	$Z_{\mathrm{B}}/\sqrt{(d+R)^2+Z_{\mathrm{B}}^2}$	$Z_{\mathrm{B}}/\sqrt{r_{\mathrm{c}}^2+Z_{\mathrm{B}}^2}$	$Z_{\mathrm{T}}/\sqrt{r_{\mathrm{c}}^2+Z_{\mathrm{T}}^2}$	$Z_{\mathrm{T}}/\sqrt{(d-R)^2+Z_{\mathrm{T}}^2}$

表 13-3　$d^2 \geq R^2$ 情况下的$\Delta\rho$ 取值

条件	$\Delta\rho$
$\upsilon \in [\upsilon_{\min}, \upsilon_1]$	$\arccos\{[Z_B^2(1-\upsilon^2)+r_c^2\upsilon^2]/(2dZ_B\upsilon\sqrt{1-\upsilon^2})\}$
$\upsilon \in [\upsilon_1, \upsilon_2]$	$\arcsin(R/d)$
$\upsilon \in [\upsilon_2, \upsilon_{\max}]$	$\arccos\{[Z_T^2(1-\upsilon^2)+r_c^2\upsilon^2]/(2dZ_T\upsilon\sqrt{1-\upsilon^2})\}$

(2)$d^2<R^2$。类似情况(1),此时 υ 的范围分为两段:$[\upsilon_{\min},\ \upsilon_1]$、$[\upsilon_1,\ \upsilon_{\max}]$。经过推导,可以求得$\Delta\rho$、$\upsilon$ 的值(见表 13-4、13-5)。

表 13-4　$d^2<R^2$ 情况下的 υ 取值

条件	$\upsilon_{\min}$	υ_1	$\upsilon_{\max}$
$Z_T<0,\ Z_B<0$	-1	$Z_T/\sqrt{(d-R)^2+Z_T^2}$	$Z_T/\sqrt{(d+R)^2+Z_T^2}$
$Z_T>0,\ Z_B>0$	$Z_B/\sqrt{(d+R)^2+Z_B^2}$	$Z_B/\sqrt{(d-R)^2+Z_B^2}$	1

表 13-5　$d^2<R^2$ 情况下的$\Delta\rho$ 取值

条件	$\Delta\rho(Z_T<0,\ Z_B<0)$	$\Delta\rho(Z_T>0,\ Z_B>0)$
$\upsilon \in [\upsilon_{\min}, \upsilon_1]$	π	A
$\upsilon \in [\upsilon_1, \upsilon_{\max}]$	B	π

注:$A=\arccos\left[\dfrac{Z_B^2(1-\upsilon^2)+r_c^2\upsilon^2}{2dZ_B\upsilon\sqrt{1-\upsilon^2}}\right]$,$B=\arccos\left[\dfrac{Z_T^2(1-\upsilon^2)+r_c^2\upsilon^2}{2dZ_T\upsilon\sqrt{1-\upsilon^2}}\right]$。

13.3.2　(μ,φ)与(υ,ρ)之间的关系

如图 13-7 所示,设 χ、$\beta=\arccos\gamma$ 分别为以 $\boldsymbol{\Omega}_t=(u_t, v_t, w_t)$为参照方向,测定粒子入射方向 $\boldsymbol{\Omega}'=(u', v', w')$的方位角和极角,有

$$\gamma=\boldsymbol{\Omega}'\cdot\boldsymbol{\Omega}_t=u'u_t+v'v_t+w'w_t \tag{13-55}$$

设 ρ、$\upsilon=\arccos\alpha$ 分别为以 $\boldsymbol{\Omega}_t=(u_t, v_t, w_t)$为参照方向,测定粒子出射方向 $\boldsymbol{\Omega}$ 的方位角和极角,有

$$\upsilon=\boldsymbol{\Omega}\cdot\boldsymbol{\Omega}_t=uu_t+vv_t+ww_t \tag{13-56}$$

设 φ、$\theta=\arccos\mu$ 分别为以粒子入射方向 $\boldsymbol{\Omega}'=(u', v', w')$为参照方向,测定粒子出射方向 $\boldsymbol{\Omega}=(u, v, w)$的方位角和极角,有

$$\mu=\boldsymbol{\Omega}'\cdot\boldsymbol{\Omega}_t=u'u+v'v+w'w \tag{13-57}$$

若选 $\boldsymbol{\Omega}_t$ 为参照方向,则 $\boldsymbol{\Omega}'$、$\boldsymbol{\Omega}$ 可分别表示如下:

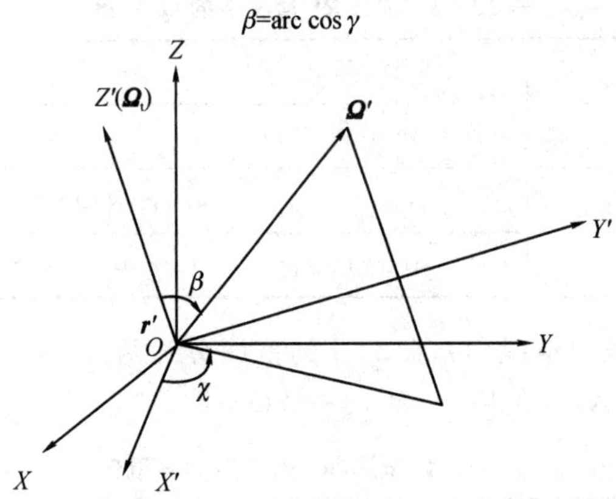

图 13-7　两角度系统之间关系示意图

①$|w_t| \neq 1$,有

$$\begin{cases} u' = u_t\gamma + \sqrt{(1-\gamma^2)/(1-w_t^2)}\,(u_t w_t \cos\chi - v_t \sin\chi) \\ v' = v_t\gamma + \sqrt{(1-\gamma^2)/(1-w_t^2)}\,(v_t w_t \cos\chi - u_t \sin\chi) \\ w' = w_t\gamma - \sqrt{(1-\gamma^2)(1-w_t^2)}\cos\chi \end{cases} \tag{13-58}$$

解出 χ 有

$$\begin{cases} \sin\chi = (-u'v_t + v'u_t)/\sqrt{(1-\gamma^2)(1-w_t^2)} \\ \cos\chi = (w_t\gamma - w')/\sqrt{(1-\gamma^2)(1-w_t^2)} \end{cases} \tag{13-59}$$

相应的(u,v,w)可表为

$$\begin{cases} u = u_t\upsilon + \sqrt{(1-\upsilon^2)/(1-w_t^2)}\,(u_t w_t \cos\rho - v_t \sin\rho) \\ v = v_t\upsilon + \sqrt{(1-\upsilon^2)/(1-w_t^2)}\,(v_t w_t \cos\rho + u_t \sin\rho) \\ w = w_t\upsilon - \sqrt{(1-\upsilon^2)(1-w_t^2)}\cos\rho \end{cases} \tag{13-60}$$

将式(13-58)、式(13-60)代入式(13-57)得到两角度系统之间的转换关系为

$$\mu(\upsilon,\rho) = \gamma\upsilon + \sqrt{(1-\gamma^2)(1-\upsilon^2)}\cos(\chi-\rho) \tag{13-61}$$

②$|w_t| = 1$,有

$$\begin{cases} u' = \sqrt{(1-\gamma^2)}\cos\chi \\ v' = \sqrt{(1-\gamma^2)}\sin\chi \\ w' = \gamma \end{cases} \tag{13-62}$$

解得

$$\begin{cases} \cos\chi = u'/\sqrt{(1-\gamma^2)} \\ \sin\chi = v'/\sqrt{(1-\gamma^2)} \end{cases} \tag{13-63}$$

相应的(u,v,w)可表为

$$\begin{cases} u=\sqrt{(1-\upsilon^2)}\cos\rho \\ v=\sqrt{(1-\upsilon^2)}\sin\rho \\ w=\upsilon \end{cases} \tag{13-64}$$

将式(13-62)、式(13-64)代入式(13-57)，易得与式(13-61)一样的两角度系统之间的转换关系。式(13-61)给出的两角度系统转换关系，共涉及$\upsilon,\rho,\gamma,\chi$ 4个变量。

13.3.3　(υ,ρ)系统下的角分布

依据雅可比(Jacobi)变换的不变性，两角度系统下的角分布$f(\mu,\varphi)$与$p_1(\upsilon,\rho)$满足关系

$$f(\mu,\varphi)\mathrm{d}\mu\mathrm{d}\varphi=p_1(\upsilon,\rho)\mathrm{d}\upsilon\mathrm{d}\rho \tag{13-65}$$

即有

$$p_1(\upsilon,\rho)=f(\mu,\varphi)\frac{\mathrm{d}\mu\mathrm{d}\varphi}{\mathrm{d}\upsilon\mathrm{d}\rho} \tag{13-66}$$

$$\frac{\mathrm{d}\mu\mathrm{d}\varphi}{\mathrm{d}\upsilon\mathrm{d}\rho}=\begin{vmatrix} \dfrac{\partial\mu}{\partial\upsilon} & \dfrac{\partial\mu}{\partial\rho} \\ \dfrac{\partial\varphi}{\partial\upsilon} & \dfrac{\partial\varphi}{\partial\rho} \end{vmatrix} \tag{13-67}$$

由于

$$\begin{cases} u=\sqrt{1-\mu^2}\cos\varphi \\ v=\sqrt{1-\mu^2}\sin\varphi \\ w=\mu \end{cases} \tag{13-68}$$

比较式(13-68)、式(13-60)给出的w关系式，有

$$\begin{aligned} w&=w_t\upsilon-\sqrt{(1-\upsilon^2)(1-w_t^2)}\cos\rho \\ &=\gamma\upsilon+\sqrt{(1-\gamma^2)(1-\upsilon^2)}\cos(\chi-\rho) \end{aligned} \tag{13-69}$$

比较系数得

$$\begin{cases} \chi=0,2\pi \\ \gamma=w_t \end{cases} \tag{13-70}$$

即$\boldsymbol{\Omega}'=\boldsymbol{\Omega}_t$。将式(13-68)、式(13-70)代入式(13-60)，得

$$\sqrt{1-\mu^2}\cos\varphi=u_t\upsilon+\sqrt{(1-\upsilon^2)/(1-\gamma^2)}(u_t\gamma\cos\rho-v_t\sin\rho) \tag{13-71}$$

$$\sqrt{1-\mu^2}\sin\varphi=v_t\upsilon+\sqrt{(1-\upsilon^2)/(1-\gamma^2)}(v_t\gamma\cos\rho+u_t\sin\rho) \tag{13-72}$$

$$\mu=\gamma\upsilon-\sqrt{(1-\gamma^2)(1-\upsilon^2)}\cos\rho \tag{13-73}$$

于是有

$$\begin{cases}\dfrac{\partial\mu}{\partial\upsilon}=\gamma+\upsilon\sqrt{1-\gamma^2}\cos\rho/\sqrt{1-\upsilon^2}\\ \dfrac{\partial\mu}{\partial\rho}=\sqrt{(1-\upsilon^2)(1-\gamma^2)}\sin\rho\\ \dfrac{\partial\varphi}{\partial\upsilon}=-\dfrac{\sqrt{1-\gamma^2}\sin\rho}{\sqrt{(1-\mu^2)(1-\upsilon^2)}}\\ \dfrac{\partial\varphi}{\partial\rho}=-\dfrac{\upsilon\sqrt{(1-\gamma^2)(1-\upsilon^2)}\cos\rho+w_{\mathrm{t}}(1-\upsilon^2)}{1-\mu^2}\end{cases}\tag{13-74}$$

将式(13-74)代入式(13-67)，经运算得

$$\frac{\mathrm{d}\mu\mathrm{d}\varphi}{\mathrm{d}\upsilon\mathrm{d}\rho}=1\tag{13-75}$$

从而有

$$p_1(\upsilon,\rho)=f(\mu,\varphi)\tag{13-76}$$

说明不同角度系统下的角分布是一致的。

13.3.4 无碰撞到达探测器的概率计算

由积分中值定理可知，存在$(\bar{\upsilon},\bar{\rho})\in\Omega_D=[\upsilon_{\min},\upsilon_{\max}]\times[\rho_{\min}(\upsilon),\rho_{\max}(\upsilon)]$，使式(13-42)的积分可以表示为

$$\begin{aligned}P_{\mathrm{r}}&=p_2(\bar{\upsilon},\bar{\rho})p_3(\bar{\upsilon},\bar{\rho})\int_{\upsilon_{\min}}^{\upsilon_{\max}}\int_{\rho_{min(\upsilon)}}^{\rho_{max(\upsilon)}}p_1(\upsilon,\rho)\mathrm{d}\upsilon\mathrm{d}\rho\\&=p_2(\bar{\upsilon},\bar{\rho})p_3(\bar{\upsilon},\bar{\rho})F_{\Omega_D},\ \boldsymbol{r}\notin\Delta G\end{aligned}\tag{13-77}$$

式中，$(\bar{\upsilon},\bar{\rho})$为立体角 Ω_D 内的某一方向的极坐标表示；

$$F_{\Omega_D}=\int_{\upsilon_{\min}}^{\upsilon_{\max}}\int_{\rho_{\min(\upsilon)}}^{\rho_{\max(\upsilon)}}p_1(\upsilon,\rho)\mathrm{d}\upsilon\mathrm{d}\rho\tag{13-78}$$

于是，只要算出 F_{Ω_D}，就可以得到 P_{r} 值。下面针对不同散射，给出 $p_1(\upsilon,\rho)$的表达式，分两种情况讨论。

(1)各向同性散射。即有

$$p_1(\upsilon,\rho)=\frac{1}{4\pi}\tag{13-79}$$

相应地有

$$F_{\Omega_D}=\frac{\Omega_D}{4\pi}\tag{13-80}$$

式中，

$$\Omega_D=\int_{\upsilon_{\min}}^{\upsilon_{\max}}\int_{\rho_{\min(\upsilon)}}^{\rho_{\max(\upsilon)}}\mathrm{d}\upsilon\mathrm{d}\rho\tag{13-81}$$

为碰撞点相对探测器的立体张角面积。

(2) 各向异性散射。依据两角度系统的转换关系，把(μ,φ)下的角分布转换为(υ,ρ)下的角分布。在所有中子、光子散射中，光子康普顿散射角分布形式最复杂，以下就康普顿散射角分布为例，给出在角度系统(υ,ρ)下的表达式 $p_1(\upsilon,\rho)$。

康普顿散射满足克莱因-尼希纳(Klein-Nishina)公式：

$$
\begin{aligned}
p_1(\upsilon,\rho) &= \frac{1}{2\pi}K(\alpha,\mu(\upsilon,\rho)) \\
&= \frac{1}{2\pi}C(\alpha)\left(\frac{r_0^2}{2}\right)\left(\frac{\alpha'}{\alpha}\right)^2\left[\frac{\alpha}{\alpha'}+\frac{\alpha'}{\alpha}+\mu(\upsilon,\rho)^2-1\right]
\end{aligned}
\tag{13-82}
$$

式中，$r_0=2.81794\times10^{-13}$ cm 为古典电子半径；$\alpha'=E'/0.511008=\alpha/[1+\alpha(1-\mu)]$；$E$、$E'$分别为光子的入射和出射能量(与中子入射和出射能量表示法相反)；$C(\alpha)$为归一化因子。

由 $\int_{-1}^{1}K(\alpha,\mu)\mathrm{d}\mu=1$，求得

$$
\begin{aligned}
C^{-1}(\alpha) &= \int_{-1}^{1}\left(\frac{r_0^2}{2}\right)\frac{1}{[1+\alpha(1-\mu)]^2}\left[\frac{1}{1+\alpha(1-\mu)}+\alpha(1-\mu)+\mu^2\right]\mathrm{d}\mu \\
&= \left(\frac{r_0^2}{2}\right)\left[\frac{4}{\alpha^2}+\frac{2(1+\alpha)}{(1+2\alpha)^2}+\frac{(\alpha^2-2\alpha-2)\ln(1+2\alpha)}{\alpha^3}\right]
\end{aligned}
\tag{13-83}
$$

将式(13-73)代入式(13-82)，得

$$
\begin{aligned}
p_1(\upsilon,\rho) = &\frac{1}{2\pi}\frac{C(\alpha)}{\left\{1+\alpha\left[1-\gamma\upsilon-\sqrt{(1-\gamma^2)(1-\upsilon^2)}\cos(\chi-\rho)\right]\right\}^2}\cdot \\
&\left\{\frac{1}{1+\alpha\left[1-\gamma\upsilon-\sqrt{(1-\gamma^2)(1-\upsilon^2)}\cos(\chi-\rho)\right]}+\right. \\
&\left.\left[\gamma\upsilon+\sqrt{(1-\gamma^2)(1-\upsilon^2)}\cos(\chi-\rho)\right]^2\right\}
\end{aligned}
\tag{13-84}
$$

把式(13-84)代入式(13-42)得到概率 P_r 的表达式。

显然 P_r 不能解析求出。因此，考虑数值方法计算，不妨用 MC 方法求 P_r。考虑到直接从 $p_1(\upsilon,\rho)$产生(υ,ρ)的抽样值较困难，因此，考虑用均匀分布对 $p_1(\upsilon,\rho)$进行偏倚抽样，尽管这可能增大方差，但碰撞点相对探测器的立体角通常很小，增大的方差被认为是可以接受的。在 Ω_D 上构造关于υ、ρ 的均匀分布如下：

$$
\tilde{p}_1(\upsilon,\rho)=\frac{1}{\Omega_D}
\tag{13-85}
$$

把式(13-42)的积分改写为

$$
\begin{aligned}
P_r &= \int_{\upsilon_{\min}}^{\upsilon_{\max}}\int_{\rho_{\min(\upsilon)}}^{\rho_{\max(\upsilon)}}\tilde{p}_1(\upsilon,\rho)\frac{p_1(\upsilon,\rho)}{\tilde{p}_1(\upsilon,\rho)}p_2(\upsilon,\rho)p_3(\upsilon,\rho)\mathrm{d}\upsilon\mathrm{d}\rho \\
&= E\left[w_{\mathrm{adj}}(\upsilon,\rho)p_2(\upsilon,\rho)p_3(\upsilon,\rho)\right]
\end{aligned}
$$

$$\approx \frac{1}{N}\sum_{k=1}^{N}\left[w_{\text{adj}}(\upsilon_k,\rho_k)p_2(\upsilon_k,\rho_k)p_3(\upsilon_k,\rho_k)\right] \tag{13-86}$$

式中，$w_{\text{adj}}(\upsilon,\rho)=p_1(\upsilon,\rho)/\tilde{p}_1(\upsilon,\rho)$为纠偏因子；$N$ 为样本数。

υ_k、ρ_k 从 $\tilde{p}_1(\upsilon,\rho)$抽样产生，为

$$\begin{cases}\upsilon_k=\upsilon_{\min}^{(k)}+\xi_1^{(k)}(\upsilon_{\max}^{(k)}-\upsilon_{\min}^{(k)})\\ \rho_k(\upsilon_k)=\rho_{\min}^{(k)}(\upsilon_k)+\xi_2^{(k)}\left[\rho_{\max}^{(k)}(\upsilon_k)-\rho_{\min}^{(k)}(\upsilon_k)\right]\end{cases} \tag{13-87}$$

把式(13-87)代入式(13-86)，计算得到积分 P_{r} 及误差表达式：

$$\varepsilon=\sqrt{\frac{\sum_{i=1}^{N}\left[w_{\text{adj}}(\upsilon_k,\rho_k)p_2(\upsilon_k,\rho_k)p_3(\upsilon_k,\rho_k)\right]^2}{\left[\sum_{k=1}^{N}w_{\text{adj}}(\upsilon_k,\rho_k)p_2(\upsilon_k,\rho_k)p_3(\upsilon_k,\rho_k)\right]^2}-\frac{1}{N}} \tag{13-88}$$

13.3.5 圆柱体探测器估计

当碰撞发生在探测器空间区域 D 外时：

(1)计算探测器体通量 $\phi(V,E,\boldsymbol{\Omega},t)$。采用指向概率法计算体通量，第 n 个粒子、第 m 次碰撞对正圆柱探测器的体通量贡献为

$$\phi_{\Delta G,n,m}=\frac{P_{\text{r}n,m}w_{n,m}}{\Sigma_D V} \tag{13-89}$$

式中，Σ_D 为探测器宏观总截面；V 为探测器体积。

采用指向概率法计算的体通量贡献为

$$\phi_{\Delta G}\approx\frac{1}{N}\sum_{n=1}^{N}\sum_{m=1}^{M}\phi_{\Delta G,n,m} \tag{13-90}$$

(2)计算进入探测器表面的流 $J(\boldsymbol{r},E,\boldsymbol{\Omega},t)$。取 $p_3(\upsilon,\rho)=1$，第 n 个粒子、第 m 次碰撞对正圆柱探测器的流的贡献为

$$J_{\partial G,n,m}=P_{\text{r}n,m}w_{n,m} \tag{13-91}$$

对正圆柱探测器表面流的贡献为

$$J_{\partial G}\approx\frac{1}{N}\sum_{n=1}^{N}\sum_{m=1}^{M}J_{\partial G,n,m} \tag{13-92}$$

使用指向概率计数后，当碰撞恰好发生在探测器 D 内时，不再进行计数。

关于样本数 N 的选取，主要依据从碰撞点 $\boldsymbol{r}'$到探测器中心 $D(x_{\text{d}},y_{\text{d}},z_{\text{d}})$的距离 d，早年基于我们已开展的数值实验表明，当 $0<d<10$ cm 时，取 $N=500$；当 $10<d<20$ cm 时，取 $N=100$；当 $d>20$ cm 时，取 $N=50$。则计算得到的指向概率 P_{r} 的精度就基本满足精度要求。随着计算机速度和存储能力的显著提升，增大统计数，可以进一步提升模拟精度。对于其他形状的探测器，可以采用类似的方法处理。

与点探测器估计的指向概率方法相比，体探测器指向概率法不会出现估计量和方差无界。该方法已用于自主开发的核探测 MC 程序 MCCO 中，并得到了应用[89-90]。

13.4　MC-S_N 耦合计算

对复杂深穿透辐射屏蔽问题，无论采用 MC 方法或 S_N 方法，求解均存在局限性。虽然 MC 方法对复杂几何处理的能力较强，但深穿透问题是 MC 模拟的固有难题。S_N 方法深穿透问题模拟不存在困难，但对复杂几何处理的能力有限，且高能时存在较强的射线效应。针对两种方法各自的优缺点，开展 MC－S_N 耦合计算，是目前屏蔽计算的重点研究方向。

现有的 MC－S_N 耦合方案主要有 3 种：①空间耦合，将问题求解区域划分为 MC 适合区和 S_N 适合区，通过交界面的源信息交换，实现 MC－S_N 耦合计算；②通过 S_N 解伴随方程，获得问题全系统伴随通量，经归一化处理，形成 MC 正算的源偏倚概率和重要性价值函数，指导 MC 输运的赌、分裂；③能量耦合，将中子能量范围分为热中子能区、共振能区和快中子能区，共振能区采用 MC 计算，其他能区采用 S_N 计算。方案①的成功算例为大亚湾 1 号机组反应堆堆外探测室响应(RPN)计算[91]，堆芯采用确定论程序 SCIENCE 计算，堆外采用 MC 程序 MCNP 计算。该模型的特点是堆芯由 157 个组件组成，探测器位于辐照监督管内，辐照监督管位于吊篮外，压力容器内。该堆芯为二维轴对称几何，且以重介质为主，采用 SCIENCE 程序算出堆芯各组件及轴向功率分布(轴向分 16 层)。该功率分布作为 MCNP 模拟的源项，模拟时关裂变(即裂变当吸收处理)，最后用较小的代价，算出 RPN 响应矩阵。方案②的成功算例有 HBR-2 基准模拟[92]，早年 MC 程序 MORSE-CG 利用 S_N 程序的 DOT[17]解伴随方程提供的价值函数计算深穿透石油测井问题，耦合计算的 FOM 值较直接模拟提高了一个数量级。

13.4.1　CADIS/FW-CADIS 方法

一致共轭驱动重要性抽样(consistent adjoint driven importance sampling, CADIS)方法[93]被认为是目前求解辐射屏蔽问题最有效的方法，利用离散纵标 S_N 方法计算的共轭中子通量生成 *MC* 方法的源偏倚和权窗参数，能够有效地降低深穿透问题的计数误差。为了增加局部/全局减方差方法(*CADIS*/*FW-CADIS* 方法)的适用范围，发展了自动降低方差技巧。基于离散纵标的局部和全局减方差方法计算流程主要包括 S_N 正向计算，S_N 共轭计算，读取正向注量率，计算共轭源强，读取共轭注量率，计算并输出探测器响应、源偏倚和权窗参数，*MC* 正向计算等。主要步骤包括：

(1)建立正向 S_N 计算模型,计算得到探测器位置的三维多群正向通量分布,通过归一化处理,得到共轭源分布;

(2)建立共轭 S_N 计算模型,利用步骤(1)构建的共轭源分布,计算得到三维多群共轭通量分布;

(3)读取三维多群共轭通量分布,利用共轭通量分布和正向 MC 源分布,计算源偏倚和权窗参数;

(4)利用源偏倚和权窗参数,进行 MC 正向输运计算。

伴随计算采用 S_N 方法固然好,但 S_N 建模会增加一定的工作量,同时,还需要建立 MC 与 S_N 之间物理量的重映。因此,也可以用 MC 自身进行伴随计算,但存在 MC 伴随解的光滑性不好的情况,使用前需要对解做光滑化处理,确保相邻网格的重要性(即伴随通量值)比值不会出现太大波动。

13.4.2 面源接续方法

对于复杂几何深穿透问题,可以把问题划分为 MC 计算区和 S_N 计算区,需要确定两种方法的交界面,通过面源交换方式进行耦合计算,交界面最好不要选在轻介质区。如果交界面在轻介质区,则面源分布对方向比较敏感,先算 MC 后算 S_N,计算精度会有保证一些,毕竟 MC 计算产生源分布,方向算得更准确一些。但若先算 S_N,后算 MC,因 S_N 计算存在射线效应和方向近似,这对后续 MC 计算的精度会产生不利影响。如果交界面设在重介质区,则面源分布对方向不敏感,S_N、MC 谁先算、谁后算影响都不大。

在交界面处,考虑到面上发出的粒子经过碰撞后可能进入到交界面的另一侧,这时 MC、S_N 均各自采用反射边界处理可能跑到对方区域的粒子。

MC-S_N 耦合计算被证明是解决深穿透屏蔽问题最有效的手段之一,MC 利用 S_N 伴随计算得到权窗参数和源偏倚参数,之后进行 MC 计算,或者通过面源接续计算,都会提高收敛精度。前面提到了 MC、S_N 各自求解同样问题并建模,对计算结果会带来一定的不确定性,此外,MC、S_N 各自建模的不同也会给计算结果带来一定的偏差。因此,面源接续计算需要解决好上面提到的“方向”问题。

13.4.3 组合抽样方法

组合抽样方法用于抽样存在随机性的影响的问题,对某些小概率事件,当样本数不充分,会导致计算结果的有偏。而对某些特定问题,例如,隐藏爆炸物或毒品检测,小概率事件一旦发生,会带来可怕的结果。其他核探测问题,需要把随机性降到最低。因此,MC 计算中并非所有过程都通过抽样来求解。对某类问题采用解析与随机抽样耦合处理效果会更好。下面介绍 3 种处理方法。

(1)**直接法**：设有 m 类源，每类源被选中的概率为 $p_i(i=1,2,\cdots,m)$，满足 $\sum_{i=1}^{m} p_i=1$，共跟踪 N 个粒子。采用直接法，即抽随机数 ξ，求出满足不等式

$$\sum_{i=1}^{j-1} p_i \leqslant \xi < \sum_{i=1}^{j} p_i \tag{13-93}$$

的 j，则从第 j 类源中产生源粒子。直接法存在随机性影响。

(2)**解析法**：根据源类型及每类源粒子的概率 p_i，求出每类源粒子的个数为

$$N_i=\text{int}[p_i \cdot N+\xi](i=1,2,\cdots,m) \tag{13-94}$$

这样每类源都有粒子发出，从而消除了随机性的影响。

对某些需要重点关心的问题或计数量，还可以通过增大这些事件的发射概率，通过计数的无偏修正，确保计算结果的无偏，同时获得所关心问题的解，这就是 *MC* 计算常用的偏倚法。

(3)**偏倚法**：对已有的一组概率 $p_i(i=1,2,\cdots,m)$ 进行偏倚，对应的偏倚概率为 $\hat{p}_i(i=1,2,\cdots,m)$，满足 $\sum_{i=1}^{m} \hat{p}_i=1$。按偏倚概率 $\hat{p}_i(i=1,2,\cdots,m)$ 进行抽样，通过权重的无偏修正 $w=p_i/\hat{p}_i w'$ 确保计算结果无偏。

13.5　小结

MC 降低方差技巧本质上就是偏倚抽样。偏倚抽样算法经过多年发展，成熟的算法有很多，但选择什么样的偏倚算法更有效，需要一定的经验。技巧使用得当，可以起到事半功倍的作用。使用偏倚后，需要对结果做无偏修正，无偏修正的权重应尽量控制在一个合理的范围内，权重超过合理范围应施行赌或分裂。在所有 *MC* 降低方差技巧中，除了俄罗斯轮盘赌和分裂是针对全局的，其他技巧都是针对特定的目标计数量。使用技巧后，能否达到性价比提高的目的，要看 *FOM* 值的增减。通常 *FOM* 值越大，说明技巧和算法越有效，反之则不然。*FOM* 值接近常数，表明解已收敛，这时计算可以终止。

一直以来 *MC* 方法都是科学研究、工程实践领域大量应用的朴实有效的数值计算方法。尽管 *MC* 方法已被公认为是一种成熟的计算方法，然而人们对不同问题是否适合 *MC* 方法求解的认知还是有差异的，不过 *MC* 方法特别适合高维积分的求解是基本的共识。考虑到微分和积分可以互相转换，因此，客观上讲 *MC* 方法对求解微分问题同样有效，对于 *N-S* 方程、麦克斯韦方程、薛定谔方程、拉普拉斯方程等，也有使用 *MC* 方法求解的，只不过 *MC* 方法求解相比其他数值方法并无优势，性价比不如其他数值方法。

附录　MCNP 程序简介

MCNP 程序作为世界上一款知名度最高的 MC 软件，是一款大型、通用、多功能、多粒子输运 MC 程序，由美国洛斯阿拉莫斯国家实验室的 X-5 小组研制。从 20 世纪 40 年代美国曼哈顿工程开始，MC 方法的痕迹就留在了 MCNP 程序中，从 MCNP 程序手册的序言中，可以看出其发展历史的悠久。伴随 MCNP 程序的用户手册，堪比一本 MC 粒子输运的百科全书，手册汇集了丰富的核物理、核反应、核数据及计算机专业知识，成为从事 MC 方法研究及工程应用工作者的珍贵的参考资料。MCNP 程序经过数十年的发展和版本的不断更新，程序功能越来越完善，应用领域不断拓展。程序对外开源（但需要授权），可利用全世界用户对程序使用意见的反馈和算法改进不断完善和提升程序。今天的 MCNP 程序已成为核科学工程理论设计的重要工具，其应用领域十分广泛，除了传统的核领域，还用于医学、辐射防护、天体物理、机器学习、人工智能等领域。基于多年使用 MCNP 的心得，有必要对 MCNP 程序进行介绍，以丰富 MC 应用方面的知识。

f.1　发展历史

MCNP 程序的研制始于 1963 年。1973 年通过模拟中子反应的 MCN 程序[94]和模拟高能光子的 MCG 程序[95]的合并，诞生了中子-光子耦合输运 MC 程序 MCNG，1977 年 MCNG 程序与模拟低能光子的 MCP 程序[95]合并，成为 MCNP 程序。之后增加了临界 k_{eff} 本征值计算、体积自动计算、计数等功能，于 1983 年 9 月推出 MCNP3 程序[96]，编号 CCC-200，该版本完全按照美国核协会、FORTRAN 77 标准写成。至此开始，MCNP 程序开始面向全世界发布。MCNP 程序广泛使用可调数组后，节约了内存，也消除了原有程序的诸多限制，可移植性大大增强。其通过关键字选择及预处理程序 PRPR，把后缀为“. id”的文件展开为适合 CRAY、IBM、CDC、VAX 等计算机的可编译 FORTRAN 程序，编译连接生成可执行程序。该程序从 MCNP4A 开始推出可并行计算程序，从 MCNP4B 之后推出 PC-Windows 版本程序。

MCNP 程序凝聚了 X-5 小组创建以来的工作成果，2000 年 MCNP4C 发布时的程序手册中介绍到，X-5 小组的编制为 16 人，是个老中青相结合的队伍，程序研发投入的人年数超过 500。早期程序版本平均每 2～3 年更新一次。随着程序规模的不断扩大，更新速度有所放缓。从 2012 年推出 MCNP6 版本后至今（2020

年)，有 Beta 2，Beta 3、6.1、6.2、6.3 系列子版本推出。下面对 MCNP3 及之后各版本程序发展情况作一个回顾。

MCNP3 —— 1983 年推出，编号 CCC-200，程序代码采用 FORTRAN 77 标准编写，运行在 UNIX 系统下。截面采用 ENDF/B-III 库，可计算中子-光子及其耦合输运问题。

MCNP3A——1986 年推出，加入了多种标准源，截面库更新到 ENDF/B-IV，运行在 UNIX 系统下。

MCNP3B——1988 年推出，增加了阵列几何和重复结构处理能力，增加了几何输入(PLOT)及计算结果图形输出(MCPLOT)功能，多群/伴随输运。截面主要采用 ENDF/B-IV 库，增加了 LANL 研制的 ENDL851 中子截面子库，可在 DOS 和 UNIX 系统下算题和画图。

MCNP4 ——1990 年推出，UNIX 版本。并入美国桑迪亚(Sandia)国家实验室研制的电子输运程序 ITS[97]后，使 MCNP 程序首次具有带电粒子输运模拟能力，并增加了 F8 脉冲高度谱计算功能。更新了随机数，使其周期更长。增加了 DXTRAN 球和 $S(\alpha,\beta)$热化处理，截面更新到 ENDF/B-V 库。

MCNP4A——1993 年推出了 DOS/UNIX 版本，其中 DOS 版本需要 LANL 研制的 Lahey77 编译器支持。程序增加了 PVM 并行计算功能，适合共享存储计算机。采用 ENDF/B-VI 截面库。增加了周期边界和动态存储处理，支持在集群工作站上开展并行计算。增加了 X-Windows 彩显图形输出，更新了光子库，改进了计数和重复结构。

MCNP4B——1997 年推出[98]，增加了微扰计算功能，光子物理更新到 ITS3.0。改进了 PVM 并行计算，增加了截面画图功能。程序可在 DOS 系统下运行，但需 Lahey77 编译器支持。若在 UNIX 系统运行画图，则需安装 GKS 图形软件包。

MCNP4B 2——1998 年推出[98]，对 MCNP4B 进行了部分升级，支持 FORTRAN 90 编译系统。在 PC 机 Windos 系统下，用 Compaq Virtual FORTRAN 替换之前使用的 Lahey 编译器，编译生成的执行程序可在 DOS 系统下运行，Compaq Virtual FORTRAN 也支持几何绘图(PLOT)和计算结果图形输出(MCPLOT)功能。UNIX 系统编译运行 MCNP 程序，则需另外的编译器，画图需要安装 GKS 图形工具软件包。

MCNPX——1999 年推出[99]，支持 DOS(采用 Lahey 95 编译器)/UNIX 系统，增加了超高能模拟功能，配备 LANL 研制的 L150 中子截面库，中子能量上限达 150 MeV。X 版本与 4C 版本差异较大，X 版本没有保留之前 4C 版本的 α 本征值计算功能。

MCNP4C——2000 年推出[100]，增加了 mesh 网格计数、共振处理、α 本征值计算，扩充了微扰、电子物理和并行处理功能。可运行在 DOS /UNIX 系统下，编译仍在 Windows 下，运行 Compaq Visual FORTRAN 进行编译，产生在 DOS 下运行的执行程序。程序增加了共振计算、微扰、瞬发 α 本征值、mesh 权窗等功能，截面的共振自屏处理更加精细，支持 PVM 和 SMPP 并行系统（该版本是用户反馈最好用的程序版本）。

MCNP5 ——2003 年推出[101]，采用 FORTRAN 90 编写，集成了 X11 彩色图形绘制功能，增强了 PVM 和 MPI 并行计算能力，负载平衡性得到改进，程序可以运行在 PC 环境 Windows 系统下。开发了 X-Windows 彩色绘图功能，增加了新的 mesh 计数和 Doppler 温度展宽功能，但没有了 α 本征值计算功能。

MCNP6 ——2012 年推出[102]，合并 MCNPX 2. 7. 0 和 MCNP5 1. 60 后推出了 MCNP6 Beta 2 版本，之后又推出 Beta 3、6. 1、6. 2 等系列版本。相对之前的版本，增加了 16 种新功能，吸收了 Abaqus 程序的有限元计算功能，支持非结构网格和体素网格[103]。可模拟的粒子种类达到 37 种。数据库更新到 EDDF/B-VII. 1 库[55]。$S(\alpha,\beta)$库的核素总数增加到了 20 种。完善了伴随计算功能，可进行敏感性和不确定性分析、微扰及动力学参数计算。光子能量下限至 1 eV，电子能量下限至10 eV，可模拟可见光问题。电子输运考虑了电子退激效应、虚粒子和磁场效应。在并行计算方面，对原有 MPI 进行了升级，OpenMP 得到了扩充。增加了燃耗计算、k_{eff} 微扰和光子散射修正因子，改进了统计计数。更新了衰变模型及缓发 β。由于采用了新的随机数发生器，MCNP6 与 MCNPX 和 MCNP5 的结果存在一些差异[104-105]。

MCNP 程序复杂几何处理能力强，采用实体组合几何（constructive solid geometry，CSG）面描述，几何单位用块（cell）表示，几何块通过标准几何面，采用布尔运算得到。几何块内的材料由包括同位素在内的多种核素或分子式组成。截面包括 ACE 格式的连续点截面和 ANISN 格式的多群截面。截面基础数据主要来自 ENDF/B 系列评价数据库。核反应考虑了该库给出的所有中子反应类型，在截面数据目录文件 xsdir 中，列出了不同用途的多种评价截面库，由于数据库采用国际统一标准，因此，可兼容国际上其他国家及组织发布的核数据库。这些数据库经过核数据加工程序 NJOY，均可加工成统一格式的微观截面库，供 MCNP 程序使用。

MCNP 程序中中子热散射处理非常精细，4 eV 以下采用 $S(\alpha,\beta)$ 模型，4 eV 以上采用自由气体模型。中子速度考虑了相对论效应；光子考虑了相干和非相干散射，并处理了光电吸收后可能的荧光发射和电子对产生；电子考虑了电离、激发和韧致辐射等过程。程序汇集了丰富的降低方差技巧。配备了多种标准源，并为用户提供了源项子程序 source 的接口，可以选择自定义源。为便于检查几何输入是否正确，程序配备了几何绘图(PLOT)功能和计算结果图形输出(MCPLOT)功能。程序共有 7 种标准计数，并为用户提供了标准计数以外的计数接口，用户可通过改编用户子程序 tallyx 输出感兴趣的统计计数量。

MCNP 程序主要用于临界安全分析和辐射屏蔽计算，近年来，其应用领域已拓展到医学肿瘤剂量计算，国际上多数治疗计划均采用 MCNP 程序或基于MCNP 程序改编的程序。表 f-1 给出了 MCNP 程序的发展历史及新增功能简介。

表 f-1　MCNP 程序的发展历史及新增功能简介

版本号	发布时间	新增功能说明
MCNP3	1983	第一次通过美国橡树岭国家实验室辐射屏蔽信息中心(ORNL-RSICC)对外发布，为 Fortran 77 版本
MCNP3A	1986	相比 MCNP3，程序功能维持不变，对程序代码进行了改编
MCNP3B	1988	引入几何输入绘图，增加了多种体、面源，几何/栅格重复结构描述
MCNP4	1990	增加了多处理器并行计算及电子输运模拟功能
MCNP4A	1993.10	增强了统计分析，更新了光子数据，截面库更新到 ENDF/B-VI，增加了彩色 X-Windows 绘图和动态分配存储功能
MCNP4B	1997.4	增加了算子微扰和截面绘图功能，扩充了光子物理，改进了 PVM 负载平衡
MCNPX 2.1.5	1999.11	由 MCNPX 基于 MCNP4B、CEM INC 和 HTAPE3X 程序合并而成，增加了计数种类，改进了碰撞能量损失模型
MCNP4C	2000.4	改进了共振处理、计数、微扰、电子输运和图形输出功能
MCNP4C2	2001.1	考虑了光核物理，增加了权窗图形输出
MCNPX 2.3.0	2002.4	为 LAHET 2.8、3.0 的增强版

续表

版本号	发布时间	新增功能说明
MCNPX 2.4.0	2002.8	对 MCNP4C 进行了补充修改，使其适用于 Windows 系统和 Fortran 90 编译器
MCNP5 1.14	2002.11	采用 Fortran 90 编译器，增加了光核碰撞、时间分裂和计数，支持 Mac 共享存储系统下 OpenMP 并行
MCNP5 1.20	2003.10	探测器计数从 100 扩充到 1000
MCNP5 1.30	2004.8	样本数 NPS 采用 8 字节长整形表示，使最大模拟样本数远超过之前的 21 亿，扩充了计数，支持 Mac 系统下 MPI 并行
MCNPX 2.5.0	2005.4	可模拟 34 种粒子，考虑了 4 种轻离子，增加了裂变多重性、自发裂变源、CEM2k 和 INCL4/ABLA 物理模型、脉冲高度计数及多重俘获计数，降低方差技巧得到增强
MCNP5 1.40	2005.11	增加了对数数据插值、中子多重性分布、随机几何和计数绘图功能
MCNPX 2.6.0	2008.4	增加了燃耗计算、重离子输运、LAQGSM 物理、CEM03 物理、延迟伽马发射、能量-时间权窗、中子俘获负荷离子、球型网格权窗和自发光子模拟等功能
MCNP5 1.51	2009.1	增加了光子多普勒展宽处理、针对脉冲高度计数的降低方差技巧和湮灭光子追踪功能
MCNP5 1.60	2010.8	增加了点动力学参数伴随权窗和各项同性反应率的计数功能，计数几何块和面由之前的 10 万扩大到 1 亿
MCNPX 2.7.0	2011.4	增加了几种特殊源、周期时间箱和中子多重性功能，增加了 ACE 格式的 NRF 数据、LAQGSM 3.03 和 CEM 3.03 物理
MCNP6 0.1	2012.1	支持 37 种粒子模拟，支持非结构网格输运计算，基于 S_N 程序伴随自动权窗产生，光子输运下限能量至 1 eV。增加了空气中的磁场追踪模拟功能

f.2　主要功能

f.2.1　几何描述

在输入分布中，几何描述由两部分组成，第一部分为几何块材料及布尔运算，布尔运算包括：并、交、余三种；第二部分为输入参与几何块运算的所有几何面。基本几何面有：一次平面、二次球面、二次柱面、二次锥面、任意二次曲面和特殊的四次旋转椭圆环曲面。MCNP 程序能够计算大多数几何块的体积和面积，但无法计算某些非对称旋转几何体的体积和面积（程序运行后会提醒），需要用户通过卡片输入相应计数几何块的体积或计数面的面积。若用户未输入无法计算的计数几何块的体积或计数面的面积，则程序按单位体积或单位面积给出计数。

在 MCNP6 程序中，几何块还增加了结构/非结构网格，增加了与其他确定论程序耦合计算的接口，既便于 MC 程序与确定论程序的对比计算，也便于用两种方法进行耦合计算。

f.2.2　截面库

MCNP 程序配备的截面数据库为 ENDF/B 库，同时也有部分来自 LANL 研制的 ENDL 库（如 ENDL851、L150）和 ORNL 研制的 AWRE 库。截面数据库覆盖了包括共振区在内的能量区，以点截面形式给出。截面考虑了特定评价库中所有的反应处理，中子能量范围为 10^{-5} eV ~20 MeV；光子能量范围为 1 eV～1 GeV；电子能量范围为 10 eV～1 GeV。当能量超过上限能量或低于下限能量时，以上、下限能量为界处理。目前 MCNP6 配备的评价数据库为 ENDF/B-VII.1 库，包含了 423 种核素，300 K 温度的中子截面。对裂变核，除 300 K 温度截面外，在 300 K 到 1200 K 范围内，还提供了 7 个不同温度点的截面。对非裂变核，考虑到温度对高能部分的影响有限，因此，只对自由气体热化中子弹性散射截面作了近似温度修正，修正因子为

$$F=(1+0.5/a^2)\mathrm{erf}(a)+\mathrm{e}^{-a^2}/(a\sqrt{\pi}) \tag{f-1}$$

式中，$a=\sqrt{AE/kT}$，A 为核素的原子量，E 为中子能量（MeV），T 为温度（K）。

为了加速计算，修正因子做了进一步简化，当 $a\geqslant 2$ 时，取 $F\approx 1+0.5/a^2$；当 $a<2$ 时，用 51 个列表数据通过插值得到 F 的近似值。目前最新的 MCNP6 程序中，增加了裂变核的 Doppler 温度在线展宽功能，并在 300 K 到 1200 K 之间，按 25 K 为一间隔，构建了一个多温离散截面库，通过插值可以获得 300 K 到 1200 K 之间任意温度的截面。多群截面库采用标准 ANISN 格式编写。

目前国际评价核数据库制定了统一的标准格式，可选择的核数据库还有：日本

的JENDL库、中国的CENDL库和欧洲的JEF库。这些库都是公开的，从LANL的官方网站中可以下载，并可通过NJOY程序加工成ACE格式的连续点截面或ANISN格式的多群截面。这里给出MCNP 4C程序配备的主要截面库：

(1)rmccs——中子点截面库；

(2)mcplib——光子点截面库；

(3)tmccs——热中子点截面库；

(4)el——电子点截面库；

(5)d9——多群中子截面库；

(6)llldos——中子/光子剂量库；

(7)endl85——来自LANL的中子点截面子库；

(8)……

f.2.3 源处理

标准源：MCNP程序为用户提供了5种标准源，分别是：

(1)各向同性点源；

(2)向外余弦分布球面源；

(3)向内余弦分布球面源；

(4)任意几何形状的各向同性均匀体源；

(5)任意形状的均匀面源。

如果用户计算问题的源不在上述5种标准源范围内，MCNP为用户提供了一个源项子程序的接口，省缺sdef卡片，则程序会自动调用用户提供的源子程序source。关于source子程序的编写，MCNP程序手册有详细介绍，确保输入的形参变量与定义的变量名一致即可。6种裂变谱基本涵盖了今天核工程领域裂变、聚变问题的全部。

能谱：MCNP配备了6种标准能谱，分别是：

(1)Cranberg裂变谱与Gaussian聚变谱；

(2)Maxwell裂变谱；

(3)Watt裂变谱；

(4)Gaussian裂变谱或正态时间谱；

(5)蒸发谱；

(6)Muir速度的Gaussian聚变谱。

边界处理：MCNP提供了3种边界处理，分别是：

(1)真空边界——即规定粒子穿出真空边界后，不再返回；

(2)反射边界——适用于对称面，粒子到达发射边界，按镜面反射处理粒子飞行方向，这种处理可以节约内存，但不会节省计算时间，反射边界不适合点探测器估计和 DXTRAN 球问题；

(3)周期边界——为 MCNP6 新增功能，适合周期脉冲源发射这类问题。

f.2.4　热散射

热散射会在自由气体模型和 $S(\alpha,\beta)$ 模型之间进行选择，通常中子能量 $E \leqslant 4$ eV 时，采用 $S(\alpha,\beta)$ 模型处理；当中子能量 $E > 4$ eV 时，采用自由气体模型处理。另外，MCNP 程序对热化部分的弹性散射截面作了式(f1－1)的温度修正。目前 $S(\alpha,\beta)$ 库(ENDF/B-VII) 共有 20 个核素的热化截面。

1. 自由气体模型

自由气体模型是一个热相互作用模型，假定中子在一种单原子气体中进行输运，核的运动速度服从各向同性的麦克斯韦分布。对于动能为 E 的中子，其实验室中的有效散射截面为

$$\sigma_s^{\text{eff}}(E) = \frac{1}{v_n}\iint \sigma_s(v_{\text{rel}}) v_{\text{rel}} p(v) \mathrm{d}v \frac{\mathrm{d}\mu_t}{2} \tag{f－2}$$

式中，v_{rel} 为中子标量速度 v_n 与靶核运动标量速度 v 之间的相对标量速度；μ_t 为中子与靶核飞行方向之间夹角的余弦。有

$$v_{\text{rel}} = (v_n^2 + v^2 - 2v_n V \mu_t)^{1/2} \tag{f－3}$$

$p(v)$是式(f1－4)形式的靶核麦克斯韦分布：

$$p(v) = \frac{4}{\sqrt{\pi}} \beta^3 v^2 \mathrm{e}^{-\beta^2 v^2} \tag{f－4}$$

式中，$\beta = \sqrt{AM_n/2kT}$，A 为以中子质量为单位的靶核质量，M_n 为靶核质量，kT 为靶核平衡温度(用 MeV 能量单位表示)。

靶核 n 的最可几速度是 $1/\beta$，其对应的靶核的动能为 kT，它并不是核的平均动能，核的平均动能是 $3kT/2$。由式(f1－2)得到关于靶核速度 v_n 和余弦 μ_t 的概率分布函数为

$$P(v,\mu_t) = \frac{\sigma_s(v_{\text{rel}}) v_{\text{rel}} p(v)}{2\sigma_s^{\text{eff}}(E) v_n} \tag{f－5}$$

假定 $\sigma_s(v)$ 随速度 v 的变化可以忽略，对轻核 $\sigma_s(v_{\text{rel}})$，变化缓慢，对重核 $\sigma_s(v_{\text{rel}})$，可能变化迅速，散射减速效应不明显，这时上述概率分布可以近似为

$$P(v,\mu_t) \approx \sqrt{v_n^2 v^2 - 2vv_n\mu_t}\, v^2 \mathrm{e}^{-\beta^2 v^2} \tag{f－6}$$

2. $S(\alpha,\beta)$处理

$S(\alpha,\beta)$热散射处理是对热中子分子和晶状固体的完整描述，考虑两个过程：

(1) 截面为 σ_{in} 的非弹性散射，从 ENDF/B 库的 $S(\alpha,\beta)$散射律中的能量-角度表达式导出；

(2)弹性散射不随入射中子能量变化，即弹性散射时，中子不损失能量。散射

角从晶格参数导出，如果 $\sigma_{el} \neq 0$，则发生弹性散射的概率为 $\sigma_{el}/(\sigma_{in}+\sigma_{el})$。

热散射处理也适用于多原子的分子式，如 BeO。

对于非弹性散射，给出两组数表，一组为 16 个或 32 个等概率能量分布，能量范围为 10^{-5} ～4 eV，出射中子能量从等概率分布表抽样得到；另一组是描述次级中子角分布的，出射中子能量从如下分布抽样得到：

$$P(E' \mid E_i < E < E_{i+1}) = \frac{1}{N}\sum_{i=1}^{N}\delta[E' - \rho E_{i,j} - (1-\rho)E_{i+1,j}] \quad \text{(f-7)}$$

式中，E_i、E_{i+1} 为初态能量隔点组中的两个相邻点；N 是等概率终态能量分点数；$E_{i,j}$ 为对应初态能量 E_i 的第 j 个离散终态能量；ρ 满足

$$\rho = \frac{E_{i+1} - E}{E_{i+1} - E_i} \quad \text{(f-8)}$$

在终态能量 E' 及终态能量索引号 j 选定后，在每种情况下，$(i,j)^{th}$ 表示 $E = E_i \rightarrow E' = E_{i,j}$ 的能量转移方式。

散射角余弦有两种选择方式：

(1)数据由一组等概率离散余弦 $\mu_{i,j,k}$ 组成($k=1,\cdots,\upsilon$)，k 被挑选的概率为 $1/\upsilon$ ($\upsilon=4$ 或 8)，μ 从下面关系式得到：

$$\mu = \rho\mu_{i,j,k} + (1-\rho)\mu_{i+1,j,k} \quad \text{(f-9)}$$

(2)数据由一组等概率余弦箱边界值组成，以概率 ρ 确定余弦箱编号 i，进而在第 i 个余弦箱$[\mu_i, \mu_{i+1}]$内，通过随机线性抽样得到

$$\mu = \mu_i + \xi(\mu_{i+1} - \mu_i) \quad \text{(f-10)}$$

f.2.5 方向抽样

ACE 格式连续点截面的角分布处理非常精细，主要数据均由实验点拟合得到。对于大多数弹性与非弹性散射，出射中子方向的抽样方法都是相同的，散射角余弦 μ 从碰撞核的角分布表抽取。角分布表按矩阵形式给出，中子能量分成若干点，在每个点上，给出 32 个等概率的余弦间隔。这些余弦值是质心坐标系的还是实验室坐标系的，由反应类型决定。假如入射中子能量为 E，落在$[E_n, E_{n+1}]$中，E_n 和 E_{n+1} 是 E 的相邻点，此时，选用 E_n 角分布的概率为

$$\frac{E_{n+1} - E}{E_{n+1} - E_n} \quad \text{(f-11)}$$

选用 E_{n+1} 角分布的概率为

$$\frac{E - E_n}{E_{n+1} - E_n} \quad \text{(f-12)}$$

不妨假定抽样选定为 n，那么抽样得到出射粒子散射角余弦值 μ 为

$$\mu = \mu_{n,i} + (32\xi - i)(\mu_{n,i+1} - \mu_{n,i}) \quad \text{(f-13)}$$

式中，ξ 为随机数，且有 $i<32\xi\leqslant i+1(i=1,2,\cdots,32)$。

如果选取的 μ 为质心坐标系的，则应将 μ 转换为实验室坐标系的。

f.2.6 能量抽样

第11章介绍了中子、光子及电子的各种核反应，这些核反应在MCNP程序中，就是各种散射后出射粒子方向的确定。现回顾一下中子、光子及电子涉及的核反应。

(1)中子主要核反应。弹性散射(el)、非弹性散射(inel)、裂变反应(f)和吸收(c)反应。

(2)光子主要核反应。光电效应(e)、对产生(pp)、非相干散射(即康普顿散射)和相干散射(即汤姆孙散射)。

(3)电子主要核反应。韧致辐射、飞行湮没和静止湮没。

(4)中子产生中子核的反应：(n,f)、(n, xn) ($x=2,3$)。

(5)中子产生光子的反应：(n,n′)、(n, γ)和(n, f)。

光子可以产生电子，电子通过韧致辐射产生韧致光子(见表f-2)。

表f-2 光子、电子作用过程

项目	光子参与的反应类型			正电子参与的反应类型		
	光电效应	康普顿散射	对产生	韧致辐射	飞行淹没	静止淹没
产生的次级粒子种类	电子	光子，电子	电子，正电子	韧致光子	两个光子	两个光子

当一个中子与核发生碰撞时，按顺序做下列处理：

(1)判别与哪个核发生碰撞。若模拟为中子-光子耦合输运问题，则中子要产生次级光子，次级光子先存库，继续中子跟踪。

(2)处理中子俘获。直接俘获或隐俘获。

(3)确定散射类型。热散射，弹性散射，非弹性散射。

(4)确定出射粒子的能量和方向。

如此循环，当前中子历史结束后，再跟踪库存粒子，按中子→光子→光子的顺序处理，对每种粒子库，均采用后进先出的顺序，从驿站取出次级粒子分别跟踪。

f.2.7 主要计数

所有计数均可归结为通量与响应函数的卷积积分。泛函 I 的计算：

$$I=(\phi,g)=\int\phi(\boldsymbol{P})g(\boldsymbol{P})\mathrm{d}\boldsymbol{P} \tag{f-14}$$

由此引申出MCNP程序的7种主要计数。

(1)穿过界面的流(F_1、$^*F_1$ 计数):

$$F_1=\int_A\int_E\int_\mu\int_t J(\boldsymbol{r},E,\mu,t)\mathrm{d}\boldsymbol{r}\mathrm{d}E\mathrm{d}\mu\mathrm{d}t \tag{f-15}$$

$$^*F_1=\int_A\int_E\int_\Omega\int_t E\cdot J(\boldsymbol{r},E,\mu,t)\mathrm{d}\boldsymbol{r}\mathrm{d}E\mathrm{d}\mu\mathrm{d}t \tag{f-16}$$

式中,

$$J(\boldsymbol{r},E,\mu,t)=|\mu|\phi(\boldsymbol{r},E,t)A \tag{f-17}$$

为中子穿过界面 A 的流,$\mu=\boldsymbol{\Omega}\cdot\boldsymbol{n}$,$\boldsymbol{n}$ 为界面 A 位于 $\boldsymbol{r}$ 点处的外法向单位向量。

(2)面平均通量密度(F_2、$^*F_2$):

$$F_2=\frac{\phi(A)}{A}=\frac{1}{A}\int_A\int_E\int_t\phi(\boldsymbol{r},E,t)\mathrm{d}\boldsymbol{r}\mathrm{d}E\mathrm{d}t \tag{f-18}$$

$$^*F_2=\frac{1}{A}\int_A\int_E\int_t E\cdot\phi(\boldsymbol{r},E,t)\mathrm{d}\boldsymbol{r}\mathrm{d}E\mathrm{d}t \tag{f-19}$$

(3)体平均通量密度(F_4、$^*F_4$):

$$F_4=\frac{\phi(V)}{V}=\frac{1}{V}\int_V\int_E\int_t\phi(\boldsymbol{r},E,t)\mathrm{d}\boldsymbol{r}\mathrm{d}E\mathrm{d}t \tag{f-20}$$

$$^*F_4=\frac{1}{V}\int_V\int_E\int_t E\cdot\phi(\boldsymbol{r},E,t)\mathrm{d}\boldsymbol{r}\mathrm{d}E\mathrm{d}t \tag{f-21}$$

(4)点通量密度(F_5、$^*F_5$):

$$F_5=\phi^*(\boldsymbol{r})=\int_E\int_t\phi(\boldsymbol{r}^*,E,t)\mathrm{d}E\mathrm{d}t \tag{f-22}$$

$$^*F_5=\int_E\int_t E\cdot\phi(\boldsymbol{r}^*,E,t)\mathrm{d}E\mathrm{d}t \tag{f-23}$$

(5)沉积能($F_{6,7}$,$^*F_{6,7}$):

$$F_{6,7}=\frac{1}{V}\frac{\rho_a}{\rho_g}\int_V\int_t\int_E H(E)\phi(\boldsymbol{r},E,t)\mathrm{d}\boldsymbol{r}\mathrm{d}E\mathrm{d}t \tag{f-24}$$

$$^*F_{6,7}=\frac{1}{V}\frac{\rho_a}{\rho_g}\int_V\int_t\int_E E\cdot H(E)\phi(\boldsymbol{r},E,t)\mathrm{d}\boldsymbol{r}\mathrm{d}E\mathrm{d}t \tag{f-25}$$

式中,ρ_a 为原子密度(单位:10^{24} 个原子/cm^3);ρ_g 为重量密度(单位:$\mathrm{g/cm}^3$);$H(E)$为每次碰撞的平均放热量(对中子 $H(E)=1.242\times10^{-3}$ MeV/g,对光子 $H(E)=1.338\times10^{-3}$ MeV/g)。

①对 F_6 中子,有

$$H(E)=\sigma_t H_{\mathrm{avg}}(E) \tag{f-26}$$

式中,

$$H_{\mathrm{avg}}(E)=E-\sum_i p_i(E)[\bar{E}_{\mathrm{out}_i}(E)-Q_i+\bar{E}_{\gamma_i}(E)] \tag{f-27}$$

式中,$p_i(E)$为第 i 个反应道的抽样概率;Q_i 为反应道 i 的 Q 值;$\bar{E}_{\mathrm{out}_i}(E)$为第 i

个反应道平均出射中子能量；$\bar{E}_{\gamma_i}(E)$为第 i 个反应道出射光子的平均能量。

②对 F_6 光子，有

$$H_{\text{avg}}(E)=\sum_{i=1}^{3}p_i(E)(E-\bar{E}_{\text{out}}) \tag{f-28}$$

式中，$i=1$ 为带形状因子的非相干散射（即康普顿散射），$i=2$ 为对产生，$i=3$ 为光电吸收（所有转换给电子的能量就地沉积），$\bar{E}_{\text{out}}=2m_0c^2=1.022016$。

③对 F_7 中子，有

$$H(E)=\sigma_{\text{f}}(E)Q \tag{f-29}$$

式中，$\sigma_{\text{f}}(E)$为总裂变截面；Q 为每次裂变释放的总瞬发能量（MeV），以列表形式给出。

④对 F_7 光子，$H(E)$表示光裂变，目前暂无数据。

(6)探测器响应-脉冲高度谱（F_8）：

$$F_8=N(h)=\int_D\int_0^{E_{\max}}\int_{\Omega}\int_{\text{t}}R(E,h)\phi(\boldsymbol{r},E,\boldsymbol{\Omega},t)\,\text{d}\boldsymbol{r}\,\text{d}E\,\text{d}\boldsymbol{\Omega}\,\text{d}t \tag{f-30}$$

式中，h 为脉冲计数道（取能量单位 MeV）；R 为探测器响应函数。

F_8 主要用于探测器响应计算，涉及光子-电子耦合输运。表 f-3 给出了 F 卡统计量的计数类型、计算公式等。

表 f-3　F 卡统计量的计数类型、计算公式等

计数类型	计算公式及单位		乘子 E 及单位	
	公式	单位	乘子 E	单位
F_1	w	中子数	对应 $^*F_1$	MeV
F_2	$w/(\lvert\mu\rvert A)$	$1/\text{cm}^2$	对应 $^*F_2$	MeV/cm^2
F_4	$w\cdot d/V$	$1/\text{cm}^2$	对应 $^*F_4$	MeV/cm^2
F_5	$w\cdot p(\mu)\text{e}^{-\tau}/(2\pi R^2)$	$1/\text{cm}^2$	对应 $^*F_5$	MeV/cm^2
F_6	$w\cdot d\cdot\rho_{\text{a}}\sigma_{\text{t}}(E)H_{\text{avg}}(E)/m$	MeV/g	对应 $^*F_6$	J/g

注：w 为粒子权重；d 为穿过探测器的径迹长度；τ 为平均自由程数；m 为探测器的质量。

(7)反应率。反应率就是通量与各种反应截面的卷积计数，其可表示为

$$R_i=\int\Sigma_i(\boldsymbol{r},E)\phi(\boldsymbol{r},E,\boldsymbol{\Omega},t)\,\text{d}\boldsymbol{r}\,\text{d}E\,\text{d}\boldsymbol{\Omega}\,\text{d}t \tag{f-31}$$

其中，i 包括各种反应截面，如 t、el、in、(n,2n)、(n,3n)、(n,fx)、(n,f)、(n,n′f)、(n,2nf)、(n,n′p)、(n,n′d)、(n,n′t)、(n,3nf)、(n,α)、(n,n′)、(n,γ)、(n,p)、(n,d)、(n,t)、(n,^{3}He)等。

f.2.8 降方差技巧

计算区域 D 上的积分

$$I=\int_D I(X)\mathrm{d}X,\ I(X)=\sum_{j=1}^{J}I_j\Delta_j(X) \tag{f-32}$$

式中，$\Delta_j(X)$为 D_j 上的特征函数；$D_i\cap D_j=\phi(i\neq j)$，$\{I_i\}$用来表示 D_i 的重要性，D_j 可以为几何块，也可以为规则结构网格，mesh 权窗采用的是规则正交结构网格。

常用的降低方差技巧如下所示：

(1)几何分裂和俄罗斯轮盘赌；

(2)指数变换；

(3)权窗；

(4)源偏移；

(5)隐俘获；

(6)强迫碰撞；

(7)DXTRAN 球；

(8)相关抽样；

(9)能量、时间、权截断。

1. 中子速度考虑相对论效应

中子速度考虑了爱因斯坦相对论效应，中子速度 v 和能量 E 之间满足关系

$$v=\frac{c\sqrt{E(E+2m)}}{E+m} \tag{f-33}$$

式中，$c=29979.25\ \mathrm{cm}/\mu\mathrm{s}$ 为光速。

注：若不考虑相对论效应，按牛顿动能守恒定律 $E=\frac{1}{2}mv^2$，则有 $v=\sqrt{\frac{2E}{m}}\approx 1383\sqrt{E}(\mathrm{cm}/\mu\mathrm{s})$（能量 E 的单位为 MeV）。

2. 次级光子的产生

如果正在运行的是中子-光子耦合输运问题，确定碰撞核后，如果中子产光截面 $\sigma_\gamma\neq 0$，则产生次级光子，次级光子权重为

$$w_\mathrm{p}=w_\mathrm{n}\sigma_\gamma/\sigma_\mathrm{t} \tag{f-34}$$

式中，w_n 为碰撞发生时的中子权重；σ_t 为碰撞发生时的中子微观总截面。

为了避免跟踪大量小权重光子，对次级光子权重 w_p 进行俄罗斯轮盘赌：

(1)当 $w_\mathrm{p}<w_\mathrm{a}I_\mathrm{S}/I_\mathrm{a}=T_1$ 时，进行俄罗斯轮盘赌。光子存活概率为 $w_\mathrm{p}I_\mathrm{a}/(w_\mathrm{a}I_\mathrm{S})$，存活权重为 $w_\mathrm{a}I_\mathrm{S}/I_\mathrm{a}$，其中，$I_\mathrm{S}$ 为源中子出生地几何块的重要性；I_a 为当前几何块的重要性；w_a 为输入的中子产光的最小权重。

(2)当 $w_p \geqslant w_a I_S / I_a$ 时,进行分裂。次级光子分裂为 N_p 个分支,每个分支的权重为 w_p / N_p,其中,

$$N_p = \min\{10, \text{int}[1 + w_p/(5T_1)]\} \qquad (f-35)$$

3. 裂变当吸收处理

MCNP 程序提供了裂变当吸收处理功能(对应输入卡片为 nonu=0),主要针对已经考虑过裂变反应的问题,如临界计算产生的裂变源,外源计算使用的裂变源,这些源发出的中子,与系统中的裂变核发生碰撞,不再考虑裂变中子的产生,而是当作中子的吸收考虑。

目前 MCNP 计算中子-光子耦合输运问题时,如果裂变当吸收处理(又名关裂变),则次级光子计算存在问题。当中子与核发生碰撞后,先产光后确定碰撞类型,这样产光总数便为 (n,f)和(n,γ)产光的总和。但如果是关裂变问题,则应该扣除(n,f)产光。导致这种情况发生的主要原因是产光截面没有把(n,γ)、(n,f)产光分开。另外,抽样次序也有问题,正确的次序是先抽反应类型,后产光,对关裂变问题,发生裂变反应后,就不再产光了。这是目前使用 MCNP 程序中发现的一大不足。

4. 中子俘获处理

中子俘获分直接俘获和隐俘获两种。

(1)直接俘获。即由概率 σ_a/σ_t 决定中子历史是否结束,抽随机数 ξ,若 $\xi < \sigma_a/\sigma_t$,则中子被杀死。

(2)隐俘获:

$$w = w'\left(1 - \frac{\sigma_a}{\sigma_t}\right) \qquad (f-36)$$

式中,w'为中子碰撞时的权重;w 为碰撞后的权重。

通常隐俘获适合除热中子弹性散射以外的所有反应,由于热中子弹性散射不损失能量,因此,采用直接俘获处理更有利于节省计算时间。MCNP 程序提供了一个中子俘获处理能量输入卡 E_{cap},当 $E > E_{cap}$ 采用隐俘获;当 $E \leqslant E_{cap}$ 采用直接俘获。省缺时,全部采用隐俘获。

f1.2.9　计算流程

MCNP 4C 程序由 5 个模块组成,分别是:①输入模块(IMCN);②几何绘图模块(PLOT);③截面模块(XACT);④输运模块(MCRUN);⑤计算结果绘图模块(MCPLOT)。输运模块 MCRUN 调用 TRNSPT 模块进行输运计算,调用 OUTPUT 模块输出计算结果,调用 RUNTPE 模块进行记盘(见图 f-1(a))。TRNSPT 为 N 个中子历史循环计算模块(见图 f-1(b))。HSTORY 为一个中子从出生到死亡全过程的模拟模块(见图 f-1(c))。

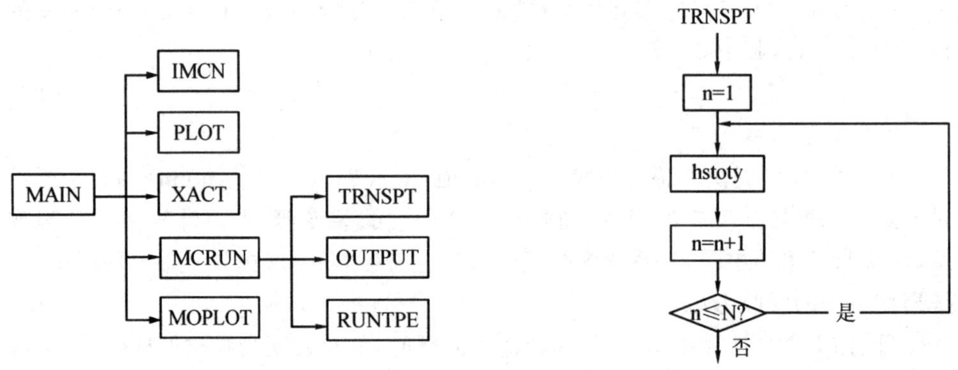

(a) MCNP程序模块覆盖结构

(b) 关于粒子数的循环

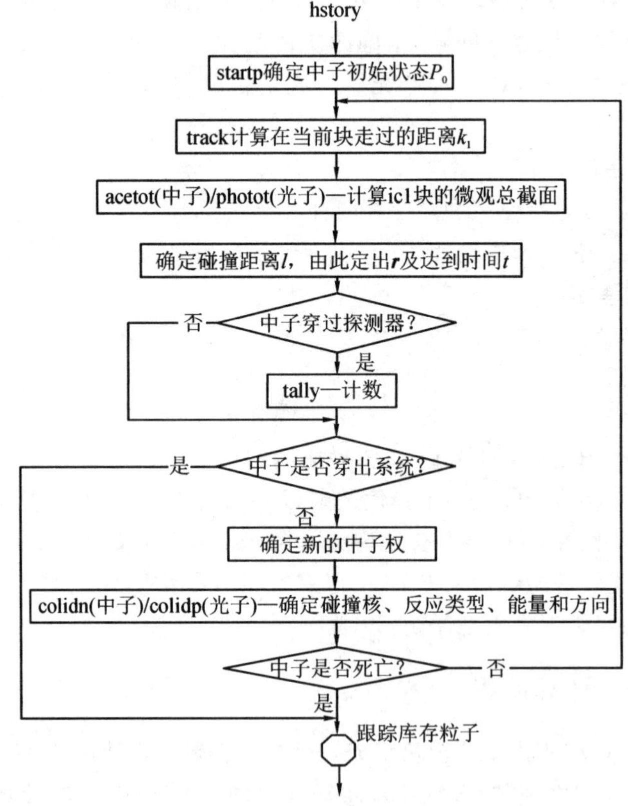

(c) 单个粒子历史流程

图 f-1　MCNP 中子-光子耦合输运计算流程

f.2.10　典型实例

MCNP4C 提供了 29 道典型例题，涉及外源、临界两类问题。粒子种类涉及：中子、光子、电子及其耦合。几何涉及：简单几何、复杂几何、重复结构、格子几何等。MCNP 程序提供了 29 道算例的输入、输出结果。程序安装后，按批处理方式运行 29 道例题，确认计算结果与例题输出结果一致后，表明程序安装及使用正确。

掌握 29 道典型例题的输入，便初步具备了使用 MCNP 程序进行科学计算的能力。MCNP4C 程序资料中的 C700 文档，详细介绍了程序使用、主要计算方法及物理过程，D200 文档详细介绍了截面参数的内容及使用方法，通过两个文档及文档中参考文献的学习，可以大幅提升读者和用户的 MC 专业知识水平。

f.2.11　绘图功能

MCNP 程序从第 4 个版本后，便具备一定的图形处理能力，在 DOS 或 UNIX 系统下，根据输入可以画出输入几何的二维剖面图（平行 Oxy、Oxz、Oyz 的面）。由计算结果可以画出二维直方图、折线图，曲线图和误差棒图等，包括各种计数、能谱、时间谱、角度谱、与模型相关的截面等。画图命令如下：

（1）输入几何材料图（PLOT）。几何绘图，在 INP 文件中加一行 message: ip，或用命令

mcnp inp＝test. d ip

其中，mcnp 为可执行程序；test. d 为输入模型分布。

PLOT 可以画出任意二维彩色剖面图，图形文件格式为 ps，可转化为 pdf 格式。

（2）输出计算结果图（MCPLOT）。计算结果绘图，画图命令如下：

mcnp inp＝input. dat ip z

可以画出输入模型 inp 给出的所有计算结果的计数图，如 k_{eff}、通量能谱、时间谱、角度谱等，还可输出计算中使用的各种截面图。

在工作站服务器上运行 MCNP 绘图程序，需要 GKS 或 CGS 图形系统支持，PC 机安装 COMPAQ VIRTUAL FORTRAN 90 编译器后，便支持 MCNP 画图，早前安装 POWER FORTRAN 4.0 也可以画图。图形程序包括两个覆盖节：

（1）PLOT——输入几何、材料、重要性等绘图，对应命令：message: ip；

（2）MCPLOT——计算结果绘图，对应命令：message: ip z。

f.3　小结

MCNP 作为世界上知名度最高、最权威的一款通用型多粒子输运 MC 程序，

具有悠久的发展历史，并成为核科学工程领域工程设计和同类程序验证的参考工具。目前 MCNP 程序能够模拟中子、光子、电子、质子、反中子、反光子、正负介子、轻离子、重离子等 37 种粒子的输运问题。该程序具有复杂几何处理能力强，数据库完备，拥有丰富的降低方差技巧，配备多种标准源、多种能谱和计数的优点，为用户配备了几何输入绘图(PLOT)、计算结果图形输出(MCPLOT)和各种截面图形化显示功能；除标准源、能谱和计数外，还为用户预留了某些特殊计数和源项子程序的嵌入接口；兼顾了 Windows 和 Unix(Linux)双系统，既可运行在 Windows 系统 PC 个人电脑上，也可运行在服务器和大型并行计算机的 Unix(Linux)系统上。

制约 MCNP 程序扩展的主要因素是程序中较多地使用了动态可调数值、公用(common)语句、等价(equivalence)语句、指针变量(point)及 FORTRAN 编程，这些在以前较有效的做法，已不适应今天的计算机体系结构。尽管后续版本经过升级，程序较多地采用了模块化设计，可扩展性有所改进，但程序的计算效率还是不尽人意。当然这也与通用程序的大而全有直接原因。从我们的认知来看，今天的 MCNP 程序，其完备的物理数学方案，完备的数据库，模拟的精度和置信度都是毋容置疑的，并成为其他同类 MC 程序和确定论程序比对的标准。

下篇参考文献

[1] GOERTZEL G，KALOS M H. Monte Carlo methods in transport problems [J]. Progress in Nuclear Energy，Series 1，Physics & Mathematics，1958 (2)：315.

[2] COLEMAN W A. Mathematical verification of a certain monte Carlo sampling technique and applications of the technique to radiation transport problems [J]. Nucl. Sci. Eng.，1968，32(1)：76.

[3] CRAMER S N. Next flight estimation for the fictitious scattering Monte Carlo Method [J]. Trans. Am. Nucl. Soc. ANS-18400，1974.

[4] CRAMER S N. Application of the fictitious scattering model for deep-penetration Monte Carlo Calculations [J]. US：Oak Ridge National Laboratory，ORNL-TM-4880，1978.

[5] COVEYOU R R. Adjoint and importance in Monte Carlo Application [J]. Nucl. Sci. Eng.，1967，27：219.

[6] NAKAMURA S. Computational methods in engineering and science [M]. Wiley-Interscience，1977. 457

[7] BUSIENKO N P，GOLENKO D I，SHREIDER Y A，et al. The Monte Carlo method：the method of statistical trials[M]. Physics Today，1967.

[8] 裴鹿成，张孝泽. 蒙特卡罗方法及其在粒子输运问题中的应用[M]. 北京：科学出版社，1980.

[9] SPANIER J，GELBARD E M. Monte Carlo principle and neutron transport problems [M]. New York：Dover Books on Mathematics，2008.

[10] CARTER L L，CASHWELL E D. Particle-transport simulation with the monte Carlo method [M]. Technique Information Center，ERDA Critical Review Series：TID-26607，1975.

[11] AMSTER H J，DJOMEHRI M J. Prediction of statistical error in Monte Carlo transport calculations [J]. Nucl. Sci. Eng.，1976，60：131.

[12] LUX L. Systematic study of some standard variance reduction techniques [J]. Nucl. Sci. Eng.，1978 67：317.

[13] LUX L. Variance versus efficiency in transport Monte Carlo [J]. Nucl. Sci. Eng.，1980，73：66.

[14] 许淑艳. 关于蒙特卡罗方法的效率预测[J]. 计算物理,1984, 1(2): 245.

[15] GOORLEY J T, JAMES M R, BOOTH T E, et al. Initial MCNP6 release overview - MCNP6 beta 3[M]. US: Los Alamos National Laboratory, LA-UR-12 - 26631, 2013.

[16] STRAKER E A, STEVENS P N, IRVING D C, et al. The MORSE code - a multigroup neutron and gamma-ray Monte Carlo transport code [M]. US: Oak Ridge National Laboratory, ORNL-4585, 1970.

[17] ROADES W A, MYNATT F R. The DOT III two-dimensional discrete ordinates transport code [M]. US: Oak Ridge National Laboratory, ORNL-TM-4280, 1973.

[18] CAIN V R. Application of sn adjoint flux calculations to Monte Carlo biasing [J]. Transactions of the American Nuclear Society, 1967, 10:399.

[19] ZHENG Z, MEI Q L, DENG L. Study on variance reduction technique based on adjoint discrete ordinate method[J]. Annals of Nuclear Energy, 2018, 112: 374 - 382.

[20] RORER A, WAMBERSIE G, WHITMORE, et al. Current status of neutron capture therapy [M]. IAEA-TECDOC - 1223, Vienna, Austria, 2001.

[21] DENG L, YE T, CHEN C B, et al. Brain tumor/chapter 9-the dosimetry calculation for boron neutron capture therapy [M]. Croatia: Editor by Ana Lucia Abujamra, INTECH, 2011.

[22] COOPER N C. From cardinals to chaos-reflections on the life and legacy of stanislaw ulam [M]. UK: Cambridge University Press, 1989.

[23] METROPOLIS N, ULAM S. The monte Carlo Method [J]. J. American Statistical Association, 1949,44:335.

[24] AGOSTINELLI S, ALLISON J, AMAKO K, et al. GEANT4-a simulation toolkit [R]. Nuclear Instruments and Methods in Physics Research Section A. Accelerators, Spectrometers, Detectors and Associated Equipment, 2003, 506(3), 250 - 303.

[25] LEPPANEN J, PUSA M, VIITANEN T, et al. The serpent Monte Carlo code: development and applications in 2013[J]. Annals of Nuclear Energy, 2015, 82: 142 - 150.

[26] ROMANO P K, FORGET B. The OpenMC Monte Carlo code for advanced reactor design and analysis [J]. Nuclear Engineering and Technology, 2012, 44(2): 161 - 176.

[27] DENG L. YE T. LI G, et al. The 3-D Monte Carlo neutron-photon trans-

port code JMCT and its algorithms[J]. PHYSOR 2014. Kyoto. Japan. September 28-October 3. 2014.

[28] ZHANG B Y, GANG L, DENG L, et al. JCOGIN: a parallel programming infrastructure for Monte Carlo particle transport[J]. PHYSOR 2014, The Westin Miyako, Kyoto, Japan, September 28 ~ October 3, 2014.

[29] DENG L, LI G,ZHANG B Y, et al. JMCT V2.0 Monte Carlo code with integrated nuclear system feedback for simulation of BEAVRS model[J]. PHYSOR 2018: Reactors Physics paving the way towards more efficient systems, Cancun, Mexico, April 23 - 26, 2018.

[30] BADGE L. Lazzarini′s lucky approximation of π[J]. Mathematics Magazine,1994, 67(2): 83 - 91.

[31]《数学手册》编写组. 数学手册[M]. 北京:高等教育出版社,1977.

[32] ROTENBERY A. A new pseudo-rangdom number generator[J]. J. Assoc Comp Mach, 19607: 75.

[33] HULL T E, DOBELL A R. Random number generators[J]. SIAM Rer, 1962,4: 230.

[34] BROWN F B, NAGAYA Y. The MCNP5 random number generator[M]. LA-UR-03-3782, 2002.

[35] GENTLE J E. Random number generation and Monte Carlo methods[M]. New York: Springer, 2003.

[36] BRIESMEISTER J F. MCNP-A general Monte Carlo code for N-particle transport code[M]. New Mexico: LA-12625-M, 1997.

[37] 魏公毅,杨自强. 关于局部随机数序列的统计检验方法[J]. 计算物理实验室年报,2001.

[38] PETERSON A V,KRONMAL R A. On mixture methods for the computer generation of random variables[J]. The American Statistician, 1982,36: 184 - 191.

[39] 裴鹿成. 任意分布的自动抽样方法[J]. 安徽大学学报(自然科学版),2000,3A:1 - 6.

[40] 杜书华, 张树发,冯庭桂,等. 输运问题的计算机模拟[M]. 长沙:湖南科学技术出版社,1989.

[41] 贝尔,格拉斯登. 核反应堆理论[M]. 北京:原子能出版社,1979.

[42] LUX I, KOBLINGER L. Monte Carlo Particle Transport Methods: Neutron and Photon Calculations [M]. CRC Press, Boca Raton, 1991.

[43] KALLI H J, CASHWELL E D. Evaluation of three Monte Carlo estima-

tion schemes for flux at a point[R]. New Mexico: Alamos National Laboratory Report, LA-6865 - MS, 1977.

[44] EMMETT M B. MORSE-CGA. A Monte Carlo radiation transport code with array geometry capability [M]. US: Oak Ridge National Laboratory, ORNL-6174, 1985.

[45] STEWART J E. A general point-on-a-ring detector [J]. Transactions of the American Nuclear Society, 1978,28:643.

[46] SPANIER J, GELBARD E M. Monte Carlo principles and neutron transport problems [M]. Addison-Wesley, Reading, Mass. , 1969.

[47] FORREST BROWN. Advanced Monte Carlo for Reactor Physics Core Analysis [M]. PHYSOR2012 - Monte Carlo workshop, LA-UR-13 - 20397, 2012.

[48] 谢仲生. 核反应堆物理分析:上册[M]. 北京:原子能出版社,1994.

[49] 黄正丰,王春明. MCNP 程序使用说明[R]. 北京:北京九所,1988,2.

[50] BLOMQUIST R N, GELBARD E M. An assessment of existing Klein-Nishina Monte Carlo sample methods [J]. Nucl. Sci. Eng. , 1983,83:380.

[51] KOBLINGER L. Direct sample from Klein-Nishina distribution for photon energies above 1. 4 MeV [J]. Nucl. Sci. Eng. , 1975,56:218.

[52] KAHN H. Applications of Monte Carlo [M]. AEC-3259,The Rand Corporation, April 1956.

[53] BETHE H A, HEITLER W. On the stopping of fast particle and on the creation of positive electrons [J]. Proc, Roy, Soc. London, 1934, 83 (146): 187 - 218.

[54] HEMANM, TRKOV A. ENDF-6 formats manual, data formats and procedures for the evaluated nuclear data file ENDF/B-VI and ENDF-VII[R]. US: Brookhaven National Laboratory, 2009.

[55] CHADWICK M B, HERMAN M, OBLOžINSKý P, et al. ENDF/B-VII. 1: nuclear data for science and technology: cross sections, covariances, fission product yields and decay data [J]. Nuclear Data Sheets, 2011, 112:2887.

[56] YESILYURT G, Marin W R, Brown F B. On-the-fly doppler broadening for Monte Carlo codes[J]. Nucl. Sci. and Eng, 2012, 171(3): 239 - 257.

[57] LI S, WANG K, YU G. Research on Fast-Doppler-Broadening of neutron cross sections [J]. PHYSOR 2012, Knoxville, Tennessee, USA, American Nuclear Society, LaGrange Park, IL, April 2012.

[58] MACFARLANE R E. NJOY99.0 code system for producing pointwise and multigroup neutron and photon cross section from ENDF/B data[R]. US: Los Alamos National Laboratory Report, 2000.

[59] MACFARLANE R E, KAHLER A C. Methods for processing ENDF/B-VII with NJOY [J]. Nuclear Data Sheets,2010,111: 2739.

[60] CULLEN D E,WEISBIN C R. Exact Doppler broadening of tabulated cross sections [J]. Nuclear Science and Engineering, 1976,60:199－229.

[61] GRODSTEIN G W. X-ray attenuation coefficients from 10 keV to 100 MeV [R]. National Bureau of Standards, Circular No. 583,1957.

[62] 刘雄国,邓力,胡泽华, 等. JMCT 程序在线多普勒展宽研究[J]. 物理学报, 2016,65(9):092501－092505.

[63] CULLEN D E. POINT2018: ENDF/B-VIII final temperature dependent cross section library, IAEA. Nuclear Data Service. Vienna, Austria, 2018.

[64] NAKAGAWA T, SHIBATA K, CHIBA S, et al. Japanese evaluated nuclear data library version 3 revision-2: JENDL-2.2[J]. J. Nucl. Sci. Technol, 1995,32:1259.

[65] ROBERT J. Present status of JEF project [J]. IAEA-NDS-7 Rev, 12, Vienna, Austria,1997.

[66] IGNATYUK A. Report on 11th meeting of the working party on international nuclear data evaluation co-operation [R]. April 19 － 21, BNL, USA, 1999.

[67] LIU T J. Present status of CENDL project [J]. IAEA-NDS-7, Vienna, Austria,1997.

[68] 余建开, 李松阳, 王侃, 等. 反应堆用核截面处理程序 RXSP 的研发与验证[J]. 核动力工程, 2013, 34(S1):10－13.

[69] ZU T J, XU J, TANG Y, et al. NECP-Atlas: A new nuclear data processing code [J]. Annals of Nuclear Energy, 2019,123:153－161.

[70] 刘萍, 吴小飞,李松阳, 等. 群常数制作软件 Ruler 研发[J]. 原子能科学技术, 2018,52(7):1153－1159.

[71] 邓建中, 刘之行. 计算方法[M]. 2 版. 西安:西安交通大学出版社,2001.

[72] PETRIE L M, LANDERS N F. KENO V. a. A improved Monte Carlo Criticality Program with Supergrouping [J]. NUREG/CR-0200, ORNL Tennessee 37831, 1983,2.

[73] 邓力. 多群中子散射角分布 L 阶截断出负的改进[J]. 原子能科学技术, 2003,37(5):405－410.

[74] DENG L, XIE Z S, ZHANG J M. MCMG: A 3-D Multigroup Monte Carlo Code and Its Benchmarks [J]. J. Nucl. Sci. Tech., 2000, 37(7): 608-614.

[75] 谢仲生. 核反应堆物理分析:下册[M]. 北京:原子能出版社,1996.

[76] CARTER L L, FOREST C A. Transfer Matrix Treatments for Multigroup Monte Carlo Calculations - The Elimination of Ray Effects[J]. Nucl. Sci. Eng. 1976,59:27-45.

[77] 黄祖洽. 核反应堆动力学基础[M]. 北京:原子能出版社,1983.

[78] 邓力,胡泽华,李刚,等. 三维中子-光子输运的蒙特卡罗程序 MCMG[J]. 强激光与粒子束,2013,25(1):163-168.

[79] DENG L, HU Z H, LI R, et al. The coupled neutron transport calculation of Monte Carlo multi-group and continuous cross section[J]. Annals of Nuclear Energy,2019,127:433-436.

[80] GARDNER R P, MICKAEL M, ORABY M. A Monte Carlo direction biasing approach in the laboratory system for isotropic neutron center-of-mass scattering including hydrogen[J]. Nucl. Sci. Eng., 1991,108:240-246.

[81] MICKAEL M, GARDNER R P, VERGHESE K. An improved method for estimating particle scattering probabilities to finite detector for Monte Carlo simulation [J]. Nucl. Sci. Eng., 1998,99(3):251-266.

[82] GARDNER R P, MICKAEL M, VERGHESE K. A new direction biasing approach for Monte Carlo simulation [J]. Nucl. Sci. Eng., 1988,98(1): 51-63.

[83] LIU L, GARDNER R P. A geometry-independent fine Mesh-based Monte Carlo importance generator [J]. Nucl. Sci. Eng., 1996,125:188.

[84] CHUCAS S J, CURL I J, MILLER P C. The advanced features of the Monte Carlo code McBEND [M]. Seminar on Advanced Monte Carlo Computer Programs for Radiation Transport, Center d'Etudes, Saclay, France, 1993.

[85] KELLY D J, SUTTON T M, WILSON S C. MC21 Analysis of the Nuclear Energy Agency Monte Carlo Performance Benchmark Problem[J]. Proc. Advances in Reactor Physics—Linking Research, Industry and Education, PHYSOR 2012, Knoxville, Tennessee, April 15 - 20, 2012, American Nuclear Society,2012.

[86] HUNTER J L, SUTTON T M. A Method for Reducing the Largest Relative Errors in Monte Carlo Iterated-Fission-Source Calculations[J]. Proc.

Int. Conf. Mathematics and Computational Methods Applied to Nuclear Science and Engineering, M&C 2013, Sun Valley Idaho, May 5 - 9, 2013, American Nuclear Society,2013.

[87] DANHUA S G, GANG L, BAOYIN Z, et al. Uniform Tally Density - Based Strategy for Efficient Global Tallying in Monte Carlo Criticality Calculation [J]. Nuclear Science and Engineering, 2016,182:555 - 562.

[88] SHYU C M. Development of the Monte Carlo library least-squares method of analysis for neutron capture prompt gamma-ray analyzes [M]. Ph. D, North Carolina State University, 1991.

[89] DENG L, CAI S H, HUANG Z F, et al. A Monte Carlo model for gamma-ray Klein-Nishina scattering probabilities to finite detectors [J]. J. Nucl. Sci. Tech. , 1996, 33(9): 736 - 740.

[90] 邓力,谢仲生. 碳氧比能谱测井的蒙特卡罗模拟[J]. 地球物理学报,2001,44(增刊):253 - 264.

[91] 竹生东,邓力,李树, 等. 堆外核仪表系统(RPN)的预设效验系统理论计算[J]. 核动力工程,2004, 25(2): 153 - 155.

[92] ZHENG Z , MEI Q L, DENG L. Study on variance reduction technique based on adjoint Discrete Ordinate method[J]. Annals of Nuclear Energy, 2017,112:374 - 382.

[93] WAGNER J C, PEPLOW D E, MOSHER S W. FW-CADIS Method for Global and Regional Variance Reduction of Monte Carlo Radiation Transport Calculations[J]. Nuclear Science and Engineering, 2014,176: 37 - 57.

[94] CASHWELL E D, ET AL. MCN: A Neutron monte carlo code[M]. LA-4751, Los Alamos Scientific Laboratory, 1972.

[95] CASHWELL E D, MEERGAARD J R, EVERETT C J,et al. Monte Carlo Photon Codes: MCG and MCP[M]. LA-5157-MS, Los Alamos Scientific Laboratory , 1973.

[96] THOMPSON. MCNP-A General Monte Carlo Code for Neutron and Photon Transport[M]. LA-7396-M, April, 1981.

[97] HALBLEIB J A, KENSEK R P, VALDEZ G D,et al. ITS Version 3. 0: The Integrated TIGER Series of Coupled Electron/Photon Monte Carlo Transport Codes[M]. SAND91-1634, Sandia National Laboratory , 1992.

[98] MCKINNEY G, MCNP4B Multiprocessing Enhancements Using PVM [M]. LANL memoX-6:GWM-95 - 212,1995.

[99] HUGHES H G, PRAEL R E, LITTLE R C. MCNPX-The LAHET/MC-

NP Code Merger[M]. Memo XTM-RN 97-012, Los Alamos National Laboratory, 1999.

[100] Monte Carlo N-Particle Transport Code System, Documentation for CCC-7OO /MCNP4C Data Package[M]. April, 2000.

[101] X-5 MONTE CARLO TEAM. MCNP-A General Monte Carlo N-Particle Transport Code, Version 5 - Volume I: Overview and Theory[M]. LA-UR-03-1987, Los Alamos National Laboratory, 2003.

[102] ANDERSON C A, KELLEY K C, GOORLEY T. Mesh Human Phantoms with MCNP[M]. LA-UR-13-00139, Los Alamos National Laboratory, 2012.

[103] MARTZ R L. MCNP6 Unstructured Mesh Initial Validation and Performance Results[M]. LA-UR-11-04657, Los Alamos National Laboratory (2011), to be published in Nucl. Technol., 2012.

[104] GOORLEY, JOHN T, JAMES, et al. Initial MCNP6 Release Overview-MCNP6 Beta 3[M]. LA-UR-13-26631, 2013.

[105] BULL J. MAGNETIC Field Tracking Features in MCNP6[M]. LA-UR-11-00872, Los Alamos National Laboratory, 2011.